# 2024年版

# 電気設備
## 技術基準・解釈

オーム社 編

電気設備に関する技術基準を定める省令
平成9年3月制定
令和4年12月一部改正

電気設備の技術基準の解釈について
平成25年3月制定
令和4年11月及び令和5年3月、12月一部改正

# ま　え　が　き

　本書は，電気設備に関する技術基準を定める省令（以下，電技省令）と，この省令に定める技術基準の要件を満たすことが期待される技術内容を示した電気設備技術基準の解釈について（以下，電技解釈）および電技解釈に引用されている日本電気技術規格委員会規格（JESC）も集録するとともに，読者の皆様の便宜を図るため，付録や参考として

- 電技省令と電技解釈の対応条項表
- 電技解釈の項目見出し索引
- 関係法令の概要
- IEC 規格とは

等を掲載し，電技省令と電技解釈の各条文の関連を示しています．

　電技省令および電技解釈の改正の要点においては，2011 年 7 月の電技解釈の全文改正以降，電気設備にとって重要な改正を取り上げ，その内容をまとめています．

　また，本書では発電設備の設置者の利用も考慮し，「発電用火力設備技術基準（火技省令）」，「発電用風力設備技術基準（風技省令）」および「発電用太陽電池設備技術基準（太技省令）」も掲載しています．

　本書が電気設備に携わる技術者・管理者の方々，さらには電気主任技術者試験および電気工事士試験等電気系の資格試験を受験される方々の座右の書として役立てていただければ幸いです．

　なお，令和 4 年 11 月 30 日付けの電気事業法施行規則等において一部改正がなされ，「蓄電所」が定義されたことで，電技省令および電技解釈にも反映されています．また，令和 4 年 12 月 14 日付けの高圧ガス保安法等の一部を改正する法律の一部施行等に伴い，小規模事業用電気工作物が新設されたことを受け，小出力発電設備を小規模発電設備に変更したほか，令和 5 年 12 月 26 日付けで，電技解釈に引用されている JIS 規格を最新の規格に変更，また廃止された JIS 規格につじては代替となる民間規格に改定するなど，所要の改正が行われました．

　令和 6 年 1 月

**オーム社編集局**

## 「電気設備技術基準」「電気設備の技術基準の解釈」の改正の要点

### 1. 2011 年 7 月の全面改正

2011 年 7 月は，電気設備の技術基準の解釈の全条文が改正されている．改正の要点は，同解釈の解説に記述された事項を解釈として取り入れたこと，用語の定義をまとめて記載したこと，接地や絶縁に関する条文をまとめたことなどである．主な改正点は以下のとおりである．

①用語の定義が第 1 条（一般），第 49 条（電線路関係），第 142 条（使用場所関係）および第 201 条（電気鉄道関係）にまとめられた．

②電線・ケーブルに係る条文が整理され，とくにケーブルに係る規定において，性能規定と性能に適合するケーブルの規格がケーブルごとに規定された．

③電路の絶縁と接地に係る条文が 1 つにまとめられた（第 16 条，第 17 条）．

④ビルの鉄骨を接地極として利用する接地工事方法が新たに規定された（第 18 条）．

⑤常時監視をしない発電所・変電所の条文の規定が発電所ごとに整理して規定されるなど，理解しやすいように改正された（第 47 条，第 48 条）．

⑥電圧 35 万 kV 以下の電線路に係る条文が，第 106 条および第 107 条にまとめて規定された．

⑦日本電気技術規格委員会規格（JESC）で定められた「ケーブル用防護具」を低高圧架空電線に用いた場合は電線と植物との離隔距離はとらなくてもよく，また，6 月以内で使用する臨時の 35 kV 以下の特別高圧架空電線に用いた場合に電線と建造物との離隔距離が緩和された（第 79 条，第 133 条）．

### 2. 2012 年〜2016 年までの主な改正の要点

①発電所，変電所においてカドミウムや鉛などの有害物質を使用する特定施設や貯蔵施設に対しも，環境省の基準に適合することが新たに規定された（2012 年 6 月 1 日　電技省令第 19 条第 5 項，第 6 項）．

②メガソーラーと呼ばれる太陽電池発電所に係る規定が定められたが，内容は一般発電所に係る規定のほか，本条ではシールドのない高圧直流ケーブルの規格が定められた（2012 年 6 月 29 日　電技解釈第 46 条）．

③電気自動車から住宅へ電気を供給する場合および住宅から電気自動車の設備に充電する場合の規定が定められた（2012 年 6 月 29 日　電技解釈第 199 条の 2）．

④電気設備技術基準は，原子力発電工作物については適用されないと規定された（2012年9月1日　電技省令第3条）.

⑤配電用変電所の変圧器に配電線から逆流する電力がある場合は，配電線に発電設備を接続することが禁止されていたが，電圧変動等について適切な措置が講じられた場合は特例として認められた（2013年5月31日　電技解釈第228条）.

⑥暗きょ内に施設する地中電線相互の離隔距離は，電線に耐熱措置がある場合は0.1m以上と規定された（2016年5月25日　電技解釈第125条）.

⑦電気事業に用いる電気工作物の運転を管理する電子計算機は，当該電気工作物が人体に危害を及ぼしたり，物件に損傷を与えないようにするとともに，一般送配電事業者の電気の供給に著しい支障を及ぼさないよう，サイバーセキュリティを確保することが規定された（2016年9月23日　電技省令第15条の2）.

⑧重量割合で0.5%を超えるPCB（高濃度PCB）を含有する電気工作物の使用は，別に告示する期間内に処分することが規定された．別の告示では，県単位で処分の期限が示されている（2016年9月23日　電技省令第19条第14項，省令附則（平成9年3月27日）第2項の改正）.

⑨電技省令第15条の2（サイバーセキュリティの確保）に基づき，スマートメーターについては，「JESC C 2003（スマートメーターシステムセキュリティガイドライン）」に，電力制御システムについては「JESC C 0004（電力制御システムガイドライン）」によることが規定された（2016年9月23日　電技解釈第37条の2）.

### 3. 2017年および2018年の主な改正

①太陽電池モジュール，燃料電池設備または常用電源である蓄電池の直流450Vにつながる電気機器の外箱の接地は，回路の非接地等の条件を満たせば，接地抵抗値は100Ω以下でよいとされた（2017年8月14日　電技解釈第29条第4項）.

②住宅の屋内電路の対地電圧は原則として150V以下と定められているが，危険性が少ないと認められた施設については，この制限が緩和されている．その一つとして太陽電池モジュールの直流450V回路は条件付きで認められていたが，燃料電池設備や常用の蓄電池の直流450V以下の回路も太陽電池の場合と同様に認められた（2017年8月14日　電技解釈第143条第1項第

四号).

③太陽電池発電設備の支持物の基準として，日本工業規格 JIS C 8955（2017）「太陽電池アレイ用支持物の設計用荷重算出方法」により算出された設計荷重等により設計すること，および構造強度を用いて設計することが定められているが，これらの方法以外に基準風速や降雪量などの諸条件を満たす場合の標準仕様が定められた（2017 年 8 月 14 日　電技解釈第 46 条第 3 項）.

④太陽電池発電設備の逆変換装置の絶縁性能として，電気学会標準規格 JEC-2470（2005）「分散形電源系統連系用電力変換装置」の交流耐圧試験によるものが認められていたが，その他の電力変換装置についてもこの性能試験を用いることが認められた（2018 年 10 月 1 日　電技解釈第 16 条第 6 項第五号）.


## 4.　2020 年の主な改正

①太陽電池発電設備に係る改正

　　太陽電池モジュールの架台の材料として，鉄製のものに加えてアルミニウム製のものが使用できることが認められたほか，太陽電池モジュールが施設されている土地が，その施設の設置により土砂の流失や崩壊することを防止する措置を講ずることが規定された（2020 年 2 月 25 日　電技解釈第 46 条第 3 項，第 4 項）.

②電圧 170 kV を超える特別高圧架空電線と建造物等との離隔距離に係る改正

　　電圧 170 kV を超える特別高圧架空電線と建造物等との離隔距離について，日本電気技術規格委員会規格 JESC E 2012（2013）を準用して規定された（2020 年 2 月 25 日　電技解釈第 97 条～第 103 条）.

③国際電気標準会議規格 IEC 60364 規格の改訂に伴う規格の改正

　　需要場所に設置される低圧の電気設備は，電技解釈第 218 条に規定する IEC 60364 シリーズの規格に基づき施設できることとされている．同シリーズの規格は随時改定されている．近年改定された 7 規格については，取り入れ可能と判断されて同条（218-1 表）が改正された（2020 年 2 月 25 日　電技解釈第 218 条）.

④日本工業規格 JIS が日本産業規格 JIS に改められたことに伴う規格の名称変更

　　「工業標準化法」が改正され，2019 年 7 月 1 日に「産業標準化法」として施行された．これに伴い電技解釈に引用されている JIS 規格の名称が「日本工

業規格 JIS」から「日本産業規格 JIS」に改正された（2020年2月25日）．

⑤水面に施設される太陽電池モジュールの施設

　　湖水など水面に施設される太陽電池発電設備に関する規定が取り入れられた（2020年6月1日　電技解釈第46条第2項第5号）．

⑥風圧荷重「風速40 m/s」の見直しおよび電線路の連鎖倒壊防止

　　電技省令第32条（支持物の倒壊の防止）において，架空電線路にかかる風圧荷重は「風速40 m/s」とされていたが，この値が「10分間平均で風速40 m/s」と改められた．この改正を受けて電技解釈第58条において，風速は気象庁の「地上気象観測指針」に定めている10分間平均風速によると定めている．また，電技省令第32条第2項が改正され，特別高圧架空電線路のみに求められていた電線路の連鎖倒壊を防止する規定が高低圧架空電線路にも適用されることになった．この規定の改正を受けて，電技解釈第70条第3項において架空電線路の支線の施設が追加された（2020年5月13日）．

⑦無線通信用の風圧荷重の見直し

　　電技省令第51条（災害時における通信の確保）において，無線用アンテナ等には風速60m/sの風圧荷重を考慮して施設することになっていたが，この施設に対しても，架空電線路の風圧荷重と同じ風圧荷重「10分間平均で風速40 m/s」を考慮して施設することになった（2020年5月13日）．

⑧架空電線路の支持物に係る改正

　　電技省令第32条に改正に伴い，電技解釈第58条（架空電線路の強度検討に用いる荷重）が改正され，鉄塔や鉄柱の建設にあたり地域別基本風速や特殊地形箇所による風速を考慮することのほか，架空電線路の木柱の風圧荷重に対する安全率が電圧に関係なく2.0とされた．これに関係した条文の改正が行われた（2020年5月13日，8月12日　電技解釈第58条，第59条，第61条，第63条，第70条，第81条及び第100条）．


5.　2021年の主な改正

〈電気設備技術基準の改正および発電用太陽電池設備の技術基準の制定〉

①常時監視発電所と同等な監視を状態監視や制御を遠隔で確実に行うことができる「常時監視と同等な監視が確実にできる発電所」の施設が規定された（電技省令第46条ただし書）．このただし書を受けて解釈第47条に詳細な基準が制定され，この基準の対象となる発電所として，汽力発電所（地熱発電所を除く．）および出力1万kW以上のガスタービン発電所の基準が示され

た．従来の常時監視をしない随時監視発電所や遠隔監視発電所に関する規定は，解釈第 47 条の 2 と条文番号が変更された（地熱発電所と 1 万 kW 未満のガスタービン発電所は，この第 47 条の 2 に規定されている）（2021 年 3 月 31 日）．

②発電用太陽電池設備に関する技術基準の制定とその解釈の公布

太陽電池発電設備の技術基準は，今まで電技省令第 4 条等に基づく解釈として定められていた．この解釈第 46 条には太陽電池発電所に関する規定が，解釈第 200 条第 2 項には小出力発電設備である太陽電池発電設備に関する規定が定められている．これらの項に定められていた太陽電池設備の支持物と基礎に関する規定がすべて削除され，その規定の具体的内容は「発電用太陽電池設備に関する技術基準を定める省令およびその解釈にまとめて規定された（2021 年 3 月 31 日）．

③引用 JIS 規格の見直し

日本産業規格（JIS）の見直しに伴い，電技解釈に引用されている JIS 規格の見直しが行われ，新しい年度の規格に改正された（2021 年 5 月 31 日）．

④IEC（国際電気標準会議）規格の改正に伴う改正

電技解釈第 218 条は，IEC 規格 60364 により電気設備の工事を行うことを定めているが，IEC 規格の改正に伴い改正された．同条の第 1 表において「第 7 部　701 及び 706」のうち（注）が付けられ，採用されない条項が明記された（2021 年 5 月 31 日）．


## 6.　2022 年の主な改正

①電技解釈で引用されている「日本産業規格 JIS ＊＊＊＊（〇〇〇〇）」に代わり，「民間規格評価機関として日本電気技術規格委員会が承認した規格」と表示された．日本電気技術規格委員会に承認されていない JIS 規格の表示は，従来通り制定年号が付けられる（第 9 条第 4 項ほか）．承認された規格は「日本電気技術規格委員会」のホームページに掲載されている（https://www.jesc.gr.jp/jesc-assent/private.html）．

②電気設備技術基準第 15 条の 2 が改正され，自家用電気工作物に対してもサイバーセキュリティの確保に関し規制がされることとなり，自家用電気工作物の遠隔監視システムおよび制御システムのサイバーセキュリティ対策は，「自家用電気工作物の係るサイバーセキュリティの確保に関するガイドライン（内規）」によることとされた（電技省令第 15 条の 2，電技解釈第 37 条の 2）．

③直接埋設式電線路の新しい方式として，一般用電気工作物の需要場所以外の場所に施設する「直接埋設式（砂巻き）」が規定された（第120条）．

④災害時等において独立系統となる「地域独立系統」が定義され，これらの系統の保護装置，電話設備等の運転に際しての要件が規定された（電技解釈第220条，電技解釈第233条（新設），電技解釈第234条（新設））．

## 7. 2023年の主な改正

①電気事業法施行規則等の一部改正により，電気設備技術基準第1条第四号にて「蓄電所」が新たに定義された．

②高圧ガス保安法等の一部を改正する法律の一部施行等に伴い，小規模事業用電気工作物が新設されたことを受け，小出力発電設備を小規模発電設備に変更するなど，所要の改正を行った（電技第29条第2項，第37条の2第1項第三号，第120条第4項，第199条の2第2項，第200条第2項，第227条第2項）．

③電技解釈で引用している廃止されたJIS規格を最新版に更新（第159条，第188条），またIEC 60364シリーズ，IEC 61936-1規格の制改定への対応が行われた（第218条，第219条）ほか，着雪への対応を求める地域の条件に関する定義の改定（第58条，第59条，第93条）等がなされた．

# 凡　　例

1. 本文中に用いた記号は，つぎのとおりである．

[例]

| | | | |
|---|---|---|---|
| mm | ミリメートル | mA | ミリアンペア |
| cm | センチメートル | A | アンペア |
| m | メートル | C | クーロン |
| km | キロメートル | pC | ピコクーロン |
| $mm^2$ | 平方ミリメートル | Ω | オーム |
| $cm^2$ | 平方センチメートル | MΩ | メガオーム |
| $m^2$ | 平方メートル | F | ファラド |
| $cm^3$ | 立方センチメートル | $\mu F$ | マイクロファラド |
| $m^3$ | 立方メートル | kVA | キロボルトアンペア |
| g | グラム | W | ワット |
| kg | キログラム | kW | キロワット |
| Pa | パスカル | kWh | キロワット時 |
| MPa | メガパスカル | Hz | ヘルツ |
| N | ニュートン | kHz | キロヘルツ |
| kN | キロニュートン | ℃ | 摂氏度 |
| N-m | ニュートンメートル | % | パーセント |
| V | ボルト | $\mu s$ | マイクロ秒 |
| kV | キロボルト | dB | デシベル |
| $\mu A$ | マイクロアンペア | $\mu T$ | マイクロテスラ |

2. 横組である関係上，表の項や欄を指定する「上欄」，「下欄」は「左欄」，「右欄」と表記した．

3. 見出し索引　「電気設備技術基準の解釈」には，必要とする条文を容易に抽出できるよう，「見出し」の索引を設けた．

4. 電技省令及び電技解釈中の下線箇所は，2023年版（2023年1月発行）以降に改正された条文であることを示す．

# 本 書 の 構 成

# 電技省令条項（左）と電技解釈条項（右）［その1］

| 電技 | 解釈 |
|---|---|
| 1 | 1, 49, 64, 83, 134, 142, 201, 220 |
| 2 | — |
| 3 | 2 |
| 4 | 45, 46, 133, 135, 137, 140, 180, 199 の 2, 200, 218, 219, 222, 224, 225, 232, 234 |
| 5 | 5, 8, 10, 13, 14, 15, 16, 79, 94, 118, 128, 183, 187, 189, 205, 206, 210, 217 |
| 6 | 3, 4, 5, 6, 8, 9, 10, 61, 63, 66, 67, 69, 70, 82, 84, 85, 86, 90, 93, 95, 108, 116, 117, 118, 126, 127, 129, 205, 206 |
| 7 | 12, 54, 127, 199 の 2 |
| 8 | 20 |
| 9 | 21, 22, 23, 26, 216 |
| 10 | 19, 28, 29, 123 |
| 11 | 17, 18, 19, 28, 29, 123 |
| 12 | 24, 25, 28 |
| 13 | 27 |
| 14 | 33, 34, 35, 226, 227, 229, 231, 233 |
| 15 | 36, 143, 200, 227, 229, 231, 233 |
| 15の2 | 37 の 2 |
| 16 | 221 |
| 17 | 30 |
| 18 | 223, 228, 230 |
| 19 | 32 |
| 20 | 61, 89, 91, 108, 110, 111, 112, 113, 114, 116, 117, 118, 119, 126, 127, 128, 129, 130, 132, 205, 206, 217, 222, 224, 226, 227, 228, 229, 231, 233 |
| 21 | 3, 5, 6, 8, 9, 10, 11, 65, 67, 116, 117, 120 |
| 22 | — |
| 23 | 38, 121 |
| 24 | 53 |
| 25 | 61, 68, 82, 87, 116, 117, 118, 138, 140, 205, 206, 217 |
| 26 | — |
| 27 | — |
| 27の2 | 31, 39, 50 |
| 28 | 74, 75, 76, 80, 81, 82, 96, 100, 101, 104, 105, 106, 107, 108, 110, 111, 113, 114, 116, 117, 118, 126, 132, 136, 137, 140, 207, 215, 217 |
| 29 | 55, 71, 72, 73, 77, 78, 79, 82, 96, 97, 98, 99, 102, 103, 106, 108, 110, 111, 113, 114, 116, 117, 118, 126, 132, 214, 215 |
| 30 | 110, 111, 113, 114, 125, 126, 132 |
| 31 | 104, 107, 108, 109, 206 |
| 32 | 56, 57, 58, 59, 60, 62, 63, 70, 82, 92, 93, 95 |
| 33 | 40 |
| 34 | 122 |
| 35 | 41 |
| 36 | — |
| 37 | 110, 111, 112, 113, 114, 115, 116, 117, 128, 132 |
| 38 | — |
| 39 | 131 |

# 電技省令条項(左)と電技解釈条項(右) [その2]

| 電技 | 解釈 |
|---|---|
| 40 | 88, 108 |
| 41 | 139, 140 |
| 42 | 51, 52, 124, 202, 204, 213, 230 |
| 43 | — |
| 44 | 42, 43, 44, 45, 199 の 2, 227, 229, 231, 233 |
| 45 | — |
| 46 | 47, 47 の 2, 47 の 3, 48 |
| 47 | 120, 121 |
| 48 | 88, 97, 98, 99, 100, 102, 106 |
| 49 | 37 |
| 50 | 135, 136, 225, 234 |
| 51 | 141 |
| 52 | 203, 211, 217 |
| 53 | 208, 210, 216, 217 |
| 54 | 209, 210, 217 |
| 55 | 212 |
| 56 | 143, 145, 147, 148, 149, 156, 157, 158, 159, 160, 161, 162, 163, 164, 165, 166, 168, 169, 170, 171, 172, 173, 174, 179, 181, 182, 183, 184, 185, 186, 187, 188, 189, 190, 191, 193, 194, 195, 196, 197, 199 の 2 |
| 57 | 3, 4, 5, 6, 7, 8, 9, 10, 11, 144, 146, 148, 149, 157, 158, 159, 160, 161, 162, 163, 164, 165, 166, 168, 169, 170, 171, 172, 173, 174, 179, 181, 182, 183, 184, 185, 186, 187, 188, 189, 190, 191, 194, 195, 196, 197, 199 の 2 |
| 58 | 14 |
| 59 | 143, 145, 149, 150, 151, 152, 154, 173, 181, 182, 183, 185, 186, 187, 189, 190, 191, 193, 194, 195, 196, 197, 198, 199, 199 の 2, 200 |
| 60 | 191 |
| 61 | — |
| 62 | 157, 167, 168, 169, 173, 174, 179, 181, 183, 184, 194, 199 |
| 63 | 143, 148, 149, 166, 172, 173, 182, 183, 184, 185, 187, 195, 196, 197, 199 の 2 |
| 64 | 143, 165, 187, 195, 196, 197 |
| 65 | 153 |
| 66 | 171, 174 |
| 67 | 155, 174, 192, 193 |
| 68 | 175 |
| 69 | 175, 176, 177, 178, 191 |
| 70 | — |
| 71 | 178 |
| 72 | 175, 176, 177, 191 |
| 73 | 173, 174 |
| 74 | 192 |
| 75 | 193, 194 |
| 76 | 197 |
| 77 | 198 |
| 78 | 199 |

# 電技解釈条項(左)と電技省令条項(右) [その1]

| 解釈 | 電技 | 解釈 | 電技 | 解釈 | 電技 |
|---|---|---|---|---|---|
| 1 | 1 | 40 | 33 | 78 | 29 |
| 2 | 3 | 41 | 35 | 79 | 5, 29 |
| 3 | 6, 21, 57 | 42 | 44 | 80 | 28 |
| 4 | 6, 57 | 43 | 44 | 81 | 28 |
| 5 | 5, 6, 21, 57 | 44 | 44 | 82 | 6, 25, 28, 29, 32 |
| 6 | 6, 21, 57 | 45 | 4, 44 | 83 | 1 |
| 7 | 57 | 46 | 4 | 84 | 6 |
| 8 | 5, 6, 21, 57 | 47 | 46 | 85 | 6 |
| 9 | 6, 21, 57 | 47の2 | 46 | 86 | 6 |
| 10 | 5, 6, 21, 57 | 47の3 | 46 | 87 | 25 |
| 11 | 21, 57 | 48 | 46 | 88 | 40, 48 |
| 12 | 7 | 49 | 1 | 89 | 20 |
| 13 | 5 | 50 | 27 の 2 | 90 | 6 |
| 14 | 5, 58 | 51 | 42 | 91 | 20 |
| 15 | 5 | 52 | 42 | 92 | 32 |
| 16 | 5 | 53 | 24 | 93 | 6, 32 |
| 17 | 11 | 54 | 7 | 94 | 5 |
| 18 | 11 | 55 | 29 | 95 | 6, 32 |
| 19 | 10, 11 | 56 | 32 | 96 | 28, 29 |
| 20 | 8 | 57 | 32 | 97 | 29, 48 |
| 21 | 9 | 58 | 32 | 98 | 29, 48 |
| 22 | 9 | 59 | 32 | 99 | 29, 48 |
| 23 | 9 | 60 | 32 | 100 | 28, 48 |
| 24 | 12 | 61 | 6, 20, 25 | 101 | 28 |
| 25 | 12 | 62 | 32 | 102 | 29, 48 |
| 26 | 9 | 63 | 6, 32 | 103 | 29 |
| 27 | 13 | 64 | 1 | 104 | 28, 31 |
| 28 | 10, 11, 12 | 65 | 21 | 105 | 28 |
| 29 | 10, 11 | 66 | 6 | 106 | 28, 29, 48 |
| 30 | 17 | 67 | 6, 21 | 107 | 28, 31 |
| 31 | 27 の 2 | 68 | 25 | 108 | 6, 20, 28, 29, 31, 40 |
| 32 | 19 | 69 | 6 | 109 | 31 |
| 33 | 14 | 70 | 6, 32 | 110 | 20, 28, 29, 30, 37 |
| 34 | 14 | 71 | 29 | 111 | 20, 28, 29, 30, 37 |
| 35 | 14 | 72 | 29 | 112 | 20, 37 |
| 36 | 15 | 73 | 29 | 113 | 20, 28, 29, 30, 37 |
| 37 | 49 | 74 | 28 | 114 | 20, 28, 29, 30, 37 |
| 37の2 | 15 の 2 | 75 | 28 | 115 | 37 |
| 38 | 23 | 76 | 28 | 116 | 6, 20, 21, 25, 28, 29, 37 |
| 39 | 27 の 2 | 77 | 29 | 117 | 6, 20, 21, 25, 28, 29, 37 |

# 電技解釈条項(左)と電技省令条項(右) [その2]

| 解釈 | 電技 | 解釈 | 電技 | 解釈 | 電技 |
|---|---|---|---|---|---|
| 118 | 5, 6, 20, 25, 28, 29 | 158 | 56, 57 | 198 | 59, 77 |
| 119 | 20 | 159 | 56, 57 | 199 | 59, 62, 78 |
| 120 | 21, 47 | 160 | 56, 57 | 199の2 | 4, 7, 44, 56, 57, 59, 63 |
| 121 | 23, 47 | 161 | 56, 57 | 200 | 4, 15, 59 |
| 122 | 34 | 162 | 56, 57 | 201 | 1 |
| 123 | 10, 11 | 163 | 56, 57 | 202 | 42 |
| 124 | 42 | 164 | 56, 57 | 203 | 52 |
| 125 | 30 | 165 | 56, 57, 64 | 204 | 42 |
| 126 | 6, 20, 28, 29, 30 | 166 | 56, 57, 63 | 205 | 5, 6, 20, 25 |
| 127 | 6, 7, 20 | 167 | 62 | 206 | 5, 6, 20, 25, 32 |
| 128 | 5, 20, 37 | 168 | 56, 57, 62 | 207 | 28 |
| 129 | 6, 20 | 169 | 56, 57, 62 | 208 | 53 |
| 130 | 20 | 170 | 56, 57 | 209 | 54 |
| 131 | 39 | 171 | 56, 57, 66 | 210 | 5, 53, 54 |
| 132 | 20, 28, 29, 30, 37 | 172 | 56, 57, 63 | 211 | 52 |
| 133 | 4 | 173 | 56, 57, 59, 62, 63, 73 | 212 | 55 |
| 134 | 1 | 174 | 56, 57, 62, 66, 67, 73 | 213 | 42 |
| 135 | 4, 50 | 175 | 68, 69, 72 | 214 | 29 |
| 136 | 28, 50 | 176 | 69, 72 | 215 | 28, 29 |
| 137 | 4, 28 | 177 | 69, 72 | 216 | 9, 53 |
| 138 | 25 | 178 | 69, 71 | 217 | 5, 20, 25, 28, 52, 53, 54 |
| 139 | 41 | 179 | 56, 57, 62 | 218 | 4 |
| 140 | 4, 25, 28, 41 | 180 | 4 | 219 | 4 |
| 141 | 51 | 181 | 56, 57, 59, 62 | 220 | 1 |
| 142 | 1 | 182 | 56, 57, 59, 63 | 221 | 16 |
| 143 | 15, 56, 59, 63, 64 | 183 | 5, 56, 57, 59, 62, 63 | 222 | 4, 20 |
| 144 | 57 | 184 | 56, 57, 62, 63 | 223 | 18 |
| 145 | 56, 59 | 185 | 56, 57, 59, 63 | 224 | 4, 20 |
| 146 | 57 | 186 | 56, 57, 59 | 225 | 4, 50 |
| 147 | 56 | 187 | 5, 56, 57, 59, 63, 64 | 226 | 14, 20 |
| 148 | 56, 57, 63 | 188 | 56, 57 | 227 | 14, 15, 20, 44 |
| 149 | 56, 57, 59, 63 | 189 | 5, 56, 57, 59 | 228 | 18, 20 |
| 150 | 59 | 190 | 56, 57, 59 | 229 | 14, 15, 20, 44 |
| 151 | 59 | 191 | 56, 57, 59, 60, 69, 72 | 230 | 18, 42 |
| 152 | 59 | 192 | 67, 74 | 231 | 14, 15, 20, 44 |
| 153 | 65 | 193 | 56, 59, 67, 75 | 232 | 4 |
| 154 | 59 | 194 | 56, 57, 59, 62, 75 | 233 | 14, 15, 20, 44 |
| 155 | 67 | 195 | 56, 57, 59, 63, 64 | 234 | 4, 50 |
| 156 | 56 | 196 | 56, 57, 59, 63, 64 | | |
| 157 | 56, 57 | 197 | 56, 57, 59, 63, 64, 76 | | |

# 電気設備技術基準
（電気設備に関する技術基準を定める省令）

◎**通商産業省令第 52 号**（平成 9 年 3 月 27 日）

電気事業法（昭和 39 年法律第 170 号）第 39 条第 1 項及び第 56 条第 1 項の規定に基づき，電気設備に関する技術基準を定める省令（昭和 40 年通商産業省令第 61 号）を次のように定める．

| （改正） | | |
|---|---|---|
| 平成 12 年 6 月 30 日 | 通商産業省令第 122 号 |
| 平成 12 年 9 月 20 日 | 通商産業省令第 189 号 |
| 平成 13 年 3 月 21 日 | 経済産業省令第 27 号 |
| 平成 13 年 6 月 29 日 | 経済産業省令第 180 号 |
| 平成 16 年 7 月 22 日 | 経済産業省令第 79 号 |
| 平成 17 年 3 月 10 日 | 経済産業省令第 18 号 |
| 平成 19 年 3 月 28 日 | 経済産業省令第 21 号 |
| 平成 20 年 4 月 7 日 | 経済産業省令第 31 号 |
| 平成 23 年 3 月 31 日 | 経済産業省令第 14 号 |
| 平成 23 年 3 月 31 日 | 経済産業省令第 15 号 |
| 平成 24 年 6 月 1 日 | 経済産業省令第 44 号 |
| 平成 24 年 7 月 2 日 | 経済産業省令第 48 号 |
| 平成 24 年 9 月 14 日 | 経済産業省令第 68 号 |
| 平成 28 年 3 月 23 日 | 経済産業省令第 27 号 |
| 平成 28 年 9 月 23 日 | 経済産業省令第 91 号 |
| 平成 29 年 3 月 31 日 | 経済産業省令第 32 号 |
| 令和 2 年 5 月 13 日 | 経済産業省令第 47 号 |
| 令和 3 年 3 月 31 日 | 経済産業省令第 28 号 |
| 令和 4 年 6 月 10 日 | 経済産業省令第 51 号 |
| 令和 4 年 11 月 30 日 | 経済産業省令第 88 号 |
| 令和 4 年 12 月 14 日 | 経済産業省令第 96 号 |

# 目　　　次

## 第1章　総　　　則

# 第2章 電気の供給のための電気設備の施設

## 第 3 章　電気使用場所の施設

# 第1章　総　　　則

## 第1節　定　　　　義

用語の定義　**第 1 条**　この省令において，次の各号に掲げる用語の定義は，それぞれ当該各号に定めるところによる.

一　「電路」とは，通常の使用状態で電気が通じているところをいう.

二　「電気機械器具」とは，電路を構成する機械器具をいう.

三　「発電所」とは，発電機，原動機，燃料電池，太陽電池その他の機械器具（電気事業法（昭和 39 年法律第 170 号）第 38 条第 1 項ただし書きに規定する小規模発電設備，非常用予備電源を得る目的で施設するもの及び電気用品安全法（昭和 36 年法律第 234 号）の適用を受ける携帯用発電機を除く.）を施設して電気を発生させる所をいう.

四　「蓄電所」とは，構外から伝送される電力を構内に施設した電力貯蔵装置その他の電気工作物により貯蔵し，当該伝送された電力と同一の使用電圧及び周波数でさらに構外に伝送する所（同一の構内において発電設備，変電設備又は需要設備と電気的に接続されているものを除く.）をいう.

五　「変電所」とは，構外から伝送される電気を構内に施設した変圧器，回転変流機，整流器その他の電気機械器具により変成する所であって，変成した電気をさらに構外に伝送するもの（蓄電所を除く.）をいう.

六　「開閉所」とは，構内に施設した開閉器その他の装置により電路を開閉する所であって，発電所，蓄電所，変電所及び需要場所以外のものをいう.

七　「電線」とは，強電流電気の伝送に使用する電気導体，絶縁物で被覆した電気導体又は絶縁物で被覆した上を保護被覆で保護した電気導体をいう.

八　「電車線」とは，電気機関車及び電車にその動力用の電気を供給するために使用する接触電線及び鋼索鉄道の車両内の信号装置，照明装置等に電気を供給するために使用する接触電線をいう.

九　「電線路」とは，発電所，蓄電所，変電所，開閉所及びこれらに類する場所並びに電気使用場所相互間の電線（電車線を除く.）並びにこれを支持し，又は保蔵する工作物をいう.

十　「電車線路」とは，電車線及びこれを支持する工作物をいう.

十一　「調相設備」とは，無効電力を調整する電気機械器具をいう．

十二　「弱電流電線」とは，弱電流電気の伝送に使用する電気導体，絶縁物で被覆した電気導体又は絶縁物で被覆した上を保護被覆で保護した電気導体をいう．

十三　「弱電流電線路」とは，弱電流電線及びこれを支持し，又は保蔵する工作物（造営物の屋内又は屋側に施設するものを除く．）をいう．

十四　「光ファイバケーブル」とは，光信号の伝送に使用する伝送媒体であって，保護被覆で保護したものをいう．

十五　「光ファイバケーブル線路」とは，光ファイバケーブル及びこれを支持し，又は保蔵する工作物（造営物の屋内又は屋側に施設するものを除く．）をいう．

十六　「支持物」とは，木柱，鉄柱，鉄筋コンクリート柱及び鉄塔並びにこれらに類する工作物であって，電線又は弱電流電線若しくは光ファイバケーブルを支持することを主たる目的とするものをいう．

十七　「連接引込線」とは，一需要場所の引込線（架空電線路の支持物から他の支持物を経ないで需要場所の取付け点に至る架空電線（架空電線路の電線をいう．以下同じ．）及び需要場所の造営物（土地に定着する工作物のうち，屋根及び柱又は壁を有する工作物をいう．以下同じ．）の側面等に施設する電線であって，当該需要場所の引込口に至るものをいう．）から分岐して，支持物を経ないで他の需要場所の引込口に至る部分の電線をいう．

十八　「配線」とは，電気使用場所において施設する電線（電気機械器具内の電線及び電線路の電線を除く．）をいう．

十九　「電力貯蔵装置」とは，電力を貯蔵する電気機械器具をいう．

電圧の種別等　**第 2 条**　電圧は，次の区分により低圧，高圧及び特別高圧の三種とする．

一　低圧　直流にあっては750 V以下，交流にあっては600 V以下のもの

二　高圧　直流にあっては750 Vを，交流にあっては600 Vを超え，7,000 V以下のもの

三　特別高圧　7,000 Vを超えるもの

2　高圧又は特別高圧の多線式電路（中性線を有するものに限る．）の中性線と他の一線とに電気的に接続して施設する電気設備については，その使用電圧又は最大使用電圧がその多線式電路の使用電圧又は最大使用電圧に等しいものとして，この省令の規定を適用する．

## 第2節　適　用　除　外

適用除外　　**第 3 条**　この省令は，原子力発電工作物については，適用しない.

2　鉄道営業法（明治33年法律第65号），軌道法（大正10年法律第76号）又は鉄道事業法（昭和61年法律第92号）が適用され又は準用される電気設備であって，鉄道，索道又は軌道の専用敷地内に施設するもの（直流変成器又は交流き電用変成器を施設する変電所（以下「電気鉄道用変電所」という.）相互を接続する送電用の電線路以外の送電用の電線路を除く.）については，第19条第13項，第20条，第21条，第23条第2項，第24条から第26条まで，第27条第1項及び第2項，第27条の2，第28条から第32条，第34条，第36条から第39条まで，第47条，第48条第2項及び第3項並びに第53条第1項の規定を適用せず，鉄道営業法，軌道法又は鉄道事業法の相当規定の定めるところによる.

3　鉄道営業法，軌道法又は鉄道事業法が適用され又は準用される電車線等（電車線又はこれと電気的に接続するちょう架線，ブラケット若しくはスパン線をいう．以下同じ.）及びレールについては，第20条，第25条第1項，第28条，第29条及び第32条第1項の規定を適用せず，鉄道営業法，軌道法又は鉄道事業法の相当規定の定めるところによる.

4　鉄道営業法，軌道法又は鉄道事業法が適用され又は準用される電気鉄道用変電所については，第27条の2第2項及び第46条第2項の規定を適用せず，鉄道営業法，軌道法又は鉄道事業法の相当規定の定めるところによる.

## 第3節　保　安　原　則

### 第1款　感電，火災等の防止

電気設備における感電，火災等の防止　　**第 4 条**　電気設備は，感電，火災その他人体に危害を及ぼし，又は物件に損傷を与えるおそれがないように施設しなければならない.

電路の絶縁　　**第 5 条**　電路は，大地から絶縁しなければならない．ただし，構造上やむを得ない場合であって通常予見される使用形態を考慮し危険のおそれがない場合，又は混触による高電圧の侵入等の異常が発生した際の危険を回避するための接地その他の保安上必要な措置を講ずる場合は，この限りでない.

2　前項の場合にあっては，その絶縁性能は，第22条及び第58条の規定を除き，事故時に想定される異常電圧を考慮し，絶縁破壊による危険の

おそれがないものでなければならない.

3　変成器内の巻線と当該変成器内の他の巻線との間の絶縁性能は，事故時に想定される異常電圧を考慮し，絶縁破壊による危険のおそれがないものでなければならない.

**電線等の断線の防止**

**第 6 条**　電線，支線，架空地線，弱電流電線等（弱電流電線及び光ファイバケーブルをいう．以下同じ.）その他の電気設備の保安のために施設する線は，通常の使用状態において断線のおそれがないように施設しなければならない.

**電線の接続**

**第 7 条**　電線を接続する場合は，接続部分において電線の電気抵抗を増加させないように接続するほか，絶縁性能の低下（裸電線を除く.）及び通常の使用状態において断線のおそれがないようにしなければならない.

**電気機械器具の熱的強度**

**第 8 条**　電路に施設する電気機械器具は，通常の使用状態においてその電気機械器具に発生する熱に耐えるものでなければならない.

**高圧又は特別高圧の電気機械器具の危険の防止**

**第 9 条**　高圧又は特別高圧の電気機械器具は，取扱者以外の者が容易に触れるおそれがないように施設しなければならない．ただし，接触による危険のおそれがない場合は，この限りでない.

2　高圧又は特別高圧の開閉器，遮断器，避雷器その他これらに類する器具であって，動作時にアークを生ずるものは，火災のおそれがないよう，木製の壁又は天井その他の可燃性の物から離して施設しなければならない．ただし，耐火性の物で両者の間を隔離した場合は，この限りでない.

**電気設備の接地**

**第 10 条**　電気設備の必要な箇所には，異常時の電位上昇，高電圧の侵入等による感電，火災その他人体に危害を及ぼし，又は物件への損傷を与えるおそれがないよう，接地その他の適切な措置を講じなければならない．ただし，電路に係る部分にあっては，第5条第1項の規定に定めるところによりこれを行わなければならない.

**電気設備の接地の方法**

**第 11 条**　電気設備に接地を施す場合は，電流が安全かつ確実に大地に通ずることができるようにしなければならない.

## 第2款　異常の予防及び保護対策

**特別高圧電路等と結合する変圧器等の火災等の防止**

**第 12 条**　高圧又は特別高圧の電路と低圧の電路とを結合する変圧器は，高圧又は特別高圧の電圧の侵入による低圧側の電気設備の損傷，感電又は火災のおそれがないよう，当該変圧器における適切な箇所に接地を施さなければならない．ただし，施設の方法又は構造によりやむを得ない場合であって，変圧器から離れた箇所における接地その他の適切な措置

を講ずることにより低圧側の電気設備の損傷，感電又は火災のおそれが
ない場合は，この限りでない．

2　変圧器によって特別高圧の電路に結合される高圧の電路には，特別高
圧の電圧の侵入による高圧側の電気設備の損傷，感電又は火災のおそれ
がないよう，接地を施した放電装置の施設その他の適切な措置を講じな
ければならない．

特別高圧を
直接低圧に
変成する変
圧器の施設
制限

**第 13 条**　特別高圧を直接低圧に変成する変圧器は，次の各号のいずれか
に掲げる場合を除き，施設してはならない．

一　発電所等公衆が立ち入らない場所に施設する場合

二　混触防止措置が講じられている等危険のおそれがない場合

三　特別高圧側の巻線と低圧側の巻線とが混触した場合に自動的に電路
が遮断される装置の施設その他の保安上の適切な措置が講じられてい
る場合

過電流から
の電線及び
電気機械器
具の保護対
策

**第 14 条**　電路の必要な箇所には，過電流による過熱焼損から電線及び電
気機械器具を保護し，かつ，火災の発生を防止できるよう，過電流遮断
器を施設しなければならない．

地絡に対す
る保護対策

**第 15 条**　電路には，地絡が生じた場合に，電線若しくは電気機械器具の
損傷，感電又は火災のおそれがないよう，地絡遮断器の施設その他の適
切な措置を講じなければならない．ただし，電気機械器具を乾燥した場
所に施設する等地絡による危険のおそれがない場合は，この限りでない．

サイバーセ
キュリティ
の確保

**第 15 条の 2**　事業用電気工作物（小規模事業用電気工作物を除く．）の運
転を管理する電子計算機は，当該電気工作物が人体に危害を及ぼし，又
は物件に損傷を与えるおそれ及び一般送配電事業又は配電事業に係る電
気の供給に著しい支障を及ぼすおそれがないよう，サイバーセキュリテ
ィ（サイバーセキュリティ基本法（平成 26 年法律第 104 号）第 2 条に規
定するサイバーセキュリティをいう．）を確保しなければならない．

### 第3款　電気的，磁気的障害の防止

電気設備の
電気的，磁
気的障害の
防止

**第 16 条**　電気設備は，他の電気設備その他の物件の機能に電気的又は磁
気的な障害を与えないように施設しなければならない．

高周波利用
設備への障
害の防止

**第 17 条**　高周波利用設備（電路を高周波電流の伝送路として利用するも
のに限る．以下この条において同じ．）は，他の高周波利用設備の機能に
継続的かつ重大な障害を及ぼすおそれがないように施設しなければなら
ない．

#### 第4款　供給支障の防止

電気設備
による供給支
障の防止

**第18条**　高圧又は特別高圧の電気設備は,その損壊により一般送配電事業者の電気の供給に著しい支障を及ぼさないように施設しなければならない.

2　高圧又は特別高圧の電気設備は,その電気設備が一般送配電事業の用に供される場合にあっては,その電気設備の損壊によりその一般送配電事業に係る電気の供給に著しい支障を生じないように施設しなければならない.

## 第4節　公害等の防止

公害等の防止

**第19条**　発電用火力設備に関する技術基準を定める省令（平成9年通商産業省令第51号）第4条第1項及び第2項の規定は,変電所,開閉所若しくはこれらに準ずる場所に設置する電気設備又は電力保安通信設備に附属する電気設備について準用する.

2　水質汚濁防止法（昭和45年法律第138号）第2条第2項の規定による特定施設を設置する発電所,蓄電所又は変電所,開閉所若しくはこれらに準ずる場所から排出される排出水は,同法第3条第1項及び第3項の規定による規制基準に適合しなければならない.

3　水質汚濁防止法第4条の5第1項に規定する指定地域内事業場から排出される排出水にあっては,前項の規定によるほか,同法第4条の2第1項に規定する指定項目で表示した汚濁負荷量が同法第4条の5第1項又は第2項の規定に基づいて定められた総量規制基準に適合しなければならない.

4　水質汚濁防止法第2条第8項に規定する有害物質使用特定施設（次項において「有害物質使用特定施設」という.）を設置する発電所,蓄電所又は変電所,開閉所若しくはこれらに準ずる場所から地下に浸透される同項に規定する特定地下浸透水（次項において「特定地下浸透水」という.）は,同法第8条第1項の環境省令で定める要件に該当してはならない.

5　発電所,蓄電所又は変電所,開閉所若しくはこれらに準ずる場所に設置する有害物質使用特定施設は,水質汚濁防止法第12条の4の環境省令で定める基準に適合しなければならない.ただし,発電所,蓄電所又は変電所,開閉所若しくはこれらに準ずる場所から特定地下浸透水を浸透させる場合は,この限りでない.

6　発電所,蓄電所又は変電所,開閉所若しくはこれらに準ずる場所に設置する水質汚濁防止法第5条第3項に規定する有害物質貯蔵指定施設

は，同法第 12 条の 4 の環境省令で定める基準に適合しなければならない．

7　水質汚濁防止法第 2 条第 4 項の規定による指定施設を設置する発電所，蓄電所又は変電所，開閉所若しくはこれらに準ずる場所には，指定施設の破損その他の事故が発生し，有害物質又は指定物質を含む水が当該設置場所から公共用水域に排出され，又は地下に浸透したことにより人の健康又は生活環境に係る被害を生ずるおそれがないよう，適切な措置を講じなければならない．

8　水質汚濁防止法第 2 条第 5 項の規定による貯油施設等を設置する発電所，蓄電所又は変電所，開閉所若しくはこれらに準ずる場所には，貯油施設等の破損その他の事故が発生し，油を含む水が当該設置場所から公共用水域に排出され，又は地下に浸透したことにより生活環境に係る被害を生ずるおそれがないよう，適切な措置を講じなければならない．

9　特定水道利水障害の防止のための水道水源水域の水質の保全に関する特別措置法（平成 6 年法律第 9 号）第 2 条第 6 項の規定による特定施設等を設置する発電所，蓄電所又は変電所，開閉所若しくはこれらに準ずる場所から排出される排出水は，同法第 9 条第 1 項の規定による規制基準に適合しなければならない．

10　中性点直接接地式電路に接続する変圧器を設置する箇所には，絶縁油の構外への流出及び地下への浸透を防止するための措置が施されていなければならない．

11　騒音規制法（昭和 43 年法律第 98 号）第 2 条第 1 項の規定による特定施設を設置する発電所，蓄電所又は変電所，開閉所若しくはこれらに準ずる場所であって同法第 3 条第 1 項の規定により指定された地域内に存するものにおいて発生する騒音は，同法第 4 条第 1 項又は第 2 項の規定による規制基準に適合しなければならない．

12　振動規制法（昭和 51 年法律第 64 号）第 2 条第 1 項の規定による特定施設を設置する発電所，蓄電所又は変電所，開閉所若しくはこれらに準ずる場所であって同法第 3 条第 1 項の規定により指定された地域内に存するものにおいて発生する振動は，同法第 4 条第 1 項又は第 2 項の規定による規制基準に適合しなければならない．

13　急傾斜地の崩壊による災害の防止に関する法律（昭和 44 年法律第 57 号）第 3 条第 1 項の規定により指定された急傾斜地崩壊危険区域（以下「急傾斜地崩壊危険区域」という．）内に施設する発電所，蓄電所又は変電所，開閉所若しくはこれらに準ずる場所の電気設備，電線路又は電力

保安通信設備は，当該区域内の急傾斜地（同法第 2 条第 1 項の規定によるものをいう.）の崩壊を助長し又は誘発するおそれがないように施設しなければならない.

14　ポリ塩化ビフェニルを含有する絶縁油を使用する電気機械器具及び電線は，電路に施設してはならない.

15　水質汚濁防止法第 2 条第 5 項の規定による貯油施設等が一般用電気工作物である場合には，当該貯油施設等を設置する場所において，貯油施設等の破損その他の事故が発生し，油を含む水が当該設置場所から公共用水域に排出され，又は地下に浸透したことにより生活環境に係る被害を生ずるおそれがないよう，適切な措置を講じなければならない.

# 第 2 章　電気の供給のための電気設備の施設

## 第 1 節　感電，火災等の防止

電線路等の感電又は火災の防止

**第 20 条**　電線路又は電車線路は，施設場所の状況及び電圧に応じ，感電又は火災のおそれがないように施設しなければならない.

架空電線及び地中電線の感電の防止

**第 21 条**　低圧又は高圧の架空電線には，感電のおそれがないよう，使用電圧に応じた絶縁性能を有する絶縁電線又はケーブルを使用しなければならない. ただし，通常予見される使用形態を考慮し，感電のおそれがない場合は，この限りでない.

2　地中電線（地中電線路の電線をいう. 以下同じ.）には，感電のおそれがないよう，使用電圧に応じた絶縁性能を有するケーブルを使用しなければならない.

低圧電線路の絶縁性能

**第 22 条**　低圧電線路中絶縁部分の電線と大地との間及び電線の線心相互間の絶縁抵抗は，使用電圧に対する漏えい電流が最大供給電流の $1/2,000$ を超えないようにしなければならない.

発電所等への取扱者以外の者の立入の防止

**第 23 条**　高圧又は特別高圧の電気機械器具，母線等を施設する発電所，蓄電所又は変電所，開閉所若しくはこれらに準ずる場所には，取扱者以外の者に電気機械器具，母線等が危険である旨を表示するとともに，当該者が容易に構内に立ち入るおそれがないように適切な措置を講じなければならない.

2　地中電線路に施設する地中箱は，取扱者以外の者が容易に立ち入るおそれがないように施設しなければならない.

架空電線路
の支持物の
昇塔防止

**第 24 条**　架空電線路の支持物には, 感電のおそれがないよう, 取扱者以外の者が容易に昇塔できないように適切な措置を講じなければならない.

架空電線等
の高さ

**第 25 条**　架空電線, 架空電力保安通信線及び架空電車線は, 接触又は誘導作用による感電のおそれがなく, かつ, 交通に支障を及ぼすおそれがない高さに施設しなければならない.

2　支線は, 交通に支障を及ぼすおそれがない高さに施設しなければならない.

架空電線に
よる他人の
電線等の作
業者への感
電の防止

**第 26 条**　架空電線路の支持物は, 他人の設置した架空電線路又は架空弱電流電線路若しくは架空光ファイバケーブル線路の電線又は弱電流電線若しくは光ファイバケーブルの間を貫通して施設してはならない. ただし, その他人の承諾を得た場合は, この限りでない.

2　架空電線は, 他人の設置した架空電線路, 電車線路又は架空弱電流電線路若しくは架空光ファイバケーブル線路の支持物を挟んで施設してはならない. ただし, 同一支持物に施設する場合又はその他人の承諾を得た場合は, この限りでない.

架空電線路
からの静電
誘導作用又
は電磁誘導
作用による
感電の防止

**第 27 条**　特別高圧の架空電線路は, 通常の使用状態において, 静電誘導作用により人による感知のおそれがないよう, 地表上 1 m における電界強度が 3 kV/m 以下になるように施設しなければならない. ただし, 田畑, 山林その他の人の往来が少ない場所において, 人体に危害を及ぼすおそれがないように施設する場合は, この限りでない.

2　特別高圧の架空電線路は, 電磁誘導作用により弱電流電線路 (電力保安通信設備を除く.) を通じて人体に危害を及ぼすおそれがないように施設しなければならない.

3　電力保安通信設備は, 架空電線路からの静電誘導作用又は電磁誘導作用により人体に危害を及ぼすおそれがないように施設しなければならない.

電気機械器
具等からの
電磁誘導作
用による人
の健康影響
の防止

**第 27 条の 2**　変圧器, 開閉器その他これらに類するもの又は電線路を発電所, 蓄電所, 変電所, 開閉所及び需要場所以外の場所に施設するに当たっては, 通常の使用状態において, 当該電気機械器具等からの電磁誘導作用により人の健康に影響を及ぼすおそれがないよう, 当該電気機械器具等のそれぞれの付近において, 人によって占められる空間に相当する空間の磁束密度の平均値が, 商用周波数において 200 μT 以下になるように施設しなければならない. ただし, 田畑, 山林その他の人の往来が少ない場所において, 人体に危害を及ぼすおそれがないように施設する場合は, この限りでない.

2　変電所又は開閉所は，通常の使用状態において，当該施設からの電磁誘導作用により人の健康に影響を及ぼすおそれがないよう，当該施設の付近において，人によって占められる空間に相当する空間の磁束密度の平均値が，商用周波数において 200μT 以下になるように施設しなければならない．ただし，田畑，山林その他の人の往来が少ない場所において，人体に危害を及ぼすおそれがないように施設する場合は，この限りでない．

## 第 2 節　他の電線，他の工作物等への危険の防止

電線の混触
の防止
**第 28 条**　電線路の電線，電力保安通信線又は電車線等は，他の電線又は弱電流電線等と接近し，若しくは交さする場合又は同一支持物に施設する場合には，他の電線又は弱電流電線等を損傷するおそれがなく，かつ，接触，断線等によって生じる混触による感電又は火災のおそれがないように施設しなければならない．

電線による
他の工作物
等への危険
の防止
**第 29 条**　電線路の電線又は電車線等は，他の工作物又は植物と接近し，又は交さする場合には，他の工作物又は植物を損傷するおそれがなく，かつ，接触，断線等によって生じる感電又は火災のおそれがないように施設しなければならない．

地中電線等
による他の
電線及び工
作物への危
険の防止
**第 30 条**　地中電線，屋側電線及びトンネル内電線その他の工作物に固定して施設する電線は，他の電線，弱電流電線等又は管（他の電線等という．以下この条において同じ．）と接近し，又は交さする場合には，故障時のアーク放電により他の電線等を損傷するおそれがないように施設しなければならない．ただし，感電又は火災のおそれがない場合であって，他の電線等の管理者の承諾を得た場合は，この限りでない．

異常電圧に
よる架空電
線等への障
害の防止
**第 31 条**　特別高圧の架空電線と低圧又は高圧の架空電線又は電車線を同一支持物に施設する場合は，異常時の高電圧の侵入により低圧側又は高圧側の電気設備に障害を与えないよう，接地その他の適切な措置を講じなければならない．

2　特別高圧架空電線路の電線の上方において，その支持物に低圧の電気機器器具を施設する場合は，異常時の高電圧の侵入により低圧側の電気設備へ障害を与えないよう，接地その他の適切な措置を講じなければならない．

## 第 3 節　支持物の倒壊による危険の防止

支持物の倒
壊の防止

**第 32 条**　架空電線路又は架空電車線路の支持物の材料及び構造（支線を施設する場合は，当該支線に係るものを含む．）は，その支持物が支持する電線等による引張荷重，10 分間平均で風速 40 m/s の風圧荷重及び当該設置場所において通常想定される地理的条件，気象の変化，振動，衝撃その他の外部環境の影響を考慮し，倒壊のおそれがないよう，安全なものでなければならない．ただし，人家が多く連なっている場所に施設する架空電線路にあっては，その施設場所を考慮して施設する場合は，10 分間平均で風速 40 m/s の風圧荷重の 1/2 の風圧荷重を考慮して施設することができる．

2　架空電線路の支持物は，構造上安全なものとすること等により連鎖的に倒壊のおそれがないように施設しなければならない．

## 第 4 節　高圧ガス等による危険の防止

ガス絶縁機
器等の危険
の防止

**第 33 条**　発電所，蓄電所又は変電所，開閉所若しくはこれらに準ずる場所に施設するガス絶縁機器（充電部分が圧縮絶縁ガスにより絶縁された電気機械器具をいう．以下同じ．）及び開閉器又は遮断器に使用する圧縮空気装置は，次の各号により施設しなければならない．

一　圧力を受ける部分の材料及び構造は，最高使用圧力に対して十分に耐え，かつ，安全なものであること．

二　圧縮空気装置の空気タンクは，耐食性を有すること．

三　圧力が上昇する場合において，当該圧力が最高使用圧力に到達する以前に当該圧力を低下させる機能を有すること．

四　圧縮空気装置は，主空気タンクの圧力が低下した場合に圧力を自動的に回復させる機能を有すること．

五　異常な圧力を早期に検知できる機能を有すること．

六　ガス絶縁機器に使用する絶縁ガスは，可燃性，腐食性及び有毒性のないものであること．

加圧装置の
施設

**第 34 条**　圧縮ガスを使用してケーブルに圧力を加える装置は，次の各号により施設しなければならない．

一　圧力を受ける部分は，最高使用圧力に対して十分に耐え，かつ，安全なものであること．

二　自動的に圧縮ガスを供給する加圧装置であって，故障により圧力が著しく上昇するおそれがあるものは，上昇した圧力に耐える材料及び

構造であるとともに，圧力が上昇する場合において，当該圧力が最高使用圧力に到達する以前に当該圧力を低下させる機能を有すること．

三 圧縮ガスは，可燃性，腐食性及び有毒性のないものであること．

水素冷却式発電機等の施設

**第 35 条** 水素冷却式の発電機若しくは調相設備又はこれに附属する水素冷却装置は，次の各号により施設しなければならない．

一 構造は，水素の漏洩又は空気の混入のおそれがないものであること．

二 発電機，調相設備，水素を通ずる管，弁等は，水素が大気圧で爆発する場合に生じる圧力に耐える強度を有するものであること．

三 発電機の軸封部から水素が漏洩したときに，漏洩を停止させ，又は漏洩した水素を安全に外部に放出できるものであること．

四 発電機内又は調相設備内への水素の導入及び発電機内又は調相設備内からの水素の外部への放出が安全にできるものであること．

五 異常を早期に検知し，警報する機能を有すること．

## 第 5 節 危険な施設の禁止

油入開閉器等の施設制限

**第 36 条** 絶縁油を使用する開閉器，断路器及び遮断器は，架空電線路の支持物に施設してはならない．

屋内電線路等の施設の禁止

**第 37 条** 屋内を貫通して施設する電線路，屋側に施設する電線路，屋上に施設する電線路又は地上に施設する電線路は，当該電線路より電気の供給を受ける者以外の者の構内に施設してはならない．ただし，特別の事情があり，かつ，当該電線路を施設する造営物（地上に施設する電線路にあっては，その土地．）の所有者又は占有者の承諾を得た場合は，この限りでない．

連接引込線の禁止

**第 38 条** 高圧又は特別高圧の連接引込線は，施設してはならない．ただし，特別の事情があり，かつ，当該電線路を施設する造営物の所有者又は占有者の承諾を得た場合は，この限りでない．

電線路のがけへの施設の禁止

**第 39 条** 電線路は，がけに施設してはならない．ただし，その電線が建造物の上に施設する場合，道路，鉄道，軌道，索道，架空弱電流電線等，架空電線又は電車線と交さして施設する場合及び水平距離でこれらのもの（道路を除く．）と接近して施設する場合以外の場合であって，特別の事情がある場合は，この限りでない．

特別高圧架空電線路の市街地等における施設の禁止

**第 40 条** 特別高圧の架空電線路は，その電線がケーブルである場合を除き，市街地その他人家の密集する地域に施設してはならない．ただし，断線又は倒壊による当該地域への危険のおそれがないように施設するとともに，その他の絶縁性，電線の強度等に係る保安上十分な措置を講ず

る場合は，この限りでない．

市街地に施設する電力保安通信線の特別高圧電線に添架する電力保安通信線との接続の禁止

**第41条**　市街地に施設する電力保安通信線は，特別高圧の電線路の支持物に添架された電力保安通信線と接続してはならない．ただし，誘導電圧による感電のおそれがないよう，保安装置の施設その他の適切な措置を講ずる場合は，この限りでない．

## 第6節　電気的，磁気的障害の防止

通信障害の防止

**第42条**　電線路又は電車線路は，無線設備の機能に継続的かつ重大な障害を及ぼす電波を発生するおそれがないように施設しなければならない．

2　電線路又は電車線路は，弱電流電線路に対し，誘導作用により通信上の障害を及ぼさないように施設しなければならない．ただし，弱電流電線路の管理者の承諾を得た場合は，この限りでない．

地球磁気観測所等に対する障害の防止

**第43条**　直流の電線路，電車線路及び帰線は，地球磁気観測所又は地球電気観測所に対して観測上の障害を及ぼさないように施設しなければならない．

## 第7節　供給支障の防止

発変電設備等の損傷による供給支障の防止

**第44条**　発電機，燃料電池又は常用電源として用いる蓄電池には，当該電気機械器具を著しく損壊するおそれがあり，又は一般送配電事業に係る電気の供給に著しい支障を及ぼすおそれがある異常が当該電気機械器具に生じた場合に自動的にこれを電路から遮断する装置を施設しなければならない．

2　特別高圧の変圧器又は調相設備には，当該電気機械器具を著しく損壊するおそれがあり，又は一般送配電事業に係る電気の供給に著しい支障を及ぼすおそれがある異常が当該電気機械器具に生じた場合に自動的にこれを電路から遮断する装置の施設その他の適切な措置を講じなければならない．

発電機等の機械的強度

**第45条**　発電機，変圧器，調相設備並びに母線及びこれを支持するがいしは，短絡電流により生ずる機械的衝撃に耐えるものでなければならない．

2　水車又は風車に接続する発電機の回転する部分は，負荷を遮断した場合に起こる速度に対し，蒸気タービン，ガスタービン又は内燃機関に接続する発電機の回転する部分は，非常調速装置及びその他の非常停止装置が動作して達する速度に対し，耐えるものでなければならない．

3　発電用火力設備に関する技術基準を定める省令（平成9年通商産業省

令第51号）第13条第2項の規定は，蒸気タービンに接続する発電機について準用する．

常時監視を
しない発電
所等の施設

**第46条** 異常が生じた場合に人体に危害を及ぼし，若しくは物件に損傷を与えるおそれがないよう，異常の状態に応じた制御が必要となる発電所，又は一般送配電事業に係る電気の供給に著しい支障を及ぼすおそれがないよう，異常を早期に発見する必要のある発電所であって，発電所の運転に必要な知識及び技能を有する者が当該発電所又はこれと同一の構内において常時監視をしないものは，施設してはならない．ただし，発電所の運転に必要な知識及び技能を有する者による当該発電所又はこれと同一の構内における常時監視と同等な監視を確実に行う発電所であって，異常が生じた場合に安全かつ確実に停止することができる措置を講じている場合は，この限りでない．

2　前項に掲げる発電所以外の発電所，蓄電所又は変電所（これに準ずる場所であって，100,000 V を超える特別高圧の電気を変成するためのものを含む．以下この条において同じ．）であって，発電所，蓄電所又は変電所の運転に必要な知識及び技能を有する者が当該発電所若しくはこれと同一の構内，蓄電所又は変電所において常時監視をしない発電所，蓄電所又は変電所は，非常用予備電源を除き，異常が生じた場合に安全かつ確実に停止することができるような措置を講じなければならない．

地中電線路
の保護

**第47条** 地中電線路は，車両その他の重量物による圧力に耐え，かつ，当該地中電線路を埋設している旨の表示等により掘削工事からの影響を受けないように施設しなければならない．

2　地中電線路のうちその内部で作業が可能なものには，防火措置を講じなければならない．

特別高圧架
空電線路の
供給支障の
防止

**第48条** 使用電圧が 170,000 V 以上の特別高圧架空電線路は，市街地その他人家の密集する地域に施設してはならない．ただし，当該地域からの火災による当該電線路の損壊によって一般送配電事業に係る電気の供給に著しい支障を及ぼすおそれがないように施設する場合は，この限りでない．

2　使用電圧が 170,000 V 以上の特別高圧架空電線と建造物との水平離隔距離は，当該建造物からの火災による当該電線の損壊等によって一般送配電事業に係る電気の供給に著しい支障を及ぼすおそれがないよう，3 m 以上としなければならない．

3　使用電圧が 170,000 V 以上の特別高圧架空電線が，建造物，道路，歩道橋その他の工作物の下方に施設されるときの相互の水平離隔距離は，

当該工作物の倒壊等による当該電線の損壊によって一般送配電事業に係る電気の供給に著しい支障を及ぼすおそれがないよう，3 m 以上としなければならない．

**高圧及び特別高圧の電路の避雷器等の施設**

**第 49 条**　雷電圧による電路に施設する電気設備の損壊を防止できるよう，当該電路中次の各号に掲げる箇所又はこれに近接する箇所には，避雷器の施設その他の適切な措置を講じなければならない．ただし，雷電圧による当該電気設備の損壊のおそれがない場合は，この限りでない．

一　発電所，蓄電所又は変電所若しくはこれに準ずる場所の架空電線引込口及び引出口

二　架空電線路に接続する配電用変圧器であって，過電流遮断器の設置等の保安上の保護対策が施されているものの高圧側及び特別高圧側

三　高圧又は特別高圧の架空電線路から供給を受ける需要場所の引込口

**電力保安通信設備の施設**

**第 50 条**　発電所，蓄電所，変電所，開閉所，給電所（電力系統の運用に関する指令を行う所をいう．），技術員駐在所その他の箇所であって，一般送配電事業に係る電気の供給に対する著しい支障を防ぎ，かつ，保安を確保するために必要なものの相互間には，電力保安通信用電話設備を施設しなければならない．

2　電力保安通信線は，機械的衝撃，火災等により通信の機能を損なうおそれがないように施設しなければならない．

**災害時における通信の確保**

**第 51 条**　電力保安通信設備に使用する無線通信用アンテナ又は反射板（以下この条において「無線用アンテナ等」という．）を施設する支持物の材料及び構造は，10 分間平均で風速 40 m/s の風圧荷重を考慮し，倒壊により通信の機能を損なうおそれがないように施設しなければならない．ただし，電線路の周囲の状態を監視する目的で施設する無線用アンテナ等を架空電線路の支持物に施設するときは，この限りでない．

## 第8節　電気鉄道に電気を供給するための電気設備の施設

**電車線路の施設制限**

**第 52 条**　直流の電車線路の使用電圧は，低圧又は高圧としなければならない．

2　交流の電車線路の使用電圧は，25,000 V 以下としなければならない．

3　電車線路は，電気鉄道の専用敷地内に施設しなければならない．ただし，感電のおそれがない場合は，この限りでない．

4　前項の専用敷地は，電車線路が，サードレール式である場合等人がその敷地内に立ち入った場合に感電のおそれがあるものである場合には，高架鉄道等人が容易に立ち入らないものでなければならない．

架空絶縁帰
線等の施設

**第 53 条**　第 20 条，第 21 条第 1 項，第 25 条第 1 項，第 26 条第 2 項，第 28 条，第 29 条，第 32 条，第 36 条，第 38 条及び第 41 条の規定は，架空絶縁帰線に準用する.

2　第 6 条，第 7 条，第 10 条，第 11 条，第 25 条，第 26 条，第 28 条，第 29 条，第 32 条第 1 項及び第 42 条第 2 項の規定は，架空で施設する排流線に準用する.

電食作用に
よる障害の
防止

**第 54 条**　直流帰線は，漏れ電流によって生じる電食作用による障害のおそれがないように施設しなければならない.

電圧不平衡
による障害
の防止

**第 55 条**　交流式電気鉄道は，その単相負荷による電圧不平衡により，交流式電気鉄道の変電所の変圧器に接続する電気事業の用に供する発電機，調相設備，変圧器その他の電気機械器具に障害を及ぼさないように施設しなければならない.

# 第 3 章　電気使用場所の施設

## 第 1 節　感電，火災等の防止

配線の感電
又は火災の
防止

**第 56 条**　配線は，施設場所の状況及び電圧に応じ，感電又は火災のおそれがないように施設しなければならない.

2　移動電線を電気機械器具と接続する場合は，接続不良による感電又は火災のおそれがないように施設しなければならない.

3　特別高圧の移動電線は，第 1 項及び前項の規定にかかわらず，施設してはならない. ただし，充電部分に人が触れた場合に人体に危害を及ぼすおそれがなく，移動電線と接続することが必要不可欠な電気機械器具に接続するものは，この限りでない.

配線の使用
電線

**第 57 条**　配線の使用電線（裸電線及び特別高圧で使用する接触電線を除く.）には，感電又は火災のおそれがないよう，施設場所の状況及び電圧に応じ，使用上十分な強度及び絶縁性能を有するものでなければならない.

2　配線には，裸電線を使用してはならない. ただし，施設場所の状況及び電圧に応じ，使用上十分な強度を有し，かつ，絶縁性がないことを考慮して，配線が感電又は火災のおそれがないように施設する場合は，この限りでない.

3　特別高圧の配線には，接触電線を使用してはならない.

低圧の電路
の絶縁性能

**第 58 条**　電気使用場所における使用電圧が低圧の電路の電線相互間及び電路と大地との間の絶縁抵抗は，開閉器又は過電流遮断器で区切ること

のできる電路ごとに，次の表の左欄に掲げる電路の使用電圧の区分に応じ，それぞれ同表の右欄に掲げる値以上でなければならない．

| 電 路 の 使 用 電 圧 の 区 分 | | 絶縁抵抗値 |
|---|---|---|
| 300 V 以下 | 対地電圧（接地式電路においては電線と大地との間の電圧，非接地式電路においては電線間の電圧をいう．以下同じ．）が 150 V 以下の場合 | 0.1 MΩ |
| | その他の場合 | 0.2 MΩ |
| 300 V を超えるもの | | 0.4 MΩ |

**第 59 条**　電気使用場所に施設する電気機械器具は，充電部の露出がなく，かつ，人体に危害を及ぼし，又は火災が発生するおそれがある発熱がないように施設しなければならない．ただし，電気機械器具を使用するために充電部の露出又は発熱体の施設が必要不可欠である場合であって，感電その他人体に危害を及ぼし，又は火災が発生するおそれがないように施設する場合は，この限りでない．

2　燃料電池発電設備が一般用電気工作物である場合には，運転状態を表示する装置を施設しなければならない．

**第 60 条**　使用電圧が特別高圧の電気集じん装置，静電塗装装置，電気脱水装置，電気選別装置その他の電気集じん応用装置及びこれに特別高圧の電気を供給するための電気設備は，第 56 条及び前条の規定にかかわらず，屋側又は屋外には，施設してはならない．ただし，当該電気設備の充電部の危険性を考慮して，感電又は火災のおそれがないように施設する場合は，この限りでない．

**第 61 条**　常用電源の停電時に使用する非常用予備電源（需要場所に施設するものに限る．）は，需要場所以外の場所に施設する電路であって，常用電源側のものと電気的に接続しないように施設しなければならない．

## 第 2 節　他の配線，他の工作物等への危険の防止

**第 62 条**　配線は，他の配線，弱電流電線等と接近し，又は交さする場合は，混触による感電又は火災のおそれがないように施設しなければならない．

2　配線は，水道管，ガス管又はこれらに類するものと接近し，又は交さする場合は，放電によりこれらの工作物を損傷するおそれがなく，かつ，漏電又は放電によりこれらの工作物を介して感電又は火災のおそれがないように施設しなければならない．

左欄（欄外見出し）：
電気使用場所に施設する電気機械器具の感電，火災等の防止

特別高圧の電気集じん応用装置等の施設の禁止

非常用予備電源の施設

配線による他の配線等又は工作物への危険の防止

## 第 3 節　異常時の保護対策

過電流から
の低圧幹線
等の保護措
置

**第 63 条**　低圧の幹線，低圧の幹線から分岐して電気機械器具に至る低圧の電路及び引込口から低圧の幹線を経ないで電気機械器具に至る低圧の電路（以下この条において「幹線等」という.）には，適切な箇所に開閉器を施設するとともに，過電流が生じた場合に当該幹線等を保護できるよう，過電流遮断器を施設しなければならない. ただし，当該幹線等における短絡事故により過電流が生じるおそれがない場合は，この限りでない.

2　交通信号灯，出退表示灯その他のその損傷により公共の安全の確保に支障を及ぼすおそれがあるものに電気を供給する電路には，過電流による過熱焼損からそれらの電線及び電気機械器具を保護できるよう，過電流遮断器を施設しなければならない.

地絡に対す
る保護措置

**第 64 条**　ロードヒーティング等の電熱装置，プール用水中照明灯その他の一般公衆の立ち入るおそれがある場所又は絶縁体に損傷を与えるおそれがある場所に施設するものに電気を供給する電路には，地絡が生じた場合に，感電又は火災のおそれがないよう，地絡遮断器の施設その他の適切な措置を講じなければならない.

電動機の過
負荷保護

**第 65 条**　屋内に施設する電動機（出力が 0.2 kW 以下のものを除く. この条において同じ.）には，過電流による当該電動機の焼損により火災が発生するおそれがないよう，過電流遮断器の施設その他の適切な措置を講じなければならない. ただし，電動機の構造上又は負荷の性質上電動機を焼損するおそれがある過電流が生じるおそれがない場合は，この限りでない.

異常時にお
ける高圧の
移動電線及
び接触電線
における電
路の遮断

**第 66 条**　高圧の移動電線又は接触電線（電車線を除く. 以下同じ.）に電気を供給する電路には，過電流が生じた場合に，当該高圧の移動電線又は接触電線を保護できるよう，過電流遮断器を施設しなければならない.

2　前項の電路には，地絡が生じた場合に，感電又は火災のおそれがないよう，地絡遮断器の施設その他の適切な措置を講じなければならない.

## 第 4 節　電気的，磁気的障害の防止

電気機械器
具又は接触
電線による
無線設備へ
の障害の防
止

**第 67 条**　電気使用場所に施設する電気機械器具又は接触電線は，電波，高周波電流等が発生することにより，無線設備の機能に継続的かつ重大な障害を及ぼすおそれがないように施設しなければならない.

## 第5節　特殊場所における施設制限

粉じんにより絶縁性能等が劣化することによる危険のある場所における施設

**第68条**　粉じんの多い場所に施設する電気設備は，粉じんによる当該電気設備の絶縁性能又は導電性能が劣化することに伴う感電又は火災のおそれがないように施設しなければならない．

可燃性のガス等により爆発する危険のある場所における施設の禁止

**第69条**　次の各号に掲げる場所に施設する電気設備は，通常の使用状態において，当該電気設備が点火源となる爆発又は火災のおそれがないように施設しなければならない．

一　可燃性のガス又は引火性物質の蒸気が存在し，点火源の存在により爆発するおそれがある場所

二　粉じんが存在し，点火源の存在により爆発するおそれがある場所

三　火薬類が存在する場所

四　セルロイド，マッチ，石油類その他の燃えやすい危険な物質を製造し，又は貯蔵する場所

腐食性のガス等により絶縁性能等が劣化することによる危険のある場所における施設

**第70条**　腐食性のガス又は溶液の発散する場所（酸類，アルカリ類，塩素酸カリ，さらし粉，染料若しくは人造肥料の製造工場，銅，亜鉛等の製錬所，電気分銅所，電気めっき工場，開放形蓄電池を設置した蓄電池室又はこれらに類する場所をいう．）に施設する電気設備には，腐食性のガス又は溶液による当該電気設備の絶縁性能又は導電性能が劣化することに伴う感電又は火災のおそれがないよう，予防措置を講じなければならない．

火薬庫内における電気設備の施設の禁止

**第71条**　照明のための電気設備（開閉器及び過電流遮断器を除く．）以外の電気設備は，第69条の規定にかかわらず，火薬庫内には，施設してはならない．ただし，容易に着火しないような措置が講じられている火薬類を保管する場所にあって，特別の事情がある場合は，この限りでない．

特別高圧の電気設備の施設の禁止

**第72条**　特別高圧の電気設備は，第68条及び第69条の規定にかかわらず，第68条及び第69条各号に規定する場所には，施設してはならない．ただし，静電塗装装置，同期電動機，誘導電動機，同期発電機，誘導発電機又は石油の精製の用に供する設備に生ずる燃料油中の不純物を高電圧により帯電させ，燃料油と分離して，除去する装置及びこれらに電気を供給する電気設備（それぞれ可燃性のガス等に着火するおそれがないような措置が講じられたものに限る．）を施設するときは，この限りでない．

接触電線の
危険場所へ
の施設の禁
止

**第 73 条**　接触電線は，第 69 条の規定にかかわらず，同条各号に規定する
場所には，施設してはならない．

2　接触電線は，第 68 条の規定にかかわらず，同条に規定する場所には，
施設してはならない．ただし，展開した場所において，低圧の接触電線
及びその周囲に粉じんが集積することを防止するための措置を講じ，か
つ，綿，麻，絹その他の燃えやすい繊維の粉じんが存在する場所にあっ
ては，低圧の接触電線と当該接触電線に接触する集電装置とが使用状態
において離れ難いように施設する場合は，この限りでない．

3　高圧接触電線は，第 70 条の規定にかかわらず，同条に規定する場所に
は，施設してはならない．

## 第 6 節　特殊機器の施設

電気さくの
施設の禁止

**第 74 条**　電気さく（屋外において裸電線を固定して施設したさくであっ
て，その裸電線に充電して使用するものをいう．）は，施設してはならな
い．ただし，田畑，牧場，その他これに類する場所において野獣の侵入
又は家畜の脱出を防止するために施設する場合であって，絶縁性がない
ことを考慮し，感電又は火災のおそれがないように施設するときは，こ
の限りでない．

電撃殺虫
器，エック
ス線発生装
置の施設場
所の禁止

**第 75 条**　電撃殺虫器又はエックス線発生装置は，第 68 条から第 70 条ま
でに規定する場所には，施設してはならない．

パイプライ
ン等の電熱
装置の施設
の禁止

**第 76 条**　パイプライン等（導管等により液体の輸送を行う施設の総体を
いう．）に施設する電熱装置は，第 68 条から第 70 条までに規定する場所
には，施設してはならない．ただし，感電，爆発又は火災のおそれがな
いよう，適切な措置を講じた場合は，この限りでない．

電気浴器，
銀イオン殺
菌装置の施
設

**第 77 条**　電気浴器（浴槽の両端に板状の電極を設け，その電極相互間に
微弱な交流電圧を加えて入浴者に電気的刺激を与える装置をいう．）又は
銀イオン殺菌装置（浴槽内に電極を収納したイオン発生器を設け，その
電極相互間に微弱な直流電圧を加えて銀イオンを発生させ，これにより
殺菌する装置をいう．）は，第 59 条の規定にかかわらず，感電による人
体への危害又は火災のおそれがない場合に限り，施設することができる．

電気防食施
設の施設

**第 78 条**　電気防食施設は，他の工作物に電食作用による障害を及ぼすお
それがないように施設しなければならない．

　　　附　則（平成9年3月27日通商産業省令第52号）

1　この省令は，平成9年6月1日から施行する．

2　この省令の施行の際現に設置され，又は設置のための工事に着手している電気工作物については，なお従前の例による．ただし，この省令の施行の際現に設置され，又は設置のための工事に着手しているもののうち，別に告示する電気工作物であって，ポリ塩化ビフェニルを含有する絶縁油（当該絶縁油に含まれるポリ塩化ビフェニルの重量の割合が0.5%を超えるものに限る．）を使用するものについては，別に告示する期限（以下この項において単に「期限」という．）の翌日（期限から1年を超えない期間に当該電気工作物を廃止することが明らかな場合は，期限から1年を経過した日）以後，第19条第14項の規定を適用する．

3　改正前の電気設備に関する技術基準を定める省令中深海底鉱山保安規則（昭和57年通商産業省令第35号）又は鉱山保安規則（平成6年通商産業省令第13号）の規定により準用され，又はその例によるものとされているものについては，その範囲内において，なお当分の間その例による．

　　　附　則（平成12年6月30日通商産業省令第122号）

この省令は，平成12年7月1日から施行する．

　　　附　則（平成12年9月20日通商産業省令第189号）

この省令は，公布の日から施行する．

　　　附　則（平成13年3月21日経済産業省令第27号）

この省令は，平成13年4月1日から施行する．

　　　附　則（平成13年6月29日経済産業省令第180号）

この省令は，平成13年7月1日から施行する．

　　　附　則（平成16年7月22日経済産業省令第79号）

この省令は，公布の日から施行する．

　　　附　則（平成17年3月10日経済産業省令第18号）

この省令は，公布の日から施行する．ただし，この省令の施行の際現に設置され，又は設置の工事が行われている燃料電池発電設備であって，電気事業法第38条第3項に規定する事業用電気工作物に関する規定を適用する場合には，平成18年3月31日までは，なお従前の例による．

　　　附　則（平成19年3月28日経済産業省令第21号）

この省令は，公布の日から施行する．

　　　　　附　則（平成20年4月7日経済産業省令第31号）　抄

（施行期日）

第1条　この省令は，平成20年5月1日から施行する．

　　　　　附　則（平成23年3月31日経済産業省令第14号）

　この省令は，平成23年4月1日から施行する．

　　　　　附　則（平成23年3月31日経済産業省令第15号）

　この省令は，平成23年10月1日から施行する．ただし，この省令の施行の際現に設置され，又は設置のための工事に着手している電気工作物については，なお従前の例による．

　　　　　附　則（平成24年6月1日経済産業省令第44号）

（施行期日）

第1条　この省令は，平成24年6月1日から施行する．

（経過措置）

第2条　この省令の施行の際現に発電所又は変電所，開閉所若しくはこれらに準ずる場所に設置している水質汚濁防止法（昭和45年法律第138号）第2条第8項に規定する有害物質使用特定施設（同法第5条第2項に該当する場合を除き，設置の工事をしている場合を含む．）及び同法第5条第3項に規定する有害物質貯蔵指定施設（設置の工事をしている場合を含む．）については，この省令の施行の日から起算して3年を経過するまでの間は，この省令による改正後の電気設備に関する技術基準を定める省令第19条第5項及び第6項の規定は，適用しない．

　　　　　附　則（平成24年7月2日経済産業省令第48号）

　この省令は，平成24年8月1日から施行する．

　　　　　附　則（平成24年9月14日経済産業省令第68号）

　この省令は，原子力規制委員会設置法の施行の日（平成24年9月19日）から施行する．

　　　　　附　則（平成28年3月23日経済産業省令第27号）

　この省令は，電気事業法等の一部を改正する法律の施行の日（平成28年4月1日）から施行する．

　　　　　附　則（平成28年9月23日経済産業省令第91号）　抄

（施行期日）

1　この省令は，平成28年9月24日から施行する．

（経過措置）

4　この省令の施行の際現に設置され，又は設置のための工事に着手している電気工作物についてのこの省令による改正後の電気設備に関する技

術基準を定める省令第15条の2の適用については，この省令の施行後最初に行う変更の工事が完成するまでの間は，なお従前の例によることができる．

　　　　　附　則（平成29年3月31日経済産業省令第32号）　抄

（施行期日）

第1条　この省令は，電気事業法等の一部を改正する等の法律（平成27年法律第47号）附則第1条第五号に掲げる規定の施行の日（平成29年4月1日）から施行する．

　　　　　附　則（令和2年5月13日経済産業省令第47号）

この省令は，公布の日から施行する．

　　　　　附　則（令和3年3月31日経済産業省令第28号）

この省令は，令和3年4月1日から施行する．

　　　　　附　則（令和4年6月10日経済産業省令第51号）

（施行期日）

1　この省令は，令和4年10月1日から施行する．

（経過措置）

2　この省令の施行の際限に設置され，又は設置のための工事に着手している自家用電気工作物（発電事業の用に供するものを除く．）についてのこの省令による改正後の電気設備に関する技術基準を定める省令第15条の2の適用については，この省令の施行後最初に行う変更の工事が完成するまでの間は，なお従前の例によることができる．

　　　　　附　則（令和4年11月30日経済産業省令第88号）　抄

（施行期日）

第1条　この省令は，電気事業法施行令の一部を改正する政令（令和4年政令第362号）の施行の日（令和4年12月1日）から施行する．

　　　　　附　則（令和4年12月14日経済産業省令第96号）　抄

（施行期日）

1　この省令は，高圧ガス保安法等の一部を改正する法律（令和4年法律第74号）附則第1条第三号に掲げる規定の施行の日（令和5年3月20日）から施行する．

# 電気設備の技術基準の解釈

◎経済産業省大臣官房技術総括・保安審議官

　この電気設備の技術基準の解釈（以下「解釈」という．）は，電気設備に関する技術基準を定める省令（平成9年通商産業省令第52号．以下「省令」という．）に定める技術的要件を満たすものと認められる技術的内容をできるだけ具体的に示したものである．なお，省令に定める技術的要件を満たすものと認められる技術的内容はこの解釈に限定されるものではなく，省令に照らして十分な保安水準の確保が達成できる技術的根拠があれば，省令に適合するものと判断するものである．

　この解釈において，性能を規定しているものと規格を規定しているものとを併記して記載しているものは，いずれかの要件を満たすことにより，省令を満足することを示したものである．

　なお，この解釈に引用する規格のうち，民間規格評価機関（「民間規格評価機関の評価・承認による民間規格等の電気事業法に基づく技術基準（電気設備に関するもの）への適合性確認のプロセスについて（内規）」（20200702保局第2号令和2年7月17日）に定める要件への適合性が国により確認され，公表された機関をいう．以下同じ．）が承認した規格については，当該民間規格評価機関がホームページに掲載するリストを参照すること．

| | | |
|---|---|---|
| **（制定）** | 20130215 商局第 4 号 | 平成 25 年 3 月 14 日付け |
| **（改正）** | 20130318 商局第 5 号 | 平成 25 年 5 月 20 日付け |
| | 20130510 商局第 1 号 | 平成 25 年 5 月 31 日付け |
| | 20130925 商局第 1 号 | 平成 25 年 10 月 7 日付け |
| | 20131213 商局第 1 号 | 平成 25 年 12 月 24 日付け |
| | 20140626 商局第 2 号 | 平成 26 年 7 月 18 日付け |
| | 20151124 商局第 2 号 | 平成 27 年 12 月 3 日付け |
| | 20160309 商局第 2 号 | 平成 28 年 4 月 1 日付け |
| | 20160418 商局第 7 号 | 平成 28 年 5 月 25 日付け |

20160826 商局第 1 号　平成 28 年 9 月 13 日付け
20160905 商局第 2 号　平成 28 年 9 月 23 日付け
20170803 保局第 1 号　平成 29 年 8 月 14 日付け
20180824 保局第 2 号　平成 30 年 10 月 1 日付け
20200220 保局第 1 号　令和 2 年 2 月 25 日付け
20200511 保局第 2 号　令和 2 年 5 月 13 日付け
20200527 保局第 2 号　令和 2 年 6 月 1 日付け
20200806 保局第 3 号　令和 2 年 8 月 12 日付け
20210317 保局第 1 号　令和 3 年 3 月 31 日付け
20210524 保局第 1 号　令和 3 年 5 月 31 日付け
20220328 保局第 1 号　令和 4 年 4 月 1 日付け
20220530 保局第 1 号　令和 4 年 6 月 10 日付け
20221125 保局第 1 号　令和 4 年 11 月 30 日付け
20230310 保局第 2 号　令和 5 年 3 月 20 日付け
20231211 保局第 2 号　令和 5 年 12 月 26 日付け

# 目　　　　次

## 第1章　総　　　　則

## 第 2 章　発電所並びに変電所，開閉所及び これらに準ずる場所の施設

# 第3章 電 線 路

## 第 4 章　電力保安通信設備

## 第 5 章　電気使用場所の施設及び小規模発電設備

### 第 1 節　電気使用場所の施設及び小規模発電設備の通則

第2節　配線等の施設

第3節　特殊場所の施設

第4節　特殊機器等の施設

## 第 6 章　電 気 鉄 道 等

## 第 7 章　国際規格の取り入れ

## 第 8 章　分散型電源の系統連系設備

## 別　表

# 付　　　録

# 第1章 総 則

## 第1節 通 則

**【用語の定義】**（省令第1条）

**第 1 条** この解釈において，次の各号に掲げる用語の定義は，当該各号による．

一 使用電圧（公称電圧） 電路を代表する線間電圧

二 最大使用電圧 次のいずれかの方法により求めた，通常の使用状態において電路に加わる最大の線間電圧

  イ 使用電圧が，電気学会電気規格調査会標準規格 JEC-0222-2009「標準電圧」の「3.1 公称電圧が1,000 V を超える電線路の公称電圧及び最高電圧」又は「3.2 公称電圧が1,000 V 以下の電線路の公称電圧」に規定される公称電圧に等しい電路においては，使用電圧に，1-1 表に規定する係数を乗じた電圧

1-1 表

| 使用電圧の区分 | 係数 |
|---|---|
| 1,000 V 以下 | 1.15 |
| 1,000 V を超え 500,000 V 未満 | 1.15／1.1 |
| 500,000 V | 1.05，1.1 又は 1.2 |
| 1,000,000 V | 1.1 |

  ロ イに規定する以外の電路においては，電路の電源となる機器の定格電圧（電源となる機器が変圧器である場合は，当該変圧器の最大タップ電圧とし，電源が複数ある場合は，それらの電源の定格電圧のうち最大のもの）

  ハ 計算又は実績により，イ又はロの規定により求めた電圧を上回ることが想定される場合は，その想定される電圧

三 技術員 設備の運転又は管理に必要な知識及び技能を有する者

四 電気使用場所 電気を使用するための電気設備を施設した，1の建物又は1の単位をなす場所

五 需要場所 電気使用場所を含む1の構内又はこれに準ずる区域であっ

て，発電所，蓄電所，変電所及び開閉所以外のもの

六　変電所に準ずる場所　需要場所において高圧又は特別高圧の電気を受電
し，変圧器その他の電気機械器具により電気を変成する場所

七　開閉所に準ずる場所　需要場所において高圧又は特別高圧の電気を受電
し，開閉器その他の装置により電路の開閉をする場所であって，変電所に
準ずる場所以外のもの

八　電車線等　電車線並びにこれと電気的に接続するちょう架線，ブラケッ
ト及びスパン線

九　架空引込線　架空電線路の支持物から他の支持物を経ずに需要場所の取
付け点に至る架空電線

十　引込線　架空引込線及び需要場所の造営物の側面等に施設する電線であ
って，当該需要場所の引込口に至るもの

十一　屋内配線　屋内の電気使用場所において，固定して施設する電線（電
気機械器具内の電線，管灯回路の配線，エックス線管回路の配線，第 142
条第七号に規定する接触電線，第 181 条第 1 項に規定する小勢力回路の電
線，第 182 条に規定する出退表示灯回路の電線，第 183 条に規定する特別
低電圧照明回路の電線及び電線路の電線を除く．）

十二　屋側配線　屋外の電気使用場所において，当該電気使用場所における
電気の使用を目的として，造営物に固定して施設する電線（電気機械器具
内の電線，管灯回路の配線，第 142 条第七号に規定する接触電線，第 181
条第 1 項に規定する小勢力回路の電線，第 182 条に規定する出退表示灯回
路の電線及び電線路の電線を除く．）

十三　屋外配線　屋外の電気使用場所において，当該電気使用場所における
電気の使用を目的として，固定して施設する電線（屋側配線，電気機械器
具内の電線，管灯回路の配線，第 142 条第七号に規定する接触電線，第 181
条第 1 項に規定する小勢力回路の電線，第 182 条に規定する出退表示灯回
路の電線及び電線路の電線を除く．）

十四　管灯回路　放電灯用安定器又は放電灯用変圧器から放電管までの電路

十五　弱電流電線　弱電流電気の伝送に使用する電気導体，絶縁物で被覆し
た電気導体又は絶縁物で被覆した上を保護被覆で保護した電気導体（第
181 条第 1 項に規定する小勢力回路の電線又は第 182 条に規定する出退表
示灯回路の電線を含む．）

十六　弱電流電線等　弱電流電線及び光ファイバケーブル

十七　弱電流電線路等　弱電流電線路及び光ファイバケーブル線路

十八　多心型電線　絶縁物で被覆した導体と絶縁物で被覆していない導体とからなる電線

十九　ちょう架用線　ケーブルをちょう架する金属線

二十　複合ケーブル　電線と弱電流電線とを束ねたものの上に保護被覆を施したケーブル

二十一　接近　一般的な接近している状態であって，並行する場合を含み，交差する場合及び同一支持物に施設される場合を除くもの．

二十二　工作物　人により加工された全ての物体

二十三　造営物　工作物のうち，土地に定着するものであって，屋根及び柱又は壁を有するもの

二十四　建造物　造営物のうち，人が居住若しくは勤務し，又は頻繁に出入し若しくは来集するもの

二十五　道路　公道又は私道（横断歩道橋を除く．）

二十六　水気のある場所　水を扱う場所若しくは雨露にさらされる場所その他水滴が飛散する場所，又は常時水が漏出し若しくは結露する場所

二十七　湿気の多い場所　水蒸気が充満する場所又は湿度が著しく高い場所

二十八　乾燥した場所　湿気の多い場所及び水気のある場所以外の場所

二十九　点検できない隠ぺい場所　天井ふところ，壁内又はコンクリート床内等，工作物を破壊しなければ電気設備に接近し，又は電気設備を点検できない場所

三十　点検できる隠ぺい場所　点検口がある天井裏，戸棚又は押入れ等，容易に電気設備に接近し，又は電気設備を点検できる隠ぺい場所

三十一　展開した場所　点検できない隠ぺい場所及び点検できる隠ぺい場所以外の場所

三十二　難燃性　炎を当てても燃え広がらない性質

三十三　自消性のある難燃性　難燃性であって，炎を除くと自然に消える性質

三十四　不燃性　難燃性のうち，炎を当てても燃えない性質

三十五　耐火性　不燃性のうち，炎により加熱された状態においても著しく変形又は破壊しない性質

三十六　接触防護措置　次のいずれかに適合するように施設することをいう．

　　イ　設備を，屋内にあっては床上 2.3 m 以上，屋外にあっては地表上 2.5
　　　m 以上の高さに，かつ，人が通る場所から手を伸ばしても触れることの
　　　ない範囲に施設すること.

　　ロ　設備に人が接近又は接触しないよう，さく，へい等を設け，又は設備
　　　を金属管に収める等の防護措置を施すこと.

　三十七　簡易接触防護措置　次のいずれかに適合するように施設することを
　　　いう.

　　イ　設備を，屋内にあっては床上 1.8 m 以上，屋外にあっては地表上 2 m
　　　以上の高さに，かつ，人が通る場所から容易に触れることのない範囲に
　　　施設すること.

　　ロ　設備に人が接近又は接触しないよう，さく，へい等を設け，又は設備
　　　を金属管に収める等の防護措置を施すこと.

　三十八　架渉線　架空電線，架空地線，ちょう架用線又は添架通信線等のも
　　　の

【適用除外】（省令第 3 条）

**第 2 条**　鉄道営業法（明治 33 年法律第 65 号），軌道法（大正 10 年法律第 76
　号）又は鉄道事業法（昭和 61 年法律第 92 号）が適用され又は準用される電
　気設備であって，2-1 表の左欄に掲げるものは，同表の右欄に掲げる規定を
　適用せず，鉄道営業法，軌道法又は鉄道事業法の相当規定の定めるところに
　よること.

2-1 表

| 電気設備の種類 | | 適用しない規定 |
|---|---|---|
| 鉄道，索道又は軌道の専用敷地内に施設するもの | 電気鉄道用変電所相互を接続する送電用の電線路 | 第 31 条，第 39 条，第 49 条，第 50 条，第 53 条から第 55 条まで，第 58 条第 1 項第七号，同項第十二号及び第 3 項，第 59 条（第 2 項から第 4 項までは，低圧又は高圧の架空電線路に係るものに限る.），第 60 条から第 87 条まで，第 89 条から第 123 条まで，第 125 条から第 133 条まで，第 206 条から第 208 条まで，並びに第 216 条 |
| | 送電用の電線路以外の電気設備 | |
| 電車線等及びレール | | 第 205 条，第 214 条，第 215 条及び第 217 条 |
| 電気鉄道用変電所 | | 第 39 条及び第 48 条第三号から第七号まで |

（備考）　1.　踏切内は，専用敷地内とみなす.
　　　　　2.　電気鉄道用変電所とは，直流変成器又は交流き電用変圧器を施設する変
　　　　　　電所をいう.

# 第2節　電　　　線

**【電線の規格の共通事項】**（省令第6条，第21条，第57条第1項）

**第 3 条**　第5条，第6条及び第8条から第10条までに規定する電線の規格に共通の事項は，次の各号のとおりとする．

一　通常の使用状態における温度に耐えること．

二　線心が2本以上のものにあっては，色分けその他の方法により線心が識別できること．

三　導体補強線を有するものにあっては，導体補強線は，次に適合すること．

　イ　天然繊維若しくは化学繊維又は鋼線であること．

　ロ　鋼線にあっては，次に適合すること．

　（イ）　直径が5 mm以下であること．

　（ロ）　引張強さが686 N/mm² 以上であること．

　（ハ）　表面は滑らかで，かつ，傷等がないこと．

　（ニ）　すず若しくは亜鉛のめっきを施したもの，又はステンレス鋼線であること．

四　補強索を有するものにあっては，補強索は，次に適合すること．

　イ　引張強さが294 N/mm² 以上の鋼線であること．

　ロ　絶縁体又は外装に損傷を与えるおそれのないものであること．

　ハ　表面は滑らかで，かつ，傷等がないこと．

　ニ　すず若しくは亜鉛のめっきを施したもの，又はステンレス鋼線であること．

五　セパレータを有するものにあっては，セパレータは，次に適合すること．

　イ　紙，天然繊維，化学繊維，ガラス繊維，天然ゴム混合物，合成ゴム又は合成樹脂であること．

　ロ　厚さは，1 mm以下であること．ただし，耐火電線である旨の表示のあるものにあっては，1.5 mm以下とすることができる．

六　遮へいを有するものにあっては，遮へいは，次に適合すること．

　イ　アルミニウム製のものにあっては，ケーブル以外の電線に使用しないこと．

　ロ　厚さが0.8 mm以下のテープ状のもの，厚さが2 mm以下の被覆状のもの，厚さが2.5 mm以下の編組状のもの又は直径5 mm以下の線状のものであること．

七　介在物を有するものにあっては，介在物は，紙，天然繊維，化学繊維，ガラス繊維，天然ゴム混合物，合成ゴム又は合成樹脂であること．

八　防湿剤，防腐剤又は塗料を施すものにあっては，防湿剤，防腐剤及び塗料は，次に適合すること．

イ　容易に水に溶解しないこと．

ロ　絶縁体，外装，外部編組，セパレータ，補強索又は接地線の性能を損なうおそれのないものであること．

九　接地線を有するものにあっては，接地線は，次に適合すること．

イ　導体は，次に適合すること．

（イ）　単線にあっては，別表第1に規定する軟銅線であって，直径が1.6 mm 以上のものであること．

（ロ）　より線にあっては，別表第1に規定する軟銅線を素線としたより線であって，公称断面積が 0.75 mm$^2$ 以上のものであること．

（ハ）　次のいずれかに該当するものにあっては，すず若しくは鉛又はこれらの合金のめっきを施してあること．

（1）　ビニル混合物及びポリエチレン混合物以外のもので被覆してあるもの

（2）　被覆を施していないもの（電線の絶縁体又は外装がビニル混合物及びポリエチレン混合物以外の絶縁物である場合に限る．）

ロ　被覆を施してあるものにあっては，被覆の厚さが接地線の線心以外の線心の絶縁体の厚さの 70% を超え，かつ，導体の太さが接地線の導体以外の導体の太さの 80% を超えるとき，又は接地線の線心が 2 本以上のときは，接地線である旨を表示してあること．

**【裸電線等】**（省令第6条，第57条第2項）

**第 4 条**　裸電線（バスダクトの導体その他のたわみ難い電線，ライティングダクトの導体，絶縁トロリー線の導体及び電気さくの電線を除く．）及び支線，架空地線，保護線，保護網，電力保安通信用弱電流電線その他の金属線（絶縁電線，多心型電線，コード，キャブタイヤケーブル及びケーブル並びに第181条第1項第三号ロただし書の規定により使用する被覆線を除く．）には，次の各号に適合するものを使用すること．

一　電線として使用するものは，通常の使用状態における温度に耐えること．

二　単線は，4-1表の左欄に掲げる金属線であって，同表の中欄に規定する

　導電率及び同表の右欄に規定する単位断面積当たりの引張強さを有するものであること.

4-1 表

| 金属線の種類 | | | 導電率 | 単位断面積当たりの引張強さ（N/mm²） |
|---|---|---|---|---|
| 直径 12 mm 以下の硬銅線 | | | 96% 以上 | 別表第 1 の値 |
| 軟銅線 | | | 98% 以上 | 別表第 1 の値 |
| 銅合金線 | 直径 5 mm 以下のけい銅線 | | 45% 以上 | 4-2 表の値以上 |
| | 直径 5 mm 以下の C 合金線 | | 35% 以上 | 4-2 表の値以上 |
| | 直径 5 mm 以下のカドミウム銅合金線 | | 85% 以上 | 4-2 表の値以上 |
| | 直径 5 mm 以下の耐熱銅合金線 | | 95% 以上 | 4-2 表の値以上 |
| 直径 6.6 mm 以下の硬アルミ線 | | | 61% 以上 | 別表第 2 の値 |
| アルミ合金線 | 直径 6.6 mm 以下のイ号アルミ線 | | 52% 以上 | 309 以上 |
| | 直径 6.6 mm 以下の高力アルミ合金線 | | 53% 以上 | 別表第 2 の値 |
| | 直径 6.6 mm 以下の耐熱アルミ合金線 | | 57% 以上 | 別表第 2 の値 |
| | 直径 6.6 mm 以下の高力耐熱アルミ合金線 | | 53% 以上 | 別表第 2 の値 |
| 銅覆鋼線 | 直径 5 mm 以下の特別強力銅覆鋼線 | | 19% 以上 | 4-2 表の値以上 |
| | 直径 5 mm 以下の強力銅覆鋼線 | | 29% 以上 | 4-2 表の値以上 |
| アルミ覆鋼線 | 直径 5 mm 以下の超強力アルミ覆鋼線 | | 14% 以上 | 別表第 3 の値 |
| | 直径 5 mm 以下の特別強力アルミ覆鋼線 | | 20% 以上 | 別表第 3 の値 |
| | 直径 5 mm 以下の強力アルミ覆鋼線 | | 22% 以上 | 別表第 3 の値 |
| | 直径 5 mm 以下の普通アルミ覆鋼線 | | 30% 以上 | 別表第 3 の値 |
| 直径 5 mm 以下のアルミめっき鋼線 | | | — | 別表第 3 の値 |
| 亜鉛めっき鋼線 | 直径 5 mm 以下の超強力亜鉛めっき鋼線 | | — | 1,960 以上 |
| | 直径 5 mm 以下の特別強力亜鉛めっき鋼線 | 第 1 種 | — | 1,770 以上 |
| | | 第 2 種 | — | 1,670 以上 |
| | 普通亜鉛めっき鋼線 | 第 1 種 | — | 1,230 以上 |
| | | 第 2 種 | — | 883 以上 |
| | | 第 3 種 | — | 686 以上 |
| インバー線 | 直径 5 mm 以下のアルミ覆インバー線 | | — | 別表第 3 の値 |
| | 直径 5 mm 以下の亜鉛めっきインバー線 | | — | 別表第 3 の値 |
| 亜鉛めっきその他のさび止めめっきを施した鉄線 | | | — | 294 以上 |

4-2 表

| 直径（mm） | けい銅線 | C合金 | | | カドミウム銅合金線 | 耐熱銅合金線 | 特別強力銅覆鋼線 | | | 強力銅覆鋼線 | |
|---|---|---|---|---|---|---|---|---|---|---|---|
| | | 導電率が35%以上40%未満のもの | 導電率が40%以上45%未満のもの | 導電率が45%以上のもの | | | 導電率が19%以上29%未満のもの | 導電率が29%以上39%未満のもの | 導電率が39%以上のもの | 導電率が29%以上39%未満のもの | 導電率が39%以上のもの |
| 0.9 以下 | 652 | 892 | 843 | 757 | 604 | 452 | 1,480 | 1,240 | 1,180 | 1,120 | 1,060 |
| 0.9 を超え 1.0 以下 | 652 | 892 | 843 | 757 | 604 | 451 | 1,480 | 1,240 | 1,180 | 1,120 | 1,060 |
| 1.0 を超え 1.2 以下 | 652 | 892 | 843 | 757 | 604 | 449 | 1,480 | 1,240 | 1,180 | 1,120 | 1,060 |
| 1.2 を超え 1.4 以下 | 652 | 891 | 841 | 753 | 604 | 447 | 1,480 | 1,240 | 1,180 | 1,120 | 1,060 |
| 1.4 を超え 1.6 以下 | 646 | 889 | 837 | 750 | 597 | 444 | 1,480 | 1,240 | 1,180 | 1,120 | 1,060 |
| 1.6 を超え 1.8 以下 | 640 | 888 | 835 | 746 | 591 | 442 | 1,480 | 1,240 | 1,180 | 1,120 | 1,060 |
| 1.8 を超え 2.0 以下 | 634 | 887 | 832 | 742 | 584 | 440 | 1,480 | 1,240 | 1,180 | 1,120 | 1,060 |
| 2.0 を超え 2.3 以下 | 626 | 885 | 827 | 736 | 575 | 437 | 1,450 | 1,240 | 1,140 | 1,080 | 1,000 |
| 2.3 を超え 2.6 以下 | 617 | 882 | 822 | 732 | 565 | 433 | 1,420 | 1,240 | 1,100 | 1,040 | 956 |
| 2.6 を超え 2.9 以下 | 608 | 880 | 818 | 726 | 555 | 431 | 1,380 | 1,210 | 1,060 | 1,000 | 918 |
| 2.9 を超え 3.2 以下 | 598 | 877 | 813 | 720 | 545 | 428 | 1,340 | 1,180 | 1,040 | 971 | 890 |
| 3.2 を超え 3.5 以下 | 590 | 875 | 808 | 715 | 536 | 424 | 1,290 | 1,150 | 1,010 | 945 | 863 |
| 3.5 を超え 3.7 以下 | 584 | 873 | 805 | 711 | 530 | 422 | — | 1,130 | 990 | 928 | 846 |
| 3.7 を超え 4.0 以下 | 576 | 871 | 800 | 705 | 530 | 419 | — | 1,100 | 971 | 905 | 824 |
| 4.0 を超え 4.3 以下 | 572 | 869 | 795 | 698 | 514 | 416 | — | 1,070 | 951 | 883 | 800 |
| 4.3 を超え 4.5 以下 | 567 | 867 | 792 | 696 | 510 | 414 | — | 1,050 | 941 | 868 | 785 |
| 4.5 を超え 5.0 以下 | 558 | 863 | 785 | 686 | 501 | 408 | — | 1,000 | 912 | 839 | 753 |

　　三　より線（光ファイバケーブルを内蔵できる構造のものを除く.）は，次に
　　適合するものであること.

　　　イ　構造は，次のいずれかのものであること.

　　　（イ）　前号に規定する単線で，かつ，種類が同一であるものを素線とす
　　　　　るより線

　　　（ロ）　前号に規定する硬銅線又は耐熱銅合金線と，前号に規定する銅覆
　　　　　鋼線とを素線とするより線

　　　（ハ）　内側は前号に規定する硬アルミ線，アルミ合金線，アルミ覆鋼線，
　　　　　アルミめっき鋼線，超強力亜鉛めっき鋼線，特別強力亜鉛めっき鋼

　　　線若しくはインバー線，又は直径 5 mm 以下の亜鉛めっき鋼線であ
　　　って単位断面積当たりの引張強さが別表第 3 に規定する値以上のも
　　　の，かつ，外側は前号に規定する硬アルミ線，アルミ合金線又はア
　　　ルミ覆鋼線であるより線

　ロ　引張強さは，次の式により計算した値以上であること．

$$T=\Sigma(\sigma\times S\times n)\times k$$

　　　$T$ は，より線の引張強さ（単位：N）

　　　$\sigma$ は，素線（単線）の単位断面積当たりの引張強さ（単位：N/mm$^2$）

　　　$S$ は，素線（単線）の断面積（素線が圧縮されたものであるときは，圧
　　　縮後の断面積）（単位：mm$^2$）

　　　$n$ は，素線数（単位：本）

　　　$k$ は，引張強さ減少係数であって，4-3 表に規定する値

　　　$\Sigma$ は，素線の種類ごとに計算したものを合計することを意味する．

4-3 表

| より線の種類 | 引張強さ減少係数 |
|---|---|
| イ（イ）に規定するもののうち，素線がアルミめっき鋼線，亜鉛めっき鋼線，インバー線又は亜鉛めっきその他のさび止めめっきを施した鉄線以外のものであって，素線数が 3 以下のもの | 0.95 |
| イ（ロ）に規定するもののうち，素線数が 3 以下のもの | |
| イ（イ）に規定するもののうち，素線がアルミめっき鋼線，亜鉛めっき鋼線又は亜鉛めっきその他のさび止めめっきを施した鉄線であるものであって，素線数が 7 以下のもの | 0.92 |
| 上記以外のもの | 0.9 |

　四　光ファイバケーブルを内蔵できる構造のより線は，次のいずれかに適合
　　するものであること．

　　イ　第二号に規定する硬アルミ線，アルミ合金線，アルミ覆鋼線，アルミ
　　　めっき鋼線，亜鉛めっき鋼線若しくはインバー線，又は直径 5 mm 以下
　　　の亜鉛めっき鋼線であって，単位断面積当たりの引張強さが別表第 3 に
　　　規定する値以上のものを素線とするより線であり，引張強さが，前号ロ
　　　に規定する式において引張強さ減少係数を 0.9 として計算した値以上で
　　　あること．

　　ロ　内側は 4-4 表の左欄に掲げる金属線であって，同表の中欄に規定する
　　　導電率及び同表の右欄に規定する単位断面積当たりの引張強さを有し，

外側はイに規定するより線であること.

4-4 表

| 金属線の種類 | 導電率 | 単位断面積当たりの引張強さ (N/mm$^2$) |
|---|---|---|
| 直径 12 mm 以下のアルミ線 | 61% 以上 | 59 以上 |
| 直径 12 mm 以下のアルミ合金線 | 52% 以上 | 118 以上 |

**【絶縁電線】**（省令第 5 条第 2 項，第 6 条，第 21 条，第 57 条第 1 項）

**第 5 条**　絶縁電線は，電気用品安全法（昭和 36 年法律第 234 号）の適用を受けるもの又は次の各号に適合する性能を有するものを使用すること. ただし，第 21 条第三号若しくは第 168 条第 1 項第二号ロの規定により第 3 項各号に適合する性能を有する引下げ用高圧絶縁電線を使用する場合，又は第 181 条第 1 項第三号ロ若しくは第六号イ（イ），若しくは第 182 条第四号イの規定により第 181 条第 3 項に規定する絶縁電線を使用する場合は，この限りでない.

一　通常の使用状態における温度に耐えること.

二　構造は，絶縁物で被覆した電気導体であること.

三　低圧絶縁電線の絶縁体の厚さは，別表第 4 に規定する値を標準値とし，その平均値が標準値の 90% 以上，その最小値が標準値の 80% 以上であること.

四　完成品は，次に適合するものであること.

　イ　清水中に 1 時間浸した後，導体と大地との間に 5-1 表に規定する交流電圧を連続して 1 分間加えたとき，これに耐える性能を有すること.

5-1 表

| 絶縁電線の種類 | | 交流電圧 (V) |
|---|---|---|
| 低圧絶縁電線 | 導体の断面積が 300 mm$^2$ 以下のもの | 3,000 |
| | 導体の断面積が 300 mm$^2$ を超えるもの | 3,500 |
| 高圧絶縁電線 | | 12,000 |
| 特別高圧絶縁電線 | | 25,000 |

　ロ　イの試験の後において，導体と大地との間に 100 V の直流電圧を 1 分間加えた後に測定した絶縁体の絶縁抵抗が，別表第 6 に規定する値以上であること.

2　第 1 項各号に規定する性能を満足する，600 V ビニル絶縁電線，600 V ポ

リエチレン絶縁電線，600 V ふっ素樹脂絶縁電線，600 V ゴム絶縁電線，屋外用ビニル絶縁電線，高圧絶縁電線又は特別高圧絶縁電線の規格は，第 3 条及び次の各号のとおりとする．

一　導体は，次のいずれかであること．

　　イ　別表第 1 に規定する銅線又はこれを素線としたより線（絶縁体に天然ゴム混合物，スチレンブタジエンゴム混合物，エチレンプロピレンゴム混合物又はけい素ゴム混合物を使用するものにあっては，すず若しくは鉛又はこれらの合金のめっきを施したものに限る．）

　　ロ　別表第 2 に規定するアルミ線若しくはこれを素線としたより線又はアルミ成形単線（引張強さが 59 N/mm$^2$ 以上 98 N/mm$^2$ 未満，伸びが 20 % 以上，導電率が 61 % 以上のものに限る．）

　　ハ　内側は別表第 3 に規定する銅線，かつ，外側は別表第 2 に規定するアルミ線であるより線

二　絶縁体は，次に適合するものであること．

　　イ　材料は，5-2 表の左欄に掲げる絶縁電線の種類に応じ，それぞれ同表の右欄に掲げるものであって，電気用品の技術上の基準を定める省令の解釈（20130605 商局第 3 号）別表第一附表第十四に規定する試験を行ったとき，これに適合するものであること．

5-2 表

| 絶縁電線の種類 | 材料 |
|---|---|
| 600 V ビニル絶縁電線又は屋外用ビニル絶縁電線 | ビニル混合物 |
| 600 V ポリエチレン絶縁電線 | ポリエチレン混合物 |
| 600 V ふっ素樹脂絶縁電線 | ふっ素樹脂混合物 |
| 600 V ゴム絶縁電線 | 天然ゴム混合物，スチレンブタジエンゴム混合物，エチレンプロピレンゴム混合物又はけい素ゴム混合物 |
| 高圧絶縁電線 | ポリエチレン混合物又はエチレンプロピレンゴム混合物 |
| 特別高圧絶縁電線 | 架橋ポリエチレン混合物 |

　　ロ　厚さは，600 V ビニル絶縁電線，600 V ポリエチレン絶縁電線，600 V ふっ素樹脂絶縁電線，600 V ゴム絶縁電線，屋外用ビニル絶縁電線にあっては別表第 4，高圧絶縁電線にあっては別表第 5，特別高圧絶縁電線に

あっては5-3表に規定する値（導体に接する部分に半導電層を設ける場合は，その厚さを減じた値）を標準値とし，その平均値が標準値の 90% 以上，その最小値が標準値の 80% 以上であること．

5-3 表

| 導体の公称断面積(mm²) | | 特別高圧絶縁電線の絶縁体の厚さ（mm） |
|---|---|---|
| 22 以上 | 38 以下 | 2.5 |
| 38 を超え | 150 以下 | 3.0 |
| 150 を超え | 500 以下 | 3.5 |

三　絶縁体に天然ゴム混合物，スチレンブタジエンゴム混合物又はけい素ゴム混合物（電気用品の技術上の基準を定める省令の解釈別表第一附表第二十五に規定する試験を行ったとき，これに適合するものを除く．）を使用するものにあっては，絶縁体の上により糸で密に約 0.7 mm の厚さの外部編組を施す又はこれと同等以上の強度を有する被覆を施してあること．

四　絶縁体に天然ゴム混合物又はスチレンブタジエンゴム混合物を使用するものにあっては，外部編組は，防湿剤を施してあること．

五　完成品は，次に適合するものであること．

　イ　清水中に 1 時間浸した後，導体と大地との間に 5-4 表に規定する交流電圧を連続して 1 分間加えたとき，これに耐える性能を有すること．

5-4 表

| 絶縁電線の種類 | | 交流電圧(V) |
|---|---|---|
| 屋外用ビニル絶縁電線 | | 3,000 |
| 600 V ビニル絶縁電線，600 V ポリエチレン絶縁電線，600 V ふっ素樹脂絶縁電線又は600 V ゴム絶縁電線 | 導体の断面積が 300 mm² 以下のもの | 3,000 |
| | 導体の断面積が 300 mm² を超えるもの | 3,500 |
| 高圧絶縁電線 | | 12,000 |
| 特別高圧絶縁電線 | | 25,000 |

　ロ　屋外用ビニル絶縁電線以外のものにあっては，イの試験の後において，導体と大地との間に 100 V の直流電圧を 1 分間加えた後に測定した絶縁体の絶縁抵抗が，別表第 7 に規定する値以上であること．

3　引下げ用高圧絶縁電線は，次の各号に適合する性能を有するものであるこ

と.

一　第1項各号の規定に適合すること.

二　完成品は，清水中に30分間浸した後，表面の水分をふきとり，10 cm の間隔で2箇所に直径1 mm の裸線を巻き，これらの裸線の間に5,000 V の交流電圧を連続して1分間加えたとき，発煙，燃焼又はせん絡を生じないこと.

4　第3項に規定する性能を満足する引下げ用高圧絶縁電線の規格は，第3条及び次の各号のとおりとする.

一　導体は，別表第1に規定する銅線又はこれを素線としたより線（絶縁体にブチルゴム混合物又はエチレンプロピレンゴム混合物を使用するものにあっては，すず若しくは鉛又はこれらの合金のめっきを施したものに限る．）であること.

二　絶縁体は，次に適合するものであること.

　　イ　材料は，ポリエチレン混合物，ブチルゴム混合物又はエチレンプロピレンゴム混合物であって，電気用品の技術上の基準を定める省令の解釈別表第一附表第十四に規定する試験を行ったとき，これに適合するものであること.

　　ロ　厚さは，5-5 表に規定する値（導体に接する部分に半導電層を設ける場合は，その厚さを減じた値）を標準値とし，その平均値が標準値の90% 以上，その最小値が標準値の80% 以上であること.

5-5 表

| 使用電圧の区分（V） | 導線 | | 絶縁体の厚さ(mm) | |
| --- | --- | --- | --- | --- |
| | より線（公称断面積 mm²） | 単線（直径 mm） | ポリエチレン混合物又はエチレンプロピレンゴム混合物の場合 | ブチルゴム混合物の場合 |
| 3,500 以下 | 5.5 以上 30 以下 | 2.0 以上 5.0 以下 | 2.0 | 3.0 |
| 3,500 超過 | 5.5 以上 30 以下 | 2.0 以上 5.0 以下 | 3.0 | 4.0 |

三　完成品は，次に適合するものであること.

　　イ　清水中に1時間浸した後，導体と大地との間に，使用電圧が3,500 V 以下のものにあっては6,000 V，3,500 V を超えるものにあっては12,000 V の交流電圧を連続して1分間加えたとき，これに耐える性能を有すること.

　ロ　イの試験の後において，導体と大地との間に100 Vの直流電圧を1分
　　間加えた後に測定した絶縁体の絶縁抵抗が，別表第7に規定する値以上
　　であること.

　ハ　清水中に30分間浸した後，表面の水分をふきとり，10 cmの間隔で2
　　箇所に直径1 mmの裸線を巻き，これらの裸線の間に5,000 Vの交流電
　　圧を連続して1分間加えたとき，発煙，燃焼又はせん絡を生じないこと.

**【多心型電線】**（省令第6条，第21条，第57条第1項，第2項）

**第 6 条**　多心型電線は，次の各号に適合する性能を有するものを使用するこ
　と.

一　通常の使用状態における温度に耐えること.

二　構造は，絶縁物で被覆した導体を絶縁物で被覆していない導体の周囲に
　らせん状に巻き付けた電線であること.

三　絶縁体の厚さは，別表第4に規定する値を標準値とし，その平均値が標
　準値の90%以上，その最小値が標準値の80%以上であること.

四　完成品は，次に適合するものであること.

　イ　絶縁物で被覆した導体相互間及び絶縁物で被覆した導体と絶縁物で被
　　覆していない導体との間に，3,500 V（導体の断面積が300 mm$^2$以下の
　　ものにあっては，3,000 V）の交流電圧を連続して1分間加えたとき，こ
　　れに耐える性能を有すること.

　ロ　イの試験の後において，絶縁物で被覆した導体と絶縁物で被覆してい
　　ない導体との間に，100 Vの直流電圧を1分間加えた後に測定した絶縁
　　体の絶縁抵抗が，別表第6に規定する値以上であること.

2　第1項各号に規定する性能を満足する，多心型電線の規格は，第3条及び
　次の各号のとおりとする.

一　構造は，絶縁物で被覆した導体を絶縁物で被覆していない導体の周囲
　に，絶縁物で被覆した導体の外径の80倍以下のピッチでらせん状に巻き
　付けたものであること.

二　絶縁物で被覆した導体は，次に適合するものであること.

　イ　導体は，次のいずれかであること.

　　（イ）　別表第1に規定する硬銅線又はこれを素線としたより線（絶縁体
　　　にエチレンプロピレンゴム混合物を使用するものにあっては，すず
　　　若しくは鉛又はこれらの合金のめっきを施したものに限る.）

　　（ロ）　別表第2に規定する硬アルミ線若しくは半硬アルミ線又はこれら

　　を素線としたより線

　ロ　絶縁体は，次に適合するものであること．

　　（イ）　材料は，ビニル混合物，ポリエチレン混合物又はエチレンプロピ
　　　　レンゴム混合物であって，電気用品の技術上の基準を定める省令の
　　　　解釈別表第一附表第十四に規定する試験を行ったとき，これに適合
　　　　するものであること．

　　（ロ）　厚さは，別表第4に規定する値を標準値とし，その平均値が標準
　　　　値の 90% 以上，その最小値が標準値の 80% 以上であること．

　三　絶縁物で被覆していない導体は，次のいずれかであること．

　イ　別表第1に規定する硬銅線又はこれを素線としたより線

　ロ　内側は別表第3に規定する鋼線，かつ，外側は別表第2に規定する硬
　　アルミ線であるより線

　四　完成品は，次に適合するものであること．

　イ　絶縁物で被覆した導体相互間及び絶縁物で被覆した導体と絶縁物で被
　　覆していない導体との間に，3,500 V（導体の断面積が 300 mm$^2$ 以下の
　　ものにあっては，3,000 V）の交流電圧を連続して1分間加えたとき，こ
　　れに耐える性能を有すること．

　ロ　イの試験の後において，絶縁物で被覆した導体と絶縁物で被覆してい
　　ない導体との間に，100 V の直流電圧を1分間加えた後に測定した絶縁
　　体の絶縁抵抗が，別表第7に規定する値以上であること．

**【コード】**（省令第57条第1項）

　**第 7 条**　コードは，電気用品安全法の適用を受けるものであること．

**【キャブタイヤケーブル】**（省令第5条第2項，第6条，第21条，第57条第1項）

　**第 8 条**　キャブタイヤケーブルは，電気用品安全法の適用を受けるもの又は
　次の各号に適合する性能を有するものを使用すること．

　一　通常の使用状態における温度に耐えること．

　二　構造は，絶縁物で被覆した上に外装で保護した電気導体であること．ま
　　た，高圧用のキャブタイヤケーブルにあっては単心のものは線心の上に，
　　多心のものは線心をまとめたもの又は各線心の上に，金属製の電気遮へい
　　層を設けたものであること．

　三　低圧用キャブタイヤケーブルの絶縁体の厚さは，8-1 表に規定する値を
　　標準値とし，その平均値が標準値の 90% 以上，その最小値が標準値の
　　80% 以上であること．

8-1 表

| 導体の公称断面積<br>（mm²） | 絶縁体の厚さ（mm） | | | | |
|---|---|---|---|---|---|
| | ビニル混合物の場合 | ポリエチレン混合物，ポリオレフィン混合物又はエチレンプロピレンゴム混合物の場合 | | 天然ゴム混合物又はブチルゴム混合物の場合 | |
| | | ビニルキャブタイヤケーブル，耐燃性ポリオレフィンキャブタイヤケーブル，2種クロロプレンキャブタイヤケーブル，2種クロロスルホン化ポリエチレンキャブタイヤケーブル又は2種耐燃性エチレンゴムキャブタイヤケーブル | 3種クロロプレンキャブタイヤケーブル，3種クロロスルホン化ポリエチレンキャブタイヤケーブル，3種耐燃性エチレンゴムキャブタイヤケーブル，4種クロロプレンキャブタイヤケーブル又は4種クロロスルホン化キャブタイヤケーブル | ビニルキャブタイヤケーブル，2種クロロプレンキャブタイヤケーブル又はクロロスルホン化ポリエチレンキャブタイヤケーブル | 3種クロロプレンキャブタイヤケーブル，3種クロロスルホン化ポリエチレンキャブタイヤケーブル，4種クロロプレンキャブタイヤケーブル又は4種クロロスルホン化ポリエチレンキャブタイヤケーブル |
| 0.75 以上 3.5 以下 | 0.8 | 0.8 | 1.2 | 1.1 | 1.4 |
| 3.5 を超え 5.5 以下 | 1.0 | 1.0 | 1.2 | 1.1 | 1.4 |
| 5.5 を超え　8 以下 | 1.2 | 1.0 | 1.2 | 1.1 | 1.4 |
| 8 を超え　14 以下 | 1.4 | 1.0 | 1.2 | 1.4 | 1.4 |
| 14 を超え　22 以下 | 1.6 | 1.2 | 1.6 | 1.4 | 1.8 |
| 22 を超え　30 以下 | 1.6 | 1.2 | 1.6 | 1.8 | 1.8 |
| 30 を超え　38 以下 | 1.8 | 1.2 | 1.6 | 1.8 | 1.8 |
| 38 を超え　60 以下 | 1.8 | 1.5 | 2.1 | 1.8 | 2.3 |
| 60 を超え 100 以下 | 2.0 | 2.0 | 2.1 | 2.3 | 2.3 |
| 100 を超え 150 以下 | 2.2 | 2.0 | 2.7 | 2.3 | 2.9 |
| 150 を超え 250 以下 | 2.4 | 2.5 | 3.3 | 2.9 | 3.5 |
| 250 を超え 400 以下 | 2.6 | 2.5 | 3.3 | 2.9 | 3.5 |
| 400 を超え 500 以下 | 2.8 | 3.0 | 3.8 | 3.5 | 4.0 |

　四　外装は，次に適合するものであること．

　　イ　8-2 表の左欄に掲げるキャブタイヤケーブルの種類に応じ，それぞれ同表の中欄に掲げる材料であって，電気用品の技術上の基準を定める省令の解釈別表第一附表第十四に規定する試験を行ったとき，これに適合

するものを同表の右欄に規定する値以上の厚さに設けたもの又はこれと
同等以上の機械的強度を有するものであること.

8-2 表

| キャブタイヤケーブルの種類 | | 材　　料 | 外装の厚さ(mm) |
|---|---|---|---|
| 低圧用 | ビニルキャブタイヤケーブル | ビニル混合物 | $\dfrac{D}{15}+1.3$ |
| | 耐燃性ポリオレフィンキャブタイヤケーブル | 耐燃性ポリオレフィン混合物 | |
| | 2種キャブタイヤケーブル | クロロプレンゴム混合物 | |
| | 3種キャブタイヤケーブル | | $\dfrac{D}{15}+2.2$ |
| | 4種キャブタイヤケーブル | | $\dfrac{D}{15}+2.6$ |
| 高圧用 | 2種キャブタイヤケーブル | クロロプレンゴム混合物 | $\dfrac{D}{15}+2.2$ |
| | 3種キャブタイヤケーブル | | $\dfrac{D}{15}+2.7$ |

(備考)　1.　$D$ は, 丸形のものにあっては外装の内径, その他のものにあっては外装
　　　　　の内短径と内長径の和を2で除した値(単位:mm)
　　　　2.　外装の厚さは, 小数点第2位以下を四捨五入した値

　　ロ　3種キャブタイヤケーブル, 4種キャブタイヤケーブルの外装にあっ
　　　　ては, 中間に厚さ1mm以上の綿帆布テープ又はこれと同等以上の強度
　　　　を有する補強層を設けたものであること.
　五　完成品は, 次に適合するものであること.
　　イ　8-3表に規定する試験方法で, 8-4表に規定する交流電圧を加えたと
　　　　き, これに耐える性能を有すること.

8-3 表

| キャブタイヤケーブルの種類 | | 試験方法 |
|---|---|---|
| 低圧用 | 単心のもの | 清水中に1時間浸した後, 導体と大地との間に交流電圧を連続して1分間加える. |
| | 多心のもの | 清水中に1時間浸した後, 導体相互間及び導体と大地との間に交流電圧を連続して1分間加える. |
| 高圧用 | 単心のもの | 導体と遮へいとの間に交流電圧を連続して10分間加える. |
| | 多心のもの | 導体相互間及び導体と遮へいとの間に交流電圧を連続して10分間加える. |

8-4 表

| キャブタイヤケーブルの種類 | | 交流電圧（V） |
|---|---|---|
| 低圧用 | | 3,000 |
| 高圧用 | 使用電圧が 1,500 V 以下のもの | 5,500 |
| | 使用電圧が 1,500 V を超え 3,500 V 以下のもの | 9,000 |
| | 使用電圧が 3,500 V を超えるもの | 17,000 |

　ロ　イの試験の後において，導体と大地との間に 100 V の直流電圧を 1 分
　　間加えた後に測定した絶縁体の絶縁抵抗が，別表第6に規定する値以上
　　であること．

　ハ　電気用品の技術上の基準を定める省令の解釈別表第一 1 (7) への規定
　　に適合すること．

2　第1項各号に規定する性能を満足するキャブタイヤケーブルの規格は，第
　3条及び次の各号のとおりとする．

　一　導体は，別表第1に規定する軟銅線であって，直径が 1 mm 以下のもの
　　を素線としたより線（絶縁体に天然ゴム混合物，ブチルゴム混合物又はエ
　　チレンプロピレンゴム混合物を使用するものにあっては，すず若しくは鉛
　　又はこれらの合金のめっきを施したものに限る．）であること．

　二　絶縁体は，次に適合するものであること．

　　イ　材料は，8-5 表に規定するものであって，電気用品の技術上の基準を
　　　定める省令の解釈別表第一附表第十四に規定する試験を行ったとき，こ
　　　れに適合するものであること．

8-5 表

| キャブタイヤケーブルの種類 | | | 材料 |
|---|---|---|---|
| | ビニルキャブタイヤケーブル | | ビニル混合物，ポリエチレン混合物，天然ゴム混合物，ブチルゴム混合物又はエチレンプロピレンゴム混合物 |
| | 耐燃性ポリオレフィンキャブタイヤケーブル | | ポリオレフィン混合物 |
| 低圧用 | 2種 | クロロプレンキャブタイヤケーブル | 天然ゴム混合物，ブチルゴム混合物又はエチレンプロピレンゴム混合物 |
| | 3種 | | |
| | 4種 | | |
| | 2種 | クロロスルホン化ポリエチレンキャブタイヤケーブル | |
| | 3種 | | |

| | 4種 | | |
|---|---|---|---|
| | 2種 | 耐燃性エチレンゴム | |
| | 3種 | キャブタイヤケーブル | |
| 高圧用 | 2種 | クロロプレン | ブチルゴム混合物又はエチレンプロピレンゴム混合物 |
| | 3種 | キャブタイヤケーブル | |
| | 2種 | クロロスルホン化ポリエチレン | |
| | 3種 | キャブタイヤケーブル | |

　ロ　厚さは，低圧用のキャブタイヤケーブルにあっては 8-1 表，高圧用の
　　キャブタイヤケーブルにあっては 8-6 表に規定する値（導体に接する部
　　分に半導電層を設ける場合は，その厚さを減じた値）を標準値とし，そ
　　の平均値が標準値の 90% 以上，その最小値が標準値の 80% 以上である
　　こと．

8-6 表

| 使用電圧の区分 (V) | 導体の公称断面積 (mm²) | 絶縁体の厚さ (mm) | |
|---|---|---|---|
| | | ブチルゴム混合物の場合 | エチレンプロピレンゴム混合物の場合 |
| 1,500 以下 | 14 以上　38 以下 | 3.0 | 2.5 |
| | 38 を超え 150 以下 | 3.5 | 3.0 |
| | 150 を超え 325 以下 | 4.0 | 3.5 |
| 1,500 を超え 3,500 以下 | 14 以上　38 以下 | 3.5 | 3.0 |
| | 38 を超え 150 以下 | 4.0 | 3.5 |
| | 150 を超え 325 以下 | 4.5 | 4.0 |
| 3,500 超過 | 14 以上　150 以下 | 6.0 | 5.0 |
| | 150 を超え 325 以下 | 6.5 | 5.5 |

　三　高圧用のキャブタイヤケーブルの遮へいは，次に適合するものであるこ
　　と．ただし，使用電圧が 1,500 V 以下の場合において，線心の上に半導電
　　層を設け，かつ，直径 2 mm の軟銅線又はこれと同等以上の強さ及び太さ
　　の導体をその半導電層に接して設けたものは，この限りでない．
　　イ　2種クロロプレンキャブタイヤケーブル又は 2種クロロスルホン化ポ
　　　リエチレンキャブタイヤケーブルにあっては，単心のものは線心の上
　　　に，多心のものは線心をまとめたもの又は各線心の上に，すず若しくは

鉛若しくはこれらの合金のめっきを施した厚さ 0.1 mm の軟銅テープ又はこれと同等以上の強度を有するすず若しくは鉛若しくはこれらの合金のめっきを施した軟銅線の編組，金属テープ若しくは被覆状の金属体を設けたものであること.

ロ　3種クロロプレンキャブタイヤケーブル又は3種クロロスルホン化ポリエチレンキャブタイヤケーブルにあっては，単心のものは線心の上に，多心のものは各線心の上に，半導電層を設け，更にその上にすず若しくは鉛若しくはこれらの合金のめっきを施した厚さ 0.1 mm の軟銅テープ又はこれと同等以上の強度を有するすず若しくは鉛若しくはこれらの合金のめっきを施した軟銅線の編組，金属テープ若しくは被覆状の金属体を設けたものであること.

四　外装は，次に適合するものであること.

イ　材料は，8-7 表に規定するものであって，電気用品の技術上の基準を定める省令の解釈別表第一附表第十四に規定する試験を行ったとき，これに適合するものであること.

8-7 表

| キャブタイヤケーブルの種類 | | | 材料 |
|---|---|---|---|
| 低圧用 | | ビニルキャブタイヤケーブル | ビニル混合物 |
| | | 耐燃性ポリオレフィンキャブタイヤケーブル | 耐燃性ポリオレフィン混合物 |
| | 2種 | クロロプレンキャブタイヤケーブル | クロロプレンゴム混合物 |
| | 3種 | | |
| | 4種 | | |
| | 2種 | クロロスルホン化ポリエチレンキャブタイヤケーブル | クロロスルホン化ポリエチレンゴム混合物 |
| | 3種 | | |
| | 4種 | | |
| | 2種 | 耐燃性エチレンゴムキャブタイヤケーブル | 耐燃性エチレンゴム混合物 |
| | 3種 | | |
| 高圧用のキャブタイヤケーブル | | | クロロプレンゴム混合物又はクロロスルホン化ポリエチレンゴム混合物 |

ロ　厚さは，別表第8に規定する値を標準値とし，その平均値が標準値の 90% 以上，その最小値が標準値の 85% 以上であること.

ハ　3種クロロプレンキャブタイヤケーブル，3種クロロスルホン化ポリ

エチレンキャブタイヤケーブル，3 種耐燃性エチレンゴムキャブタイヤ
ケーブル，4 種クロロプレンキャブタイヤケーブル又は 4 種クロロスルホン化ポリエチレンキャブタイヤケーブルの外装にあっては，中間に厚さ 1 mm 以上の綿帆布テープ又はこれと同等以上の強度を有する補強層を設けたものであること．

五　4 種クロロプレンキャブタイヤケーブル又は 4 種クロロスルホン化ポリエチレンキャブタイヤケーブルのうち多心のものにあっては，次の計算式により計算した値以上の厚さのゴム座床を各線心の間に設けたものであること．

$$t = \frac{d}{10} + 1.4$$

$t$ は，ゴム座床の厚さ（単位：mm．小数点二位以下は切り上げる．）

$d$ は，線心の外径（単位：mm）

六　完成品は，次に適合するものであること．

イ　8-3 表に規定する試験方法で，8-4 表に規定する交流電圧を加えたとき，これに耐える性能を有すること．

ロ　イの試験の後において，導体と大地との間に 100 V の直流電圧を 1 分間加えた後に測定した絶縁体の絶縁抵抗が，別表第 7 に規定する値以上であること．

ハ　電気用品の技術上の基準を定める省令の解釈別表第一 1 (7) への規定に適合すること．

**【低圧ケーブル】**（省令第 6 条，第 21 条，第 57 条第 1 項）

**第 9 条**　使用電圧が低圧の電路（電気機械器具内の電路を除く．）の電線に使用するケーブルには，電気用品安全法の適用を受けるもの，次の各号に適合する性能を有する低圧ケーブル，第 3 項各号に適合する性能を有する MI ケーブル，第 5 項に規定する有線テレビジョン用給電兼用同軸ケーブル，又はこれらのケーブルに保護被覆を施したものを使用すること．ただし，第 172 条第 3 項の規定によりエレベータ用ケーブルを使用する場合，同条第 4 項の規定により船用ケーブルを使用する場合，第 181 条若しくは第 182 条第四号イの規定により通信用ケーブルを使用する場合，第 190 条第 1 項第四号の規定により溶接用ケーブルを使用する場合又は第 195 条第 1 項第三号の規定により発熱線接続用ケーブルを使用する場合は，この限りでない．

一　通常の使用状態における温度に耐えること．

二　構造は，絶縁物で被覆した上を外装で保護した電気導体であること．ただし，第 127 条第 2 項の規定により施設する低圧水底電線路に使用するケーブルは，外装を有しないものとすることができる．

三　絶縁体の厚さは，別表第 4 に規定する値を標準値とし，その平均値が標準値の 90% 以上，その最小値が標準値の 80% 以上であること．

四　完成品は，次に適合するものであること．

イ　9-1 表に規定する試験方法で，9-2 表に規定する交流電圧を連続して 1 分間加えたとき，これに耐える性能を有すること．

9-1 表

| ケーブルの種類 | | 試験方法 |
|---|---|---|
| 水底ケーブル以外の金属外装ケーブル | 単心のもの | 導体と金属外装との間に交流電圧を加える． |
| | 多心のもの | 導体相互間及び導体と金属外装との間に交流電圧を加える． |
| その他のケーブル | 単心のもの | 清水中に 1 時間浸した後，導体と大地との間に交流電圧を加える． |
| | 多心のもの | 清水中に 1 時間浸した後，導体相互間及び導体と大地との間に交流電圧を加える． |

9-2 表

| 導　体 | | 交流電圧（V） |
|---|---|---|
| 成形単線及びより線（公称断面積 mm$^2$） | 単線（直径 mm） | |
| 8 以下 | 3.2 以下 | 1,500 |
| 8 を超え 30 以下 | 3.2 を超え 5 以下 | 2,000 |
| 30 を超え 80 以下 | — | 2,500 |
| 80 を超え 400 以下 | — | 3,000 |
| 400 超過 | — | 3,500 |

ロ　イの試験の後において，水底ケーブル以外の金属外装ケーブルにあっては導体と外装の間，その他のケーブルにあっては導体と大地との間に，100 V の直流電圧を 1 分間加えた後に測定した絶縁体の絶縁抵抗が，別表第 6 に規定する値以上であること．

2　第 1 項各号に規定する性能を満足する鉛被ケーブル，アルミ被ケーブル，クロロプレン外装ケーブル，ビニル外装ケーブル又はポリエチレン外装ケーブルの規格は，第 3 条及び次の各号のとおりとする．

一　導体は，次のいずれかであること．

　イ　別表第1に規定する軟銅線又はこれを素線としたより線（絶縁体に天然ゴム混合物，ブチルゴム混合物又はエチレンプロピレンゴム混合物を使用するものにあっては，すず若しくは鉛又はこれらの合金のめっきを施したものに限る．）

　ロ　別表第2に規定するアルミ線若しくはこれを素線としたより線又はアルミ成形単線（引張強さが59 N/mm$^2$ 以上98 N/mm$^2$ 未満，伸びが20%以上，導電率が61% 以上のものに限る．）

　ハ　内側は別表第3に規定する鋼線，かつ，外側は別表第2に規定するアルミ線であるより線

二　絶縁体は，次に適合するものであること．

　イ　材料は，ビニル混合物，ポリエチレン混合物，天然ゴム混合物，ブチルゴム混合物，エチレンプロピレンゴム混合物又はふっ素樹脂混合物であって，電気用品の技術上の基準を定める省令の解釈別表第一附表第十四に規定する試験を行ったとき，これに適合するものであること．

　ロ　厚さは，別表第4に規定する値を標準値とし，その平均値が標準値の90% 以上，その最小値が標準値の80% 以上であること．

三　外装は，次に適合するものであること．

　イ　材料は，9-3 表の左欄に掲げるケーブルの種類に応じ，それぞれ同表の右欄に掲げるものであって，ビニル混合物，ポリエチレン混合物又はクロロプレンゴム混合物にあっては，電気用品の技術上の基準を定める省令の解釈別表第一附表第十四に規定する試験を行ったとき，これに適合するものであること．

9-3表

| ケーブルの種類 | 材料 |
|---|---|
| 鉛被ケーブル | 純度が 99.5% 以上の鉛 |
| アルミ被ケーブル | 純度が 99.5% 以上のアルミニウム |
| ビニル外装ケーブル | ビニル混合物 |
| ポリエチレン外装ケーブル | ポリエチレン混合物 |
| クロロプレン外装ケーブル | クロロプレンゴム混合物 |

　ロ　厚さは，別表第8に規定する値（クロロプレン外装ケーブルの外装の上にゴム引き帆布を厚さ1 mm 以上に重ね巻きするときは，同表に規定

する値から 0.5 mm を減じた値）を標準値とし，その平均値が標準値の
90% 以上，その最小値が標準値の 85% 以上であること．

四　完成品は，次に適合するものであること．

　イ　9-1 表に規定する試験方法で，9-2 表に規定する交流電圧を連続して 1
　　分間加えたとき，これに耐える性能を有すること．

　ロ　イの試験の後において，鉛被ケーブル又はアルミ被ケーブルにあって
　　は導体と鉛被又はアルミ被との間に，ビニル外装ケーブル，ポリエチレ
　　ン外装ケーブル又はクロロプレン外装ケーブルにあっては導体と大地と
　　の間に，100 V の直流電圧を 1 分間加えた後に測定した絶縁体の絶縁抵
　　抗が，別表第 7 に規定する値以上であること．

　ハ　鉛被ケーブル又はアルミ被ケーブルにあっては，室温において，外装
　　の外径の 20 倍の直径を有する円筒のまわりに 180 度屈曲させた後，直
　　線状に戻し，次に反対方向に 180 度屈曲させた後，直線状に戻す操作を
　　3 回繰り返したとき，外装にひび，割れその他の異状を生じないこと．

3　MI ケーブルは，次の各号に適合する性能を有するものであること．

一　通常の使用状態における温度に耐えること．

二　構造は，導体相互間及び導体と銅管との間に粉末状の酸化マグネシウム
　その他の絶縁性のある無機物を充てんし，これを圧延した後，焼鈍したも
　のであること．

三　絶縁体の厚さは，9-4 表に規定する値を標準値とし，その平均値が標準
　値の 90% 以上，その最小値が標準値の 80% 以上であること．

9-4 表

| 導体の公称断面積 (mm²) | 絶縁体の厚さ (mm) | | 使用電圧が 300 V を超えるもの |
|---|---|---|---|
| | 使用電圧が 300 V 以下のもの | | |
| | 単心又は 2 心のもの | 3 心以上 7 心以下のもの | |
| 1.0 以上　2.5 以下 | 0.65 | 0.75 | 1.3 |
| 2.5 を超え 4.0 以下 | 0.65 | — | 1.3 |
| 4.0 を超え 150 以下 | — | — | 1.3 |

四　完成品は，次に適合するものであること．

　イ　空気中において，単心のものにあっては導体と銅管との間に，多心の
　　ものにあっては導体相互間及び導体と銅管との間に，9-5 表に規定する
　　交流電圧を連続して 1 分間加えたとき，これに耐える性能を有するこ

と.

9-5 表

| 使用電圧の区分 | 外装の区分 | 交流電圧 |
|---|---|---|
| 300 V 以下 | 外装に防食層を施すもの | 1,000 V |
| | その他のもの | 1,500 V |
| 300 V 超過 | 外装に防食層を施すもの | 1,500 V |
| | その他のもの | 2,500 V |

ロ　イの試験の後において，導体と銅管との間に 100 V の直流電圧を 1 分間加えた後に測定した絶縁体の絶縁抵抗が，別表第 6 に規定する値以上であること.

ハ　室温において，銅管の外径の 12 倍の直径を有する円筒のまわりに 180 度屈曲させた後，直線状に戻し，次に反対方向に 180 度屈曲させた後，直線状に戻す操作を 2 回繰り返す.さらに，端末部に防湿処理を施し，当該円筒のまわりに 180 度曲げた状態で清水中に 1 時間浸した後，単心のものにあっては導体と銅管との間に，多心のものにあっては導体相互間及び導体と銅管との間に，使用電圧が 300 V 以下のものにあっては 750 V，使用電圧が 300 V を超えるものにあっては 1,250 V の交流電圧を連続して 1 分間加えたとき，これに耐える性能を有すること.

ニ　銅管の外径の 2/3 まで偏平にしたとき，銅管に裂け目を生じず，さらに，端末部に防湿処理を施し，清水中に 1 時間浸した後，単心のものにあっては導体と銅管との間に，多心のものにあっては導体相互間及び導体と銅管との間に，使用電圧が 300 V 以下のものにあっては 750 V，使用電圧が 300 V を超えるものにあっては 1,250 V の交流電圧を連続して 1 分間加えたとき，これに耐える性能を有すること.

4　前項各号に規定する性能を満足する MI ケーブルの規格は，第 3 条及び次の各号のとおりとする.

一　構造は，導体相互間及び導体と銅管との間に粉末状の酸化マグネシウムその他の絶縁性のある無機物を充てんし，これを圧延した後，焼鈍したものであること.

二　完成品における導体相互間及び導体と銅管との間の絶縁体の厚さは，9-4 表に規定する値を標準値とし，その平均値が標準値の 90 % 以上，その最小値が標準値の 80 % 以上であること.

　三　導体は，別表第 1 に規定する銅線であること.

　四　銅管は，次に適合するものであること.

　　イ　民間規格評価機関として日本電気技術規格委員会が承認した規格である「銅及び銅合金の継目無管」の「適用」の欄に規定するものであること.

　　ロ　厚さは，別表第 8 に規定する値を標準値とし，その平均値が標準値の 90％ 以上，その最小値が標準値の 85％ 以上であること.

　五　完成品は，次に適合するものであること.

　　イ　空気中において，単心のものにあっては導体と銅管との間に，多心のものにあっては導体相互間及び導体と銅管との間に，9-5 表に規定する交流電圧を連続して 1 分間加えたとき，これに耐える性能を有すること.

　　ロ　イの試験の後において，導体と銅管との間に 100 V の直流電圧を 1 分間加えた後に測定した絶縁体の絶縁抵抗が，別表第 7 に規定する値以上であること.

　　ハ　第 3 項第四号ハ及びニの規定に適合すること.

5　有線テレビジョン用給電兼用同軸ケーブルは，次の各号に適合するものであること.

　一　通常の使用状態における温度に耐えること.

　二　外部導体は，接地すること.

　三　使用電圧は，90 V 以下であって，使用電流は，15 A 以下であること.

　四　絶縁性のある外装を有すること.

　五　完成品は，日本産業規格 JIS C 3503 (1995)「CATV 用（給電兼用）アルミニウムパイプ形同軸ケーブル」(JIS C 3503 (2009) にて追補) の「5.3　導体抵抗」,「5.4　耐電圧」,「5.5　絶縁抵抗」及び「5.9　シースの引張り」の試験方法により試験したとき，「3　特性」に適合すること.

## 【高圧ケーブル】(省令第 5 条第 2 項，第 6 条，第 21 条，第 57 条第 1 項)

**第 10 条**　使用電圧が高圧の電路（電気機械器具内の電路を除く.）の電線に使用するケーブルには，次の各号に適合する性能を有する高圧ケーブル，第 5 項各号に適合する性能を有する複合ケーブル（弱電流電線を電力保安通信線に使用するものに限る.）又はこれらのケーブルに保護被覆を施したものを使用すること. ただし，第 46 条第 1 項ただし書の規定により太陽電池発電設備用直流ケーブルを使用する場合，第 67 条第一号ホの規定により半導電性

外装ちょう架用高圧ケーブルを使用する場合，又は第 188 条第 1 項第三号ロ
の規定により飛行場標識灯用高圧ケーブルを使用する場合はこの限りでない.

一　通常の使用状態における温度に耐えること.

二　構造は，絶縁物で被覆した上を外装で保護した電気導体において，外装
　　が金属である場合を除き，単心のものにあっては線心の上に，多心のもの
　　にあっては線心をまとめた上又は各線心の上に，金属製の電気的遮へい層
　　を有するものであること. ただし，第 127 条第 2 項の規定により施設する
　　高圧水底電線路に使用するケーブルは，外装及び金属製の電気的遮へい層
　　を有しないものとすることができる.

三　完成品は，次に適合するものであること.

　　イ　10-1 表に規定する試験方法で，使用電圧が 3,500 V 以下のものにあ
　　　　っては 9,000 V，使用電圧が 3,500 V を超えるものにあっては 17,000 V
　　　　の交流電圧を，連続して 10 分間加えたとき，これに耐える性能を有する
　　　　こと.

10-1 表

| ケーブルの種類 | | 試験方法 |
|---|---|---|
| 水底ケーブル以外の金属外装ケーブル | 単心のもの | 導体と金属外装との間に交流電圧を加える. |
| | 多心のもの | 導体相互間及び導体と金属外装との間に交流電圧を加える. |
| 水底ケーブル | 単心のもの | 清水中に 1 時間浸した後，導体と大地との間に交流電圧を加える. |
| | 多心のもの | 清水中に 1 時間浸した後，導体相互間及び導体と大地との間に交流電圧を加える. |
| 上記以外のケーブル | 単心のもの | 導体と遮へいとの間に交流電圧を加える. |
| | 多心のもの | 導体相互間及び導体と遮へいとの間に交流電圧を加える. |

　　ロ　イの試験の後において，金属外装ケーブルにあっては導体と外装の
　　　　間，金属以外の外装のケーブルにあっては導体と遮へいとの間に，100
　　　　V の直流電圧を 1 分間加えた後に測定した絶縁体の絶縁抵抗が，別表第
　　　　6 に規定する値以上であること.

2　第 1 項各号に規定する性能を満足する，鉛被ケーブル及びアルミ被ケーブ
　　ルのうち，絶縁体に絶縁紙を使用するものの規格は，第 3 条及び次の各号の
　　とおりとする.

一　導体は，次のいずれかであること．

　イ　別表第1に規定する軟銅線又はこれを素線としたより線

　ロ　別表第2に規定する硬アルミ線，半硬アルミ線若しくは軟アルミ線又はこれらを素線としたより線

二　絶縁体は，次に適合するものであること．

　イ　単心のものにあっては，10-2表に規定する値以上の厚さに絶縁紙を巻き，湿気及びガスを排除し，絶縁コンパウンドを浸み込ませたものであること．

　ロ　多心のものにあっては，10-2表に規定する以上の厚さに絶縁紙を巻いた3本（使用電圧が3,500V以下のものにあっては，2本又は3本）の線心を紙又はジュートその他の繊維質のものとともにより合せて円形に仕上げたものの上に，10-2表に規定する値以上の厚さに絶縁紙を巻き，湿気及びガスを排除し，絶縁コンパウンドを浸み込ませたものであること．

　ハ　厚さの許容差は，0.2mmであること．

10-2表

| 線心の数 | 使用電圧（V） | 公称断面積（mm²） | 絶縁紙の厚さ（mm） | |
| --- | --- | --- | --- | --- |
| | | | 導体相互間 | 導体外装間 |
| 単心 | 3,500 以下 | 1,000 以下 | — | 2.5 |
| | 3,500 超過 | 1,000 以下 | — | 3.0 |
| 2 心 | 3,500 以下 | 60 以下 | 3.0 | 2.0 |
| 3 心 | 3,500 以下 | 150 以下 | 3.0 | 2.0 |
| | | 150 を超え　325 以下 | 3.0 | 2.3 |
| | 3,500 超過 | 325 以下 | 4.5 | 3.1 |

三　外装は，純度99.5%以上の鉛又はアルミニウムであって，10-3表に規定する値を標準値とし，その平均値が標準値の90%以上，その最小値が標準値の85%以上の厚さのものであること．この場合において，鉛被の上に防腐性コンパウンドを浸み込ませたジュートを10-3表に規定する値以上に巻き付けたものにあっては，鉛被の厚さを10-3表に規定する値からそれぞれ0.3mmを減じた値（1.3mm未満となる場合は，1.3mm）以上とすることができる．

10-3 表

| 線心の数 | 使用電圧 (V) | 導体の公称断面積 (mm²) | | 外装の厚さ (mm) 鉛 | 外装の厚さ (mm) アルミニウム | ジュートの厚さ (mm) |
|---|---|---|---|---|---|---|
| 単心 | 3,500 以下 | | 250 以下 | 1.6 | 1.2 | 1.5 |
| | | 250 を超え | 325 以下 | 1.7 | 1.2 | |
| | | 325 を超え | 400 以下 | 1.7 | 1.3 | |
| | | 400 を超え | 500 以下 | 1.8 | 1.3 | |
| | | 500 を超え | 600 以下 | 1.9 | 1.4 | 2.0 |
| | | 600 を超え | 800 以下 | 2.1 | 1.5 | |
| | | 800 を超え 1,000 以下 | | 2.1 | 1.6 | |
| | 3,500 超過 | | 250 以下 | 1.6 | 1.2 | 1.5 |
| | | 250 を超え | 325 以下 | 1.7 | 1.2 | |
| | | 325 を超え | 400 以下 | 1.8 | 1.3 | |
| | | 400 を超え | 500 以下 | 1.9 | 1.3 | |
| | | 500 を超え | 600 以下 | 1.9 | 1.4 | 2.0 |
| | | 600 を超え | 800 以下 | 2.1 | 1.5 | |
| | | 800 を超え 1,000 以下 | | 2.2 | 1.6 | |
| 2 心 | 3,500 V 以下 | | 8 以下 | 1.3 | 0.9 | 1.5 |
| | | 8 を超え | 22 以下 | 1.3 | 1.0 | |
| | | 22 を超え | 50 以下 | 1.4 | 1.0 | |
| | | 50 を超え | 60 以下 | 1.4 | 1.1 | |
| 3 心 | 3,500 以下 | | 22 以下 | 1.3 | 1.0 | 1.5 |
| | | 22 を超え | 38 以下 | 1.4 | 1.1 | |
| | | 38 を超え | 50 以下 | 1.5 | 1.1 | |
| | | 50 を超え | 60 以下 | 1.6 | 1.1 | |
| | | 60 を超え | 80 以下 | 1.7 | 1.2 | |
| | | 80 を超え | 100 以下 | 1.7 | 1.3 | |
| | | 100 を超え | 125 以下 | 1.8 | 1.3 | |
| | | 125 を超え | 150 以下 | 1.9 | 1.4 | |
| | | 150 を超え | 200 以下 | 2.0 | 1.5 | 2.0 |
| | | 200 を超え | 250 以下 | 2.1 | 1.5 | |
| | | 250 を超え | 325 以下 | 2.3 | 1.6 | |
| | | | 22 以下 | 1.5 | 1.1 | |

| | | | | 1.6 | 1.2 | |
|---|---|---|---|---|---|---|
| | 22 を超え | 38 以下 | 1.6 | 1.2 | 1.5 |
| | 38 を超え | 80 以下 | 1.7 | 1.2 | |
| | 80 を超え | 100 以下 | 1.8 | 1.3 | |
| 3,500 超過 | 100 を超え | 125 以下 | 1.9 | 1.4 | |
| | 125 を超え | 150 以下 | 2.0 | 1.4 | |
| | 150 を超え | 200 以下 | 2.1 | 1.5 | 2.0 |
| | 200 を超え | 250 以下 | 2.2 | 1.6 | |
| | 250 を超え | 325 以下 | 2.4 | 1.7 | |

四　完成品は，次に適合するものであること．

　イ　10-1 表に規定する試験方法で，使用電圧が 3,500 V 以下のものにあっては 9,000 V，使用電圧が 3,500 V を超えるものにあっては 17,000 V の交流電圧を，連続して 10 分間加えたとき，これに耐える性能を有すること．

　ロ　室温において，鉛被又はアルミ被の外径の 20 倍の直径を有する円筒のまわりに 180 度屈曲させた後，直線状に戻し，次に反対方向に 180 度屈曲させた後，直線状に戻す操作を 3 回繰り返したとき，鉛被又はアルミ被にひび，割れその他の異状を生じないこと．

3　第 1 項各号に規定する性能を満足する，鉛被ケーブル及びアルミ被ケーブルのうち前項に規定する以外のもの，並びにビニル外装ケーブル，ポリエチレン外装ケーブル及びクロロプレン外装ケーブルの規格は，第 3 条及び次の各号のとおりとする．

一　導体は，次のいずれかであること．

　イ　別表第 1 に規定する軟銅線又はこれを素線としたより線（絶縁体に天然ゴム混合物，ブチルゴム混合物又はエチレンプロピレンゴム混合物を使用するものにあっては，すず若しくは鉛又はこれらの合金のめっきを施したものに限る．）

　ロ　別表第 2 に規定するアルミ線若しくはこれを素線としたより線又はアルミ成形単線（引張強さが 59 N/mm$^2$ 以上 98 N/mm$^2$ 未満，伸びが 20% 以上，導電率が 61% 以上のものに限る．）

二　絶縁体は，次に適合するものであること．

　イ　材料は，ポリエチレン混合物，天然ゴム混合物（使用電圧が 3,500 V 以下の場合に限る．），ブチルゴム混合物又はエチレンプロピレンゴム混

合物であって，電気用品の技術上の基準を定める省令の解釈別表第一附表第十四に規定する試験を行ったとき，これに適合するものであること．

ロ　厚さは，別表第5に規定する値（導体に接する部分に半導電層を設ける場合は，その厚さを減じた値）を標準値とし，その平均値が標準値の90% 以上，その最小値が標準値の80% 以上であること．

三　遮へいは，鉛被ケーブル及びアルミ被ケーブルを除き，単心のものにあっては線心の上に，多心のものにあっては線心をまとめたもの又は各線心の上に，厚さ 0.1 mm の軟銅テープ又はこれと同等以上の強度を有する軟銅線，金属テープ若しくは被覆状の金属体を設けたものであること．この場合において，クロロプレン外装ケーブルにあっては，軟銅テープ及び軟銅線は，すず若しくは鉛又はこれらの合金のめっきを施したものであること．

四　外装は，次に適合するものであること．

イ　材料は，10-4 表に規定するケーブルの種類に応じたものであって，ビニル混合物，ポリエチレン混合物又はクロロプレンゴム混合物にあっては，電気用品の技術上の基準を定める省令の解釈別表第一附表第十四に規定する試験を行ったとき，これに適合するものであること．

10-4 表

| ケーブルの種類 | 材　　料 |
|---|---|
| 鉛被ケーブル | 純度が 99.5% 以上の鉛 |
| アルミ被ケーブル | 純度が 99.5% 以上のアルミニウム |
| ビニル外装ケーブル | ビニル混合物 |
| ポリエチレン外装ケーブル | ポリエチレン混合物 |
| クロロプレン外装ケーブル | クロロプレンゴム混合物 |

ロ　厚さは，別表第8に規定する値（ビニル外装ケーブル，ポリエチレン外装ケーブル及びクロロプレン外装ケーブルの外装の上にゴム引き帆布又はビニル引き帆布を厚さ 1 mm 以上に重ね巻きするときは，同表に規定する値から 0.5 mm を減じた値）を標準値とし，その平均値が標準値の 90% 以上，その最小値が標準値の 85% 以上であること．

五　完成品は，次に適合するものであること．

イ　10-1 表に規定する試験方法で，使用電圧が 3,500 V 以下のものにあ

っては 9,000 V，使用電圧が 3,500 V を超えるものにあっては 17,000 V
の交流電圧を，連続して 10 分間加えたとき，これに耐える性能を有する
こと．

ロ　イの試験の後において，鉛被ケーブル及びアルミ被ケーブルにあって
は導体と鉛被又はアルミ被との間に，ビニル外装ケーブル，ポリエチレ
ン外装ケーブル及びクロロプレン外装ケーブルにあっては導体と遮へい
との間に，100 V の直流電圧を 1 分間加えた後に測定した絶縁体の絶縁
抵抗が，別表第 7 に規定する値以上であること．

ハ　鉛被ケーブル及びアルミ被ケーブルにあっては，第 2 項第四号ロの規
定に適合すること．

4　第 1 項各号に規定する性能を満足する CD ケーブルの規格は，第 3 条及び
次の各号のとおりとする．

一　構造は，次に適合するものであること．

イ　線心を，単心のものにあっては線心の直径，多心のものにあっては各
線心をまとめたものの外接円の直径の 1.3 倍以上の内径を有するダクト
に収めたものであること．

ロ　単心のものにあっては線心の上に，多心のものにあっては線心をまと
めたもの又は各線心の上に，厚さ 0.1 mm の軟銅テープ又はこれと同等
以上の強度を有する軟銅線若しくは金属テープで遮へいを施したもので
あること．

二　導体は，次のいずれかであること．

イ　別表第 1 に規定する軟銅線又はこれを素線としたより線（絶縁体に天
然ゴム混合物，ブチルゴム混合物又はエチレンプロピレンゴム混合物を
使用するものにあっては，すず若しくは鉛又はこれらの合金のめっきを
施したものに限る．）

ロ　別表第 2 に規定する硬アルミ線，半硬アルミ線若しくは軟アルミ線又
はこれらを素線としたより線

三　絶縁体は，第 3 項第二号の規定に適合するものであること．

四　ダクトは，次に適合するものであること．

イ　材料は，ポリエチレン混合物であって，電気用品の技術上の基準を定
める省令の解釈別表第一附表第十四 1（1）の図 1 に規定する，ダンベル
状の試料を室温において毎分 200 mm の速さで引張試験を行ったときの
引張強さが，14.7 N/mm$^2$ 以上のものであること．

　　ロ　厚さは，別表第8に規定する値を標準値とし，その平均値が標準値の90% 以上，その最小値が標準値の85% 以上であること.

　五　完成品は，次に適合するものであること.

　　イ　10-1 表に規定する試験方法で，使用電圧が 3,500 V 以下のものにあっては 9,000 V，使用電圧が 3,500 V を超えるものにあっては 17,000 V の交流電圧を，連続して 10 分間加えたとき，これに耐える性能を有すること.

　　ロ　イの試験の後において，導体と遮へいとの間に 100 V の直流電圧を 1 分間加えた後に測定した絶縁体の絶縁抵抗が，別表第7に規定する値以上であること.

　　ハ　2枚の板を平行にしてその間に挟み，室温において管軸と直角の方向の投影面積 1 m² につき 122.6 kN の荷重を板面と直角の方向に加えたとき，ダクトに裂け目を生じず，かつ，ダクトの外径が 20% 以上減少しないこと.

　　ニ　室温において，ダクトの外径の 20 倍の直径を有する円筒のまわりに 180 度屈曲させた後，直線状に戻し，次に反対方向に 180 度屈曲させた後，直線状に戻す操作を 3 回繰り返したとき，ダクトにひび，割れその他の異状を生じず，かつ，ダクトの外径が 20% 以上減少しないこと.

5　使用電圧が高圧の複合ケーブルは，次の各号に適合する性能を有するものであること.

　一　通常の使用状態における温度に耐えること.

　二　構造は，次のいずれかであること.

　　イ　第1項各号に規定する性能を満足する高圧ケーブルと，第 137 条第 5 項に規定する添架通信用第 2 種ケーブルをまとめた上に保護被覆を施したものであること. ただし，第 127 条第 2 項の規定により施設する水底電線路に使用するケーブルは，金属製の遮へい層，外装及び保護被覆を有しないものとすることができる.

　　ロ　金属製の電気的遮へい層を施した高圧電線の線心と第 137 条第 5 項に規定する添架通信用第 2 種ケーブルとをまとめた上に外装を施したものであること. ただし，第 127 条第 2 項の規定により施設する水底電線路に使用するケーブルは，金属製の電気的遮へい層及び外装を有しないものとすることができる.

　三　完成品は，次に適合するものであること.

イ　高圧電線に使用する線心は，第 1 項第三号の規定に適合するものであること．

ロ　電力保安通信線に使用する線心は，清水中に 1 時間浸した後，10-5 表左欄に掲げるケーブルの種類に応じ，同表中欄に規定する箇所に，同表右欄に規定する交流電圧を，それぞれ連続して 1 分間加えたとき，これに耐える性能を有すること．

10-5 表

| ケーブルの種類 | 交流電圧を加える箇所 | 交流電圧（V） |
|---|---|---|
| 遮へいのないもの | 導体相互間 | 2,000 |
| | 導体と大地との間 | 4,000 |
| 遮へいのあるもの | 導体相互間及び導体と遮へいとの間 | 2,000 |
| | 導体と大地との間及び遮へいと大地との間 | 4,000 |

6　第 5 項に規定する性能を満足する，電力保安通信線複合鉛被ケーブル，電力保安通信線複合アルミ被ケーブル，電力保安通信線複合クロロプレン外装ケーブル，電力保安通信線複合ビニル外装ケーブル及び電力保安通信線複合ポリエチレン外装ケーブルの規格は，第 3 条及び次の各号のとおりとする．

一　外付型のものにあっては，次に適合すること．

イ　構造は，第 3 項第一号から第四号までの規定に適合する，鉛被ケーブル，アルミ被ケーブル，クロロプレン外装ケーブル，ビニル外装ケーブル又はポリエチレン外装ケーブルと，第 137 条第 5 項第一号から第三号までの規定に適合する添架通信用第 2 種ケーブルとをまとめたものの上に，保護被覆を施したものであること．

ロ　完成品は，次に適合するものであること．

（イ）　高圧電線に使用する線心は，10-1 表に規定する試験方法で，使用電圧が 3,500 V 以下のものにあっては 9,000 V，使用電圧が 3,500 V を超えるものにあっては 17,000 V の交流電圧を，連続して 10 分間加えたとき，これに耐える性能を有すること．

（ロ）　（イ）の試験の後において，電力保安通信線複合鉛被ケーブル及び電力保安通信線複合アルミ被ケーブルにあっては，導体と鉛被又はアルミ被との間に，電力保安通信線複合クロロプレン外装ケーブル，電力保安通信線複合ビニル外装ケーブル及び電力保安通信線複合ポリエチレン外装ケーブルにあっては，導体と遮へいとの間に

100 V の直流電圧を 1 分間加えた後に測定した絶縁体の絶縁抵抗が, 別表第 7 に規定する値以上であること.

（ハ）　電力保安通信線に使用する線心は, 第 5 項第三号ロの規定に適合すること.

（ニ）　電力保安通信線複合鉛被ケーブル及び電力保安通信線複合アルミ被ケーブルにあっては, 第 2 項第四号ロの規定に適合すること.

二　内蔵型のものにあっては, 次に適合すること.

イ　高圧電線の導体は, 第 3 項第一号の規定に適合するものであること.

ロ　高圧電線の絶縁体は, 第 3 項第二号の規定に適合するものであること.

ハ　高圧電線の遮へいは, 単心のものにあっては線心の上に, 多心のものにあっては線心をまとめたもの又は各線心の上に, 厚さ 0.1 mm の軟銅テープ又はこれと同等以上の強度を有する軟銅線, 金属テープ若しくは被覆状の金属体を設けたものであること. この場合において, 電力保安通信線複合クロロプレン外装ケーブルにあっては, 軟銅テープ及び軟銅線は, すず若しくは鉛又はこれらの合金のめっきを施したものであること.

ニ　外装は, 次に適合するものであること.

（イ）　遮へいを施した高圧電線の線心と, 第 137 条第 5 項第一号から第三号までの規定に適合する添架通信用第 2 種ケーブルとをまとめたものの上に施したものであること.

（ロ）　材料は, 10-6 表に規定するものであって, 電気用品の技術上の基準を定める省令の解釈別表第一附表第十四に規定する試験を行ったとき, これに適合するものであること.

10-6 表

| ケーブルの種類 | 材料 |
|---|---|
| 電力保安通信線複合クロロプレン外装ケーブル | クロロプレンゴム混合物 |
| 電力保安通信線複合ビニル外装ケーブル | ビニル混合物 |
| 電力保安通信線複合ポリエチレン外装ケーブル | ポリエチレン混合物 |

（ハ）　厚さは, 別表第 8 に規定する値（外装の上にゴム引き帆布又はビニル引き帆布を厚さ 1 mm 以上に重ね巻きするときは, 同表に規定する値から 0.5 mm を減じた値）を標準値とし, その平均値が標準値の 90％ 以上, その最小値が標準値の 85％ 以上であること.

ホ　完成品は, 次に適合するものであること.

（イ）　高圧電線に使用する線心は，10-1 表に規定する試験方法で，使用
電圧が 3,500 V 以下のものにあっては 9,000 V，使用電圧が 3,500
V を超えるものにあっては 17,000 V の交流電圧を，連続して 10 分
間加えたとき，これに耐える性能を有すること.

（ロ）　（イ）の試験の後において，導体と遮へいとの間に 100 V の直流電
圧を 1 分間加えた後に測定した絶縁体の絶縁抵抗が，別表第 7 に規
定する値以上であること.

（ハ）　電力保安通信線に使用する線心は，第 5 項第三号ロの規定に適合
すること.

**【特別高圧ケーブル】**（省令第 21 条，第 57 条第 1 項）

**第 11 条**　使用電圧が特別高圧の電路（電気機械器具内の電路を除く.）の電線
に使用する特別高圧ケーブルは，次の各号に適合するものを使用すること.

一　通常の使用状態における温度に耐えること.

二　絶縁した線心の上に金属製の電気的遮へい層又は金属被覆を有するもの
であること. ただし，第 127 条第 2 項の規定により施設する特別高圧水底
電線路に使用するケーブルは，この限りでない.

三　複合ケーブルは，弱電流電線を電力保安通信線に使用するものであるこ
と.

**【電線の接続法】**（省令第 7 条）

**第 12 条**　電線を接続する場合は，第 181 条，第 182 条又は第 192 条の規定に
より施設する場合を除き，電線の電気抵抗を増加させないように接続すると
ともに，次の各号によること.

一　裸電線（多心型電線の絶縁物で被覆していない導体を含む. 以下この条
において同じ.）相互，又は裸電線と絶縁電線（多心型電線の絶縁物で被覆
した導体を含み，平形導体合成樹脂絶縁電線を除く. 以下この条において
同じ.），キャブタイヤケーブル若しくはケーブルとを接続する場合は，次
によること.

イ　電線の引張強さを 20% 以上減少させないこと. ただし，ジャンパー
線を接続する場合その他電線に加わる張力が電線の引張強さに比べて著
しく小さい場合は，この限りでない.

ロ　接続部分には，接続管その他の器具を使用し，又はろう付けすること.
ただし，架空電線相互若しくは電車線相互又は鉱山の坑道内において電線
相互を接続する場合であって，技術上困難であるときは，この限りでない.

二　絶縁電線相互又は絶縁電線とコード，キャブタイヤケーブル若しくはケーブルとを接続する場合は，前号の規定に準じるほか，次のいずれかによること．

イ　接続部分の絶縁電線の絶縁物と同等以上の絶縁効力のある接続器を使用すること．

ロ　接続部分をその部分の絶縁電線の絶縁物と同等以上の絶縁効力のあるもので十分に被覆すること．

三　コード相互，キャブタイヤケーブル相互，ケーブル相互又はこれらのもの相互を接続する場合は，コード接続器，接続箱その他の器具を使用すること．ただし，次のいずれかに該当する場合はこの限りでない．

イ　断面積 $8\,\mathrm{mm}^2$ 以上のキャブタイヤケーブル相互を接続する場合において，第一号及び第二号の規定に準じて接続し，かつ，次のいずれかによるとき

（イ）　接続部分の絶縁被覆を完全に硫化すること．

（ロ）　接続部分の上に堅ろうな金属製の防護装置を施すこと．

ロ　金属被覆のないケーブル相互を接続する場合において，第一号及び第二号の規定に準じて接続するとき．

四　導体にアルミニウム（アルミニウムの合金を含む．以下この条において同じ．）を使用する電線と銅（銅の合金を含む．）を使用する電線とを接続する等，電気化学的性質の異なる導体を接続する場合には，接続部分に電気的腐食が生じないようにすること．

五　導体にアルミニウムを使用する絶縁電線又はケーブルを，屋内配線，屋側配線又は屋外配線に使用する場合において，当該電線を接続するときは，次のいずれかの器具を使用すること．

イ　電気用品安全法の適用を受ける接続器

ロ　日本産業規格 JIS C 2810 (1995)「屋内配線用電線コネクタ通則—分離不能形」の「4.2　温度上昇」，「4.3　ヒートサイクル」及び「5　構造」に適合する接続管その他の器具

## 第3節　電路の絶縁及び接地

**【電路の絶縁】**（省令第5条第1項）

**第 13 条**　電路は，次の各号に掲げる部分を除き大地から絶縁すること．

一　この解釈の規定により接地工事を施す場合の接地点

　　二　次に掲げるものの絶縁できないことがやむを得ない部分

　　　イ　第 173 条第 7 項第三号ただし書の規定により施設する接触電線，第
　　　　194 条に規定するエックス線発生装置，試験用変圧器，電力線搬送用結
　　　　合リアクトル，電気さく用電源装置，電気防食用の陽極，単線式電気鉄
　　　　道の帰線（第 201 条第六号に規定するものをいう.），電極式液面リレー
　　　　の電極等，電路の一部を大地から絶縁せずに電気を使用することがやむ
　　　　を得ないもの

　　　ロ　電気浴器，電気炉，電気ボイラー，電解槽等，大地から絶縁すること
　　　　が技術上困難なもの

**【低圧電路の絶縁性能】**（省令第 5 条第 2 項，第 58 条）

　**第 14 条**　電気使用場所における使用電圧が低圧の電路（第 13 条各号に掲げ
　る部分，第 16 条に規定するもの，第 189 条に規定する遊戯用電車内の電路及
　びこれに電気を供給するための接触電線，直流電車線並びに鋼索鉄道の電車
　線を除く.）は，第 147 条から第 149 条までの規定により施設する開閉器又は
　過電流遮断器で区切ることのできる電路ごとに，次の各号のいずれかに適合
　する絶縁性能を有すること.

　一　省令第 58 条によること.

　二　絶縁抵抗測定が困難な場合においては，当該電路の使用電圧が加わった
　　状態における漏えい電流が，1 mA 以下であること.

　2　電気使用場所以外の場所における使用電圧が低圧の電路（電線路の電線，
　第 13 条各号に掲げる部分及び第 16 条に規定する電路を除く.）の絶縁性能
　は，前項の規定に準じること.

**【高圧又は特別高圧の電路の絶縁性能】**（省令第 5 条第 2 項）

　**第 15 条**　高圧又は特別高圧の電路（第 13 条各号に掲げる部分，次条に規定す
　るもの及び直流電車線を除く.）は，次の各号のいずれかに適合する絶縁性能
　を有すること.

　一　15-1 表に規定する試験電圧を電路と大地との間（多心ケーブルにあって
　　は，心線相互間及び心線と大地との間）に連続して 10 分間加えたとき，こ
　　れに耐える性能を有すること.

　二　電線にケーブルを使用する交流の電路においては，15-1 表に規定する試
　　験電圧の 2 倍の直流電圧を電路と大地との間（多心ケーブルにあっては，
　　心線相互間及び心線と大地との間）に連続して 10 分間加えたとき，これに
　　耐える性能を有すること.

15-1 表

| 電路の種類 | | | | 試験電圧 |
|---|---|---|---|---|
| 最大使用電圧が 7,000 V 以下の電路 | 交流の電路 | | | 最大使用電圧の 1.5 倍の交流電圧 |
| | 直流の電路 | | | 最大使用電圧の 1.5 倍の直流電圧又は 1 倍の交流電圧 |
| 最大使用電圧が 7,000 V を超え，60,000 V 以下の電路 | 最大使用電圧が 15,000 V 以下の中性点接地式電路（中性線を有するものであって，その中性線に多重接地するものに限る.） | | | 最大使用電圧の 0.92 倍の電圧 |
| | 上記以外 | | | 最大使用電圧の 1.25 倍の電圧（10,500 V 未満となる場合は，10,500 V） |
| 最大使用電圧が 60,000 V を超える電路 | 整流器に接続する以外のもの | 中性点非接地式電路 | | 最大使用電圧の 1.25 倍の電圧 |
| | | 中性点接地式電路 | 最大使用電圧が 170,000 V を超えるもの | 中性点が直接接地されている発電所，蓄電所又は変電所若しくはこれに準ずる場所に施設するもの | 最大使用電圧の 0.64 倍の電圧 |
| | | | | 上記以外の中性点直接接地式電路 | 最大使用電圧の 0.72 倍の電圧 |
| | | | 上記以外 | | 最大使用電圧の 1.1 倍の電圧（75,000 V 未満となる場合は，75,000 V） |
| | 整流器に接続するもの | 交流側及び直流高電圧側電路 | | 交流側の最大使用電圧の 1.1 倍の交流電圧又は直流側の最大使用電圧の 1.1 倍の直流電圧 |
| | | 直流側の中性線又は帰線（第 201 条第六号に規定するものをいう.）となる電路（周波数変換装置（FC）又は非同期連系装置（BTB）の直流部分等の短小な直流電路において，異常電圧の発生のおそれのない場合は，絶縁耐力試験を行わないことができる.） | | 次の式により求めた値の交流電圧 $V \times (1/\sqrt{2}) \times 0.51 \times 1.2$　$V$ は，逆変換器転流失敗時に中性線又は帰線となる電路に現れる交流性の異常電圧の波高値（単位：V） |

（備考）　電位変成器を用いて中性点を接地するものは，中性点非接地式とみなす.

三　最大使用電圧が 170,000 V を超える地中電線路であって，両端の中性点が直接接地されているものにおいては，最大使用電圧の 0.64 倍の電圧を電路と大地との間（多心ケーブルにあっては，心線相互間及び心線と大地との間）に連続して 60 分間加えたとき，これに耐える性能を有すること．

四　特別高圧の電路においては，民間規格評価機関として日本電気技術規格委員会が承認した規格である「電路の絶縁耐力の確認方法」の「適用」の欄に規定する方法により絶縁耐力を確認したものであること．

**【機械器具等の電路の絶縁性能】**（省令第 5 条第 2 項，第 3 項）

**第 16 条**　変圧器（放電灯用変圧器，エックス線管用変圧器，吸上変圧器，試験用変圧器，計器用変成器，第 191 条第 1 項に規定する電気集じん応用装置用の変圧器，同条第 2 項に規定する石油精製用不純物除去装置の変圧器その他の特殊の用途に供されるものを除く．以下この章において同じ．）の電路は，次の各号のいずれかに適合する絶縁性能を有すること．

一　16-1 表中欄に規定する試験電圧を，同表右欄に規定する試験方法で加えたとき，これに耐える性能を有すること．

16-1 表

| 変圧器の巻線の種類 | | | | | 試験電圧 | 試験方法 |
|---|---|---|---|---|---|---|
| 最大使用電圧が 7,000 V 以下のもの | | | | | 最大使用電圧の 1.5 倍の電圧（500 V 未満となる場合は，500 V） | |
| 最大使用電圧が 7,000 V を超え 60,000 V 以下のもの | 最大使用電圧が 15,000 V 以下のものであって，中性点接地式電路（中性線を有するものであって，その中性線に多重接地するものに限る．）に接続するもの | | | | 最大使用電圧の 0.92 倍の電圧 | ※1 |
| | 上記以外のもの | | | | 最大使用電圧の 1.25 倍の電圧（10,500 V 未満となる場合は，10,500 V） | |
| | 整流 | 中性点非接地式電路に接続するもの | | | 最大使用電圧の 1.25 倍の電圧 | |
| | | 中 | 中性点 | 中性点 | 最大使用電圧が 170,000 V 以下の | 最大使用電圧の |

| | | | | | | | |
|---|---|---|---|---|---|---|---|
| 最大使用電圧が 60,000 V を超えるもの | 器に接続する以外のもの | 性点接地式電路に接続するもの | 星形結線のもの | 直接接地式電路に接続するもの | を直接接地するもの | もの | 0.72 倍の電圧 | ※2 |
| | | | | | | 最大使用電圧が 170,000 V を超えるもの | 最大使用電圧の 0.64 倍の電圧 | |
| | | | | | 中性点に避雷器を施設するもの | | 最大使用電圧の 0.72 倍の電圧 | ※3 |
| | | | | 上記以外のものであって，中性点に避雷器を施設するもの | | | 最大使用電圧の 1.1 倍の電圧（75,000 V 未満となる場合は 75,000 V） | ※4 |
| | | | スコット結線のものであって，T 座巻線と主座巻線の接続点に避雷器を施設するもの | | | | | |
| | | | 上記以外のもの | | | | | |
| | 整流器に接続するもの | | | | | | 整流器の交流側の最大使用電圧の 1.1 倍の交流電圧又は整流器の直流側の最大使用電圧の 1.1 倍の直流電圧 | ※1 |

※1：試験される巻線と他の巻線，鉄心及び外箱との間に試験電圧を連続して 10 分間加える．

※2：試験される巻線の中性点端子，他の巻線（他の巻線が 2 以上ある場合は，それぞれの巻線）の任意の 1 端子，鉄心及び外箱を接地し，試験される巻線の中性点端子以外の任意の 1 端子と大地との間に試験電圧を連続して 10 分間加える．

※3：試験される巻線の中性点端子，他の巻線（他の巻線が 2 以上ある場合は，それぞれの巻線）の任意の 1 端子，鉄心及び外箱を接地し，試験される巻線の中性点端子以外の任意の 1 端子と大地との間に試験電圧を連続して 10 分間加え，更に中性点端子と大地との間に最大使用電圧の 0.3 倍の電圧を連続して 10 分間加える．

※4：試験される巻線の中性点端子（スコット結線にあっては，T 座巻線と主座巻線の接続点端子．以下この項において同じ．）以外の任意の 1 端子，他の巻線（他の巻線が 2 以上ある場合は，それぞれの巻線）の任意の 1 端子，鉄心及び外箱を接地し，試験される巻線の中性点端子以外の各端子に三相交流の試験電圧を連続して 10 分間加える．ただし，三相交流の試験電圧を加えることが困難である場合は，試験される巻線の中性点端子及び接地される端子以外の任意の 1 端子と大地との間に単相交流の試験電圧を連続して 10 分間加え，更に中性点端子と大地との間に最大使用電圧の 0.64 倍（スコット結線にあっては，0.96 倍）の電圧を連続して 10 分間加えることができる．

（備考）　電位変成器を用いて中性点を接地するものは，中性点非接地式とみなす．

二 民間規格評価機関として日本電気技術規格委員会が承認した規格である
「電路の絶縁耐力の確認方法」の「適用」の欄に規定する方法により絶縁耐
力を確認したものであること.

2 回転機は,次の各号のいずれかに適合する絶縁性能を有すること.

一 16-2表に規定する試験電圧を巻線と大地との間に連続して10分間加え
たとき,これに耐える性能を有すること.

二 回転変流機を除く交流の回転機においては,16-2表に規定する試験電圧
の1.6倍の直流電圧を巻線と大地との間に連続して10分間加えたとき,
これに耐える性能を有すること.

16-2表

| 種類 | | 試験電圧 |
|---|---|---|
| 回転変流機 | | 直流側の最大使用電圧の1倍の交流電圧（500 V 未満となる場合は,500 V） |
| 上記以外の回転機 | 最大使用電圧が7,000 V以下のもの | 最大使用電圧の1.5倍の電圧（500 V 未満となる場合は,500 V） |
| | 最大使用電圧が7,000 V を超えるもの | 最大使用電圧の1.25倍の電圧（10,500 V 未満となる場合は,10,500 V） |

3 整流器は,16-3表の中欄に規定する試験電圧を同表の右欄に規定する試験
方法で加えたとき,これに耐える性能を有すること.

16-3表

| 最大使用電圧の区分 | 試験電圧 | 試験方法 |
|---|---|---|
| 60,000 V 以下 | 直流側の最大使用電圧の1倍の交流電圧（500 V 未満となる場合は,500 V） | 充電部分と外箱との間に連続して10分間加える. |
| 60,000 V 超過 | 交流側の最大使用電圧の1.1倍の交流電圧又は,直流側の最大使用電圧の1.1倍の直流電圧 | 交流側及び直流高電圧側端子と大地との間に連続して10分間加える. |

4 燃料電池は,最大使用電圧の1.5倍の直流電圧又は1倍の交流電圧（500
V 未満となる場合は,500 V）を充電部分と大地との間に連続して10分間加
えたとき,これに耐える性能を有すること.

5 太陽電池モジュールは,次の各号のいずれかに適合する絶縁性能を有するこ
と.

一 最大使用電圧の1.5倍の直流電圧又は1倍の交流電圧（500 V 未満とな

る場合は，500 V）を充電部分と大地との間に連続して 10 分間加えたとき，これに耐える性能を有すること．

二　使用電圧が低圧の場合は，日本産業規格 JIS C 8918（2013）「結晶系太陽電池モジュール」の「7.1　電気的性能」又は日本産業規格 JIS C 8939（2013）「薄膜太陽電池モジュール」の「7.1　電気的性能」に適合するものであるとともに，省令第 58 条の規定に準ずるものであること．

6　開閉器，遮断器，電力用コンデンサ，誘導電圧調整器，計器用変成器その他の器具（第 1 項から第 5 項までに規定するもの及び使用電圧が低圧の電気使用機械器具（第 142 条第九号に規定するものをいう．）を除く．以下この項において「器具等」という．）の電路並びに発電所，蓄電所又は変電所，開閉所若しくはこれらに準ずる場所に施設する機械器具の接続線及び母線（電路を構成するものに限る．）は，次の各号のいずれかに適合する絶縁性能を有すること．

一　次に適合するものであること．

イ　使用電圧が低圧の電路においては，16-4 表に規定する試験電圧を電路と大地との間（多心ケーブルにあっては，心線相互間及び心線と大地との間）に連続して 10 分間加えたとき，これに耐える性能を有すること．

16-4 表

| 電路の種類 | 試　験　電　圧 |
|---|---|
| 交流 | 最大使用電圧の 1.5 倍の交流電圧（500 V 未満となる場合は，500 V） |
| 直流 | 最大使用電圧の 1.5 倍の直流電圧又は 1 倍の交流電圧（500 V 未満となる場合は，500 V） |

ロ　使用電圧が高圧又は特別高圧の電路においては，前条第一号の規定に準ずるものであること．

二　電線にケーブルを使用する機械器具の交流の接続線又は母線においては，前条第二号の規定に準ずるものであること．

三　民間規格評価機関として日本電気技術規格委員会が承認した規格である「電路の絶縁耐力の確認方法」の「適用」の欄に規定する方法により絶縁耐力を確認したものであること．

四　器具等の電路においては，当該器具等が次のいずれかに適合するものであること．

イ　接地型計器用変圧器であって，日本産業規格 JIS C 1731-2（1998）

「計器用変成器―（標準用及び一般計測用）第2部：計器用変圧器」の
「6.3 耐電圧」又は日本産業規格 JIS C 1736-1（2009）「計器用変成器
（電力需給用）―第1部：一般仕様」の「6.4 耐電圧」に適合するもの

ロ 電力線搬送用結合コンデンサであって，高圧端子と接地された低圧端
子間及び低圧端子と外箱間の耐電圧が，それぞれ日本産業規格 JIS C
1731-2（1998）「計器用変成器―（標準用及び一般計測用）第2部：計器用
変圧器」の「6.3 耐電圧」に規定するコンデンサ形計器用変圧器の主コン
デンサ端子間及び1次接地側端子と外箱間の耐電圧の規格に準ずるもの

ハ 電力線搬送用結合リアクトルであって，次に適合するもの

（イ） 使用電圧は，高圧であること．

（ロ） 50 Hz 又は 60 Hz の周波数に対するインピーダンスは，16-5 表の
左欄に掲げる使用電圧に応じ，それぞれ同表の中欄に掲げる試験電
圧を加えたとき，それぞれ同表の右欄に掲げる値以上であること．

16-5 表

| 使用電圧の区分 | 試験電圧 | インピーダンス | |
| --- | --- | --- | --- |
| | | 50 Hz | 60 Hz |
| 3,500 V 以下 | 2,000 V | 400 kΩ | 500 kΩ |
| 3,500 V 超過 | 4,000 V | 800 kΩ | 1,000 kΩ |

（ハ） 巻線と鉄心及び外箱との間に最大使用電圧の 1.5 倍の交流電圧を
連続して 10 分間加えたとき，これに耐える性能を有すること．

ニ 雷サージ吸収用コンデンサ，地絡検出用コンデンサ及び再起電圧抑制
用コンデンサであって，次に適合するもの

（イ） 使用電圧が高圧又は特別高圧であること．

（ロ） 高圧端子又は特別高圧端子と接地された外箱の間に，16-6 表に規
定する交流電圧を 1 分間加え，また，直流電圧を 10 秒間加えたと
き，これに耐える性能を有するものであること．

16-6 表

| 使用電圧の区分（kV） | 区分 | 交流電圧（kV） | 直流電圧（kV） |
| --- | --- | --- | --- |
| 3.3 | A | 16 | 45 |
| | B | 10 | 30 |
| 6.6 | A | 22 | 60 |
| | B | 16 | 45 |

| 11 | A | 28 | 90 |
|---|---|---|---|
| | B | 28 | 75 |
| 22 | A | 50 | 150 |
| | B | 50 | 125 |
| | C | 50 | 180 |
| 33 | A | 70 | 200 |
| | B | 70 | 170 |
| | C | 70 | 240 |
| 66 | A | 140 | 350 |
| | C | 140 | 420 |
| 77 | A | 160 | 400 |
| | C | 160 | 480 |

（備考）　Aは，B又はC以外の場合

Bは，雷サージの侵入が少ない場合又は避雷器等の保護装置によって異常電圧が十分低く抑制される場合

Cは，避雷器等の保護装置の保護範囲外に施設される場合

ホ　避雷器であって、次のいずれかに適合するもの

（イ）　直列ギャップを有する避雷器であって、次に適合するもの

（1）　商用周波放電開始電圧は，乾燥状態及び注水状態において，2分以内の時間間隔で10回連続して商用周波放電開始電圧を測定したとき，16-7表に規定する値以上であること．

（2）　直列ギャップ及び特性要素の磁器容器その他の使用状態において加圧される部分は，次に掲げる耐電圧試験を行ったとき，フラッシュオーバ又は破壊しないこと．

（i）　16-7表に規定する耐電圧試験電圧（商用周波）を乾燥状態で1分間，注水状態で10秒間加える．

（ii）　16-7表に規定する耐電圧試験電圧（雷インパルス）を乾燥及び注水状態において，正負両極性でそれぞれ3回加える．

（3）　乾燥及び注水状態において，16-7表に規定する雷インパルス放電開始電圧（標準）を正負両極性でそれぞれ10回加えたとき，全て放電を開始し，かつ，正負両極性の雷インパルス電圧（波頭長 $0.5\,\mu s$ 以上 $1.5\,\mu s$ 以下，波尾長 $32\,\mu s$ 以上 $48\,\mu s$ 以下となるもの．）により放電開始電圧と放電開始時間との特性を求めたとき，

0.5 μs における電圧値は，同表に規定する雷インパルス放電開始電圧（0.5 μs）の値以下であること．

（4）　正負両極性の雷インパルス電流（波頭長 6.4 μs 以上 9.6 μs 以下，波尾長 18 μs 以上 22 μs 以下の波形となるもの）により制限電圧と放電電流との特性を求めたとき，公称放電電流における制限電圧値は，16-7 表に規定する制限電圧の値以下であること．

（5）　公称放電電流 10,000 A の避雷器においては，乾燥状態及び注水状態で，正負両極性の開閉インパルス電圧により，放電開始電圧と放電開始時間との特性を求めたとき，250 μs における電圧値は，16-7 表に規定する開閉インパルス放電開始電圧の値以下であること．

16-7 表

| 避雷器定格電圧 (kV) | 商用周波放電開始電圧 (kV) | 耐電圧試験電圧 (kV) | | 雷インパルス放電開始電圧(kV) | | | | | | 制限電圧(kV) | | | 開閉インパルス放電開始電圧 (kV) |
|---|---|---|---|---|---|---|---|---|---|---|---|---|---|
| | | | | (標準) | | | (0.5 μs) | | | | | | |
| | | (商用周波) | (雷インパルス)* | 10,000 A 避雷器 | 5,000 A 避雷器 | 2,500 A 避雷器 | 10,000 A 避雷器 | 5,000 A 避雷器 | 2,500 A 避雷器 | 10,000 A 避雷器 | 5,000 A 避雷器 | 2,500 A 避雷器 | |
| 4.2 | 6.9 | 16 | 45 | 17 | 17 | 17 | 19 | 19 | 20 | 14 | 15 | 17 | 17 |
| 8.4 | 13.9 | 22 | 60 | 33 | 33 | 33 | 38 | 38 | 38 | 28 | 30 | 33 | 33 |
| 14 | 21 | 28 | 90 | 50 | 50 | 54 | 57 | 57 | 62 | 47 | 50 | 54 | 50 |
| 28 | 42 | 50 | 150 | 90 | 90 | 105 | 103 | 103 | 126 | 94 | 130 | 105 | 90 |
| 42 | 63 | 70 | 200 | 135 | 135 | 160 | 155 | 155 | 184 | 140 | 145 | 160 | 120 |
| 70 | 105 | 120 | 300 | 213 | | | 245 | | | 224 | | | 200 |
| 84 | 126 | 140 | 350 | 256 | | | 294 | | | 269 | | | 240 |
| 98 | 147 | 160 | 400 | 298 | | | 343 | | | 314 | | | 281 |
| 112 | 168 | 185 | 450 | 340 | | | 391 | | | 358 | | | 320 |
| 126 | 189 | 230 | 550 | 383 | | | 440 | | | 403 | | | 361 |
| 140 | 210 | 230 | 550 | 426 | | | 490 | | | 448 | | | 401 |
| 182 | 273 | 325 | 750 | 553 | | | 636 | | | 582 | | | 522 |
| 196 | 294 | 325 | 750 | 596 | | | 685 | | | 627 | | | 561 |
| 210 | 315 | 395 | 900 | 638 | | | 734 | | | 672 | | | 601 |
| 224 | 336 | 395 | 900 | 681 | | | 783 | | | 717 | | | 641 |
| 266 | 399 | 460 | 1,050 | 808 | | | 929 | | | 851 | | | 762 |

| 280 | 420 | 460 | 1,050 | 851 | | | 979 | | | 896 | | | 802 |
| 420 | 630 | 750 | 1,550 | 1,220 | | | 1,340 | | | 1,220 | | | 1,090 |

\*：波頭長 $0.5\,\mu s$ 以上 $1.5\,\mu s$ 以下，波尾長 $32\,\mu s$ 以上 $48\,\mu s$ 以下となるものとする．

（ロ）（イ）に規定するもの以外の避雷器であって，次に適合するもの

（1）　乾燥状態において測定した動作開始電圧（商用周波電圧を加えたときの，16-8 表に規定する抵抗分電流に対する避雷器端子電圧の値をいう．）の波高値は，16-10 表に規定する値以上であること．

16-8 表

| 公称放電電流(A) | 開閉サージ動作責務静電容量($\mu F$) | 抵抗分電流(波高値)(mA) |
|---|---|---|
| 5,000 | — | 1 |
| 10,000 | 25 | 1 |
| | 50 | 2 |
| | 78 | 3 |

（2）　特性要素の磁器容器その他の使用状態において加圧される部分は，次に掲げる耐電圧試験を行ったとき，フラッシュオーバ又は破壊しないこと．

（ⅰ）　16-10 表に規定する耐電圧試験電圧（商用周波）を，乾燥状態で 1 分間加え，また，注水状態で 10 秒間加える．

（ⅱ）　16-10 表に規定する耐電圧試験電圧（雷インパルス）を，乾燥状態及び注水状態において，正負両極性でそれぞれ 3 回加える．

（3）　正負両極性の急しゅん雷インパルス電流（波頭長 $0.8\,\mu s$ 以上 $1.2\,\mu s$ 以下となるもの）により制限電圧と放電電流との特性を求めたとき，公称放電電流における電圧値は，16-10 表に規定する急しゅん雷インパルス制限電圧の値以下であること．

（4）　正負両極性の雷インパルス電流（波頭長 $6.4\,\mu s$ 以上 $9.6\,\mu s$ 以下，波尾長 $18\,\mu s$ 以上 $22\,\mu s$ 以下となるもの）により制限電圧と放電電流との特性を求めたとき，公称放電電流における制限電圧値は，16-10 表に規定する雷インパルス制限電圧の値以下であること．

（5）　公称放電電流 10,000 A の避雷器においては，正負両極性の開閉インパルス電流（波頭長 48 μs 以上 72 μs 以下の波形となるもの）により制限電圧と放電電流との特性を求めたとき，16-9 表に規定する放電電流における制限電圧値は，16-10 表に規定する開閉インパルス制限電圧の値以下であること．

16-9 表

| 開閉サージ動作責務静電容量（μF） | 放電電流（波高値）（A） |
|---|---|
| 25 | 1,000 |
| 50 | 2,000 |
| 78 | 3,000 |

16-10 表

| 避雷器定格電圧（kV） | 動作開始電圧（波高値）（kV） | 耐電圧試験電圧（kV） | | 急峻雷インパルス制限電圧（kV） | | 雷インパルス制限電圧（kV） | | 開閉インパルス制限電圧（kV） |
|---|---|---|---|---|---|---|---|---|
| | | （商用周波） | （雷インパルス）※ | 10,000 A 避雷器 | 5,000 A 避雷器 | 10,000 A 避雷器 | 5,000 A 避雷器 | |
| 4.2 | 7.1 | 16 | 45 | 19 | 19 | 17 | 17 | 17 |
| 8.4 | 14.3 | 22 | 60 | 36 | 36 | 33 | 33 | 33 |
| 14 | 19.8 | 28 | 90 | 52 | 55 | 47 | 50 | 50 |
| 28 | 39.6 | 50 | 150 | 103 | 110 | 94 | 100 | 90 |
| 42 | 59.4 | 70 | 200 | 154 | 160 | 140 | 145 | 120 |
| 70 | 99 | 120 | 300 | 246 | | 224 | | 200 |
| 84 | 119 | 140 | 350 | 296 | | 269 | | 240 |
| 98 | 139 | 160 | 400 | 345 | | 314 | | 281 |
| 112 | 158 | 185 | 450 | 394 | | 358 | | 320 |
| 126 | 178 | 230 | 550 | 443 | | 403 | | 361 |
| 140 | 198 | 230 | 550 | 493 | | 448 | | 401 |
| 182 | 232 | 325 | 750 | 640 | | 582 | | 522 |
| 196 | 277 | 325 | 750 | 690 | | 627 | | 561 |
| 210 | 267 | 395 | 900 | 739 | | 672 | | 601 |
| 224 | 285 | 395 | 900 | 789 | | 717 | | 641 |
| 266 | 339 | 460 | 1,050 | 936 | | 851 | | 762 |
| 280 | 356 | 460 | 1,050 | 986 | | 896 | | 802 |
| 420 | 535 | 750 | 1,550 | 1,340 | | 1,220 | | 1,090 |

※：波頭長 0.84 μs 以上 1.56 μs 以下，波尾長 40 μs 以上 60 μs 以下となるものとする.

　(ハ)　電気学会電気規格調査会標準規格 JEC-2371-2003「がいし形避雷器」の「6.7　動作開始電圧試験」,「6.8.1　急しゅん雷インパルス制限電圧試験」,「6.8.2　雷インパルス制限電圧試験」,「6.8.3　開閉インパルス制限電圧試験」,「6.12.1　商用周波耐電圧試験」及び「6.12.2　雷インパルス耐電圧試験」に適合するもの

　(ニ)　電気学会電気規格調査会標準規格 JEC-2372-1995「ガス絶縁タンク形避雷器」の「6.7　動作開始電圧試験」,「6.8.1　急しゅん雷インパルス制限電圧試験」,「6.8.2　雷インパルス制限電圧試験」,「6.8.3　開閉インパルス制限電圧試験」,「6.12.4　商用周波耐電圧試験」及び「6.12.6　雷インパルス耐電圧試験」に適合するもの

　(ホ)　電気学会電気規格調査会標準規格 JEC-2373-1998「ガス絶縁タンク形避雷器 (3.3〜154 kV 系統用)」の「6.7　動作開始電圧試験」,「6.8.1　急しゅん雷インパルス制限電圧試験」,「6.8.2　雷インパルス制限電圧試験」,「6.8.3　開閉インパルス制限電圧試験」,「6.12.4　商用周波耐電圧試験」及び「6.12.6　雷インパルス耐電圧試」に適合するもの

　五　電力変換装置が，1,500 V 以下の直流電路に施設されるものである場合は，電気学会電気規格調査会標準規格 JEC-2470 (2017)「分散形電源系統連系用電力変換装置」(JEC-2470 (2018) にて追補)の「7.2　試験項目」の交流耐電圧試験により絶縁耐力を有していることを確認したものであって，常規対地電圧を電路と大地との間に連続して 10 分間加えて確認したときにこれに耐えること.

**【接地工事の種類及び施設方法】**（省令第 11 条）

**第 17 条**　A 種接地工事は，次の各号によること.

　一　接地抵抗値は，10 Ω 以下であること.

　二　接地線は，次に適合するものであること.

　イ　故障の際に流れる電流を安全に通じることができるものであること.

　ロ　ハに規定する場合を除き，引張強さ 1.04 kN 以上の容易に腐食し難い金属線又は直径 2.6 mm 以上の軟銅線であること.

　ハ　移動して使用する電気機械器具の金属製外箱等に接地工事を施す場合において可とう性を必要とする部分は，3 種クロロプレンキャブタイヤ

ケーブル, 3 種クロロスルホン化ポリエチレンキャブタイヤケーブル, 3
種耐燃性エチレンゴムキャブタイヤケーブル, 4 種クロロプレンキャブ
タイヤケーブル若しくは 4 種クロロスルホン化ポリエチレンキャブタイ
ヤケーブルの 1 心又は多心キャブタイヤケーブルの遮へいその他の金属
体であって, 断面積が 8 mm$^2$ 以上のものであること.

三　接地極及び接地線を人が触れるおそれがある場所に施設する場合は, 前
号ハの場合, 及び発電所, 蓄電所又は変電所, 開閉所若しくはこれらに準
ずる場所において, 接地極を第 19 条第 2 項第一号の規定に準じて施設す
る場合を除き, 次により施設すること.

イ　接地極は, 地下 75 cm 以上の深さに埋設すること.

ロ　接地極を鉄柱その他の金属体に近接して施設する場合は, 次のいずれ
かによること.

（イ）　接地極を鉄柱その他の金属体の底面から 30 cm 以上の深さに埋
設すること.

（ロ）　接地極を地中でその金属体から 1 m 以上離して埋設すること.

ハ　接地線には, 絶縁電線（屋外用ビニル絶縁電線を除く.）又は通信用ケ
ーブル以外のケーブルを使用すること. ただし, 接地線を鉄柱その他の
金属体に沿って施設する場合以外の場合には, 接地線の地表上 60 cm を
超える部分については, この限りでない.

ニ　接地線の地下 75 cm から地表上 2 m までの部分は, 電気用品安全法の
適用を受ける合成樹脂管（厚さ 2 mm 未満の合成樹脂製電線管及び CD
管を除く.）又はこれと同等以上の絶縁効力及び強さのあるもので覆う
こと.

四　接地線は, 避雷針用地線を施設してある支持物に施設しないこと.

2　B 種接地工事は, 次の各号によること.

一　接地抵抗値は, 17-1 表に規定する値以下であること.

17-1 表

| 接地工事を施す変圧器の種類 | 当該変圧器の高圧側又は特別高圧側の電路と低圧側の電路との混触により, 低圧電路の対地電圧が 150 V を超えた場合に, 自動的に高圧又は特別高圧の電路を遮断する装置を設ける場合の遮断時間 | 接地抵抗値（Ω） |
|---|---|---|
| 下記以外の場合 | | $150/I_g$ |

| 高圧又は 35,000 V 以下の特別高圧の電路と低圧電路を結合するもの | 1 秒を超え 2 秒以下 | $300/I_g$ |
| | 1 秒以下 | $600/I_g$ |

（備考）　$I_g$ は，当該変圧器の高圧側又は特別高圧側の電路の 1 線地絡電流（単位：A）

　　二　17-1 表における 1 線地絡電流 $I_g$ は，次のいずれかによること．
　　　　イ　実測値
　　　　ロ　高圧電路においては，17-2 表に規定する計算式により計算した値．ただし，計算結果は，小数点以下を切り上げ，2 A 未満となる場合は 2 A とする．

17-2 表

| 電路の種類 | | 計算式 |
|---|---|---|
| 中性点非接地式電路 | 下記以外のもの | $1 + \dfrac{\dfrac{V'}{3}L - 100}{150} + \dfrac{\dfrac{V'}{3}L' - 1}{2}$　$(=I_1$ とする.$)$<br>第 2 項及び第 3 項の値は，それぞれ値が負となる場合は，0 とする． |
| | 大地から絶縁しないで使用する電気ボイラー，電気炉等を直接接続するもの | $\sqrt{I_1^2 + \dfrac{V^2}{3R^2} \times 10^6}$ |
| 中性点接地式電路 | | |
| 中性点リアクトル接地式電路 | | $\sqrt{\left(\dfrac{\dfrac{V}{\sqrt{3}}R}{R^2 + X^2} \times 10^3\right)^2 + \left(I_1 - \dfrac{\dfrac{V}{\sqrt{3}}X}{R^2 + X^2} \times 10^3\right)^2}$ |

（備考）　$V'$ は，電路の公称電圧を 1.1 で除した電圧（単位：kV）
　　　　　$L$ は，同一母線に接続される高圧電路（電線にケーブルを使用するものを除く．）の電線延長（単位：km）
　　　　　$L'$ は，同一母線に接続される高圧電路（電線にケーブルを使用するものに限る．）の線路延長（単位：km）
　　　　　$V$ は，電路の公称電圧（単位：kV）
　　　　　$R$ は，中性点に使用する抵抗器又はリアクトルの電気抵抗値（中性点の接地工事の接地抵抗値を含む．）（単位：Ω）
　　　　　$X$ は，中性点に使用するリアクトルの誘導リアクタンスの値（単位：Ω）

　　　　ハ　特別高圧電路において実測が困難な場合は，線路定数等により計算した値
　　三　接地線は，次に適合するものであること．

ロ　故障の際に流れる電流を安全に通じることができるものであること.

ロ　17-3 表に規定するものであること.

17-3 表

| 区　　分 | 接　地　線 |
|---|---|
| 移動して使用する電気機械器具の金属製外箱等に接地工事を施す場合において, 可とう性を必要とする部分 | 3 種クロロプレンキャブタイヤケーブル, 3 種クロロスルホン化ポリエチレンキャブタイヤケーブル, 3 種耐燃性エチレンゴムキャブタイヤケーブル, 4 種クロロプレンキャブタイヤケーブル若しくは 4 種クロロスルホン化ポリエチレンキャブタイヤケーブルの 1 心又は多心キャブタイヤケーブルの遮へいその他の金属体であって, 断面積が 8 mm² 以上のもの |
| 上記以外の部分であって, 接地工事を施す変圧器が高圧電路又は第 108 条に規定する特別高圧架空電線路の電路と低圧電路とを結合するものである場合 | 引張強さ 1.04 kN 以上の容易に腐食し難い金属線又は直径 2.6 mm 以上の軟銅線 |
| 上記以外の場合 | 引張強さ 2.46 kN 以上の容易に腐食し難い金属線又は直径 4 mm 以上の軟銅線 |

四　第 1 項第三号及び第四号に準じて施設すること.

3　C 種接地工事は, 次の各号によること.

一　接地抵抗値は, 10 Ω（低圧電路において, 地絡を生じた場合に 0.5 秒以内に当該電路を自動的に遮断する装置を施設するときは, 500 Ω）以下であること.

二　接地線は, 次に適合するものであること.

イ　故障の際に流れる電流を安全に通じることができるものであること.

ロ　ハに規定する場合を除き, 引張強さ 0.39 kN 以上の容易に腐食し難い金属線又は直径 1.6 mm 以上の軟銅線であること.

ハ　移動して使用する電気機械器具の金属製外箱等に接地工事を施す場合において, 可とう性を必要とする部分は, 次のいずれかのものであること.

（イ）　多心コード又は多心キャブタイヤケーブルの 1 心であって, 断面積が 0.75 mm² 以上のもの

（ロ）　可とう性を有する軟銅より線であって, 断面積が 1.25 mm² 以上のもの

4　D種接地工事は，次の各号によること．

　一　接地抵抗値は，100 Ω（低圧電路において，地絡を生じた場合に0.5秒以内に当該電路を自動的に遮断する装置を施設するときは，500 Ω）以下であること．

　二　接地線は，第3項第二号の規定に準じること．

5　C種接地工事を施す金属体と大地との間の電気抵抗値が10 Ω以下である場合は，C種接地工事を施したものとみなす．

6　D種接地工事を施す金属体と大地との間の電気抵抗値が100 Ω以下である場合は，D種接地工事を施したものとみなす．

**【工作物の金属体を利用した接地工事】**（省令第11条）

**第18条**　鉄骨造，鉄骨鉄筋コンクリート造又は鉄筋コンクリート造の建物において，当該建物の鉄骨又は鉄筋その他の金属体（以下この条において「鉄骨等」という．）を，前条第1項から第4項までに規定する接地工事その他の接地工事に係る共用の接地極に使用する場合には，建物の鉄骨又は鉄筋コンクリートの一部を地中に埋設するとともに，等電位ボンディング（導電性部分間において，その部分間に発生する電位差を軽減するために施す電気的接続をいう．）を施すこと．また，鉄骨等をA種接地工事又はB種接地工事の接地極として使用する場合には，更に次の各号により施設すること．なお，これらの場合において，鉄骨等は，接地抵抗値によらず，共用の接地極として使用することができる．

　一　特別高圧又は高圧の機械器具の金属製外箱に施す接地工事の接地線に1線地絡電流が流れた場合において，建物の柱，梁，床，壁等の構造物の導電性部分間に50 Vを超える接触電圧（人が複数の導電性部分に同時に接触した場合に発生する導電性部分間の電圧をいう．以下この項において同じ．）が発生しないように，建物の鉄骨又は鉄筋は，相互に電気的に接続されていること．

　二　前号に規定する場合において，接地工事を施した電気機械器具又は電気機械器具以外の金属製の機器若しくは設備を施設するときは，これらの金属製部分間又はこれらの金属製部分と建物の柱，梁，床，壁等の構造物の導電性部分間に，50 Vを超える接触電圧が発生しないように施設すること．

　三　第一号に規定する場合において，当該建物の金属製部分と大地との間又は当該建物及び隣接する建物の外壁の金属製部分間に，50 Vを超える接触電圧が発生しないように施設すること．ただし，建物の外壁に金属製部

分が露出しないように施設する等の感電防止対策を施す場合は，この限り
でない.

四　第一号，第二号及び前号の規定における1線地絡電流が流れた場合の接
触電圧を推定するために用いる接地抵抗値は，実測値又は民間規格評価機
関として日本電気技術規格委員会が承認した規格である「病院電気設備の
安全基準」の「適用」の欄に規定する要件によること.

2　大地との間の電気抵抗値が2Ω以下の値を保っている建物の鉄骨その他
の金属体は，これを次の各号に掲げる接地工事の接地極に使用することがで
きる.

一　非接地式高圧電路に施設する機械器具等に施すA種接地工事

二　非接地式高圧電路と低圧電路を結合する変圧器に施すB種接地工事

3　A種接地工事又はB種接地工事を，第1項又は前項の規定により施設する
場合における接地線は，第17条第1項第三号（同条第2項第四号で準用する
場合を含む.）の規定によらず，第1項の規定により施設する場合にあっては
第164条第1項第二号及び第三号の規定，前項の規定により施設する場合に
あっては第164条第1項第一号から第三号までの規定に準じて施設すること
ができる.

**【保安上又は機能上必要な場合における電路の接地】**（省令第10条，第11条）

**第 19 条**　電路の保護装置の確実な動作の確保，異常電圧の抑制又は対地電圧
の低下を図るために必要な場合は，本条以外の解釈の規定による場合のほ
か，次の各号に掲げる場所に接地を施すことができる.

一　電路の中性点（使用電圧が300V以下の電路において中性点に接地を施
し難いときは，電路の一端子）

二　特別高圧の直流電路

三　燃料電池の電路又はこれに接続する直流電路

2　第1項の規定により電路に接地を施す場合の接地工事は，次の各号による
こと.

一　接地極は，故障の際にその近傍の大地との間に生じる電位差により，人
若しくは家畜又は他の工作物に危険を及ぼすおそれがないように施設する
こと.

二　接地線は，引張強さ2.46kN以上の容易に腐食し難い金属線又は直径4
mm以上の軟銅線（低圧電路の中性点に施設するものにあっては，引張強
さ1.04kN以上の容易に腐食し難い金属線又は直径2.6mm以上の軟銅

線）であるとともに，故障の際に流れる電流を安全に通じることのできる
ものであること．

三　接地線は，損傷を受けるおそれがないように施設すること．

四　接地線に接続する抵抗器又はリアクトルその他は，故障の際に流れる電
流を安全に通じることのできるものであること．

五　接地線，及びこれに接続する抵抗器又はリアクトルその他は，取扱者以
外の者が出入りできない場所に施設し，又は接触防護措置を施すこと．

3　低圧電路において，第1項の規定により同項第一号に規定する場所に接地
を施す場合の接地工事は，第2項によらず，次の各号によることができる．

一　接地線は，引張強さ 1.04 kN 以上の容易に腐食し難い金属線又は直径
2.6 mm 以上の軟銅線であるとともに，故障の際に流れる電流を安全に通
じることができるものであること．

二　第 17 条第1項第三号イからニまでの規定に準じて施設すること．

4　変圧器の安定巻線若しくは遊休巻線又は電圧調整器の内蔵巻線を異常電圧
から保護するために必要な場合は，その巻線に接地を施すことができる．こ
の場合の接地工事は，A 種接地工事によること．

5　需要場所の引込口付近において，地中に埋設されている建物の鉄骨であっ
て，大地との間の電気抵抗値が3Ω 以下の値を保っているものがある場合
は，これを接地極に使用して，B 種接地工事を施した低圧電線路の中性線又
は接地側電線に，第 24 条の規定により施す接地に加えて接地工事を施すこ
とができる．この場合の接地工事は，次の各号によること．

一　接地線は，引張強さ 1.04 kN 以上の容易に腐食し難い金属線又は直径
2.6 mm 以上の軟銅線であるとともに，故障の際に流れる電流を安全に通
じることのできるものであること．

二　接地線は，次のいずれかによること．

イ　接触防護措置を施すこと．

ロ　第 164 条第1項第一号から第三号までの規定に準じて施設すること．

6　電子機器に接続する使用電圧が 150 V 以下の電路，その他機能上必要な場
所において，電路に接地を施すことにより，感電，火災その他の危険を生じ
ることのない場合には，電路に接地を施すことができる．

## 第4節 電気機械器具の保安原則

**【電気機械器具の熱的強度】**（省令第8条）

**第 20 条** 電路に施設する変圧器，遮断器，開閉器，電力用コンデンサ又は計器用変成器その他の電気機械器具は，民間規格評価機関として日本電気技術規格委員会が承認した規格である「電気機械器具の熱的強度の確認方法」の「適用」の欄に規定する方法により熱的強度を確認したとき，通常の使用状態で発生する熱に耐えるものであること．

**【高圧の機械器具の施設】**（省令第9条第1項）

**第 21 条** 高圧の機械器具（これに附属する高圧電線であってケーブル以外のものを含む．以下この条において同じ．）は，次の各号のいずれかにより施設すること．ただし，発電所，蓄電所又は変電所，開閉所若しくはこれらに準ずる場所に施設する場合はこの限りでない．

一 屋内であって，取扱者以外の者が出入りできないように措置した場所に施設すること．

二 次により施設すること．ただし，工場等の構内においては，ロ及びハの規定によらないことができる．

　イ 人が触れるおそれがないように，機器器具の周囲に適当なさく，へい等を設けること．

　ロ イの規定により施設するさく，へい等の高さと，当該さく，へい等から機械器具の充電部分までの距離との和を5m以上とすること．

　ハ 危険である旨の表示をすること．

三 機械器具に附属する高圧電線にケーブル又は引下げ用高圧絶縁電線を使用し，機械器具を人が触れるおそれがないように地表上4.5m（市街地外においては4m）以上の高さに施設すること．

四 機械器具をコンクリート製の箱又はD種接地工事を施した金属製の箱に収め，かつ，充電部分が露出しないように施設すること．

五 充電部分が露出しない機械器具を，次のいずれかにより施設すること．

　イ 簡易接触防護措置を施すこと．

　ロ 温度上昇により，又は故障の際に，その近傍の大地との間に生じる電位差により，人若しくは家畜又は他の工作物に危険のおそれがないように施設すること．

**【特別高圧の機械器具の施設】**（省令第9条第1項）

**第 22 条**　特別高圧の機械器具（これに附属する特別高圧電線であって，ケーブル以外のものを含む．以下この条において同じ．）は，次の各号のいずれかにより施設すること．ただし，発電所，蓄電所又は変電所，開閉所若しくはこれらに準ずる場所に施設する場合，又は第191条第1項第二号ただし書若しくは第194条第1項の規定により施設する場合はこの限りでない．

一　屋内であって，取扱者以外の者が出入りできないように措置した場所に施設すること．

二　次により施設すること．

イ　人が触れるおそれがないように，機械器具の周囲に適当なさくを設けること．

ロ　イの規定により施設するさくの高さと，当該さくから機械器具の充電部分までの距離との和を，22-1 表に規定する値以上とすること．

ハ　危険である旨の表示をすること．

三　機械器具を地表上5m以上の高さに施設し，充電部分の地表上の高さを22-1 表に規定する値以上とし，かつ，人が触れるおそれがないように施設すること．

22-1 表

| 使用電圧の区分 | さくの高さとさくから充電部分までの距離との和又は地表上の高さ |
|---|---|
| 35,000 V 以下 | 5 m |
| 35,000 V を超え 160,000 V 以下 | 6 m |
| 160,000 V 超過 | $(6+c)$ m |

（備考）　$c$ は，使用電圧と 160,000 V の差を 10,000 V で除した値（小数点以下を切り上げる．）に 0.12 を乗じたもの．

四　工場等の構内において，機械器具を絶縁された箱又は A 種接地工事を施した金属製の箱に収め，かつ，充電部分が露出しないように施設すること．

五　充電部分が露出しない機械器具に，簡易接触防護措置を施すこと．

六　第108条に規定する特別高圧架空電線路に接続する機械器具を，第21条の規定に準じて施設すること．

七　日本電気技術規格委員会規格 JESC E 2007（2014）「35 kV 以下の特別高圧用機械器具の施設の特例」の「2. 技術的規定」によること．

2　特別高圧用の変圧器は，次の各号に掲げるものを除き，発電所，蓄電所又は変電所，開閉所若しくはこれらに準ずる場所に施設すること．

一　第 26 条の規定により施設する配電用変圧器

二　第 108 条に規定する特別高圧架空電線路に接続するもの

三　交流式電気鉄道用信号回路に電気を供給するためのもの

**【アークを生じる器具の施設】**（省令第 9 条第 2 項）

**第 23 条**　高圧用又は特別高圧用の開閉器，遮断器又は避雷器その他これらに類する器具（以下この条において「開閉器等」という．）であって，動作時にアークを生じるものは，次の各号のいずれかにより施設すること．

一　耐火性のものでアークを生じる部分を囲むことにより，木製の壁又は天井その他の可燃性のものから隔離すること．

二　木製の壁又は天井その他の可燃性のものとの離隔距離を，23-1 表に規定する値以上とすること．

23-1 表

| 開閉器等の使用電圧の区分 | | 離隔距離 |
|---|---|---|
| 高圧 | | 1 m |
| 特別高圧 | 35,000 V 以下 | 2 m（動作時に生じるアークの方向及び長さを火災が発生するおそれがないように制限した場合にあっては，1 m） |
| | 35,000 V 超過 | 2 m |

**【高圧又は特別高圧と低圧との混触による危険防止施設】**（省令第 12 条第 1 項）

**第 24 条**　高圧電路又は特別高圧電路と低圧電路とを結合する変圧器には，次の各号により B 種接地工事を施すこと．

一　次のいずれかの箇所に接地工事を施すこと．（関連省令第 10 条）

イ　低圧側の中性点

ロ　低圧電路の使用電圧が 300 V 以下の場合において，接地工事を低圧側の中性点に施し難いときは，低圧側の 1 端子

ハ　低圧電路が非接地である場合においては，高圧巻線又は特別高圧巻線と低圧巻線との間に設けた金属製の混触防止板

二　接地抵抗値は，第 17 条第 2 項第一号の規定にかかわらず，5 Ω 未満であることを要しない．（関連省令第 11 条）

三　変圧器が特別高圧電路と低圧電路とを結合するものである場合において，第 17 条第 2 項第一号の規定により計算した値が 10 を超えるときの接

地抵抗値は，10 Ω以下であること．ただし，次のいずれかに該当する場合はこの限りでない．（関連省令第 11 条）

　イ　特別高圧電路の使用電圧が 35,000 V 以下であって，当該特別高圧電路に地絡を生じた際に，1 秒以内に自動的にこれを遮断する装置を有する場合

　ロ　特別高圧電路が，第 108 条に規定する特別高圧架空電線路の電路である場合

2　次の各号に掲げる変圧器を施設する場合は，前項の規定によらないことができる．

　一　鉄道又は軌道の信号用変圧器

　二　電気炉又は電気ボイラーその他の常に電路の一部を大地から絶縁せずに使用する負荷に電気を供給する専用の変圧器

3　第 1 項第一号イ又はロに規定する箇所に施す接地工事は，次の各号のいずれかにより施設すること．（関連省令第 6 条，第 11 条）

　一　変圧器の施設箇所ごとに施すこと．

　二　土地の状況により，変圧器の施設箇所において第 17 条第 2 項第一号に規定する接地抵抗値が得難い場合は，次のいずれかに適合する接地線を施設し，変圧器の施設箇所から 200 m 以内の場所に接地工事を施すこと．

　　イ　引張強さ 5.26 kN 以上のもの又は直径 4 mm 以上の硬銅線を使用した架空接地線を第 66 条第 1 項の規定並びに第 68 条，第 71 条から第 78 条まで及び第 80 条の低圧架空電線の規定に準じて施設すること．

　　ロ　地中接地線を第 120 条及び第 125 条の地中電線の規定に準じて施設すること．

　三　土地の状況により，第一号及び第二号の規定により難いときは，次により共同地線を設けて，2 以上の施設箇所に共通の B 種接地工事を施すこと．

　　イ　架空共同地線は，引張強さ 5.26 kN 以上のもの又は直径 4 mm 以上の硬銅線を使用し，第 66 条第 1 項の規定，並びに第 68 条，第 71 条から第 78 条まで及び第 80 条の低圧架空電線の規定に準じて施設すること．

　　ロ　地中共同地線は，第 120 条及び第 125 条の地中電線の規定に準じて施設すること．

　　ハ　接地工事は，各変圧器を中心とする直径 400 m 以内の地域であって，その変圧器に接続される電線路直下の部分において，各変圧器の両側に

　　あるように施すこと．ただし，その施設箇所において接地工事を施した
　　変圧器については，この限りでない．

　ニ　共同地線と大地との間の合成電気抵抗値は，直径 1 km 以内の地域ご
　　とに第 17 条第 2 項第一号に規定する B 種接地工事の接地抵抗値以下で
　　あること．

　ホ　各接地工事の接地抵抗値は，接地線を共同地線から切り離した場合に
　　おいて，300 Ω 以下であること．

四　変圧器が中性点接地式高圧電線路と低圧電路とを結合するものである場
　合において，土地の状況により，第一号から第三号までの規定により難い
　ときは，次により共同地線を設けて，2 以上の施設箇所に共通の B 種接地
　工事を施すこと．

　イ　共同地線は，前号イ又はロの規定によること．

　ロ　接地工事は，前号ハの規定によること．

　ハ　同一支持物に高圧架空電線と低圧架空電線とが施設されている部分に
　　おいては，接地箇所相互間の距離は，電線路沿いに 300 m 以内であるこ
　　と．

　ニ　共同地線と大地との間の合成電気抵抗値は，第 17 条第 2 項第一号に
　　規定する B 種接地工事の接地抵抗値以下であること．

　ホ　各接地工事の接地抵抗値は，接地線を共同地線から切り離した場合に
　　おいて，次の式により計算した値（300 Ω を超える場合は，300 Ω）以下
　　であること．

　　　　$R = 150n/I_g$

　　　　$R$ は，接地線と大地との間の電気抵抗（単位：Ω）

　　　　$I_g$ は，第 17 条第 2 項第二号の規定による 1 線地絡電流（単位：A）

　　　　$n$ は，接地箇所数

4　前項第三号及び第四号の共同地線には，低圧架空電線又は低圧地中電線の
　1 線を兼用することができる．

5　第 1 項第一号ハの規定により接地工事を施した変圧器に接続する低圧電線
　を屋外に施設する場合は，次の各号により施設すること．

一　低圧電線は，1 構内だけに施設すること．

二　低圧架空電線路又は低圧屋上電線路の電線は，ケーブルであること．

三　低圧架空電線と高圧又は特別高圧の架空電線とは，同一支持物に施設し
　ないこと．ただし，高圧又は特別高圧の架空電線がケーブルである場合

は，この限りでない.

**【特別高圧と高圧との混触等による危険防止施設】**（省令第 12 条第 2 項）

**第 25 条**　変圧器（前条第 2 項第二号に規定するものを除く.）によって特別高圧電路（第 108 条に規定する特別高圧架空電線路の電路を除く.）に結合される高圧電路には，使用電圧の 3 倍以下の電圧が加わったときに放電する装置を，その変圧器の端子に近い 1 極に設けること. ただし，使用電圧の 3 倍以下の電圧が加わったときに放電する避雷器を高圧電路の母線に施設する場合は，この限りでない. （関連省令第 10 条）

2　前項の装置には，A 種接地工事を施すこと. （関連省令第 10 条，第 11 条）

**【特別高圧配電用変圧器の施設】**（省令第 9 条第 1 項）

**第 26 条**　特別高圧電線路（第 108 条に規定する特別高圧架空電線路を除く.）に接続する配電用変圧器を，発電所，蓄電所又は変電所，開閉所若しくはこれらに準ずる場所以外の場所に施設する場合は，次の各号によること.

一　変圧器の 1 次電圧は 35,000 V 以下，2 次電圧は低圧又は高圧であること.

二　変圧器に接続する特別高圧電線は，特別高圧絶縁電線又はケーブルであること. ただし，特別高圧電線を海峡横断箇所，河川横断箇所，山岳地の傾斜が急な箇所又は谷越え箇所であって，人が容易に立ち入るおそれがない場所に施設する場合は，裸電線を使用することができる. （関連省令第 5 条第 1 項）

三　変圧器の 1 次側には，開閉器及び過電流遮断器を施設すること. ただし，過電流遮断器が開閉機能を有するものである場合は，過電流遮断器のみとすることができる. （関連省令第 14 条）

四　ネットワーク方式（2 以上の特別高圧電線路に接続する配電用変圧器の 2 次側を並列接続して配電する方式をいう.）により施設する場合において，次に適合するように施設するときは，前号の規定によらないことができる.

イ　変圧器の 1 次側には，開閉器を施設すること.

ロ　変圧器の 2 次側には，過電流遮断器及び 2 次側電路から 1 次側電路に電流が流れたときに，自動的に 2 次側電路を遮断する装置を施設すること. （関連省令第 12 条第 2 項）

ハ　ロの規定により施設する過電流遮断器及び装置を介して変圧器の 2 次側電路を並列接続すること.

**【特別高圧を直接低圧に変成する変圧器の施設】**（省令第 13 条）

**第 27 条**　特別高圧を直接低圧に変成する変圧器は，次の各号に掲げるものを除き，施設しないこと．

一　発電所，蓄電所又は変電所，開閉所若しくはこれらに準ずる場所の所内用の変圧器

二　使用電圧が 100,000 V 以下の変圧器であって，その特別高圧巻線と低圧巻線との間に B 種接地工事（第 17 条第 2 項第一号の規定により計算した値が 10 を超える場合は，接地抵抗値が 10 Ω 以下のものに限る．）を施した金属製の混触防止板を有するもの

三　使用電圧が 35,000 V 以下の変圧器であって，その特別高圧巻線と低圧巻線とが混触したときに，自動的に変圧器を電路から遮断するための装置を設けたもの

四　電気炉等，大電流を消費する負荷に電気を供給するための変圧器

五　交流式電気鉄道用信号回路に電気を供給するための変圧器

六　第 108 条に規定する特別高圧架空電線路に接続する変圧器

**【計器用変成器の 2 次側電路の接地】**（省令第 10 条，第 11 条，第 12 条第 1 項）

**第 28 条**　高圧計器用変成器の 2 次側電路には，D 種接地工事を施すこと．

2　特別高圧計器用変成器の 2 次側電路には，A 種接地工事を施すこと．

**【機械器具の金属製外箱等の接地】**（省令第 10 条，第 11 条）

**第 29 条**　電路に施設する機械器具の金属製の台及び外箱（以下この条において「金属製外箱等」という．）（外箱のない変圧器又は計器用変成器にあっては，鉄心）には，使用電圧の区分に応じ，29-1 表に規定する接地工事を施すこと．ただし，外箱を充電して使用する機械器具に人が触れるおそれがないようにさくなどを設けて施設する場合又は絶縁台を設けて施設する場合は，この限りでない．

29-1 表

| 機械器具の使用電圧の区分 | | 接地工事 |
|---|---|---|
| 低圧 | 300 V 以下 | D 種接地工事 |
| | 300 V 超過 | C 種接地工事 |
| 高圧又は特別高圧 | | A 種接地工事 |

2　機械器具が小規模発電設備である燃料電池発電設備である場合を除き，次の各号のいずれかに該当する場合は，第 1 項の規定によらないことができ

る.
一　交流の対地電圧が 150 V 以下又は直流の使用電圧が 300 V 以下の機械器具を, 乾燥した場所に施設する場合
二　低圧用の機械器具を乾燥した木製の床その他これに類する絶縁性のものの上で取り扱うように施設する場合
三　電気用品安全法の適用を受ける 2 重絶縁の構造の機械器具を施設する場合
四　低圧用の機械器具に電気を供給する電路の電源側に絶縁変圧器 (2 次側線間電圧が 300 V 以下であって, 容量が 3 kVA 以下のものに限る.) を施設し, かつ, 当該絶縁変圧器の負荷側の電路を接地しない場合
五　水気のある場所以外の場所に施設する低圧用の機械器具に電気を供給する電路に, 電気用品安全法の適用を受ける漏電遮断器 (定格感度電流が 15 mA 以下, 動作時間が 0.1 秒以下の電流動作型のものに限る.) を施設する場合
六　金属製外箱等の周囲に適当な絶縁台を設ける場合
七　外箱のない計器用変成器がゴム, 合成樹脂その他の絶縁物で被覆したものである場合
八　低圧用若しくは高圧用の機械器具, 第 26 条に規定する配電用変圧器若しくはこれに接続する電線に施設する機械器具又は第 108 条に規定する特別高圧架空電線路の電路に施設する機械器具を, 木柱その他これに類する絶縁性のものの上であって, 人が触れるおそれがない高さに施設する場合
3　高圧ケーブルに接続される高圧用の機械器具の金属製外箱等の接地は, 日本電気技術規格委員会規格 JESC E 2019 (2015)「高圧ケーブルの遮へい層による高圧用の機械器具の金属製外箱等の連接接地」の「2. 技術的規定」により施設することができる.
4　太陽電池モジュール, 燃料電池発電設備又は常用電源として用いる蓄電池に接続する直流回路に施設する機械器具であって, 使用電圧が 300 V を超え 450 V 以下のものの金属製外箱等に施す C 種接地工事の接地抵抗値は, 次の各号に適合する場合は, 第 17 条第 3 項第一号の規定によらず, 100 Ω 以下とすることができる.
一　直流電路は, 非接地であること.
二　直流電路に接続する逆変換装置の交流側に, 絶縁変圧器を施設すること.

　三　直流電路を構成する太陽電池モジュールにあっては，当該直流電路に接続される太陽電池モジュールの合計出力が 10 kW 以下であること．

　四　直流電路を構成する燃料電池発電設備にあっては，当該直流電路に接続される個々の燃料電池発電設備の出力がそれぞれ 10 kW 未満であること．

　五　直流電路を構成する蓄電池にあっては，当該直流電路に接続される個々の蓄電池の出力がそれぞれ 10 kW 未満であること．

　六　直流電路に機械器具（太陽電池モジュール，燃料電池発電設備，常用電源として用いる蓄電池，直流変換装置，逆変換装置，避雷器，第 154 条に規定する器具並びに第 200 条第 1 項第一号において準用する第 45 条第一号及び第三号に規定する器具及び第 200 条第 2 項第一号ロ及びハに規定する器具を除く．）を施設しないこと．

**【高周波利用設備の障害の防止】**（省令第 17 条）

　**第 30 条**　高周波利用設備から，他の高周波利用設備に漏えいする高周波電流は，次の測定装置又はこれに準ずる測定装置により，2 回以上連続して 10 分間以上測定したとき，各回の測定値の最大値の平均値が −30 dB（1 mW を 0 dB とする．）以下であること．

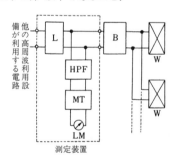

LM は，選択レベル計
MT は，整合変成器
HPF は，高域ろ波器
L は，電源分離回路
B は，ブロック装置
W は，高周波利用設備

**【変圧器等からの電磁誘導作用による人の健康影響の防止】**（省令第 27 条の 2）

　**第 31 条**　発電所，蓄電所，変電所，開閉所及び需要場所以外の場所に施設する変圧器，開閉器及び分岐装置（以下，この条において「変圧器等」という．）から発生する磁界は，第 3 項に掲げる測定方法により求めた磁束密度の測定値（実効値）が，商用周波数において 200 μT 以下であること．ただし，造営物内，田畑，山林その他の人の往来が少ない場所において，人体に危害を及ぼすおそれがないように施設する場合は，この限りでない．

　2　測定装置は，民間規格評価機関として日本電気技術規格委員会が承認した

規格である「人体ばく露を考慮した直流磁界並びに1Hz～100kHzの交流磁界及び交流電界の測定―第1部：測定器に対する要求事項」の「適用」の欄に規定するものであること.

3 測定に当たっては，次の各号のいずれかにより測定すること．なお，測定場所の例ごとの測定方法の適用例については31-1表に示す.

一 磁界が均一であると考えられる場合は，測定地点の地表，路面又は床（以下この条において「地表等」という．）から1mの高さで測定した値を測定値とすること.

二 磁界が不均一であると考えられる場合（第三号の場合を除く．）は，測定地点の地表等から0.5m，1m及び1.5mの高さで測定し，3点の平均値を測定値とすること．ただし，変圧器等の高さが1.5m未満の場合は，その高さの1/3倍, 2/3倍及び1倍の箇所で測定し，3点の平均値を測定値とすること.

三 磁界が不均一であると考えられる場合であって，変圧器等が地表等の下に施設され，人がその地表等に横臥する場合は，次の図に示すように，測定地点の地表等から0.2mの高さであって，磁束密度が最大の値となる地点イにおいて測定し，地点イを中心とする半径0.5mの円周上で磁束密度が最大の値となる地点ロにおいて測定した後，地点イに関して地点ロと対称の地点ハにおいて測定し，次に，地点イ，ロ及びハを結ぶ直線と直交するとともに，地点イを通る直線が当該円と交わる地点ニ及びホにおいてそれぞれ測定し，さらに，これらの5地点における測定値のうち最大のものから上位3つの値の平均値を測定値とすること.

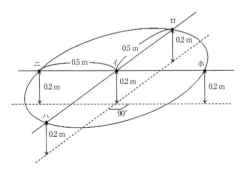

31-1 表

| 測定場所 | 測定方法 |
|---|---|
| 柱上に施設する変圧器等の下方における地表 | 第 3 項第一号により測定すること. |
| 柱上に施設する変圧器等の周囲の建造物等 | 建造物の壁面等, 公衆が接近することができる地点から水平方向に 0.2 m 離れた地点において第 3 項第二号により測定すること. |
| 地上に施設する変圧器等の周囲 | 変圧器等の表面等, 公衆が接近することができる地点から水平方向に 0.2 m 離れた地点において第 3 項第二号により測定すること. |
| 変圧器等を施設した部屋の直上階の部屋の床 | 第 3 項第三号により測定すること. |

【ポリ塩化ビフェニル使用電気機械器具及び電線の施設禁止】(省令第 19 条第 14 項)

　**第 32 条**　ポリ塩化ビフェニルを含有する絶縁油とは, 絶縁油に含まれるポリ塩化ビフェニルの量が試料 1 kg につき 0.5 mg (重量比 0.00005%) 以下である絶縁油以外のものである.

## 第 5 節　過電流, 地絡及び異常電圧に対する保護対策

【低圧電路に施設する過電流遮断器の性能等】(省令第 14 条)

　**第 33 条**　低圧電路に施設する過電流遮断器は, これを施設する箇所を通過する短絡電流を遮断する能力を有するものであること. ただし, 当該箇所を通過する最大短絡電流が 10,000 A を超える場合において, 過電流遮断器として 10,000 A 以上の短絡電流を遮断する能力を有する配線用遮断器を施設し, 当該箇所より電源側の電路に当該配線用遮断器の短絡電流を遮断する能力を超え, 当該最大短絡電流以下の短絡電流を当該配線用遮断器より早く, 又は同時に遮断する能力を有する, 過電流遮断器を施設するときは, この限りでない.

　2　過電流遮断器として低圧電路に施設するヒューズ (電気用品安全法の適用を受けるもの, 配電用遮断器と組み合わせて 1 の過電流遮断器として使用するもの及び第 4 項に規定するものを除く.) は, 水平に取り付けた場合 (板状ヒューズにあっては, 板面を水平に取り付けた場合) において, 次の各号に適合するものであること.

　一　定格電流の 1.1 倍の電流に耐えること.

　二　33-1 表の左欄に掲げる定格電流の区分に応じ, 定格電流の 1.6 倍及び 2

倍の電流を通じた場合において，それぞれ同表の右欄に掲げる時間内に溶
断すること．

33-1 表

| 定格電流の区分 | 時　間 | |
| --- | --- | --- |
| | 定格電流の 1.6 倍の電流を通じた場合 | 定格電流の 2 倍の電流を通じた場合 |
| 30 A 以下 | 60 分 | 2 分 |
| 30 A を超え 60 A 以下 | 60 分 | 4 分 |
| 60 A を超え 100 A 以下 | 120 分 | 6 分 |
| 100 A を超え 200 A 以下 | 120 分 | 8 分 |
| 200 A を超え 400 A 以下 | 180 分 | 10 分 |
| 400 A を超え 600 A 以下 | 240 分 | 12 分 |
| 600 A 超過 | 240 分 | 20 分 |

3 　過電流遮断器として低圧電路に施設する配線用遮断器（電気用品安全法の
　適用を受けるもの及び次項に規定するものを除く．）は，次の各号に適合する
　ものであること．
　一 　定格電流の 1 倍の電流で自動的に動作しないこと．
　二 　33-2 表の左欄に掲げる定格電流の区分に応じ，定格電流の 1.25 倍及び
　　2 倍の電流を通じた場合において，それぞれ同表の右欄に掲げる時間内に
　　自動的に動作すること．

33-2 表

| 定格電流の区分 | 時　間 | |
| --- | --- | --- |
| | 定格電流の 1.25 倍の電流を通じた場合 | 定格電流の 2 倍の電流を通じた場合 |
| 30 A 以下 | 60 分 | 2 分 |
| 30 A を超え 50 A 以下 | 60 分 | 4 分 |
| 50 A を超え 100 A 以下 | 120 分 | 6 分 |
| 100 A を超え 225 A 以下 | 120 分 | 8 分 |
| 225 A を超え 400 A 以下 | 120 分 | 10 分 |
| 400 A を超え 600 A 以下 | 120 分 | 12 分 |
| 600 A を超え 800 A 以下 | 120 分 | 14 分 |
| 800 A を超え 1,000 A 以下 | 120 分 | 16 分 |
| 1,000 A を超え 1,200 A 以下 | 120 分 | 18 分 |

| 1,200 A を超え 1,600 A 以下 | 120 分 | 20 分 |
| 1,600 A を超え 2,000 A 以下 | 120 分 | 22 分 |
| 2,000 A 超過 | 120 分 | 24 分 |

4　過電流遮断器として低圧電路に施設する過負荷保護装置と短絡保護専用遮断器又は短絡保護専用ヒューズを組み合わせた装置は，電動機のみに至る低圧電路（低圧幹線（第142条に規定するものをいう.）を除く.）で使用するものであって，次の各号に適合するものであること.

一　過負荷保護装置は，次に適合するものであること.

イ　電動機が焼損するおそれがある過電流を生じた場合に，自動的にこれを遮断すること.

ロ　電気用品安全法の適用を受ける電磁開閉器，又は次に適合するものであること.

（イ）　構造は，日本産業規格 JIS C 8201-4-1 （2010）「低圧開閉装置及び制御装置―第4-1部：接触器及びモータスタータ：電気機械式接触器及びモータスタータ」の「8. 構造及び性能に関する要求事項」に適合すること.

（ロ）　完成品は，日本産業規格 JIS C 8201-4-1 （2010）「低圧開閉装置及び制御装置―第4-1部：接触器及びモータスタータ：電気機械式接触器及びモータスタータ」の「9. 試験」の試験方法により試験したとき，「8.2　性能に関する要求事項」及び「附属書B　特殊試験」に適合すること.

二　短絡保護専用遮断器は，次に適合するものであること.

イ　過負荷保護装置が短絡電流によって焼損する前に，当該短絡電流を遮断する能力を有すること.

ロ　定格電流の1倍の電流で自動的に動作しないこと.

ハ　整定電流は，定格電流の13倍以下であること.

ニ　整定電流の1.2倍の電流を通じた場合において，0.2秒以内に自動的に動作すること.

三　短絡保護専用ヒューズは，次に適合するものであること.

イ　過負荷保護装置が短絡電流によって焼損する前に，当該短絡電流を遮断する能力を有すること.

ロ　短絡保護専用ヒューズの定格電流は，過負荷保護装置の整定電流の値

　（その値が短絡保護専用ヒューズの標準定格に該当しない場合は，その
値の直近上位の標準定格）以下であること．

　　ハ　定格電流の1.3倍の電流に耐えること．

　　ニ　整定電流の10倍の電流を通じた場合において，20秒以内に溶断する
こと．

　四　過負荷保護装置と短絡保護専用遮断器又は短絡保護専用ヒューズは，専
用の1の箱の中に収めること．

5　低圧電路に施設する非包装ヒューズは，つめ付ヒューズであること．ただ
し，次の各号のいずれかのものを使用する場合は，この限りでない．

　一　ローゼットその他これに類するものに収める定格電流5A以下のもの

　二　硬い金属製で，端子間の長さが33-3表に規定する値以上のもの

33-3 表

| 定格電流の区分 | 端子間の長さ |
|---|---|
| 10 A 未満 | 100 mm |
| 10 A 以上 20 A 未満 | 120 mm |
| 20 A 以上 30 A 未満 | 150 mm |

**【高圧又は特別高圧の電路に施設する過電流遮断器の性能等】**（省令第14条）

　**第 34 条**　高圧又は特別高圧の電路に施設する過電流遮断器は，次の各号に適
合するものであること．

　一　電路に短絡を生じたときに作動するものにあっては，これを施設する箇
所を通過する短絡電流を遮断する能力を有すること．

　二　その作動に伴いその開閉状態を表示する装置を有すること．ただし，そ
の開閉状態を容易に確認できるものは，この限りでない．

2　過電流遮断器として高圧電路に施設する包装ヒューズ（ヒューズ以外の過
電流遮断器と組み合わせて1の過電流遮断器として使用するものを除く．）
は，次の各号のいずれかのものであること．

　一　定格電流の1.3倍の電流に耐え，かつ，2倍の電流で120分以内に溶断
するもの

　二　次に適合する高圧限流ヒューズ

　　イ　構造は，民間規格評価機関として日本電気技術規格委員会が承認した
規格である「高圧限流ヒューズ」の「適用」の欄に規定する要件に適合
すること．

ロ　完成品は，民間規格評価機関として日本電気技術規格委員会が承認した規格である「高圧限流ヒューズ」の「適用」の欄に規定する要件に適合すること．

3　過電流遮断器として高圧電路に施設する非包装ヒューズは，定格電流の 1.25 倍の電流に耐え，かつ，2 倍の電流で 2 分以内に溶断するものであること．

## 【過電流遮断器の施設の例外】（省令第 14 条）

**第 35 条**　次の各号に掲げる箇所には，過電流遮断器を施設しないこと．

一　接地線

二　多線式電路の中性線

三　第 24 条第 1 項第一号ロの規定により，電路の一部に接地工事を施した低圧電線路の接地側電線

2　次の各号のいずれかに該当する場合は，前項の規定によらないことができる．

一　多線式電路の中性線に施設した過電流遮断器が動作した場合において，各極が同時に遮断されるとき

二　第 19 条第 1 項各号の規定により抵抗器，リアクトル等を使用して接地工事を施す場合において，過電流遮断器の動作により当該接地線が非接地状態にならないとき

## 【地絡遮断装置の施設】（省令第 15 条）

**第 36 条**　金属製外箱を有する使用電圧が 60 V を超える低圧の機械器具に接続する電路には，電路に地絡を生じたときに自動的に電路を遮断する装置を施設すること．ただし，次の各号のいずれかに該当する場合はこの限りでない．

一　機械器具に簡易接触防護措置（金属製のものであって，防護措置を施す機械器具と電気的に接続するおそれがあるもので防護する方法を除く．）を施す場合

二　機械器具を次のいずれかの場所に施設する場合

　イ　発電所，蓄電所又は変電所，開閉所若しくはこれらに準ずる場所

　ロ　乾燥した場所

　ハ　機械器具の対地電圧が 150 V 以下の場合においては，水気のある場所以外の場所

三　機械器具が，次のいずれかに該当するものである場合

　イ　電気用品安全法の適用を受ける 2 重絶縁構造のもの

　ロ　ゴム，合成樹脂その他の絶縁物で被覆したもの

　ハ　誘導電動機の 2 次側電路に接続されるもの

　ニ　第 13 条第二号に掲げるもの

四　機器器具に施された C 種接地工事又は D 種接地工事の接地抵抗値が 3
Ω 以下の場合

五　電路の系統電源側に絶縁変圧器（機械器具側の線間電圧が 300 V 以下の
ものに限る.）を施設するとともに，当該絶縁変圧器の機械器具側の電路を
非接地とする場合

六　機械器具内に電気用品安全法の適用を受ける漏電遮断器を取り付け，か
つ，電源引出部が損傷を受けるおそれがないように施設する場合

七　機械器具を太陽電池モジュールに接続する直流電路に施設し，かつ，当
該電路が次に適合する場合

　イ　直流電路は，非接地であること.

　ロ　直流電路に接続する逆変換装置の交流側に絶縁変圧器を施設するこ
と.

　ハ　直流電路の対地電圧は，450 V 以下であること.

八　電路が，管灯回路である場合

2　電路が次の各号のいずれかのものである場合は，前項の規定によらず，当
該電路に適用される規定によること.

一　第 3 項に規定するもの

二　第 143 条第 1 項ただし書の規定により施設する，対地電圧が 150 V を超
える住宅の屋内電路

三　第 165 条第 3 項若しくは第 4 項，第 178 条第 2 項，第 180 条第 4 項，第
187 条，第 195 条，第 196 条，第 197 条又は第 200 条第 1 項に規定するもの
の電路

3　高圧又は特別高圧の電路と変圧器によって結合される，使用電圧が 300 V
を超える低圧の電路には，電路に地絡を生じたときに自動的に電路を遮断す
る装置を施設すること. ただし，当該低圧電路が次の各号のいずれかのもの
である場合はこの限りでない.

一　発電所又は変電所若しくはこれに準ずる場所にある電路

二　電気炉，電気ボイラー又は電解槽であって，大地から絶縁することが技
術上困難なものに電気を供給する専用の電路

4　高圧又は特別高圧の電路には, 36-1 表の左欄に掲げる箇所又はこれに近接する箇所に, 同表中欄に掲げる電路に地絡を生じたときに自動的に電路を遮断する装置を施設すること. ただし, 同表右欄に掲げる場合はこの限りでない.

36-1 表

| 地絡遮断装置を施設する箇所 | 電路 | 地絡遮断装置を施設しなくても良い場合 |
|---|---|---|
| 発電所, 蓄電所又は変電所若しくはこれに準ずる場所の引出口 | 発電所, 蓄電所又は変電所若しくはこれに準ずる場所から引出される電路 | 発電所, 蓄電所又は変電所相互間の電線路が, いずれか一方の発電所, 蓄電所又は変電所の母線の延長とみなされるものである場合において, 計器用変成器を母線に施設すること等により, 当該電線路に地絡を生じた場合に電源側の電路を遮断する装置を施設するとき |
| 他の者から供給を受ける受電点 | 受電点の負荷側の電路 | 他の者から供給を受ける電気を全てその受電点に属する受電場所において変成し, 又は使用する場合 |
| 配電用変圧器 (単巻変圧器を除く.) の施設箇所 | 配電用変圧器の負荷側の電路 | 配電用変圧器の負荷側に地絡を生じた場合に, 当該配電用変圧器の施設箇所の電源側の発電所, 蓄電所又は変電所で当該電路を遮断する装置を施設するとき |

（備考）　引出口とは, 常時又は事故時において, 発電所, 蓄電所又は変電所若しくはこれに準ずる場所から電線路へ電流が流出する場所をいう.

5　低圧又は高圧の電路であって, 非常用照明装置, 非常用昇降機, 誘導灯又は鉄道用信号装置その他その停止が公共の安全の確保に支障を生じるおそれのある機械器具に電気を供給するものには, 電路に地絡を生じたときにこれを技術員駐在所に警報する装置を施設する場合は, 第1項, 第3項及び第4項に規定する装置を施設することを要しない.

**【避雷器等の施設】**（省令第 49 条）

**第 37 条**　高圧及び特別高圧の電路中, 次の各号に掲げる箇所又はこれに近接する箇所には, 避雷器を施設すること.

一　発電所, 蓄電所又は変電所若しくはこれに準ずる場所の架空電線の引込口（需要場所の引込口を除く.）及び引出口

二　架空電線路に接続する, 第 26 条に規定する配電用変圧器の高圧側及び特別高圧側

三　高圧架空電線路から電気の供給を受ける受電電力が 500 kW 以上の需要

場所の引込口

四　特別高圧架空電線路から電気の供給を受ける需要場所の引込口

2　次の各号のいずれかに該当する場合は，前項の規定によらないことができる．

一　前項各号に掲げる箇所に直接接続する電線が短い場合

二　使用電圧が 60,000 V を超える特別高圧電路において，同一の母線に常時接続されている架空電線路の数が，回線数が 7 以下の場合にあっては 5 以上，回線数が 8 以上の場合にあっては 4 以上のとき．この場合において，同一支持物に 2 回線以上の架空電線が施設されているときは，架空電線路の数は 1 として計算する．

3　高圧及び特別高圧の電路に施設する避雷器には，A 種接地工事を施すこと．ただし，高圧架空電線路に施設する避雷器（第 1 項の規定により施設するものを除く．）の A 種接地工事を日本電気技術規格委員会規格 JESC E 2018（2015）「高圧架空電線路に施設する避雷器の接地工事」の「2. 技術的規定」により施設する場合の接地抵抗値は，第 17 条第 1 項第一号の規定によらないことができる．（関連省令第 10 条，第 11 条）

【サイバーセキュリティの確保】（省令第 15 条の 2）

第 37 条の 2　省令第 15 条の 2 に規定するサイバーセキュリティの確保は，次の各号によること．

一　スマートメーターシステムにおいては，日本電気技術規格委員会規格 JESC Z 0003（2019）「スマートメーターシステムセキュリティガイドライン」によること．配電事業者においても同規格に準じること．

二　電力制御システムにおいては，日本電気技術規格委員会規格 JESC Z 0004（2019）「電力制御システムセキュリティガイドライン」によること．配電事業者においても同規格に準じること．

三　自家用電気工作物（発電事業の用に供するもの及び小規模事業用電気工作物を除く．）に係る遠隔監視システム及び制御システムにおいては，「自家用電気工作物に係るサイバーセキュリティの確保に関するガイドライン（内規）」（20220530 保局第 1 号　令和 4 年 6 月 10 日）によること．

# 第2章　発電所，蓄電所並びに変電所，開閉所及びこれらに準ずる場所の施設

**【発電所等への取扱者以外の者の立入の防止】**（省令第23条第1項）

**第38条**　高圧又は特別高圧の機械器具及び母線等（以下，この条において「機械器具等」という.）を屋外に施設する発電所，蓄電所又は変電所，開閉所若しくはこれらに準ずる場所（以下，この条において「発電所等」という.）は，次の各号により構内に取扱者以外の者が立ち入らないような措置を講じること．ただし，土地の状況により人が立ち入るおそれがない箇所については，この限りでない.

一　さく，へい等を設けること.

二　特別高圧の機械器具等を施設する場合は，前号のさく，へい等の高さと，さく，へい等から充電部分までの距離との和は，38-1表に規定する値以上とすること.

38-1表

| 充電部分の使用電圧の区分 | さく，へい等の高さと，さく，へい等から充電部分までの距離との和 |
|---|---|
| 35,000 V 以下 | 5 m |
| 35,000 V を超え 160,000 V 以下 | 6 m |
| 160,000 V 超過 | $(6+c)$ m |

（備考）　$c$ は，使用電圧と 160,000 V の差を 10,000 V で除した値（小数点以下を切り上げる.）に 0.12 を乗じたもの

三　出入口に立入りを禁止する旨を表示すること.

四　出入口に施錠装置を施設して施錠する等，取扱者以外の者の出入りを制限する措置を講じること.

2　高圧又は特別高圧の機械器具等を屋内に施設する発電所等は，次の各号により構内に取扱者以外の者が立ち入らないような措置を講じること．ただし，前項の規定により施設したさく，へいの内部については，この限りでない.

一　次のいずれかによること.

イ　堅ろうな壁を設けること.

ロ　さく，へい等を設け，当該さく，へい等の高さと，さく，へい等から

充電部分までの距離との和を，38-1 表に規定する値以上とすること．

二　前項第三号及び第四号の規定に準じること．

3　高圧又は特別高圧の機器具等を施設する発電所等を次の各号のいずれか
により施設する場合は，第1項及び第2項の規定によらないことができる．

一　工場等の構内において，次により施設する場合

イ　構内境界全般にさく，へい等を施設し，一般公衆が立ち入らないよう
に施設すること．

ロ　危険である旨の表示をすること．

ハ　高圧の機器具等は，第21条第一号，第三号，第四号又は第五号（ロ
を除く．）の規定に準じて施設すること．

ニ　特別高圧の機器具等は，第22条第1項第一号，第三号，第四号，第
五号又は第六号の規定に準じて施設すること．

二　次により施設する場合

イ　高圧の機器具等は，次のいずれかによること．

（イ）　第21条第四号の規定に準じるとともに，機器具等を収めた箱
を施錠すること．

（ロ）　第21条第五号（ロを除く．）の規定に準じて施設すること．

ロ　特別高圧の機器具等は，次のいずれかによること．

（イ）　次によること．

（1）　機器具を絶縁された箱又は A 種接地工事を施した金属製
の箱に収め，かつ，充電部分が露出しないように施設すること．

（2）　機器具等を収めた箱を施錠すること．

（ロ）　第22条第1項第五号の規定に準じて施設すること．

ハ　危険である旨の表示をすること．

ニ　高圧又は特別高圧の機器具相互を接続する電線（隣接して施設する
機器具相互を接続するものを除く．）であって，取扱者以外の者が立ち
入る場所に施設するものは，第3章の規定に準じて施設すること．

**【変電所等からの電磁誘導作用による人の健康影響の防止】**（省令第27条の2）

**第 39 条**　変電所又は開閉所（以下この条において「変電所等」という．）から
発生する磁界は，第3項に掲げる測定方法により求めた磁束密度の測定値
（実効値）が，商用周波数において $200\,\mu\mathrm{T}$ 以下であること．ただし，田畑，
山林その他の人の往来が少ない場所において，人体に危害を及ぼすおそれが
ないように施設する場合は，この限りでない．

2　測定装置は，民間規格評価機関として日本電気技術規格委員会が承認した
　規格である「人体ばく露を考慮した直流磁界並びに 1 Hz〜100 kHz の交流磁
　界及び交流電界の測定—第 1 部：測定器に対する要求事項」の「適用」の欄
　に規定するものものであること．

3　測定に当たっては，次の各号のいずれかにより測定すること．なお，測定
　場所の例ごとの測定方法の適用例については 39-1 表に示す．

　一　測定地点の地表，路面又は床（以下この条において「地表等」という．）
　　から 0.5 m，1 m 及び 1.5 m の高さで測定し，3 点の平均値を測定値とす
　　ること．

　二　変電所等が地表等の下に施設され，人がその地表等に横臥する場合は，
　　次の図に示すように，測定地点の地表等から 0.2 m の高さであって，磁束
　　密度が最大の値となる地点イにおいて測定し，地点イを中心とする半径
　　0.5 m の円周上で磁束密度が最大の値となる地点ロにおいて測定した後，
　　地点イに関して地点ロと対称の地点ハにおいて測定し，次に，地点イ，ロ及
　　びハを結ぶ直線と直交するとともに，地点イを通る直線が当該円と交わる
　　地点ニ及びホにおいてそれぞれ測定し，さらに，これらの 5 地点における
　　測定値のうち最大のものから上位 3 つの値の平均値を測定値とすること．

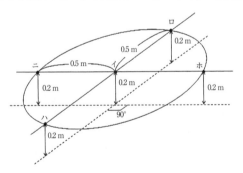

39-1 表

| 測定場所 | 測定方法 |
|---|---|
| 地上に施設する変電所等の周囲 | 変電所等の一般公衆が立ち入らないように施設したさく，へい等から水平方向に 0.2 m 離れた地点において第 3 項第一号により測定すること． |
| 地下に施設する変電所等の上に存在する住居等 | 第 3 項第二号により測定すること． |

**【ガス絶縁機器等の圧力容器の施設】**（省令第 33 条）

**第 40 条**　ガス絶縁機器等に使用する圧力容器は，次の各号によること．

一　100 kPa を超える絶縁ガスの圧力を受ける部分であって外気に接する部分は，最高使用圧力の 1.5 倍の水圧（水圧を連続して 10 分間加えて試験を行うことが困難である場合は，最高使用圧力の 1.25 倍の気圧）を連続して 10 分間加えて試験を行ったとき，これに耐え，かつ，漏えいがないものであること．ただし，ガス圧縮機に接続して使用しないガス絶縁機器にあっては，最高使用圧力の 1.25 倍の水圧を連続して 10 分間加えて試験を行ったとき，これに耐え，かつ，漏えいがないものである場合は，この限りでない．

二　ガス圧縮機を有するものにあっては，ガス圧縮機の最終段又は圧縮絶縁ガスを通じる管のこれに近接する箇所及びガス絶縁機器又は圧縮絶縁ガスを通じる管のこれに近接する箇所には，最高使用圧力以下の圧力で作動するとともに，民間規格評価機関として日本電気技術規格委員会が承認した規格である「安全弁」に適合する安全弁を設けること．

三　絶縁ガスの圧力の低下により絶縁破壊を生じるおそれがあるものは，絶縁ガスの圧力の低下を警報する装置又は絶縁ガスの圧力を計測する装置を設けること．

四　絶縁ガスは，可燃性，腐食性及び有毒性のものでないこと．

2　開閉器及び遮断器に使用する圧縮空気装置に使用する圧力容器は，次の各号によること．

一　空気圧縮機は，最高使用圧力の 1.5 倍の水圧（水圧を連続して 10 分間加えて試験を行うことが困難である場合は，最高使用圧力の 1.25 倍の気圧）を連続して 10 分間加えて試験を行ったとき，これに耐え，かつ，漏えいがないものであること．

二　空気タンクは，前号の規定に準じるほか，次によること．

イ　材料，材料の許容応力及び構造は，民間規格評価機関として日本電気技術規格委員会が承認した規格である「圧力容器の構造－一般事項」に準じること．

ロ　使用圧力において空気の補給がない状態で開閉器又は遮断器の投入及び遮断を連続して 1 回以上できる容量を有するものであること．

ハ　耐食性を有しない材料を使用する場合は，外面にさび止めのための塗装を施すこと．

三　圧縮空気を通じる管は，第一号及び前号イの規定に準じること．

四　空気圧縮機，空気タンク及び圧縮空気を通じる管は，溶接により残留応力が生じないように，また，ねじの締付けにより無理な荷重がかからないようにすること．

五　空気圧縮機の最終段又は圧縮空気を通じる管のこれに近接する箇所及び空気タンク又は，圧縮空気を通じる管のこれに近接する箇所には最高使用圧力以下の圧力で作動するとともに，民間規格評価機関として日本電気技術規格委員会が承認した規格である「安全弁」に適合する安全弁を設けること．ただし，圧力 1 MPa 未満の圧縮空気装置にあっては，最高使用圧力以下の圧力で作動する安全装置をもってこれに替えることができる．

六　主空気タンクの圧力が低下した場合に，自動的に圧力を回復する装置を設けること．

七　主空気タンク又はこれに近接する箇所には，使用圧力の 1.5 倍以上 3 倍以下の最高目盛のある圧力計を設けること．

3　圧力容器の低温使用限界は−30℃とすること．

**【水素冷却式発電機等の施設】**（省令第 35 条）

**第 41 条**　水素冷却式の発電機若しくは調相機又はこれらに附属する水素冷却装置は，次の各号によること．

一　水素を通じる管，弁等は，水素が漏えいしない構造のものであること．

二　水素を通じる管は，銅管，継目無鋼管又はこれと同等以上の強度を有する溶接した管であるとともに，水素が大気圧において爆発した場合に生じる圧力に耐える強度を有するものであること．

三　発電機又は調相機は，気密構造のものであり，かつ，水素が大気圧において爆発した場合に生じる圧力に耐える強度を有するものであること．

四　発電機又は調相機に取り付けたガラス製ののぞき窓等は，容易に破損しない構造のものであること．

五　発電機の軸封部には，窒素ガスを封入することができる装置又は発電機の軸封部から漏えいした水素ガスを安全に外部に放出することができる装置を設けること．

六　発電機内又は調相機内に水素を安全に導入することができる装置，及び発電機内又は調相機内の水素を安全に外部に放出することができる装置を設けること．

七　発電機内又は調相機内の水素の純度が 85％ 以下に低下した場合に，こ

れを警報する装置を設けること.

八　発電機内又は調相機内の水素の圧力を計測する装置及びその圧力が著し
く変動した場合に，これを警報する装置を設けること.

九　発電機内又は調相機内の水素の温度を計測する装置を設けること.

十　発電機内から水素を外部に放出するための放出管は，水素の着火による
火災に至らないよう次によること.

イ　さび等の異物及び水分が滞留しないよう考慮して施設すること.

ロ　放出管及びその周辺の金属構造物に静電気が蓄積しないよう，これら
を接地すること.

ハ　放出管は可燃物のない方向に施設すること.

ニ　放出管の出口には逆火防止用の金網等を設置すること.

**【発電機の保護装置】**（省令第44条第1項）

**第42条**　発電機には，次の各号に掲げる場合に，発電機を自動的に電路から
遮断する装置を施設すること.

一　発電機に過電流を生じた場合

二　容量が500 kVA以上の発電機を駆動する水車の圧油装置の油圧又は電
動式ガイドベーン制御装置，電動式ニードル制御装置若しくは電動式デフ
レクタ制御装置の電源電圧が著しく低下した場合

三　容量が100 kVA以上の発電機を駆動する風車の圧油装置の油圧，圧縮
空気装置の空気圧又は電動式ブレード制御装置の電源電圧が著しく低下し
た場合

四　容量が2,000 kVA以上の水車発電機のスラスト軸受の温度が著しく上
昇した場合

五　容量が10,000 kVA以上の発電機の内部に故障を生じた場合

六　定格出力が10,000 kWを超える蒸気タービンにあっては，そのスラス
ト軸受が著しく摩耗し，又はその温度が著しく上昇した場合

**【特別高圧の変圧器及び調相設備の保護装置】**（省令第44条第2項）

**第43条**　特別高圧の変圧器には，次の各号により保護装置を施設すること.

一　43-1表に規定する装置を施設すること. ただし，変圧器の内部に故障を
生じた場合に，当該変圧器の電源となっている発電機を自動的に停止する
ように施設する場合においては，当該発電機の電路から遮断する装置を設
けることを要しない.

43-1 表

| 変圧器のバンク容量 | 動作条件 | 装置の種類 |
|---|---|---|
| 5,000 kVA 以上 10,000 kVA 未満 | 変圧器内部故障 | 自動遮断装置又は警報装置 |
| 10,000 kVA 以上 | 同上 | 自動遮断装置 |

　　二　他冷式（変圧器の巻線及び鉄心を直接冷却するため封入した冷媒を強制
　　　循環させる冷却方式をいう.）の特別高圧用変圧器には，冷却装置が故障し
　　　た場合，又は変圧器の温度が著しく上昇した場合にこれを警報する装置を
　　　施設すること.
　2　特別高圧の調相設備には，43-2 表に規定する保護装置を施設すること.

43-2 表

| 調相設備の種類 | バンク容量 | 自動的に電路から遮断する装置 |
|---|---|---|
| 電力用コンデンサ又は分路リアクトル | 500 kvar を超え 15,000 kvar 未満 | 内部に故障を生じた場合に動作する装置又は過電流を生じた場合に動作する装置 |
| | 15,000 kvar 以上 | 内部に故障を生じた場合に動作する装置及び過電流を生じた場合に動作する装置又は過電圧を生じた場合に動作する装置 |
| 調相機 | 15,000 kVA 以上 | 内部に故障を生じた場合に動作する装置 |

**【蓄電池の保護装置】**（省令第 44 条第 1 項）

　**第 44 条**　発電所，蓄電所又は変電所若しくはこれに準ずる場所に施設する蓄
　　電池（常用電源の停電時又は電圧低下発生時の非常用予備電源として用いる
　　ものを除く.）には，次の各号に掲げる場合に，自動的にこれを電路から遮断
　　する装置を施設すること.
　　一　蓄電池に過電圧が生じた場合
　　二　蓄電池に過電流が生じた場合
　　三　制御装置に異常が生じた場合
　　四　内部温度が高温のものにあっては，断熱容器の内部温度が著しく上昇し
　　　た場合

**【燃料電池等の施設】**（省令第 4 条，第 44 条第 1 項）

　**第 45 条**　燃料電池発電所に施設する燃料電池，電線及び開閉器その他器具
　　は，次の各号によること.
　　一　燃料電池には，次に掲げる場合に燃料電池を自動的に電路から遮断し，

また，燃料電池内の燃料ガスの供給を自動的に遮断するとともに，燃料電池内の燃料ガスを自動的に排除する装置を施設すること．ただし，発電用火力設備に関する技術基準を定める省令（平成 9 年通商産業省令第 51 号）第 35 条ただし書きに規定する構造を有する燃料電池設備については，燃料電池内の燃料ガスを自動的に排除する装置を施設することを要しない．

　イ　燃料電池に過電流が生じた場合

　ロ　発電要素の発電電圧に異常低下が生じた場合，又は燃料ガス出口における酸素濃度若しくは空気出口における燃料ガス濃度が著しく上昇した場合

　ハ　燃料電池の温度が著しく上昇した場合

二　充電部分が露出しないように施設すること．

三　直流幹線部分の電路に短絡を生じた場合に，当該電路を保護する過電流遮断器を施設すること．ただし，次のいずれかの場合は，この限りでない．（関連省令第 14 条）

　イ　電路が短絡電流に耐えるものである場合

　ロ　燃料電池と電力変換装置とが 1 の筐体に収められた構造のものである場合

四　燃料電池及び開閉器その他の器具に電線を接続する場合は，ねじ止めその他の方法により，堅ろうに接続するとともに，電気的に完全に接続し，接続点に張力が加わらないように施設すること．（関連省令第 7 条）

**【太陽電池発電所等の電線等の施設】**（省令第 4 条）

**第 46 条**　太陽電池発電所に施設する高圧の直流電路の電線（電気機械器具内の電線を除く．）は，高圧ケーブルであること．ただし，取扱者以外の者が立ち入らないような措置を講じた場所において，次の各号に適合する太陽電池発電設備用直流ケーブルを使用する場合は，この限りでない．

一　使用電圧は，直流 1,500 V 以下であること．

二　構造は，絶縁物で被覆した上を外装で保護した電気導体であること．

三　導体は，断面積 60 mm$^2$ 以下の別表第 1 に規定する軟銅線又はこれと同等以上の強さのものであること．

四　絶縁体は，次に適合するものであること．

　イ　材料は，架橋ポリオレフィン混合物，架橋ポリエチレン混合物又はエチレンゴム混合物であること．

　ロ　厚さは，46-1 表に規定する値を標準値とし，その平均値が標準値以上，

その最小値が標準値の 90% から 0.1 mm を減じた値以上であること.

46-1 表

| 導体の公称断面積 (mm²) | 絶縁体の厚さ (mm) |
|---|---|
| 2 以上 14 以下 | 0.7 |
| 14 を超え 38 以下 | 0.9 |
| 38 を超え 60 以下 | 1.0 |

ハ　民間規格評価機関として日本電気技術規格委員会が承認した規格である「定格電圧 1 kV～30 kV の押出絶縁電力ケーブル及びその附属品—定格電圧 0.6/1 kV のケーブル」の「適用」の欄に規定する方法により試験を行ったとき，次に適合するものであること.

（イ）　室温において引張強さ及び伸びの試験を行ったとき，引張強さが 6.5 N/mm² 以上，伸びが 125% 以上であること.

（ロ）　150℃に 168 時間加熱した後に(イ)の試験を行ったとき，引張強さが(イ)の試験の際に得た値の 70% 以上，伸びが(イ)の試験の際に得た値の 70% 以上であること.

五　外装は，次に適合するものであること.

イ　材料は，架橋ポリオレフィン混合物，架橋ポリエチレン混合物又はエチレンゴム混合物であって，民間規格評価機関として日本電気技術規格委員会が承認した規格である「定格電圧 1 kV～30 kV の押出絶縁電力ケーブル及びその附属品—定格電圧 0.6/1 kV のケーブル」の「適用」の欄に規定する方法により試験を行ったとき，次に適合するものであること.

（イ）　室温において引張強さ及び伸びの試験を行ったとき，引張強さが 8.0 N/mm² 以上，伸びが 125% 以上であること.

（ロ）　150℃に 168 時間加熱した後に(イ)の試験を行ったとき，引張強さが(イ)の試験の際に得た値の 70% 以上，伸びが(イ)の試験の際に得た値の 70% 以上であること.

ロ　厚さは，次の計算式により計算した値を標準値とし，その平均値が標準値以上，その最小値が標準値の 85% から 0.1 mm を減じた値以上であること.

$t = 0.035 D + 1.0$

$t$ は，外装の厚さ（単位：mm．小数点二位以下は四捨五入する.）

$D$ は，丸形のものにあっては外装の内径，その他のものにあって

　　　は外装の内短径と内長径の和を 2 で除した値（単位：mm）

六　完成品は，次に適合するものであること.

　イ　清水中に 1 時間浸した後，導体と大地との間に 15,000 V の直流電圧
　　　又は 6,500 V の交流電圧を連続して 5 分間加えたとき，これに耐える性
　　　能を有すること.

　ロ　イの試験の後において，導体と大地との間に 100 V の直流電圧を 1 分間
　　　加えた後に測定した絶縁体の絶縁抵抗が 1,000 MΩ-km 以上であること.

　ハ　民間規格評価機関として日本電気技術規格委員会が承認した規格であ
　　　る「電気・光ファイバケーブル―非金属材料の試験方法―第 504 部：機
　　　械試験―絶縁体及びシースの低温曲げ試験」，「電気・光ファイバケーブ
　　　ル―非金属材料の試験方法―第 505 部：機械試験―絶縁体及びシースの
　　　低温伸び試験」及び「電気・光ファイバケーブル―非金属材料の試験方
　　　法―第 506 部：機械試験―絶縁体及びシースの低温衝撃試験」の「適用」
　　　の欄に規定する方法により，-40 ± 2℃の状態で試験を行ったとき，こ
　　　れに適合すること.

　ニ　民間規格評価機関として日本電気技術規格委員会が承認した規格であ
　　　る「定格電圧 1 kV～30 kV の押出絶縁電力ケーブル及びその附属品―定
　　　格電圧 0.6/1 kV のケーブル」の「適用」の欄に規定する方法により試
　　　験を行ったとき，これに適合すること.

　ホ　民間規格評価機関として日本電気技術規格委員会が承認した規格であ
　　　る「プラスチック―実験室光源による暴露試験方法―第 1 部：通則」及
　　　び日本産業規格 JIS K 7350-2 (2008)「プラスチック―実験室光源による
　　　暴露試験方法―第 2 部：キセノンアークランプ」の試験方法により試験
　　　したとき，クラックが生じないこと.

　ヘ　室温において，ばね鋼製のニードルに荷重を加え絶縁被覆を貫通させ
　　　たとき，ニードルと導体とが電気的に接触した際の荷重（4 回の平均値
　　　をとるものとする.）が次の計算式により計算した値以上であること.

　　　$F = 150 \times \sqrt{導体外形}$

　　　　$F$ は，荷重（単位：N）

　ト　ケーブルの表面に深さ 0.05 mm の切り込みを入れた 3 つの試験片に
　　　ついて，1 つは -15℃，1 つは室温，もう 1 つは 85℃に 3 時間放置した
　　　後，外装の外径の（3±0.3）倍の直径を有する円筒に巻き，次に試験片
　　　を放置して室温に戻した後，清水中に 1 時間浸し，導体と大地との間に

300 V の交流電圧を連続して 5 分間加えたとき，これに耐える性能を有すること．

**【常時監視と同等な監視を確実に行える発電所の施設】**（省令第 46 条第 1 項）

**第 47 条**　技術員が発電所又はこれと同一の構内における常時監視と同等な常時監視を確実に行える発電所は，次の各号によること．

一　発電所の種類に応じ，第 3 項及び第 4 項の規定により施設すること．

二　第 3 項及び第 4 項の規定における「遠隔常時監視制御方式」は，次に適合するものであること．

　イ　技術員が，制御所に常時駐在し，発電所の運転状態の監視又は制御を遠隔で行うものであること．

　ロ　次の場合に，制御所にいる技術員へ警報する装置を施設すること．

　　（イ）　発電所内（屋外であって，変電所若しくは開閉所又はこれらに準ずる機能を有する設備を施設する場所を除く．）で火災が発生した場合

　　（ロ）　他冷式（変圧器の巻線及び鉄心を直接冷却するため封入した冷媒を強制循環させる冷却方式をいう．）の特別高圧用変圧器の冷却装置が故障した場合又は温度が著しく上昇した場合

　　（ハ）　ガス絶縁機器（圧力の低下により絶縁破壊等を生じるおそれのないものを除く．）の絶縁ガスの圧力が著しく低下した場合

　　（ニ）　第 3 項及び第 4 項においてそれぞれ規定する，発電所の種類に応じ警報を要する場合

　ハ　制御所には，次に掲げる装置を施設すること．

　　（イ）　発電所の運転及び停止を，監視又は操作する装置

　　（ロ）　使用電圧が 100,000 V を超える変圧器を施設する発電所にあっては，次に掲げる装置

　　　（1）　運転操作に常時必要な遮断器の開閉を監視する装置

　　　（2）　運転操作に常時必要な遮断器（自動再閉路装置を有する高圧又は 15,000 V 以下の特別高圧の配電線路用遮断器を除く．）の開閉を操作する装置

　　（ハ）　第 3 項及び第 4 項においてそれぞれ規定する，発電所の種類に応じて必要な装置

2　第 1 項の規定により施設する発電所内に施設する，変電所又は開閉所の機能を有する設備は，次の各号により，当該発電所内に施設する他の設備と分割して監視又は制御することができる．

　一　第48条の規定に準じて施設すること．

　二　前号の規定により当該設備を監視又は制御する技術員又は制御所は，本
　　条の規定における技術員又は制御所と別個のものとすることができる．

3　第1項に規定する発電所のうち，汽力を原動力とする発電所（地熱発電所
　を除く．）は，次の各号により施設すること．

　一　遠隔常時監視制御方式により施設すること．

　二　蒸気タービン及び発電機には，自動出力調整装置又は出力制限装置を施
　　設すること．

　三　次に掲げる場合に，発電機を電路から自動的に遮断するとともに，ボイ
　　ラーへの燃料の流入及び蒸気タービンへの蒸気の流入を自動的に停止する
　　装置を施設すること．

　　イ　蒸気タービン制御用の圧油装置の油圧，圧縮空気制御装置の空気圧又
　　　は電動式制御装置の電源電圧が著しく低下した場合

　　ロ　蒸気タービンの回転速度が著しく上昇した場合

　　ハ　発電機に過電流が生じた場合

　　ニ　蒸気タービンの軸受の潤滑油の温度が著しく上昇した場合（軸受のメ
　　　タル温度を計測する場合は，軸受のメタル温度が著しく上昇した場合で
　　　も良い．）

　　ホ　定格出力 500 kW 以上の蒸気タービン又は蒸気タービンに接続する発
　　　電機の軸受の温度が著しく上昇した場合

　　ヘ　容量が 2,000 kVA 以上の発電機の内部に故障を生じた場合

　　ト　蒸気タービンの軸受の入口における潤滑油の圧力が著しく低下した場合

　　チ　発電所の制御回路の電圧が著しく低下した場合

　　リ　ボイラーのドラム水位が著しく低下した場合

　　ヌ　ボイラーのドラム水位が著しく上昇した場合

　四　第1項第二号ロ（ニ）の規定における「発電所の種類に応じ警報を要す
　　る場合」は，次に掲げる場合であること．

　　イ　蒸気タービンが異常により自動停止した場合

　　ロ　運転操作に必要な遮断器（当該遮断器の遮断により蒸気タービンが自
　　　動停止するものを除く．）が異常により自動的に遮断した場合（遮断器が
　　　自動的に再閉路した場合を除く．）

　　ハ　燃料設備の燃料油面が異常に低下した場合

　五　第1項第二号ハ（ハ）の規定における「発電所の種類に応じ必要な装置」

は，蒸気タービン及び発電機の出力の調整を行う装置であること.

六　第三号に掲げる場合のほか，遠隔常時監視制御方式により運転する発電所及び，監視又は制御を行う制御所並びにこれらの間に施設する電力保安通信設備に異常が発生した場合，異常の拡大を防ぐとともに，安全かつ確実に発電所を制御又は停止することができるような措置を講じること.

4　第1項に規定する発電所のうち，出力 10,000 kW 以上のガスタービン発電所は，次の各号により施設すること.

一　遠隔常時監視制御方式により施設すること.

二　ガスタービン及び発電機には，自動出力調整装置又は出力制限装置を施設すること.

三　次に掲げる場合に，発電機を電路から自動的に遮断するとともに，ガスタービンへの燃料の流入を自動的に停止する装置を施設すること.

　　イ　ガスタービン制御用の圧油装置の油圧，圧縮空気制御装置の空気圧又は電動式制御装置の電源電圧が著しく低下した場合

　　ロ　ガスタービンの回転速度が著しく上昇した場合

　　ハ　発電機に過電流が生じた場合

　　ニ　ガスタービンの軸受の潤滑油の温度が著しく上昇した場合（軸受のメタル温度を計測する場合は，軸受のメタル温度が著しく上昇した場合でも良い.）

　　ホ　ガスタービンに接続する発電機の軸受の温度が著しく上昇した場合

　　ヘ　発電機の内部に故障を生じた場合

　　ト　ガスタービン入口（入口の温度の測定が困難な場合は出口）におけるガスの温度が著しく上昇した場合

　　チ　ガスタービンの軸受の入口における潤滑油の圧力が著しく低下した場合

　　リ　発電所の制御回路の電圧が著しく低下した場合

四　第1項第二号ロ（ニ）の規定における「発電所の種類に応じ警報を要する場合」は，次に掲げる場合であること.

　　イ　ガスタービンが異常により自動停止した場合

　　ロ　運転操作に必要な遮断器（当該遮断器の遮断によりガスタービンが自動停止するものを除く.）が異常により自動的に遮断した場合（遮断器が自動的に再閉路した場合を除く.）

　　ハ　ガスタービンの燃料油面が異常に低下した場合

　　ニ　ガスタービンの空気圧縮機の吐出圧力が著しく上昇した場合

五　第1項第二号ハ（ハ）の規定における「発電所の種類に応じ必要な装置」
　は，ガスタービン及び発電機の出力の調整を行う装置であること．

六　第三号に掲げる場合のほか，遠隔常時監視制御方式により運転する発電
　所及び，監視又は制御を行う制御所並びにこれらの間に施設する電力保安
　通信設備に異常が発生した場合，異常の拡大を防ぐとともに，安全かつ確
　実に発電所を制御又は停止することができるような措置を講じること．

**【常時監視をしない発電所の施設】**（省令第46条第2項）

**第47条の2**　技術員が当該発電所又はこれと同一の構内において常時監視を
　しない発電所は，次の各号によること．

一　発電所の種類に応じ，第3項から第11項までの規定により施設すること．

二　第3項から第6項まで，第8項，第9項及び第11項の規定における「随
　時巡回方式」は，次に適合するものであること．

　イ　技術員が，適当な間隔をおいて発電所を巡回し，運転状態の監視を行
　　うものであること．

　ロ　発電所は，電気の供給に支障を及ぼさないよう，次に適合するもので
　　あること．

　　（イ）　当該発電所に異常が生じた場合に，一般送配電事業者又は配電事
　　　業者が電気を供給する需要場所（当該発電所と同一の構内又はこれ
　　　に準ずる区域にあるものを除く．）が停電しないこと．

　　（ロ）　当該発電所の運転又は停止により，一般送配電事業者又は配電事
　　　業者が運用する電力系統の電圧及び周波数の維持に支障を及ぼさな
　　　いこと．

　ハ　発電所に施設する変圧器の使用電圧は，170,000 V以下であること．

三　第3項から第10項までの規定における「随時監視制御方式」は，次に適
　合するものであること．

　イ　技術員が，必要に応じて発電所に出向き，運転状態の監視又は制御そ
　　の他必要な措置を行うものであること．

　ロ　次の場合に，技術員へ警報する装置を施設すること．

　　（イ）　発電所内（屋外であって，変電所若しくは開閉所又はこれらに準ず
　　　る機能を有する設備を施設する場所を除く．）で火災が発生した場合

　　（ロ）　他冷式（変圧器の巻線及び鉄心を直接冷却するため封入した冷媒
　　　を強制循環させる冷却方式をいう．以下，この条において同じ．）の
　　　特別高圧用変圧器の冷却装置が故障した場合又は温度が著しく上昇

した場合

（ハ）　ガス絶縁機器（圧力の低下により絶縁破壊等を生じるおそれのないものを除く．）の絶縁ガスの圧力が著しく低下した場合

（ニ）　第3項から第10項までにおいてそれぞれ規定する，発電所の種類に応じ警報を要する場合

ハ　発電所の出力が2,000kW未満の場合においては，ロの規定における技術員への警報を，技術員に連絡するための補助員への警報とすることができる．

ニ　発電所に施設する変圧器の使用電圧は，170,000V以下であること．

四　第3項から第9項までの規定における「遠隔常時監視制御方式」は，次に適合するものであること．

イ　技術員が，制御所に常時駐在し，発電所の運転状態の監視及び制御を遠隔で行うものであること．

ロ　前号ロ（イ）から（ニ）までに掲げる場合に，制御所へ警報する装置を施設すること．

ハ　制御所には，次に掲げる装置を施設すること．

（イ）　発電所の運転及び停止を，監視及び操作する装置（地熱発電所にあっては，運転を操作する装置を除く．）

（ロ）　使用電圧が100,000Vを超える変圧器を施設する発電所にあっては，次に掲げる装置

（1）　運転操作に常時必要な遮断器の開閉を監視する装置

（2）　運転操作に常時必要な遮断器（自動再閉路装置を有する高圧又は15,000V以下の特別高圧の配電線路用遮断器を除く．）の開閉を操作する装置（地熱発電所にあっては，投入を操作する装置を除く．）

（ハ）　第3項，第4項，第6項，第8項及び第9項においてそれぞれ規定する，発電所の種類に応じて必要な装置

2　第1項の規定により施設する発電所内に施設する，変電所又は開閉所の機能を有する設備は，次の各号により，当該発電所内に施設する他の設備と分割して監視又は制御することができる．

一　第48条の規定に準じて施設すること．

二　前号の規定により当該設備を監視又は制御する技術員又は制御所は，本条の規定における技術員又は制御所と別個のものとすることができる．

3　第 1 項に規定する発電所のうち，水力発電所は，次の各号のいずれかにより施設すること.

一　随時巡回方式により施設する場合は，次によること.

イ　発電所の出力は，2,000 kW 未満であること.

ロ　水車及び発電機には，自動出力調整装置又は出力制限装置（自動負荷調整装置又は負荷制限装置を含む.）を施設すること. ただし，水車への水の流入量が固定され，おのずから出力が制限される場合はこの限りでない.

ハ　次に掲げる場合に，発電機を電路から自動的に遮断するとともに，水車への水の流入を自動的に停止する装置を施設すること. ただし，47-1表の左欄に掲げる場合に同表右欄に掲げる条件に適合するときは同表左欄に掲げる場合に，又は水車のスラスト軸受が構造上過熱のおそれがないものである場合は（ニ）の場合に，水車への水の流入を自動的に停止する装置を施設しないことができる.

（イ）　水車制御用の圧油装置の油圧又は電動式制御装置の電源電圧が著しく低下した場合

（ロ）　水車の回転速度が著しく上昇した場合

（ハ）　発電機に過電流が生じた場合

（ニ）　定格出力が 500 kW 以上の水車又はその水車に接続する発電機の軸受の温度が著しく上昇した場合

（ホ）　容量が 2,000 kVA 以上の発電機の内部に故障を生じた場合

（ヘ）　他冷式の特別高圧用変圧器の冷却装置が故障した場合又は温度が著しく上昇した場合

47-1 表

| 場合 | 条　　　件 |
|---|---|
| （イ）<br>（ロ） | 無拘束回転を停止できるまでの間，回転部が構造上安全であり，かつ，この間の下流への放流により人体に危害を及ぼし又は物件に損傷を与えるおそれのないこと. |
| （ハ） | 次のいずれかに適合すること.<br>（1）　無拘束回転を停止できるまでの間，回転部が構造上安全であり，かつ，この間の下流への放流により人体に危害を及ぼし又は物件に損傷を与えるおそれのないこと.<br>（2）　水の流入を制限することにより水車の回転速度を適切に維持する装置及び発電機を自動的に無負荷かつ無励磁にする装置を施設すること. |

二　随時監視制御方式により施設する場合は，次によること.

イ　前号ロの規定に準じること．

ロ　前号ハ(イ)から(ホ)までに掲げる場合に，発電機を電路から自動的に
遮断するとともに，水車への水の流入を自動的に停止する装置を施設す
ること．ただし，47-1 表の左欄に掲げる場合に同表右欄に掲げる条件に
適合するときは同表左欄に掲げる場合に，又は水車のスラスト軸受が構
造上過熱のおそれがないものである場合は（ニ）の場合に，水車への水
の流入を自動的に停止する装置を施設しないことができる．

ハ　第 1 項第三号ロ(ニ)の規定における「発電所の種類に応じ警報を要す
る場合」は，次に掲げる場合であること．

（イ）　水車が異常により自動停止した場合

（ロ）　運転操作に必要な遮断器（当該遮断器の遮断により水車が自動停
止するものを除く．）が異常により自動的に遮断した場合（遮断器が
自動的に再閉路した場合を除く．）

（ハ）　発電所の制御回路の電圧が著しく低下した場合

ニ　47-2 表の左欄に掲げる場合に同表右欄に掲げる動作をする装置を施
設するときは，同表左欄に掲げる場合に警報する装置を施設しないこと
ができる．

47-2 表

| 場　　　　合 | 動　　　　作 |
|---|---|
| 第 3 項第二号ハ(ハ) | 発電機及び変圧器を電路から自動的に遮断するとともに，水車への水の流入を自動的に停止する． |
| 第 1 項第三号ロ(ロ) | 発電機及び当該設備を電路から自動的に遮断するとともに，水車への水の流入を自動的に停止する． |
| 第 1 項第三号ロ(ハ) | |

三　遠隔常時監視制御方式により施設する場合は，次によること．

イ　前号ロの規定に準じること．

ロ　前号ハ及びニの規定は，制御所へ警報する場合に準用する．

ハ　第 1 項第四号ハ(ハ)の規定における「発電所の種類に応じ必要な装
置」は，水車及び発電機の出力の調整を行う装置であること．

4　第 1 項に規定する発電所のうち，風力発電所は，次の各号のいずれかによ
り施設すること．

一　随時巡回方式により施設する場合は，次によること．

イ　風車及び発電機には，自動出力調整装置又は出力制限装置を施設する

こと．ただし，風車及び発電機がいかなる風速においても定格出力を超
えて発電することのない構造のものである場合は，この限りでない．

ロ　次に掲げる場合に，発電機を電路から自動的に遮断するとともに，風
車の回転を自動的に停止する装置を施設すること．

（イ）　風車制御用の圧油装置の油圧，圧縮空気制御装置の空気圧又は電
動式制御装置の電源電圧が著しく低下した場合

（ロ）　風車の回転速度が著しく上昇した場合

（ハ）　発電機に過電流が生じた場合

（ニ）　風車を中心とする，半径が風車の最大地上高に相当する長さ（50
m 未満の場合は 50 m）の円の内側にある区域（以下この項において
「風車周辺区域」という．）において，次の式により計算した値が
0.25 以上である場所に施設するものであって，定格出力が 10 kW
以上の風車の主要な軸受又はその付近の軸において回転中に発生す
る振動の振幅が著しく増大した場合

$$\frac{風車周辺区域のうち，当該発電所以外の造営物で覆われている面積}{風車周辺区域の面積（道路の部分を除く．）}$$

（ホ）　定格出力が 500 kW（（ニ）に規定する場所に施設する場合は 100
kW）以上の風車又はその風車に接続する発電機の軸受の温度が著
しく上昇した場合

（ヘ）　容量が 2,000 kVA 以上の発電機の内部に故障を生じた場合

（ト）　他冷式の特別高圧用変圧器の冷却装置が故障した場合又は温度が
著しく上昇した場合

二　随時監視制御方式により施設する場合は，次によること．

イ　前号イの規定に準じること．

ロ　前号ロ（イ）から（ヘ）までに掲げる場合に，発電機を電路から自動的に
遮断するとともに，風車の回転を自動的に停止する装置を施設すること．

ハ　第 1 項第三号ロ（ニ）の規定における「発電所の種類に応じ警報を要す
る場合」は，次に掲げる場合であること．

（イ）　風車が異常により自動停止した場合

（ロ）　運転操作に必要な遮断器（当該遮断器の遮断により風車が自動停
止するものを除く．）が異常により自動的に遮断した場合（遮断器が
自動的に再閉路した場合を除く．）

（ハ）　発電所の制御回路の電圧が著しく低下した場合

　　ニ　47-3 表の左欄に掲げる場合に同表右欄に掲げる動作をする装置を施
　　　設するときは，同表左欄に掲げる場合に警報する装置を施設しないこと
　　　ができる．

47-3 表

| 場　　　合 | 動　　　作 |
|---|---|
| 第 4 項第二号ハ(ハ) | 発電機及び変圧器を電路から自動的に遮断するとともに，風車の回転を自動的に停止する． |
| 第 1 項第三号ロ(ロ)<br>第 1 項第三号ロ(ハ) | 発電機及び当該設備を電路から自動的に遮断するとともに，風車の回転を自動的に停止する． |

　三　遠隔常時監視制御方式により施設する場合は，次によること．
　　イ　前号ロの規定に準じること．
　　ロ　前号ハ及びニの規定は，制御所へ警報する場合に準用する．
　　ハ　第 1 項第四号ハ(ハ)の規定における「発電所の種類に応じ必要な装
　　　置」は，風車及び発電機の出力の調整を行う装置であること．
5　第 1 項に規定する発電所のうち，太陽電池発電所は，次の各号のいずれか
　により施設すること．
　一　随時巡回方式により施設する場合は，他冷式の特別高圧用変圧器の冷却
　　装置が故障したとき又は温度が著しく上昇したときに，逆変換装置の運転
　　を自動停止する装置を施設すること．
　二　随時監視制御方式により施設する場合は，次によること．
　　イ　第 1 項第三号ロ(ニ)の規定における「発電所の種類に応じ警報を要す
　　　る場合」は，次に掲げる場合であること．
　　　(イ)　逆変換装置の運転が異常により自動停止した場合
　　　(ロ)　運転操作に必要な遮断器（当該遮断器の遮断により逆変換装置の
　　　　運転が自動停止するものを除く．）が異常により自動的に遮断した
　　　　場合（遮断器が自動的に再閉路した場合を除く．）
　　ロ　47-4 表の左欄に掲げる場合に同表右欄に掲げる動作をする装置を施
　　　設するときは，同表左欄に掲げる場合に警報する装置を施設しないこと
　　　ができる．

47-4 表

| 場　　　合 | 動　　　作 |
|---|---|
| 第 1 項第三号ロ(ロ)<br>第 1 項第三号ロ(ハ) | 当該設備を電路から自動的に遮断するとともに，逆変換装置の運転を自動停止する． |

　三　遠隔常時監視制御方式により施設する場合において，前号イ及びロの規
　　定は，制御所へ警報する場合に準用する．
6　第1項に規定する発電所のうち，燃料電池発電所は，次の各号のいずれか
　により施設すること．
　一　随時巡回方式により施設する場合は，次によること．
　　イ　燃料電池の形式は，次のいずれかであること．
　　　（イ）　りん酸形
　　　（ロ）　固体高分子形
　　　（ハ）　溶融炭酸塩形であって，改質方式が内部改質形のもの
　　　（ニ）　固体酸化物形であって，取扱者以外の者が高温部に容易に触れる
　　　　　　おそれがないように施設するものであるとともに，屋内その他酸素
　　　　　　欠乏の発生のおそれのある場所に設置するものにあっては，給排気
　　　　　　部を適切に施設したもの
　　ロ　燃料電池の燃料・改質系統設備の圧力は，0.1 MPa 未満であること．
　　　ただし，合計出力が300 kW 未満の固体酸化物型の燃料電池であって，
　　　かつ，燃料を通ずる部分の管に，動力源喪失時に自動的に閉じる自動弁
　　　を2個以上直列に設置している場合は，燃料・改質系統設備の圧力は，
　　　1 MPa 未満とすることができる．
　　ハ　燃料電池には，自動出力調整装置又は出力制限装置を施設すること．
　　ニ　次に掲げる場合に燃料電池を自動停止する（燃料電池を電路から自動
　　　的に遮断し，燃料電池，燃料・改質系統設備及び燃料気化器への燃料の
　　　供給を自動的に遮断するとともに，燃料電池及び燃料・改質系統設備の
　　　内部の燃料ガスを自動的に排除することをいう．以下この項において同
　　　じ．）装置を施設すること．ただし，発電用火力設備に関する技術基準を
　　　定める省令第35条ただし書きに規定する構造を有する燃料電池発電設
　　　備については，燃料電池及び燃料・改質系統設備の内部の燃料ガスを自
　　　動的に排除する装置を施設しないことができる．
　　　（イ）　発電所の運転制御装置に異常が生じた場合
　　　（ロ）　発電所の制御回路の電圧が著しく低下した場合
　　　（ハ）　発電所制御用の圧縮空気制御装置の空気圧が著しく低下した場合
　　　（ニ）　設備内の燃料ガスを排除するための不活性ガス等の供給圧力が，
　　　　　　著しく低下した場合
　　　（ホ）　固体酸化物形の燃料電池において，筐体内の温度が著しく上昇し

た場合

(ヘ)　他冷式の特別高圧用変圧器の冷却装置が故障したとき又は温度が著しく上昇した場合

二　随時監視制御方式により施設する場合は，次によること．

イ　前号イからハまでの規定に準じること．

ロ　前号ニ(イ)から(ホ)までに掲げる場合に，燃料電池を自動停止する装置を施設すること．ただし，発電用火力設備に関する技術基準を定める省令第35条ただし書きに規定する構造を有する燃料電池発電設備については，燃料電池及び燃料・改質系統設備の内部の燃料ガスを自動的に排除する装置を施設しないことができる．

ハ　第1項第三号ロ(ニ)の規定における「発電所の種類に応じ警報を要する場合」は，次に掲げる場合であること．

(イ)　燃料電池が異常により自動停止した場合

(ロ)　運転操作に必要な遮断器（当該遮断器の遮断により燃料電池を自動停止するものを除く.）が異常により自動的に遮断した場合（遮断器が自動的に再閉路した場合を除く.）

ニ　47-5表の左欄に掲げる場合に同表右欄に掲げる動作をする装置を施設するときは，同表左欄に掲げる場合に警報する装置を施設しないことができる．

47-5 表

| 場　　　合 | 動　　　作 |
|---|---|
| 第1項第三号ロ(ロ) | 当該設備を電路から自動的に遮断するとともに，燃料電池を自動停止する． |
| 第1項第三号ロ(ハ) | |

三　遠隔常時監視制御方式により施設する場合は，次によること．

イ　第一号イ，ロ及び前号ロの規定に準じること．

ロ　前号ハ及びニの規定は，制御所へ警報する場合に準用する．

ハ　第1項第四号ハ(ハ)の規定における「発電所の種類に応じ必要な装置」は，燃料電池の出力の調整を行う装置であること．

7　第1項に規定する発電所のうち，地熱発電所は，次の各号のいずれかにより施設すること．

一　随時監視制御方式により施設する場合は，次によること．

イ　蒸気タービン及び発電機には，自動出力調整装置又は出力制限装置を

施設すること.

ロ　次に掲げる場合に，発電機を電路から自動的に遮断するとともに，蒸
　気タービンへの蒸気の流入を自動的に停止する装置を施設すること.

（イ）　蒸気タービン制御用の圧油装置の油圧，圧縮空気制御装置の空気
　　圧又は電動式制御装置の電源電圧が著しく低下した場合

（ロ）　蒸気タービンの回転速度が著しく上昇した場合

（ハ）　発電機に過電流が生じた場合

（ニ）　定格出力が 500 kW 以上の蒸気タービン又はその蒸気タービンに
　　接続する発電機の軸受の温度が著しく上昇した場合

（ホ）　容量が 2,000 kVA 以上の発電機の内部に故障を生じた場合

（ヘ）　発電所の制御回路の電圧が著しく低下した場合

ハ　第1項第三号ロ（ニ）の規定における「発電所の種類に応じ警報を要す
　る場合」は，次に掲げる場合であること.

（イ）　蒸気タービンが異常により自動停止した場合

（ロ）　運転操作に必要な遮断器（当該遮断器の遮断により蒸気タービン
　　が自動停止するものを除く.）が異常により自動的に遮断した場合
　　（遮断器が自動的に再閉路した場合を除く.）

ニ　47-6 表の左欄に掲げる場合に同表右欄に掲げる動作をする装置を施
　設するときは，同表左欄に掲げる場合に警報する装置を施設しないこと
　ができる.

47-6 表

| 場　　　合 | 動　　　作 |
|---|---|
| 第1項第三号ロ（ロ） | 発電機及び当該設備を電路から自動的に遮断するとともに，蒸 |
| 第1項第三号ロ（ハ） | 気タービンへの蒸気の流入を自動的に停止する. |

二　遠隔常時監視制御方式により施設する場合は，次によること.

イ　前号ロの規定に準じること.

ロ　前号ハ及びニの規定は，制御所へ警報する場合に準用する.

8　第1項に規定する発電所のうち，内燃力発電所（第11項の規定により施設
　する移動用発電設備を除く.）は，次の各号のいずれかにより施設すること.

一　随時巡回方式により施設する場合は，次によること.

イ　発電所の出力は，1,000 kW 未満であること.

ロ　内燃機関及び発電機には，自動出力調整装置又は出力制限装置を施設

すること.

ハ　次に掲げる場合に，発電機を電路から自動的に遮断するとともに，内燃機関への燃料の流入を自動的に停止する装置を施設すること.

（イ）　内燃機関制御用の圧油装置の油圧，圧縮空気制御装置の空気圧又は電動式制御装置の電源電圧が著しく低下した場合

（ロ）　内燃機関の回転速度が著しく上昇した場合

（ハ）　発電機に過電流が生じた場合

（ニ）　内燃機関の軸受の潤滑油の温度が著しく上昇した場合

（ホ）　定格出力 500 kW 以上の内燃機関に接続する発電機の軸受の温度が著しく上昇した場合

（ヘ）　内燃機関の冷却水の温度が著しく上昇した場合又は冷却水の供給が停止した場合

（ト）　内燃機関の潤滑油の圧力が著しく低下した場合

（チ）　発電所の制御回路の電圧が著しく低下した場合

（リ）　他冷式の特別高圧用変圧器の冷却装置が故障した場合又は温度が著しく上昇した場合

（ヌ）　発電所内（屋外であって，変電所若しくは開閉所又はこれらに準ずる機能を有する設備を施設する場所を除く.）で火災が発生した場合

（ル）　内燃機関の燃料油面が異常に低下した場合

二　随時監視制御方式により施設する場合は，次によること.

イ　前号ロの規定に準じること.

ロ　次に掲げる場合に，発電機を電路から自動的に遮断するとともに，内燃機関への燃料の流入を自動的に停止する装置を施設すること.

（イ）　前号ハ（イ）から（チ）までに掲げる場合

（ロ）　容量が 2,000 kVA 以上の発電機の内部に故障を生じた場合

ハ　第 1 項第三号ロ（ニ）の規定における「発電所の種類に応じ警報を要する場合」は，次に掲げる場合であること.

（イ）　内燃機関が異常により自動停止した場合

（ロ）　運転操作に必要な遮断器（当該遮断器の遮断により内燃機関が自動停止するものを除く.）が異常により自動的に遮断した場合（遮断器が自動的に再閉路した場合を除く.）

（ハ）　内燃機関の燃料油面が異常に低下した場合

　　ニ　47-7 表の左欄に掲げる場合に同表右欄に掲げる動作をする装置を施
　　　設するときは，同表左欄に掲げる場合に警報する装置を施設しないこと
　　　ができる.

47-7 表

| 場　　　合 | 動　　　　作 |
|---|---|
| 第8項第二号ハ(ハ) | 発電機を電路から自動的に遮断するとともに，内燃機関への燃料の流入を自動的に停止する. |
| 第1項第三号ロ(ロ) | 発電機及び当該設備を電路から自動的に遮断するとともに，内 |
| 第1項第三号ロ(ハ) | 燃機関への燃料の流入を自動的に停止する. |

　三　遠隔常時監視制御方式により施設する場合は，次によること.
　　イ　前号ロの規定に準じること.
　　ロ　前号ハ及びニの規定は，制御所へ警報する場合に準用する.
　　ハ　第1項第四号ハ(ハ)の規定における「発電所の種類に応じ必要な装
　　　置」は，内燃機関及び発電機の出力の調整を行う装置であること.
9　第1項に規定する発電所のうち，ガスタービン発電所は，次の各号のいず
　れかにより施設すること.
　一　随時巡回方式により施設する場合は，次によること.
　　イ　発電所の出力は，10,000 kW 未満であること.
　　ロ　ガスタービン及び発電機には，自動出力調整装置又は出力制限装置を
　　　施設すること.
　　ハ　次に掲げる場合に，発電機を電路から自動的に遮断するとともに，ガ
　　　スタービンへの燃料の流入を自動的に停止する装置を施設すること.
　　　(イ)　ガスタービン制御用の圧油装置の油圧，圧縮空気制御装置の空気
　　　　　圧又は電動式制御装置の電源電圧が著しく低下した場合
　　　(ロ)　ガスタービンの回転速度が著しく上昇した場合
　　　(ハ)　発電機に過電流が生じた場合
　　　(ニ)　ガスタービンの軸受の潤滑油の温度が著しく上昇した場合（軸受
　　　　　のメタル温度を計測する場合は，軸受のメタル温度が著しく上昇し
　　　　　た場合でも良い.）
　　　(ホ)　定格出力 500 kW 以上のガスタービンに接続する発電機の軸受の
　　　　　温度が著しく上昇した場合
　　　(ヘ)　容量が 2,000 kVA 以上の発電機の内部に故障を生じた場合
　　　(ト)　ガスタービン入口（入口の温度の測定が困難な場合は出口）にお

　　　　けるガスの温度が著しく上昇した場合

　　(チ)　ガスタービンの軸受の入口における潤滑油の圧力が著しく低下した場合

　　(リ)　発電所の制御回路の電圧が著しく低下した場合

　　(ヌ)　他冷式の特別高圧用変圧器の冷却装置が故障した場合又は温度が著しく上昇した場合

　　(ル)　発電所内（屋外であって，変電所若しくは開閉所又はこれらに準ずる機能を有する設備を施設する場所を除く．）で火災が発生した場合

　　(ヲ)　ガスタービンの燃料油面が異常に低下した場合

　　(ワ)　ガスタービンの空気圧縮機の吐出圧力が著しく上昇した場合

　二　随時監視制御方式により施設する場合は，次によること．

　　イ　前号イ及びロの規定に準じること．

　　ロ　前号ハ(イ)から(リ)までに掲げる場合に，発電機を電路から自動的に遮断するとともに，ガスタービンへの燃料の流入を自動的に停止する装置を施設すること．

　　ハ　第1項第三号ロ(ニ)の規定における「発電所の種類に応じ警報を要する場合」は，次に掲げる場合であること．

　　　(イ)　ガスタービンが異常により自動停止した場合

　　　(ロ)　運転操作に必要な遮断器（当該遮断器の遮断によりガスタービンが自動停止するものを除く．）が異常により自動的に遮断した場合（遮断器が自動的に再閉路した場合を除く．）

　　　(ハ)　ガスタービンの燃料油面が異常に低下した場合

　　　(ニ)　ガスタービンの空気圧縮機の吐出圧力が著しく上昇した場合

　　ニ　47-8表の左欄に掲げる場合に同表右欄に掲げる動作をする装置を施設するときは，同表左欄に掲げる場合に警報する装置を施設しないことができる．

47-8表

| 場　　　合 | 動　　　　作 |
|---|---|
| 第9項第二号ハ(ハ) | 発電機を電路から自動的に遮断するとともに，ガスタービンへの燃料の流入を自動的に停止する． |
| 第9項第二号ハ(ニ) | |
| 第1項第三号ロ(ロ) | 発電機及び当該設備を電路から自動的に遮断するとともに，ガスタービンへの燃料の流入を自動的に停止する． |
| 第1項第三号ロ(ハ) | |

　　三　遠隔常時監視制御方式により施設する場合は，次によること．

　　　イ　第一号イ及び前号ロの規定に準じること．

　　　ロ　前号ハ及びニの規定は，制御所へ警報する場合に準用する．

　　　ハ　第1項第四号ハ(ハ)の規定における「発電所の種類に応じ必要な装
　　　　置」は，ガスタービン及び発電機の出力の調整を行う装置であること．

10　第1項に規定する発電所のうち，内燃力とその廃熱を回収するボイラーに
　よる汽力を原動力とする発電所は，次の各号により施設すること．

　　一　随時監視制御方式により施設すること．

　　二　発電所の出力は，2,000 kW 未満であること．

　　三　内燃機関，蒸気タービン及び発電機には，自動出力調整装置又は出力制
　　　限装置を施設すること．

　　四　次に掲げる場合に，発電機を電路から自動的に遮断するとともに，内燃
　　　機関への燃料の流入及び蒸気タービンへの蒸気の流入を自動的に停止する
　　　装置を施設すること．

　　　イ　内燃機関及び蒸気タービン制御用の圧油装置の油圧，圧縮空気制御装
　　　　置の空気圧又は電動式制御装置の電源電圧が著しく低下した場合

　　　ロ　内燃機関又は蒸気タービンの回転速度が著しく上昇した場合

　　　ハ　発電機に過電流が生じた場合

　　　ニ　内燃機関の軸受の潤滑油の温度が著しく上昇した場合

　　　ホ　定格出力 500 kW 以上の内燃機関に接続する発電機の軸受の温度が著
　　　　しく上昇した場合

　　　ヘ　定格出力 500 kW 以上の蒸気タービン又はその蒸気タービンに接続す
　　　　る発電機の軸受の温度が著しく上昇した場合

　　　ト　容量が 2,000 kVA 以上の発電機の内部に故障を生じた場合

　　　チ　内燃機関の潤滑油の圧力が著しく低下した場合

　　　リ　発電所の制御回路の電圧が著しく低下した場合

　　　ヌ　ボイラーのドラム水位が著しく低下した場合

　　　ル　ボイラーのドラム水位が著しく上昇した場合

　　五　前号ヌの場合に，ボイラーへの燃焼ガスの流入を自動的に遮断する装置
　　　を施設する場合は，前号ヌの場合に内燃機関への燃料の流入を自動的に遮
　　　断する装置を施設しないことができる．

　　六　第1項第三号ロ(ニ)の規定における「発電所の種類に応じ警報を要する
　　　場合」は，次に掲げる場合であること．

　　イ　内燃機関又は蒸気タービンが異常により自動停止した場合

　　ロ　運転操作に必要な遮断器（当該遮断器の遮断により内燃機関又は蒸気
　　　タービンが自動停止するものを除く．）が異常により自動的に遮断した
　　　場合（遮断器が自動的に再閉路した場合を除く．）

　　ハ　内燃機関の燃料油面が異常に低下した場合

　七　47-9表の左欄に掲げる場合に同表右欄に掲げる動作をする装置を施設
　　するときは，同表左欄に掲げる場合に警報する装置を施設しないことがで
　　きる．

47-9表

| 場　　合 | 動　　作 |
|---|---|
| 第10項第六号ハ | 発電機を電路から自動的に遮断するとともに，内燃機関への燃料の流入及び蒸気タービンへの蒸気の流入を自動的に停止する． |
| 第1項第三号ロ(ロ) | 発電機及び当該設備を電路から自動的に遮断するとともに，内燃機関への燃料の流入及び蒸気タービンへの蒸気の流入を自動的に停止する． |
| 第1項第三号ロ(ハ) | |

11　第1項に規定する発電所のうち，工事現場等に施設する移動用発電設備
　（貨物自動車等に設置されるもの又は貨物自動車等で移設して使用すること
　を目的とする発電設備をいう．）であって，随時巡回方式により施設するもの
　は，次の各号によること．

　一　発電機及び原動機並びに附属装置を1つの筐体に収めたものであるこ
　　と．

　二　原動機は，ディーゼル機関であること．

　三　発電設備の定格出力は，880kW以下であること．

　四　発電設備の発電電圧は，低圧であること．

　五　原動機及び発電機には，自動出力調整装置又は出力制限装置を施設する
　　こと．

　六　一般送配電事業者又は配電事業者が運用する電力系統と電気的に接続し
　　ないこと．

　七　取扱者以外の者が容易に触れられないように施設すること．

　八　原動機の燃料を発電設備の外部から連続供給しないように施設するこ
　　と．

　九　次に掲げる場合に，原動機を自動的に停止する装置を施設すること．

イ　原動機制御用油圧，電源電圧が著しく低下した場合

ロ　原動機の回転速度が著しく上昇した場合

ハ　定格出力が500 kW以上の原動機に接続する発電機の軸受の温度が著
しく上昇した場合（発電機の軸受が転がり軸受である場合を除く．）

ニ　原動機の冷却水の温度が著しく上昇した場合

ホ　原動機の潤滑油の圧力が著しく低下した場合

ヘ　発電設備に火災が生じた場合

十　次に掲げる場合に，発電機を電路から自動的に遮断する装置を施設する
こと．

イ　発電機に過電流が発生した場合

ロ　発電機を複数台並列して運転するときは，原動機が停止した場合

## 【常時監視をしない蓄電所の施設】（省令第46条第2項）

**第47条の3**　技術員が当該蓄電所において常時監視をしない蓄電所は，次の
各号のいずれかにより施設すること．

一　随時巡回方式により施設する場合は，次に適合するものであること．

イ　技術員が，適当な間隔をおいて蓄電所を巡回し，運転状態の監視を行
うものであること．

ロ　蓄電所は，電気の供給に支障を及ぼさないよう，次に適合するもので
あること．

（イ）　当該蓄電所に異常が生じた場合に，一般送配電事業者又は配電事
業者が電気を供給する需要場所（当該蓄電所と同一の構内又はこれ
に準ずる区域にあるものを除く．）が停電しないこと．

（ロ）　当該蓄電所の運転又は停止により，一般送配電事業者又は配電事
業者が運用する電力系統の電圧及び周波数の維持に支障を及ぼさな
いこと．

ハ　蓄電所に施設する変圧器の使用電圧は，170,000 V以下であること．

ニ　他冷式（変圧器の巻線及び鉄心を直接冷却するため封入した冷媒を強
制循環させる冷却方式をいう．以下，この条において同じ．）の特別高圧
用変圧器の冷却装置が故障した場合又は温度が著しく上昇した場合に，
逆変換装置の運転を自動停止する装置の施設等により，当該変圧器に流
れる電流を遮断するものであること．

二　随時監視制御方式により施設する場合は，次に適合するものであるこ
と．

イ　技術員が，必要に応じて蓄電所に出向き，運転状態の監視又は制御その他必要な措置を行うものであること．

ロ　次の場合に，技術員へ警報する装置を施設すること．

（イ）　蓄電所内（屋外であって，変電所若しくは開閉所又はこれらに準ずる機能を有する設備を施設する場所を除く．）で火災が発生した場合

（ロ）　他冷式の特別高圧用変圧器の冷却装置が故障した場合又は温度が著しく上昇した場合

（ハ）　ガス絶縁機器（圧力の低下により絶縁破壊等を生じるおそれのないものを除く．）の絶縁ガスの圧力が著しく低下した場合

（ニ）　逆変換装置の運転が異常により自動停止した場合

（ホ）　運転操作に必要な遮断器（当該遮断器の遮断により逆変換装置の運転が自動停止するものを除く．）が異常により自動的に遮断した場合（遮断器が自動的に再閉路した場合を除く．）

ハ　蓄電所の出力が2,000 kW 未満の場合においては，ロの規定における技術員への警報を，技術員に連絡するための補助員への警報とすることができる．

ニ　蓄電所に施設する変圧器の使用電圧は，170,000 V 以下であること．

ホ　47-10 表の左欄に掲げる場合に同表右欄に掲げる動作をする装置を施設するときは，同表左欄に掲げる場合に警報する装置を施設しないことができる．

47-10 表

| 場　合 | 動　作 |
|---|---|
| 第二号ロ（ロ） | 当該設備を電路から自動的に遮断するとともに，逆変換装置の運転を |
| 第二号ロ（ハ） | 自動停止する． |

三　遠隔常時監視制御方式により施設する場合は，次に適合するものであること．

イ　技術員が，制御所に常時駐在し，蓄電所の運転状態の監視及び制御を遠隔で行うものであること．

ロ　前号ロ（イ）から（ホ）までに掲げる場合に，制御所へ警報する装置を施設すること．

ハ　制御所には，次に掲げる装置を施設すること．

　(イ)　蓄電所の運転及び停止を，監視及び操作する装置

　(ロ)　使用電圧が 100,000 V を超える変圧器を施設する蓄電所にあっ
　　ては，次に掲げる装置

　　(1)　運転操作に常時必要な遮断器の開閉を監視する装置

　　(2)　運転操作に常時必要な遮断器（自動再閉路装置を有する高圧
　　　又は 15,000 V 以下の特別高圧の配電線路用遮断器を除く.）の
　　　開閉を操作する装置

　(ハ)　ニにおいて規定する，蓄電所に必要な装置

　ニ　遠隔常時監視制御方式により施設する場合において，前号ロ（ニ）及
　　び（ホ）並びにホの規定は，制御所へ警報する場合に準用する.

**【常時監視をしない変電所の施設】**（省令第 46 条第 2 項）

**第 48 条**　技術員が当該変電所（変電所を分割して監視する場合にあっては，
　その分割した部分. 以下この条において同じ.）において常時監視をしない
　変電所は，次の各号によること.

　一　変電所に施設する変圧器の使用電圧に応じ，48-1 表に規定する監視制御
　　方式のいずれかにより施設すること.

48-1 表

| 変電所に施設する変圧器の使用電圧の区分 | 監視制御方式 | | | |
|---|---|---|---|---|
| | 簡易監視制御方式 | 断続監視制御方式 | 遠隔断続監視制御方式 | 遠隔常時監視制御方式 |
| 100,000 V 以下 | ○ | ○ | ○ | ○ |
| 100,000 V を超え 170,000 V 以下 | | ○ | ○ | ○ |
| 170,000 V 超過 | | | | ○ |

　(備考)　○は，使用できることを示す.

　二　48-1 表に規定する監視制御方式は，次に適合するものであること.

　　イ　「簡易監視制御方式」は，技術員が必要に応じて変電所へ出向いて，変
　　　電所の監視及び機器の操作を行うものであること.

　　ロ　「断続監視制御方式」は，技術員が当該変電所又はこれから 300 m 以
　　　内にある技術員駐在所に常時駐在し，断続的に変電所へ出向いて変電所
　　　の監視及び機器の操作を行うものであること.

　　ハ　「遠隔断続監視制御方式」は，技術員が変電制御所（当該変電所を遠隔
　　　監視制御する場所をいう. 以下この条において同じ.）又はこれから 300
　　　m 以内にある技術員駐在所に常時駐在し，断続的に変電制御所へ出向い

　て変電所の監視及び機器の操作を行うものであること．
　ニ　「遠隔常時監視制御方式」は，技術員が変電制御所に常時駐在し，変電
　　所の監視及び機器の操作を行うものであること．
三　次に掲げる場合に，監視制御方式に応じ 48-2 表に規定する場所等へ警
　報する装置を施設すること．
　イ　運転操作に必要な遮断器が自動的に遮断した場合（遮断器が自動的に
　　再閉路した場合を除く．）
　ロ　主要変圧器の電源側電路が無電圧になった場合
　ハ　制御回路の電圧が著しく低下した場合
　ニ　全屋外式変電所以外の変電所にあっては，火災が発生した場合
　ホ　容量 3,000 kVA を超える特別高圧用変圧器にあっては，その温度が
　　著しく上昇した場合
　ヘ　他冷式（変圧器の巻線及び鉄心を直接冷却するため封入した冷媒を強
　　制循環させる冷却方式をいう．）の特別高圧用変圧器にあっては，その冷
　　却装置が故障した場合
　ト　調相機（水素冷却式のものを除く．）にあっては，その内部に故障を生
　　じた場合
　チ　水素冷却式の調相機にあっては，次に掲げる場合
　　（イ）　調相機内の水素の純度が 90 % 以下に低下した場合
　　（ロ）　調相機内の水素の圧力が著しく変動した場合
　　（ハ）　調相機内の水素の温度が著しく上昇した場合
　リ　ガス絶縁機器（圧力の低下により絶縁破壊等を生じるおそれがないも
　　のを除く．）の絶縁ガスの圧力が著しく低下した場合

48-2 表

| 監視制御方式 | 警報する場所等 |
|---|---|
| 簡易監視制御方式 | 技術員（技術員に連絡するための補助員がいる場合は，当該補助員） |
| 断続監視制御方式 | 技術員駐在所 |
| 遠隔断続監視制御方式 | 変電制御所及び技術員駐在所 |
| 遠隔常時監視制御方式 | 変電制御所 |

四　水素冷却式の調相機内の水素の純度が 85 % 以下に低下した場合に，当
　該調相機を電路から自動的に遮断する装置を施設すること．

五　使用電圧が 100,000 V を超える変圧器を施設する変電所であって，変電
制御所を設けるものは，当該変電制御所に次に掲げる装置を施設するこ
と．

イ　運転操作に常時必要な遮断器（自動再閉路装置を有する高圧又は
15,000 V 以下の特別高圧の配電線路用遮断器を除く．）の開閉を操作す
る装置

ロ　運転操作に常時必要な遮断器の開閉を監視する装置

六　使用電圧が 170,000 V を超える変圧器を施設する変電所であって，特定
昇降圧変電所（使用電圧が 170,000 V を超える特別高圧電路と使用電圧が
100,000 V 以下の特別高圧電路とを結合する変圧器を施設する変電所であ
って，昇圧又は降圧の用のみに供するものをいう．）以外の変電所は，2 以
上の信号伝送経路により遠隔監視制御するように施設すること．この場合
において，変電所構内，当該信号伝送路の中継基地又は河川横断箇所等の
2 以上の信号伝送経路により施設することが困難な場所は，伝送路の構成
要素をそれぞれ独立して構成することにより，別経路とみなすことができ
る．

七　電気鉄道用変電所（直流変成器又は交流き電用変圧器を施設する変電所
をいう．）にあっては，次に掲げる装置を施設すること．

イ　主要変成機器に故障を生じた場合又は電源側電路の電圧が著しく低下
した場合に当該変成機器を自動的に電路から遮断する装置．ただし，軽
微な故障を生じた場合に監視制御方式に応じ 48-2 表に規定する場所等
へ警報する装置を施設するときは，当該故障を生じた場合に自動的に電
路から遮断する装置を施設しないことができる．

ロ　使用電圧が 100,000 V を超える変圧器を施設する変電所であって，変
電制御所を設けるものは，当該変電制御所に，主要変成機器の運転及び
停止の操作及び監視をする装置

# 第3章 電　　　線　　　路

## 第1節　電線路の通則

**【電線路に係る用語の定義】**（省令第1条）

**第49条**　この解釈において用いる電線路に係る用語であって，次の各号に掲げるものの定義は，当該各号による.

一　想定最大張力　高温季及び低温季の別に，それぞれの季節において想定される最大張力. ただし，異常着雪時想定荷重の計算に用いる場合にあっては，気温0℃の状態で架渉線に着雪荷重と着雪時風圧荷重との合成荷重が加わった場合の張力

二　A種鉄筋コンクリート柱　基礎の強度計算を行わず，根入れ深さを第59条第2項に規定する値以上とすること等により施設する鉄筋コンクリート柱

三　B種鉄筋コンクリート柱　A種鉄筋コンクリート柱以外の鉄筋コンクリート柱

四　複合鉄筋コンクリート柱　鋼管と組み合わせた鉄筋コンクリート柱

五　A種鉄柱　基礎の強度計算を行わず，根入れ深さを第59条第3項に規定する値以上とすること等により施設する鉄柱

六　B種鉄柱　A種鉄柱以外の鉄柱

七　鋼板組立柱　鋼板を管状にして組み立てたものを柱体とする鉄柱

八　鋼管柱　鋼管を柱体とする鉄柱

九　第1次接近状態　架空電線が，他の工作物と接近する場合において，当該架空電線が他の工作物の上方又は側方において，水平距離で3m以上，かつ，架空電線路の支持物の地表上の高さに相当する距離以内に施設されることにより，架空電線路の電線の切断，支持物の倒壊等の際に，当該電線が他の工作物に接触するおそれがある状態

十　第2次接近状態　架空電線が他の工作物と接近する場合において，当該架空電線が他の工作物の上方又は側方において水平距離で3m未満に施設される状態

十一　接近状態　第1次接近状態及び第2次接近状態

十二　上部造営材　屋根，ひさし，物干し台その他の人が上部に乗るおそれ

がある造営材（手すり，さくその他の人が上部に乗るおそれのない部分を除く．）

十三　索道　索道の搬器を含み，索道用支柱を除くものとする．

**【電線路からの電磁誘導作用による人の健康影響の防止】**（省令第 27 条の 2）

**第 50 条**　発電所，変電所，開閉所及び需要場所以外の場所に施設する電線路から発生する磁界は，第 3 項に掲げる測定方法により求めた磁束密度の測定値（実効値）が，商用周波数において 200 μT 以下であること．ただし，造営物内，田畑，山林その他の人の往来が少ない場所において，人体に危害を及ぼすおそれがないように施設する場合は，この限りでない．

2　測定装置は，民間規格評価機関として日本電気技術規格委員会が承認した規格である「人体ばく露を考慮した直流磁界並び 1 Hz～100 kHz の交流電界の測定―第 1 部：測定器に対する要求事項」の「適用」の欄に規定するものであること．

3　測定に当たっては，次の各号のいずれかにより測定すること．なお，測定場所の例ごとの測定方法の適用例については 50-1 表に示す．

一　磁界が均一であると考えられる場合は，測定地点の地表，路面又は床（以下，この条において「地表等」という．）から 1 m の高さで測定した値を測定値とすること．

二　磁界が不均一であると考えられる場合は，測定地点の地表等から 0.5 m，1 m 及び 1.5 m の高さで測定し，3 点の平均値を測定値とすること．

50-1 表

| 測定場所 | 測定方法 |
|---|---|
| 架空電線路の下方における地表 | 第 3 項第一号により測定すること． |
| 架空電線路の周囲の建造物等 | 建造物の壁面等，公衆が接近することができる地点から水平方向に 0.2 m 離れた地点において第 3 項第二号により測定すること． |
| 地中電線路の周囲 | 第 3 項第二号により測定すること． |
| 地中電線路と架空電線路の接続部，その他の電線路が工作物に沿って地上に施設される部分 | 電線表面等，公衆が接近することができる地点から水平方向に 0.2 m 離れた地点において第 3 項第二号により測定すること． |

## 第 2 節　架空電線路の通則

**【電波障害の防止】**（省令第 42 条第 1 項）

　**第 51 条**　架空電線路は，無線設備の機能に継続的かつ重大な障害を及ぼす電波を発生するおそれがある場合には，これを防止するように施設すること．

　2　前項の場合において，低圧又は高圧の架空電線路から発生する電波の許容限度は，次の各号により測定したとき，各回の測定値の最大値の平均値が，526.5 kHz から 1,606.5 kHz までの周波数帯において準せん頭値で 36.5 dB 以下であること．

　　一　測定は，架空電線の直下から架空電線路と直角の方向に 10 m 離れた地点において行うこと．

　　二　妨害波測定器のわく型空中線の中心を地表上 1 m に保ち，かつ，雑音電波の電界強度が最大となる方向に空中線を調整して測定すること．

　　三　測定回数は，数時間の間隔をおいて 2 回以上とすること．

　　四　1 回の測定は，連続して 10 分間以上行うこと．

**【架空弱電流電線路への誘導作用による通信障害の防止】**（省令第 42 条第 2 項）

　**第 52 条**　低圧又は高圧の架空電線路（き電線路（第 201 条第五号に規定するものをいう．）を除く．）と架空弱電流電線路とが並行する場合は，誘導作用により通信上の障害を及ぼさないように，次の各号により施設すること．

　　一　架空電線と架空弱電流電線との離隔距離は，2 m 以上とすること．

　　二　第一号の規定により施設してもなお架空弱電流電線路に対して誘導作用により通信上の障害を及ぼすおそれがあるときは，更に次に掲げるものその他の対策のうち 1 つ以上を施すこと．

　　　イ　架空電線と架空弱電流電線との離隔距離を増加すること．

　　　ロ　架空電線路が交流架空電線路である場合は，架空電線を適当な距離でねん架すること．

　　　ハ　架空電線と架空弱電流電線との間に，引張強さ 5.26 kN 以上の金属線又は直径 4 mm 以上の硬銅線を 2 条以上施設し，これに D 種接地工事を施すこと．

　　　ニ　架空電線路が中性点接地式高圧架空電線路である場合は，地絡電流を制限するか，又は 2 以上の接地箇所がある場合において，その接地箇所を変更する等の方法を講じること．

　2　次の各号のいずれかに該当する場合は，前項の規定によらないことができ

る.

一 低圧又は高圧の架空電線が，ケーブルである場合

二 架空弱電流電線が，通信用ケーブルである場合

三 架空弱電流電線路の管理者の承諾を得た場合

3 中性点接地式高圧架空電線路は，架空弱電流電線路と並行しない場合においても，大地に流れる電流の電磁誘導作用により通信上の障害を及ぼすおそれがあるときは，第1項第二号イからニまでに掲げるものその他の対策のうち1つ以上を施すこと．

4 特別高圧架空電線路は，弱電流電線路に対して電磁誘導作用により通信上の障害を及ぼすおそれがないように施設すること．

5 特別高圧架空電線路は，次の各号によるとともに，架空電話線路に対して，通常の使用状態において，静電誘導作用により通信上の障害を及ぼさないように施設すること．ただし，架空電話線が通信用ケーブルである場合，又は架空電話線路の管理者の承諾を得た場合は，この限りでない．

一 使用電圧が 60,000 V 以下の場合は，電話線路のこう長 12 km ごとに，第三号の規定により計算した誘導電流が 2 μA を超えないようにすること．

二 使用電圧が 60,000 V を超える場合は，電話線路のこう長 40 km ごとに，第三号の規定により計算した誘導電流が 3 μA を超えないようにすること．

三 誘導電流の計算方法は，次によること．

イ 特別高圧架空電線路の使用電圧が 15,000 V 以下の場合は，次の計算式により計算すること．

$$i_T = V_k \times 10^{-3} \times \left( \underbrace{2.5n}_{\substack{\text{交差点前後}}} + \underbrace{2.76\Sigma \frac{l_m \left| \log \frac{b_{m+1}}{b_m} \right|}{|b_{m+1} - b_m|}}_{\substack{\text{非並行部分}}} + \underbrace{1.2\Sigma \frac{l_m}{b_m}}_{\substack{\text{並行部分}}} \right.$$

電線路と電話線路との間の離
隔距離が 15 m 以下の部分（※）

$$\left. + \underbrace{18\Sigma \frac{l_m}{b_{m+1}b_m}}_{\substack{\text{非並行部分}}} + \underbrace{18\Sigma \frac{l_m}{b_m{}^2}}_{\substack{\text{並行部分}}} \right)$$

電線路と電話線路との間の離隔距
離が 15 m を超え 60 m 以下の部分

$i_T$ は，受話器に通じる誘導電流（単位：μA）

$V_k$ は，電線路の使用電圧（単位：kV）

$n$ は，電線と電話線との交差点の数

$b_m$, $b_{m+1}$ は，それぞれ地点 $m$, 地点 $m+1$ における電線と電話線との離隔距離（単位：m）

$l_m$ は，地点 $m$ と地点 $m+1$ との間の電話線路のこう長（単位：m）

※：電線路と電話線路が交差する場合は，その交差点の前後各 25 m の部分を除く．

ロ　特別高圧架空電線路の使用電圧が 15,000 V を超える場合は，次によること．

（イ）　誘導電流は，次の計算式により計算すること．

$$i_T = V_k D \times 10^{-3} \left( 0.33n + 26\sum \frac{l_m}{b_{m+1}b_m} \right)$$

交差点前後　交差点前後以外の部分（※）

$i_T$ は，受話器に通じる誘導電流（単位：$\mu$A）

$V_k$ は，電線路の使用電圧（単位：kV）

$D$ は，電線路の線間距離（単位：m）

$n$ は，電線と電話線との交差点の数

$b_m$, $b_{m+1}$ は，それぞれ地点 $m$, 地点 $m+1$ における電線と電話線との離隔距離（単位：m）

$l_m$ は，地点 $m$ と地点 $m+1$ との間の電話線路のこう長（単位：m）

※：電線路と電話線路とが交差する場合は，使用電圧が 60,000 V 以下のときは交差点の前後各 50 m，使用電圧が 60,000 V を超えるときは交差点の前後各 100 m の部分を除く．

（ロ）　52-1 表の左欄に掲げる使用電圧に応じ，それぞれ同表の右欄に掲げる距離以上，電話線路と離れている電線路の部分は，（イ）の計算においては，省略すること．

52-1 表

| 使用電圧の区分 | 電線路と電話線路との距離 |
|---|---|
| 25,000 V 以下 | 60 m |
| 25,000 V を超え 35,000 V 以下 | 100 m |
| 35,000 V を超え 50,000 V 以下 | 150 m |

| | |
|---|---|
| 50,000 V を超え 60,000 V 以下 | 180 m |
| 60,000 V を超え 70,000 V 以下 | 200 m |
| 70,000 V を超え 80,000 V 以下 | 250 m |
| 80,000 V を超え 120,000 V 以下 | 350 m |
| 120,000 V を超え 160,000 V 以下 | 450 m |
| 160,000 V 超過 | 500 m |

## 【架空電線路の支持物の昇塔防止】（省令第 24 条）

**第 53 条**　架空電線路の支持物に取扱者が昇降に使用する足場金具等を施設する場合は，地表上 1.8 m 以上に施設すること．ただし，次の各号のいずれかに該当する場合はこの限りでない．

一　足場金具等が内部に格納できる構造である場合

二　支持物に昇塔防止のための装置を施設する場合

三　支持物の周囲に取扱者以外の者が立ち入らないように，さく，へい等を施設する場合

四　支持物を山地等であって人が容易に立ち入るおそれがない場所に施設する場合

## 【架空電線の分岐】（省令第 7 条）

**第 54 条**　架空電線の分岐は，電線の支持点ですること．ただし，次の各号のいずれかにより施設する場合はこの限りでない．

一　電線にケーブルを使用する場合

二　分岐点において電線に張力が加わらないように施設する場合

## 【架空電線路の防護具】（省令第 29 条）

**第 55 条**　低圧防護具は，次の各号に適合するものであること．

一　構造は，外部から充電部分に接触するおそれがないように充電部分を覆うことができること．

二　完成品は，充電部分に接する内面と充電部分に接しない外面との間に，1,500 V の交流電圧を連続して 1 分間加えたとき，これに耐える性能を有すること．

2　高圧防護具は，次の各号に適合するものであること．

一　構造は，外部から充電部分に接触するおそれがないように充電部分を覆うことができること．

二　完成品は，乾燥した状態において 15,000 V の交流電圧を，また，日本産

業規格 JIS C 0920（2003）「電気機械器具の外郭による保護等級（IP コード）」に規定する「14.2.3　オシレーティングチューブ又は散水ノズルによる第二特性数字3に対する試験」の試験方法により散水した直後の状態において 10,000 V の交流電圧を，充電部分に接する内面と充電部分に接しない外面との間に連続して1分間加えたとき，それぞれに耐える性能を有すること.

3　使用電圧が 35,000 V 以下の特別高圧電線路に使用する，特別高圧防護具は，次の各号に適合するものであること.

一　材料は，ポリエチレン混合物であって，電気用品の技術上の基準を定める省令の解釈別表第一附表第十四1（1）の図に規定するダンベル状の試料が次に適合するものであること.

イ　室温において引張強さ及び伸びの試験を行ったとき，引張強さが 9.8 N/mm$^2$ 以上，伸びが 350% 以上であること.

ロ　90 ± 2℃に 96 時間加熱した後 60 時間以内において，室温に 12 時間放置した後にイの試験を行ったとき，引張強さが前号の試験の際に得た値の 80% 以上，伸びがイの試験の際に得た値の 60% 以上であること.

二　構造は，厚さ 2.5 mm 以上であって，外部から充電部分に接触するおそれがないように充電部分を覆うことができること.

三　完成品は，乾燥した状態において 25,000 V の交流電圧を，また，日本産業規格 JIS C 0920（2003）「電気機械器具の外郭による保護等級（IP コード）」に規定する「14.2.3　オシレーティングチューブ又は散水ノズルによる第二特性数字3に対する試験 b）付図5に示す散水ノズル装置を使用する場合の条件」の試験方法により散水した直後の状態において 22,000 V の交流電圧を，充電部分に接する内面と充電部分に接しない外面との間に，連続して1分間加えたとき，それぞれに耐える性能を有すること.

**【鉄筋コンクリート柱の構成等】**（省令第 32 条第1項）

**第 56 条**　電線路の支持物として使用する鉄筋コンクリート柱は，次の各号のいずれかに適合するものであること.

一　次に適合する材料で構成されたものであること.

イ　許容応力は，次によること.

（イ）　コンクリートの許容曲げ圧縮応力，許容せん断応力及び形鋼，平鋼又は棒鋼に対する許容付着応力は，56-1 表に規定する値

56-1 表

| コンクリートの圧縮強度（N/mm²） | 許容曲げ圧縮応力（N/mm²） | 許容せん断応力（N/mm²） | 許容付着応力（N/mm²） | | |
|---|---|---|---|---|---|
| | | | 形鋼又は平鋼 | 棒鋼 | |
| | | | | 丸鋼 | 異形棒鋼 |
| 17.7 以上 20.6 未満 | 5.88 | 0.59 | 0.34 | 0.69 | 1.37 |
| 20.6 以上 23.5 未満 | 6.86 | 0.64 | 0.36 | 0.74 | 1.47 |
| 23.5 以上 | 7.84 | 0.69 | 0.39 | 0.78 | 1.57 |

（備考） コンクリートの圧縮強度は，材令28日の3個以上の供試体を日本産業規格 JIS A 1108（2006）「コンクリートの圧縮強度試験方法」に規定するコンクリートの圧縮強度試験方法により試験を行って求めた圧縮強度の平均値とする.

（ロ） 形鋼，平鋼又は棒鋼の許容引張応力及び許容圧縮応力は，56-2 表に規定する値

56-2 表

| 種　　類 | | | 許容引張応力（N/mm²） | 許容圧縮応力（N/mm²） |
|---|---|---|---|---|
| 形鋼又は平鋼 | | $\sigma_Y \leqq 0.7\,\sigma_B$ の場合 | $\dfrac{1}{1.5}\sigma_Y$ | $\dfrac{1}{1.5}\sigma_Y$ |
| | | $\sigma_Y > 0.7\,\sigma_B$ の場合 | $\dfrac{0.7}{1.5}\sigma_B$ | |
| 棒鋼 | 丸鋼 | 全て | $\dfrac{1}{1.5}\sigma_Y$ かつ 156 以下 | $\dfrac{1}{1.5}\sigma_Y$ かつ 156 以下 |
| | 異形棒鋼 | 直径 ≧ 29 mm | $\dfrac{1}{1.5}\sigma_Y$ かつ 196 以下 | $\dfrac{1}{1.5}\sigma_Y$ かつ 196 以下 |
| | | 29 mm > 直径 > 25 mm | $\dfrac{1}{1.5}\sigma_Y$ | $\dfrac{1}{1.5}\sigma_Y$ |
| | | 25 mm ≧ 直径 | $\dfrac{1}{1.5}\sigma_Y$ かつ 215 以下 | $\dfrac{1}{1.5}\sigma_Y$ かつ 215 以下 |

（備考） 1. $\sigma_Y$ は材料の降伏点又は耐力（単位：N/mm²）
　　　　 2. $\sigma_B$ は材料の引張強さ（単位：N/mm²）

（ハ） ボルトの許容引張応力及び許容せん断応力は，56-3 表に規定する値

56-3 表

| 許容応力の種類 | | 許容応力（N/mm²） |
|---|---|---|
| 許容引張応力 | $\sigma_Y \leqq 0.7\,\sigma_B$ の場合 | $\dfrac{1}{1.5}\sigma_Y$ |
| | $\sigma_Y > 0.7\,\sigma_B$ の場合 | $\dfrac{0.7}{1.5}\sigma_B$ |

| | | |
|---|---|---|
| 許容せん断応力 | $\sigma_Y \leqq 0.7\,\sigma_B$ の場合 | $\dfrac{1}{1.5\sqrt{3}}\sigma_Y$ |
| | $\sigma_Y > 0.7\,\sigma_B$ の場合 | $\dfrac{0.7}{1.5\sqrt{3}}\sigma_B$ |

（備考）　1.　$\sigma_Y$ は材料の降伏点又は耐力（単位：N/mm$^2$）
　　　　　2.　$\sigma_B$ は材料の引張強さ（単位：N/mm$^2$）

　　ロ　形鋼，平鋼及び棒鋼は，次のいずれかであること．
　　　（イ）　民間規格評価機関として日本電気技術規格委員会が承認した規格
　　　　　である「一般構造用圧延鋼材」の「適用」の欄に規定するもの
　　　（ロ）　民間規格評価機関として日本電気技術規格委員会が承認した規格
　　　　　である「鉄筋コンクリート用棒鋼」の「適用」の欄に規定するもの
　　ハ　ボルトは，民間規格評価機関として日本電気技術規格委員会が承認し
　　　た規格である「炭素鋼及び合金鋼製締結用部品の機械的性質―強度区分
　　　を規定したボルト，小ねじ及び植込みボルト―並目ねじ及び細目ねじ」
　　　又は「摩擦接合用高力六角ボルト・六角ナット・平座金のセット」に規
　　　定するボルトであること．
　二　工場打ち鉄筋コンクリート柱であって，次に適合するものであること．
　　イ　遠心力プレストレストコンクリートポールにあっては，日本産業規格
　　　JIS A 5373 (2016)「プレキャストプレストレストコンクリート製品」の
　　　「5　品質」，「8　材料及び製造方法」，「9　試験方法」並びに「附属書A
　　　ポール類」及び「推奨仕様 A-1　プレストレストコンクリートポール」に
　　　係るもの
　　ロ　遠心力鉄筋コンクリートポールにあっては，日本産業規格 JIS A
　　　5309 (1971)「遠心力プレストレストコンクリートポールおよび遠心力鉄
　　　筋コンクリートポール」の「5　品質」及び「6　曲げ強さ試験」の第1種
　　　に係るもの
　三　複合鉄筋コンクリート柱であって，完成品の底部から全長の1/6 (2.5 m
　　を超える場合は，2.5 m) までを管に変形を生じないように固定し，頂部か
　　ら 30 cm の点において柱の軸に直角に設計荷重の2倍の荷重を加えたと
　　き，これに耐えるものであること．
　四　第三号に規定する性能を満足する複合鉄筋コンクリート柱の規格は，次
　　のとおりとする．
　　イ　鋼管は，次のいずれかであること．

- （イ）　民間規格評価機関として日本電気技術規格委員会が承認した規格
  である「一般構造用圧延鋼材」の「適用」の欄に規定するものを管
  状に溶接したもの
- （ロ）　民間規格評価機関として日本電気技術規格委員会が承認した規格
  である「溶接構造用圧延鋼材」に規定する溶接構造用圧延鋼材を管
  状に溶接したもの
- （ハ）　民間規格評価機関として日本電気技術規格委員会が承認した規格
  である「一般構造用炭素鋼鋼管」の「適用」の欄に規定するもの
- （ニ）　民間規格評価機関として日本電気技術規格委員会が承認した規格
  である「機械構造用炭素鋼鋼管」の「適用」の欄に規定するもの
- （ホ）　けい素が 0.4% 以下，りんが 0.06% 以下及び硫黄が 0.06% 以下
  の鋼であって，引張強さが 540 N/mm$^2$ 以上，降伏点が 390 N/mm$^2$
  以上及び伸びが 8% 以上のものを管状に溶接したもの

ロ　鋼管の厚さは，1 mm 以上であること．

ハ　鉄筋コンクリートは，遠心力プレストレストコンクリートにあって
は，日本産業規格 JIS A 5373（2016）「プレキャストプレストレストコ
ンクリート製品」の「5　品質」，「8　材料及び製造方法」，「9　試験方法」
並びに「附属書 A　ポール類」及び「推奨仕様 A-1　プレストレストコン
クリートポール」に適合するもの，遠心力鉄筋コンクリートにあっては，
日本産業規格 JIS A 5309（1971）「遠心力プレストレストコンクリート
ポールおよび遠心力鉄筋コンクリートポール」の「3　材料」及び「4　製
造」に適合するものであること．

ニ　完成品は，柱の底部から全長の 1/6（2.5 m を超える場合は，2.5 m）
までを管に変形を生じないように固定し，頂部から 30 cm の点において
柱の軸に直角に設計荷重の 2 倍の荷重を加えたとき，これに耐えるもの
であること．

**【鉄柱及び鉄塔の構成等】**（省令第 32 条第 1 項）

　**第 57 条**　架空電線路の支持物として使用する鉄柱又は鉄塔は，次の各号に適
合するもの又は次項の規定に適合する鋼管柱であること．

一　鉄柱又は鉄塔を構成する鋼板，形鋼，平鋼，棒鋼，鋼管（コンクリート
又はモルタルを充てんしたものを含む．）及びボルトの許容応力は，次によ
ること．

イ　許容引張応力，許容圧縮応力，許容曲げ応力，許容せん断応力及び許

容支圧応力は，57-1 表に規定する値

57-1 表

| 許容応力の種類 | | 許容応力（N/mm²） | |
|---|---|---|---|
| 許容引張応力 | $\sigma_Y \leqq 0.7\,\sigma_B$ の場合 | $\dfrac{1}{1.5}\sigma_Y$ | 鋼板組立柱を構成する鋼板にあっては$\dfrac{1}{2.0}\sigma_Y$ |
| | $\sigma_Y > 0.7\,\sigma_B$ の場合 | $\dfrac{0.7}{1.5}\sigma_B$ | |
| 許容圧縮応力 | | $\dfrac{1}{1.5}\sigma_Y$ | |
| 許容曲げ応力 | | | |
| 許容せん断応力 | $\sigma_Y \leqq 0.7\,\sigma_B$ の場合 | $\dfrac{1}{1.5\sqrt{3}}\sigma_Y$ | |
| | $\sigma_Y > 0.7\,\sigma_B$ の場合 | $\dfrac{0.7}{1.5\sqrt{3}}\sigma_B$ | |
| 許容支圧応力 | 板厚 4 mm 以上の場合 | $1.25\sigma_Y$ | |
| | その他の場合 | $1.1\sigma_Y$ | |

（備考）　1.　$\sigma_Y$ は，材料の降伏点又は耐力（単位：N/mm²）
　　　　　2.　$\sigma_B$ は，材料の引張強さ（単位：N/mm²）

　ロ　許容座屈応力は，57-2 表に示す計算式により計算した値であること．ただし，片フランジ接合山形構造材として使用する場合において，同表の計算式により計算した値が 57-3 表の許容座屈応力の上限値を超えるときは，その上限値とすること．

57-2 表

| 有効細長比の区分 | 許容座屈応力の計算式 |
|---|---|
| $0 < \lambda_k < \varLambda$ の場合 | $\sigma_{ka} = \sigma_{kao} - \kappa_1\left(\dfrac{\lambda_k}{100}\right) - \kappa_2\left(\dfrac{\lambda_k}{100}\right)^2$ |
| $\lambda_k \geqq \varLambda$ の場合 | $\sigma_{ka} = \dfrac{93}{\left(\dfrac{\lambda_k}{100}\right)^2}$ |

（備考）

1.　$\lambda_k$ は，部材の有効細長比であって，次の計算式により計算した値

$$\lambda_k = \frac{l_k}{r}$$

$l_k$ は，部材の有効座屈長で，部材の支持点間距離をとるものとする（単位：cm）．ただし，部材の支持点の状態により，主柱材にあっては部材の支持点間距離の 0.9 倍，腹材にあっては部材の支持点間距離の 0.8 倍（鉄柱の腹材であって，支持

点の両端が溶接されているものにあっては，0.7倍）まで減ずることができる．

$r$ は，部材の断面の回転半径（単位：cm）．ただし，コンクリート（モルタルを含む．）を充てんした鋼管にあっては，次の計算式により計算した部材の断面の等価回転半径とすることができる．

$$r = \sqrt{\dfrac{I_S + \dfrac{1}{n} I_C}{A_S + \dfrac{1}{n} A_C}}$$

$I_S$ は，鋼管の断面2次モーメント（単位：cm$^4$）

$I_C$ は，コンクリートの断面2次モーメント（単位：cm$^4$）

$A_S$ は，鋼管の断面積（単位：cm$^2$）

$A_C$ は，コンクリートの断面積（単位：cm$^2$）

$n$ は，コンクリートと鋼管の弾性係数比

2. $\sigma_{ka}$ は，部材の許容座屈応力（単位：N/mm$^2$）．コンクリート（モルタルを含む．）を充てんした鋼管にあっては，次の計算式により計算した等価断面積を応力の算出に使用する断面積とする．

$$A = A_S + \frac{1}{n} A_C$$

$A$ は，等価断面積（単位：cm$^2$）

$A_S$, $A_C$, $n$ は，（備考）1で定めるもの

3. $\varLambda$, $\sigma_{kao}$, $\kappa_1$ 及び $\kappa_2$ は，構成材の区分及び降伏点に応じ，それぞれ 57-3 表に示す値

57-3 表

| 構成材の区分 | 鋼管，箱型断面材，十字型断面その他偏心の極めて少ないもの | | | | 単一山形鋼主柱材その他の偏心の比較的少ないもの | | | | 片側フランジ接合山形鋼腹材その他の偏心の多いもの | | | | |
|---|---|---|---|---|---|---|---|---|---|---|---|---|---|
| 降伏点 (N/mm$^2$) | $\varLambda$ | $\sigma_{kao}$ (N/mm$^2$) | $\kappa_1$ | $\kappa_2$ | $\varLambda$ | $\sigma_{kao}$ (N/mm$^2$) | $\kappa_1$ | $\kappa_2$ | $\varLambda$ | $\sigma_{kao}$ (N/mm$^2$) | $\kappa_1$ | $\kappa_2$ | $\sigma_{kao}$ の上限値 (N/mm$^2$) |
| 235 | 100 | 156 | 0 | 63 | 110 | 148 | 2 | 57 | 140 | 147 | 71 | 0 | 94 |
| 245 | 95 | 163 | 0 | 66 | 105 | 154 | 2 | 61 | 135 | 153 | 76 | 0 | 98 |
| 255 | 95 | 170 | 0 | 74 | 105 | 160 | 2 | 67 | 135 | 159 | 80 | 0 | 102 |
| 265 | 95 | 176 | 0 | 81 | 100 | 166 | 2 | 71 | 130 | 165 | 85 | 0 | 106 |
| 275 | 90 | 183 | 0 | 84 | 100 | 173 | 3 | 77 | 130 | 172 | 90 | 0 | 110 |
| 285 | 90 | 190 | 0 | 93 | 100 | 179 | 3 | 83 | 125 | 178 | 95 | 0 | 114 |
| 295 | 90 | 196 | 0 | 100 | 95 | 185 | 3 | 88 | 125 | 184 | 100 | 0 | 118 |
| 305 | 85 | 203 | 0 | 103 | 95 | 192 | 3 | 95 | 125 | 190 | 104 | 0 | 122 |
| 315 | 85 | 210 | 0 | 112 | 95 | 198 | 3 | 102 | 120 | 197 | 110 | 0 | 126 |

| | | | | | | | | | | | | | |
|---|---|---|---|---|---|---|---|---|---|---|---|---|---|
| 325 | 85 | 216 | 0 | 121 | 90 | 204 | 3 | 107 | 120 | 203 | 115 | 0 | 130 |
| 335 | 85 | 223 | 0 | 130 | 90 | 211 | 4 | 114 | 115 | 209 | 121 | 0 | 134 |
| 345 | 80 | 230 | 0 | 132 | 90 | 217 | 4 | 122 | 115 | 215 | 126 | 0 | 138 |
| 355 | 80 | 236 | 0 | 142 | 90 | 223 | 4 | 129 | 115 | 222 | 132 | 0 | 142 |
| 365 | 80 | 243 | 0 | 153 | 85 | 229 | 4 | 134 | 115 | 228 | 137 | 0 | 146 |
| 375 | 80 | 250 | 0 | 164 | 85 | 236 | 4 | 144 | 110 | 234 | 143 | 0 | 150 |
| 380 | 80 | 253 | 0 | 168 | 85 | 239 | 4 | 148 | 110 | 237 | 146 | 0 | 152 |
| 390 | 75 | 260 | 0 | 168 | 85 | 245 | 4 | 156 | 110 | 244 | 152 | 0 | 156 |
| 400 | 75 | 266 | 0 | 179 | 85 | 252 | 5 | 165 | 105 | 250 | 158 | 0 | 160 |
| 410 | 75 | 273 | 0 | 191 | 80 | 258 | 5 | 170 | 105 | 256 | 163 | 0 | 164 |
| 420 | 75 | 280 | 0 | 204 | 80 | 264 | 5 | 179 | 105 | 262 | 169 | 0 | 168 |
| 430 | 75 | 286 | 0 | 215 | 80 | 270 | 5 | 189 | 105 | 269 | 176 | 0 | 172 |
| 440 | 70 | 293 | 0 | 211 | 80 | 277 | 5 | 200 | 100 | 275 | 182 | 0 | 176 |
| 450 | 70 | 300 | 0 | 225 | 80 | 283 | 5 | 209 | 100 | 281 | 188 | 0 | 180 |
| 460 | 70 | 306 | 0 | 237 | 80 | 289 | 6 | 217 | 100 | 287 | 194 | 0 | 184 |
| 470 | 70 | 313 | 0 | 251 | 75 | 296 | 6 | 224 | 100 | 294 | 201 | 0 | 188 |
| 480 | 70 | 320 | 0 | 266 | 75 | 302 | 6 | 235 | 100 | 300 | 207 | 0 | 192 |
| 490 | 70 | 326 | 0 | 278 | 75 | 308 | 6 | 246 | 95 | 306 | 214 | 0 | 196 |
| 520 | — | — | — | — | 75 | 327 | 7 | 278 | 95 | 325 | 234 | — | 208 |

（備考）　降伏点が $520\,\mathrm{N/mm^2}$ の単一山形鋼主柱材その他の偏心の比較的少ないもの
であって，幅厚比（材料のフランジ幅/板厚）が 14.0 を超え，かつ $0<\lambda_k<\Lambda$ の
場合は，この表に示す諸係数により計算した $\sigma_{ka}$ の値と $\sigma_{kao}=346$, $\kappa_1=241$,
$\kappa_2=0$ として計算した $\sigma_{ka}$ の値のいずれか小さい方を許容座屈応力とする.

二　鉄柱（鋼板組立柱を除く. 以下この条において同じ.）又は鉄塔を構成す
る鋼板，形鋼，平鋼及び棒鋼は，次によること.

イ　鋼材は，次のいずれかであること.

（イ）　民間規格評価機関として日本電気技術規格委員会が承認した規格
である「一般構造用圧延鋼材」の「適用」の欄に規定するもの

（ロ）　民間規格評価機関として日本電気技術規格委員会が承認した規格
である「溶接構造用圧延鋼材」に規定する溶接構造用圧延鋼材

（ハ）　日本産業規格 JIS G 3114（2016）「溶接構造用耐候性熱間圧延鋼
材」に規定する溶接構造用耐候性熱間圧延鋼材

（ニ）　日本産業規格 JIS G 3129（2018）「鉄塔用高張力鋼鋼材」に規定

する鉄塔用高張力鋼鋼材

（ホ）　日本産業規格 JIS G 3223（1988）「鉄塔フランジ用高張力鋼鍛鋼品」（JIS G 3223（2008）にて追補）に規定する鉄塔フランジ用高張力鋼鍛鋼品

（ヘ）　民間規格評価機関として日本電気技術規格委員会が承認した規格である「「鉄塔用 690 N/mm² 高張力山形鋼」の架空電線路の支持物の構成材への適用」に規定する鉄塔用 690 N/mm² 高張力山形鋼

ロ　厚さは，次の値以上であること．

（イ）　鉄柱の主柱材（腕金主材を含む．以下この条において同じ．）として使用するものは，4 mm

（ロ）　鉄塔の主柱材として使用するものは，5 mm

（ハ）　その他の部材として使用するものは，3 mm

ハ　圧縮材として使用するものの細長比は，57-4 表に規定する値以下であること．

57-4 表

| 圧縮材として使用する部材の種類 | | 細長比 |
|---|---|---|
| 主柱材 | | 200 |
| 主柱材以外 | 補助材以外 | 220 |
| | 補助材 | 250 |

三　鋼板組立柱を構成する鋼板は，次によること．

イ　鋼材は，けい素が 0.4％ 以下，りんが 0.06％ 以下及び硫黄が 0.06％ 以下の鋼であって，引張強さが 540 N/mm² 以上，降伏点が 390 N/mm² 以上及び伸びが 8％ 以上のものであること．

ロ　厚さは，1 mm 以上であること．

ハ　亜鉛めっきを施したものであること．

四　鉄柱又は鉄塔を構成する鋼管（コンクリート又はモルタルを充てんしたものを含む．）は，次によること．

イ　鋼材は，次のいずれかであること．

（イ）　民間規格評価機関として日本電気技術規格委員会が承認した規格である「溶接構造用圧延鋼材」に規定する溶接構造用圧延鋼材を管状に溶接したもの

（ロ）　民間規格評価機関として日本電気技術規格委員会が承認した規格

　　　　である「一般構造用炭素鋼鋼管」の「適用」の欄に規定するもの

　　（ハ）　民間規格評価機関として日本電気技術規格委員会が承認した規格
　　　　である「鉄塔用高張力鋼管」に規定する鉄塔用高張力鋼管

　ロ　厚さは，次の値以上であること．

　　（イ）　鉄柱の主柱材として使用するものは，2 mm

　　（ロ）　鉄塔の主柱材として使用するものは，2.4 mm

　　（ハ）　その他の部材として使用するものは，1.6 mm

　ハ　圧縮材として使用するものの細長比は，57-4 表に規定する値以下であ
　　ること．

　ニ　コンクリートを充てんする場合におけるコンクリートの配合は，単位セ
　　メント量が 350 kg 以上で，かつ，水・セメント比が 50% 以下であること．

　ホ　モルタルを充てんする場合におけるモルタルの配合は，単位セメント
　　量が 810 kg 以上で，かつ，水・セメント比が 50% 以下であること．

　五　鉄柱又は鉄塔を構成するボルトは，民間規格評価機関として日本電気技
　　術規格委員会が承認した規格である「炭素鋼及び合金鋼製締結用部品の機
　　械的性質—強度区分を規定したボルト，小ねじ及び植込みボルト—並目ね
　　じ及び細目ねじ」又は「摩擦接合用高力六角ボルト・六角ナット・平座金
　　のセット」に規定するボルトであること．

2　前項各号の規定によらない鋼管柱は，次の各号に適合するものであること．

　一　鋼管は，次のいずれかであること．

　　イ　民間規格評価機関として日本電気技術規格委員会が承認した規格であ
　　　る「一般構造用圧延鋼材」の「適用」の欄に規定するものを管状に溶接
　　　したもの

　　ロ　民間規格評価機関として日本電気技術規格委員会が承認した規格であ
　　　る「溶接構造用圧延鋼材」に規定する溶接構造用圧延鋼材を管状に溶接
　　　したもの

　　ハ　民間規格評価機関として日本電気技術規格委員会が承認した規格であ
　　　る「一般構造用炭素鋼鋼管」の「適用」の欄に規定するもの

　　ニ　民間規格評価機関として日本電気技術規格委員会が承認した規格であ
　　　る「機械構造用炭素鋼鋼管」の「適用」の欄に規定するもの

　二　鋼管の厚さは，2.3 mm 以上であること．

　三　鋼管は，その内面及び外面にさび止めのために，めっき又は塗装を施し
　　たものであること．

四　完成品は，柱の底部から全長の 1/6（2.5 m を超える場合は，2.5 m）まででを管に変形を生じないように固定し，頂部から 30 cm の点において柱の軸に直角に設計荷重の 3 倍の荷重を加えたとき，これに耐えるものであること．

**【架空電線路の強度検討に用いる荷重】**（省令第 32 条第 1 項）

**第 58 条**　架空電線路の強度検討に用いる荷重は，次の各号によること．なお，風速は，気象庁が「地上気象観測指針」において定める 10 分間平均風速とする．

一　風圧荷重　架空電線路の構成材に加わる風圧による荷重であって，次の規定によるもの

イ　風圧荷重の種類は，次によること．

（イ）甲種風圧荷重　58-1 表に規定する構成材の垂直投影面に加わる圧力を基礎として計算したもの，又は風速 40 m/s 以上を想定した風洞実験に基づく値より計算したもの

（ロ）乙種風圧荷重　架渉線の周囲に厚さ 6 mm，比重 0.9 の氷雪が付着した状態に対し，甲種風圧荷重の 0.5 倍を基礎として計算したもの

（ハ）丙種風圧荷重　甲種風圧荷重の 0.5 倍を基礎として計算したもの

（ニ）着雪時風圧荷重　架渉線の周囲に比重 0.6 の雪が同心円状に付着した状態に対し，甲種風圧荷重の 0.3 倍を基礎として計算したもの

58-1 表

| 風圧を受けるものの区分 | | | 構成材の垂直投影面に加わる圧力 |
|---|---|---|---|
| 支持物 | 木柱 | | 780 Pa |
| | 鉄筋コンクリート柱 | 丸形のもの | 780 Pa |
| | | その他のもの | 1,180 Pa |
| | 鉄柱 | 丸形のもの | 780 Pa |
| | | 三角形又はひし形のもの | 1,860 Pa |
| | | 鋼管により構成される四角形のもの | 1,470 Pa |
| | | その他のもの　腹材が前後面で重なる場合 | 2,160 Pa |
| | | その他のもの　その他の場合 | 2,350 Pa |
| | 鉄塔　単柱 | 丸形のもの | 780 Pa |
| | | 六角形又は八角形のもの | 1,470 Pa |

| | | | |
|---|---|---|---|
| | 鋼管により構成されるもの（単柱を除く.） | | 1,670 Pa |
| | その他のもの（腕金類を含む.） | | 2,840 Pa |
| 架渉線 | 多導体（構成する電線が 2 条ごとに水平に配列され, かつ, 当該電線相互間の距離が電線の外径の 20 倍以下のものに限る. 以下この条において同じ.）を構成する電線 | | 880 Pa |
| | その他のもの | | 980 Pa |
| がいし装置（特別高圧電線路用のものに限る.） | | | 1,370 Pa |
| 腕金類（木柱, 鉄筋コンクリート柱及び鉄柱（丸形のものに限る.）に取り付けるものであって, 特別高圧電線路用のものに限る.） | | 単一材として使用する場合 | 1,570 Pa |
| | | その他の場合 | 2,160 Pa |

　　ロ　風圧荷重の適用区分は, 58-2 表によること. ただし, 異常着雪時想定荷
　　　重の計算においては, 同表にかかわらず着雪時風圧荷重を適用すること.

58-2 表

| 季節 | 地　　　　　方 | | 適用する風圧荷重 |
|---|---|---|---|
| 高温季 | 全ての地方 | | 甲種風圧荷重 |
| 低温季 | 氷雪の多い地方 | 海岸地その他の低温季に最大風圧を生じる地方 | 甲種風圧荷重又は乙種風圧荷重のいずれか大きいもの |
| | | 上記以外の地方 | 乙種風圧荷重 |
| | 氷雪の多い地方以外の地方 | | 丙種風圧荷重 |

　　ハ　人家が多く連なっている場所に施設される架空電線路の構成材のうち,
　　　次に掲げるものの風圧荷重については, ロの規定にかかわらず甲種風圧
　　　荷重又は乙種風圧荷重に代えて丙種風圧荷重を適用することができる.
　　（イ）　低圧又は高圧の架空電線路の支持物及び架渉線
　　（ロ）　使用電圧が 35,000 V 以下の特別高圧架空電線路であって, 電線
　　　　に特別高圧絶縁電線又はケーブルを使用するものの支持物, 架渉線
　　　　並びに特別高圧架空電線を支持するがいし装置及び腕金類
　　ニ　風圧荷重は, 58-3 表に規定するものに加わるものとすること.

58-3 表

| 支持物の形状 | 方　　　向 | 風圧荷重が加わる物 |
|---|---|---|
| 単柱形状 | 電線路に直角 | 支持物, 架渉線及びがいし装置 |
| | 電線路に平行 | 支持物, がいし装置及び腕金類 |

| その他の形状 | 電線路に直角 | 支持物のその方向における前面結構，架渉線及びがいし装置 |
|---|---|---|
| | 電線路に平行 | 支持物のその方向における前面結構及びがいし装置 |

二　垂直荷重　垂直方向に作用する荷重であって，58-4 表に示すもの

三　水平横荷重　電線路に直角の方向に作用する荷重であって，58-4 表に示すもの

四　水平縦荷重　電線路の方向に作用する荷重であって，58-4 表に示すもの

五　常時想定荷重　架渉線の切断を考慮しない場合の荷重であって，風圧が電線路に直角の方向に加わる場合と電線路に平行な方向に加わる場合とについて，それぞれ 58-4 表に示す組合せによる荷重が同時に加わるものとして荷重を計算し，各部材について，その部材に大きい応力を生じさせる方の荷重

六　異常時想定荷重　架渉線の切断を考慮する場合の荷重であって，風圧が電線路に直角の方向に加わる場合と電線路に平行な方向に加わる場合とについて，それぞれ 58-4 表に示す組合せによる荷重が同時に加わるものとして荷重を計算し，各部材について，その部材に大きい応力を生じさせる方の荷重

七　異常着雪時想定荷重　着雪厚さの大きい地域における着雪を考慮した荷重であって，風圧が電線路に直角の方向に加わる場合と電線路に平行な方向に加わる場合とについて，それぞれ 58-4 表に示す組合せによる荷重が同時に加わるものとして荷重を計算し，各部材について，その部材に大きい応力を生じさせる方の荷重

58-4 表

| 荷重の種類 | 風圧の方向 | 垂直荷重 | | | | | | | 水平横荷重 | | | 水平縦荷重 | | |
|---|---|---|---|---|---|---|---|---|---|---|---|---|---|---|
| | | 架渉線重量 | がいし装置重量 | 支持物部材重量※1 | 垂直角度荷重※2 | 支線荷重※3 | 被氷荷重※4 | 着雪荷重 | 風圧荷重 | 水平角度荷重 | ねじり力荷重 | 風圧荷重 | 不平均張力荷重 | ねじり力荷重 |
| 常時想定荷重 | 電線路に直角 | ○ | ○ | ○ | ○ | ○ | ○ | | ○ | ○ | ○※5 | | ○※6 | ○※5 |
| | 電線路に平行 | ○ | ○ | ○ | ○ | ○ | ○ | | | | ○※5 | ○ | ○※6 | ○※5 |

| | | | | | | | | | | | | | | |
|---|---|---|---|---|---|---|---|---|---|---|---|---|---|---|
| 異常時想定荷重 | 電線路に直角 | ○ | ○ | ○ | ○ | | ○ | | ○ | ○ | ○ | | ○ | ○ |
| | 電線路に平行 | ○ | ○ | ○ | ○ | | ○ | | | ○ | ○ | ○ | ○ | |
| 異常着雪時想定荷重 | 電線路に直角 | ○ | ○ | ○ | | | ○ | ○ | ○ | ○※5 | | ○ | | ○※5 |
| | 電線路に平行 | ○ | ○ | ○ | | | | ○ | | ○ | ○※5 | ○ | ○ | ○※5 |

※1：鉄筋コンクリート柱については，腕金類を含む.

※2：電線路に著しい垂直角度がある場合に限る.

※3：鉄筋コンクリート柱又は鉄柱で支線を用いる場合に限る.

※4：乙種風圧荷重を用いる場合に限る.

※5：引留め型又は耐張型の鉄筋コンクリート柱，鉄柱又は鉄塔において，架渉線の配置が対称でない場合に限る.

※6：引留め型, 耐張型又は補強型の鉄筋コンクリート柱,鉄柱又は鉄塔の場合に限る.

(備考)　〇は，該当することを示す.

八　垂直角度荷重　架渉線の想定最大張力の垂直分力により生じる荷重

九　水平角度荷重　電線路に水平角度がある場合において，架渉線の想定最大張力の水平分力により生じる荷重

十　支線荷重　支線の張力の垂直分力により生じる荷重

十一　被氷荷重　架渉線の周囲に厚さ 6 mm, 比重 0.9 の氷雪が付着したときの氷雪の重量による荷重

十二　着雪荷重　架渉線の周囲に比重 0.6 の雪が同心円状に付着したときの雪の重量による荷重

十三　不平均張力荷重　想定荷重の種類に応じ，次の規定によるもの

イ　常時想定荷重における不平均張力荷重は，全架渉線につき各架渉線の想定最大張力に，次に掲げる値を乗じたものの水平縦分力による荷重とすること.

(イ)　支持物が引留め型の場合は, 1

(ロ)　支持物が耐張型の場合は, 1/3

(ハ)　支持物が補強型の場合は, 1/6

ロ　異常時想定荷重における不平均張力荷重は，次により計算した，架渉線が切断した場合に生じる不平均張力の水平縦分力による荷重とすること.

(イ)　切断を想定する架渉線の数は，次によること.

(1)　架渉電線の相（回線ごとの相をいう．以下この号において同

じ.）の総数が12以下である場合は，1相（鉄塔が引留め型以外で，電線が多導体である場合は，1相のうち2条）

（2） 架渉電線の相の総数が12を超える場合（（3）に規定する場合を除く.）は，回線を異にする2相（鉄塔が引留め型以外で，電線が多導体である場合は，1相ごとに2条）

（3） 架渉電線が縦に9相以上並び，かつ，横に2相並んでいる場合は，縦に並んだ9相以上のうち，上部6相からの1相（鉄塔が引留め型以外で，電線が多導体である場合は，1相のうち2条）及びその他の相からの1相（鉄塔が引留め型以外で，電線が多導体である場合は，1相のうち2条）

（4） 架空地線の1条. ただし，電線と同時には切断しないものとする.

（ロ） 切断を想定する架渉線は，各部材に生じる応力が最大になるものとすること.

（ハ） 架渉線が切断した場合に生じる不平均張力の大きさは，当該架渉線の想定最大張力に等しい値（架渉線の取付け方法により，架渉線が切断したときにその支持点が移動し，又は架渉線が支持点でしゅう動する場合は，想定最大張力の0.6倍の値）とすること.

ハ 異常着雪時想定荷重における不平均張力荷重は，全架渉線につき各架渉線の想定最大張力に，次に掲げる値を乗じたものの水平縦分力による荷重とすること.

（イ） 耐張がいし装置を使用する鉄塔にあっては，0.1

（ロ） 懸垂がいし装置を使用する鉄塔にあっては，0.03

十四 ねじり力荷重 想定荷重の種類に応じ，次の規定によるもの

イ 常時想定荷重及び異常着雪時荷重におけるねじり力荷重は，支持物における架渉線の配置が対称でない場合に生じるものとすること.

ロ 異常時想定荷重におけるねじり力荷重は，前号ロ（イ）及び（ロ）に規定するように架渉線が切断した場合に生じるものとすること.

2 常時想定荷重において，支持物における架渉線の配置が対称でない場合は，58-4表の荷重のほか，垂直偏心荷重をも加算すること.

3 異常着雪時想定荷重の計算における想定着雪厚さは，着雪量の評価に関する最新の知見に基づいて作成された着雪マップにおける当該地域の想定着雪厚さ，当該地域及びその周辺地域における過去の着雪量（当該地域及びその

周辺地域において着雪実績が少ない場合は，気象観測データの活用その他の適切と認められる方法により推定した着雪量）及び当該地域の地形等を十分考慮した上，適切に定めたものであること．ただし，電線に有効な難着雪対策を施す場合は，その効果を考慮して着雪量を低減することができる．

4　鉄塔にあっては，第1項に規定する甲種風圧荷重と，地域別基本風速における風圧荷重を比べて，大きい方の荷重を考慮すること．また，次の各号に掲げる特殊地形箇所に施設する場合は，その大きい方の荷重と，局地的に強められた風による風圧荷重を比べて大きい方の荷重を考慮すること．ただし，これらの特殊地形箇所に施設する場合に，当該箇所の地形等から強風時の風向が電線路の走行とほぼ平行すると判断されるときは，対象外とする．

一　従来から強い局地風の発生が知られている地域における稜線上の鞍部等，風が強くなる箇所

二　主風向に沿って地形が狭まる湾の奥等の小高い丘陵部にあって収束した風が当たる箇所

三　海岸近くで突出している斜面傾度の大きな山の頂部等，海からの風が強まる箇所

四　半島の岬，小さな島等，海を渡る風が吹き抜ける箇所

五　強い風が風上側にある標高の高い丘で増速され，直近の急斜面によりさらに増速する箇所

5　鉄柱であって，第1項に規定する甲種風圧荷重を適用する場合には，地域別基本風速における風圧荷重と比べて，大きい方の荷重を考慮すること．ただし，完成品の底部から全長の1/6（2.5 mを超える場合は，2.5 m）までを変形を生じないように固定し，頂部から30 cmの点において柱の軸に直角に設計荷重の2倍の荷重を加えたとき，これに耐えるものにあっては，この限りでない．

【架空電線路の支持物の強度等】（省令第32条第1項）

**第 59 条**　架空電線路の支持物として使用する木柱は，次の各号に適合するものであること．

一　わん曲に対する破壊強度を59-1表に規定する値とし，電線路に直角な方向に作用する風圧荷重に，安全率2.0を乗じた荷重に耐える強度を有すること．

59-1 表

| 木柱の種類 | 破壊強度（N/mm²） |
|---|---|
| 杉 | 39 |
| ひのき，ひば及びくり | 44 |
| とど松及びえぞ松 | 42 |
| 米松 | 55 |
| その他 | 上に準ずる値 |

　二　高圧又は特別高圧の架空電線路の支持物として使用するものの太さは，
　　末口で直径 12 cm 以上であること．

2　架空電線路の支持物として使用する A 種鉄筋コンクリート柱は，次の各
　号に適合するものであること．

　一　架空電線路の使用電圧及び柱の種類に応じ，59-2 表に規定する荷重に耐
　　える強度を有すること．

59-2 表

| 使用電圧の区分 | 種　　　類 | 荷　　　重 |
|---|---|---|
| 低圧 | 全て | 風圧荷重 |
| 高圧又は特別高圧 | 複合鉄筋コンクリート柱 | 風圧荷重及び垂直荷重 |
| | その他のもの | 風圧荷重 |

　二　設計荷重及び柱の全長に応じ，根入れ深さを 59-3 表に規定する値以上
　　として施設すること．

59-3 表

| 設計荷重 | 全　　　長 | 根入れ深さ |
|---|---|---|
| 6.87 kN 以下 | 15 m 以下 | 全長の 1/6 |
| | 15 m を超え 16 m 以下 | 2.5 m |
| | 16 m を超え 20 m 以下 | 2.8 m |
| 6.87 kN を超え 9.81 kN 以下 | 14 m 以上 15 m 以下 | 全長の 1/6 に 0.3 m を加えた値 |
| | 15 m を超え 20 m 以下 | 2.8 m |
| 9.81 kN を超え 14.72 kN 以下 | 14 m 以上 15 m 以下 | 全長の 1/6 に 0.5 m を加えた値 |
| | 15 m を超え 18 m 以下 | 3 m |
| | 18 m を超え 20 m 以下 | 3.2 m |

　三　水田その他地盤が軟弱な箇所においては，設計荷重は 6.87 kN 以下，全

長は 16 m 以下とし，特に堅ろうな根かせを施すこと．

3 架空電線路の支持物として使用する A 種鉄柱は，次の各号に適合するものであること．

一 鋼板組立柱又は鋼管柱であること．

二 架空電線路の使用電圧に応じ，59-4 表に規定する荷重に耐える強度を有すること．

59-4 表

| 架空電線路の使用電圧 | 荷　　重 |
| --- | --- |
| 低圧 | 風圧荷重 |
| 高圧又は特別高圧 | 風圧荷重及び垂直荷重 |

三 設計荷重は 6.87 kN 以下とし，柱の全長に応じ根入れ深さを 59-5 表に規定する値以上として施設すること．

59-5 表

| 全長 | 根入れ深さ |
| --- | --- |
| 15 m 以下 | 全長の 1/6 |
| 15 m を超え 16 m 以下 | 2.5 m |

四 水田その他地盤が軟弱な箇所においては，特に堅ろうな根かせを施すこと．

4 架空電線路の支持物として使用する，B 種鉄筋コンクリート柱，B 種鉄柱及び鉄塔は，架空電線路の使用電圧及び支持物の種類に応じ，59-6 表に規定する荷重に耐える強度を有するものであること．

59-6 表

| 使用電圧の区分 | 種　　類 | 荷　　重 |
| --- | --- | --- |
| 低圧 | 全て | 風圧荷重 |
| 高圧 | 全て | 常時想定荷重 |
| 特別高圧 | 鉄筋コンクリート柱又は鉄柱 | 常時想定荷重 |
| | 鉄塔 | 常時想定荷重の 1 倍及び異常時想定荷重の 2/3 倍（腕金類については 1 倍）の荷重 |

5 着雪厚さの大きい地域において特別高圧架空電線路の支持物として使用する鉄塔であって，次の各号のいずれかに該当するものは，異常着雪時想定荷

重の2/3倍の荷重に耐える強度を有するものであること．ただし，当該地点の地形等から着雪時の風向が限定され，電線路がこの風向とほぼ並行する場合，及び当該鉄塔が標高800〜1,000m以上の箇所に施設される場合はこの限りでない．

一　河川法（昭和39年法律第167号）に基づく一級河川及び二級河川の河川区域を横断して施設する特別高圧架空電線路であって，次の図に示す横断径間長が600mを超えるものの，当該横断部の支持物として使用する鉄塔（以下この項において「横断鉄塔」という．）

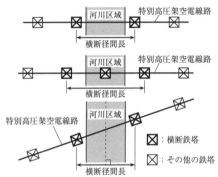

電線路が河川区域と直交しない場合は，直角投影長とする．

二　前号の箇所と地形及び気象条件が類似する，開けた谷その他の地形的に風が通り抜けやすい箇所を横断して施設する特別高圧架空電線路における横断鉄塔

三　第一号の鉄塔の両側それぞれ2基までの鉄塔．ただし，次の図に示す条件に該当する場合は，当該地点の地形の状況を考慮した上，当該鉄塔の異常着雪時想定荷重の計算における着雪量を低減することができる．

四 着雪量の評価に関する最新の知見に基づいて作成された着雪マップにおいて，想定着雪厚さが 35 mm 以上とされている地域に施設する特別高圧架空電線路であって，鉄塔両側の電線の標高差により，着雪量が著しく不均等となるおそれがある箇所に施設する鉄塔．

6 架空電線路の支持物として使用する木柱，鉄筋コンクリート柱又は鉄柱において，支線を用いてその強度を分担させる場合は，当該木柱，鉄筋コンクリート柱又は鉄柱は，支線を用いない場合において，この解釈において耐えることと規定された風圧荷重の 1/2 以上の風圧荷重に耐える強度を有するものであること．

7 架空電線路の支持物として使用する鉄塔は，支線を用いてその強度を分担させないこと．

**【架空電線路の支持物の基礎の強度等】**（省令第 32 条第 1 項）

**第 60 条** 架空電線路の支持物の基礎の安全率は，この解釈において当該支持物が耐えることと規定された荷重が加わった状態において，2（鉄塔における異常時想定荷重又は異常着雪時想定荷重ついては，1.33）以上であること．ただし，次の各号のいずれかのものの基礎においては，この限りでない．

一 木柱であって，次により施設するもの

イ 全長が 15 m 以下の場合は，根入れを全長の 1/6 以上とすること．

ロ 全長が 15 m を超える場合は，根入れを 2.5 m 以上とすること．

ハ 水田その他地盤が軟弱な箇所では，特に堅ろうな根かせを施すこと．

二 A 種鉄筋コンクリート柱

三 A 種鉄柱

2 前項における基礎の重量の取扱いは，日本電気技術規格委員会規格 JESC E 2001（1998）「支持物の基礎自重の取り扱い」の「2. 技術的規定」によること．

**【支線の施設方法及び支柱による代用】**（省令第 6 条，第 20 条，第 25 条第 2 項）

**第 61 条** 架空電線路の支持物において，この解釈の規定により施設する支線は，次の各号によること．

一 支線の引張強さは，10.7 kN（第 62 条（及び第 70 条第 3 項）の規定により施設する支線にあっては，6.46 kN）以上であること．

二 支線の安全率は，2.5（第 62 条（及び第 70 条第 3 項）の規定により施設する支線にあっては，1.5）以上であること．

三 支線により線を使用する場合は次によること．

　　イ　素線を 3 条以上より合わせたものであること．

　　ロ　素線は，直径が 2 mm 以上，かつ，引張強さが 0.69 kN/mm² 以上の金属線であること．

　四　支線を木柱に施設する場合を除き，地中の部分及び地表上 30 cm までの地際部分には耐食性のあるもの又は亜鉛めっきを施した鉄棒を使用し，これを容易に腐食し難い根かせに堅ろうに取り付けること．

　五　支線の根かせは，支線の引張荷重に十分耐えるように施設すること．

2　道路を横断して施設する支線の高さは，路面上 5 m 以上とすること．ただし，技術上やむを得ない場合で，かつ，交通に支障を及ぼすおそれがないときは 4.5 m 以上，歩行の用にのみ供する部分においては 2.5 m 以上とすることができる．

3　低圧又は高圧の架空電線路の支持物に施設する支線であって，電線と接触するおそれがあるものには，その上部にがいしを挿入すること．ただし，低圧架空電線路の支持物に施設する支線を水田その他の湿地以外の場所に施設する場合は，この限りでない．

4　架空電線路の支持物に施設する支線は，これと同等以上の効力のある支柱で代えることができる．

**【架空電線路の支持物における支線の施設】**（省令第 32 条第 1 項）

　**第 62 条**　高圧又は特別高圧の架空電線路の支持物として使用する木柱，A 種鉄筋コンクリート柱又は A 種鉄柱には，次の各号により支線を施設すること．

　一　電線路の水平角度が 5 度以下の箇所に施設される柱であって，当該柱の両側の径間の差が大きい場合は，その径間の差により生じる不平均張力による水平力に耐える支線を，電線路に平行な方向の両側に設けること．

　二　電線路の水平角度が 5 度を超える箇所に施設される柱は，全架渉線につき各架渉線の想定最大張力により生じる水平横分力に耐える支線を設けること．

　三　電線路の全架渉線を引き留める箇所に使用される柱は，全架渉線につき各架渉線の想定最大張力に等しい不平均張力による水平力に耐える支線を，電線路の方向に設けること．

**【架空電線路の径間の制限】**（省令第 6 条，第 32 条第 1 項）

　**第 63 条**　高圧又は特別高圧の架空電線路の径間は，63-1 表によること．

63-1 表

| 支持物の種類 | 使用電圧の区分 | 径 間 | |
|---|---|---|---|
| | | 長径間工事以外の箇所 | 長径間工事箇所 |
| 木柱，A 種鉄筋コンクリート柱又は A 種鉄柱 | — | 150 m 以下 | 300 m 以下 |
| B 種鉄筋コンクリート柱又は B 種鉄柱 | — | 250 m 以下 | 500 m 以下 |
| 鉄塔 | 170,000 V 未満 | 600 m 以下 | 制限無し |
| | 170,000 V 以上 | 800 m 以下 | |

2　高圧架空電線路の径間が 100 m を超える場合は，その部分の電線路は，次の各号によること．

一　高圧架空電線は，引張強さ 8.01 kN 以上のもの又は直径 5 mm 以上の硬銅線であること．

二　木柱の風圧荷重に対する安全率は，2.0 以上であること．

3　長径間工事は，次の各号によること．

一　高圧架空電線は，引張強さ 8.71 kN 以上のもの又は断面積 22 mm² 以上の硬銅より線であること．

二　特別高圧架空電線は，引張強さ 21.67 kN 以上のより線又は断面積 55 mm² 以上の硬銅より線であること．

三　長径間工事箇所の支持物に木柱，鉄筋コンクリート柱又は鉄柱を使用する場合は，次によること．

イ　木柱，A 種鉄筋コンクリート柱又は A 種鉄柱を使用する場合は，全架渉線につき各架渉線の想定最大張力の 1/3 に等しい不平均張力による水平力に耐える支線を，電線路に平行な方向の両側に設けること．

ロ　B 種鉄筋コンクリート柱又は B 種鉄柱を使用する場合は，次のいずれかによること．

（イ）　耐張型の柱を使用すること．

（ロ）　イの規定に適合する支線を施設すること．

ハ　土地の状況により，イ又はロの規定により難い場合は，長径間工事箇所から 1 径間又は 2 径間離れた場所に施設する支持物が，それぞれイ又はロの規定に適合するものであること．

四　長径間工事箇所の支持物に鉄塔を使用する場合は，次によること．

イ　長径間工事区間（長径間工事箇所が連続する場合はその連続する区間

をいい，長径間工事箇所の間に長径間工事以外の箇所が1径間のみ存在する場合は，当該箇所及びその前後の長径間工事箇所は連続した1の長径間工事区間とみなす．以下この号において同じ．）の両端の鉄塔は，耐張型であること．

ロ　土地の状況によりイの規定により難い場合は，長径間工事区間から長径間工事区間の外側に1径間又は2径間離れた場所に施設する鉄塔が，耐張型であること．

## 第3節　低圧及び高圧の架空電線路

**【適用範囲】**（省令第1条）

**第64条**　本節において規定する低圧架空電線路には，次の各号に掲げるものを含まないものとする．

一　低圧架空引込線

二　低圧連接引込線の架空部分

三　低圧屋側電線路に隣接する1径間の架空電線路

四　屋内に施設する低圧電線路に隣接する1径間の架空電線路

2　本節において規定する低圧架空電線には，第1項各号に掲げるものの電線を含まないものとする．

3　本節において規定する高圧架空電線路には，次の各号に掲げるものを含まないものとする．

一　高圧架空引込線

二　高圧屋側電線路に隣接する1径間の架空電線路

三　屋内に施設する高圧電線路に隣接する1径間の架空電線路

4　本節において規定する高圧架空電線には，第3項各号に掲げるものの電線を含まないものとする．

**【低高圧架空電線路に使用する電線】**（省令第21条第1項）

**第65条**　低圧架空電線路又は高圧架空電線路に使用する電線は，次の各号によること．

一　電線の種類は，使用電圧に応じ65-1表に規定するものであること．ただし，次のいずれかに該当する場合は，裸電線を使用することができる．（関連省令第5条第1項）

イ　低圧架空電線を，B種接地工事の施された中性線又は接地側電線として施設する場合

ロ 高圧架空電線を，海峡横断箇所，河川横断箇所，山岳地の傾斜が急な
箇所又は谷越え箇所であって，人が容易に立ち入るおそれがない場所に
施設する場合

65-1 表

| 使用電圧の区分 | | 電 線 の 種 類 |
|---|---|---|
| 低圧 | 300 V 以下 | 絶縁電線，多心型電線又はケーブル |
| | 300 V 超過 | 絶縁電線（引込用ビニル絶縁電線及び引込用ポリエチレン絶縁電線を除く.）又はケーブル |
| 高圧 | | 高圧絶縁電線，特別高圧絶縁電線又はケーブル |

二 電線の太さ又は引張強さは，ケーブルである場合を除き，65-2 表に規定
する値以上であること.（関連省令第 6 条）

65-2 表

| 使用電圧の区分 | 施設場所の区分 | 電線の種類 | | 電線の太さ又は引張強さ |
|---|---|---|---|---|
| 300 V 以下 | 全て | 絶縁電線 | 硬銅線 | 直径 2.6 mm |
| | | | その他 | 引張強さ 2.3 kN |
| | | 絶縁電線以外 | 硬銅線 | 直径 3.2 mm |
| | | | その他 | 引張強さ 3.44 kN |
| 300 V 超過 | 市街地 | 硬銅線 | | 直径 5 mm |
| | | その他 | | 引張強さ 8.01 kN |
| | 市街地外 | 硬銅線 | | 直径 4 mm |
| | | その他 | | 引張強さ 5.26 kN |

三 多心型電線を使用する場合において，その絶縁物で被覆していない導体
は，B 種接地工事の施された中性線若しくは接地側電線，又は D 種接地工
事の施されたちょう架用線として使用すること.（関連省令第 5 条第 1 項）

2 第 67 条第一号ホの規定により施設する場合に使用する，半導電性外装ち
ょう架用高圧ケーブルは，次の各号に適合する性能を有するものであるこ
と.（関連省令第 5 条第 2 項）

一 構造は，絶縁物で被覆した上を金属以外の外装で保護した電気導体であ
って，室温において測定した外装の体積固有抵抗が 10,000 Ω-cm 以下で
あること.

二 完成品は，次に適合するものであること.

イ　65-3表の左欄に掲げるケーブルの種類に応じて，それぞれ同表の右欄に掲げる試験方法で 17,000 V の交流電圧を連続して 10 分間加えたとき，これに耐える性能を有すること．

65-3表

| ケーブルの種類 | 試　験　方　法 |
|---|---|
| 単心のもの | 導体と大地との間に試験電圧を加える． |
| 多心のもの | 導体相互間及び導体と大地との間に試験電圧を加える． |

ロ　イの試験の後において，導体と大地との間に100 V の直流電圧を 1 分間加えた後に測定した絶縁体の絶縁抵抗が，第 5 条第 1 項第四号ロに規定する高圧の絶縁抵抗値以上であること．

3　前項に規定する性能を満足する半導電性外装ちょう架用高圧ケーブルの規格は，次の各号のとおりとする．（関連省令第 5 条第 2 項，第 6 条）

一　導体は，次のいずれかであること．

イ　別表第 1 に規定する軟銅線又はこれを素線としたより線（絶縁体に天然ゴム混合物，ブチルゴム混合物又はエチレンプロピレンゴム混合物を使用するものにあっては，すず若しくは鉛又はこれらの合金のめっきを施したものに限る．）

ロ　別表第 2 に規定するアルミ線若しくはこれを素線としたより線又はアルミ成形単線（引張強さが 59 N/mm$^2$ 以上 98 N/mm$^2$ 未満，伸びが 20%以上，導電率が 61% 以上のものに限る．）

二　絶縁体は，次に適合するものであること．

イ　材料は，ポリエチレン混合物，ブチルゴム混合物又はエチレンプロピレンゴム混合物であって，電気用品の技術上の基準を定める省令の解釈別表第一附表第十四に規定する試験を行ったとき，これに適合するものであること．

ロ　厚さは，別表第 5 に規定する値（導体に接する部分に半導電層を施す場合は，その厚さを減じた値）以上であること．

三　外装は，次に適合するものであること．

イ　材料は，ビニル混合物又はポリエチレン混合物であって，電気用品の技術上の基準を定める省令の解釈別表第一附表第十四に規定する試験を行ったとき，これに適合するものであること．

ロ　厚さは，別表第 8 に規定する値以上であること．

　ハ　室温において測定した体積固有抵抗値が 10,000 Ω-cm 以下であること.

四　完成品は，次に適合するものであること.

　イ　65-3 表の左欄に掲げるケーブルの種類に応じ，それぞれ同表の右欄に
　　掲げる試験方法で 17,000 V の交流電圧を連続して 10 分間加えたとき，
　　これに耐える性能を有すること.

　ロ　イの試験の直後において，導体と大地との間に 100 V の直流電圧を 1
　　分間加えた後に測定した絶縁体の絶縁抵抗が，別表第 7 に規定する値以
　　上であること.

## 【低高圧架空電線の引張強さに対する安全率】（省令第 6 条）

**第 66 条**　高圧架空電線は，ケーブルである場合を除き，次の各号に規定する
荷重が加わる場合における引張強さに対する安全率が，66-1 表に規定する値
以上となるような弛度により施設すること.

一　荷重は，電線を施設する地方の平均温度及び最低温度において計算する
こと.

二　荷重は，次に掲げるものの合成荷重であること.

　イ　電線の重量

　ロ　次により計算した風圧荷重

　　（イ）　電線路に直角な方向に加わるものとすること.

　　（ロ）　平均温度において計算する場合は高温季の風圧荷重とし，最低温
　　　　度において計算する場合は低温季の風圧荷重とすること.

　ハ　乙種風圧荷重を適用する場合にあっては，被氷荷重

66-1 表

| 電線の種類 | 安　全　率 |
|---|---|
| 硬銅線又は耐熱銅合金線 | 2.2 |
| その他 | 2.5 |

2　低圧架空電線が次の各号のいずれかに該当する場合は，前項の規定に準じ
て施設すること.

一　使用電圧が 300 V を超える場合

二　多心型電線である場合

## 【低高圧架空電線路の架空ケーブルによる施設】（省令第 6 条，第 21 条第 1 項）

**第 67 条**　低圧架空電線又は高圧架空電線にケーブルを使用する場合は，次の
各号によること.

一　次のいずれかの方法により施設すること.

　　イ　ケーブルをハンガーによりちょう架用線に支持する方法

　　ロ　ケーブルをちょう架用線に接触させ，その上に容易に腐食し難い金属テープ等を 20 cm 以下の間隔でらせん状に巻き付ける方法

　　ハ　ちょう架用線をケーブルの外装に堅ろうに取り付けて施設する方法

　　ニ　ちょう架用線とケーブルをより合わせて施設する方法

　　ホ　高圧架空電線において，ケーブルに半導電性外装ちょう架用高圧ケーブルを使用し，ケーブルを金属製のちょう架用線に接触させ，その上に容易に腐食し難い金属テープ等を 6 cm 以下の間隔でらせん状に巻き付ける方法

二　高圧架空電線を前号イの方法により施設する場合は，ハンガーの間隔は 50 cm 以下であること.

三　ちょう架用線は，引張強さ 5.93 kN 以上のもの又は断面積 22 mm$^2$ 以上の亜鉛めっき鉄より線であること.

四　ちょう架用線及びケーブルの被覆に使用する金属体には，D 種接地工事を施すこと. ただし，低圧架空電線にケーブルを使用する場合において，ちょう架用線に絶縁電線又はこれと同等以上の絶縁効力のあるものを使用するときは，ちょう架用線に D 種接地工事を施さないことができる. (関連省令第 10 条，第 11 条)

五　高圧架空電線のちょう架用線は，次に規定する荷重が加わる場合における引張強さに対する安全率が，67-1 表に規定する値以上となるような弛度により施設すること.

　　イ　荷重は，電線を施設する地方の平均温度及び最低温度において計算すること.

　　ロ　荷重は，次に掲げるものの合成荷重であること.

　　（イ）　ちょう架用線及びケーブルの重量

　　（ロ）　次により計算した風圧荷重

　　　　（1）　ちょう架用線及びケーブルには，電線路に直角な方向に風圧が加わるものとすること.

　　　　（2）　平均温度において計算する場合は高温季の風圧荷重とし，最低温度において計算する場合は低温季の風圧荷重とすること.

　　（ハ）　乙種風圧荷重を適用する場合にあっては，被氷荷重

67-1 表

| ちょう架用線の種類 | 安全率 |
|---|---|
| 硬銅線又は耐熱銅合金線 | 2.2 |
| その他 | 2.5 |

**【低高圧架空電線の高さ】**（省令第 25 条第 1 項）

　**第 68 条**　低圧架空電線又は高圧架空電線の高さは, 68-1 表に規定する値以上であること.

68-1 表

| 区　　　　　分 | | 高　さ |
|---|---|---|
| 道路（車両の往来がまれであるもの及び歩行の用にのみ供される部分を除く.）を横断する場合 | | 路面上 6 m |
| 鉄道又は軌道を横断する場合 | | レール面上 5.5 m |
| 低圧架空電線を横断歩道橋の上に施設する場合 | | 横断歩道橋の路面上 3 m |
| 高圧架空電線を横断歩道橋の上に施設する場合 | | 横断歩道橋の路面上 3.5 m |
| 上記以外 | 屋外照明用であって, 絶縁電線又はケーブルを使用した対地電圧 150 V 以下のものを交通に支障のないように施設する場合 | 地表上 4 m |
| | 低圧架空電線を道路以外の場所に施設する場合 | 地表上 4 m |
| | その他の場合 | 地表上 5 m |

　2　低圧架空電線又は高圧架空電線を水面上に施設する場合は, 電線の水面上の高さを船舶の航行等に危険を及ぼさないように保持すること.

　3　高圧架空電線を氷雪の多い地方に施設する場合は, 電線の積雪上の高さを人又は車両の通行等に危険を及ぼさないように保持すること.

**【高圧架空電線路の架空地線】**（省令第 6 条）

　**第 69 条**　高圧架空電線路に使用する架空地線には, 引張強さ 5.26 kN 以上のもの又は直径 4 mm 以上の裸硬銅線を使用するとともに, これを第 66 条第 1 項の規定に準じて施設すること.

**【低圧保安工事, 高圧保安工事及び連鎖倒壊防止】**（省令第 6 条, 第 32 条第 1 項, 第 2 項）

　**第 70 条**　低圧架空電線路の電線の断線, 支持物の倒壊等による危険を防止するため必要な場合に行う, 低圧保安工事は, 次の各号によること.

　一　電線は, 次のいずれかによること.

　　イ　ケーブルを使用し, 第 67 条の規定により施設すること.

　ロ　引張強さ8.01 kN以上のもの又は直径5 mm以上の硬銅線（使用電圧
　　が300 V以下の場合は、引張強さ5.26 kN以上のもの又は直径4 mm以
　　上の硬銅線）を使用し、第66条第1項の規定に準じて施設すること.
　二　木柱は、次によること.
　　イ　風圧荷重に対する安全率は、2.0以上であること.
　　ロ　木柱の太さは、末口で直径12 cm以上であること.
　三　径間は、70-1表によること.

70-1表

| 支持物の種類 | 径　　間 | | |
|---|---|---|---|
| | 第63条第3項に規定する、高圧架空電線路における長径間工事に準じて施設する場合 | 電線に引張強さ8.71 kN以上のもの又は断面積22 mm²以上の硬銅より線を使用する場合 | その他の場合 |
| 木柱，A種鉄筋コンクリート柱又はA種鉄柱 | 300 m以下 | 150 m以下 | 100 m以下 |
| B種鉄筋コンクリート柱又はB種鉄柱 | 500 m以下 | 250 m以下 | 150 m以下 |
| 鉄塔 | 制限無し | 600 m以下 | 400 m以下 |

2　高圧架空電線路の電線の断線、支持物の倒壊等による危険を防止するため
　必要な場合に行う、高圧保安工事は、次の各号によること.
　一　電線はケーブルである場合を除き、引張強さ8.01 kN以上のもの又は直
　　径5 mm以上の硬銅線であること.
　二　木柱の風圧荷重に対する安全率は、2.0以上であること.
　三　径間は、70-2表によること. ただし、電線に引張強さ14.51 kN以上の
　　もの又は断面積38 mm²以上の硬銅より線を使用する場合であって、支持
　　物にB種鉄筋コンクリート柱、B種鉄柱又は鉄塔を使用するときは、この
　　限りでない.

70-2表

| 支持物の種類 | 径間 |
|---|---|
| 木柱，A種鉄筋コンクリート柱又はA種鉄柱 | 100 m以下 |
| B種鉄筋コンクリート柱又はB種鉄柱 | 150 m以下 |
| 鉄塔 | 400 m以下 |

3 低圧又は高圧架空電線路の支持物で直線路が連続している箇所において，連鎖的に倒壊するおそれがある場合は，必要に応じ，16 基以下ごとに，支線を電線路に平行な方向にその両側に設け，また，5 基以下ごとに支線を電線路と直角の方向にその両側に設けること．ただし，技術上困難であるときは，この限りでない．

**【低高圧架空電線と建造物との接近】**（省令第 29 条）

**第 71 条** 低圧架空電線又は高圧架空電線が，建造物と接近状態に施設される場合は，次の各号によること．

一 高圧架空電線路は，高圧保安工事により施設すること．

二 低圧架空電線又は高圧架空電線と建造物の造営材との離隔距離は，71-1 表に規定する値以上であること．

71-1 表

| 架空電線の種類 | 区 分 | 離隔距離 |
|---|---|---|
| ケーブル | 上部造営材の上方 | 1 m |
| | その他 | 0.4 m |
| 高圧絶縁電線又は特別高圧絶縁電線を使用する，低圧架空電線 | 上部造営材の上方 | 1 m |
| | その他 | 0.4 m |
| その他 | 上部造営材の上方 | 2 m |
| | 人が建造物の外へ手を伸ばす又は身を乗り出すことなどができない部分 | 0.8 m |
| | その他 | 1.2 m |

2 低圧架空電線又は高圧架空電線が，建造物の下方に接近して施設される場合は，低圧架空電線又は高圧架空電線と建造物との離隔距離は，71-2 表に規定する値以上とするとともに，危険のおそれがないように施設すること．

71-2 表

| 使用電圧の区分 | 電線の種類 | 離隔距離 |
|---|---|---|
| 低圧 | 高圧絶縁電線，特別高圧絶縁電線又はケーブル | 0.3 m |
| | その他 | 0.6 m |
| 高圧 | ケーブル | 0.4 m |
| | その他 | 0.8 m |

3 低圧架空電線又は高圧架空電線が，建造物に施設される簡易な突き出し看板その他の人が上部に乗るおそれがない造営材と接近する場合において，次の

各号のいずれかに該当するときは，低圧架空電線又は高圧架空電線と当該造営材との離隔距離は，第 1 項第二号及び第 2 項の規定によらないことができる.

一　絶縁電線を使用する低圧架空電線において，当該造営材との離隔距離が 0.4 m 以上である場合

二　電線に絶縁電線，多心型電線又はケーブルを使用し，当該電線を低圧防護具により防護した低圧架空電線を，当該造営材に接触しないように施設する場合

三　電線に高圧絶縁電線，特別高圧絶縁電線又はケーブルを使用し，当該電線を高圧防護具により防護した高圧架空電線を，当該造営材に接触しないように施設する場合

**【低高圧架空電線と道路等との接近又は交差】**（省令第 29 条）

　**第 72 条**　低圧架空電線又は高圧架空電線が，道路（車両及び人の往来がまれであるものを除く. 以下この条において同じ.），横断歩道橋，鉄道又は軌道（以下この条において「道路等」という.）と接近状態に施設される場合は，次の各号によること.

一　高圧架空電線路は，高圧保安工事により施設すること.

二　低圧架空電線又は高圧架空電線と道路等との離隔距離（道路若しくは横断歩道橋の路面上又は鉄道若しくは軌道のレール面上の離隔距離を除く.）は，次のいずれかによること.

　イ　水平離隔距離を，低圧架空電線にあっては 1 m 以上，高圧架空電線にあっては 1.2 m 以上とすること.

　ロ　離隔距離を 3 m 以上とすること.

2　高圧架空電線が，道路等の上に交差して施設される場合は，高圧架空電線路を高圧保安工事により施設すること.

3　低圧架空電線又は高圧架空電線が，道路等の下方に接近又は交差して施設される場合における，低圧架空電線又は高圧架空電線と道路等との離隔距離は，第 78 条第 1 項の規定に準じること.

**【低高圧架空電線と索道との接近又は交差】**（省令第 29 条）

　**第 73 条**　低圧架空電線又は高圧架空電線が，索道と接近状態に施設される場合は，次の各号によること.

一　高圧架空電線路は，高圧保安工事により施設すること.

二　低圧架空電線又は高圧架空電線と索道との離隔距離は，73-1 表に規定する値以上であること.

73-1表

| 使用電圧の区分 | 電線の種類 | 離隔距離 |
|---|---|---|
| 低圧 | 高圧絶縁電線，特別高圧絶縁電線又はケーブル | 0.3 m |
| | その他 | 0.6 m |
| 高圧 | ケーブル | 0.4 m |
| | その他 | 0.8 m |

2　低圧架空電線又は高圧架空電線が，索道の下方に接近して施設される場合は，次の各号のいずれかによること．

一　架空電線と索道との水平距離を，索道の支柱の地表上の高さに相当する距離以上とすること．

二　架空電線と索道との水平距離が，低圧架空電線にあっては2m以上，高圧架空電線にあっては2.5m以上であり，かつ，索道の支柱が倒壊した際に索道が架空電線に接触するおそれがない範囲に架空電線を施設すること．

三　架空電線と索道との水平距離が3m未満である場合において，次に適合する堅ろうな防護装置を，架空電線の上方に施設すること．

イ　防護装置と架空電線との離隔距離は，0.6m（電線がケーブルである場合は，0.3m）以上であること．

ロ　金属製部分には，D種接地工事を施すこと．

3　低圧架空電線又は高圧架空電線が，索道と交差する場合は，低圧架空電線又は高圧架空電線を索道の上に，第1項各号の規定に準じて施設すること．ただし，前項第三号の規定に準じて施設する場合は，低圧架空電線又は高圧架空電線を索道の下に施設することができる．

**【低高圧架空電線と他の低高圧架空電線との接近又は交差】**（省令第28条）

**第74条**　低圧架空電線又は高圧架空電線が，他の低圧架空電線路又は高圧架空電線路と接近又は交差する場合における，相互の離隔距離は，74-1表に規定する値以上であること．

74-1表

| 架空電線の種類 | 他の低圧架空電線 | | 他の高圧架空電線 | | 他の低圧架空電線路又は高圧架空電線路の支持物 |
|---|---|---|---|---|---|
| | 高圧絶縁電線，特別高圧絶縁電線又はケーブル | その他 | ケーブル | その他 | |

| 低圧架空電線 | 高圧絶縁電線，特別高圧絶縁電線又はケーブル | 0.3 m | | 0.4 m | 0.8 m | 0.3 m |
|---|---|---|---|---|---|---|
| | その他 | 0.3 m | 0.6 m | | | |
| 高圧架空電線 | ケーブル | 0.4 m | | 0.4 m | | 0.3 m |
| | その他 | 0.8 m | | 0.4 m | 0.8 m | 0.6 m |

2　高圧架空電線が低圧架空電線と接近状態に施設される場合は，高圧架空電線を，高圧保安工事により施設すること．ただし，低圧架空電線が，第24条第1項の規定により電路の一部に接地工事を施したものである場合は，この限りでない．

3　高圧架空電線が低圧架空電線の下方に接近して施設される場合は，高圧架空電線と低圧架空電線との水平距離は，低圧架空電線路の支持物の地表上の高さに相当する距離以上であること．ただし，技術上やむを得ない場合において，次の各号のいずれかに該当するときはこの限りでない．

一　高圧架空電線と低圧架空電線との水平距離が2.5 m以上であり，かつ，低圧架空電線路の電線の切断，支持物の倒壊等の際に，低圧架空電線が高圧架空電線に接触するおそれがない範囲に高圧架空電線を施設する場合

二　次のいずれかに該当する場合において，低圧架空電線路を低圧保安工事（電線に係る部分を除く．）により施設するとき

イ　低圧架空電線と高圧架空電線との水平距離が2.5 m以上である場合

ロ　低圧架空電線と高圧架空電線との水平距離が1.2 m以上，かつ，垂直距離が水平距離の1.5倍以下である場合

三　低圧架空電線路を低圧保安工事により施設する場合

四　低圧架空電線が，第24条第1項の規定により電路の一部に接地工事を施したものである場合

4　高圧架空電線と低圧架空電線とが交差する場合は，高圧架空電線を低圧架空電線の上に，第2項の規定に準じて施設すること．ただし，技術上やむを得ない場合において，前項第三号又は第四号の規定に該当する場合は，高圧架空電線を低圧架空電線の下に施設することができる．

5　高圧架空電線が他の高圧架空電線と接近又は交差する場合は，上方又は側方に施設する高圧架空電線路を，高圧保安工事により施設すること．

**【低高圧架空電線と電車線等又は電車線等の支持物との接近又は交差】**（省令第28条）

**第75条**　低圧架空電線又は高圧架空電線が，低圧若しくは高圧の電車線等又は電車線等の支持物と接近又は交差する場合における，相互の離隔距離は，75-1表に規定する値以上であること．

75-1 表

| 架空電線の種類 | | 低圧の電車線等 | 高圧の電車線等 | 低圧又は高圧の電車線等の支持物 |
|---|---|---|---|---|
| 低圧架空電線 | 高圧絶縁電線，特別高圧絶縁電線又はケーブル | 0.3 m | 1.2 m | 0.3 m |
| | その他 | 0.6 m | | |
| 高圧架空電線 | ケーブル | 0.4 m | 0.4 m | 0.3 m |
| | その他 | 0.8 m | 0.8 m | 0.6 m |

2　低圧架空電線が，高圧の電車線等と接近状態に施設される場合は，第74条第3項の規定に準じること．

3　低圧架空電線が，高圧の電車線等の上に交差して施設される場合は，低圧架空電線路を低圧保安工事により施設すること．ただし，低圧架空電線が，第24条第1項の規定により電路の一部に接地工事を施したものである場合は，この限りでない．

4　高圧架空電線が，低圧若しくは高圧の電車線等と接近状態に施設される場合又は低圧若しくは高圧の電車線等の上に交差して施設される場合は，高圧架空電線路を高圧保安工事により施設すること．

5　低圧架空電線又は高圧架空電線が，特別高圧の電車線等と接近する場合は，低圧架空電線又は高圧架空電線を電車線等の側方又は下方に，次の各号のいずれかに適合するように施設すること．

　一　架空電線と電車線等との水平距離を，電車線等の支持物の地表上の高さに相当する距離以上とすること．

　二　架空電線と電車線等との水平距離を3m以上とするとともに，次のいずれかによること．

　　イ　電車線等の支持物が，鉄筋コンクリート柱又は鉄柱であり，かつ，支持物の径間が60m以下であること．

　　ロ　架空電線を，電車線等の支持物の倒壊等の際に，電車線等が架空電線

に接触するおそれがない範囲に施設すること．

三　次により施設すること．

　イ　電車線等の支持物は，次によること．(関連省令第32条第1項)

　　(イ)　鉄筋コンクリート柱又は鉄柱であり，かつ，径間は60 m以下であること．

　　(ロ)　次のいずれかによること．

　　　(1)　架空電線と接近する側の反対側に支線を設けること．

　　　(2)　基礎の安全率が2以上であるとともに，常時想定荷重に1.96 kNの水平横荷重を加算した荷重に耐えるものであること．

　　　(3)　門形構造のものであること．

　ロ　電車線等と架空電線との離隔距離は，次のいずれかによること．

　　(イ)　水平離隔距離を2 m以上とすること．

　　(ロ)　架空電線の上方に保護網を第100条第9項の規定に準じて施設する場合は，離隔距離を2 m以上とすること．

6　次の各号により施設する場合は，前項の規定によらず，低圧架空電線又は高圧架空電線を，特別高圧の電車線等の上方に接近して施設することができる．

一　架空電線と電車線等との水平距離は，3 m以上とすること．

二　次のいずれかにより施設すること．

　イ　架空電線の切断，架空電線路の支持物の倒壊等の際に，架空電線が電車線等と接触するおそれがないように施設すること．

　ロ　次により施設すること．

　　(イ)　低圧架空電線路は，次によること．(関連省令第6条)

　　　(1)　低圧保安工事により施設すること．ただし，電線は，ケーブル又は引張強さ8.01 kN以上のもの若しくは直径5 mm以上の硬銅線であること．

　　　(2)　電線がケーブルである場合は，第67条第五号の規定に準じること．

　　(ロ)　高圧架空電線路は，高圧保安工事により施設すること．

　　(ハ)　架空電線路の支持物は，次のいずれかによること．(関連省令第32条第1項)

　　　(1)　電車線等と接近する反対側に支線を設けること．

　　　(2)　B種鉄筋コンクリート柱又はB種鉄柱であって，常時想定荷重

　　　　　に 1.96 kN の水平横荷重を加算した荷重に耐えるものであること．
　　　（3）　鉄塔であること．

7　低圧架空電線又は高圧架空電線が，特別高圧の電車線等の上に交差して施
　設される場合は，次の各号により施設すること．

　一　低圧架空電線路又は高圧架空電線路の電線，腕金類，支持物，支線又は
　　支柱と電車線等との離隔距離は，2 m 以上であること．

　二　低圧架空電線路又は高圧架空電線路の支持物は，次によること．（関連
　　省令第 32 条第 1 項）

　　イ　次のいずれかによること．

　　（イ）　次の図に示す方向に支線を設けること．

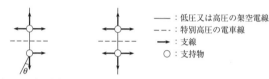

　　　　：低圧又は高圧の架空電線
　- - -：特別高圧の電車線
　→：支線
　○：支持物

　(1)　$\theta \geqq 10$ 度のとき　　(2)　(1) 以外の場合

　　（ロ）　B 種鉄筋コンクリート柱又は B 種鉄柱であって，常時想定荷重に
　　　　1.96 kN の水平横荷重を加算した荷重に耐えるものであること．

　　（ハ）　鉄塔であること．

　　ロ　木柱である場合は，風圧荷重に対する安全率は，2 以上であること．

　　ハ　径間は，木柱，A 種鉄筋コンクリート柱又は A 種鉄柱を使用する場合
　　は 60 m 以下，B 種鉄筋コンクリート柱又は B 種鉄柱を使用する場合は
　　120 m 以下であること．

　三　低圧架空電線路は，電線にケーブルを使用し，次に適合するちょう架用
　　線でちょう架して施設すること．（関連省令第 6 条）

　　イ　引張強さが 19.61 kN 以上のもの又は断面積 38 mm² 以上の亜鉛めっ
　　き鋼より線であって，電車線等と交差する部分を含む径間において接続
　　点のないものであること．

　　ロ　第 67 条第五号の規定に準じるとともに，電車線等と交差する部分の
　　両側の支持物に堅ろうに引き留めて施設すること．

　四　高圧架空電線路は，次により施設すること．

　　イ　次のいずれかによること．（関連省令第 6 条）

　　（イ）　電線にケーブルを使用し，第三号の規定に準じて施設すること．

（ロ）　電線に，引張強さが 14.51 kN 以上のもの又は断面積 38 mm² 以上の硬銅より線を使用するとともに，次により施設すること．

（1）　電線は，電車線等と交差する部分を含む径間において接続点のないものであること．

（2）　高圧架空電線相互の間隔は，0.65 m 以上であること．

（3）　支持物は，耐張がいし装置を有するものであること．

ロ　腕金類には，堅ろうな金属製のものを使用し，これに D 種接地工事を施すこと．（関連省令第 10 条，第 11 条）

**【低高圧架空電線と架空弱電流電線路等との接近又は交差】**（省令第 28 条）

**第 76 条**　低圧架空電線又は高圧架空電線が，架空弱電流電線路等と接近又は交差する場合における，相互の離隔距離は，76-1 表に規定する値以上であること．

76-1 表

| 架空電線の種類 | | 架空弱電流電線等 | | 架空弱電流電線路等の支持物 |
|---|---|---|---|---|
| | | 架空弱電流電線路等の管理者の承諾を得た場合において，架空弱電流電線等が絶縁電線と同等以上の絶縁効力のあるもの又は通信用ケーブルであるとき | その他の場合 | |
| 低圧架空電線 | 高圧絶縁電線，特別高圧絶縁電線又はケーブル | 0.15 m | 0.3 m | 0.3 m |
| | その他 | 0.3 m | 0.6 m | |
| 高圧架空電線 | ケーブル | 0.4 m | | 0.3 m |
| | その他 | 0.8 m | | 0.6 m |

2　高圧架空電線が，架空弱電流電線等と接近状態に施設される場合は，高圧架空電線路を高圧保安工事により施設すること．ただし，高圧架空電線が電力保安通信線（高圧又は特別高圧の架空電線路の支持物に施設するものに限る．）又はこれに直接接続する通信線と接近する場合は，この限りでない．

3　低圧架空電線又は高圧架空電線が，架空弱電流電線等の下方に接近する場合は，低圧架空電線又は高圧架空電線と架空弱電流電線等との水平距離は，架空弱電流電線路等の支持物の地表上の高さに相当する距離以上であること．ただし，技術上やむを得ない場合において，次の各号のいずれかに該当するときは，この限りでない．

一 架空電線が，低圧架空電線である場合

二 架空弱電流電線路等が，高圧架空電線路の支持物に係る第59条，第60条及び第62条の規定に準じるとともに，危険のおそれがないように施設されたものである場合

三 高圧架空電線と架空弱電流電線等との水平距離が2.5 m以上であり，かつ，架空弱電流電線路等の支持物の倒壊等の際に，架空弱電流電線等が高圧架空電線に接触するおそれがない範囲に高圧架空電線を施設する場合

4 低圧架空電線又は高圧架空電線と架空弱電流電線等とが交差して施設される場合は，低圧架空電線又は高圧架空電線を架空弱電流電線等の上に施設するとともに，高圧架空電線にあっては第2項の規定に準じて施設すること．ただし，技術上やむを得ない場合において，前項第一号又は第二号に該当するときは，低圧架空電線又は高圧架空電線を架空弱電流電線等の下に施設することができる．

**【低高圧架空電線とアンテナとの接近又は交差】**（省令第29条）

**第77条** 低圧架空電線又は高圧架空電線が，アンテナと接近状態に施設される場合は，次の各号によること．

一 高圧架空電線路は，高圧保安工事により施設すること．

二 架空電線とアンテナとの離隔距離（架渉線により施設するアンテナにあっては，水平離隔距離）は，77-1表に規定する値以上であること．

77-1表

| 架空電線の種類 | | 離隔距離 |
|---|---|---|
| 低圧架空電線 | 高圧絶縁電線，特別高圧絶縁電線又はケーブル | 0.3 m |
| | その他 | 0.6 m |
| 高圧架空電線 | ケーブル | 0.4 m |
| | その他 | 0.8 m |

2 低圧架空電線又は高圧架空電線が，アンテナの下方に接近する場合は，低圧架空電線又は高圧架空電線とアンテナとの水平距離は，アンテナの支柱の地表上の高さに相当する距離以上であること．ただし，技術上やむを得ない場合において，次の各号により施設する場合はこの限りでない．

一 前項の規定に準じるとともに，危険のおそれがないように施設すること．

二 架空電線が高圧架空電線である場合は，次のいずれかによること．

イ　アンテナが架渉線により施設するものである場合は，当該アンテナを，高圧架空電線路の支持物に係る第 59 条，第 60 条及び第 62 条の規定に準じて施設すること．

ロ　高圧架空電線とアンテナとの水平距離が 2.5 m 以上であり，かつ，アンテナの支柱の倒壊等の際に，アンテナが高圧架空電線に接触するおそれがない範囲に高圧架空電線を施設すること．

3　低圧架空電線又は高圧架空電線が，架渉線により施設するアンテナと交差する場合は，低圧架空電線又は高圧架空電線をアンテナの上に，第 1 項の規定（第二号における「水平離隔距離」は「離隔距離」と読み替えるものとする．）に準じて施設すること．ただし，技術上やむを得ない場合において，前項各号の規定に準じて施設する（同項第二号ロにおける「水平距離」は「離隔距離」と読み替えるものとする．）場合は，低圧架空電線又は高圧架空電線をアンテナの下に施設することができる．

**【低高圧架空電線と他の工作物との接近又は交差】**（省令第 29 条）

**第 78 条**　低圧架空電線又は高圧架空電線が，建造物，道路（車両及び人の往来がまれであるものを除く．），横断歩道橋，鉄道，軌道，索道，他の低圧架空電線路又は高圧架空電線路，電車線等，架空弱電流電線路等，アンテナ及び特別高圧架空電線以外の工作物（以下この条において「他の工作物」という．）と接近して施設される場合，又は他の工作物の上に交差して施設される場合における，低圧架空電線又は高圧架空電線と他の工作物との離隔距離は，78-1 表に規定する値以上であること．

78-1 表

| 区　　分 | | 架空電線の種類 | 離隔距離 |
|---|---|---|---|
| 造営物の上部造営材の上方 | 低圧架空電線 | 高圧絶縁電線，特別高圧絶縁電線又はケーブル | 1 m |
| | | その他 | 2 m |
| | 高圧架空電線 | ケーブル | 1 m |
| | | その他 | 2 m |
| その他 | 低圧架空電線 | 高圧絶縁電線，特別高圧絶縁電線又はケーブル | 0.3 m |
| | | その他 | 0.6 m |
| | 高圧架空電線 | ケーブル | 0.4 m |
| | | その他 | 0.8 m |

2　高圧架空電線が，他の工作物と接近状態に施設される場合，又は他の工作物の上に交差して施設される場合において，高圧架空電線路の電線の切断，支持物の倒壊等の際に，高圧架空電線が他の工作物と接触することにより人に危険を及ぼすおそれがあるときは，高圧架空電線路を高圧保安工事により施設すること．

3　低圧架空電線又は高圧架空電線が，他の工作物の下方に接近して施設される場合は，危険のおそれがないように施設すること．

4　次の各号のいずれかによる場合は，第 1 項の規定によらないことができる．

一　絶縁電線を使用する低圧架空電線を，他の工作物に施設される簡易な突出し看板その他の人が上部に乗るおそれがない部分と 0.3 m 以上離して施設する場合

二　電線に絶縁電線，多心型電線又はケーブルを使用し，当該電線を低圧防護具により防護した低圧架空電線を，造営物に施設される簡易な突出し看板その他の人が上部に乗るおそれがない造営材又は造営物以外の工作物に接触しないように施設する場合

三　電線に高圧絶縁電線，特別高圧絶縁電線又はケーブルを使用し，当該電線を高圧防護具により防護した高圧架空電線を，造営物に施設される簡易な突出し看板その他の人が上部に乗るおそれがない造営材又は造営物以外の工作物に接触しないように施設する場合

**【低高圧架空電線と植物との接近】**（省令第 5 条第 1 項，第 29 条）

**第 79 条**　低圧架空電線又は高圧架空電線は，平時吹いている風等により，植物に接触しないように施設すること．ただし，次の各号のいずれかによる場合は，この限りでない．

一　低圧架空電線又は高圧架空電線を，次に適合する防護具に収めて施設すること．

イ　構造は，絶縁耐力及び耐摩耗性を有する摩耗検知層の上部に摩耗層を施した構造で，外部から電線に接触するおそれがないように電線を覆うことができること．

ロ　完成品は，摩耗検知層が露出した状態で，次に適合するものであること．

（イ）　低圧架空電線に使用するものは，充電部分に接する内面と充電部分に接しない外面との間に，1,500 V の交流電圧を連続して 1 分間

加えたとき，これに耐える性能を有すること．

（ロ）　高圧架空電線に使用するものは，乾燥した状態において 15,000 V の交流電圧を，また，日本産業規格 JIS C 0920 (2003)「電気機械器具の外郭による保護等級 (IP コード)」に規定する「14.2.3　オシレーティングチューブ又は散水ノズルによる第二特性数字 3 に対する試験」の試験方法により散水した直後の状態において 10,000 V の交流電圧を，充電部分に接する内面と充電部分に接しない外面との間に連続して 1 分間加えたとき，それぞれに耐える性能を有すること．

（ハ）　日本産業規格 JIS C 3005 (2000)「ゴム・プラスチック絶縁電線試験方法」の「4.29　摩耗」の規定により，おもりの重さを 24.5 N，回転数を 500 回転として摩耗試験を行ったとき，防護具に穴が開かないこと．

二　低圧架空電線又は高圧架空電線が，次に適合するものであること．

イ　構造は，絶縁電線の上部に絶縁耐力及び耐摩耗性を有する摩耗検知層を施し，更にその上部に摩耗層を施した構造で，絶縁電線を一様な厚さに被覆したものであること．

ロ　完成品は，摩耗検知層が露出した状態で，次に適合するものであること．

（イ）　清水中に 1 時間浸した後，導体と大地との間に 79-1 表に規定する交流電圧を連続して 1 分間加えたとき，これに耐える性能を有すること．

79-1 表

| 電線の種類 | | 交流電圧 |
|---|---|---|
| 低圧 | 導体の断面積が 300 mm² 以下のもの | 4,500 V |
| | 導体の断面積が 300 mm² を超えるもの | 5,000 V |
| 高圧 | | 27,000 V |

（ロ）　日本産業規格 JIS C 3005 (2000)「ゴム・プラスチック絶縁電線試験方法」の「4.29　摩耗」の規定により，おもりの重さを 24.5 N，回転数を 500 回転として摩耗試験を行ったとき，絶縁電線が露出しないこと．

三　高圧の架空電線にケーブルを使用し，かつ，民間規格評価機関として日本電気技術規格委員会が承認した規格である「耐摩耗性能を有する「ケー

ブル用防護具」の構造及び試験方法」の「適用」の欄に規定する要件に適合する防護具に収めて施設すること.

**【低高圧架空電線等の併架】**（省令第 28 条）

**第 80 条** 低圧架空電線と高圧架空電線とを同一支持物に施設する場合は，次の各号のいずれかによること.

一 次により施設すること.

　イ 低圧架空電線を高圧架空電線の下に施設すること.

　ロ 低圧架空電線と高圧架空電線は，別個の腕金類に施設すること.

　ハ 低圧架空電線と高圧架空電線との離隔距離は，0.5 m 以上であること. ただし，かど柱，分岐柱等で混触のおそれがないように施設する場合は，この限りでない.

二 高圧架空電線にケーブルを使用するとともに，高圧架空電線と低圧架空電線との離隔距離を 0.3 m 以上とすること.

2 低圧架空引込線を分岐するため低圧架空電線を高圧用の腕金類に堅ろうに施設する場合は，前項の規定によらないことができる.

3 低圧架空電線又は高圧架空電線と特別高圧の電車線等とを同一支持物に施設する場合は，次の各号によること.

一 架空電線を，支持物の電車線等を支持する側の反対側に施設する場合は，次によること.

　イ 架空電線は，第 107 条第 1 項第二号及び第三号の規定に準じて施設すること.

　ロ 架空電線と電車線等との水平距離は，1 m 以上であること.

　ハ 架空電線を電車線等の上に施設する場合は，架空電線と電車線等との垂直距離は，水平距離の 1.5 倍以下であること.

二 架空電線を，支持物の電車線等を支持する側に施設する場合は，次によること.

　イ 架空電線と電車線等との水平距離は，3 m 以上であること. ただし，構内等で支持物の両側に電車線等を施設する場合は，この限りでない.

　ロ 架空電線路の径間は，60 m 以下であること.

　ハ 架空電線は，引張強さ 8.71 kN 以上のもの又は断面積 22 mm$^2$ 以上の硬銅より線であること. ただし，低圧架空電線を電車線等の下に施設するときは，低圧架空電線に引張強さ 8.01 kN 以上のもの又は直径 5 mm 以上の硬銅線（低圧架空電線路の径間が 30 m 以下の場合は，引張強さ

5.26 kN 以上のもの又は直径 4 mm 以上の硬銅線）を使用することができる．（関連省令第 6 条）

　ニ　低圧架空電線は，第 66 条第 1 項の規定に準じて施設すること．（関連省令第 6 条）

## 【低高圧架空電線と架空弱電流電線等との共架】（省令第 28 条）

**第 81 条**　低圧架空電線又は高圧架空電線と架空弱電流電線等とを同一支持物に施設する場合は，次の各号により施設すること．ただし，架空弱電流電線等が電力保安通信線である場合は，この限りでない．

　一　電線路の支持物として使用する木柱の風圧荷重に対する安全率は，2.0 以上であること．（関連省令第 32 条第 1 項）

　二　架空電線を架空弱電流電線等の上とし，別個の腕金類に施設すること．ただし，架空弱電流電線路等の管理者の承諾を得た場合において，低圧架空電線に高圧絶縁電線，特別高圧絶縁電線又はケーブルを使用するときは，この限りでない．

　三　架空電線と架空弱電流電線等との離隔距離は，81-1 表に規定する値以上であること．ただし，架空電線路の管理者と架空弱電流電線路等の管理者が同じ者である場合において，当該架空電線に有線テレビジョン用給電兼用同軸ケーブルを使用するときは，この限りでない．

81-1 表

| 架空電線の種類 | | 架空弱電流電線等の種類 | | | | |
| | | 架空弱電流電線路等の管理者の承諾を得た場合 | | | その他の場合 | |
| | | 添架通信用第 1 種ケーブル，添架通信用第 2 種ケーブル又は光ファイバケーブル | 絶縁電線と同等以上の絶縁効力のあるもの又は通信用ケーブル | その他 | 絶縁電線と同等以上の絶縁効力のあるもの又は通信用ケーブル | その他 |
|---|---|---|---|---|---|---|
| 低圧架空電線 | 高圧絶縁電線，特別高圧絶縁電線又はケーブル | 0.3 m | 0.3 m | 0.6 m | 0.3 m | 0.75 m |
| | 低圧絶縁電線 | | 0.6 m | | 0.75 m | |
| | その他 | 0.6 m | | | | |
| 高圧架空電線 | ケーブル | 0.3 m | 0.5 m | 1 m | 0.5 m | 1.5 m |
| | その他 | 0.6 m | 1 m | | 1.5 m | |

四 架空電線が架空弱電流電線に対して誘導作用により通信上の障害を及ぼすおそれがある場合は，第52条第1項第二号の規定に準じて施設すること．（関連省令第42条第2項）

五 架空電線路の支持物の長さの方向に施設される電線又は弱電流電線等及びその附属物（以下この項において「垂直部分」という．）は，次によること．

　イ 架空電線路の垂直部分と架空弱電流電線路等の垂直部分とを同一支持物に施設する場合は，次のいずれかによること．

　　（イ）架空電線路の垂直部分と架空弱電流電線路等の垂直部分とは支持物を挟んで施設するとともに，地表上4.5m以内においては，架空電線路の垂直部分を道路側に突き出さないように施設すること．

　　（ロ）架空電線路の垂直部分と架空弱電流電線路等の垂直部分との距離を1m以上とすること．

　　（ハ）架空電線路の垂直部分及び架空弱電流電線路等の垂直部分がケーブルである場合において，それらを直接接触するおそれがないように支持物又は腕金類に堅ろうに施設すること．

　ロ 支持物の表面に取り付ける架空電線路の垂直部分であって，架空弱電流電線等の施設者が施設したものの1m上部から最下部までに施設される部分は，低圧にあっては絶縁電線又はケーブル，高圧にあってはケーブルであること．

　ハ 次による場合は，第二号及び第三号の規定によらないことができる．

　　（イ）架空弱電流電線等の管理者の承諾を得ること．

　　（ロ）架空弱電流電線等の垂直部分が，ケーブル又は十分な絶縁耐力を有するものに収めたものであること．

　　（ハ）架空弱電流電線等の垂直部分が，架空電線と直接接触するおそれがないように支持物又は腕金類に堅ろうに施設されたものであること．

六 架空電線路の接地線には，絶縁電線又はケーブルを使用し，かつ，架空電線路の接地線及び接地極と架空弱電流電線路等の接地線及び接地極とは，それぞれ別個に施設すること．（関連省令第11条）

七 架空電線路の支持物は，当該電線路の工事，維持及び運用に支障を及ぼすおそれがないように施設すること．

**【低圧架空電線路の施設の特例】**（省令第6条，第25条第1項，第28条，第29条，第32条第1項）

**第 82 条**　農事用の電灯，電動機等に電気を供給する使用電圧が 300 V 以下の低圧架空電線路を次の各号により施設する場合は，第 65 条第 1 項第二号及び第 68 条第 1 項の規定によらないことができる．

一　次のいずれかに該当するもの以外のものであること．

　イ　建造物の上に施設されるもの

　ロ　道路（歩行の用にのみ供される部分を除く．），鉄道，軌道，索道，他の架空電線，電車線，架空弱電流電線等又はアンテナと交差して施設されるもの

　ハ　ロに掲げるものと低圧架空電線との水平距離が，当該低圧架空電線路の支持物の地表上の高さに相当する距離以下に施設されるもの

二　電線は，引張強さ 1.38 kN 以上の強さのもの又は直径 2 mm 以上の硬銅線であること．

三　電線の地表上の高さは，3.5 m（人が容易に立ち入らない場所に施設する場合は，3 m）以上であること．

四　支持物に木柱を使用する場合は，その太さは，末口で直径 9 cm 以上であること．

五　径間は，30 m 以下であること．

六　他の電線路に接続する箇所の近くに，当該低圧架空電線路専用の開閉器及び過電流遮断器を各極（過電流遮断器にあっては，中性極を除く．）に施設すること．（関連省令第 14 条）

2　1 構内だけに施設する使用電圧が 300 V 以下の低圧架空電線路を次の各号により施設する場合は，第 65 条第 1 項第二号及び第 78 条第 1 項の規定によらないことができる．

一　次のいずれかに該当するもの以外のものであること．

　イ　建造物の上に施設されるもの

　ロ　道路（幅 5 m を超えるものに限る．），横断歩道橋，鉄道，軌道，索道，他の架空電線，電車線，架空弱電流電線等又はアンテナと交差して施設されるもの

　ハ　ロに掲げるものと低圧架空電線との水平距離が，当該低圧架空電線路の支持物の地表上の高さに相当する距離以下に施設されるもの

二　電線は，引張強さ 1.38 kN 以上の絶縁電線又は直径 2 mm 以上の硬銅線の絶縁電線であること．ただし，径間が 10 m 以下の場合に限り，引張強さ 0.62 kN 以上の絶縁電線又は直径 2 mm 以上の軟銅線の絶縁電線を使

用することができる.

三　径間は, 30 m 以下であること.

四　電線と他の工作物との離隔距離は, 82-1 表に規定する値以上であること.

82-1 表

| 区　　分 | 架空電線の種類 | 離隔距離 |
|---|---|---|
| 造営物の上部造営材の上方 | 全て | 1 m |
| その他 | 高圧絶縁電線, 特別高圧絶縁電線又はケーブル | 0.3 m |
|  | その他 | 0.6 m |

3　1 構内だけに施設する使用電圧が 300 V 以下の低圧架空電線路であって, その電線が道路 (幅 5 m を超えるものに限る.), 横断歩道橋, 鉄道又は軌道を横断して施設されるもの以外のものの電線の高さは, 第 68 条第 1 項の規定によらず, 次の各号によることができる.

一　道路を横断する場合は, 4 m 以上であるとともに, 交通に支障のない高さであること.

二　前号以外の場合は, 3 m 以上であること.

## 第 4 節　特別高圧架空電線路

**【適用範囲】**(省令第 1 条)

　**第 83 条**　本節において規定する特別高圧架空電線路には, 次の各号に掲げるものを含まないものとする.

一　特別高圧架空引込線

二　特別高圧屋側電線路に隣接する 1 径間の架空電線路

三　屋内に施設する特別高圧電線路に隣接する 1 径間の架空電線路

2　本節において規定する特別高圧架空電線には, 第 1 項各号に掲げる電線路の電線を含まないものとする.

**【特別高圧架空電線路に使用する電線】**(省令第 6 条)

　**第 84 条**　特別高圧架空電線路に使用する電線は, ケーブルである場合を除き, 引張強さ 8.71 kN 以上のより線又は断面積が 22 mm$^2$ 以上の硬銅より線であること.

**【特別高圧架空電線の引張強さに対する安全率】**(省令第 6 条)

　**第 85 条**　特別高圧架空電線は, 第 66 条第 1 項の規定に準じて施設すること.

**【特別高圧架空電線路の架空ケーブルによる施設】**（省令第 6 条）

　**第 86 条**　特別高圧架空電線にケーブルを使用する場合は，次の各号によること．

　一　次のいずれかの方法により施設すること．

　　イ　ケーブルをハンガーにより 50 cm 以下の間隔でちょう架用線に支持する方法

　　ロ　ケーブルをちょう架用線に接触させ，その上に容易に腐食し難い金属テープ等を 20 cm 以下の間隔を保ってらせん状に巻き付ける方法

　　ハ　ちょう架用線をケーブルの外装に堅ろうに取り付けて施設する方法

　二　ちょう架用線は，引張強さ 13.93 kN 以上のより線又は断面積 22 mm$^2$ 以上の亜鉛めっき鋼より線であること．

　三　ちょう架用線及びケーブルの被覆に使用する金属体には，D 種接地工事を施すこと．（関連省令第 10 条，第 11 条）

　四　ちょう架用線は，第 67 条第五号の規定に準じて施設すること．

**【特別高圧架空電線の高さ】**（省令第 25 条第 1 項）

　**第 87 条**　使用電圧が 35,000 V 以下の特別高圧架空電線の高さは，87-1 表に規定する値以上であること．

87-1 表

| 区分 | 高さ |
|---|---|
| 道路（車両の往来がまれであるもの及び歩行の用にのみ供される部分を除く．）を横断する場合 | 路面上 6 m |
| 鉄道又は軌道を横断する場合 | レール面上 5.5 m |
| 電線に特別高圧絶縁電線又はケーブルを使用する特別高圧架空電線を横断歩道橋の上に施設する場合 | 横断歩道橋の路面上 4 m |
| その他の場合 | 地表上 5 m |

　2　使用電圧が 35,000 V を超える特別高圧架空電線の高さは，87-2 表に規定する値以上であること．

87-2 表

| 使用電圧の区分 | 施設場所の区分 | 高さ |
|---|---|---|
| 35,000 V を超え 160,000 V 以下 | 山地等であって人が容易に立ち入らない場所に施設する場合 | 地表上 5 m |
| | 電線にケーブルを使用するものを横断歩道橋の上に施設する場合 | 横断歩道橋の路面上 5 m |
| | その他の場合 | 地表上 6 m |

| 160,000 V 超過 | 山地等であって人が容易に立ち入らない場所に施設する場合 | 地表上 $(5+c)$ m |
| | その他の場合 | 地表上 $(6+c)$ m |

(備考) $c$ は，使用電圧と 160,000 V の差を 10,000 V で除した値（小数点以下を切り上げる．）に 0.12 を乗じたもの

3 特別高圧架空電線を水面上に施設する場合は，電線の水面上の高さを船舶の航行等に危険を及ぼさないように保持すること．

4 特別高圧架空電線を氷雪の多い地方に施設する場合は，電線の積雪上の高さを人又は車両の通行等に危険を及ぼさないように保持すること．

**【特別高圧架空電線路の市街地等における施設制限】**（省令第 40 条，第 48 条第 1 項）

**第 88 条** 特別高圧架空電線路は，次の各号のいずれかに該当する場合を除き，市街地その他人家の密集する地域に施設しないこと．

一 使用電圧が 170,000 V 未満の特別高圧架空電線路において，電線にケーブルを使用する場合

二 使用電圧が 170,000 V 未満の特別高圧架空電線路を，次により施設する場合

イ 電線は，88-1 表に規定するものであること．

88-1 表

| 使用電圧の区分 | 電線 |
| --- | --- |
| 100,000 V 未満 | 引張強さ 21.67 kN 以上のより線又は断面積 55 mm² 以上の硬銅より線 |
| 100,000 V 以上 130,000 V 未満 | 引張強さ 38.05 kN 以上のより線又は断面積 100 mm² 以上の硬銅より線 |
| 130,000 V 以上 170,000 V 未満 | 引張強さ 58.84 kN 以上のより線又は断面積 150 mm² 以上の硬銅より線 |

ロ 電線の地表上の高さは，88-2 表に規定する値以上であること．ただし，発電所又は変電所若しくはこれに準ずる場所の構内と構外とを結ぶ 1 径間の架空電線にあっては，この限りでない．（関連省令第 20 条）

88-2 表

| 使用電圧の区分 | 電線の種類 | 高 さ |
| --- | --- | --- |
| 35,000 V 以下 | 特別高圧絶縁電線 | 8 m |

|  | その他 | 10 m |
|---|---|---|
| 35,000 V 超過 | 全て | (10+$c$) m |

（備考）　$c$は，使用電圧と 35,000 V の差を 10,000 V で除した値（小数点以下を切り上げる．）に 0.12 を乗じたもの

ハ　支持物は，鉄柱（鋼板組立柱を除く．），鉄筋コンクリート柱又は鉄塔であること．（関連省令第 32 条第 1 項）

ニ　支持物には，危険である旨の表示を見やすい箇所に設けること．ただし，使用電圧が 35,000 V 以下の特別高圧架空電線路の電線に特別高圧絶縁電線を使用する場合は，この限りでない．（関連省令第 20 条）

ホ　径間は，88-3 表に規定する値以下であること．

88-3 表

| 支持物の種類 | 区　　分 | 径間 |
|---|---|---|
| A 種鉄筋コンクリート柱又は A 種鉄柱 | 全て | 75 m |
| B 種鉄筋コンクリート柱又は B 種鉄柱 | 全て | 150 m |
| 鉄塔 | 電線に断面積 160 mm$^2$ 以上の鋼心アルミより線又はこれと同等以上の引張強さ及び耐アーク性能を有するより線を使用し，かつ，電線が風又は雪による揺動により短絡のおそれのないように施設する場合 | 600 m |
| | 電線が水平に 2 以上ある場合において，電線相互の間隔が 4 m 未満のとき | 250 m |
| | 上記以外の場合 | 400 m |

ヘ　電線を支持するがいし装置は，次のいずれかのものであること．

　（イ）　50％ 衝撃せん絡電圧の値が，当該電線の近接する他の部分を支持するがいし装置の値の 110％（使用電圧が 130,000 V を超える場合は，105％）以上のもの

　（ロ）　アークホーンを取り付けた懸垂がいし，長幹がいし又はラインポストがいしを使用するもの

　（ハ）　2 連以上の懸垂がいし又は長幹がいしを使用するもの

　（ニ）　2 個以上のラインポストがいしを使用するもの

ト　使用電圧が 100,000 V を超える特別高圧架空電線路には，地絡を生じた場合又は短絡した場合に 1 秒以内に自動的にこれを電路から遮断する

装置を施設すること．（関連省令第 14 条，第 15 条）

　三　使用電圧が 170,000 V 以上の特別高圧架空電線路を，次により施設する場合

　　イ　電線路は，回線数が 2 以上のもの，又は当該電線路の損壊により著しい供給支障を生じないものであること．

　　ロ　電線は，断面積 240 mm² 以上の鋼心アルミより線又はこれと同等以上の引張強さ及び耐アーク性能を有するより線であること．（関連省令第 6 条）

　　ハ　電線には，圧縮接続による場合を除き，径間の途中において接続点を設けないこと．（関連省令第 6 条）

　　ニ　電線の地表上の高さは，その使用電圧と 35,000 V の差を 10,000 V で除した値（小数点以下を切り上げる．）に 0.12 m を乗じたものを 10 m に加えた値以上であること．（関連省令第 20 条）

　　ホ　支持物は，鉄塔であること．（関連省令第 32 条第 1 項）

　　ヘ　支持物には，危険である旨の表示を見やすい箇所に設けること．（関連省令第 20 条）

　　ト　径間は，600 m 以下であること．

　　チ　電線を支持するがいし装置は，アークホーンを取り付けた懸垂がいし又は長幹がいしであること．

　　リ　電線を引留める場合には，圧縮型クランプ又はクサビ型クランプ若しくはこれと同等以上の性能を有するクランプを使用すること．

　　ヌ　懸垂がいし装置により電線を支持する部分にはアーマロッドを取り付けること．

　　ル　電線路には，架空地線を施設すること．（関連省令第 6 条）

　　ヲ　電線路には，地絡が生じた場合又は短絡した場合に，1 秒以内に，かつ，電線がアーク電流により溶断するおそれのないよう，自動的にこれを電路から遮断できる装置を設けること．（関連省令第 14 条，第 15 条）

2　「市街地その他人家の密集する地域」は，特別高圧架空電線路の両側にそれぞれ 50 m，線路方向に 500 m とった，面積が 50,000 m² の長方形の区域 ¦道路（車両及び人の往来がまれであるものを除く．）部分を除く．¦ 内において，次の式により計算した建ぺい率が 25〜30% 以上である地域とする．

$$建ぺい率＝\frac{造営物で覆われている面積(\mathrm{m}^2)}{50,000－道路面積(\mathrm{m}^2)}$$

**【特別高圧架空電線と支持物等との離隔距離】**（省令第20条）

**第89条**　特別高圧架空電線（ケーブルを除く．）とその支持物，腕金類，支柱又は支線との離隔距離は，次の各号のいずれかによること．

一　89-1 表に規定する値以上であること．ただし，技術上やむを得ない場合において，危険のおそれがないように施設するときは，同表に規定する値の 0.8 倍まで減じることができる．

89-1 表

| 使用電圧の区分 | 離隔距離 |
|---|---|
| 15,000 V 未満 | 0.15 m |
| 15,000 V 以上 25,000 V 未満 | 0.2 m |
| 25,000 V 以上 35,000 V 未満 | 0.25 m |
| 35,000 V 以上 50,000 V 未満 | 0.3 m |
| 50,000 V 以上 60,000 V 未満 | 0.35 m |
| 60,000 V 以上 70,000 V 未満 | 0.4 m |
| 70,000 V 以上 80,000 V 未満 | 0.45 m |
| 80,000 V 以上 130,000 V 未満 | 0.65 m |
| 130,000 V 以上 160,000 V 未満 | 0.9 m |
| 160,000 V 以上 200,000 V 未満 | 1.1 m |
| 200,000 V 以上 230,000 V 未満 | 1.3 m |
| 230,000 V 以上 | 1.6 m |

二　日本電気技術規格委員会規格 JESC E 2002（1998）「特別高圧架空電線と支持物等との離隔の決定」の「3. 技術的規定」によること．

**【特別高圧架空電線路の架空地線】**（省令第6条）

**第90条**　特別高圧架空電線路に使用する架空地線は，次の各号によること．

一　架空地線には，引張強さ 8.01 kN 以上の裸線又は直径 5 mm 以上の裸硬銅線を使用するとともに，これを第66条第1項の規定に準じて施設すること．

二　支持点以外の箇所における特別高圧架空電線と架空地線との間隔は，支持点における間隔以上であること．

三　架空地線相互を接続する場合は，接続管その他の器具を使用すること．

**【特別高圧架空電線路のがいし装置等】**（省令第 20 条）

**第 91 条**　特別高圧架空電線を支持するがいし装置は，次の各号の荷重が電線の取り付け点に加わるものとして計算した場合に，安全率が 2.5 以上となる強度を有するように施設すること．

　　一　電線を引き留める場合は，電線の想定最大張力による荷重

　　二　電線をつり下げる場合は，次に掲げるものの合成荷重

　　　　イ　電線及びがいし装置に，電線路に直角の方向に加わる風圧荷重

　　　　ロ　電線及びがいし装置の重量並びに乙種風圧荷重を適用する場合においては，被氷荷重

　　　　ハ　電線路に水平角度がある場合は，水平角度荷重

　　　　ニ　電線路に著しい垂直角度がある場合は，垂直角度荷重

　　三　電線を引き留める場合及び電線をつり下げる場合以外の場合は，次に掲げるものの合成荷重

　　　　イ　電線及びがいし装置に，電線路に直角の方向に加わる風圧荷重

　　　　ロ　電線路に水平角度がある場合は，水平角度荷重

　2　次の各号に掲げるものには，D 種接地工事を施すこと．（関連省令第 10 条，第 11 条）

　　一　特別高圧架空電線を支持するがいし装置を取り付ける腕金類

　　二　特別高圧架空電線路の支持物として使用する木柱にラインポストがいしを直接取り付ける場合は，その取付け金具

**【特別高圧架空電線路における耐張型等の支持物の施設】**（省令第 32 条第 2 項）

**第 92 条**　特別高圧架空電線路の支持物に，木柱，A 種鉄筋コンクリート柱又は A 種鉄柱（以下この条において「木柱等」という．）を連続して 5 基以上使用する場合において，それぞれの柱の施設箇所における電線路の水平角度が 5 度以下であるときは，次の各号によること．

　　一　5 基以下ごとに，支線を電線路と直角の方向にその両側に設けた木柱等を施設すること．ただし，使用電圧が 35,000 V 以下の特別高圧架空電線路にあっては，この限りでない．

　　二　木柱等を連続して 15 基以上使用する場合は，15 基以下ごとに，支線を電線路に平行な方向にその両側に設けた木柱等を施設すること．

　2　前項の規定により支線を設ける木柱等は，第 96 条又は第 101 条第 2 項第二号ロ若しくはハの規定により設けた支線の反対側に，更に支線を設けた木柱等をもって代えることができる．

3　特別高圧架空電線路の支持物に，B種鉄筋コンクリート柱又はB種鉄柱を連続して10基以上使用する部分は，次の各号のいずれかによること.

一　10基以下ごとに，耐張型の鉄筋コンクリート柱又は鉄柱を1基施設すること.

二　5基以下ごとに，補強型の鉄筋コンクリート柱又は鉄柱を1基施設すること.

4　特別高圧架空電線路の支持物に，懸垂がいし装置を使用する鉄塔を連続して使用する部分は，10基以下ごとに，異常時想定荷重の不平均張力を想定最大張力とした懸垂がいし装置を使用する鉄塔を1基施設すること.

**【特別高圧架空電線路の難着雪化対策】**（省令第6条，第32条第1項）

**第93条**　特別高圧架空電線路が，着雪厚さの大きい地域において次の各号のいずれかに該当する場合は，電線の難着雪化対策を施すこと. ただし，支持物の耐雪強化対策を施すことにより，着雪による支持物の倒壊のおそれがないように施設する場合は，この限りでない.

一　第88条第2項に規定する市街地その他人家の密集する地域及びその周辺地域において，建造物と接近状態に施設される場合

二　主要地方道以上の規模の道路，横断歩道橋，鉄道又は軌道と接近状態に施設される場合

三　主要地方道以上の規模の道路，横断歩道橋，鉄道又は軌道の上に交差して施設される場合

2　前項における「主要地方道以上の規模の道路」とは，道路法（昭和27年法律第180号）の規定に基づく，次の各号に掲げるものとする.

一　高速自動車国道

二　一般国道

三　車線の数が2以上の都道府県道

**【特別高圧架空電線路の塩雪害対策】**（省令第5条第1項）

**第94条**　特別高圧架空電線路を，降雪が多く，かつ，塩雪害のおそれがある地域に施設する場合は，がいしへの着雪による絶縁破壊を防止する対策を施すこと.

**【特別高圧保安工事】**（省令第6条，第32条第1項）

**第95条**　第1種特別高圧保安工事は，次の各号によること.

一　電線は，ケーブルである場合を除き，95-1表に規定するものであること.

95-1 表

| 使用電圧の区分 | 電　線 |
|---|---|
| 100,000 V 未満 | 引張強さ 21.67 kN 以上のより線又は断面積 55 mm² 以上の硬銅より線 |
| 100,000 V 以上 130,000 V 未満 | 引張強さ 38.05 kN 以上のより線又は断面積 100 mm² 以上の硬銅より線 |
| 130,000 V 以上 300,000 V 未満 | 引張強さ 58.84 kN 以上のより線又は断面積 150 mm² 以上の硬銅より線 |
| 300,000 V 以上 | 引張強さ 77.47 kN 以上のより線又は断面積 200 mm² 以上の硬銅より線 |

　二　径間の途中において電線を接続する場合は，圧縮接続によること．（関連省令第7条）

　三　支持物は，B種鉄筋コンクリート柱，B種鉄柱又は鉄塔であること．

　四　径間は，95-2 表によること．

95-2 表

| 支持物の種類 | 電線の種類 | 径　間 |
|---|---|---|
| B 種鉄筋コンクリート柱又は B 種鉄柱 | 引張強さ 58.84 kN 以上のより線又は断面積 150 mm² 以上の硬銅より線 | 制限無し |
| | その他 | 150 m 以下 |
| 鉄塔 | 引張強さ 58.84 kN 以上のより線又は断面積 150 mm² 以上の硬銅より線 | 制限無し |
| | その他 | 400 m 以下 |

　五　電線が他の工作物と接近又は交差する場合は，その電線を支持するがいし装置は，次のいずれかのものであること．

　　イ　懸垂がいし又は長幹がいしを使用するものであって，50% 衝撃せん絡電圧の値が，当該電線の近接する他の部分を支持するがいし装置の値の110%（使用電圧が 130,000 V を超える場合は，105%）以上のもの

　　ロ　アークホーンを取り付けた懸垂がいし，長幹がいし又はラインポストがいしを使用するもの

　　ハ　2連以上の懸垂がいし又は長幹がいしを使用するもの

　六　前号の場合において，支持線を使用するときは，その支持線には，本線と同一の強さ及び太さのものを使用し，かつ，本線との接続は，堅ろうにして電気が安全に伝わるようにすること．

七 電線路には，架空地線を施設すること．ただし，使用電圧が 100,000 V
未満の場合において，がいしにアークホーンを取り付けるとき又は電線の
把持部にアーマロッドを取り付けるときは，この限りでない．

八 電線路には，電路に地絡を生じた場合又は短絡した場合に 3 秒（使用電
圧が 100,000 V 以上の場合は，2 秒）以内に自動的に電路を遮断する装置
を設けること．（関連省令第 14 条，第 15 条）

九 電線は，風，雪又はその組合せによる揺動により短絡するおそれがない
ように施設すること．

2 第 2 種特別高圧保安工事は，次の各号によること．

一 支持物に木柱を使用する場合は，当該木柱の風圧荷重に対する安全率
は，2 以上であること．

二 径間は，95-3 表によること．

95-3 表

| 支持物の種類 | 電線の種類 | 径　間 |
|---|---|---|
| 木柱，A 種鉄筋コンクリート柱又は A 種鉄柱 | 全て | 100 m 以下 |
| B 種鉄筋コンクリート柱又は B 種鉄柱 | 引張強さ 38.05 kN 以上のより線又は断面積 100 mm² 以上の硬銅より線 | 制限無し |
| | その他 | 200 m 以下 |
| 鉄塔 | 引張強さ 38.05 kN 以上のより線又は断面積 100 mm² 以上の硬銅より線 | 制限無し |
| | その他 | 400 m 以下 |

三 電線が他の工作物と接近又は交差する場合は，その電線を支持するがい
し装置は，次のいずれかのものであること．

イ 50% 衝撃せん絡電圧の値が，当該電線の近接する他の部分を支持する
がいし装置の値の 110%（使用電圧が 130,000 V を超える場合は，
105%）以上のもの

ロ アークホーンを取り付けた懸垂がいし，長幹がいし又はラインポスト
がいしを使用するもの

ハ 2 連以上の懸垂がいし又は長幹がいしを使用するもの

ニ 2 個以上のラインポストがいしを使用するもの

四 前号の場合において，支持線を使用するときは，その支持線には，本線
と同一の強さ及び太さのものを使用し，かつ，本線との接続は，堅ろうに

して電気が安全に伝わるようにすること.

　五　電線は,風,雪又はその組合せによる揺動により短絡するおそれがない
　　ように施設すること.

3　第 3 種特別高圧保安工事は,次の各号によること.

　一　径間は,95-4 表によること.

95-4 表

| 支持物の種類 | 電線の種類 | 径　間 |
|---|---|---|
| 木柱,A 種鉄筋コンクリート柱又は A 種鉄柱 | 引張強さ 14.51 kN 以上のより線又は断面積 38 mm² 以上の硬銅より線 | 150 m 以下 |
| | その他 | 100 m 以下 |
| B 種鉄筋コンクリート柱又は B 種鉄柱 | 引張強さ 38.05 kN 以上のより線又は断面積 100 mm² 以上の硬銅より線 | 制限無し |
| | 引張強さ 21.67 kN 以上のより線又は断面積 55 mm² 以上の硬銅より線 | 250 m 以下 |
| | その他 | 200 m 以下 |
| 鉄塔 | 引張強さ 38.05 kN 以上のより線又は断面積 100 mm² 以上の硬銅より線 | 制限無し |
| | 引張強さ 21.67 kN 以上のより線又は断面積 55 mm² 以上の硬銅より線 | 600 m 以下 |
| | その他 | 400 m 以下 |

　二　電線は,風,雪又はその組合せによる揺動により短絡するおそれがない
　　ように施設すること.

**【特別高圧架空電線が建造物等と接近又は交差する場合の支線の施設】**(省令第 28
条,第 29 条)

**第 96 条**　特別高圧架空電線が,建造物,道路(車両及び人の往来がまれであ
　るものを除く.以下この条において同じ.),横断歩道橋,鉄道,軌道,索道,架
　空弱電流電線等,低圧若しくは高圧の架空電線又は低圧若しくは高圧の電車
　線(以下この項において「建造物等」という.)と第 2 次接近状態に施設され
　る場合又は使用電圧が 35,000 V を超える特別高圧架空電線が建造物等と第
　1 次接近状態に施設される場合(建造物の上に施設される場合を除く.)は,
　特別高圧架空電線路の支持物(鉄塔を除く.以下この条において同じ.)には,
　建造物等と接近する側の反対側に支線を施設すること.ただし,次の各号の
　いずれかに該当する場合は,この限りでない.(関連省令第 32 条第 1 項)

一　特別高圧架空電線路が，建造物等と接近する側の反対側に 10 度以上の水平角度をなす場合

二　特別高圧架空電線路の支持物が，B 種鉄筋コンクリート柱又は B 種鉄柱であって，常時想定荷重に 1.96 kN の水平横荷重を加算した荷重に耐えるものである場合

三　特別高圧架空電線路が次のいずれかの場合において，支持物が B 種鉄筋コンクリート柱又は B 種鉄柱であって，常時想定荷重の 1.1 倍の荷重に耐えるものであるとき

　　イ　使用電圧が 35,000 V 以下であって，電線が特別高圧絶縁電線であり，かつ，当該特別高圧架空電線路の支持物とこれに隣接する支持物との径間がいずれも 75 m 以下である場合

　　ロ　使用電圧が 100,000 V 未満であって，電線がケーブルである場合

2　特別高圧架空電線が，道路，横断歩道橋，鉄道，軌道，索道，架空弱電流電線等，低圧若しくは高圧の架空電線又は低圧若しくは高圧の電車線と交差して，又は建造物の上に施設される場合は，特別高圧架空電線路の支持物には，次の図に示す方向に支線を施設すること．ただし，前項第二号又は第三号に該当する場合は，この限りでない．（関連省令第 32 条第 1 項）

一　使用電圧が 35,000 V 以下の特別高圧架空電線が，道路，横断歩道橋，低圧若しくは高圧の架空電線，若しくは低圧若しくは高圧の電車線と交差する場合，又は建造物の上に施設される場合

二　第一号以外の場合において，θ≧10 度のとき
　——：特別高圧架空電線
　▨▨：道路，横断歩道橋，鉄道，軌道，索道，架空弱電流電線等，低圧若しくは高圧の架空電線，低圧若しくは高圧の電車線又は建造物

三　第一号及び第二号以外の場合
　○：支持物
　→：支線

【**35,000 V を超える特別高圧架空電線と建造物との接近**】（省令第 29 条，第 48 条第 2 項，第 3 項）

　**第 97 条**　使用電圧が 35,000 V を超える特別高圧架空電線（以下この条において「特別高圧架空電線」という．）が，建造物に接近して施設される場合における，特別高圧架空電線と建造物の造営材との離隔距離は，次の各号によ

ること.

一　使用電圧が 170,000V 以下の特別高圧架空電線と建造物の造営材との離
　　隔距離は,97-1 表に規定する値以下であること.

97-1 表

| 架空電線の種類 | 区　　　　　　分 | 離隔距離 |
|---|---|---|
| ケーブル | 上部造営材の上方 | $(1.2+c)$ m |
| | その他 | $(0.5+c)$ m |
| 特別高圧絶縁電線 | 上部造営材の上方 | $(2.5+c)$ m |
| | 人が建造物の外へ手を伸ばす又は身を乗り出すこ となどができない部分 | $(1+c)$ m |
| | その他 | $(1.5+c)$ m |
| その他 | 全て | $(3+c)$ m |

（備考）　$c$ は,特別高圧架空電線の使用電圧と 35,000 V の差を 10,000 V で除した値
　　　　（小数点以下を切り上げる.）に 0.15 を乗じたもの

二　使用電圧が 170,000 V を超える特別高圧架空電線と建造物の造営材と
　　の離隔距離は,日本電気技術委員会規格 JESC E 2012（2013）「170 kV を
　　超える特別高圧架空電線に関する離隔距離」の「2．技術的規定」による
　　こと.

2　特別高圧架空電線が,建造物と第 1 次接近状態に施設される場合は,特別
　高圧架空電線路を,第 3 種特別高圧保安工事により施設すること.

3　使用電圧が 170,000 V 未満の特別高圧架空電線が,建造物と第 2 次接近状
　態に施設される場合は,次の各号によること.

一　建造物は,次に掲げるものでないこと.

　イ　第 175 条第 1 項第一号又は第二号に規定する場所を含むもの

　ロ　第 176 条第 1 項に規定する場所を含むもの

　ハ　第 177 条第 1 項又は第 2 項に規定する場所を含むもの

　ニ　第 178 条第 1 項に規定する火薬庫

二　建造物の屋根等の,上空から見て大きな面積を占める主要な造営材であ
　　って,特別高圧架空電線と第 2 次接近状態にある部分は,次に適合するも
　　のであること.

　イ　不燃性又は自消性のある難燃性の建築材料により造られたものである
　　　こと.

　ロ　金属製の部分に,D 種接地工事が施されたものであること.

　三　特別高圧架空電線路は，第1種特別高圧保安工事により施設すること．
　四　次のいずれかにより施設すること．
　　イ　特別高圧架空電線にアーマロッドを取り付け，かつ，がいしにアーク
　　　ホーンを取り付けること．
　　ロ　特別高圧架空電線路に架空地線を施設し，かつ，特別高圧架空電線に
　　　アーマロッドを取り付けること．
　　ハ　特別高圧架空電線路に架空地線を施設し，かつ，がいしにアークホー
　　　ンを取り付けること．
　　ニ　がいしにアークホーンを取り付け，かつ，圧縮型クランプ又はクサビ
　　　型クランプを使用して電線を引き留めること．
　4　使用電圧が170,000 V以上の特別高圧架空電線と建造物との水平距離の
　　計測において，当該建造物側の計測基準点は，当該建造物のうち特別高圧架
　　空電線との水平距離が最も近い部分とすること．ただし，当該建造物の一部
　　に外壁面から張り出した簡易な構造の物件が存在する場合であって，当該物
　　件からの火災により架空電線路の損壊等のおそれがないときは，当該物件を
　　計測基準点とすることを要しない．
　5　特別高圧架空電線が建造物の下方に接近する場合は，相互の水平離隔距離
　　は3 m以上であること．ただし，特別高圧架空電線にケーブルを使用し，そ
　　の使用電圧が100,000 V未満である場合は，この限りでない．

【**35,000 Vを超える特別高圧架空電線と道路等との接近又は交差**】（省令第29
条，第48条第3項）

**第98条**　使用電圧が35,000 Vを超える特別高圧架空電線（以下この条にお
　　いて「特別高圧架空電線」という．）が，道路（車両及び人の往来がまれであ
　　るものを除く．以下この条において同じ．），横断歩道橋，鉄道又は軌道（以
　　下この条において「道路等」という．）と第1次接近状態に施設される場合
　　は，次の各号によること．
　一　特別高圧架空電線路は，第3種特別高圧保安工事により施設すること．
　二　特別高圧架空電線と道路等との離隔距離（路面上又はレール面上の離隔
　　　距離を除く．以下この条において同じ．）は，98-1表に規定する値以上で
　　　あること．ただし，使用電圧が170,000 Vを超える場合は，日本電気技術
　　　規格委員会規格 JESC E 2012 (2013)「170 kVを超える特別高圧架空電線
　　　に関する離隔距離」の「2.　技術的規定」によること．

98-1 表

| 使用電圧の区分 | 離隔距離 |
|---|---|
| 35,000 V を超えて 170,000 V 以下 | $(3+c)$ m |

（備考） $c$ は，使用電圧と 35,000 V の差を 10,000 V で除した値（小数点以下を切り上げる．）に 0.15 を乗じたもの

2 特別高圧架空電線が，道路等と第 2 次接近状態に施設される場合は，次の各号によること．

一 特別高圧架空電線路は，第 2 種特別高圧保安工事（特別高圧架空電線が道路と第 2 次接近状態に施設される場合は，がいし装置に係る部分を除く．）により施設すること．

二 特別高圧架空電線と道路等との離隔距離は，前項第二号の規定に準じること．ただし，ケーブルを使用する使用電圧が 100,000 V 未満の特別高圧架空電線と道路等との水平離隔距離が 2 m 以上である場合は，この限りでない．

三 特別高圧架空電線のうち，道路等との水平距離が 3 m 未満に施設される部分の長さは，連続して 100 m 以下であり，かつ，1 径間内における当該部分の長さの合計は，100 m 以下であること．ただし，使用電圧が 600,000 V 未満の特別高圧架空電線路を第 1 種特別高圧保安工事により施設する場合は，この限りでない．

3 特別高圧架空電線が，道路等の下方に接近して施設される場合は，次の各号によること．

一 特別高圧架空電線と道路等との離隔距離は，前条第 1 項の規定に準じること．

二 特別高圧架空電線と道路等との水平離隔距離は，3 m 以上であること．ただし，特別高圧架空電線にケーブルを使用し，その使用電圧が 100,000 V 未満である場合は，この限りでない．

4 特別高圧架空電線が，道路等の上に交差して施設される場合は，次の各号によること．

一 特別高圧架空電線路は，第 2 種特別高圧保安工事により施設すること．ただし，次のいずれかに該当する場合は，がいし装置に係る第 2 種特別高圧保安工事を施さないことができる．

イ 特別高圧架空電線が道路と交差する場合

　ロ　特別高圧架空電線と道路等との間に次により保護網を施設する場合

　　（イ）　保護網は，A 種接地工事を施した金属製の網状装置とし，堅ろう
　　　　に支持すること．（関連省令第 10 条，第 11 条）

　　（ロ）　保護網を構成する金属線は，その外周及び特別高圧架空電線の直
　　　　下に施設する金属線には，引張強さ 8.01 kN 以上のもの又は直径 5
　　　　mm 以上の硬銅線を使用し，その他の部分に施設する金属線には，
　　　　引張強さ 5.26 kN 以上のもの又は直径 4 mm 以上の硬銅線を使用
　　　　すること．（関連省令第 6 条）

　　（ハ）　保護網を構成する金属線相互の間隔は，縦横各 1.5 m 以下である
　　　　こと．

　　（ニ）　保護網が特別高圧架空電線の外部に張り出す幅は，特別高圧架空
　　　　電線と保護網との垂直距離の 1/2 以上であること．ただし，6 m を
　　　　超えることを要しない．

　二　特別高圧架空電線のうち，道路等との水平距離が 3 m 未満に施設される
　　部分の長さは，100 m 以下であること．ただし，使用電圧が 600,000 V 未
　　満の特別高圧架空電線路を第 1 種特別高圧保安工事により施設する場合
　　は，この限りでない．

**【35,000 V を超える特別高圧架空電線と索道との接近又は交差】**（省令第 29 条，
第 48 条第 3 項）

　**第 99 条**　使用電圧が 35,000 V を超える特別高圧架空電線（以下この条にお
　　いて「特別高圧架空電線」という．）が，索道と接近又は交差して施設される
　　場合における，特別高圧架空電線と索道との離隔距離は，99-1 表に規定する
　　値以上であること．ただし，使用電圧が 170,000 V を超える場合は，日本電
　　気技術規格委員会規格 JESC E 2012 (2013)「170 kV を超える特別高圧架空
　　電線に関する離隔距離」の「2．技術的規定」によること．

99-1 表

| 使用電圧の区分 | 電線の種類 | 離隔距離 |
|---|---|---|
| 35,000 V を超え 60,000 V 以下 | ケーブル | 1 m |
| | その他 | 2 m |
| 60,000 V を超え 170,000 V 以下 | ケーブル | $(1+c)$ m |
| | その他 | $(2+c)$ m |

（備考）　$c$ は，使用電圧と 60,000 V の差を 10,000 V で除した値（小数点以下を切り
　　　　上げる．）に 0.12 を乗じたもの

2　特別高圧架空電線が，索道と第 1 次接近状態に施設される場合は，特別高圧架空電線路を第 3 種特別高圧保安工事により施設すること．

3　特別高圧架空電線が，索道と第 2 次接近状態に施設される場合は，次の各号によること．

　一　特別高圧架空電線路は，第 2 種特別高圧保安工事により施設すること．

　二　特別高圧架空電線のうち，索道との水平距離が 3 m 未満に施設される部分の長さは，連続して 50 m 以下であり，かつ，1 径間内における当該部分の長さの合計は，50 m 以下であること．ただし，特別高圧架空電線路を第 1 種特別高圧保安工事により施設する場合は，この限りでない．

4　特別高圧架空電線が，索道の下方に接近して施設される場合は，次の各号のいずれかによること．

　一　特別高圧架空電線と索道との水平距離を，索道の支柱の地表上の高さに相当する距離以上とすること．

　二　特別高圧架空電線と索道との水平距離が 3 m 以上であり，かつ，索道の支柱の倒壊等の際に，索道が特別高圧架空電線と接触するおそれがない範囲に特別高圧架空電線を施設すること．

　三　次により施設すること．

　　イ　特別高圧架空電線と索道との水平距離が，3 m 以上であること．

　　ロ　特別高圧架空電線がケーブルである場合を除き，特別高圧架空電線の上方に堅ろうな防護装置を設け，かつ，その金属製部分に D 種接地工事を施すこと．

5　特別高圧架空電線が，索道の上に交差して施設される場合は，次の各号によること．

　一　特別高圧架空電線路は，第 2 種特別高圧保安工事により施設すること．ただし，特別高圧架空電線と索道との間に前条第 4 項第一号ロの規定に準じて保護網を施設する場合は，がいし装置に係る第 2 種特別高圧保安工事を施さないことができる．

　二　特別高圧架空電線のうち，索道との水平距離が 3 m 未満に施設される部分の長さは，50 m 以下であること．ただし，特別高圧架空電線路を第 1 種特別高圧保安工事により施設する場合は，この限りでない．

6　特別高圧架空電線が索道の下に交差して施設される場合は，第 4 項第三号ロの規定に準じるとともに，危険のおそれがないように施設すること．

**【35,000 V を超える特別高圧架空電線と低高圧架空電線等若しくは電車線等又は これらの支持物との接近又は交差】**（省令第 28 条，第 48 条第 3 項）

**第 100 条**　使用電圧が 35,000 V を超える特別高圧架空電線（以下この条におい て「特別高圧架空電線」という．）が，低圧若しくは高圧の架空電線又は架 空弱電流電線等（以下この条において「低高圧架空電線等」という．）と接近 又は交差して施設される場合における，特別高圧架空電線と低高圧架空電線 等又はこれらの支持物との離隔距離は，100-1 表に規定する値以上であるこ と．ただし，使用電圧が 170,000 V を超える場合は，日本電気技術規格委員 会規格 JESC E 2012（2013）「170 kV を超える特別高圧架空電線に関する離 隔距離」の「2.　技術的規定」によること．

100-1 表

| 特別高圧架空電線の使用電圧の区分 | 特別高圧架空電線がケーブルであり，かつ，低圧又は高圧の架空電線が絶縁電線又はケーブルである場合 | その他の場合 |
|---|---|---|
| 35,000 V を超え 60,000 V 以下 | 1 m | 2 m |
| 60,000 V を超え 170,000 V 以下 | $(1+c)$ m | $(2+c)$ m |

（備考）　$c$ は，特別高圧架空電線の使用電圧と 60,000 V の差を 10,000 V で除した値 （小数点以下を切り上げる．）に 0.12 を乗じたもの

2　特別高圧架空電線が，低高圧架空電線等と第 1 次接近状態に施設される場 合は，特別高圧架空電線路を第 3 種特別高圧保安工事により施設すること．

3　特別高圧架空電線が，低高圧架空電線等と第 2 次接近状態に施設される場 合は，次の各号によること．

一　特別高圧架空電線路は，第 2 種特別高圧保安工事により施設すること．

二　特別高圧架空電線と低高圧架空電線等との水平離隔距離は，2 m 以上で あること．ただし，次のいずれかに該当する場合は，この限りでない．

　イ　低高圧架空電線等が，引張強さ 8.01 kN 以上のもの又は直径 5 mm 以 上の硬銅線若しくはケーブルである場合（関連省令第 6 条）

　ロ　架空弱電流電線等を引張強さ 3.70 kN 以上のものでちょう架して施 設する場合，又は架空弱電流電線等が径間 15 m 以下の引込線である場 合（関連省令第 6 条）

　ハ　特別高圧架空電線と低高圧架空電線等との垂直距離が 6 m 以上であ

　　　　る場合

　二　低高圧架空電線等の上方に保護網を第9項の規定により施設する場合

　ホ　特別高圧架空電線がケーブルであり，その使用電圧が100,000 V未満
　　　である場合

　三　特別高圧架空電線のうち，低高圧架空電線等との水平距離が3 m未満に
　　施設される部分の長さは，連続して50 m以下であり，かつ，1径間内におけ
　　る当該部分の長さの合計は，50 m以下であること．ただし，特別高圧架空電
　　線路を第1種特別高圧保安工事により施設する場合は，この限りでない．

4　特別高圧架空電線が，低高圧架空電線等の下方に接近して施設される場合
　は，次の各号のいずれかによること．

　一　特別高圧架空電線と低高圧架空電線等との水平距離が，低高圧架空電線
　　等の支持物の地表上の高さに相当する距離より大きいこと．

　二　特別高圧架空電線と低高圧架空電線等との水平距離が3 m以上であり，
　　かつ，低高圧架空電線等の支持物の倒壊等の際に，低圧若しくは高圧の架
　　空電線路又は架空弱電流電線路等が特別高圧架空電線と接触するおそれが
　　ない範囲に特別高圧架空電線を施設すること．

　三　次によること．

　　イ　特別高圧架空電線と低高圧架空電線等との水平距離は，3 m以上であ
　　　ること．

　　ロ　低圧若しくは高圧の架空電線路又は架空弱電流電線路等は，次により
　　　施設すること．ただし，使用電圧が100,000 V未満の特別高圧架空電線
　　　にケーブルを使用する場合は，この限りでない．

　　　（イ）　低高圧架空電線等には，ケーブルを使用する場合を除き，引張強
　　　　　さ8.01 kN以上のもの又は直径5 mm以上の硬銅線を使用すると
　　　　　ともに，第66条第1項の規定に準じて施設すること．（関連省令第
　　　　　6条）

　　　（ロ）　低高圧架空電線等の支持物として使用する木柱の風圧荷重に対す
　　　　　る安全率は，2.0以上であること．（関連省令第32条第1項）

　　　（ハ）　低高圧架空電線等の支持物は，高圧架空電線路の支持物に係る第
　　　　　59条（第1項第一号の風圧荷重に対する安全率を除く．），第60条
　　　　　及び第62条の規定に準じて施設すること．（関連省令第32条第1
　　　　　項）

　　　（ニ）　低圧若しくは高圧の架空電線路又は架空弱電流電線路等の径間

は，支持物に木柱又は，A種鉄筋コンクリート柱若しくはA種鉄柱（架空弱電流電線路等にあっては，これらに準ずるもの）を使用する場合は100m以下，B種鉄筋コンクリート柱又はB種鉄柱（架空弱電流電線路等にあっては，これらに準ずるもの）を使用する場合は150m以下であること．（関連省令第32条第1項）

(ホ)　低圧若しくは高圧の架空電線路又は架空弱電流電線路等には，第96条第1項の規定に準じて支線を施設すること．（関連省令第32条第1項）

5　特別高圧架空電線が，低高圧架空電線等と交差して施設される場合は，特別高圧架空電線を低高圧架空電線等の上に施設するとともに，次の各号によること．

一　特別高圧架空電線路は，第2種特別高圧保安工事により施設すること．ただし，特別高圧架空電線と低高圧架空電線等との間に保護網を第9項の規定により施設する場合は，がいし装置に係る第2種特別高圧保安工事を施さないことができる．

二　特別高圧架空電線の両外線の直下部に，D種接地工事を施した引張強さ8.01kN以上の金属線又は直径5mm以上の硬銅線を低高圧架空電線等と0.6m以上の離隔距離を保持して施設すること．ただし，次のいずれかに該当する場合は，この限りでない．（関連省令第6条）

イ　低高圧架空電線等（垂直に2以上ある場合は，最上部のもの）が引張強さ8.01kN以上のもの若しくは直径5mm以上の硬銅線又はケーブルである場合

ロ　架空弱電流電線等が通信用ケーブル又は光ファイバケーブルである場合

ハ　架空弱電流電線（垂直に2以上ある場合は，最上部のもの）を引張強さ3.70kN以上のものでちょう架して施設する場合，又は架空弱電流電線が径間15m以下の引込線である場合

ニ　特別高圧架空電線と低高圧架空電線等との垂直距離が6m以上である場合

ホ　特別高圧架空電線と低高圧架空電線等との間に保護網を第9項の規定により施設する場合

ヘ　特別高圧架空電線がケーブルであり，その使用電圧が100,000V未満である場合

三 特別高圧架空電線のうち，低高圧架空電線等との水平距離が3m未満に施設される部分の長さは，50m以下であること．ただし，特別高圧架空電線路を第1種特別高圧保安工事により施設する場合は，この限りでない．

6 次の各号のいずれかに該当する場合は，前項の規定によらず，特別高圧架空電線を低高圧架空電線等の下に交差して施設することができる．

一 架空弱電流電線等が，架空地線を利用して施設する光ファイバケーブル又は特別高圧架空ケーブルに複合された光ファイバケーブルである場合

二 特別高圧架空電線がケーブルであり，その使用電圧が100,000V未満である場合

7 低高圧架空電線等が，次の各号のいずれかのものである場合は，第2項，第3項及び第5項の規定によらないことができる．

一 第24条第1項の規定により電路の一部に接地工事を施した低圧架空電線

二 特別高圧架空電線路の支持物において，特別高圧架空電線の上方に施設する低圧の機器器具に接続する低圧架空電線

三 電力保安通信線であって，特別高圧架空電線路の支持物に施設するもの及びこれに直接接続するもの

8 特別高圧架空電線が，低圧又は高圧の電車線と接近又は交差する場合は，第1項，第2項，第3項及び第5項の規定に準じること．

9 第3項第二号ニ並びに第5項第一号ただし書及び第二号ホの規定における保護網は，次の各号によること．

一 保護網は，A種接地工事を施した金属製の網状装置とし，堅ろうに支持すること．（関連省令第10条，第11条）

二 保護網の外周及び特別高圧架空電線の直下に施設する金属線には，引張強さ8.01kN以上のもの又は直径5mm以上の硬銅線を使用すること．（関連省令第6条）

三 保護網の前号に規定する以外の部分に施設する金属線には，引張強さ5.26kN以上のもの又は直径4mm以上の硬銅線を使用すること．（関連省令第6条）

四 保護網を構成する金属線相互の間隔は，縦横各1.5m以下であること．ただし，特別高圧架空電線が低高圧架空電線等と45度を超える水平角度で交差する場合における，特別高圧架空電線と同一方向の金属線については，その外周に施設する金属線及び特別高圧架空電線の両外線の直下に施

設する金属線（外周に施設する金属線との間隔が 1.5 m を超えるものに限る.）以外のものは，施設することを要しない.

五　保護網と低高圧架空電線等との垂直離隔距離は，0.6 m 以上であること.

六　保護網が低高圧架空電線等の外部に張り出す幅は，低高圧架空電線等と保護網との垂直距離の 1/2 以上であること.

七　保護網が特別高圧架空電線の外部に張り出す幅は，特別高圧架空電線と保護網との垂直距離の 1/2 以上であること. ただし，6 m を超えることを要しない.

### 【特別高圧架空電線相互の接近又は交差】（省令第 28 条）

**第101条**　特別高圧架空電線が，他の特別高圧架空電線又はその支持物若しくは架空地線と接近又は交差する場合における，相互の離隔距離は，101-1 表に規定する値以上であること. ただし，使用電圧が 170,000 V を超える場合は，日本電気技術規格委員会規格 JESC E 2012（2013）「170 kV を超える特別高圧架空電線に関する離隔距離」の「2.　技術的規定」によること.

101-1 表

| 特別高圧架空電線 | 他の特別高圧架空電線 | | | | | | | 他の特別高圧架空電線路の支持物又は架空地線 |
|---|---|---|---|---|---|---|---|---|
| 使用電圧の区分 | 35,000 V 以下 | | | 35,000 V を超え 60,000 V 以下 | | 60,000 V 超過 | | |
| | 電線の種類 | ケーブル | 特別高圧絶縁電線 | その他 | ケーブル | その他 | ケーブル | その他 | |
| 35,000 V 以下 | ケーブル | 0.5 m | 0.5 m | 2 m | 1 m | 2 m | $(1+c)$ m | $(2+c)$ m | 0.5 m |
| | 特別高圧絶縁電線 | 0.5 m | 1 m | 2 m | 2 m | | $(2+c)$ m | | 1 m |
| | その他 | 2 m | | | | | $(2+c)$ m | | 2 m |
| 35,000 V を超え 60,000 V 以下 | ケーブル | 1 m | 2 m | | 1 m | 2 m | $(1+c)$ m | $(2+c)$ m | 1 m |
| | その他 | 2 m | | | | | $(2+c)$ m | | 2 m |
| 60,000 V を超え 170,000 V 以下 | ケーブル | $(1+c)$ m | $(2+c)$ m | | $(1+c)$ m | $(2+c)$ m | $(1+c)$ m | $(2+c)$ m | $(1+c)$ m |
| | その他 | $(2+c)$ m | | | | | | | |

（備考）　$c$ は，使用電圧と 60,000 V の差を 10,000 V で除した値（小数点以下を切り上げる.）に 0.12 を乗じたもの

2　特別高圧架空電線が，他の特別高圧架空電線と接近又は交差する場合は，次の各号によること.

一 上方又は側方に施設される特別高圧架空電線路は，第3種特別高圧保安
工事により施設すること．

二 上方又は側方に施設される特別高圧架空電線路の支持物として使用する
木柱，鉄筋コンクリート柱又は鉄柱は，次のいずれかによること．

　イ　B種鉄筋コンクリート柱又はB種鉄柱であって，常時想定荷重に
1.96 kN の水平横荷重を加算した荷重に耐えるものであること．（関連
省令第32条第1項）

　ロ　特別高圧架空電線が他の特別高圧架空電線と接近する場合は，他の特
別高圧架空電線路に接近する側の反対側に支線を施設すること．ただ
し，上方又は側方に施設される特別高圧架空電線路が，次のいずれかに
該当する場合は，この限りでない．

　　（イ）　他の特別高圧架空電線路と接近する側の反対側に10度以上の水
平角度をなす場合

　　（ロ）　使用電圧が，35,000 V 以下である場合

　ハ　特別高圧架空電線が他の特別高圧架空電線と交差する場合は，上に施
設する特別高圧電線路の支持物の次の図に示す方向に支線を施設するこ
と．

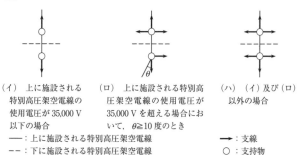

（イ）　上に施設される　　（ロ）　上に施設される特別高　　（ハ）　（イ）及び（ロ）
　　特別高圧架空電線の　　　　圧架空電線の使用電圧が　　　　以外の場合
　　使用電圧が35,000 V　　　　35,000 V を超える場合にお
　　以下の場合　　　　　　　　いて，θ≧10度のとき
　　——：上に施設される特別高圧架空電線　　　　　　—→：支線
　　--：下に施設される特別高圧架空電線　　　　　　　○：支持物

3　特別高圧架空電線が，第108条の規定により施設する特別高圧架空電線路
の電線と接近又は交差して施設される場合は，第100条又は第106条の高圧
架空電線との接近又は交差に係る規定に準じて施設すること．

**【35,000 V を超える特別高圧架空電線と他の工作物との接近又は交差】**（省令第
29条，第48条第3項）

　**第102条**　使用電圧が 35,000 V を超える特別高圧架空電線（以下この条にお
いて「特別高圧架空電線」という．）が，建造物，道路（車両及び人の往来が

まれであるものを除く.），横断歩道橋，鉄道，軌道，索道，架空弱電流電線路等，低圧又は高圧の架空電線路，低圧又は高圧の電車線路及び他の特別高圧架空電線路以外の工作物（以下この条において「他の工作物」という.）と接近又は交差して施設される場合における，特別高圧架空電線と他の工作物との離隔距離は，102-1表に規定する値以上であること．ただし，使用電圧が170,000 V を超える場合は，日本電気技術規格委員会規格 JESC E 2012 (2013)「170 kV を超える特別高圧架空電線に関する離隔距離」の「2. 技術的規定」によること．

102-1 表

| 特別高圧架空電線の使用電圧の区分 | 上部造営材の上方以外で，電線がケーブルである場合 | その他の場合 |
|---|---|---|
| 35,000 V を超え 60,000 V 以下 | 1 m | 2 m |
| 60,000 V を超え 170,000 V 以下 | $(1+c)$ m | $(2+c)$ m |

（備考）　$c$ は，特別高圧架空電線の使用電圧と 60,000 V の差を 10,000 V で除した値（小数点以下を切り上げる.）に 0.12 を乗じたもの

2　特別高圧架空電線が，他の工作物と第1次接近状態に施設される場合において，特別高圧架空電線路の電線の切断，支持物の倒壊等の際に，特別高圧架空電線が他の工作物に接触することにより人に危険を及ぼすおそれがあるときは，特別高圧架空電線路を第3種特別高圧保安工事により施設すること．

3　特別高圧架空電線路が，他の工作物と第2次接近状態に施設される場合又は他の工作物の上に交差して施設される場合において，特別高圧架空電線路の電線の切断，支持物の倒壊等の際に，特別高圧架空電線が他の工作物に接触することにより人に危険を及ぼすおそれがあるときは，特別高圧架空電線路を第2種特別高圧保安工事により施設すること．

4　特別高圧架空電線が他の工作物の下方に接近して施設される場合は，特別高圧架空電線と他の工作物との水平離隔距離は，3 m 以上であること．ただし，使用電圧が 100,000 V 未満の特別高圧架空電線路の電線にケーブルを使用する場合は，この限りでない．

**【35,000 V を超える特別高圧架空電線と植物との接近】**（省令第 29 条）

　**第103条**　使用電圧が 35,000 V を超える特別高圧架空電線（以下この条において「特別高圧架空電線」という.）と植物との離隔距離は，103-1表に規定する値以上であること．ただし，ケーブルを使用する使用電圧が 100,000 V

未満の特別高圧架空電線を植物に接触しないように施設する場合は，この限りでない．

一 使用電圧が 170,000 V 以下の特別高圧架空電線と植物との離隔距離は，103-1 表に規定する値以上であること．

103-1 表

| 使用電圧の区分 | 離隔距離 |
|---|---|
| 35,000 V を超え 60,000 V 以下 | 2 m |
| 60,000 V を超え 170,000 V 以下 | $(2+c)$ m |

（備考） $c$ は，使用電圧と 60,000 V の差を 10,000 V で除した値（小数点以下を切り上げる．）に 0.12 を乗じたもの

二 使用電圧が 170,000 V を超える特別高圧架空電線と植物との離隔距離は，日本電気技術規格委員会規格 JESC E 2012（2013）「170 kV を超える特別高圧架空電線に関する離隔距離」の「2. 技術的規定」によること．

**【35,000 V を超える特別高圧架空電線と低高圧架空電線等との併架】**（省令第28条，第31条第1項）

**第104条** 使用電圧が 35,000 V を超え 100,000 V 未満の特別高圧架空電線と低圧又は高圧の架空電線とを同一支持物に施設する場合は，第3項に規定する場合を除き，次の各号によること．

一 特別高圧架空電線と低圧又は高圧の架空電線との離隔距離は，104-1 表に規定する値以上であること．

104-1 表

| 特別高圧架空電線の種類 | 低圧又は高圧の架空電線の種類 | 離隔距離 |
|---|---|---|
| ケーブル | 絶縁電線又はケーブルを使用する低圧架空電線 | 1 m |
| | 高圧絶縁電線又はケーブルを使用する高圧架空電線 | |
| | 上記以外 | 2 m |
| ケーブル以外 | 全て | 2 m |

二 特別高圧架空電線路は，次によること．

イ 第2種特別高圧保安工事により施設すること．

ロ 電線は，ケーブル又は引張強さ 21.67 kN 以上のより線若しくは断面積 55 mm$^2$ 以上の硬銅より線であること．（関連省令第6条）

三 低圧又は高圧の架空電線路は，次によること．

　イ　電線は，次のいずれかのものであること．（関連省令第 6 条）

　　（イ）　ケーブル

　　（ロ）　直径 3.5 mm 以上の銅覆鋼線

　　（ハ）　架空電線路の径間が 50 m 以下の場合は，引張強さ 5.26 kN 以上のもの又は直径 4 mm 以上の硬銅線

　　（ニ）　架空電線路の径間が 50 m を超える場合は，引張強さ 8.01 kN 以上のもの又は直径 5 mm 以上の硬銅線

　ロ　低圧又は高圧の架空電線は，次のいずれかに該当するものであること．

　　（イ）　特別高圧架空電線と同一支持物に施設される部分に，次により接地工事を施した低圧架空電線（関連省令第 10 条，第 11 条）

　　　（1）　接地抵抗値は，10Ω 以下であること．

　　　（2）　接地線は，引張強さ 2.46 kN 以上の容易に腐食し難い金属線又は直径 4 mm 以上の軟銅線であって，故障の際に流れる電流を安全に通じることができるものであること．

　　　（3）　接地線は，第 17 条第 1 項第三号の規定に準じて施設すること．

　　（ロ）　第 24 条第 1 項の規定により接地工事（第 17 条第 2 項第一号の規定により計算した値が 10 を超える場合は，接地抵抗値が 10Ω 以下のものに限る．）を施した低圧架空電線

　　（ハ）　第 25 条第 1 項の規定により施設した高圧架空電線

　　（ニ）　直流単線式電気鉄道用架空電線その他の大地から絶縁されていない電路に接続されている低圧又は高圧の架空電線

　ハ　特別高圧架空電線路が，次のいずれかのものである場合は，ロの規定によらないことができる．

　　（イ）　電線に特別高圧絶縁電線を使用するとともに，第 88 条第 1 項第二号の規定に準じて施設するもの

　　（ロ）　電線にケーブルを使用するもの

2　使用電圧が 100,000 V 以上の特別高圧架空電線と低圧又は高圧の架空電線とは，次項に規定する場合を除き，同一支持物に施設しないこと．

3　使用電圧が 35,000 V を超える特別高圧架空電線と特別高圧架空電線路の支持物に施設する低圧の電気機械器具に接続する低圧架空電線とを同一支持物に施設する場合は，次の各号によること．

　一　特別高圧架空電線を低圧架空電線の上に，別個の腕金類に施設するこ

と．ただし，特別高圧架空電線がケーブルである場合であって，低圧架空
電線が絶縁電線又はケーブルであるときは，この限りでない．

二　低圧架空電線は，第1項第三号イの規定に準じること．

三　特別高圧架空電線と低圧架空電線との離隔距離は，104-2表に規定する
値以上であること．

104-2表

| 特別高圧架空電線の使用電圧の区分 | 特別高圧架空電線の種類 | 離隔距離 |
|---|---|---|
| 35,000 V を超え 60,000 V 以下 | ケーブル | 1 m |
| | その他 | 2 m |
| 60,000 V 超過 | ケーブル | $(1+c)$ m |
| | その他 | $(2+c)$ m |

（備考）　$c$ は，特別高圧架空電線の使用電圧と 60,000 V の差を 10,000 V で除した値
（小数点以下を切り上げる．）に 0.12 を乗じたもの

4　使用電圧が 35,000 V を超える特別高圧架空電線と低圧又は高圧の電車線
とを同一支持物に施設する場合は，第1項及び第2項の規定に準じること．

**【35,000 V を超える特別高圧架空電線と架空弱電流電線等との共架】**（省令第28
条）

**第105条**　使用電圧が 35,000 V を超える特別高圧架空電線と架空弱電流電線
等（電力保安通信線及び電気鉄道の専用敷地内に施設する電気鉄道用の通信
線を除く．以下この条において同じ．）とは，次の各号に適合する場合を除
き，同一の支持物に施設しないこと．

一　架空弱電流電線等は，架空地線を利用して施設する光ファイバケーブル
であること．

二　架空弱電流電線等は，第137条第1項第一号，第三号及び第四号の規定
に準じて施設されたものであること．

**【35,000 V 以下の特別高圧架空電線と工作物等との接近又は交差】**（省令第28
条，第29条，第48条第3項）

**第106条**　使用電圧が 35,000 V 以下の特別高圧架空電線（以下この条におい
て「特別高圧架空電線」という．）が，建造物と接近又は交差して施設される
場合は，次の各号によること．

一　特別高圧架空電線と建造物の造営材との離隔距離は，106-1表に規定す
る値以上であること．

106-1 表

| 架空電線の種類 | 区　　　　　分 | 離隔距離 |
|---|---|---|
| ケーブル | 上部造営材の上方 | 1.2 m |
| | その他 | 0.5 m |
| 特別高圧絶縁電線 | 上部造営材の上方 | 2.5 m |
| | 人が建造物の外へ手を伸ばす又は身を乗り出すことなどができない部分 | 1 m |
| | その他 | 1.5 m |
| その他 | 全て | 3 m |

二　特別高圧架空電線が建造物と第1次接近状態に施設される場合は，特別高圧架空電線路を第3種特別高圧保安工事により施設すること．

三　特別高圧架空電線が建造物と第2次接近状態に施設される場合は，特別高圧架空電線路を第2種特別高圧保安工事により施設すること．

四　特別高圧架空電線が，建造物の下方に接近して施設される場合は，相互の水平離隔距離は3 m以上であること．ただし，特別高圧架空電線に特別高圧絶縁電線又はケーブルを使用する場合は，この限りでない．

五　特別高圧架空電線が，建造物に施設される簡易な突き出し看板その他の人が上部に乗るおそれがない造営材と接近する場合において，次により施設する場合は，特別高圧架空電線と当該造営材との離隔距離は，106-1 表によらないことができる．

　イ　電線は，特別高圧絶縁電線又はケーブルであること．

　ロ　電線を特別高圧防護具により防護すること．

　ハ　電線が，当該造営材に接触しないように施設すること．

2　特別高圧架空電線が道路（車両及び人の往来がまれであるものを除く．以下この条において同じ．），横断歩道橋，鉄道又は軌道（以下この項において「道路等」という．）と接近又は交差して施設される場合は，次の各号によること．

一　特別高圧架空電線が，道路等と第1次接近状態に施設される場合は，特別高圧架空電線路を第3種特別高圧保安工事により施設すること．

二　特別高圧架空電線が，道路等と第2次接近状態に施設される場合は，次によること．

　イ　特別高圧架空電線路は，第2種特別高圧保安工事（特別高圧架空電線

が道路と第2次接近状態に施設される場合は，がいし装置に係る部分を除く.）により施設すること.

ロ　特別高圧架空電線と道路等との離隔距離（路面上又はレール面上の離隔距離を除く. 以下この項において同じ.）は，3m以上であること. ただし，次のいずれかに該当する場合はこの限りでない.

（イ）　特別高圧架空電線が特別高圧絶縁電線である場合において，道路等との水平離隔距離が，1.5m以上であるとき

（ロ）　特別高圧架空電線がケーブルである場合において，道路等との水平離隔距離が，1.2m以上であるとき

ハ　特別高圧架空電線のうち，道路等との水平距離が3m未満に施設される部分の長さは，連続して100m以下であり，かつ，1径間内における当該部分の長さの合計は，100m以下であること. ただし，特別高圧架空電線路を第2種特別高圧保安工事により施設する場合は，この限りでない.

三　特別高圧架空電線が，道路等の下方に接近して施設される場合は，次によること.

イ　特別高圧架空電線と道路等との離隔距離は，前項第一号の規定に準じること.

ロ　特別高圧架空電線と道路等との水平離隔距離は，3m以上であること. ただし，特別高圧架空電線に特別高圧絶縁電線又はケーブルを使用する場合は，この限りでない.

四　特別高圧架空電線が，道路等の上に交差して施設される場合は，特別高圧架空電線路を第2種特別高圧保安工事により施設すること. ただし，第98条第4項第一号イ又はロの規定に該当する場合は，がいし装置に係る第2種特別高圧保安工事を施さないことができる.

3　特別高圧架空電線が，索道と接近又は交差して施設される場合は，次の各号によること.

一　特別高圧架空電線と索道との離隔距離は，106-2表に規定する値以上であること.

106-2表

| 特別高圧架空電線の種類 | 離隔距離 |
|---|---|
| ケーブル | 0.5m |

| 特別高圧絶縁電線 | 1 m |
|---|---|
| その他 | 2 m |

二　特別高圧架空電線が索道と第1次接近状態に施設される場合は，特別高圧架空電線路を第3種特別高圧保安工事により施設すること．

三　特別高圧架空電線が索道と第2次接近状態に施設される場合は，特別高圧架空電線路を第2種特別高圧保安工事により施設すること．

四　特別高圧架空電線が，索道の下方に接近して施設される場合は，次のいずれかによること．

　イ　特別高圧架空電線と索道との水平距離を，索道の支柱の地表上の高さに相当する距離以上とすること．

　ロ　特別高圧架空電線と索道との水平距離が3m以上であり，かつ，索道の支柱の倒壊等の際に，索道が特別高圧架空電線と接触するおそれがない範囲に特別高圧架空電線を施設すること．

　ハ　次により施設すること．

　　（イ）　特別高圧架空電線と索道との水平距離が，3m以上であること．

　　（ロ）　特別高圧架空電線がケーブルである場合を除き，特別高圧架空電線の上方に堅ろうな防護装置を設け，かつ，その金属製部分にD種接地工事を施すこと．（関連省令第10条，第11条）

五　特別高圧架空電線が，索道の上に交差して施設される場合は，特別高圧架空電線路を第2種特別高圧保安工事により施設すること．ただし，特別高圧架空電線と索道との間に，第98条第4項第一号ロの規定に準じて保護網を施設する場合は，がいし装置に係る第2種特別高圧保安工事を施さないことができる．

六　特別高圧架空電線が索道の下に交差して施設される場合は，第四号ハ（ロ）の規定に準じるとともに，危険のおそれがないように施設すること．

4　特別高圧架空電線が，低圧若しくは高圧の架空電線，架空弱電流電線等（以下この項において「低高圧架空電線等」という．），低圧若しくは高圧の電車線又はこれらの支持物と接近又は交差して施設される場合は，次の各号によること．

　一　特別高圧架空電線と，低高圧架空電線等，低圧若しくは高圧の電車線又はこれらの支持物との離隔距離は，106-3表に規定する値以上であること．

106-3表

| 特別高圧架空電線の種類 | 低圧架空電線の種類 | | 高圧架空電線 | 架空弱電流電線等 | 低圧又は高圧の電車線 | 低高圧架空電線等又は低圧若しくは高圧の電車線等の支持物 |
|---|---|---|---|---|---|---|
| | 絶縁電線又はケーブル | その他 | | | | |
| ケーブル | 0.5 m | 1.2 m | 0.5 m | 0.5 m | 1.2 m | 0.5 m |
| 特別高圧絶縁電線 | 1 m | 1.5 m | 1 m | 1 m | 1.5 m | 1 m |
| その他 | 2 m | 2 m | 2 m | 2 m | 2 m | 2 m |

二　特別高圧架空電線が,低高圧架空電線等と第1次接近状態に施設される場合は,特別高圧架空電線路を第3種特別高圧保安工事により施設すること.

三　特別高圧架空電線が,低高圧架空電線等と第2次接近状態に施設される場合は,次により施設すること.

イ　特別高圧架空電線路は,第2種特別高圧保安工事により施設すること.ただし,特別高圧架空電線と低高圧架空電線等との間に,第100条第9項の規定に準じて保護網を施設する場合は,がいし装置に係る第2種特別高圧保安工事を施さないことができる.

ロ　特別高圧架空電線と低高圧架空電線等との水平離隔距離は,2m以上であること.ただし,次のいずれかに該当する場合は,この限りでない.

（イ）　第100条第3項第二号イからニまでの規定のいずれかに該当する場合

（ロ）　特別高圧架空電線が,特別高圧絶縁電線又はケーブルである場合

ハ　特別高圧架空電線のうち,低高圧架空電線等との水平距離が3m未満に施設される部分の長さは,連続して50m以下であり,かつ,1径間内における当該部分の長さの合計は,50m以下であること.ただし,特別高圧架空電線路を第2種特別高圧保安工事により施設する場合は,この限りでない.

四　特別高圧架空電線が,低高圧架空電線等の下方に接近して施設される場合は,第100条第4項各号のいずれかによること.

五　特別高圧架空電線が,低高圧架空電線等と交差して施設される場合は,特別高圧架空電線を低高圧架空電線等の上に,次により施設すること.

イ　特別高圧架空電線路は,第2種特別高圧保安工事により施設すること.ただし,特別高圧架空電線と低高圧架空電線等との間に第100条第9項の規定に準じて保護網を施設する場合は,がいし装置に係る第2種

特別高圧保安工事を施さないことができる.

ロ　特別高圧架空電線の両外線の直下部に, D種接地工事を施した引張強さ 8.01 kN 以上の金属線又は直径 5 mm 以上の硬銅線を低高圧架空電線等と 0.6 m 以上の離隔距離を保持して施設すること. ただし, 次のいずれかに該当する場合は, この限りでない. (関連省令第 6 条, 第 10 条, 第 11 条)

（イ）　第 100 条第 5 項第二号イからホまでのいずれかに該当する場合

（ロ）　特別高圧架空電線が, 特別高圧絶縁電線又はケーブルである場合

六　次のいずれかに該当する場合は, 前号の規定によらず, 特別高圧架空電線を低高圧架空電線等の下に交差して施設することができる.

イ　架空弱電流電線等が, 架空地線を利用して施設する光ファイバケーブル又は特別高圧架空ケーブルに複合された光ファイバケーブルである場合

ロ　特別高圧架空電線が, ケーブルである場合

ハ　第 100 条第 4 項第三号ロの規定に準じるほか, 特別高圧架空電線の上方に堅ろうな防護装置を設け, かつ, その金属製部分に D 種接地工事を施す場合

七　低高圧架空電線等が, 次のいずれかのものである場合は, 第二号, 第三号及び第五号の規定によらないことができる.

イ　第 24 条第 1 項の規定により電路の一部に接地工事を施した低圧架空電線

ロ　特別高圧架空電線路の支持物において, 特別高圧架空電線の上方に施設する低圧の機械器具に接続する低圧架空電線

ハ　電力保安通信線であって, 特別高圧架空電線路の支持物に施設するもの及びこれに直接接続するもの

八　特別高圧架空電線が, 低圧又は高圧の電車線と接近又は交差して施設される場合は, 第二号, 第三号及び第五号の規定に準じること.

5　特別高圧架空電線が建造物, 道路, 横断歩道橋, 鉄道, 軌道, 索道, 架空弱電流電線路等, 低圧又は高圧の架空電線路, 低圧又は高圧の電車線及び他の特別高圧架空電線路以外の工作物 (以下この項において「他の工作物」という.) と接近又は交差して施設される場合は, 次の各号によること.

一　特別高圧架空電線と他の工作物との離隔距離は, 106-4 表に規定する値以上であること.

106-4 表

| 特別高圧架空電線の種類 | 区　　分 | 離隔距離 |
|---|---|---|
| ケーブル | 上部造営材の上方 | 1.2 m |
| | その他 | 0.5 m |
| 特別高圧絶縁電線 | 上部造営材の上方 | 2 m |
| | その他 | 1 m |
| その他 | 全て | 2 m |

二　特別高圧架空電線が，他の工作物と第1次接近状態に施設される場合において，特別高圧架空電線路の電線の切断，支持物の倒壊等の際に，特別高圧架空電線が他の工作物に接触することにより人に危険を及ぼすおそれがあるときは，特別高圧架空電線路を第3種特別高圧保安工事により施設すること．

三　特別高圧架空電線路が，他の工作物と第2次接近状態に施設される場合又は他の工作物の上に交差して施設される場合において，特別高圧架空電線路の電線の切断，支持物の倒壊等の際に，特別高圧架空電線が他の工作物に接触することにより人に危険を及ぼすおそれがあるときは，特別高圧架空電線路を第2種特別高圧保安工事により施設すること．

四　特別高圧架空電線が他の工作物の下方に接近して施設される場合は，特別高圧架空電線と他の工作物との水平離隔距離は，3 m以上であること．ただし，電線に特別高圧絶縁電線又はケーブルを使用する場合は，この限りでない．

五　特別高圧架空電線が，造営物に施設される簡易な突き出し看板その他の人が上部に乗るおそれがない造営材又は造営物以外の工作物と接近する場合において，次により施設する場合は，特別高圧架空電線と当該造営材又は工作物との離隔距離は，106-4表によらないことができる．

イ　電線は，特別高圧絶縁電線又はケーブルであること．

ロ　電線を特別高圧防護具により防護すること．

ハ　電線が，当該造営材又は工作物に接触しないように施設すること．

6　特別高圧架空電線と植物との離隔距離は，106-5表によること．ただし，特別高圧の架空電線にケーブルを使用し，かつ，民間規格評価機関として日本電気技術規格委員会が承認した規格である「耐摩耗性能を有する「ケーブル用防護具」の構造及び試験方法」の「適用」の欄に規定する要件に適合す

る防護具を収めて施設する場合は，この限りでない．

106-5 表

| 特別高圧架空電線の種類 | 離隔距離 |
|---|---|
| 特別高圧絶縁電線又はケーブル | 接触しないこと |
| 高圧絶縁電線 | 0.5 m 以上 |
| その他 | 2 m 以上 |

**【35,000 V 以下の特別高圧架空電線と低高圧架空電線等との併架又は共架】**（省令第28条，第31条第1項）

**第107条**　使用電圧が 35,000 V 以下の特別高圧架空電線（以下この条において「特別高圧架空電線」という.）と低圧又は高圧の架空電線とを同一支持物に施設する場合は，次の各号によること．

一　特別高圧架空電線を低圧又は高圧の架空電線の上に，別個の腕金類に施設すること．ただし，特別高圧架空電線がケーブルであり，かつ，低圧又は高圧の架空電線が絶縁電線又はケーブルであるときは，この限りでない．

二　特別高圧架空電線と，低圧又は高圧の架空電線との離隔距離は，107-1 表に規定する値以上であること．

107-1 表

| 特別高圧架空電線の種類 | 低圧又は高圧の架空電線 | 離隔距離 |
|---|---|---|
| ケーブル | 絶縁電線又はケーブルを使用する低圧架空電線 | 0.5 m |
| | 特別高圧架空電線路の支持物に施設する低圧の電気機械器具に接続する低圧架空電線 | |
| | 特別高圧絶縁電線，高圧絶縁電線又はケーブルを使用する高圧架空電線 | |
| その他 | 全て | 1.2 m |

三　低圧又は高圧の架空電線路は，次によること．

イ　電線は，次のいずれかのものであること．（関連省令第6条）

（イ）　ケーブル

（ロ）　直径 3.5 mm 以上の銅覆鋼線

（ハ）　架空電線路の径間が 50 m 以下の場合は，引張強さ 5.26 kN 以上のもの又は直径 4 mm 以上の硬銅線

（ニ）　架空電線路の径間が 50 m を超える場合は，引張強さ 8.01 kN 以上のもの又は直径 5 mm 以上の硬銅線

ロ　低圧又は高圧の架空電線は，次のいずれかに該当するものであること．

（イ）　特別高圧架空電線と同一支持物に施設される部分に，次により接地工事を施した低圧架空電線（関連省令第 10 条，第 11 条）

（1）　接地抵抗値は，10 Ω 以下であること．

（2）　接地線は，引張強さ 2.46 kN 以上の容易に腐食し難い金属線又は直径 4 mm 以上の軟銅線であって，故障の際に流れる電流を安全に通じることができるものであること．

（3）　接地線は，第 17 条第 1 項第三号の規定に準じて施設すること．

（ロ）　第 24 条第 1 項の規定により接地工事（第 17 条第 2 項第一号の規定により計算した値が 10 を超える場合は，接地抵抗値が 10 Ω 以下のものに限る．）を施した低圧架空電線（関連省令第 10 条，第 11 条）

（ハ）　第 25 条第 1 項の規定により施設した高圧架空電線

（ニ）　直流単線式電気鉄道用架空電線その他の大地から絶縁されていない電路に接続されている低圧又は高圧の架空電線

（ホ）　特別高圧架空電線路の支持物に施設する低圧の電気機械器具に接続する低圧架空電線

ハ　特別高圧架空電線路が，次のいずれかのものである場合は，ロの規定によらないことができる．

（イ）　電線に特別高圧絶縁電線を使用するとともに，第 88 条第 1 項第二号の規定に準じて施設するもの

（ロ）　電線にケーブルを使用するもの

2　特別高圧架空電線と低圧又は高圧の電車線とを同一支持物に施設する場合は，前項の規定に準じること．

3　特別高圧架空電線と架空弱電流電線等（電力保安通信線及び電気鉄道の専用敷地内に施設する電気鉄道用の通信線を除く．以下この項において同じ．）とを同一の支持物に施設する場合は，次の各号によること．

一　特別高圧架空電線路は，第 2 種特別高圧保安工事により施設すること．

二　特別高圧架空電線は，架空弱電流電線等の上とし，別個の腕金類に施設

すること．

三　特別高圧架空電線は，ケーブルである場合を除き，引張強さ 21.67 kN 以上のより線又は断面積が 55 mm² 以上の硬銅より線であること．（関連省令第6条）

四　特別高圧架空電線と架空弱電流電線等との離隔距離は，次に掲げる値以上であること．

　　イ　特別高圧架空電線がケーブルである場合は，0.5 m

　　ロ　特別高圧架空電線がケーブル以外のものである場合は，2 m

五　架空弱電流電線は，金属製の電気的遮へい層を有する通信用ケーブルであること．ただし，次のいずれかに該当する場合はこの限りでない．

　　イ　特別高圧架空電線がケーブルである場合

　　ロ　架空弱電流電線路の管理者の承諾を得た場合において，特別高圧架空電線路が，電線に特別高圧絶縁電線を使用するとともに，第88条第1項第二号の規定に準じて施設するものであるとき

六　特別高圧架空電線路における支持物の長さの方向に施設される電線であって，架空弱電流電線等の施設者が施設したものの2 m 上部から最下部までに施設される部分は，ケーブルであること．

七　特別高圧架空電線路の接地線には，絶縁電線又はケーブルを使用し，かつ，特別高圧架空電線路の接地線及び接地極と架空弱電流電線路等の接地線及び接地極とは，それぞれ別個に施設すること．（関連省令第11条）

八　特別高圧架空電線路の支持物は，当該電線路の工事，維持及び運用に支障を及ぼすおそれがないように施設すること．

**【15,000 V 以下の特別高圧架空電線路の施設】**（省令第6条，第20条，第28条，第29条，第31条第1項，第40条）

**第108条**　使用電圧が 15,000 V 以下の特別高圧架空電線路を次の各号により施設する場合は，第84条，第88条，第89条，第91条第2項，第92条，第96条，第101条，第106条及び第107条の規定によらないことができる．

一　特別高圧架空電線路は，中性点接地式であり，かつ，電路に地絡を生じた場合に2秒以内に自動的に電路を遮断する装置を有するものであること．（関連省令第15条）

二　特別高圧架空電線は，次のいずれかのものであること．

　　イ　ケーブル

　　ロ　引張強さ 8.01 kN 以上のもの又は直径5 mm 以上の硬銅線を使用す

る，高圧絶縁電線又は特別高圧絶縁電線

三 高圧架空電線路に係る第71条から第78条までの規定に準じて施設すること．

四 特別高圧架空電線と低圧又は高圧の架空電線とを同一支持物に施設する場合は，次によること．

 イ 特別高圧架空電線を低圧又は高圧の架空電線の上に，別個の腕金類に施設すること．

 ロ 特別高圧架空電線と低圧又は高圧の架空電線との離隔距離は，108-1表に規定する値以上であること．ただし，かど柱，分岐柱等で混触するおそれがないように施設する場合は，この限りでない．

108-1 表

| 特別高圧架空電線の種類 | 低圧又は高圧の架空電線 | 離隔距離 |
|---|---|---|
| ケーブル | 絶縁電線又はケーブルを使用する低圧架空電線 | 0.5 m |
|  | 高圧絶縁電線，特別高圧絶縁電線又はケーブルを使用する高圧架空電線 |  |
| その他 | 全て | 0.75 m |

五 特別高圧架空電線は，平時吹いている風等により植物に接触しないように施設すること．

**【特別高圧架空電線路の支持物に施設する低圧の機械器具等の施設】**（省令第31条第2項）

**第109条** 特別高圧架空電線路（第108条に規定する特別高圧架空電線路を除く．）の支持物において，特別高圧架空電線の上方に低圧の機械器具を施設する場合は，特別高圧架空電線がケーブルである場合を除き，次の各号によること．

一 低圧の機械器具に接続する電路には，他の負荷を接続しないこと．

二 前号の電路と他の電路とを変圧器により結合する場合は，絶縁変圧器を使用すること．

三 前号の絶縁変圧器の負荷側の1端子又は中性点にはA種接地工事を施すこと．（関連省令第10条，第11条）

四 低圧機械器具の金属製外箱にはD種接地工事を施すこと．（関連省令第10条，第11条）

## 第5節　屋側電線路，屋上電線路，架空引込線及び連接引込線

**【低圧屋側電線路の施設】**（省令第20条，第28条，第29条，第30条，第37条）

**第110条**　低圧屋側電線路（低圧の引込線及び連接引込線の屋側部分を除く．以下この節において同じ．）は，次の各号のいずれかに該当する場合に限り，施設することができる．

一　1構内又は同一基礎構造物及びこれに構築された複数の建物並びに構造的に一体化した1つの建物（以下この条において「1構内等」という．）に施設する電線路の全部又は一部として施設する場合

二　1構内等専用の電線路中，その構内等に施設する部分の全部又は一部として施設する場合

2　低圧屋側電線路は，次の各号のいずれかにより施設すること．

一　がいし引き工事により，次に適合するように施設すること．

イ　展開した場所に施設し，簡易接触防護措置を施すこと．

ロ　第145条第1項の規定に準じて施設すること．

ハ　電線は，110-1表の左欄に掲げるものであること．

ニ　電線の種類に応じ，電線相互の間隔，電線とその低圧屋側電線路を施設する造営材との離隔距離は，110-1表に規定する値以上とし，支持点間の距離は，110-1表に規定する値以下であること．

110-1 表

| 電線の種類 | | 電線相互の間隔 | 電線と造営材との離隔距離 | 支持点間の距離 |
|---|---|---|---|---|
| 引込用ビニル絶縁電線又は引込用ポリエチレン絶縁電線 | 直径2mmの軟銅線と同等以上の強さ及び太さのもの | — | 3 cm | 2 m |
| | | | 30 cm | 15 m |
| 屋外用ビニル絶縁電線 | 引張強さ1.38 kN以上のもの又は直径2mm以上の硬銅線 | 20 cm | 30 cm | 15 m |
| 上記以外の絶縁電線 | 直径2mmの軟銅線と同等以上の強さ及び太さのもの | 110-2表に規定する値 | | 2 m |

110-2 表

| 施設場所の区分 | 使用電圧の区分 | 電線相互の間隔 | 電線と造営材との離隔距離 |
|---|---|---|---|
| 雨露にさらされない場所 | — | 6 cm | 2.5 cm |
| 雨露にさらされる場所 | 300 V 以下 | 6 cm | 2.5 cm |
| | 300 V 超過 | 12 cm | 4.5 cm |

ホ　電線に，引込用ビニル絶縁電線又は引込用ポリエチレン絶縁電線を使用する場合は，次によること．

(イ)　使用電圧は，300 V 以下であること．

(ロ)　電線を損傷するおそれがないように施設すること．

(ハ)　電線をバインド線によりがいしに取り付ける場合は，バインドするそれぞれの線心をがいしの異なる溝に入れ，かつ，異なるバインド線により線心相互及びバインド線相互が接触しないように堅ろうに施設すること．

(ニ)　電線を接続する場合は，それぞれの線心の接続点は，5 cm 以上離れていること．

ヘ　がいしは，絶縁性，難燃性及び耐水性のあるものであること．

ト　第 3 項に規定する場合を除き，低圧屋側電線路の電線が，他の工作物（当該低圧屋側電線路を施設する造営材，架空電線，屋側に施設される高圧又は特別高圧の電線及び屋上電線を除く．以下この条において同じ．）と接近する場合又は他の工作物の上若しくは下に施設される場合における，低圧屋側電線路の電線と他の工作物との離隔距離は，110-3 表に規定する値以上であること．

110-3 表

| 区　　分 | 低圧屋側電線路の電線の種類 | 離隔距離 |
|---|---|---|
| 上部造営材の上方 | 高圧絶縁電線又は特別高圧絶縁電線 | 1 m |
| | その他 | 2 m |
| その他 | 高圧絶縁電線又は特別高圧絶縁電線 | 0.3 m |
| | その他 | 0.6 m |

チ　電線は，平時吹いている風等により植物に接触しないように施設すること．

　二　合成樹脂管工事により，第145条第2項及び第158条の規定に準じて施
　　設すること．
　三　金属管工事により，次に適合するように施設すること．
　　イ　木造以外の造営物に施設すること．
　　ロ　第159条の規定に準じて施設すること．
　四　バスダクト工事により，次に適合するように施設すること．
　　イ　木造以外の造営物において，展開した場所又は点検できる隠ぺい場所
　　　に施設すること．
　　ロ　第163条の規定に準じて施設するほか，屋外用のバスダクトであっ
　　　て，ダクト内部に水が浸入してたまらないものを使用すること．
　五　ケーブル工事により，次に適合するように施設すること．
　　イ　鉛被ケーブル，アルミ被ケーブル又はMIケーブルを使用する場合
　　　は，木造以外の造営物に施設すること．
　　ロ　第145条第2項の規定に準じて施設すること．
　　ハ　次のいずれかによること．
　　　（イ）　ケーブルを造営材に沿わせて施設する場合は，第164条第1項の
　　　　規定に準じて施設すること．
　　　（ロ）　ケーブルをちょう架用線にちょう架して施設する場合は，第67
　　　　条（第一号ホ及び第五号を除く．）の規定に準じて施設し，かつ，電
　　　　線が低圧屋側電線路を施設する造営材に接触しないように施設する
　　　　こと．
　3　低圧屋側電線路の電線が，当該低圧屋側電線路を施設する造営物に施設さ
　　れる，他の低圧電線であって屋側に施設されるもの，管灯回路の配線，弱電
　　流電線等又は水管，ガス管若しくはこれらに類するものと接近又は交差する
　　場合は，第167条の規定に準じて施設すること．

**【高圧屋側電線路の施設】**（省令第20条，第28条，第29条，第30条，第37条）
　**第111条**　高圧屋側電線路（高圧引込線の屋側部分を除く．以下この節におい
　　て同じ．）は，次の各号のいずれかに該当する場合に限り，施設することがで
　　きる．
　一　1構内又は同一基礎構造物及びこれに構築された複数の建物並びに構造
　　的に一体化した1つの建物（以下この条において「1構内等」という．）に
　　施設する電線路の全部又は一部として施設する場合
　二　1構内等専用の電線路中，その構内等に施設する部分の全部又は一部と

して施設する場合

三　屋外に施設された複数の電線路から送受電するように施設する場合

2　高圧屋側電線路は，次の各号により施設すること.

一　展開した場所に施設すること.

二　第145条第2項の規定に準じて施設すること.

三　電線は，ケーブルであること.

四　ケーブルには，接触防護措置を施すこと.

五　ケーブルを造営材の側面又は下面に沿って取り付ける場合は，ケーブルの支持点間の距離を2m（垂直に取り付ける場合は，6m）以下とし，かつ，その被覆を損傷しないように取り付けること.

六　ケーブルをちょう架用線にちょう架して施設する場合は，第67条（第一号ホを除く.）の規定に準じて施設するとともに，電線が高圧屋側電線路を施設する造営材に接触しないように施設すること.

七　管その他のケーブルを収める防護装置の金属製部分，金属製の電線接続箱及びケーブルの被覆に使用する金属体には，これらのものの防食措置を施した部分及び大地との間の電気抵抗値が10Ω以下である部分を除き，A種接地工事（接触防護措置を施す場合は，D種接地工事）を施すこと.（関連省令第10条，第11条）

3　高圧屋側電線路の電線と，その高圧屋側電線路を施設する造営物に施設される，他の低圧又は特別高圧の電線であって屋側に施設されるもの，管灯回路の配線，弱電流電線等又は水管，ガス管若しくはこれらに類するものとが接近又は交差する場合における，高圧屋側電線路の電線とこれらのものとの離隔距離は，0.15m以上であること.

4　前項の場合を除き，高圧屋側電線路の電線が他の工作物（その高圧屋側電線路を施設する造営物に施設する他の高圧屋側電線並びに架空電線及び屋上電線を除く.以下この条において同じ.）と接近する場合における，高圧屋側電線路の電線とこれらのものとの離隔距離は，0.3m以上であること.

5　高圧屋側電線路の電線と他の工作物との間に耐火性のある堅ろうな隔壁を設けて施設する場合，又は高圧屋側電線路の電線を耐火性のある堅ろうな管に収めて施設する場合は，第3項及び第4項の規定によらないことができる.

**【特別高圧屋側電線路の施設】**（省令第20条，第37条）

**第112条**　特別高圧屋側電線路（特別高圧引込線の屋側部分を除く.以下この

条において同じ.）は，使用電圧が100,000 V以下であって，前条第1項各号
のいずれかに該当する場合に限り，施設することができる.

2　特別高圧屋側電線路は，前条第2項から第5項までの規定に準じて施設す
ること.この場合において，前条第2項第六号の規定における「第67条（第
一号ホを除く.）」は「第86条」と読み替えるものとする.

**【低圧屋上電線路の施設】**（省令第20条，第28条，第29条，第30条，第37条）

**第113条**　低圧屋上電線路（低圧の引込線及び連接引込線の屋上部分を除く.
以下この条において同じ.）は，次の各号のいずれかに該当する場合に限り，
施設することができる.

一　1構内又は同一基礎構造物及びこれに構築された複数の建物並びに構造
的に一体化した1つの建物（以下この条において「1構内等」という.）に
施設する電線路の全部又は一部として施設する場合

二　1構内等専用の電線路中，その構内等に施設する部分の全部又は一部と
して施設する場合

2　低圧屋上電線路は，次の各号のいずれかにより施設すること.

一　電線に絶縁電線を使用し，次に適合するように施設すること.

イ　展開した場所に，危険のおそれがないように施設すること.

ロ　電線は，引張強さ2.30 kN以上のもの又は直径2.6 mm以上の硬銅線
であること.（関連省令第6条）

ハ　電線は，造営材に堅ろうに取り付けた支持柱又は支持台に絶縁性，難
燃性及び耐水性のあるがいしを用いて支持し，かつ，その支持点間の距
離は，15 m以下であること.

ニ　電線とその低圧屋上電線路を施設する造営材との離隔距離は，2 m
（電線が高圧絶縁電線又は特別高圧絶縁電線である場合は，1 m）以上で
あること.

二　電線にケーブルを使用し，次のいずれかに適合するように施設するこ
と.

イ　電線を展開した場所において，第67条（第五号を除く.）の規定に準
じて施設するほか，造営材に堅ろうに取り付けた支持柱又は支持台によ
り支持し，造営材との離隔距離を1 m以上として施設すること.

ロ　電線を造営材に堅ろうに取り付けた堅ろうな管又はトラフに収め，か
つ，トラフには取扱者以外の者が容易に開けることができないような構
造を有する鉄製又は鉄筋コンクリート製その他の堅ろうなふたを設ける

ほか，第164条第1項第四号及び第五号の規定に準じて施設すること．

　ハ　電線を造営材に堅ろうに取り付けたラックに施設し，かつ，電線に簡易接触防護措置を施すほか，第164条第1項第二号，第四号及び第五号の規定に準じて施設すること．

　三　バスダクト工事により，次に適合するように施設すること．

　イ　民間規格評価機関として日本電気技術規格委員会が承認した規格である「バスダクト工事による低圧屋上電線路の施設」の「適用」の欄に規定する要件によること．

　ロ　第163条の規定に準じて施設すること．

3　低圧屋上電線路の電線が，他の工作物と接近又は交差する場合における，相互の離隔距離は，113-1表に規定する値以上であること．

113-1 表

| 電線の種類 | 他の工作物の種類 | | | |
|---|---|---|---|---|
| | 屋側に施設される低圧電線，他の低圧屋上電線路の電線 | | 屋側に施設される高圧又は特別高圧の電線，弱電流電線等，アンテナ又は水管，ガス管若しくはこれらに類するもの | 左記以外のもの（当該低圧屋上電線路を施設する造営材，架空電線及び高圧の屋上電線路の電線を除く．） |
| | 絶縁電線，多心型電線若しくはケーブルであって低圧防護具により防護したもの，高圧絶縁電線，特別高圧絶縁電線又はケーブル | その他 | | |
| バスダクト | 0.3 m | | | |
| 高圧絶縁電線，特別高圧絶縁電線又はケーブル | 0.3 m | | | |
| 絶縁電線又は多心型電線であって低圧防護具により防護したもの | 0.3 m | | | 0.6 m |
| 上記以外のもの | 0.3 m | | 1 m | 0.6 m |

4　低圧屋上電線路の電線は，平時吹いている風等により植物と接触しないように施設すること．

**【高圧屋上電線路の施設】**（省令第20条，第28条，第29条，第30条，第37条）

　**第114条**　高圧屋上電線路（高圧の引込線の屋上部分を除く．以下この条において同じ．）は，次の各号のいずれかに該当する場合に限り，施設することができる．

　　一　1構内又は同一基礎構造物及びこれに構築された複数の建物並びに構造的に一体化した1つの建物（以下この条において「1構内等」という．）に施設する電線路の全部又は一部として施設する場合

　　二　1構内等専用の電線路中その構内等に施設する部分の全部又は一部として施設する場合

　　三　屋外に施設された複数の電線路から送受電するように施設する場合

　2　高圧屋上電線路は，次の各号により施設すること．

　　一　電線は，ケーブルであること．

　　二　次のいずれかによること．

　　　イ　電線を展開した場所において，第67条（第一号ロ，ハ及びニを除く．）の規定に準じて施設するほか，造営材に堅ろうに取り付けた支持柱又は支持台により支持し，造営材との離隔距離を1.2m以上として施設すること．

　　　ロ　電線を造営材に堅ろうに取り付けた堅ろうな管又はトラフに収め，かつ，トラフには取扱者以外の者が容易に開けることができないような構造を有する鉄製又は鉄筋コンクリート製その他の堅ろうなふたを設けるほか，第111条第2項第七号の規定に準じて施設すること．

　3　高圧屋上電線路の電線が他の工作物（架空電線を除く．）と接近し，又は交差する場合における，高圧屋上電線路の電線とこれらのものとの離隔距離は，0.6m以上であること．ただし，前項第二号ロの規定により施設する場合であって，第124条及び第125条（第3項及び第4項を除く．）の規定に準じて施設する場合は，この限りでない．

　4　高圧屋上電線路の電線は，平時吹いている風等により植物と接触しないように施設すること．

**【特別高圧屋上電線路の施設】**（関連省令第37条）

　**第115条**　特別高圧屋上電線路は，特別高圧の引込線の屋上部分を除き，施設しないこと．

**【低圧架空引込線等の施設】**（省令第6条，第20条，第21条第1項，第25条第1項，第28条，第29条，第37条）

**第116条**　低圧架空引込線は，次の各号により施設すること．

　一　電線は，絶縁電線又はケーブルであること．

　二　電線は，ケーブルである場合を除き，引張強さ2.30 kN以上のもの又は直径2.6 mm以上の硬銅線であること．ただし，径間が15 m以下の場合に限り，引張強さ1.38 kN以上のもの又は直径2 mm以上の硬銅線を使用することができる．

　三　電線が屋外用ビニル絶縁電線である場合は，人が通る場所から手を伸ばしても触れることのない範囲に施設すること．

　四　電線が屋外用ビニル絶縁電線以外の絶縁電線である場合は，人が通る場所から容易に触れることのない範囲に施設すること．

　五　電線がケーブルである場合は，第67条（第五号を除く.）の規定に準じて施設すること．ただし，ケーブルの長さが1 m以下の場合は，この限りでない．

　六　電線の高さは，116-1表に規定する値以上であること．

116-1表

| 区　　分 | | 高　　さ |
|---|---|---|
| 道路（歩行の用にのみ供される部分を除く．）を横断する場合 | 技術上やむを得ない場合において交通に支障のないとき | 路面上3 m |
| | その他の場合 | 路面上5 m |
| 鉄道又は軌道を横断する場合 | | レール面上5.5 m |
| 横断歩道橋の上に施設する場合 | | 横断歩道橋の路面上3 m |
| 上記以外の場合 | 技術上やむを得ない場合において交通に支障のないとき | 地表上2.5 m |
| | その他の場合 | 地表上4 m |

　七　電線が，工作物又は植物と接近又は交差する場合は，低圧架空電線に係る第71条から第79条までの規定に準じて施設すること．ただし，電線と低圧架空引込線を直接引き込んだ造営物との離隔距離は，危険のおそれがない場合に限り，第71条第1項第二号及び第78条第1項の規定によらないことができる．

　八　電線が，低圧架空引込線を直接引き込んだ造営物以外の工作物（道路，

横断歩道橋，鉄道，軌道，索道，電車線及び架空電線を除く．以下この項
において「他の工作物」という．）と接近又は交差する場合において，技術
上やむを得ない場合は，第七号において準用する第71条から第78条（第
71条第3項及び第78条第4項を除く．）の規定によらず，次により施設す
ることができる．

　イ　電線と他の工作物との離隔距離は，116-2表に規定する値以上である
　　こと．ただし，低圧架空引込線の需要場所の取付け点付近に限り，日本
　　電気技術規格委員会規格 JESC E 2005（2002）「低圧引込線と他物との
　　離隔距離の特例」の「2. 技術的規定」による場合は，同表によらないこ
　　とができる．

116-2表

| 区　　　分 | 低圧引込線の電線の種類 | 離隔距離 |
|---|---|---|
| 造営物の上部造営材の上方 | 高圧絶縁電線，特別高圧絶縁電線又はケーブル | 0.5 m |
| | 屋外用ビニル絶縁電線以外の低圧絶縁電線 | 1 m |
| | その他 | 2 m |
| その他 | 高圧絶縁電線，特別高圧絶縁電線又はケーブル | 0.15 m |
| | その他 | 0.3 m |

　ロ　危険のおそれがないように施設すること．

2　低圧引込線の屋側部分又は屋上部分は，第110条第2項（第一号チを除
　く．）及び第3項の規定に準じて施設すること．

3　第82条第2項又は第3項に規定する低圧架空電線に直接接続する架空引
　込線は，第1項の規定にかかわらず，第82条第2項又は第3項の規定に準じ
　て施設することができる．

4　低圧連接引込線は，次の各号により施設すること．

　一　第1項から第3項までの規定に準じて施設すること．

　二　引込線から分岐する点から100 mを超える地域にわたらないこと．

　三　幅5 mを超える道路を横断しないこと．

　四　屋内を通過しないこと．

**【高圧架空引込線等の施設】**（省令第6条，第20条，第21条第1項，第25条第1
項，第28条，第29条，第37条）

　**第117条**　高圧架空引込線は，次の各号により施設すること．

　一　電線は，次のいずれかのものであること．

イ 引張強さ 8.01 kN 以上のもの又は直径 5 mm 以上の硬銅線を使用する，高圧絶縁電線又は特別高圧絶縁電線

ロ 引下げ用高圧絶縁電線

ハ ケーブル

二 電線が絶縁電線である場合は，がいし引き工事により施設すること．

三 電線がケーブルである場合は，第67条の規定に準じて施設すること．

四 電線の高さは，第68条第1項の規定に準じること．ただし，次に適合する場合は，地表上 3.5 m 以上とすることができる．

イ 次の場合以外であること．

（イ） 道路を横断する場合

（ロ） 鉄道又は軌道を横断する場合

（ハ） 横断歩道橋の上に施設する場合

ロ 電線がケーブル以外のものであるときは，その電線の下方に危険である旨の表示をすること．

五 電線が，工作物又は植物と接近又は交差する場合は，高圧架空電線に係る第71条から第79条までの規定に準じて施設すること．ただし，電線と高圧架空引込線を直接引き込んだ造営物との離隔距離は，危険のおそれがない場合に限り，第71条第1項第二号及び第78条第1項の規定によらないことができる．

2 高圧引込線の屋側部分又は屋上部分は，第111条第2項から第5項までの規定に準じて施設すること．

**【特別高圧架空引込線等の施設】**（省令第5条第1項，第6条，第20条，第25条第1項，第28条，第29条）

**第118条** 特別高圧架空引込線は，次の各号により施設すること．

一 変電所に準ずる場所又は開閉所に準ずる場所に引き込む特別高圧架空引込線は，次によること．

イ 次のいずれかによること．

（イ） 電線にケーブルを使用し，第86条の規定に準じて施設すること．

（ロ） 電線に，引張強さ 8.71 kN 以上のより線又は断面積が 22 mm$^2$ 以上の硬銅より線を使用し，第66条第1項の規定に準じて施設すること．

ロ 電線と支持物等との離隔距離は，第89条の規定に準じること．

二 第一号に規定する場所以外の場所に引き込む特別高圧架空引込線は，次

によること．

イ　使用電圧は，100,000 V 以下であること．

ロ　電線にケーブルを使用し，第86条の規定に準じて施設すること．

三　電線の高さは，第87条の規定に準じること．ただし，次に適合する場合は，同条第1項の規定にかかわらず，電線の高さを地表上4 m 以上とすることができる．

イ　使用電圧が，35,000 V 以下であること．

ロ　電線が，ケーブルであること．

ハ　次の場合以外であること．

（イ）　道路を横断する場合

（ロ）　鉄道又は軌道を横断する場合

（ハ）　横断歩道橋の上に施設される場合

四　電線が，工作物又は植物と接近又は交差する場合は，第97条から第103条まで及び第106条の規定に準じて施設すること．ただし，電線と特別高圧架空引込線を引き込んだ造営物との離隔距離は，危険のおそれがない場合に限り，第97条第1項及び第5項，第102条第1項及び第4項並びに第106条第1項第一号及び第5項第一号の規定によらないことができる．

五　第88条の規定に準じること．

2　特別高圧引込線の屋側部分又は屋上部分は，次の各号により施設すること．

一　使用電圧は，100,000 V 以下であること．

二　第112条第2項の規定に準じて施設すること．

3　第108条の規定により施設する特別高圧架空電線路の電線に接続する特別高圧引込線は，第1項及び第2項の規定によらず，前条の規定に準じて施設することができる．

**【屋側電線路又は屋内電線路に隣接する架空電線の施設】**（省令第20条）

**第119条**　低圧屋側電線路又は屋内に施設する低圧電線路に隣接する1径間の低圧架空電線は，第116条（第4項を除く．）の規定に準じて施設すること．

2　高圧屋側電線路又は屋内に施設する高圧電線路に隣接する1径間の高圧架空電線は，第117条の規定に準じて施設すること．

3　特別高圧屋側電線路又は屋内に施設する特別高圧電線路に隣接する1径間の特別高圧架空電線は，第118条（第1項第一号を除く．）の規定に準じて施設すること．

# 第6節　地中電線路

**【地中電線路の施設】**（省令第21条第2項，第47条）

　**第120条**　地中電線路は，電線にケーブルを使用し，かつ，管路式，暗きょ式又は直接埋設式により施設すること．

　　なお，管路式には電線共同溝（C. C. BOX）方式を，暗きょ式にはキャブ（電力，通信等のケーブルを収納するために道路下に設けるふた掛け式のU字構造物）によるものを，それぞれ含むものとする．

2　地中電線路を管路式により施設する場合は，次の各号によること．

　一　電線を収める管は，これに加わる車両その他の重量物の圧力に耐えるものであること．

　二　高圧又は特別高圧の地中電線路には，次により表示を施すこと．ただし，需要場所に施設する高圧地中電線路であって，その長さが15 m以下のものにあってはこの限りでない．

　　イ　物件の名称，管理者名及び電圧（需要場所に施設する場合にあっては，物件の名称及び管理者名を除く．）を表示すること．

　　ロ　おおむね2 mの間隔で表示すること．ただし，他人が立ち入らない場所又は当該電線路の位置が十分に認知できる場合は，この限りでない．

3　地中電線路を暗きょ式により施設する場合は，次の各号によること．

　一　暗きょは，車両その他の重量物の圧力に耐えるものであること．

　二　次のいずれかにより，防火措置を施すこと．

　　イ　次のいずれかにより，地中電線に耐燃措置を施すこと．

　　（イ）　地中電線が，次のいずれかに適合する被覆を有するものであること．

　　　（1）　建築基準法（昭和25年法律第201号）第2条第九号に規定される不燃材料で造られたもの又はこれと同等以上の性能を有するものであること．

　　　（2）　電気用品の技術上の基準を定める省令の解釈別表第一附表第二十一に規定する耐燃性試験に適合すること又はこれと同等以上の性能を有すること．

　　（ロ）　地中電線を，（イ）（1）又は（2）の規定に適合する延焼防止テープ，延焼防止シート，延焼防止塗料その他これらに類するもので被覆すること．

（ハ）　地中電線を，次のいずれかに適合する管又はトラフに収めること．

（1）　建築基準法第2条第九号に規定される不燃材料で造られたもの又はこれと同等以上の性能を有するものであること．

（2）　電気用品の技術上の基準を定める省令の解釈別表第二附表第二十四に規定する耐燃性試験に適合すること又はこれと同等以上の性能を有すること．

（3）　民間規格評価機関として日本電気技術規格委員会が承認した規格である「地中電線を収める管又はトラフの「自消性のある難燃性」試験方法」の「適用」の欄に規定する要件に規定する試験に適合すること．

ロ　暗きょ内に自動消火設備を施設すること．

4　地中電線路を直接埋設式により施設する場合は，次の各号によること．ただし，一般用電気工作物又は小規模事業用電気工作物が設置された需要場所及び私道以外に施設する地中電線路を日本電気技術規格委員会規格 JESC E 6007（2021）「直接埋設式（砂巻き）による低圧地中電線の施設」の「3．技術的規定」により施設する場合はこの限りでない．

一　地中電線の埋設深さは，車両その他の重量物の圧力を受けるおそれがある場所においては1.2 m以上，その他の場所においては0.6 m以上であること．ただし，使用するケーブルの種類，施設条件等を考慮し，これに加わる圧力に耐えるよう施設する場合はこの限りでない．

二　地中電線を衝撃から防護するため，次のいずれかにより施設すること．

イ　地中電線を，堅ろうなトラフその他の防護物に収めること．

ロ　低圧又は高圧の地中電線を，車両その他の重量物の圧力を受けるおそれがない場所に施設する場合は，地中電線の上部を堅ろうな板又はといで覆うこと．

ハ　地中電線に，第6項に規定するがい装を有するケーブルを使用すること．さらに，地中電線の使用電圧が特別高圧である場合は，堅ろうな板又はといで地中電線の上部及び側部を覆うこと．

ニ　地中電線に，パイプ型圧力ケーブルを使用し，かつ，地中電線の上部を堅ろうな板又はといで覆うこと．

三　第2項第二号の規定に準じ，表示を施すこと．

5　地中電線を冷却するために，ケーブルを収める管内に水を通じ循環させる場合は，地中電線路は循環水圧に耐え，かつ，漏水が生じないように施設す

ること.

6　第4項第二号ハの規定におけるがい装は，次の各号に適合する性能を有するものであること.

一　金属管を使用するものは，2枚の鉄板を平行にしてその間に材料を挟み，室温において管軸と直角の方向の投影面積 1 m² につき 294.2 kN の荷重を板面と直角の方向に加えたとき，その外径が 5% 以上減少しないこと.

二　金属管以外のものを使用するものは，120-1 表に規定する値以上の厚さの鋼帯又は黄銅帯と同等以上の機械的強度を有するものをケーブルの外装又は線心の上に設け，全周を完全に覆う構造であること.

120-1 表

| ケーブルの外装又は線心の外径 | 鋼帯又は黄銅帯の厚さ |
|---|---|
| 12 mm 以下 | 0.5 mm（0.4 mm） |
| 12 mm を超え 25 mm 以下 | 0.6 mm（0.4 mm） |
| 25 mm を超え 40 mm 以下 | 0.6 mm |
| 40 mm 超過 | 0.8 mm |

（備考）　かっこ内の数値は，絶縁物に絶縁紙を使用したケーブル以外のものに適用する.

三　金属製のものは，当該金属部分の上に防食層を有すること.

四　金属以外の管を使用し，これをケーブルの外装と兼用するものは，次に適合すること.

イ　管の内径は，ケーブルが単心のものにあっては線心の直径，多心のものにあっては各線心をまとめたものの外接円の直径の 1.3 倍以上であること.

ロ　2枚の板を平行にしてその間に材料を挟み，室温において管軸と直角の方向の投影面積 1 m² につき 122.6 kN の荷重を板面と直角の方向に加えたとき，管に裂け目を生じず，かつ，その外径が 20% 以上減少しないこと.

7　前項に規定する性能を満足するがい装の規格は，次の各号のとおりとする.

一　重ね巻きした鋼帯又は黄銅帯（成形加工を施したものを除く.）を使用するものの規格は次のとおりとする.

イ　ケーブルの外装の上に鋼帯又は黄銅帯をその幅の 1/3 以下の長さに相当する間げきを保ってらせん状に巻き，次にその間げきの中央部を覆う

ように鋼帯又は黄銅帯で巻き，更にその上に防食層を施したものであること．この場合において，鉛被ケーブル又はアルミ被ケーブルの外装の上に鋼帯又は黄銅帯を施すときは，鉛被又はアルミ被と鋼帯又は黄銅帯との間に座床を施したものであること．

ロ　イの規定における鋼帯又は黄銅帯は，その厚さが120-1表に規定する値以上のものであること．

ハ　イの規定における防食層は，次のいずれかのものであること．

（イ）　ビニル混合物，ポリエチレン混合物又はクロロプレンゴム混合物であって，その厚さが120-2表に規定する値を標準値とし，その平均値が標準値の90% 以上，最小値が標準値の70% 以上のもの

120-2 表

| 使用電圧の区分 | ビニル混合物，ポリエチレン混合物又はクロロプレンゴム混合物の厚さ | |
| --- | --- | --- |
| | 布テープ層があるもの | 布テープ層がないもの |
| 7,000 V 以下 | 2.0 mm | 2.5 mm |
| 7,000 V を超え 100,000 V 以下 | 3.0 mm | 3.5 mm |
| 100,000 V 超過 | 4.0 mm | 4.5 mm |

（ロ）　防腐性コンパウンドを浸み込ませたジュートであって，その厚さが120-3表に規定する値を標準値とし，その平均値が標準値の90% 以上，最小値が標準値の70% 以上のもの

120-3 表

| ジュート層の内径 | ジュートの厚さ |
| --- | --- |
| 70 mm 以下 | 1.5 mm |
| 70 mm 超過 | 2.0 mm |

ニ　イの規定における座床は，次のいずれかのものであること．

（イ）　ビニル混合物，ポリエチレン混合物又はクロロプレンゴム混合物であって，その厚さが120-2表に規定する値を標準値とし，その平均値が標準値の90% 以上，最小値が標準値の70% 以上のもの

（ロ）　ジュート（鋼帯又は黄銅帯の上に施す防食層にジュートを使用する場合は，防腐性コンパウンドを浸み込ませたものに限る．）であって，その厚さが120-4表に規定する値を標準値とし，その平均値が標準値の90% 以上，最小値が標準値の70% 以上のもの

120-4 表

| ケーブルの外装又は線心の外径 | ジュートの厚さ |
|---|---|
| 40 mm 以下 | 1.5 mm |
| 40 mm 超過 | 2.0 mm |

二　成形加工を施した鋼帯又は黄銅帯を使用するものの規格は，次のとおり
とする．

　　イ　ビニル外装ケーブル，ポリエチレン外装ケーブル又はクロロプレン外
　　　装ケーブルの線心又は外装の上に成形加工を施した鋼帯又は黄銅帯を前
　　　後が完全にかみ合うようにらせん状に巻いたものであること．この場合
　　　において，線心の上に巻くものにあっては線心と鋼帯又は黄銅帯との間
　　　にその線心を損傷しないように座床を施し，外装の上に巻くものにあっ
　　　てはその鋼帯又は黄銅帯の上に防食層を施すこと．

　　ロ　イの規定における鋼帯又は黄銅帯は，その厚さが120-1 表に規定する
　　　値以上のものであること．

　　ハ　イの規定における防食層は，ビニル混合物，ポリエチレン混合物又は
　　　クロロプレンゴム混合物であって，その厚さが120-2 表に規定する値を
　　　標準値とし，その平均値が標準値の90％ 以上，最小値が標準値の70％
　　　のものであること．

三　鋼管を使用するものの規格は，次のとおりとする．

　　イ　ビニル外装ケーブル，ポリエチレン外装ケーブル又はクロロプレン外
　　　装ケーブルの線心又は外装の上を鋼管により被覆したものであること．
　　　この場合において，線心の上に被覆するものにあっては線心と鋼管との
　　　間にその線心を損傷しないように座床を施し，外装の上に被覆するもの
　　　にあってはその鋼管の上に防食層を施すこと．

　　ロ　イの規定における鋼管は，次に適合するものであること．

　　　(イ)　鋼帯を円筒状に成形し，合わせ目を連続して溶接した後，波付け
　　　　加工を施したものであって，その厚さが次の計算式により計算した
　　　　値を標準値とし，その平均値が標準値の90％ 以上，最小値が標準値
　　　　の85％ 以上のものであること．

　　　　$T = (D/270) + 0.25$

　　　　$T$ は，鋼管の厚さ（単位：mm．小数点 2 位以下は，四捨五入する．）
　　　　$D$ は，鋼管の内径（単位：mm）

　（ロ）　2枚の鉄板を平行にしてその間に長さ500 mm以上の試料を挟み，室温において管軸と直角の方向の投影面積1 m²につき294.2 kNの荷重を板面と直角の方向に加えたとき，その外径が5%以上減少しないこと．

　（ハ）　室温において，鋼管の外径の20倍の直径を有する円筒のまわりに180度屈曲させた後，直線状に戻し，次に反対方向に180度屈曲させた後，直線状に戻す操作を5回繰り返したとき，ひび，割れその他の異状を生じないこと．

　ハ　イの規定における防食層は，ビニル混合物，ポリエチレン混合物又はクロロプレンゴム混合物であって，その厚さが120-2表に規定する値を標準値とし，その平均値が標準値の90%以上，最小値が標準値の70%以上のものであること．

　四　第10条第4項に規定するCDケーブルの規格は，前項第四号に規定する性能を満足するものとする．

**【地中箱の施設】**（省令第23条第2項，第47条）

　**第121条**　地中電線路に使用する地中箱は，次の各号によること．

　一　地中箱は，車両その他の重量物の圧力に耐える構造であること．

　二　爆発性又は燃焼性のガスが侵入し，爆発又は燃焼するおそれがある場所に設ける地中箱で，その大きさが1 m³以上のものには，通風装置その他ガスを放散させるための適当な装置を設けること．

　三　地中箱のふたは，取扱者以外の者が容易に開けることができないように施設すること．

**【地中電線路の加圧装置の施設】**（省令第34条）

　**第122条**　圧縮ガスを使用してケーブルに圧力を加える装置（以下この条において「加圧装置」という．）は，次の各号によること．

　一　圧縮ガス又は圧油を通じる管（以下この条において「圧力管」という．），圧縮ガスタンク又は圧油タンク（以下この条において「圧力タンク」という．）及び圧縮機は，それぞれの最高使用圧力の1.5倍の油圧又は水圧（油圧又は水圧で試験を行うことが困難である場合は，最高使用圧力の1.25倍の気圧）を連続して10分間加えたとき，これに耐え，かつ，漏えいがないものであること．

　二　圧力タンク及び圧力管は，溶接により残留応力が生じないように，また，ねじの締付けにより無理な荷重がかからないようにすること．

　三　加圧装置には，圧縮ガス又は圧油の圧力を計測する装置を設けること．

　四　圧縮ガスは，可燃性及び腐食性のものでないこと．

　五　自動的に圧縮ガスを供給する加圧装置であって，減圧弁が故障した場合に圧力が著しく上昇するおそれがあるものは，次によること．

　　イ　圧力管であって最高使用圧力が0.3 MPa以上のもの及び圧力タンクの材料，材料の許容応力及び構造は，民間規格評価機関として日本電気技術規格委員会が承認した規格である「圧力容器の構造――一般事項」に適合するものであること．

　　ロ　圧力タンク又は圧力管のこれに近接する箇所及び圧縮機の最終段又は圧力管のこれに近接する箇所には，最高使用圧力以下の圧力で作動するとともに，民間規格評価機関として日本電気技術規格委員会が承認した規格である「安全弁」に適合する安全弁を設けること．ただし，圧力1 MPa未満の圧縮機にあっては，最高使用圧力以下で作動する安全装置をもってこれに代えることができる．

**【地中電線の被覆金属体等の接地】**（省令第10条，第11条）

　**第123条**　地中電線路の次の各号に掲げるものには，D種接地工事を施すこと．

　一　管，暗きょその他の地中電線を収める防護装置の金属製部分

　二　金属製の電線接続箱

　三　地中電線の被覆に使用する金属体

　2　次の各号に掲げるものについては，前項の規定によらないことができる．

　一　ケーブルを支持する金物類

　二　前項各号に掲げるもののうち，防食措置を施した部分

　三　地中電線を管路式により施設した部分における，金属製の管路

**【地中弱電流電線への誘導障害の防止】**（省令第42条第2項）

　**第124条**　地中電線路は，地中弱電流電線路に対して漏えい電流又は誘導作用により通信上の障害を及ぼさないように地中弱電流電線路から十分に離すなど，適当な方法で施設すること．

**【地中電線と他の地中電線等との接近又は交差】**（省令第30条）

　**第125条**　低圧地中電線と高圧地中電線とが接近又は交差する場合，又は低圧若しくは高圧の地中電線と特別高圧地中電線とが接近又は交差する場合は，次の各号のいずれかによること．ただし，地中箱内についてはこの限りでない．

　一　低圧地中電線と高圧地中電線との離隔距離が，0.15 m以上であること．

　二　低圧又は高圧の地中電線と特別高圧地中電線との離隔距離が，0.3 m以

上であること.

三　暗きょ内に施設し，地中電線相互の離隔距離が，0.1 m以上であること（第120条第3項第二号イに規定する耐燃措置を施した使用電圧が170,000 V未満の地中電線の場合に限る.）.

四　地中電線相互の間に堅ろうな耐火性の隔壁を設けること.

五　いずれかの地中電線が，次のいずれかに該当するものである場合は，地中電線相互の離隔距離が，0 m以上であること.

　イ　不燃性の被覆を有すること.

　ロ　堅ろうな不燃性の管に収められていること.

六　それぞれの地中電線が，次のいずれかに該当するものである場合は，地中電線相互の離隔距離が，0 m以上であること.

　イ　自消性のある難燃性の被覆を有すること.

　ロ　堅ろうな自消性のある難燃性の管に収められていること.

2　地中電線が，地中弱電流電線等と接近又は交差して施設される場合は，次の各号のいずれかによること.

一　地中電線と地中弱電流電線等との離隔距離が，125-1表に規定する値以上であること.

125-1 表

| 地中電線の使用電圧の区分 | 離隔距離 |
|---|---|
| 低圧又は高圧 | 0.3 m |
| 特別高圧 | 0.6 m |

二　地中電線と地中弱電流電線等との間に堅ろうな耐火性の隔壁を設けること.

三　地中電線を堅ろうな不燃性の管又は自消性のある難燃性の管に収め，当該管が地中弱電流電線等と直接接触しないように施設すること.

四　地中弱電流電線等の管理者の承諾を得た場合は，次のいずれかによること.

　イ　地中弱電流電線等が，有線電気通信設備令施行規則（昭和46年郵政省令第2号）に適合した難燃性の防護被覆を使用したものである場合は，次のいずれかによること.

　　（イ）　地中電線が地中弱電流電線等と直接接触しないように施設すること.

　　（ロ）　地中電線の電圧が222 V（使用電圧が200 V）以下である場合は，地中電線と地中弱電流電線等との離隔距離が，0 m以上であること.

ロ 地中弱電流電線等が，光ファイバケーブルである場合は，地中電線と
地中弱電流電線等との離隔距離が，0m以上であること．

ハ 地中電線の使用電圧が170,000V未満である場合は，地中電線と地中
弱電流電線等との離隔距離が，0.1m以上であること．

五 地中弱電流電線等が電力保安通信線である場合は，次のいずれかによる
こと．

イ 地中電線の使用電圧が低圧である場合は，地中電線と電力保安通信線
との離隔距離が，0m以上であること．

ロ 地中電線の使用電圧が高圧又は特別高圧である場合は，次のいずれか
によること．

（イ） 電力保安通信線が，不燃性の被覆若しくは自消性のある難燃性の
被覆を有する光ファイバケーブル，又は不燃性の管若しくは自消性
のある難燃性の管に収めた光ファイバケーブルである場合は，地中
電線と電力保安通信線との離隔距離が，0m以上であること．

（ロ） 地中電線が電力保安通信線に直接接触しないように施設すること．

3 特別高圧地中電線が，ガス管，石油パイプその他の可燃性若しくは有毒性
の流体を内包する管（以下この条において「ガス管等」という．）と接近又は
交差して施設される場合は，次の各号のいずれかによること．

一 地中電線とガス管等との離隔距離が，1m以上であること．

二 地中電線とガス管等との間に堅ろうな耐火性の隔壁を設けること．

三 地中電線を堅ろうな不燃性の管又は自消性のある難燃性の管に収め，当
該管がガス管等と直接接触しないように施設すること．

4 特別高圧地中電線が，水道管その他のガス管等以外の管（以下この条にお
いて「水道管等」という．）と接近又は交差して施設される場合は，次の各号
のいずれかによること．

一 地中電線と水道管等との離隔距離が，0.3m以上であること．

二 地中電線と水道管等との間に堅ろうな耐火性の隔壁を設けること．

三 地中電線を堅ろうな不燃性の管又は自消性のある難燃性の管に収める場
合は，当該管と水道管等との離隔距離が，0m以上であること．

四 水道管等が不燃性の管又は不燃性の被覆を有する管である場合は，特別
高圧地中電線と水道管等との離隔距離が，0m以上であること．

5 第1項から前項までの規定における「不燃性」及び「自消性のある難燃性」
は，それぞれ次の各号によること．

一　「不燃性の被覆」及び「不燃性の管」は，建築基準法第2条第九号に規定される不燃材料で造られたもの又はこれと同等以上の性能を有するものであること．

二　「自消性のある難燃性の被覆」は，次によること．

　　イ　地中電線における「自消性のある難燃性の被覆」は，IEEE Std. 383-1974 に規定される燃焼試験に適合するもの又はこれと同等以上の性能を有するものであること．

　　ロ　光ファイバケーブルにおける「自消性のある難燃性の被覆」は，電気用品の技術上の基準を定める省令の解釈別表第一附表第二十一に規定する耐燃性試験に適合するものであること．

三　「自消性のある難燃性の管」は，次のいずれかによること．

　　イ　管が二重管として製品化されているものにあっては，電気用品の技術上の基準を定める省令の解釈別表第二 1.（4）トに規定する耐燃性試験に適合すること．

　　ロ　電気用品の技術上の基準を定める省令の解釈別表第二附表第二十四に規定する耐燃性試験に適合すること又はこれと同等以上の性能を有すること．

　　ハ　民間規格評価機関として日本電気技術規格委員会が承認した規格である「地中電線を収める管又はトラフの「自消性のある難燃性」試験方法」の「適用」の欄に規定する要件に規定する試験に適合すること．

## 第7節　特殊場所の電線路

【**トンネル内電線路の施設**】（省令第6条，第20条，第28条，第29条，第30条）

　**第126条**　人が常時通行するトンネル内又は鉄道，軌道若しくは自動車道の専用のトンネル内の電線路は，次の各号により施設すること．

一　低圧電線は，次のいずれかにより施設すること．

　　イ　がいし引き工事により，次に適合するように施設すること．

　　　（イ）　電線は，絶縁電線であって，引張強さ 2.30 kN 以上のもの又は直径 2.6 mm 以上の硬銅線であること．

　　　（ロ）　第157条（第1項第一号，第四号及び第八号を除く．）の規定に準じること．

　　　（ハ）　電線の高さは，レール面上又は路面上 2.5 m 以上であること．

　　ロ　合成樹脂管工事により，第158条の規定に準じて施設すること．

ハ　金属管工事により，第159条の規定に準じて施設すること．

ニ　金属可とう電線管工事により，第160条の規定に準じて施設すること．

ホ　ケーブル工事により，第164条（第3項を除く．）の規定に準じて施設すること．

二　高圧電線は，第111条第2項の規定に準じて施設すること．ただし，鉄道，軌道又は自動車道の専用のトンネル内において，高圧電線をがいし引き工事により次に適合するように施設する場合はこの限りでない．

イ　電線は，高圧絶縁電線若しくは特別高圧絶縁電線であって，引張強さ5.26 kN 以上のもの又は直径4 mm 以上の硬銅線であること．

ロ　第168条第1項第二号（ロ及びハを除く．）の規定に準じること．

ハ　電線の高さは，レール面又は路面上3 m 以上であること．

三　特別高圧電線は，次により施設すること．

イ　人が常時通行するトンネル内の電線は，次によること．

（イ）　使用電圧は，35,000 V 以下であること．

（ロ）　日本電気技術規格委員会規格 JESC E 2011（2014）「35 kV 以下の特別高圧電線路の人が常時通行するトンネル内の施設」の「2. 技術的規定」により施設すること．

ロ　鉄道，軌道又は自動車道の専用のトンネル内の電線は，第111条第2項の規定に準じて施設すること（同項第六号における「第67条（第一号ホを除く．）」は「第86条」と読み替えるものとする．）．

2　第1項に規定するもの以外のトンネル内の電線路は，次の各号により施設すること．

一　低圧電線は，ケーブル工事により，第164条（第3項を除く．）の規定に準じて施設すること．

二　高圧電線は，第111条第2項の規定に準じて施設すること．

三　特別高圧電線は，次により施設すること．

イ　電線は，CV ケーブル又は OF ケーブルであること．

ロ　日本電気技術規格委員会規格 JESC E 2014（2019）「特別高圧電線路のその他のトンネル内の施設」の「2. 技術的規定」により施設すること．

3　トンネル内電線路の低圧電線が，当該トンネル内の他の低圧電線（管灯回路の配線を除く．以下この条において同じ．），弱電流電線等又は水管，ガス管若しくはこれらに類するものと接近又は交差する場合は，第167条の規定に準じて施設すること．

4　トンネル内電線路の高圧電線又は特別高圧電線が，当該トンネル内の低圧電線，高圧電線（管灯回路の配線を除く．），弱電流電線等又は水管，ガス管若しくはこれらに類するものと接近又は交差する場合は，第111条第3項及び第5項の規定に準じて施設すること．

**【水上電線路及び水底電線路の施設】**（省令第6条，第7条，第20条）

**第127条**　水上電線路は，次の各号によること．

一　使用電圧は，低圧又は高圧であること．

二　電線は，次によること．

　イ　使用電圧が低圧の場合は，次のいずれかのものであること．

　　（イ）　3種キャブタイヤケーブル

　　（ロ）　3種クロロプレンキャブタイヤケーブル

　　（ハ）　3種クロロスルホン化ポリエチレンキャブタイヤケーブル

　　（ニ）　3種耐燃性エチレンゴムキャブタイヤケーブル

　　（ホ）　4種キャブタイヤケーブル

　　（ヘ）　4種クロロプレンキャブタイヤケーブル

　　（ト）　4種クロロスルホン化ポリエチレンキャブタイヤケーブル

　ロ　使用電圧が高圧の場合は，高圧用のキャブタイヤケーブルであること．

　ハ　浮き台の上で支えて施設し，かつ，絶縁被覆を損傷しないように施設すること．

三　水上電線路に使用する浮き台は，鎖等で強固に連結したものであること．

四　水上電線路の電線と架空電線路の電線との接続点は，次により施設すること．

　イ　接続点から電線の絶縁被覆内に水が浸入しないように施設すること．

　ロ　接続点は，支持物に堅ろうに取り付けること．

　ハ　接続点の高さは，127-1表に規定する値以上であること．

127-1表

| 接続点の場所の区分 | | 使用電圧の区分 | 高　さ |
|---|---|---|---|
| 陸上 | 道路（歩行の用にのみ供される部分を除く．以下この項において同じ．）上以外 | 低圧 | 地表上4 m |
| | | 高圧 | 地表上5 m |
| | 道路上 | 低圧又は高圧 | 路面上5 m |
| 水面上 | | 低圧 | 水面上4 m |
| | | 高圧 | 水面上5 m |

　　五　水上電線路に接続する架空電線路の電路には，専用の開閉器及び過電流遮断器を各極（過電流遮断器にあっては，多線式電路の中性極を除く．）に施設し，かつ，水上電線路の使用電圧が高圧の場合は，電路に地絡を生じたときに自動的に電路を遮断する装置を施設すること．（関連省令第14条，第15条）

2　水底電線路は，次の各号により施設すること．

　一　損傷を受けるおそれがない場所に，危険のおそれがないように施設すること．

　二　低圧又は高圧の水底電線路の電線は，次のいずれかのものであること．

　　イ　第3条に規定する性能を満足し，直径6mmの亜鉛めっき鉄線以上の機械的強度を有する金属線によりがい装を施した水底ケーブル

　　ロ　第120条第6項に規定する性能を満足するがい装を有するケーブル

　　ハ　堅ろうな管に収めたケーブル

　　ニ　水底に埋設する場合は，直径4.5mmの亜鉛めっき鉄線以上の機械的強度を有する金属線によりがい装を施したケーブル

　　ホ　直径4.5mm（飛行場の誘導路灯その他の標識灯に接続するものである場合は，直径2mm）の亜鉛めっき鉄線以上の機械的強度を有する金属線によりがい装を施し，かつ，がい装に防食被覆を施したケーブル

　三　特別高圧の水底電線路の電線は，次のいずれかのものであること．

　　イ　堅ろうな管に収めたケーブル

　　ロ　直径6mmの亜鉛めっき鉄線以上の機械的強度を有する金属線によりがい装を施したケーブル

3　第2項第二号イに規定する性能を満足する水底ケーブルの規格は，次の各号によること．

　一　電線の導体は，別表第1に規定する軟銅線を素線としたより線（絶縁体にブチルゴム混合物又はエチレンプロピレンゴム混合物を使用するものにあっては，すず若しくは鉛又はこれらの合金のめっきを施したものに限る．）であること．

　二　絶縁体は，次に適合するものであること．

　　イ　材料は，ポリエチレン混合物，ブチルゴム混合物又はエチレンプロピレンゴム混合物であって，電気用品の技術上の基準を定める省令の解釈別表第一附表第十四に規定する試験を行ったとき，これに適合するものであること．

ロ　厚さは，127-2表に規定する値（導体に接する部分に半導電層を設ける場合は，その厚さを減じた値）以上であること．

127-2表

| 使用電圧の区分 | 導体の公称断面積 | 絶縁体の厚さ | |
|---|---|---|---|
| | | ポリエチレン混合物又はエチレンプロピレンゴム混合物の場合 | ブチルゴム混合物の場合 |
| 600 V 以下 | 8 mm² 以上　80 mm² 以下 | 2.0 mm | 2.5 mm |
| | 80 mm² を超え 325 mm² 以下 | 2.5 mm | 2.5 mm |
| 600 V を超え 3,500 V 以下 | 8 mm² 以上　325 mm² 以下 | 3.5 mm | 4.5 mm |
| 3,500 V 超過 | 8 mm² 以上　325 mm² 以下 | 5.0 mm | 6.0 mm |

三　電力保安通信線を複合するものである場合は，当該通信線は，第137条第5項に規定する添架通信用第2種ケーブルであること．

四　がい装は，線心（電力保安通信線を複合するものにあっては当該通信線を含む．）をジュートその他の繊維質のものとともにより合せて円形に仕上げたものの上に，防腐処理を施したジュート又はポリエチレン混合物，ポリプロピレン混合物若しくはビニル混合物の繊維質のもの（以下この条において「ジュート等」という．）を厚さ2 mm 以上に巻き，その上に直径6 mm 以上の防食性コンパウンドを塗布した亜鉛めっき鉄線を施し，更にジュート等を厚さ3.5 mm 以上に巻いたものであること．この場合において，ジュートを巻くものにあっては，亜鉛めっき鉄線の上部及び最外層に防腐性コンパウンドが塗布されたものであること．

五　完成品は，次に適合するものであること．

イ　清水中に1時間浸した後，導体（電力保安通信線を複合するものにあっては，当該通信線の導体を除く．以下この号において同じ．）相互間及び導体と大地との間に127-3表に規定する交流電圧を連続して10分間加えたとき，これに耐える性能を有すること．

127-3表

| ケーブルの使用電圧の区分 | 交流電圧 |
|---|---|
| 600 V 以下 | 3,000 V |
| 600 V を超え 3,500 V 以下 | 10,000 V |
| 3,500 V 超過 | 18,000 V |

ロ　イの試験の後において，導体と大地との間に100Vの直流電圧を1分間加えた後に測定した絶縁体の絶縁抵抗が別表第7に規定する値以上であること．

**【地上に施設する電線路】**（省令第5条第1項，第20条，第37条）

　**第128条**　地上に施設する電線路は，次の各号のいずれかに該当する場合に限り，施設することができる．

　一　1構内だけに施設する電線路の全部又は一部として施設する場合

　二　1構内専用の電線路中その構内に施設する部分の全部又は一部として施設する場合

　三　地中電線路と橋に施設する電線路又は電線路専用橋等に施設する電線路との間で，取扱者以外の者が立ち入らないように措置した場所に施設する場合

2　地上に施設する低圧又は高圧の電線路は，次の各号により施設すること．

　一　交通に支障を及ぼすおそれがない場所に施設すること．

　二　第123条，第124条及び第125条（第1項を除く．）の規定に準じて施設すること．

　三　電線は，次によること．

　　イ　使用電圧が低圧の場合は，次のいずれかのものであること．

　　　（イ）　ケーブル

　　　（ロ）　3種クロロプレンキャブタイヤケーブル

　　　（ハ）　3種クロロスルホン化ポリエチレンキャブタイヤケーブル

　　　（ニ）　3種耐燃性エチレンゴムキャブタイヤケーブル

　　　（ホ）　4種クロロプレンキャブタイヤケーブル

　　　（ヘ）　4種クロロスルホン化ポリエチレンキャブタイヤケーブル

　　ロ　使用電圧が高圧の場合は，次のいずれかのものであること．

　　　（イ）　ケーブル

　　　（ロ）　高圧用の3種クロロプレンキャブタイヤケーブル

　　　（ハ）　高圧用の3種クロロスルホン化ポリエチレンキャブタイヤケーブル

　四　電線がケーブルである場合は，次によること．

　　イ　電線を，鉄筋コンクリート製の堅ろうな開きょ又はトラフに収めること．

　　ロ　イの開きょ又はトラフには取扱者以外の者が容易に開けることができ

　　　ないような構造を有する鉄製又は鉄筋コンクリート製その他の堅ろうな
　　　ふたを設けること．
　　ハ　第125条第1項の規定に準じて施設すること．
　五　電線がキャブタイヤケーブルである場合は，次によること．
　　イ　電線の途中において接続点を設けないこと．
　　ロ　電線は，損傷を受けるおそれがないように開きょ等に収めること．た
　　　だし，取扱者以外の者が出入りできないように措置した場所に施設する
　　　場合は，この限りでない．
　　ハ　電線路の電源側電路には，専用の開閉器及び過電流遮断器を各極（過
　　　電流遮断器にあっては，多線式電路の中性極を除く．）に施設すること．
　　　（関連省令第14条）
　　ニ　使用電圧が300 Vを超える低圧又は高圧の電路には，電路に地絡を生
　　　じたときに自動的に電路を遮断する装置を施設すること．ただし，電線
　　　路の電源側接続点から1 km以内の電源側電路に専用の絶縁変圧器を施
　　　設する場合であって，電路に地絡を生じたときに技術員駐在所に警報す
　　　る装置を設けるときは，この限りでない．（関連省令第15条）
　3　地上に施設する特別高圧電線路は，次の各号により施設すること．
　一　第1項第一号又は第二号に該当する場合は，使用電圧は，100,000 V以
　　　下であること．
　二　第111条第2項第七号，第124条及び第125条の規定に準じること．
　三　電線は，ケーブルであること．
　四　電線を，鉄筋コンクリート製の堅ろうな開きょ又はトラフに収めるこ
　　　と．
　五　前号の開きょ又はトラフには取扱者以外の者が容易に開けることができ
　　　ないような構造を有する鉄製又は鉄筋コンクリート製その他の堅ろうな
　　　ふたを設けること．

## 【橋に施設する電線路】（省令第6条，第20条）

　**第129条**　橋（次条に規定するものを除く．以下この条において同じ．）に施設
　　する低圧電線路は，次の各号によること．
　一　橋の上面に施設するものは，電線路の高さを橋の路面上5 m以上とする
　　　ほか，次のいずれかにより施設すること．
　　イ　電線をがいしにより支持して施設する場合は，次によること．
　　　（イ）　電線は，絶縁電線であって，引張強さ2.30 kN以上のもの又は直

　　　径2.6mm以上の硬銅線であること.

　　(ロ)　電線と造営材との離隔距離は,0.3m以上であること.

　　(ハ)　がいしは,絶縁性,難燃性及び耐水性のあるものであって,造営
　　　　材に堅ろうに取り付けた腕金類に施設すること.

　ロ　架空ケーブルにより施設する場合は,次によること.

　　(イ)　第67条(第五号を除く.)の規定に準じて施設すること.

　　(ロ)　電線と造営材との離隔距離は,0.15m以上であること.

　ハ　二層橋の上段の造営材その他これに類するものの下面に施設する場合
　　は,第167条の規定に準じるほか,次のいずれかによること.

　　(イ)　合成樹脂管工事により,第158条の規定に準じて施設すること.

　　(ロ)　金属管工事により,第159条の規定に準じて施設すること.

　　(ハ)　金属可とう電線管工事により,第160条の規定に準じて施設する
　　　　こと.

　　(ニ)　ケーブル工事により,第164条(第3項を除く.)の規定に準じて
　　　　施設すること.

二　橋の側面に施設するものは,次のいずれかにより施設すること.

　イ　前号イ又はロの規定に準じて施設し,橋の内側へ突き出して施設する
　　ものにあっては,電線路の高さを橋の路面上5m以上として施設するこ
　　と.

　ロ　第110条第2項及び第3項の規定に準じて施設すること.

三　橋の下面に施設するものは,第一号ハの規定に準じて施設すること.

2　橋に施設する高圧電線路は,次の各号によること.

一　橋の上面に施設するものは,電線路の高さを橋の路面上5m以上とする
　ほか,次のいずれかにより施設すること.

　イ　架空ケーブルにより施設する場合は,次によること.

　　(イ)　第67条の規定に準じて施設すること.

　　(ロ)　電線と造営材との離隔距離は,0.3m以上であること.

　ロ　二層橋の上段の造営材その他これに類するものの下面に施設する場合
　　は,第111条第2項の規定に準じるほか,次のいずれかによること.

　　(イ)　第111条第3項から第5項までの規定に準じて施設すること.

　　(ロ)　民間規格評価機関のうち日本電気技術規格委員会が承認した規格
　　　　である「橋又は電線路専用橋等に施設する電線路の離隔要件」の
　　　　「適用」の欄に規定する方法により施設すること.

　　ハ　鉄道又は軌道の専用の橋において，電線を造営材に堅ろうに取り付け
　　　た腕金類にがいしを用いて支持して施設する場合は，次によること．
　　　（イ）　電線は，引張強さ 5.26 kN 以上のもの又は直径 4 mm 以上の硬銅
　　　　　線であること．
　　　（ロ）　第 66 条第 1 項の規定に準じること．
　　　（ハ）　電線と造営材との離隔距離は，0.6 m 以上であること．
　　　（ニ）　がいしは，絶縁性，難燃性及び耐水性のあるものであること．
　二　橋の側面に施設するものは，次のいずれかにより施設すること．
　　イ　前号イ又はハの規定に準じて施設し，橋の内側へ突き出して施設する
　　　ものにあっては，電線路の高さを橋の路面上 5 m 以上として施設するこ
　　　と．
　　ロ　前号ロの規定に準じること．
　三　橋の下面に施設するものは，第一号ロの規定に準じて施設すること．
3　橋に施設する特別高圧電線路は，次の各号によること．
　一　橋の上面に施設するものは，次により施設すること．
　　イ　電線路の高さは，橋の路面上 5 m 以上であること．
　　ロ　二層橋の上段の造営材その他これに類するものの下面に，第 111 条第
　　　2 項（第四号から第六号までを除く．）の規定に準じるほか，次のいずれ
　　　かによること．
　　　（イ）　第 111 条第 3 項から第 5 項までの規定に準じて施設すること．
　　　（ロ）　日本電気技術規格委員会規格 JESC E 2016（2017）「橋又は電線
　　　　　路専用橋等に施設する電線路の離隔要件」の「2. 技術的規定」によ
　　　　　り施設すること．
　　ハ　ケーブルは，堅ろうな管又はトラフに収めて施設すること．
　二　橋の側面又は下面に施設するものは，第 111 条第 2 項の規定に準じる
　　　（同項第六号における「第 67 条（第一号ホを除く．）」は「第 86 条」と読み
　　　替えるものとする．）ほか，次のいずれかによること．
　　イ　第 111 条第 3 項から第 5 項までの規定に準じて施設すること．
　　ロ　日本電気技術規格委員会規格 JESC E 2016（2017）「橋又は電線路専
　　　用橋等に施設する電線路の離隔要件」の「2. 技術的規定」により施設す
　　　ること．

**【電線路専用橋等に施設する電線路】**（省令第 20 条）
　**第 130 条**　電線路専用の橋，パイプスタンドその他これらに類するものに施設

する低圧電線路は，次の各号によること．

一 バスダクト工事による場合は，次によること．

イ 1構内だけに施設する電線路の全部又は一部として施設すること．

ロ 第163条の規定に準じて施設するほか，ダクトは水が浸水してたまらないものであること．

二 バスダクト工事以外による場合は，電線は，ケーブル，3種クロロプレンキャブタイヤケーブル，3種クロロスルホン化ポリエチレンキャブタイヤケーブル，3種耐燃性エチレンゴムキャブタイヤケーブル，4種クロロプレンキャブタイヤケーブル又は4種クロロスルホン化ポリエチレンキャブタイヤケーブルであること．

三 電線がケーブルである場合は，第164条第1項第二号から第五号までの規定に準じて施設すること．

四 電線がキャブタイヤケーブルである場合は，第128条第2項第五号の規定に準じて施設すること．

2 電線路専用の橋，パイプスタンドその他これらに類するものに施設する高圧電線路は，次の各号によること．

一 電線は，ケーブル又は高圧用の3種クロロプレンキャブタイヤケーブル若しくは3種クロロスルホン化ポリエチレンキャブタイヤケーブルであること．

二 電線がケーブルである場合は，第111条第2項の規定に準じるほか，次のいずれかによること．

イ 第111条第3項から第5項までの規定に準じて施設すること．

ロ 民間規格評価機関のうち日本電気技術規格委員会が承認した規格である「橋又は電線路専用橋等に施設する電線路の離隔要件」の「適用」の欄に規定する方法により施設すること．

三 電線がキャブタイヤケーブルである場合は，第128条第2項第五号の規定に準じて施設すること．

3 電線路専用の橋，パイプスタンドその他これらに類するものに施設する特別高圧電線路は，次の各号によること．

一 パイプスタンドその他これに類するものに施設する場合は，使用電圧は，100,000 V以下であること．

二 第111条第2項の規定に準じる（同項第六号における「第67条（第一号ホを除く．）」は「第86条」と読み替えるものとする．）ほか，次のいずれ

かによること.

イ　第 111 条第 3 項から第 5 項までの規定に準じて施設すること.

ロ　民間規格評価機関のうち日本電気技術規格委員会が承認した規格である「橋又は電線路専用橋等に施設する電線路の離隔要件」の「適用」の欄に規定する方法により施設すること.

## 【がけに施設する電線路】（省令第 39 条）

**第 131 条**　がけに施設する低圧又は高圧の電線路は，次の各号に該当する場合に限り施設することができる.

一　次に該当しないこと.

イ　建造物の上に施設される場合

ロ　道路，鉄道，軌道，索道，架空弱電流電線等，架空電線又は電車線と交差して施設される場合

ハ　鉄道，軌道，索道，架空弱電流電線等，架空電線又は電車線と電線路との水平距離が，3 m 未満に接近して施設される場合

二　技術上やむを得ない場合であること.

2　がけに施設する低圧又は高圧の電線路は，次の各号によること.

一　第 65 条，第 66 条，第 67 条（第一号ホを除く.），第 68 条，及び第 79 条の規定に準じて施設すること.

二　電線の支持点間の距離は，15 m 以下であること.

三　電線は，ケーブルである場合を除き，がけに堅ろうに取り付けた金属製腕金類に絶縁性，難燃性及び耐水性のあるがいしを用いて支持すること.

四　電線には，接触防護措置を施すこと.

五　損傷を受けるおそれがある場所に電線を施設する場合は，適当な防護装置を設けること.

六　低圧電線路と高圧電線路とを同一のがけに施設する場合は，高圧電線路を低圧電線路の上とし，かつ，高圧電線と低圧電線との離隔距離は，0.5 m 以上であること.

## 【屋内に施設する電線路】（省令第 20 条，第 28 条，第 29 条，第 30 条，第 37 条）

**第 132 条**　屋内に施設する電線路は，次の各号のいずれかに該当する場合において，第 175 条から第 178 条までに規定する以外の場所に限り，施設することができる.

一　1 構内，同一基礎構造物及びこれに構築された複数の建物並びに構造的に一体化した 1 つの建物（以下この条において「1 構内等」という.）に施

設する電線路の全部又は一部として施設する場合

二　1 構内等専用の電線路中，その 1 構内等に施設する部分の全部又は一部
として施設する場合

三　屋外に施設された複数の電線路から送受電するように施設する場合

2　屋内に施設する電線路は，次項に規定する場合を除き，次の各号によること．

一　低圧電線路は，次によること．

イ　第 145 条第 1 項及び第 2 項，第 148 条，第 156 条（金属線ぴ工事，
ライティングダクト工事及び平形保護層工事に係る部分を除く．），第 157
条から第 160 条まで，第 162 条から第 164 条まで，並びに第 165 条第 1
項及び第 2 項の規定に準じて施設すること．

ロ　電線が，他の屋内に施設する低圧電線路の電線，低圧屋内配線，弱電
流電線等又は水管，ガス管若しくはこれらに類するものと接近又は交差
する場合は，第 167 条の規定に準じて施設すること．

二　高圧電線路は，次によること．

イ　第 145 条第 1 項及び第 2 項並びに第 168 条第 1 項の規定に準じて施設
すること．

ロ　電線が，他の屋内に施設する低圧又は高圧の電線路の電線，高圧屋内
配線，低圧屋内配線，弱電流電線等又は水管，ガス管若しくはこれらに
類するものと接近又は交差する場合は，第 168 条第 2 項の規定に準じて
施設すること．

三　特別高圧電線路は，次によること．

イ　第 145 条第 1 項及び第 2 項並びに第 169 条第 1 項の規定に準じて施設
すること．

ロ　電線が，屋内に施設する低圧又は高圧の電線路の電線，低圧屋内配線，
高圧屋内配線，弱電流電線等又は水管，ガス管若しくはこれらに類する
ものと接近又は交差する場合は，第 169 条第 2 項の規定に準じて施設す
ること．

四　電線にケーブルを使用し，次のいずれかにより施設する場合は，第一号
から第三号までの規定によらないことができる．

イ　電線路専用であって堅ろう，かつ，耐火性の構造物に仕切られた場所
に施設する場合

ロ　日本電気技術規格委員会規格 JESC E 2017（2018）「免震建築物にお

ける特別高圧電線路の施設」の「2. 技術的規定」により施設する場合

五　地中電線と地中弱電流電線等を屋内に直接引き込む場合の相互の離隔距離は，地中からの引込口付近に限り，第一号から第三号の規定によらず，第125条（第1項を除く.）の規定に準じて施設することができる.

3　住宅の屋内に施設する電線路は，次の各号によること.

一　電線路の対地電圧は，300 V 以下であること.

二　次のいずれかによること.

　イ　合成樹脂管工事により，第158条の規定に準じて施設すること.

　ロ　金属管工事により，第159条の規定に準じて施設すること.

　ハ　ケーブル工事により，第164条（第3項を除く.）の規定に準じて施設すること.

三　人が触れるおそれがない隠ぺい場所に施設すること.

**【臨時電線路の施設】**（省令第4条）

**第133条**　架空電線路の支持物として使用する鉄塔であって，使用期間が6月以内のものは，第59条第7項の規定によらず，支線を用いてその強度を分担させることができる.

2　架空電線路の支持物として使用する鉄筋コンクリート柱，鉄柱又は鉄塔に施設する支線であって，使用期間が6月以内のものを，次の各号により施設する場合は，第61条第1項第三号の規定によらないことができる.

一　支線は，日本産業規格 JIS G 3525 (2013)「ワイヤロープ」に規定するワイヤロープであること.

二　支線の公称径は，10 mm 以上であること.

3　架空電線路の支持物として使用する鉄筋コンクリート柱，鉄柱又は鉄塔に施設する支線であって，使用期間が6月以内のものは，第61条第1項第四号の規定によらないことができる.

4　低圧架空電線又は高圧架空電線にケーブルを使用する場合であって，使用期間が2月以内のものは，第67条（第110条第2項第五号ハ（ロ），第111条第2項第六号，第113条第2項第二号イ，第114条第2項第二号イ，第116条第1項第五号，第117条第1項第三号，第129条第1項第一号ロ（イ）及び第2項第一号イ（イ）並びに第131条第2項第一号で準用する場合を含む.）の規定によらないことができる.

5　35 kV 以下の特別高圧架空電線路又は災害後の復旧に用いる特別高圧架空電線路の電線にケーブルを使用する場合であって，使用期間が2月以内のも

のは，第 86 条（第 112 条第 2 項，第 126 条第 1 項第三号ロ，第 129 条第 3 項第二号及び第 130 条第 3 項第二号で準用する場合を含む．）の規定によらないことができる．

6　低圧，高圧又は 35,000 V 以下の特別高圧の架空電線を，民間規格評価機関として日本電気技術規格委員会が承認した規格である「臨時電線路に適用する防護具及び離隔距離」の「適用」の欄に規定する要件により施設する場合は，当該電線と造営物との離隔距離は，第 71 条，第 78 条及び第 106 条の規定によらないことができる．

7　使用電圧が 300 V 以下の低圧引込線の屋側部分又は屋上部分であって，使用期間が 4 月以内のものを，雨露にさらされない場所にがいし引き工事により施設する場合は，第 116 条第 2 項（同条第 4 項で準用する場合を含む．）で準用する第 110 条第 2 項第一号ニの規定にかかわらず，電線相互間及び電線と造営材との間を離さないで施設することができる．

8　地上に施設する低圧又は高圧の電線路及び災害後の復旧に用いる地上に施設する特別高圧電線路であって，使用期間が 2 月以内のものを，次の各号により施設する場合は，第 128 条の規定によらないことができる．

一　電線は，電線路の使用電圧が低圧の場合はケーブル又は断面積が，8 mm$^2$ 以上の 3 種クロロプレンキャブタイヤケーブル，3 種クロロスルホン化ポリエチレンキャブタイヤケーブル，3 種耐燃性エチレンゴムキャブタイヤケーブル，4 種クロロプレンキャブタイヤケーブル若しくは 4 種クロロスルホン化ポリエチレンキャブタイヤケーブル，高圧の場合はケーブル又は高圧用のキャブタイヤケーブル，特別高圧の場合はケーブルであること．

二　電線を施設する場所には，取扱者以外の者が容易に立ち入らないようにさく，へい等を設け，かつ，人が見やすいように適当な間隔で危険である旨の表示をすること．

三　電線は，重量物の圧力又は著しい機械的衝撃を受けるおそれがないように施設すること．

9　地上に施設する使用電圧が 35,000 V 以下の特別高圧電線路を，日本電気技術規格委員会規格 JESC E 2008（2014）「35 kV 以下の特別高圧地上電線路の臨時施設」の「2．技術的規定」により施設する場合は，第 128 条の規定によらないことができる．

# 第4章 電力保安通信設備

**【電力保安通信設備に係る用語の定義】**（省令第1条）

**第134条** この解釈において用いる電力保安通信設備に係る用語であって，次の各号に掲げるものの定義は，当該各号による．

一 添架通信線 架空電線路の支持物に施設する電力保安通信線

二 給電所 電力系統の運用に関する指令を行う所

**【電力保安通信用電話設備の施設】**（省令第4条，第50条第1項）

**第135条** 次の各号に掲げる箇所には，電力保安通信用電話設備を施設すること．

一 次に掲げる場所と，これらの運用を行う給電所との間

イ 遠隔監視制御されない発電所（第225条に規定する場合に係るものを除く．）．ただし，次に適合するものを除く．

（イ） 発電所の出力が2,000kW未満であること．

（ロ） 第47条の2第1項第二号ロの規定に適合するものであること．

（ハ） 給電所との間で保安上，緊急連絡の必要がないこと．

ロ 遠隔監視制御されない変電所

ハ 遠隔監視制御されない変電所に準ずる場所であって，特別高圧の電気を変成するためのもの．ただし，次に適合するものを除く．

（イ） 使用電圧が35,000V以下であること．

（ロ） 機器をその操作等により電気の供給に支障を及ぼさないように施設したものであること．

（ハ） 電力保安通信用電話設備に代わる電話設備を有すること．

ニ 発電制御所（発電所を遠隔監視制御する場所をいう．以下この条において同じ．）

ホ 変電制御所（変電所を遠隔監視制御する場所をいう．以下この条において同じ．）

ヘ 開閉所（技術員が現地へ赴いた際に給電所との間で連絡が確保できるものを除く．）

ト 電線路の技術員駐在所

二 2以上の給電所のそれぞれとこれらの総合運用を行う給電所との間

三 前号の総合運用を行う給電所であって，互いに連系が異なる電力系統に

属するもの相互の間

四 水力設備中の必要な箇所並びに水力設備の保安のために必要な量水所及び降水量観測所と水力発電所との間

五 同一水系に属し，保安上，緊急連絡の必要がある水力発電所相互の間

六 同一電力系統に属し，保安上，緊急連絡の必要がある発電所，変電所，変電所に準ずる場所であって特別高圧の電気を変成するためのもの，発電制御所，変電制御所及び開閉所相互の間

七 次に掲げるものと，これらの技術員駐在所との間

　イ 発電所．ただし，次に適合するものを除く．

　　(イ) 第一号イ(イ)及び(ロ)の規定に適合するものであること．

　　(ロ) 携帯用又は移動用の電力保安通信用電話設備により，技術員駐在所との間の連絡が確保できること．

　ロ 変電所．ただし，次に適合するものを除く．

　　(イ) 第48条の規定により施設するものであること．

　　(ロ) 使用電圧が35,000 V以下であること．

　　(ハ) 変電所に接続される電線路が同一の技術員駐在所により運用されるものであること．

　　(ニ) 携帯用又は移動用の電力保安通信用電話設備により，技術員駐在所との間の連絡が確保できること．

　ハ 発電制御所

　ニ 変電制御所

　ホ 開閉所

八 発電所，変電所，変電所に準ずる場所であって特別高圧の電気を変成するためのもの，発電制御所，変電制御所，開閉所，給電所及び技術員駐在所と電気設備の保安上，緊急連絡の必要がある気象台，測候所，消防署及び放射線監視計測施設等との間

2 特別高圧架空電線路及びこう長5 km以上の高圧架空電線路には，架空電線路の適当な箇所で通話できるように携帯用又は移動用の電力保安通信用電話設備を施設すること．

**【電力保安通信線の施設】**（省令第28条，第50条第2項）

**第136条** 重量物の圧力又は著しい機械的衝撃を受けるおそれがある場所に施設する電力保安通信線は，次の各号のいずれかによること．

一 適当な防護装置を設けること．

二　重量物の圧力又は著しい機械的衝撃に耐える保護被覆を施した通信線を使用すること.

2　架空電力保安通信線は，次の各号のいずれかにより施設すること.（関連省令第6条）

一　通信線にケーブルを使用し，次により施設すること.

イ　ケーブルをちょう架用線によりちょう架すること.

ロ　ちょう架用線は，金属線からなるより線であること.ただし，光ファイバケーブルをちょう架する場合は，この限りでない.

ハ　ちょう架用線は，第67条第五号の規定に準じて施設すること.

二　通信線に，引張強さ2.30 kN以上のもの又は直径2.6 mm以上の硬銅線（ケーブルを除く.）を使用すること.

三　架空地線を利用して光ファイバケーブルを施設すること.

3　電力保安通信線に複合ケーブルを使用する場合は，次の各号によること.

一　複合ケーブルを使用した通信線を道路に埋設して施設する場合は，次のいずれかによること.ただし，通信線を山地等であって人が容易に立ち入るおそれがない場所に施設する場合は，この限りでない.

イ　複合ケーブルを使用した通信線を暗きょ内に施設すること.

ロ　複合ケーブルを使用した通信線の周囲に取扱者以外の者が立ち入らないように，さく，へい等を施設すること.

ハ　交通の確保その他公共の利益のためやむを得ない場合において，複合ケーブルを使用した通信線が道路を横断するときは，次のいずれかによること.

（イ）　車両その他の重量物の圧力に耐えるように施設すること.

（ロ）　埋設深さを1.2 m以上として施設すること.

二　複合ケーブルを使用した通信線に直接接続する通信線は，次によること.

イ　通信線は，添架通信用第2種ケーブル又はこれと同等以上の絶縁効力を有するケーブルであること.

ロ　通信線相互の接続は，第12条第二号（第一号の準用に係る部分を除く.）の規定に準じること.

ハ　通信線の架空部分は，第137条及び第138条の特別高圧架空電線路添架通信線に直接接続する架空通信線の規定に準じて施設すること.

ニ　工作物に固定して施設する通信線（通信線の架空部分並びに地中，水

底及び屋内に施設するものを除く. 以下この号において同じ.）と工作物に固定して施設された他の弱電流電線等（弱電流電線等の架空部分を除く. 以下この号において同じ.）とが接近若しくは交差する場合，又は通信線を他の弱電流電線等と同一の支持物に固定して施設する場合は，通信線と他の弱電流電線等との離隔距離を 15 cm 以上として施設すること. ただし，他の弱電流電線路等の管理者の承諾を得た場合は，この限りでない.

4 電力保安通信線を暗きょ内に施設する場合は，次の各号のいずれかによること.

一 次のいずれかに適合する被覆を有する通信線を使用すること.

イ 建築基準法第 2 条第九号に規定される不燃材料で造られたもの又はこれと同等以上の性能を有するものであること.

ロ 電気用品の技術上の基準を定める省令の解釈別表第一附表第二十一に規定する耐燃性試験に適合すること又はこれと同等以上の性能を有すること.

二 前号イ又はロの規定に適合する延焼防止テープ，延焼防止シート，延焼防止塗料その他これらに類するもので通信線を被覆すること.

三 次のいずれかに適合する管又はトラフに通信線を収めて施設すること.

イ 建築基準法第 2 条第九号に規定される不燃材料で造られたもの又はこれと同等以上の性能を有するものであること.

ロ 電気用品の技術上の基準を定める省令の解釈別表第二附表第二十四に規定する耐燃性試験に適合すること又はこれと同等以上の性能を有すること.

四 暗きょ内に自動消火設備を施設すること.

**【添架通信線及びこれに直接接続する通信線の施設】**（省令第 4 条，第 28 条）

**第 137 条** 添架通信線は，次の各号によること.

一 通信線と，低圧，高圧又は特別高圧の架空電線との離隔距離は，137-1 表に規定する値以上であること.

137-1 表

| 架空電線の使用電圧の区分 | 架空電線の種類 | 通信線の種類 | 離隔距離 |
|---|---|---|---|

| | | | |
|---|---|---|---|
| 低圧 | 低圧引込線 | 添架通信用第2種ケーブル若しくはこれと同等以上の絶縁効力を有するもの又は光ファイバケーブル | 0.15 m |
| | 絶縁電線又はケーブル | 添架通信用第1種ケーブル若しくはこれと同等以上の絶縁効力を有するもの，添架通信用第2種ケーブル又は絶縁電線 | 0.3 m |
| | 上記以外の場合 | | 0.6 m |
| 高圧 | ケーブル | 添架通信用第1種ケーブル若しくはこれと同等以上の絶縁効力を有するもの，添架通信用第2種ケーブル又は絶縁電線 | 0.3 m |
| | 上記以外の場合 | | 0.6 m |
| 特別高圧 | ケーブル | 添架通信用第1種ケーブル若しくはこれと同等以上の絶縁効力を有するもの，添架通信用第2種ケーブル又は絶縁電線 | 0.3 m |
| | 第108条の規定により施設するもの | 全て | 0.75 m |
| | 上記以外の場合 | | 1.2 m |

　二　通信線は，架空電線の下に施設すること．ただし，次のいずれかに該当する場合は，この限りでない．
　　イ　架空電線にケーブルを使用する場合
　　ロ　通信線に架空地線を利用して施設する光ファイバケーブルを使用する場合
　　ハ　通信線のうち，支持物の長さ方向に施設されるもの（以下この項において「垂直部分」という．）を，架空電線と接触するおそれがないように支持物又は腕金類に堅ろうに施設する場合
　三　通信線は，架空電線路の支持物に施設する機械器具に附属する高圧引下げ線，変圧器の二次側配線及びその他の機械器具に附属する全ての電線と接触するおそれがないように，支持物又は腕金類に堅ろうに施設すること．
　四　通信線の垂直部分は，第81条第五号イの規定に準じて施設すること．
　2　添架通信線に直接接続する通信線（屋内に施設するものを除く．）は，次の各号いずれかのものであること．
　一　絶縁電線
　二　通信用ケーブル以外のケーブル

三　光ファイバケーブル

四　添架通信用第1種ケーブル又はこれと同等以上の絶縁効力を有する通信
線

五　添架通信用第2種ケーブル

3　特別高圧架空電線路添架通信線に直接接続する通信線が，建造物，道路
（車両及び人の往来がまれであるものを除く．以下この条において同じ．），
横断歩道橋，鉄道，軌道，索道（搬器を含み，索道用支柱を除く．以下この
条において同じ．），電車線等，他の架空弱電流電線等（特別高圧架空電線路
添架通信線又はこれに直接接続する通信線を除く．以下この条において同
じ．），又は低圧架空電線と接近する場合は，高圧架空電線路に係る第71条，
第72条第1項及び第3項，第73条第1項及び第2項，第74条第1項から第
3項まで，第75条第1項及び第4項から第6項まで，並びに第76条第1項
から第3項までの規定に準じて施設すること．この場合において，「ケーブ
ル」とあるのは，「ケーブル又は光ファイバケーブル」と読み替えるものとす
る．

4　特別高圧架空電線路添架通信線又はこれに直接接続する通信線が，他の工
作物と交差する場合は，次の各号によること．

一　通信線が道路，横断歩道橋，鉄道，軌道，索道，低圧架空電線又は他の
架空弱電流電線等と交差する場合は，次によること．

イ　通信線は，直径4mmの絶縁電線以上の絶縁効力のあるもの又は8.01
kN以上の引張強さのもの若しくは直径5mm以上の硬銅線であるこ
と．

ロ　通信線が索道又は他の架空弱電流電線等と交差する場合の離隔距離
は，137-2表に規定する値以上であること．

137-2表

| 通信線の種類 | 離隔距離 | |
| --- | --- | --- |
| | 造営物の引込み部分であって危険のおそれがない場合 | その他の場合 |
| ケーブル又は光ファイバケーブル | 0.3 m | 0.4 m |
| その他 | 0.6 m | 0.8 m |

ハ　通信線が低圧架空電線又は他の架空弱電流電線等と交差する場合は，
通信線を低圧架空電線又は他の架空弱電流電線等の上に施設すること．

ただし，低圧架空電線又は他の架空弱電流電線等が絶縁電線以上の絶縁効力のあるもの又は8.01 kN以上の引張強さのもの若しくは直径5 mm以上の硬銅線である場合は，この限りでない．

二　通信線（架空地線を利用して施設する光ファイバケーブルを除き，第136条第2項第一号の規定により施設する場合は，その通信線をちょう架するちょう架用線を含む．以下この項において同じ．）が，他の特別高圧架空電線と交差する場合は，次のいずれかによること．

イ　通信線を他の特別高圧架空電線の下に施設し，かつ，通信線と他の特別高圧架空電線との間に他の金属線が介在しない場合は，通信線（垂直に2以上ある場合は，最上部のもの）は，8.01 kN以上の引張強さのもの又は直径5 mm以上の硬銅線であること．

ロ　他の特別高圧架空電線と通信線との垂直距離が，6 m以上であること．

三　通信線が特別高圧の電車線等と交差する場合は，高圧架空電線に係る第75条第7項（第四号イ（ロ）（2）を除く．）の規定に準じて施設すること．

5　添架通信用第1種ケーブル及び添架通信用第2種ケーブルは，次の各号に適合するものであること．

一　導体は，別表第1に規定する軟銅線であること．

二　絶縁体は，ビニル混合物又はポリエチレン混合物であって，電気用品の技術上の基準を定める省令の解釈別表第一附表第十四に規定する試験を行ったとき，これに適合するものであること．

三　外装は，次に適合するものであること．

イ　材料は，ビニル混合物又はポリエチレン混合物であって，電気用品の技術上の基準を定める省令の解釈別表第一附表第十四に規定する試験を行ったとき，これに適合するものであること．

ロ　外装の厚さは，次によること．

（イ）　添架通信用第1種ケーブルにあっては，1.2 mm以上であること．

（ロ）　添架通信用第2種ケーブルにあっては，次の計算式により計算した値（2 mm未満の場合は，2 mm）以上であること．

$$T = \frac{D}{25} + 1.3$$

$T$は，外装の厚さ（単位：mm．小数点2位以下は，四捨五入する．）

$D$は，丸形のものにあっては外装の内径，その他のものにあっては

外装の内短径と内長径の和を2で除した値（単位：mm. 小数点2
位以下は，四捨五入する.）

四　完成品は，清水中に1時間浸した後，137-3表左欄に規定する箇所に同
表右欄に規定する交流電圧をそれぞれ連続して1分間加えたとき，これに
耐える性能を有すること.

137-3 表

| 電圧を加える箇所の区分 | 交流電圧（V） | |
|---|---|---|
| | 添架通信用第1種ケーブル | 添架通信用第2種ケーブル |
| 導体相互間，及び遮へいがある場合は導体と遮へいとの間 | 350 | 2,000 |
| 導体と大地との間，及び遮へいがある場合は遮へいと大地との間 | 1,500 | 4,000 |

## 【電力保安通信線の高さ】（省令第25条第1項）

**第138条**　電力保安通信線の架空部分（以下この条において「架空通信線」という.）の高さは，次項及び第3項に規定する場合を除き，138-1表に規定する値以上であること. ただし，車両の高さがトンネル，橋梁等により制限され，交通に支障がないと判断される場合は，この限りでない.

138-1 表

| 架空通信線の区分 | 通信線の施設場所等の区分 | | 通信線の高さ |
|---|---|---|---|
| 特別高圧の架空電線路の支持物に施設する架空通信線又はこれに直接接続する架空通信線 | 道路（車両の往来がまれであるもの及び歩行の用にのみ供される部分を除く.）横断 | | 路面上6 m |
| | 鉄道横断又は軌道横断 | | レール面上5.5 m |
| | 横断歩道橋上 | 通信線が添架通信用第1種ケーブルと同等以上の絶縁効力をもつ場合 | 横断歩道橋の路面上4 m |
| | | 上記以外の場合 | 横断歩道橋の路面上5 m |
| | 上記以外の部分 | | 地表上5 m |
| 低圧又は高 | 道路横断 | 歩行の用にのみ供される部分又は交通に支障がない場合 | 路面上5 m |
| | | 上記以外の場合 | 路面上6 m |
| | 道路 | | 路面上5 m |

| | | | |
|---|---|---|---|
| 圧の架空電線路の支持物に施設する架空通信線又はこれに直接接続する架空通信線 | 鉄道横断又は軌道横断 | | レール面上5.5m |
| | 横断歩道橋上 | 通信線が添架通信用第1種ケーブルと同等以上の絶縁効力をもつ場合 | 横断歩道橋の路面上3m |
| | | 上記以外の場合 | 横断歩道橋の路面上3.5m |
| | 横断歩道橋，鉄橋又は高架道路の下（車道を除く.） | 通信線が添架通信用第2種ケーブルと同等以上の絶縁効力をもつ場合 | 地表上4m |
| | | 上記以外の場合 | 地表上5m |
| | 上記以外の部分 | 通信線が添架通信用第1種ケーブルと同等以上の絶縁効力をもつ場合 | 地表上3.5m |
| | | 上記以外の場合 | 地表上4m |
| 上記以外の架空通信線 | 道路（歩行の用にのみ供される部分を除く.）又は道路横断 | 交通に支障がない場合 | 路面上4.5m |
| | | 上記以外の場合 | 路面上5m |
| | 鉄道横断又は軌道横断 | | レール面上5.5m |
| | 横断歩道橋上 | | 横断歩道橋の路面上3m |
| | 上記以外の部分 | | 地表上3.5m |

2　交通に支障がなく，かつ，感電のおそれがない場合において，138-2表の中欄に規定する場所に施設する通信線の造営物の引込み部分及び取付け点における高さは，第1項の規定にかかわらず，同表右欄に規定する値以上であること．ただし，車両の高さがトンネル，橋梁等により制限され，交通に支障がないと判断される場合は，この限りでない．

138-2表

| 架空通信線の区分 | 通信線の施設場所 | 通信線の高さ |
|---|---|---|
| 特別高圧の架空電線路の支持物に施設する架空通信線又はこれに直接接続する架空通信線 | 道路（歩行の用にのみ供される部分を除く．以下この項において同じ．）又は道路横断 | 路面上5m |
| | 道路，道路横断，鉄道横断，軌道横断及び横断歩道橋上以外の部分 | 地表上3.5m |
| 低圧又は高圧の架空電線路の支持物に施設する架空通信線又はこれに直接接続する架空通信線 | 道路又は道路横断 | 路面上4.5m |
| | 道路，道路横断，鉄道横断，軌道横断，横断歩道橋上，横断歩道橋の下，鉄橋の下及び高架道路の下以外の部 | 地表上2.5m |

| | 分 | |
|---|---|---|
| 上記以外の架空通信線 | 道路又は道路横断 | 路面上 4.5 m |
| | 道路，鉄道横断，軌道横断及び横断歩道橋上以外の部分 | 地表上 2.5 m |

3　架空通信線を水面上に施設する場合は，その水面上の高さを船舶の航行等に支障を及ぼすおそれがないように保持すること．

**【特別高圧架空電線路添架通信線の市街地引込み制限】**（省令第41条）

**第139条**　特別高圧架空電線路添架通信線又はこれに直接接続する通信線は，市街地に施設する通信線に接続しないこと．ただし，次の各号のいずれかに該当する場合は，この限りでない．

一　特別高圧架空電線路添架通信線又はこれに直接接続する通信線と市街地に施設する通信線との接続点に特別高圧用の保安装置を設け，かつ，その中継線輪又は排流中継線輪の2次側に市街地に施設する通信線を接続する場合

二　市街地に施設する通信線が次のいずれかのものである場合

　イ　添架通信用第1種ケーブル又はこれと同等以上の絶縁効力を有するもの

　ロ　添架通信用第2種ケーブル

　ハ　絶縁電線

　ニ　次項ただし書の規定により施設する特別高圧架空電線路添架通信線

2　特別高圧架空電線路添架通信線は，市街地に施設しないこと．ただし，通信線が次の各号のいずれかのものである場合は，この限りでない．

一　引張強さ 5.26 kN 以上のもの又は直径4 mm 以上の硬銅線であって，絶縁電線以上の絶縁効力を有するもの

二　添架通信用第1種ケーブル

三　添架通信用第2種ケーブル

四　光ファイバケーブル

**【15,000 V 以下の特別高圧架空電線路添架通信線の施設に係る特例】**（省令第4条，第25条第1項，第28条，第41条）

**第140条**　第108条に規定する特別高圧架空電線路の支持物に施設する電力保安通信線又はこれに直接接続する通信線を次の各号により施設する場合は，第137条第1項第一号の特別高圧架空電線との離隔距離の規定，同条第3項

及び第4項の規定，並びに第138条及び第139条の特別高圧架空電線路添架通信線又はこれに直接接続する通信線の規定によらないことができる．

一　通信線は，添架通信用第2種ケーブル若しくはこれと同等以上の絶縁効力を有するケーブル又は光ファイバケーブルであること．ただし，通信線に特別高圧用の保安装置を設ける場合は，この限りでない．

二　通信線は，第137条第1項第一号の高圧架空電線との離隔距離の規定，及び第138条の低圧又は高圧の架空電線路の支持物に施設する通信線又はこれに直接接続する通信線の規定に準じて施設すること．

**【無線用アンテナ等を支持する鉄塔等の施設】**（省令第51条）

**第141条**　電力保安通信設備である無線通信用アンテナ又は反射板（以下この条において「無線用アンテナ等」という．）を支持する木柱，鉄柱コンクリート柱，鉄柱又は鉄塔は，次の各号によること．ただし，電線路の周囲の状態を監視する目的で施設される無線用アンテナ等を架空電線路の支持物に施設するときは，この限りでない．

一　木柱は，特別高圧架空電線路に係る第59条第1項及び第60条の規定に準ずるものであること．

二　鉄筋コンクリート柱は，第56条の規定に準ずるものであること．

三　鉄柱又は鉄塔は，第57条の規定に準ずるものであること．

四　鉄柱，鉄筋コンクリート柱又は鉄塔の基礎の安全率は，1.5以上であること．

五　鉄筋コンクリート柱，鉄柱又は鉄塔は，141-1表に規定する荷重に耐える強度を有するものであること．

141-1 表

| 支持物の種類 | 垂直荷重 | 水平荷重 |
|---|---|---|
| 第56条第二号若しくは第三号の規定に準ずる鉄筋コンクリート柱又は鋼管柱 | 無線用アンテナ等の重量による荷重 | 次号に規定する風圧荷重 |
| 上記以外のもの | 無線用アンテナ等及び鉄柱，鉄筋コンクリート柱又は鉄塔の部材等の重量による荷重の2/3倍の荷重 | 次号に規定する風圧荷重の2/3倍の荷重 |

六　木柱，鉄柱，鉄筋コンクリート柱又は鉄塔の強度検討に用いる風圧荷重は，次に掲げる風圧を基礎として第58条第1項第一号ニの規定に準じて

計算したものであること．

イ　木柱，鉄筋コンクリート柱，鉄柱又は鉄塔並びに架渉線，がいし装置
　及び腕金類については，第58条第1項第一号イ(イ)に規定する風圧

ロ　パラボラアンテナ又は反射板については，その垂直投影面に対してパ
　ラボラアンテナにあっては4,510 Pa（レドーム付きのものにあっては，
　2,750 Pa），反射板にあっては3,920 Paの風圧

# 第5章 電気使用場所の施設及び小規模発電設備

## 第1節 電気使用場所の施設及び小規模発電設備の通則

**【電気使用場所の施設及び小規模発電設備に係る用語の定義】**（省令第1条）

**第142条** この解釈において用いる電気使用場所の施設に係る用語であって，次の各号に掲げるものの定義は，当該各号による.

一　低圧幹線　第147条の規定により施設した開閉器又は変電所に準ずる場所に施設した低圧開閉器を起点とする，電気使用場所に施設する低圧の電路であって，当該電路に，電気機械器具（配線器具を除く．以下この条において同じ．）に至る低圧電路であって過電流遮断器を施設するものを接続するもの

二　低圧分岐回路　低圧幹線から分岐して電気機械器具に至る低圧電路

三　低圧配線　低圧の屋内配線，屋側配線及び屋外配線

四　屋内電線　屋内に施設する電線路の電線及び屋内配線

五　電球線　電気使用場所に施設する電線のうち，造営物に固定しない白熱電灯に至るものであって，造営物に固定しないものをいい，電気機械器具内の電線を除く.

六　移動電線　電気使用場所に施設する電線のうち，造営物に固定しないものをいい，電球線及び電気機械器具内の電線を除く.

七　接触電線　電線に接触してしゅう動する集電装置を介して，移動起重機，オートクリーナその他の移動して使用する電気機械器具に電気の供給を行うための電線

八　防湿コード　外部編組に防湿剤を施したゴムコード

九　電気使用機械器具　電気を使用する電気機械器具をいい，発電機，変圧器，蓄電池その他これに類するものを除く.

十　家庭用電気機械器具　小型電動機，電熱器，ラジオ受信機，電気スタンド，電気用品安全法の適用を受ける装飾用電灯器具その他の電気機械器具であって，主として住宅その他これに類する場所で使用するものをいい，白熱電灯及び放電灯を除く.

十一　配線器具　開閉器，遮断器，接続器その他これらに類する器具

十二　白熱電灯　白熱電球を使用する電灯のうち，電気スタンド，携帯灯及

び電気用品安全法の適用を受ける装飾用電灯器具以外のもの

十三　放電灯　放電管，放電灯用安定器，放電灯用変圧器及び放電管の点灯に必要な附属品並びに管灯回路の配線をいい，電気スタンドその他これに類する放電灯器具を除く.

**【電路の対地電圧の制限】**（省令第15条，第56条第1項，第59条，第63条第1項，第64条）

**第143条**　住宅の屋内電路（電気機械器具内の電路を除く. 以下この項において同じ.）の対地電圧は，150 V 以下であること. ただし，次の各号のいずれかに該当する場合は，この限りでない.

一　定格消費電力が2 kW 以上の電気機械器具及びこれに電気を供給する屋内配線を次により施設する場合

イ　屋内配線は，当該電気機械器具のみに電気を供給するものであること.

ロ　電気機械器具の使用電圧及びこれに電気を供給する屋内配線の対地電圧は，300 V 以下であること.

ハ　屋内配線には，簡易接触防護措置を施すこと.

ニ　電気機械器具には，簡易接触防護措置を施すこと. ただし，次のいずれかに該当する場合は，この限りでない.

（イ）　電気機械器具のうち簡易接触防護措置を施さない部分が，絶縁性のある材料で堅ろうに作られたものである場合

（ロ）　電気機械器具を，乾燥した木製の床その他これに類する絶縁性のものの上でのみ取り扱うように施設する場合

ホ　電気機械器具は，屋内配線と直接接続して施設すること.

ヘ　電気機械器具に電気を供給する電路には，専用の開閉器及び過電流遮断器を施設すること. ただし，過電流遮断器が開閉機能を有するものである場合は，過電流遮断器のみとすることができる.

ト　電気機械器具に電気を供給する電路には，電路に地絡が生じたときに自動的に電路を遮断する装置を施設すること. ただし，次に適合する場合は，この限りでない.

（イ）　電気機械器具に電気を供給する電路の電源側に，次に適合する変圧器を施設すること.

（1）　絶縁変圧器であること.

（2）　定格容量は3 kVA 以下であること.

（3）　1次電圧は低圧であり，かつ，2次電圧は300 V 以下であること.

　　（ロ）　（イ）の規定により施設する変圧器には，簡易接触防護措置を施す
　　　　こと．

　　（ハ）　（イ）の規定により施設する変圧器の負荷側の電路は，非接地であ
　　　　ること．

二　当該住宅以外の場所に電気を供給するための屋内配線を次により施設す
　る場合

　イ　屋内配線の対地電圧は，300 V 以下であること．

　ロ　人が触れるおそれがない隠ぺい場所に合成樹脂管工事，金属管工事又
　　はケーブル工事により施設すること．

三　太陽電池モジュールに接続する負荷側の屋内配線（複数の太陽電池モジ
　ュールを施設する場合にあっては，その集合体に接続する負荷側の配線）
　を次により施設する場合

　イ　屋内配線の対地電圧は，直流 450 V 以下であること．

　ロ　電路に地絡が生じたときに自動的に電路を遮断する装置を施設するこ
　　と．ただし，次に適合する場合は，この限りでない．

　　（イ）　直流電路が，非接地であること．

　　（ロ）　直流電路に接続する逆変換装置の交流側に絶縁変圧器を施設する
　　　　こと．

　　（ハ）　太陽電池モジュールの合計出力が，20 kW 未満であること．ただ
　　　　し，屋内電路の対地電圧が 300 V を超える場合にあっては，太陽電
　　　　池モジュールの合計出力は 10 kW 以下とし，かつ，直流電路に機械
　　　　器具（太陽電池モジュール，第 200 条第 2 項第一号ロ及びハの器具，
　　　　直流変換装置，逆変換装置並びに避雷器を除く．）を施設しないこ
　　　　と．

　ハ　屋内配線は，次のいずれかによること．

　　（イ）　人が触れるおそれのない隠ぺい場所に，合成樹脂管工事，金属管
　　　　工事又はケーブル工事により施設すること．

　　（ロ）　ケーブル工事により施設し，電線に接触防護措置を施すこと．

四　燃料電池発電設備又は常用電源として用いる蓄電池に接続する負荷側の
　屋内配線を次により施設する場合

　イ　直流電路を構成する燃料電池発電設備にあっては，当該直流電路に接
　　続される個々の燃料電池発電設備の出力がそれぞれ 10 kW 未満である
　　こと．

　　ロ　直流電路を構成する蓄電池にあっては，当該直流電路に接続される
　　　個々の蓄電池の出力がそれぞれ 10 kW 未満であること．

　　ハ　屋内配線の対地電圧は，直流 450 V 以下であること．

　　ニ　電路に地絡が生じたときに自動的に電路を遮断する装置を施設するこ
　　　と．ただし，次に適合する場合は，この限りでない．

　　　（イ）　直流電路が，非接地であること．

　　　（ロ）　直流電路に接続する逆変換装置の交流側に絶縁変圧器を施設する
　　　　　こと．

　　ホ　屋内配線は，次のいずれかによること．

　　　（イ）　人が触れるおそれのない隠ぺい場所に，合成樹脂管工事，金属管
　　　　　工事又はケーブル工事により施設すること．

　　　（ロ）　ケーブル工事により施設し，電線に接触防護措置を施すこと．

　五　第132条第3項の規定により，屋内に電線路を施設する場合

2　住宅以外の場所の屋内に施設する家庭用電気機械器具に電気を供給する屋
　内電路の対地電圧は，150 V 以下であること．ただし，家庭用電気機械器具
　並びにこれに電気を供給する屋内配線及びこれに施設する配線器具を，次の
　各号のいずれかにより施設する場合は，300 V 以下とすることができる．

　一　前項第一号ロからホまでの規定に準じて施設すること．

　二　簡易接触防護措置を施すこと．ただし，取扱者以外の者が立ち入らない
　　場所にあっては，この限りでない．

3　白熱電灯（第183条に規定する特別低電圧照明回路の白熱電灯を除く．）に
　電気を供給する回路の対地電圧は，150 V 以下であること．ただし，住宅以
　外の場所において，次の各号により白熱電灯を施設する場合は，300 V 以下
　とすることができる．

　一　白熱電灯及びこれに附属する電線には，接触防護措置を施すこと．

　二　白熱電灯（機械装置に附属するものを除く．）は，屋内配線と直接接続し
　　て施設すること．

　三　白熱電灯の電球受口は，キーその他の点滅機構のないものであること．

**【裸電線の使用制限】**（省令第57条第2項）

**第144条**　電気使用場所に施設する電線には，裸電線を使用しないこと．ただ
　し，次の各号のいずれかに該当する場合は，この限りでない．

　一　がいし引き工事による低圧電線であって次に掲げるものを，第157条の
　　規定により展開した場所に施設する場合

　イ　電気炉用電線

　ロ　電線の被覆絶縁物が腐食する場所に施設するもの

　ハ　取扱者以外の者が出入りできないように措置した場所に施設するもの

二　バスダクト工事による低圧電線を，第163条の規定により施設する場合

三　ライティングダクト工事による低圧電線を，第165条第3項の規定により施設する場合

四　接触電線を第173条，第174条又は第189条の規定により施設する場合

五　特別低電圧照明回路を第183条の規定により施設する場合

六　電気さくの電線を第192条の規定により施設する場合

【メタルラス張り等の木造営造物における施設】（省令第56条，第59条）

**第145条**　メタルラス張り，ワイヤラス張り又は金属板張りの木造の造営物に，がいし引き工事により屋内配線，屋側配線又は屋外配線（この条においては，いずれも管灯回路の配線を含む.）を施設する場合は，次の各号によること.

一　電線を施設する部分のメタルラス，ワイヤラス又は金属板の上面を木板，合成樹脂板その他絶縁性及び耐久性のあるもので覆い施設すること.

二　電線がメタルラス張り，ワイヤラス張り又は金属板張りの造営材を貫通する場合は，その貫通する部分の電線を電線ごとにそれぞれ別個の難燃性及び耐水性のある堅ろうな絶縁管に収めて施設すること.

2　メタルラス張り，ワイヤラス張り又は金属板張りの木造の造営物に，合成樹脂管工事，金属管工事，金属可とう電線管工事，金属線ぴ工事，金属ダクト工事，バスダクト工事又はケーブル工事により，屋内配線，屋側配線又は屋外配線を施設する場合，又はライティングダクト工事により低圧屋内配線を施設する場合は，次の各号によること.

一　メタルラス，ワイヤラス又は金属板と次に掲げるものとは，電気的に接続しないように施設すること.

　イ　金属管工事に使用する金属管，金属可とう電線管工事に使用する可とう電線管，金属線ぴ工事に使用する金属線ぴ又は合成樹脂管工事に使用する粉じん防爆型フレキシブルフィッチング

　ロ　合成樹脂管工事に使用する合成樹脂管，金属管工事に使用する金属管又は金属可とう電線管工事に使用する可とう電線管に接続する金属製のプルボックス

　ハ　金属管工事に使用する金属管，金属可とう電線管工事に使用する可と

　　　う電線管又は金属線ぴ工事に使用する金属線ぴに接続する金属製の附属
　　　品

　　ニ　金属ダクト工事，バスダクト工事又はライティングダクト工事に使用
　　　するダクト

　　ホ　ケーブル工事に使用する管その他の電線を収める防護装置の金属製部
　　　分又は金属製の電線接続箱

　　ヘ　ケーブルの被覆に使用する金属体

　二　金属管工事，金属可とう電線管工事，金属ダクト工事，バスダクト工事
　　又はケーブル工事により施設する電線が，メタルラス張り，ワイヤラス張
　　り又は金属板張りの造営材を貫通する場合は，その部分のメタルラス，ワ
　　イヤラス又は金属板を十分に切り開き，かつ，その部分の金属管，可とう
　　電線管，金属ダクト，バスダクト又はケーブルに，耐久性のある絶縁管を
　　はめる，又は耐久性のある絶縁テープを巻くことにより，メタルラス，ワ
　　イヤラス又は金属板と電気的に接続しないように施設すること．

　3　メタルラス張り，ワイヤラス張り又は金属板張りの木造の造営物に，電気
　　機械器具を施設する場合は，メタルラス，ワイヤラス又は金属板と電気機械
　　器具の金属製部分とは，電気的に接続しないように施設すること．

**【低圧配線に使用する電線】**（省令第 57 条第 1 項）

**第 146 条**　低圧配線は，直径 1.6 mm の軟銅線若しくはこれと同等以上の強さ
　及び太さのもの又は断面積が 1 mm$^2$ 以上の MI ケーブルであること．ただ
　し，配線の使用電圧が 300 V 以下の場合において次の各号のいずれかに該当
　する場合は，この限りでない．

　一　電光サイン装置，出退表示灯その他これらに類する装置又は制御回路等
　　（自動制御回路，遠方操作回路，遠方監視装置の信号回路その他これらに類
　　する電気回路をいう．以下この条において同じ．）の配線に直径 1.2 mm
　　以上の軟銅線を使用し，これを合成樹脂管工事，金属管工事，金属線ぴ工
　　事，金属ダクト工事，フロアダクト工事又はセルラダクト工事により施設
　　する場合

　二　電光サイン装置，出退表示灯その他これらに類する装置又は制御回路等
　　の配線に断面積 0.75 mm$^2$ 以上の多心ケーブル又は多心キャブタイヤケー
　　ブルを使用し，かつ，過電流を生じた場合に自動的にこれを電路から遮断
　　する装置を設ける場合

　三　第 172 条第 1 項の規定により断面積 0.75 mm$^2$ 以上のコード又はキャブ

タイヤケーブルを使用する場合

四　第172条第3項の規定によりエレベータ用ケーブルを使用する場合

2　低圧配線に使用する，600 V ビニル絶縁電線，600 V ポリエチレン絶縁電線，600 V ふっ素樹脂絶縁電線及び 600 V ゴム絶縁電線の許容電流は，次の各号によること．ただし，短時間の許容電流についてはこの限りでない．

一　単線にあっては 146-1 表に，成形単線又はより線にあっては 146-2 表にそれぞれ規定する許容電流に，第二号に規定する係数を乗じた値であること．

146-1 表

| 導体の直径（mm） | 許容電流（A） | | |
|---|---|---|---|
| | 軟銅線又は硬銅線 | 硬アルミ線，半硬アルミ線又は軟アルミ線 | イ号アルミ合金線又は高力アルミ合金線 |
| 1.0 以上 1.2 未満 | 16 | 12 | 12 |
| 1.2 以上 1.6 未満 | 19 | 15 | 14 |
| 1.6 以上 2.0 未満 | 27 | 21 | 19 |
| 2.0 以上 2.6 未満 | 35 | 27 | 25 |
| 2.6 以上 3.2 未満 | 48 | 37 | 35 |
| 3.2 以上 4.0 未満 | 62 | 48 | 45 |
| 4.0 以上 5.0 未満 | 81 | 63 | 58 |
| 5.0 | 107 | 83 | 77 |

146-2 表

| 導体の公称断面積（mm²） | 許容電流（A） | | |
|---|---|---|---|
| | 軟銅線又は硬銅線 | 硬アルミ線，半硬アルミ線又は軟アルミ線 | イ号アルミ合金線又は高力アルミ合金線 |
| 0.9 以上 1.25 未満 | 17 | 13 | 12 |
| 1.25 以上 2 未満 | 19 | 15 | 14 |
| 2 以上 3.5 未満 | 27 | 21 | 19 |
| 3.5 以上 5.5 未満 | 37 | 29 | 27 |
| 5.5 以上 8 未満 | 49 | 38 | 35 |
| 8 以上 14 未満 | 61 | 48 | 44 |
| 14 以上 22 未満 | 88 | 69 | 63 |
| 22 以上 30 未満 | 115 | 90 | 83 |
| 30 以上 38 未満 | 139 | 108 | 100 |
| 38 以上 50 未満 | 162 | 126 | 117 |

| 50 以上　　60 未満 | 190 | 148 | 137 |
|---|---|---|---|
| 60 以上　　80 未満 | 217 | 169 | 156 |
| 80 以上　 100 未満 | 257 | 200 | 185 |
| 100 以上　 125 未満 | 298 | 232 | 215 |
| 125 以上　 150 未満 | 344 | 268 | 248 |
| 150 以上　 200 未満 | 395 | 308 | 284 |
| 200 以上　 250 未満 | 469 | 366 | 338 |
| 250 以上　 325 未満 | 556 | 434 | 400 |
| 325 以上　 400 未満 | 650 | 507 | 468 |
| 400 以上　 500 未満 | 745 | 581 | 536 |
| 500 以上　 600 未満 | 842 | 657 | 606 |
| 600 以上　 800 未満 | 930 | 745 | 690 |
| 800 以上 1,000 未満 | 1,080 | 875 | 820 |
| 1,000 | 1,260 | 1,040 | 980 |

　二　第一号の規定における係数は，次によること．

　　イ　146-3 表に規定する許容電流補正係数の計算式により計算した値であること．

146-3 表

| 絶縁体の材料及び施設場所の区分 | | 許容電流補正係数の計算式 |
|---|---|---|
| ビニル混合物（耐熱性を有するものを除く.）及び天然ゴム混合物 | | $\sqrt{\dfrac{60-\theta}{30}}$ |
| ビニル混合物（耐熱性を有するものに限る.），ポリエチレン混合物（架橋したものを除く.）及びスチレンブタジエンゴム混合物 | | $\sqrt{\dfrac{75-\theta}{30}}$ |
| エチレンプロピレンゴム混合物 | | $\sqrt{\dfrac{80-\theta}{30}}$ |
| ポリエチレン混合物（架橋したものに限る.） | | $\sqrt{\dfrac{90-\theta}{30}}$ |
| ふっ素樹脂混合物 | 電線又はこれを収める線ぴ，電線管，ダクト等を通電による温度の上昇により他の造営材に障害を及ぼすおそれがない場所に施設し，かつ，電線に接触防護措置を施す場合 | $0.9\sqrt{\dfrac{200-\theta}{30}}$ |
| | その他の場合 | $0.9\sqrt{\dfrac{90-\theta}{30}}$ |

| | | |
|---|---|---|
| けい素ゴム混合物 | 電線又はこれを収める線ぴ，電線管，ダクト等を通電による温度の上昇により他の造営材に障害を及ぼすおそれがない場所に施設し，かつ，電線に接触防護措置を施す場合 | $\sqrt{\dfrac{180-\theta}{30}}$ |
| | その他の場合 | $\sqrt{\dfrac{90-\theta}{30}}$ |

（備考）　$\theta$ は，周囲温度（単位：℃）．ただし，30℃以下の場合は 30 とする．

ロ　絶縁電線を，合成樹脂管，金属管，金属可とう電線管又は金属線ぴに収めて使用する場合は，イの規定により計算した値に，更に 146-4 表に規定する電流減少係数を乗じた値であること．ただし，第 148 条第 1 項第五号ただし書並びに第 149 条第 2 項第一号ロ及び第二号イに規定する場合においては，この限りでない．

146-4 表

| 同一管内の電線数 | 電流減少係数 |
|---|---|
| 3 以下 | 0.70 |
| 4 | 0.63 |
| 5 又は 6 | 0.56 |
| 7 以上 15 以下 | 0.49 |
| 16 以上 40 以下 | 0.43 |
| 41 以上 60 以下 | 0.39 |
| 61 以上 | 0.34 |

## 【低圧屋内電路の引込口における開閉器の施設】（省令第 56 条）

**第 147 条**　低圧屋内電路（第 178 条に規定する火薬庫に施設するものを除く．以下この条において同じ．）には，引込口に近い箇所であって，容易に開閉することができる箇所に開閉器を施設すること．ただし，次の各号のいずれかに該当する場合は，この限りでない．

一　低圧屋内電路の使用電圧が 300 V 以下であって，他の屋内電路（定格電流が 15 A 以下の過電流遮断器又は定格電流が 15 A を超え 20 A 以下の配線用遮断器で保護されているものに限る．）に接続する長さ 15 m 以下の電路から電気の供給を受ける場合

二　低圧屋内電路に接続する電源側の電路（当該電路に架空部分又は屋上部分がある場合は，その架空部分又は屋上部分より負荷側にある部分に限

る.）に，当該低圧屋内電路に専用の開閉器を，これと同一の構内であって
容易に開閉することができる箇所に施設する場合

**【低圧幹線の施設】**（省令第 56 条第 1 項，第 57 条第 1 項，第 63 条第 1 項）

**第 148 条**　低圧幹線は，次の各号によること.

一　損傷を受けるおそれがない場所に施設すること.

二　電線の許容電流は，低圧幹線の各部分ごとに，その部分を通じて供給さ
　れる電気使用機械器具の定格電流の合計値以上であること. ただし，当該
　低圧幹線に接続する負荷のうち，電動機又はこれに類する起動電流が大き
　い電気機械器具（以下この条において「電動機等」という.）の定格電流の
　合計が，他の電気使用機械器具の定格電流の合計より大きい場合は，他の
　電気使用機械器具の定格電流の合計に次の値を加えた値以上であること.

　イ　電動機等の定格電流の合計が 50 A 以下の場合は，その定格電流の合
　　計の 1.25 倍

　ロ　電動機等の定格電流の合計が 50 A を超える場合は，その定格電流の
　　合計の 1.1 倍

三　前号の規定における電流値は，需要率，力率等が明らかな場合には，こ
　れらによって適当に修正した値とすることができる.

四　低圧幹線の電源側電路には，当該低圧幹線を保護する過電流遮断器を施
　設すること. ただし，次のいずれかに該当する場合は，この限りでない.

　イ　低圧幹線の許容電流が，当該低圧幹線の電源側に接続する他の低圧幹
　　線を保護する過電流遮断器の定格電流の 55% 以上である場合

　ロ　過電流遮断器に直接接続する低圧幹線又はイに掲げる低圧幹線に接続
　　する長さ 8 m 以下の低圧幹線であって，当該低圧幹線の許容電流が，当
　　該低圧幹線の電源側に接続する他の低圧幹線を保護する過電流遮断器の
　　定格電流の 35% 以上である場合

　ハ　過電流遮断器に直接接続する低圧幹線又はイ若しくはロに掲げる低圧
　　幹線に接続する長さ 3 m 以下の低圧幹線であって，当該低圧幹線の負荷
　　側に他の低圧幹線を接続しない場合

　ニ　低圧幹線に電気を供給する電源が太陽電池のみであって，当該低圧幹
　　線の許容電流が，当該低圧幹線を通過する最大短絡電流以上である場合

五　前号の規定における「当該低圧幹線を保護する過電流遮断器」は，その
　定格電流が，当該低圧幹線の許容電流以下のものであること. ただし，低
　圧幹線に電動機等が接続される場合の定格電流は，次のいずれかによるこ

とができる.

　イ　電動機等の定格電流の合計の3倍に，他の電気使用機械器具の定格電流の合計を加えた値以下であること.

　ロ　イの規定による値が当該低圧幹線の許容電流を2.5倍した値を超える場合は，その許容電流を2.5倍した値以下であること.

　ハ　当該低圧幹線の許容電流が100Aを超える場合であって，イ又はロの規定による値が過電流遮断器の標準定格に該当しないときは，イ又はロの規定による値の直近上位の標準定格であること.

　六　第四号の規定により施設する過電流遮断器は，各極（多線式電路の中性極を除く.）に施設すること. ただし，対地電圧が150V以下の低圧屋内電路の接地側電線以外の電線に施設した過電流遮断器が動作した場合において，各極が同時に遮断されるときは，当該電路の接地側電線に過電流遮断器を施設しないことができる.

2　低圧幹線に施設する開閉器は，次の各号に適合する場合には，中性線又は接地側電線の極にこれを施設しないことができる.

　一　開閉器は，前条の規定により施設する以外のものであること.

　二　低圧幹線は，次に適合する低圧電路に接続するものであること.

　　イ　第19条又は第24条第1項の規定により接地工事を施した低圧電路であること.

　　ロ　低圧電路は，次のいずれかに適合するものであること.

　　（イ）　電路に地絡を生じたときに自動的に電路を遮断する装置を施設すること.

　　（ロ）　イの規定による接地工事の接地抵抗値が，3Ω以下であること.

　三　中性線又は接地側電線の極の電線は，開閉器の施設箇所において，電気的に完全に接続され，かつ，容易に取り外すことができること.

**【低圧分岐回路等の施設】**（省令第56条第1項，第57条第1項，第59条第1項，第63条第1項）

**第149条**　低圧分岐回路には，次の各号により過電流遮断器及び開閉器を施設すること.

　一　低圧幹線との分岐点から電線の長さが3m以下の箇所に，過電流遮断器を施設すること. ただし，分岐点から過電流遮断器までの電線が，次のいずれかに該当する場合は，分岐点から3mを超える箇所に施設することができる.

イ　電線の許容電流が，その電線に接続する低圧幹線を保護する過電流遮断器の定格電流の 55％ 以上である場合

ロ　電線の長さが 8 m 以下であり，かつ，電線の許容電流がその電線に接続する低圧幹線を保護する過電流遮断器の定格電流の 35％ 以上である場合

二　前号の規定により施設する過電流遮断器は，各極（多線式電路の中性極を除く．）に施設すること．ただし，次のいずれかに該当する電線の極については，この限りでない．

イ　対地電圧が 150 V 以下の低圧電路の接地側電線以外の電線に施設した過電流遮断器が動作した場合において，各極が同時に遮断されるときは，当該電路の接地側電線

ロ　第三号イ及びロに規定する電路の接地側電線

三　第一号に規定する場所には，開閉器を各極に施設すること．ただし，次のいずれかに該当する低圧分岐回路の中性線又は接地側電線の極については，この限りでない．

イ　第 24 条第 1 項又は第 19 条第 1 項から第 4 項までの規定により接地工事を施した低圧電路に接続する分岐回路であって，当該分岐回路が分岐する低圧幹線の各極に開閉器を施設するもの

ロ　前条第 2 項第二号イ及びロの規定に適合する低圧電路に接続する分岐回路であって，開閉器の施設箇所において，中性線又は接地側電線を，電気的に完全に接続し，かつ，容易に取り外すことができるもの

四　第一号の規定により施設する過電流遮断器が，前号の規定に適合する開閉器の機能を有するものである場合は，当該過電流遮断器と別に開閉器を施設することを要しない．

2　低圧分岐回路は，次の各号により施設すること．

一　第二号及び第三号に規定するものを除き，次によること．

イ　第 1 項第一号の規定により施設する過電流遮断器の定格電流は，50 A 以下であること．

ロ　電線は，太さが 149-1 表の中欄に規定する値の軟銅線若しくはこれと同等以上の許容電流のあるもの又は太さが同表の右欄に規定する値以上の MI ケーブルであること．

149-1 表

| 分岐回路を保護する過電流遮断器の種類 | 軟銅線の太さ | MI ケーブルの太さ |
|---|---|---|
| 定格電流が 15 A 以下のもの | 直径 1.6 mm | 断面積 1 mm$^2$ |
| 定格電流が 15 A を超え 20 A 以下の配線用遮断器 | | |
| 定格電流が 15 A を超え 20 A 以下のもの（配線用遮断器を除く.） | 直径 2 mm | 断面積 1.5 mm$^2$ |
| 定格電流が 20 A を超え 30 A 以下のもの | 直径 2.6 mm | 断面積 2.5 mm$^2$ |
| 定格電流が 30 A を超え 40 A 以下のもの | 断面積 8 mm$^2$ | 断面積 6 mm$^2$ |
| 定格電流が 40 A を超え 50 A 以下のもの | 断面積 14 mm$^2$ | 断面積 10 mm$^2$ |

ハ　電線が，次のいずれかに該当する場合は，ロの規定によらないことができる.

（イ）　次に適合するもの

（1）　1 のねじ込み接続器，1 のソケット又は 1 のコンセントからその分岐点に至る部分であって，当該部分の電線の長さが，3 m 以下であること.

（2）　太さが 149-2 表の中欄に規定する値の軟銅線若しくはこれと同等以上の許容電流のあるもの又は太さが同表の右欄に規定する値以上の MI ケーブルであること.

149-2 表

| 分岐回路を保護する過電流遮断器の種類 | 軟銅線の太さ | MI ケーブルの太さ |
|---|---|---|
| 定格電流が 15 A を超え 20 A 以下のもの（配線用遮断器を除く.） | 直径 1.6 mm | 断面積 1 mm$^2$ |
| 定格電流が 20 A を超え 30 A 以下のもの | | |
| 定格電流が 30 A を超え 50 A 以下のもの | 直径 2 mm | 断面積 1.5 mm$^2$ |

（ロ）　使用電圧が 300 V 以下であって，第 146 条第 1 項各号のいずれかに該当するもの

ニ　低圧分岐回路に接続する，コンセント又はねじ込み接続器若しくはソケットは，149-3 表に規定するものであること.

149-3 表

| 分岐回路を保護する過電流遮断器の種類 | コンセント | ねじ込み接続器又はソケット |
|---|---|---|
| 定格電流が 15 A 以下のもの | 定格電流が 15 A 以下のもの | ねじ込み型のソケットであって，公称直径が 39 mm 以下のもの若しくはねじ込み型以外のソケット又は公称直径が 39 mm 以下のねじ込み接続器 |
| 定格電流が 15 A を超え 20 A 以下の配線用遮断器 | 定格電流が 20 A 以下のもの | |
| 定格電流が 15 A を超え 20 A 以下のもの（配線用遮断器を除く．） | 定格電流が 20 A のもの（定格電流が 20 A 未満の差込みプラグが接続できるものを除く．） | ハロゲン電球用のソケット若しくはハロゲン電球用以外の白熱電灯用若しくは放電灯用のソケットであって，公称直径が 39 mm のもの又は公称直径が 39 mm のねじ込み接続器 |
| 定格電流が 20 A を超え 30 A 以下のもの | 定格電流が 20 A 以上 30 A 以下のもの（定格電流が 20 A 未満の差込みプラグが接続できるものを除く．） | |
| 定格電流が 30 A を超え 40 A 以下のもの | 定格電流が 30 A 以上 40 A 以下のもの | |
| 定格電流が 40 A を超え 50 A 以下のもの | 定格電流が 40 A 以上 50 A 以下のもの | |

二　電動機又はこれに類する起動電流が大きい電気機械器具（以下この条において「電動機等」という．）のみに至る低圧分岐回路は，次によること．

　イ　第1項第一号の規定により施設する過電流遮断器の定格電流は，その過電流遮断器に直接接続する負荷側の電線の許容電流を2.5倍（第33条第4項に規定する過電流遮断器にあっては，1倍）した値（当該電線の許容電流が100 A を超える場合であって，その値が過電流遮断器の標準定格に該当しないときは，その値の直近上位の標準定格）以下であること．

　ロ　電線の許容電流は，間欠使用その他の特殊な使用方法による場合を除き，その部分を通じて供給される電動機等の定格電流の合計を1.25倍（当該電動機等の定格電流の合計が50 A を超える場合は，1.1倍）した値以上であること．

三　定格電流が50 A を超える1の電気使用機械器具（電動機等を除く．以下この号において同じ．）に至る低圧分岐回路は，次によること．

　イ　低圧分岐回路には，当該電気使用機械器具以外の負荷を接続しないこと．

ロ　第1項第一号の規定により施設する過電流遮断器の定格電流は，当該
電気使用機械器具の定格電流を1.3倍した値（その値が過電流遮断器の
標準定格に該当しないときは，その値の直近上位の標準定格）以下であ
ること．

ハ　電線の許容電流は，当該電気使用機械器具及び第1項第一号の規定に
より施設する過電流遮断器の定格電流以上であること．

3　住宅の屋内には，次の各号のいずれかに該当する場合を除き，中性線を有
する低圧分岐回路を施設しないこと．

一　1の電気機械器具（配線器具を除く．以下この条において同じ．）に至る
専用の低圧配線として施設する場合

二　低圧配線の中性線が欠損した場合において，当該低圧配線の中性線に接
続される電気機械器具に異常電圧が加わらないように施設する場合

三　低圧配線の中性線が欠損した場合において，当該電路を自動的に，かつ，
確実に遮断する装置を施設する場合

4　低圧分岐回路に施設する開閉器は，第1項第三号又は第173条第9項の規
定により施設するものを除き，次の各号に該当する箇所に施設しないことが
できる．

一　開閉器を使用電圧が300 V以下の低圧2線式電路に施設する場合は，当
該2線式電路の1極

二　開閉器を多線式電路に施設する場合は，第1項第三号ロの規定に適合す
る低圧電路に接続する分岐回路の中性線又は接地側電線

5　引込口から低圧幹線を経ずに電気機械器具に至る低圧電路は，第1項（第
三号ただし書を除く．），第2項及び第3項の規定に準じて施設すること．

**【配線器具の施設】**（省令第59条第1項）

**第150条**　低圧用の配線器具は，次の各号により施設すること．

一　充電部分が露出しないように施設すること．ただし，取扱者以外の者が
出入りできないように措置した場所に施設する場合は，この限りでない．

二　湿気の多い場所又は水気のある場所に施設する場合は，防湿装置を施す
こと．

三　配線器具に電線を接続する場合は，ねじ止めその他これと同等以上の効
力のある方法により，堅ろうに，かつ，電気的に完全に接続するとともに，
接続点に張力が加わらないようにすること．

四　屋外において電気機械器具に施設する開閉器，接続器，点滅器その他の

器具は，損傷を受けるおそれがある場合には，これに堅ろうな防護装置を施すこと．

2　低圧用の非包装ヒューズは，不燃性のもので製作した箱又は内面全てに不燃性のものを張った箱の内部に施設すること．ただし，使用電圧が300V以下の低圧配線において，次の各号に適合する器具又は電気用品安全法の適用を受ける器具に収めて施設する場合は，この限りでない．

一　極相互の間に，開閉したとき又はヒューズが溶断したときに生じるアークが他の極に及ばないような絶縁性の隔壁を設けること．

二　カバーは，耐アーク性の合成樹脂で製作したものであり，かつ，振動により外れないものであること．

三　完成品は，日本産業規格 JIS C 8308（1988）「カバー付きナイフスイッチ」の「3.1　温度上昇」，「3.6　短絡遮断」，「3.7　耐熱」及び「3.9　カバーの強度」に適合するものであること．

**【電気機械器具の施設】**（省令第59条第1項）

**第151条**　電気機械器具（配線器具を除く．以下この条において同じ．）は，その充電部分が露出しないように施設すること．ただし，次の各号のいずれかに該当するものについては，この限りでない．

一　第183条に規定する特別低電圧照明回路の白熱電灯

二　管灯回路の配線

三　電気こんろ等その充電部分を露出して電気を使用することがやむを得ない電熱器であって，その露出する部分の対地電圧が150V以下のもののその露出する部分

四　電気炉，電気溶接器，電動機，電解槽又は電撃殺虫器であって，その充電部分の一部を露出して電気を使用することがやむを得ないもののその露出する部分

五　次に掲げるもの以外の電気機械器具であって，取扱者以外の者が出入りできないように措置した場所に施設するもの

　　イ　白熱電灯

　　ロ　放電灯

　　ハ　家庭用電気機械器具

2　通電部分に人が立ち入る電気機械器具は，施設しないこと．ただし，第198条の規定により施設する場合は，この限りでない．

3　屋外に施設する電気機械器具（管灯回路の配線を除く．）内の配線のうち，

人が接触するおそれ又は損傷を受けるおそれがある部分は，第159条の規定
に準ずる金属管工事又は第164条（第3項を除く.）の規定に準ずるケーブル
工事（電線を金属製の管その他の防護装置に収める場合に限る.）により施設
すること.

4　電気機械器具に電線を接続する場合は，ねじ止めその他これと同等以上の
効力のある方法により，堅ろうに，かつ，電気的に完全に接続するとともに，
接続点に張力が加わらないようにすること.

**【電熱装置の施設】**（省令第59条第1項）

**第152条**　電熱装置は，発熱体を機械器具の内部に安全に施設できる構造のも
のであること.ただし，次の各号のいずれかに該当する場合は，この限りで
ない.

一　第195条（第3項を除く.），第196条又は第197条の規定により施設す
る場合

二　転てつ装置等の積雪又は氷結を防止するために鉄道の専用敷地内に施設
する場合

三　発電用のダム，水路等の屋外施設の積雪又は氷結を防止するために，ダ
ム，水路等の維持及び運用に携わる者以外の者が容易に立ち入るおそれの
ない場所に施設する場合

2　電熱装置に接続する電線は，熱のため電線の被覆を損傷しないように施設
すること.（関連省令第57条第1項）

**【電動機の過負荷保護装置の施設】**（省令第65条）

**第153条**　屋内に施設する電動機には，電動機が焼損するおそれがある過電流
を生じた場合に自動的にこれを阻止し，又はこれを警報する装置を設けるこ
と.ただし，次の各号のいずれかに該当する場合はこの限りでない.

一　電動機を運転中，常時，取扱者が監視できる位置に施設する場合

二　電動機の構造上又は負荷の性質上，その電動機の巻線に当該電動機を焼
損する過電流を生じるおそれがない場合

三　電動機が単相のものであって，その電源側電路に施設する過電流遮断器
の定格電流が15 A（配線用遮断器にあっては，20 A）以下の場合

四　電動機の出力が0.2 kW以下の場合

**【蓄電池の保護装置】**（省令第59条第1項）

**第154条**　蓄電池（常用電源の停電時又は電圧低下発生時の非常用予備電源と
して用いるものを除く.）には，第44条各号に規定する場合に，自動的にこ

れを電路から遮断する装置を施設すること．（関連省令第 14 条）

**【電気設備による電磁障害の防止】**（省令第 67 条）

**第 155 条**　電気機械器具が，無線設備の機能に継続的かつ重大な障害を及ぼす高周波電流を発生するおそれがある場合には，これを防止するため，次の各号により施設すること．

一　電気機械器具の種類に応じ，次に掲げる対策を施すこと．

　イ　けい光放電灯には，適当な箇所に静電容量が 0.006 μF 以上 0.5 μF 以下（予熱始動式のものであって，グローランプに並列に接続する場合は，0.006 μF 以上 0.01 μF 以下）のコンデンサを設けること．

　ロ　使用電圧が低圧であり定格出力が 1 kW 以下の交流直巻電動機（以下この項において「小型交流直巻電動機」という．）であって，電気ドリル用のものには，端子相互間に静電容量が 0.1 μF の無誘導型コンデンサ及び，各端子と大地との間に静電容量が 0.003 μF の十分な側路効果のある貫通型コンデンサを設けること．

　ハ　電気ドリル用以外の小型交流直巻電動機は，次のいずれかによること．

　　（イ）　端子相互間に静電容量が 0.1 μF のコンデンサ及び，各端子と小型交流直巻電動機を使用する電気機械器具（以下この項において「機械器具」という．）の金属製外箱若しくは小型交流直巻電動機の枠又は大地との間に静電容量が 0.003 μF のコンデンサを，それぞれ設けること．

　　（ロ）　金属製の台及び外箱等，人が触れるおそれがある金属製部分から小型交流直巻電動機の枠が絶縁されている機械器具にあっては，端子相互間に静電容量が 0.1 μF のコンデンサ及び，各端子と枠又は大地との間に静電容量が 0.003 μF を超えるコンデンサを，それぞれ設けること．

　　（ハ）　各端子と大地との間に静電容量が 0.1 μF のコンデンサを設けること．

　　（ニ）　機械器具に近接した箇所において，機械器具に接続する電線相互間に静電容量が 0.1 μF のコンデンサ及び，その各電線と機械器具の金属製外箱又は大地との間に 0.003 μF のコンデンサを，それぞれ設けること．

二　けい光放電灯又は小型交流直巻電動機において，イからハまでに規定する対策を施してもなお無線設備の機能に継続的かつ重大な障害を与え

るような高周波電流を発生するおそれがある場合は，次によること.

　（イ）　当該電気機械器具に接続する電路の当該電気機械器具に近接する
　　　　箇所に，高周波電流の発生を防止する装置を施設すること.

　（ロ）　（イ）の規定により施設する装置の接地側端子は，接地工事を施し
　　　　ていない電気機械器具の金属製の台及び外箱等，人が触れるおそれ
　　　　がある金属製部分と接続しないこと.

　ホ　ネオン点滅器には，電源端子相互間及び各接点に近接する箇所におい
　　　て，これらに接続する電路に高周波電流の発生を防止する装置を設ける
　　　こと.

二　前号ロ及びハの規定におけるコンデンサ（電路と大地との間に設けるも
　のに限る.），並びに前号ニ及びホの規定における高周波電流の発生を防止
　する装置の接地側端子には，D種接地工事を施すこと.（関連省令第10
　条，第11条）

三　第一号イからハまでの規定におけるコンデンサは，155-1表に規定する
　交流電圧をコンデンサの両端子相互間及び各端子と外箱との間に連続して
　1分間加えたとき，これに耐える性能を有すること.

155-1 表

| 区　　分 | | 交流電圧 |
|---|---|---|
| 電気機械器具の端子相互間又は電線相互間に施設するもの | 使用電圧が150 V以下の電路に施設するもの | 230 V |
| | その他のもの | 460 V |
| 電気機械器具の端子又は電線と，電気機械器具の金属製外箱若しくは交流直巻電動機の枠又は大地との間に施設するもの | | 1,000 V |

# 第2節　配線等の施設

**【低圧屋内配線の施設場所による工事の種類】**（省令第56条第1項）

　**第156条**　低圧屋内配線は，次の各号に掲げるものを除き，156-1表に規定す
　る工事のいずれかにより施設すること.

一　第172条第1項の規定により施設するもの

二　第175条から第178条までに規定する場所に施設するもの

156-1 表

| 施設場所の区分 | | 使用電圧の区分 | 工事の種類 | | | | | | | | | | |
|---|---|---|---|---|---|---|---|---|---|---|---|---|---|
| | | | がいし引き工事 | 合成樹脂管工事 | 金属管工事 | 金属可とう電線管工事 | 金属線ぴ工事 | 金属ダクト工事 | バスダクト工事 | ケーブル工事 | フロアダクト工事 | セルラダクト工事 | ライティングダクト工事 | 平形保護層工事 |
| 展開した場所 | 乾燥した場所 | 300 V 以下 | ○ | ○ | ○ | ○ | ○ | ○ | ○ | ○ | | | ○ | |
| | | 300 V 超過 | ○ | ○ | ○ | ○ | | ○ | ○ | ○ | | | | |
| | 湿気の多い場所又は水気のある場所 | 300 V 以下 | ○ | ○ | ○ | ○ | | | ○ | ○ | | | | |
| | | 300 V 超過 | ○ | ○ | ○ | ○ | | | | ○ | | | | |
| 点検できる隠ぺい場所 | 乾燥した場所 | 300 V 以下 | ○ | ○ | ○ | ○ | ○ | ○ | ○ | ○ | ○ | ○ | ○ | ○ |
| | | 300 V 超過 | ○ | ○ | ○ | ○ | | ○ | ○ | ○ | | | | |
| | 湿気の多い場所又は水気のある場所 | ― | ○ | ○ | ○ | ○ | | | | ○ | | | | |
| 点検できない隠ぺい場所 | 乾燥した場所 | 300 V 以下 | | ○ | ○ | ○ | | | | ○ | ○ | | | |
| | | 300 V 超過 | | ○ | ○ | ○ | | | | ○ | | | | |
| | 湿気の多い場所又は水気のある場所 | ― | | ○ | ○ | ○ | | | | ○ | | | | |

（備考）　○は，使用できることを示す．

## 【がいし引き工事】（省令第 56 条第 1 項，第 57 条第 1 項，第 62 条）

**第 157 条**　がいし引き工事による低圧屋内配線は，次の各号によること．

一　電線は，第 144 条第一号イからハまでに掲げるものを除き，絶縁電線（屋外用ビニル絶縁電線，引込用ビニル絶縁電線及び引込用ポリエチレン絶縁電線を除く．）であること．

二　電線相互の間隔は，6 cm 以上であること．

三　電線と造営材との離隔距離は，使用電圧が 300 V 以下の場合は 2.5 cm 以上，300 V を超える場合は 4.5 cm（乾燥した場所に施設する場合は，2.5 cm）以上であること．

四　電線の支持点間の距離は，次によること．

　イ　電線を造営材の上面又は側面に沿って取り付ける場合は，2 m 以下であること．

　ロ　イに規定する以外の場合であって，使用電圧が 300 V を超えるものに

あっては，6 m 以下であること．

五　使用電圧が 300 V 以下の場合は，電線に簡易接触防護措置を施すこと．

六　使用電圧が 300 V を超える場合は，電線に接触防護措置を施すこと．

七　電線が造営材を貫通する場合は，その貫通する部分の電線を電線ごとにそれぞれ別個の難燃性及び耐水性のある物で絶縁すること．ただし，使用電圧が 150 V 以下の電線を乾燥した場所に施設する場合であって，貫通する部分の電線に耐久性のある絶縁テープを巻くときはこの限りでない．

八　電線が他の低圧屋内配線又は管灯回路の配線と接近又は交差する場合は，次のいずれかによること．

　イ　他の低圧屋内配線又は管灯回路の配線との離隔距離が，10 cm（がいし引き工事により施設する低圧屋内配線が裸電線である場合は，30 cm）以上であること．

　ロ　他の低圧屋内配線又は管灯回路の配線との間に，絶縁性の隔壁を堅ろうに取り付けること．

　ハ　いずれかの低圧屋内配線又は管灯回路の配線を，十分な長さの難燃性及び耐水性のある堅ろうな絶縁管に収めて施設すること．

　ニ　がいし引き工事により施設する低圧屋内配線と，がいし引き工事により施設する他の低圧屋内配線又は管灯回路の配線とが並行する場合は，相互の離隔距離が 6 cm 以上であること．

九　がいしは，絶縁性，難燃性及び耐水性のあるものであること．

【合成樹脂管工事】（省令第 56 条第 1 項，第 57 条第 1 項）

**第 158 条**　合成樹脂管工事による低圧屋内配線の電線は，次の各号によること．

一　絶縁電線（屋外用ビニル絶縁電線を除く．）であること．

二　より線又は直径 3.2 mm（アルミ線にあっては，4 mm）以下の単線であること．ただし，短小な合成樹脂管に収めるものは，この限りでない．

三　合成樹脂管内では，電線に接続点を設けないこと．

2　合成樹脂管工事に使用する合成樹脂管及びボックスその他の附属品（管相互を接続するもの及び管端に接続するものに限り，レジューサーを除く．）は，次の各号に適合するものであること．

一　電気用品安全法の適用を受ける合成樹脂製の電線管及びボックスその他の附属品であること．ただし，附属品のうち金属製のボックス及び第 159 条第 4 項第一号の規定に適合する粉じん防爆型フレキシブルフィッチングにあっては，この限りでない．

二　端口及び内面は,電線の被覆を損傷しないような滑らかなものであること.

三　管（合成樹脂製可とう管及びCD管を除く.）の厚さは,2 mm以上であること.ただし,次に適合する場合はこの限りでない.

　イ　屋内配線の使用電圧が300 V以下であること.

　ロ　展開した場所又は点検できる隠ぺい場所であって,乾燥した場所に施設すること.

　ハ　接触防護措置を施すこと.

3　合成樹脂管工事に使用する合成樹脂管及びボックスその他の附属品は,次の各号により施設すること.

一　重量物の圧力又は著しい機械的衝撃を受けるおそれがないように施設すること.

二　管相互及び管とボックスとは,管の差込み深さを管の外径の1.2倍（接着剤を使用する場合は,0.8倍）以上とし,かつ,差込み接続により堅ろうに接続すること.

三　管の支持点間の距離は1.5 m以下とし,かつ,その支持点は,管端,管とボックスとの接続点及び管相互の接続点のそれぞれの近くの箇所に設けること.

四　湿気の多い場所又は水気のある場所に施設する場合は,防湿装置を施すこと.

五　合成樹脂管を金属製のボックスに接続して使用する場合又は前項第一号ただし書に規定する粉じん防爆型フレキシブルフィッチングを使用する場合は,次によること.（関連省令第10条,第11条）

　イ　低圧屋内配線の使用電圧が300 V以下の場合は,ボックス又は粉じん防爆型フレキシブルフィッチングにD種接地工事を施すこと.ただし,次のいずれかに該当する場合は,この限りでない.

　　（イ）乾燥した場所に施設する場合.

　　（ロ）屋内配線の使用電圧が直流300 V又は交流対地電圧150 V以下の場合において,簡易接触防護措置（金属製のものであって,防護措置を施す設備と電気的に接続するおそれがあるもので防護する方法を除く.）を施すとき.

　ロ　低圧屋内配線の使用電圧が300 Vを超える場合は,ボックス又は粉じん防爆型フレキシブルフィッチングにC種接地工事を施すこと.ただし,接触防護措置（金属製のものであって,防護措置を施す設備と電気

的に接続するおそれがあるもので防護する方法を除く.）を施す場合は，
D種接地工事によることができる.

六　合成樹脂管をプルボックスに接続して使用する場合は，第二号の規定に
準じて施設すること. ただし，技術上やむを得ない場合において，管及び
プルボックスを乾燥した場所において不燃性の造営材に堅ろうに施設する
ときは，この限りでない.

七　CD管は，次のいずれかにより施設すること.

イ　直接コンクリートに埋め込んで施設すること.

ロ　専用の不燃性又は自消性のある難燃性の管又はダクトに収めて施設す
ること.

八　合成樹脂製可とう管相互，CD管相互及び合成樹脂製可とう管とCD管
とは，直接接続しないこと.

【金属管工事】（省令第56条第1項，第57条第1項）

**第159条**　金属管工事による低圧屋内配線の電線は，次の各号によること.

一　絶縁電線（屋外用ビニル絶縁電線を除く.）であること.

二　より線又は直径3.2mm（アルミ線にあっては，4mm）以下の単線であ
ること. ただし，短小な金属管に収めるものは，この限りでない.

三　金属管内では，電線に接続点を設けないこと.

2　金属管工事に使用する金属管及びボックスその他の附属品（管相互を接続
するもの及び管端に接続するものに限り，レジューサーを除く.）は，次の各
号に適合するものであること.

一　電気用品安全法の適用を受ける金属製の電線管（可とう電線管を除く.）
及びボックスその他の附属品又は黄銅若しくは銅で堅ろうに製作したもの
であること. ただし，第4項に規定するもの及び絶縁ブッシングにあって
は，この限りでない.

二　管の厚さは，次によること.

イ　コンクリートに埋め込むものは，1.2mm以上

ロ　イに規定するもの以外のものであって，継手のない長さ4m以下のも
のを乾燥した展開した場所に施設する場合は，0.5mm以上

ハ　イ及びロに規定するもの以外のものは，1mm以上

三　端口及び内面は，電線の被覆を損傷しないような滑らかなものであること.

3　金属管工事に使用する金属管及びボックスその他の附属品は，次の各号に
より施設すること.

一　管相互及び管とボックスその他の附属品とは，ねじ接続その他これと同等以上の効力のある方法により，堅ろうに，かつ，電気的に完全に接続すること．

二　管の端口には，電線の被覆を損傷しないように適当な構造のブッシングを使用すること．ただし，金属管工事からがいし引き工事に移る場合においては，その部分の管の端口には，絶縁ブッシングその他これに類するものを使用すること．

三　湿気の多い場所又は水気のある場所に施設する場合は，防湿装置を施すこと．

四　低圧屋内配線の使用電圧が 300 V 以下の場合は，管には，D 種接地工事を施すこと．ただし，次のいずれかに該当する場合は，この限りでない．（関連省令第 10 条，第 11 条）

　イ　管の長さ（2 本以上の管を接続して使用する場合は，その全長．以下この条において同じ．）が 4 m 以下のものを乾燥した場所に施設する場合

　ロ　屋内配線の使用電圧が直流 300 V 又は交流対地電圧 150 V 以下の場合において，その電線を収める管の長さが 8 m 以下のものに簡易接触防護措置（金属製のものであって，防護措置を施す管と電気的に接続するおそれがあるもので防護する方法を除く．）を施すとき又は乾燥した場所に施設するとき

五　低圧屋内配線の使用電圧が 300 V を超える場合は，管には，C 種接地工事を施すこと．ただし，接触防護措置（金属製のものであって，防護措置を施す管と電気的に接続するおそれがあるもので防護する方法を除く．）を施す場合は，D 種接地工事によることができる．（関連省令第 10 条，第 11 条）

六　金属管を金属製のプルボックスに接続して使用する場合は，第一号の規定に準じて施設すること．ただし，技術上やむを得ない場合において，管及びプルボックスを乾燥した場所において不燃性の造営材に堅ろうに施設し，かつ，管及びプルボックス相互を電気的に完全に接続するときは，この限りでない．

4　金属管工事に使用する金属管の防爆型附属品は，次の各号に適合するものであること．

一　粉じん防爆型フレキシブルフィッチングは，次に適合すること．

　イ　構造は，継目なしの丹銅，リン青銅若しくはステンレスの可とう管に

丹銅，黄銅若しくはステンレスの編組被覆を施したもの又は電気用品の技術上の基準を定める省令の解釈別表第二 1 (1) 及び (5) ロに適合する 2 種金属製可とう電線管に厚さ 0.8 mm 以上のビニルの被覆を施したものの両端にコネクタ又はユニオンカップリングを堅固に接続し，内面は電線の引入れ又は引換えの際に電線の被覆を損傷しないように滑らかにしたものであること.

ロ　完成品は，室温において，その外径の 10 倍の直径を有する円筒のまわりに 180 度屈曲させた後，直線状に戻し，次に反対方向に 180 度屈曲させた後，直線状に戻す操作を 10 回繰り返したとき，ひび，割れその他の異状を生じないものであること.

二　耐圧防爆型フレキシブルフィッチングは，次に適合すること.

イ　構造は，継目なしの丹銅，リン青銅又はステンレスの可とう管に丹銅，黄銅又はステンレスの編組被覆を施したものの両端にコネクタ又はユニオンカップリングを堅固に接続し，内面は電線の引入れ又は引換えの際に電線の被覆を損傷しないように滑らかにしたものであること.

ロ　完成品は，室温において，その外径の 10 倍の直径を有する円筒のまわりに 180 度屈曲させた後，直線状に戻し，次に反対方向に 180 度屈曲させた後，直線状に戻す操作を 10 回繰り返した後，196 N/cm$^2$ の水圧を内部に加えたとき，ひび，割れその他の異状を生じないものであること.

三　安全増防爆型フレキシブルフィッチングは，次に適合すること.

イ　構造は，電気用品の技術上の基準を定める省令の解釈別表第二 1 (1) 及び (5) イに適合する 1 種金属製可とう電線管に丹銅，黄銅若しくはステンレスの編組被覆を施したもの又は電気用品の技術上の基準を定める省令の解釈別表第二 1 (1) 及び (5) ロに適合する 2 種金属製可とう電線管に厚さ 0.8 mm 以上のビニルを被覆したものの両端にコネクタ又はユニオンカップリングを堅固に接続し，内面は電線の引入れ又は引換えの際に電線の被覆を損傷しないように滑らかにしたものであること.

ロ　完成品は，室温において，その外径の 10 倍の直径を有する円筒のまわりに 180 度屈曲させた後，直線状に戻し，次に反対方向に 180 度屈曲させた後，直線状に戻す操作を 10 回繰り返したとき，ひび，割れその他の異状を生じないものであること.

四　第一号から第三号までに規定するもの以外のものは，次に適合すること.

イ　材料は，乾式亜鉛めっき法により亜鉛めっきを施した上に透明な塗料

を塗るか，又はその他適当な方法によりさび止めを施した鋼又は可鍛鋳鉄であること.

ロ　内面及び端口は，電線の引入れ又は引換えの際に電線の被覆を損傷しないように滑らかにしたものであること.

ハ　電線管との接続部分のねじは，5山以上完全にねじ合わせることができる長さを有するものであること.

ニ　接合面（ねじのはめ合わせ部分を除く.）は，工場電気設備防爆指針（NIIS-TR-No. 39（2006））に規定する接合面及び接合面の仕上げ程度に適合するものであること. ただし，金属，ガラス繊維，合成ゴム等の難燃性及び耐久性のあるパッキンを使用し，これを堅ろうに接合面に取り付ける場合は，接合面の奥行きは，工場電気設備防爆指針（NIIS-TR-No. 39（2006））に規定するボルト穴までの最短距離の値以上とすることができる.

ホ　接合面のうちねじのはめ合わせ部分は，工場電気設備防爆指針（NIIS-TR-No. 39（2006））に規定するねじはめあい部に適合するものであること.

ヘ　完成品は，工場電気設備防爆指針（NIIS-TR-No. 39（2006））に規定する容器の強さに適合するものであること.

**【金属可とう電線管工事】**（省令第56条第1項，第57条第1項）

**第160条**　金属可とう電線管工事による低圧屋内配線の電線は，次の各号によること.

一　絶縁電線（屋外用ビニル絶縁電線を除く.）であること.

二　より線又は直径3.2 mm（アルミ線にあっては，4 mm）以下の単心のものであること.

三　電線管内では，電線に接続点を設けないこと.

2　金属可とう電線管工事に使用する電線管及びボックスその他の附属品（管相互及び管端に接続するものに限る.）は，次の各号に適合するものであること.

一　電気用品安全法の適用を受ける金属製可とう電線管及びボックスその他の附属品であること.

二　電線管は，2種金属製可とう電線管であること. ただし，次に適合する場合は，1種金属製可とう電線管を使用することができる.

イ　展開した場所又は点検できる隠ぺい場所であって，乾燥した場所であること.

ロ　屋内配線の使用電圧が300 Vを超える場合は，電動機に接続する部分で可とう性を必要とする部分であること．

ハ　管の厚さは，0.8 mm以上であること．

三　内面は，電線の被覆を損傷しないような滑らかなものであること．

3　金属可とう電線管工事に使用する電線管及びボックスその他の附属品は，次の各号により施設すること．

一　重量物の圧力又は著しい機械的衝撃を受けるおそれがないように施設すること．

二　管相互及び管とボックスその他の附属品とは，堅ろうに，かつ，電気的に完全に接続すること．

三　管の端口は，電線の被覆を損傷しないような構造であること．

四　2種金属製可とう電線管を使用する場合において，湿気の多い場所又は水気のある場所に施設するときは，防湿装置を施すこと．

五　1種金属製可とう電線管には，直径1.6 mm以上の裸軟銅線を全長にわたって挿入又は添加して，その裸軟銅線と管とを両端において電気的に完全に接続すること．ただし，管の長さ（2本以上の管を接続して使用する場合は，その全長．以下この条において同じ．）が4 m以下のものを施設する場合は，この限りでない．

六　低圧屋内配線の使用電圧が300 V以下の場合は，電線管には，D種接地工事を施すこと．ただし，管の長さが4 m以下のものを施設する場合は，この限りでない．（関連省令第10条，第11条）

七　低圧屋内配線の使用電圧が300 Vを超える場合は，電線管には，C種接地工事を施すこと．ただし，接触防護措置（金属製のものであって，防護措置を施す管と電気的に接続するおそれがあるもので防護する方法を除く．）を施す場合は，D種接地工事によることができる．（関連省令第10条，第11条）

【金属線ぴ工事】（省令第56条第1項，第57条第1項）

**第161条**　金属線ぴ工事による低圧屋内配線の電線は，次の各号によること．

一　絶縁電線（屋外用ビニル絶縁電線を除く．）であること．

二　線ぴ内では，電線に接続点を設けないこと．ただし，次に適合する場合は，この限りでない．

イ　電線を分岐する場合であること．

ロ　線ぴは，電気用品安全法の適用を受ける2種金属製線ぴであること．

ハ　接続点を容易に点検できるように施設すること.

ニ　線ぴには第3項第二号ただし書の規定にかかわらず,D種接地工事を施すこと.（関連省令第10条,第11条）

ホ　線ぴ内の電線を外部に引き出す部分は,線ぴの貫通部分で電線が損傷するおそれがないように施設すること.

2　金属線ぴ工事に使用する金属製線ぴ及びボックスその他の附属品（線ぴ相互を接続するもの及び線ぴの端に接続するものに限る.）は,次の各号のいずれかに適合するものであること.

一　電気用品安全法の適用を受ける金属製線ぴ及びボックスその他の附属品であること.

二　黄銅又は銅で堅ろうに製作し,内面を滑らかにしたものであって,幅が5cm以下,厚さが0.5mm以上のものであること.

3　金属線ぴ工事に使用する金属製線ぴ及びボックスその他の附属品は,次の各号により施設すること.

一　線ぴ相互及び線ぴとボックスその他の附属品とは,堅ろうに,かつ,電気的に完全に接続すること.

二　線ぴには,D種接地工事を施すこと.ただし,次のいずれかに該当する場合は,この限りでない.（関連省令第10条,第11条）

イ　線ぴの長さ（2本以上の線ぴを接続して使用する場合は,その全長をいう.以下この条において同じ.）が4m以下のものを施設する場合

ロ　屋内配線の使用電圧が直流300V又は交流対地電圧が150V以下の場合において,その電線を収める線ぴの長さが8m以下のものに簡易接触防護措置（金属製のものであって,防護措置を施す線ぴと電気的に接続するおそれがあるもので防護する方法を除く.）を施すとき又は乾燥した場所に施設するとき

**【金属ダクト工事】**（省令第56条第1項,第57条第1項）

**第162条**　金属ダクト工事による低圧屋内配線の電線は,次の各号によること.

一　絶縁電線（屋外用ビニル絶縁電線を除く.）であること.

二　ダクトに収める電線の断面積（絶縁被覆の断面積を含む.）の総和は,ダクトの内部断面積の20%以下であること.ただし,電光サイン装置,出退表示灯その他これらに類する装置又は制御回路等（自動制御回路,遠方操作回路,遠方監視装置の信号回路その他これらに類する電気回路をいう.）の配線のみを収める場合は,50%以下とすることができる.

　三　ダクト内では，電線に接続点を設けないこと．ただし，電線を分岐する
　　場合において，その接続点が容易に点検できるときは，この限りでない．

　四　ダクト内の電線を外部に引き出す部分は，ダクトの貫通部分で電線が損
　　傷するおそれがないように施設すること．

　五　ダクト内には，電線の被覆を損傷するおそれがあるものを収めないこと．

　六　ダクトを垂直に施設する場合は，電線をクリート等で堅固に支持すること．

2　金属ダクト工事に使用する金属ダクトは，次の各号に適合するものである
　こと．

　一　幅が5cmを超え，かつ，厚さが1.2mm以上の鉄板又はこれと同等以上
　　の強さを有する金属製のものであって，堅ろうに製作したものであること．

　二　内面は，電線の被覆を損傷するような突起がないものであること．

　三　内面及び外面にさび止めのために，めっき又は塗装を施したものである
　　こと．

3　金属ダクト工事に使用する金属ダクトは，次の各号により施設すること．

　一　ダクト相互は，堅ろうに，かつ，電気的に完全に接続すること．

　二　ダクトを造営材に取り付ける場合は，ダクトの支持点間の距離を3m
　　（取扱者以外の者が出入りできないように措置した場所において，垂直に
　　取り付ける場合は，6m）以下とし，堅ろうに取り付けること．

　三　ダクトのふたは，容易に外れないように施設すること．

　四　ダクトの終端部は，閉そくすること．

　五　ダクトの内部にじんあいが侵入し難いようにすること．

　六　ダクトは，水のたまるような低い部分を設けないように施設すること．

　七　低圧屋内配線の使用電圧が300V以下の場合は，ダクトには，D種接地
　　工事を施すこと．（関連省令第10条，第11条）

　八　低圧屋内配線の使用電圧が300Vを超える場合は，ダクトには，C種接
　　地工事を施すこと．ただし，接触防護措置（金属製のものであって，防護
　　措置を施すダクトと電気的に接続するおそれがあるもので防護する方法を
　　除く．）を施す場合は，D種接地工事によることができる．（関連省令第10
　　条，第11条）

【バスダクト工事】（省令第56条第1項，第57条第1項）

　第163条　バスダクト工事による低圧屋内配線は，次の各号によること．

　一　ダクト相互及び電線相互は，堅ろうに，かつ，電気的に完全に接続すること．

　二　ダクトを造営材に取り付ける場合は，ダクトの支持点間の距離を3m

（取扱者以外の者が出入りできないように措置した場所において，垂直に取り付ける場合は，6 m）以下とし，堅ろうに取り付けること．

三　ダクト（換気型のものを除く．）の終端部は，閉そくすること．

四　ダクト（換気型のものを除く．）の内部にじんあいが侵入し難いようにすること．

五　湿気の多い場所又は水気のある場所に施設する場合は，屋外用バスダクトを使用し，バスダクト内部に水が浸入してたまらないようにすること．

六　低圧屋内配線の使用電圧が 300 V 以下の場合は，ダクトには，D 種接地工事を施すこと．（関連省令第 10 条，第 11 条）

七　低圧屋内配線の使用電圧が 300 V を超える場合は，ダクトには，C 種接地工事を施すこと．ただし，接触防護措置（金属製のものであって，防護措置を施すダクトと電気的に接続するおそれがあるもので防護する方法を除く．）を施す場合は，D 種接地工事によることができる．（関連省令第 10 条，第 11 条）

2　バスダクト工事に使用するバスダクトは，日本産業規格 JIS C 8364（2008）「バスダクト」に適合するものであること．

**【ケーブル工事】**（省令第 56 条第 1 項，第 57 条第 1 項）

**第 164 条**　ケーブル工事による低圧屋内配線は，次項及び第 3 項に規定するものを除き，次の各号によること．

一　電線は，164-1 表に規定するものであること．

164-1 表

| 電線の種類 | | 区　　分 | |
|---|---|---|---|
| | | 使用電圧が 300 V 以下のものを展開した場所又は点検できる隠ぺい場所に施設する場合 | その他の場合 |
| ケーブル | | ○ | ○ |
| 2種 | キャブタイヤケーブル | ○ | |
| 3種 | | ○ | ○ |
| 4種 | | ○ | ○ |
| 2種 | クロロプレンキャブタイヤケーブル | ○ | |
| 3種 | | ○ | ○ |
| 4種 | | ○ | ○ |

| | | ○ | |
|---|---|---|---|
| 2種 | クロロスルホン化ポリエチレンキャブタイヤケーブル | ○ | |
| 3種 | | ○ | ○ |
| 4種 | | ○ | ○ |
| 2種 | 耐燃性エチレンゴムキャブタイヤケーブル | ○ | |
| 3種 | | ○ | ○ |
| ビニルキャブタイヤケーブル | | ○ | |
| 耐燃性ポリオレフィンキャブタイヤケーブル | | ○ | |

（備考）　○は，使用できることを示す．

二　重量物の圧力又は著しい機械的衝撃を受けるおそれがある箇所に施設する電線には，適当な防護装置を設けること．

三　電線を造営材の下面又は側面に沿って取り付ける場合は，電線の支持点間の距離をケーブルにあっては2m（接触防護措置を施した場所において垂直に取り付ける場合は，6m）以下，キャブタイヤケーブルにあっては1m以下とし，かつ，その被覆を損傷しないように取り付けること．

四　低圧屋内配線の使用電圧が300V以下の場合は，管その他の電線を収める防護装置の金属製部分，金属製の電線接続箱及び電線の被覆に使用する金属体には，D種接地工事を施すこと．ただし，次のいずれかに該当する場合は，管その他の電線を収める防護装置の金属製部分については，この限りでない．（関連省令第10条，第11条）

イ　防護装置の金属製部分の長さが4m以下のものを乾燥した場所に施設する場合

ロ　屋内配線の使用電圧が直流300V又は交流対地電圧150V以下の場合において，防護装置の金属製部分の長さが8m以下のものに簡易接触防護措置（金属製のものであって，防護措置を施す設備と電気的に接続するおそれがあるもので防護する方法を除く．）を施すとき又は乾燥した場所に施設するとき

五　低圧屋内配線の使用電圧が300Vを超える場合は，管その他の電線を収める防護装置の金属製部分，金属製の電線接続箱及び電線の被覆に使用する金属体には，C種接地工事を施すこと．ただし，接触防護措置（金属製のものであって，防護措置を施す設備と電気的に接続するおそれがあるもので防護する方法を除く．）を施す場合は，D種接地工事によることがで

きる.（関連省令第 10 条, 第 11 条）

2　電線を直接コンクリートに埋め込んで施設する低圧屋内配線は, 次の各号
　によること.

　一　電線は, MI ケーブル, コンクリート直埋用ケーブル又は第 120 条第 6
　　項に規定する性能を満足するがい装を有するケーブルであること.

　二　コンクリート内では, 電線に接続点を設けないこと. ただし, 接続部に
　　おいて, ケーブルと同等以上の絶縁性能及び機械的保護機能を有するよう
　　に施設する場合は, この限りでない.

　三　工事に使用するボックスは, 電気用品安全法の適用を受ける金属製若し
　　くは合成樹脂製のもの又は黄銅若しくは銅で堅ろうに製作したものである
　　こと.

　四　電線をボックス又はプルボックス内に引き込む場合は, 水がボックス又
　　はプルボックス内に浸入し難いように適当な構造のブッシングその他これ
　　に類するものを使用すること.

　五　前項第四号及び第五号の規定に準じること.

3　電線を建造物の電気配線用のパイプシャフト内に垂直につり下げて施設す
　る低圧屋内配線は, 次の各号によること.

　一　電線は, 次のいずれかのものであること.

　　イ　第 9 条第 2 項に規定するビニル外装ケーブル又はクロロプレン外装ケ
　　　ーブルであって, 次に適合する導体を使用するもの

　　（イ）　導体に銅を使用するものにあっては, 公称断面積が 22 mm² 以上
　　　　であること.

　　（ロ）　導体にアルミニウムを使用するものにあっては, 次に適合すること.

　　　（1）　軟アルミ線, 半硬アルミ線及びアルミ成形単線以外のものであ
　　　　　ること.

　　　（2）　公称断面積が 30 mm² 以上であること. ただし, 第 9 条第 2 項
　　　　　第一号ハの規定によるものにあっては, この限りでない.

　　ロ　垂直ちょう架用線付きケーブルであって, 次に適合するもの

　　（イ）　ケーブルは,（ロ）に規定するちょう架線を第 9 条第 2 項に規定
　　　　するビニル外装ケーブル又はクロロプレン外装ケーブルの外装に堅
　　　　ろうに取り付けたものであること.

　　（ロ）　ちょう架用線は, 次に適合するものであること.

　　　（1）　引張強さが 5.93 kN 以上の金属線又は断面積が 22 mm² 以上の

　　　　亜鉛めっき鉄より線であって，断面積$5.3\,\text{mm}^2$以上のものであ
　　　　ること.

　　　（2）　ケーブルの重量（ちょう架用線の重量を除く.）の4倍の引張荷
　　　　重に耐えるようにケーブルに取り付けること.

　　ハ　第9条第2項に規定するビニル外装ケーブル又はクロロプレン外装ケー
　　　　ブルの外装の上に当該外装を損傷しないように座床を施し，更にその
　　　　上に第4条第二号に規定する亜鉛めっきを施した鉄線であって，引張強
　　　　さが294N以上のもの又は直径1mm以上の金属線を密により合わせた
　　　　鉄線がい装ケーブル

　二　電線及びその支持部分の安全率は，4以上であること.

　三　電線及びその支持部分は，充電部分が露出しないように施設すること.

　四　電線との分岐部分に施設する分岐線は，次によること.

　　イ　ケーブルであること.

　　ロ　張力が加わらないように施設し，かつ，電線との分岐部分には，振留
　　　　装置を施設すること.

　　ハ　ロの規定により施設してもなお電線に損傷を及ぼすおそれがある場合
　　　　は，さらに，適当な箇所に振留装置を施設すること.

　五　第1項第二号，第四号及び第五号の規定に準じること.

　六　パイプシャフト内は，省令第70条及び第175条から第178条までに規
　　　定する場所でないこと.（関連省令第68条，第69条，第70条）

**【特殊な低圧屋内配線工事】**（省令第56条第1項，第57条第1項，第64条）

**第165条**　フロアダクト工事による低圧屋内配線は，次の各号によること.

　一　電線は，絶縁電線（屋外用ビニル絶縁電線を除く.）であること.

　二　電線は，より線又は直径$3.2\,\text{mm}$（アルミ線にあっては，$4\,\text{mm}$）以下の
　　　単心であること.

　三　フロアダクト内では，電線に接続点を設けないこと.ただし，電線を分
　　　岐する場合において，その接続点が容易に点検できるときは，この限りで
　　　ない.

　四　フロアダクト工事に使用するフロアダクト及びボックスその他の附属品
　　　（フロアダクト相互を接続するもの及びフロアダクトの端に接続するもの
　　　に限る.）は，次のいずれかのものであること.

　　イ　電気用品安全法の適用を受ける金属製のフロアダクト及びボックスそ
　　　　の他の附属品

ロ　次に適合するもの

（イ）　厚さが2mm以上の鋼板で堅ろうに製作したものであること.

（ロ）　亜鉛めっきを施したもの又はエナメル等で被覆したものであること.

（ハ）　端口及び内面は，電線の被覆を損傷しないような滑らかなものであること.

五　フロアダクト工事に使用するフロアダクト及びボックスその他の附属品は，次により施設すること.

イ　ダクト相互並びにダクトとボックス及び引出口とは，堅ろうに，かつ，電気的に完全に接続すること.

ロ　ダクト及びボックスその他の附属品は，水のたまるような低い部分を設けないように施設すること.

ハ　ボックス及び引出口は，床面から突出しないように施設し，かつ，水が浸入しないように密封すること.

ニ　ダクトの終端部は，閉そくすること.

ホ　ダクトには，D種接地工事を施すこと.（関連省令第10条，第11条）

2　セルラダクト工事による低圧屋内配線は，次の各号によること.

一　電線は，絶縁電線（屋外用ビニル絶縁電線を除く.）であること.

二　電線は，より線又は直径3.2mm（アルミ線にあっては，4mm）以下の単線であること.

三　セルラダクト内では，電線に接続点を設けないこと.ただし，電線を分岐する場合において，その接続点が容易に点検できるときは，この限りでない.

四　セルラダクト内の電線を外部に引き出す場合は，当該セルラダクトの貫通部分で電線が損傷するおそれがないように施設すること.

五　セルラダクト工事に使用するセルラダクト及び附属品（ヘッダダクトを除き，セルラダクト相互を接続するもの及びセルラダクトの端に接続するものに限る.）は，次に適合するものであること.

イ　鋼板で製作したものであること.

ロ　端口及び内面は，電線の被覆を損傷しないような滑らかなものであること.

ハ　ダクトの内面及び外面は，さび止めのためにめっき又は塗装を施したものであること.ただし，民間規格評価機関として日本電気技術規格委員会が承認した規格である「デッキプレート」の「適用」の欄に規定す

るものに適合するものにあっては，この限りでない．

　ニ　ダクトの板厚は，165-1 表に規定する値以上であること．

165-1 表

| ダクトの最大幅 | ダクトの板厚 |
|---|---|
| 150 mm 以下 | 1.2 mm |
| 150 mm を超え 200 mm 以下 | 1.4 mm（民間規格評価機関として日本電気技術規格委員会が承認した規格である「デッキプレート」の「適用」の欄に規定するものに適合するものにあっては 1.2 mm） |
| 200 mm を超えるもの | 1.6 mm |

　ホ　附属品の板厚は 1.6 mm 以上であること．

　ヘ　底板をダクトに取り付ける部分は，次の計算式により計算した値の荷重を底板に加えたとき，セルラダクトの各部に異状を生じないこと．

$$P = 5.88 D$$

　　　$P$ は，荷重（単位：N/m）

　　　$D$ は，ダクトの断面積（単位：cm$^2$）

六　セルラダクト工事に使用するヘッダダクト及びその附属品（ヘッダダクト相互を接続するもの及びヘッダダクトの端に接続するものに限る．）は，次に適合するものであること．

　イ　前号イ，ロ及びホの規定に適合すること．

　ロ　ダクトの板厚は，165-2 表に規定する値以上であること．

165-2 表

| ダクトの最大幅 | ダクトの板厚 |
|---|---|
| 150 mm 以下 | 1.2 mm |
| 150 mm を超え 200 mm 以下 | 1.4 mm |
| 200 mm を超えるもの | 1.6 mm |

七　セルラダクト工事に使用するセルラダクト及び附属品（ヘッダダクト及びその附属品を含む．）は，次により施設すること．

　イ　ダクト相互並びにダクトと造営物の金属構造体，附属品及びダクトに接続する金属体とは堅ろうに，かつ，電気的に完全に接続すること．

　ロ　ダクト及び附属品は，水のたまるような低い部分を設けないように施設すること．

ハ　引出口は，床面から突出しないように施設し，かつ，水が浸入しない
ように密封すること．

ニ　ダクトの終端部は，閉そくすること．

ホ　ダクトにはD種接地工事を施すこと．（関連省令第10条，第11条）

3　ライティングダクト工事による低圧屋内配線は，次の各号によること．

一　ダクト及び附属品は，電気用品安全法の適用を受けるものであること．

二　ダクト相互及び電線相互は，堅ろうに，かつ，電気的に完全に接続する
こと．

三　ダクトは，造営材に堅ろうに取り付けること．

四　ダクトの支持点間の距離は，2m以下とすること．

五　ダクトの終端部は，閉そくすること．

六　ダクトの開口部は，下に向けて施設すること．ただし，次のいずれかに
該当する場合は，横に向けて施設することができる．

イ　簡易接触防護措置を施し，かつ，ダクトの内部にじんあいが侵入し難
いように施設する場合

ロ　日本産業規格JIS C 8366（2012）「ライティングダクト」の「5　性
能」，「6　構造」及び「8　材料」の固定Ⅱ形に適合するライティングダ
クトを使用する場合

七　ダクトは，造営材を貫通しないこと．

八　ダクトには，D種接地工事を施すこと．ただし，次のいずれかに該当す
る場合は，この限りでない．（関連省令第10条，第11条）

イ　合成樹脂その他の絶縁物で金属製部分を被覆したダクトを使用する場合

ロ　対地電圧が150V以下で，かつ，ダクトの長さ（2本以上のダクトを
接続して使用する場合は，その全長をいう．）が4m以下の場合

九　ダクトの導体に電気を供給する電路には，当該電路に地絡を生じたとき
に自動的に電路を遮断する装置を施設すること．ただし，ダクトに簡易接
触防護措置（金属製のものであって，ダクトの金属製部分と電気的に接続
するおそれがあるもので防護する方法を除く．）を施す場合は，この限りで
ない．

4　平形保護層工事による低圧屋内配線は，次の各号によること．

一　住宅以外の場所においては，次によること．

イ　次に掲げる場所以外の場所に施設すること．

（イ）　旅館，ホテル又は宿泊所等の宿泊室

（ロ）　小学校，中学校，盲学校，ろう学校，養護学校，幼稚園又は保育
園等の教室その他これに類する場所

（ハ）　病院又は診療所等の病室

（ニ）　フロアヒーティング等発熱線を施設した床面

（ホ）　第 175 条から第 178 条までに規定する場所

ロ　造営物の床面又は壁面に施設し，造営材を貫通しないこと．

ハ　電線は，電気用品安全法の適用を受ける平形導体合成樹脂絶縁電線で
あって，20 A 用又は 30 A 用のもので，かつ，アース線を有するもので
あること．

ニ　平形保護層（上部保護層，上部接地用保護層及び下部保護層をいう．
以下この条において同じ．）内の電線を外部に引き出す部分は，ジョイン
トボックスを使用すること．

ホ　平形導体合成樹脂絶縁電線相互を接続する場合は，次によること．
（関連省令第 7 条）

（イ）　電線の引張強さを 20% 以上減少させないこと．

（ロ）　接続部分には，接続器を使用すること．

（ハ）　次のいずれかによること．

（1）　接続部分の平形導体合成樹脂絶縁電線の絶縁物と同等以上の絶
縁効力のある接続器を使用すること．

（2）　接続部分をその部分の平形導体合成樹脂絶縁電線の絶縁物と同
等以上の絶縁効力のあるもので十分に被覆すること．

ヘ　平形保護層内には，電線の被覆を損傷するおそれがあるものを収めな
いこと．

ト　電線に電気を供給する電路は，次に適合するものであること．

（イ）　電路の対地電圧は，150 V 以下であること．

（ロ）　定格電流が 30 A 以下の過電流遮断器で保護される分岐回路であ
ること．

（ハ）　電路に地絡を生じたときに自動的に電路を遮断する装置を施設す
ること．

チ　平形保護層工事に使用する平形保護層，ジョイントボックス，差込み
接続器及びその他の附属品は，次に適合するものであること．

（イ）　平形保護層は次に適合するものであること．

（1）　構造は日本産業規格 JIS C 3652（1993）「電力用フラットケー

ブルの施工方法」の「附属書　電力用フラットケーブル」の「4.6
上部保護層」,「4.5　上部接地用保護層」及び「4.4　下部保護層」
に適合すること.

(2)　完成品は,日本産業規格 JIS C 3652 (1993)「電力用フラット
ケーブルの施工方法」の「附属書　電力用フラットケーブル」の
「5.16　機械的特性」,「5.18　地絡・短絡特性」及び「5.20　上部
接地用保護層及び上部保護層特性」の試験方法により試験したと
き,「3　特性」に適合すること.

(ロ)　ジョイントボックス及び差込み接続器は,電気用品安全法の適用
を受けるものであること.

(ハ)　平形保護層,ジョイントボックス,差込み接続器及びその他の附
属品は,当該平形導体合成樹脂絶縁電線に適したものであること.

リ　平形保護層工事に使用する平形保護層,ジョイントボックス,差込み
接続器及びその他の附属品は,次により施設すること.

(イ)　平形保護層は,電線を保護するように施設すること.この場合に
おいて,上部保護層は,上部接地用保護層を兼用することができる.

(ロ)　平形保護層を床面に施設する場合は,平形保護層を粘着テープに
より固定し,適当な防護装置を設けること.

(ハ)　平形保護層を壁面に施設する場合は,金属ダクト工事に使用する
金属ダクトに収めて施設すること.ただし,平形保護層の床面から
の立上り部において,平形保護層の長さを 30 cm 以下とし,適当な
防護装置を設けて施設する場合は,この限りでない.

(ニ)　上部接地用保護層相互及び上部接地用保護層と電線に附属する接
地線とは,電気的に完全に接続すること.(関連省令第11条)

(ホ)　上部保護層及び上部接地用保護層並びにジョイントボックス及び
差込み接続器の金属製外箱には,D種接地工事を施すこと.(関連
省令第10条,第11条)

二　住宅においては,次のいずれかにより施設すること.

イ　民間規格評価機関として日本電気技術規格委員会が承認した規格であ
る「コンクリート直天井面における平形保護層工事」の「適用」の欄に
規定する要件

ロ　民間規格評価機関として日本電気技術規格委員会が承認した規格であ
る「石膏ボード等の天井面・壁面における平形保護層工事」の「適用」

の欄に規定する要件

**【低圧の屋側配線又は屋外配線の施設】**（省令第 56 条第 1 項，第 57 条第 1 項，第 63 条第 1 項）

**第 166 条** 低圧の屋側配線又は屋外配線（第 184 条，第 188 条及び第 192 条に規定するものを除く．以下この条において同じ．）は，次の各号によること．

一 低圧の屋側配線又は屋外配線は，166-1 表に規定する工事のいずれかにより施設すること．

166-1 表

| 施設場所の区分 | 使用電圧の区分 | 工事の種類 | | | | | |
|---|---|---|---|---|---|---|---|
| | | がいし引き工事 | 合成樹脂管工事 | 金属管工事 | 金属可とう電線管工事 | バスダクト工事 | ケーブル工事 |
| 展開した場所 | 300 V 以下 | ○ | ○ | ○ | ○ | ○ | ○ |
| | 300 V 超過 | ○ | ○ | ○ | ○ | ○ | ○ |
| 点検できる隠ぺい場所 | 300 V 以下 | ○ | ○ | ○ | ○ | ○ | ○ |
| | 300 V 超過 | | ○ | ○ | ○ | ○ | ○ |
| 点検できない隠ぺい場所 | ― | | ○ | ○ | ○ | | ○ |

（備考） ○は，使用できることを示す．

二 がいし引き工事による低圧の屋側配線又は屋外配線は，第 157 条の規定に準じて施設すること．この場合において，同条第 1 項第三号における「乾燥した場所」は「雨露にさらされない場所」と読み替えるものとする．

三 合成樹脂管工事による低圧の屋側配線又は屋外配線は，第 158 条の規定に準じて施設すること．

四 金属管工事による低圧の屋側配線又は屋外配線は，第 159 条の規定に準じて施設すること．

五 金属可とう電線管工事による低圧の屋側配線又は屋外配線は，第 160 条の規定に準じて施設すること．

六 バスダクト工事による低圧の屋側配線又は屋外配線は，次によること．

 イ 第 163 条の規定に準じて施設すること．

 ロ 屋外用のバスダクトを使用し，ダクト内部に水が浸入してたまらないようにすること．

 ハ 使用電圧が 300 V を超える場合は，民間規格評価機関として日本電気技術規格委員会が承認した規格である「バスダクト工事による 300 V を

　　超える低圧屋側配線又は屋外配線の施設」の「適用」の欄に規定する要
　　件によること.
　七　ケーブル工事による低圧の屋側配線又は屋外配線は, 次によること.
　　イ　電線は, 166-2表に規定するものであること.

166-2表

| 電線の種類 | | 区分 | |
|---|---|---|---|
| | | 使用電圧が 300 V 以下のものを展開した場所又は点検できる隠ぺい場所に施設する場合 | その他の場合 |
| ケーブル | | ○ | ○ |
| 2種 | クロロプレンキャブタイヤケーブル | ○ | |
| 3種 | | ○ | ○ |
| 4種 | | ○ | ○ |
| 2種 | クロロスルホン化ポリエチレンキャブタイヤケーブル | ○ | |
| 3種 | | ○ | ○ |
| 4種 | | ○ | ○ |
| 2種 | 耐燃性エチレンゴムキャブタイヤケーブル | ○ | |
| 3種 | | ○ | ○ |
| ビニルキャブタイヤケーブル | | ○ | |
| 耐燃性ポリオレフィンキャブタイヤケーブル | | ○ | |

（備考）　○は, 使用できることを示す.

　　ロ　第164条第1項第二号から第五号まで及び同条第2項の規定に準じて
　　　施設すること.
　八　低圧の屋側配線又は屋外配線の開閉器及び過電流遮断器は, 屋内電路用
　　のものと兼用しないこと. ただし, 当該配線の長さが屋内電路の分岐点か
　　ら8 m 以下の場合において, 屋内電路用の過電流遮断器の定格電流が15
　　A（配線用遮断器にあっては, 20 A）以下のときは, この限りでない.
　2　屋外に施設する白熱電灯の引下げ線のうち, 地表上の高さ2.5 m 未満の部
　　分は, 次の各号のいずれかにより施設すること.
　　一　次によること.
　　　イ　電線は, 直径1.6 mm の軟銅線と同等以上の強さ及び太さの絶縁電線
　　　　（屋外用ビニル絶縁電線を除く.）であること.

　　ロ　電線に簡易接触防護措置を施し，又は電線の損傷を防止するように施
　　　設すること．

　二　ケーブル工事により，第164条第1項及び第2項の規定に準じて施設す
　　　ること．

**【低圧配線と弱電流電線等又は管との接近又は交差】**（省令第62条）

**第167条**　がいし引き工事により施設する低圧配線が，弱電流電線等又は水
　管，ガス管若しくはこれらに類するもの（以下この条において「水管等」と
　いう．）と接近又は交差する場合は，次の各号のいずれかによること．

　一　低圧配線と弱電流電線等又は水管等との離隔距離は，10 cm（電線が裸
　　　電線である場合は，30 cm）以上とすること．

　二　低圧配線の使用電圧が300 V以下の場合において，低圧配線と弱電流電
　　　線等又は水管等との間に絶縁性の隔壁を堅ろうに取り付けること．

　三　低圧配線の使用電圧が300 V以下の場合において，低圧配線を十分な長
　　　さの難燃性及び耐水性のある堅ろうな絶縁管に収めて施設すること．

2　合成樹脂管工事，金属管工事，金属可とう電線管工事，金属線ぴ工事，金
　属ダクト工事，バスダクト工事，ケーブル工事，フロアダクト工事，セルラ
　ダクト工事，ライティングダクト工事又は平形保護層工事により施設する低
　圧配線が，弱電流電線又は水管等と接近し又は交差する場合は，次項ただし
　書の規定による場合を除き，低圧配線が弱電流電線又は水管等と接触しない
　ように施設すること．

3　合成樹脂管工事，金属管工事，金属可とう電線管工事，金属線ぴ工事，金
　属ダクト工事，バスダクト工事，フロアダクト工事又はセルラダクト工事に
　より施設する低圧配線の電線と弱電流電線とは，同一の管，線ぴ若しくはダ
　クト若しくはこれらのボックスその他の附属品又はプルボックスの中に施設
　しないこと．ただし，低圧配線をバスダクト工事以外の工事により施設する
　場合において，次の各号のいずれかに該当するときは，この限りでない．

　一　低圧配線の電線と弱電流電線とを，次に適合するダクト，ボックス又は
　　　プルボックスの中に施設する場合．この場合において，低圧配線を合成樹
　　　脂管工事，金属管工事，金属可とう電線管工事又は金属線ぴ工事により施
　　　設するときは，電線と弱電流電線とは，別個の管又は線ぴに収めて施設す
　　　ること．

　　イ　低圧配線と弱電流電線との間に堅ろうな隔壁を設けること．

　　ロ　金属製部分にC種接地工事を施すこと．（関連省令第10条，第11条）

二　弱電流電線が，次のいずれかに該当するものである場合

イ　リモコンスイッチ，保護リレーその他これに類するものの制御用の弱電流電線であって，絶縁電線と同等以上の絶縁効力があり，かつ，低圧配線との識別が容易にできるもの

ロ　C種接地工事を施した金属製の電気的遮へい層を有する通信用ケーブル（関連省令第 10 条，第 11 条）

【高圧配線の施設】（省令第 56 条第 1 項，第 57 条第 1 項，第 62 条）

**第 168 条**　高圧屋内配線は，次の各号によること．

一　高圧屋内配線は，次に掲げる工事のいずれかにより施設すること．

イ　がいし引き工事（乾燥した場所であって展開した場所に限る．）

ロ　ケーブル工事

二　がいし引き工事による高圧屋内配線は，次によること．

イ　接触防護措置を施すこと．

ロ　電線は，直径 2.6 mm の軟銅線と同等以上の強さ及び太さの，高圧絶縁電線，特別高圧絶縁電線又は引下げ用高圧絶縁電線であること．

ハ　電線の支持点間の距離は，6 m 以下であること．ただし，電線を造営材の面に沿って取り付ける場合は，2 m 以下とすること．

ニ　電線相互の間隔は 8 cm 以上，電線と造営材との離隔距離は 5 cm 以上であること．

ホ　がいしは，絶縁性，難燃性及び耐水性のあるものであること．

ヘ　高圧屋内配線は，低圧屋内配線と容易に区別できるように施設すること．

ト　電線が造営材を貫通する場合は，その貫通する部分の電線を電線ごとにそれぞれ別個の難燃性及び耐水性のある堅ろうな物で絶縁すること．

三　ケーブル工事による高圧屋内配線は，次によること．

イ　ロに規定する場合を除き，電線にケーブルを使用し，第 164 条第 1 項第二号及び第三号の規定に準じて施設すること．

ロ　電線を建造物の電気配線用のパイプシャフト内に垂直につり下げて施設する場合は，第 164 条第 3 項（第一号イ（ロ）(2)ただし書を除く．）の規定に準じて施設すること．この場合において，同項の規定における「第 9 条第 2 項」は「第 10 条第 3 項」と読み替えるものとする．

ハ　管その他のケーブルを収める防護装置の金属製部分，金属製の電線接続箱及びケーブルの被覆に使用する金属体には，A種接地工事を施すこと．ただし，接触防護措置（金属製のものであって，防護措置を施す設備

と電気的に接続するおそれがあるもので防護する方法を除く.)を施す場合は, D種接地工事によることができる.(関連省令第10条, 第11条)

2　高圧屋内配線が, 他の高圧屋内配線, 低圧屋内電線, 管灯回路の配線, 弱電流電線等又は水管, ガス管若しくはこれらに類するもの(以下この項において「他の屋内電線等」という.)と接近又は交差する場合は, 次の各号のいずれかによること.

一　高圧屋内配線と他の屋内電線等との離隔距離は, 15 cm(がいし引き工事により施設する低圧屋内電線が裸電線である場合は, 30 cm)以上であること.

二　高圧屋内配線をケーブル工事により施設する場合においては, 次のいずれかによること.

イ　ケーブルと他の屋内電線等との間に耐火性のある堅ろうな隔壁を設けること.

ロ　ケーブルを耐火性のある堅ろうな管に収めること.

ハ　他の高圧屋内配線の電線がケーブルであること.

3　高圧屋側配線は, 第111条(第1項を除く.)の規定に準じて施設すること.

4　高圧屋外配線(第188条に規定するものを除く.)は, 第120条から第125条まで及び第127条から第130条まで(第128条第1項を除く.)の規定に準じて施設すること.

【特別高圧配線の施設】(省令第56条第1項, 第57条第1項, 第62条)

第169条　特別高圧屋内配線は, 第191条の規定により施設する場合を除き, 次の各号によること.

一　使用電圧は, 100,000 V以下であること.

二　電線は, ケーブルであること.

三　ケーブルは, 鉄製又は鉄筋コンクリート製の管, ダクトその他の堅ろうな防護装置に収めて施設すること.

四　管その他のケーブルを収める防護装置の金属製部分, 金属製の電線接続箱及びケーブルの被覆に使用する金属体には, A種接地工事を施すこと. ただし, 接触防護措置(金属製のものであって, 防護措置を施す設備と電気的に接続するおそれがあるもので防護する方法を除く.)を施す場合は, D種接地工事によることができる.(関連省令第10条, 第11条)

五　危険のおそれがないように施設すること.

2　特別高圧屋内配線が, 低圧屋内電線, 管灯回路の配線, 高圧屋内電線, 弱

電流電線等又は水管，ガス管若しくはこれらに類するものと接近又は交差する場合は，次の各号によること．

一　特別高圧屋内配線と低圧屋内電線，管灯回路の配線又は高圧屋内電線との離隔距離は，60 cm 以上であること．ただし，相互の間に堅ろうな耐火性の隔壁を設ける場合は，この限りでない．

二　特別高圧屋内配線と弱電流電線等又は水管，ガス管若しくはこれらに類するものとは，接触しないように施設すること．

3　使用電圧が 35,000 V 以下の特別高圧屋側配線は，第111条（第1項を除く．）の規定に準じて施設すること．

4　使用電圧が 35,000 V 以下の特別高圧屋外配線は，第120条から第125条まで及び第127条から第130条まで（第128条第1項を除く．）の規定に準じて施設すること．

5　使用電圧が 35,000 V を超える特別高圧の屋側配線又は屋外配線は，第191条の規定により施設する場合を除き，施設しないこと．

**【電球線の施設】**（省令第56条第1項，第57条第1項）

**第170条**　電球線は，次の各号によること．

一　使用電圧は，300 V 以下であること．

二　電線の断面積は，0.75 mm² 以上であること．

三　電線は，170-1 表に規定するものであること．

170-1 表

| 電線の種類 | | 施設場所 | |
| --- | --- | --- | --- |
| | | 屋　内 | 屋側又は屋外 |
| 防湿コード | | ○ | ○※2 |
| 防湿コード以外のゴムコード | | ○※1 | |
| ゴムキャブタイヤコード | | ○ | |
| 1種 | キャブタイヤケーブル | ○ | ○※2 |
| 2種 | | ○ | ○ |
| 3種 | | | |
| 4種 | | | |
| 2種 | クロロプレンキャブタイヤケーブル | ○ | ○ |
| 3種 | | | |
| 4種 | | | |

| 2種 | クロロスルホン化ポリエチレンキャブタイヤケーブル | ○ | ○ |
|---|---|---|---|
| 3種 | | | |
| 4種 | | | |
| 2種 | 耐燃性エチレンゴムキャブタイヤケーブル | ○ | ○ |
| 3種 | | | |

※1：乾燥した場所に施設する場合に限る.
※2：屋側に雨露にさらされないように施設する場合に限る.
(備考)　○は，使用できることを示す.

　　四　簡易接触防護措置を施す場合は，前号の規定にかかわらず，次に掲げる
　　　電線を使用することができる.
　　　イ　軟銅より線を使用する 600 V ゴム絶縁電線
　　　ロ　口出し部の電線の間隔が 10 mm 以上の電球受口に附属する電線にあ
　　　　っては，軟銅より線を使用する 600 V ビニル絶縁電線
　　五　電球線と屋内配線又は屋側配線との接続は，その接続点において電球又
　　　は器具の重量を配線に支持させないものであること.

【移動電線の施設】(省令第 56 条，第 57 条第 1 項，第 66 条)
　**第 171 条**　低圧の移動電線は，第 181 条第 1 項第七号（第 182 条第五号におい
　て準用する場合を含む.）に規定するものを除き，次の各号によること.
　　一　電線の断面積は，0.75 mm² 以上であること.
　　二　電線は，171-1 表に規定するものであること.

171-1 表

| 電線の種類 | 区　　　分 | | |
|---|---|---|---|
| | 使用電圧が 300 V 以下のもの | | 使用電圧が 300 V を超えるもの |
| | 屋内に施設する場合 | 屋側又は屋外に施設する場合 | |
| ビニルコード | △※1 | | |
| ビニルキャブタイヤコード | △※1 | △※2 | |
| 耐燃性ポリオレフィンコード | △※1 | | |
| 耐燃性ポリオレフィンキャブタイヤコード | △※1 | △※2 | |
| 防湿コード | ○ | ○※2 | |
| 防湿コード以外のゴムコード | ○※1 | | |
| ゴムキャブタイヤコード | ○ | | |

| | | | |
|---|---|---|---|
| ビニルキャブタイヤケーブル | △ | △ | ▲ |
| 耐燃性ポリオレフィンキャブタイヤケーブル | △ | △ | ▲ |
| 1種　キャブタイヤケーブル | ○ | | |
| 2種　キャブタイヤケーブル | | | |
| 3種　キャブタイヤケーブル | ○ | ○ | ○ |
| 4種　キャブタイヤケーブル | | | |
| 2種　クロロプレンキャブタイヤケーブル | | | |
| 3種　クロロプレンキャブタイヤケーブル | ○ | ○ | ○ |
| 4種　クロロプレンキャブタイヤケーブル | | | |
| 2種　クロロスルホン化ポリエチレンキャブタイヤケーブル | | | |
| 3種　クロロスルホン化ポリエチレンキャブタイヤケーブル | ○ | ○ | ○ |
| 4種　クロロスルホン化ポリエチレンキャブタイヤケーブル | | | |
| 2種　耐燃性エチレンゴムキャブタイヤケーブル | ○ | ○ | ○ |
| 3種　耐燃性エチレンゴムキャブタイヤケーブル | | | |

※1：乾燥した場所に施設する場合に限る.
※2：屋側に雨露にさらされないように施設する場合に限る.
（備考）
  1. ○は, 使用できることを示す.
  2. △は, 次に掲げるものに附属する移動電線として使用する場合に限り使用できることを示す.
    (1) 差込み接続器を介さないで直接接続される放電灯, 扇風機, 電気スタンドその他の電気を熱として利用しない電気機械器具（配線器具を除く. 以下この条において同じ.）
    (2) 電気温水器その他の高温部が露出せず, かつ, これに電線が触れるおそれがない構造の電熱器であって, 電熱器と移動電線との接続部の温度が80℃以下であり, かつ, 電熱器の外面の温度が100℃を超えるおそれがないもの
    (3) 移動点滅器
  3. ▲は, 電気を熱として利用しない電気機械器具に附属する移動電線に限り使用できることを示す.


　三　屋内に施設する使用電圧が 300 V 以下の移動電線が, 次のいずれかに該当する場合は, 第一号及び第二号の規定によらないことができる.
　　イ　電気ひげそり, 電気バリカンその他これらに類する軽小な家庭用電気機械器具に附属する移動電線に, 長さ 2.5 m 以下の金糸コードを使用し, これを乾燥した場所で使用する場合

　　ロ　電気用品安全法の適用を受ける装飾用電灯器具（直列式のものに限る．）に附属する移動電線を乾燥した場所で使用する場合

　　ハ　第172条第3項の規定によりエレベータ用ケーブルを使用する場合

　　ニ　第190条の規定により溶接用ケーブルを使用する場合

　四　移動電線と屋内配線との接続には，差込み接続器その他これに類する器具を用いること．ただし，移動電線をちょう架線にちょう架して施設する場合は，この限りでない．

　五　移動電線と屋側配線又は屋外配線との接続には，差込み接続器を用いること．

　六　移動電線と電気機械器具との接続には，差込み接続器その他これに類する器具を用いること．ただし，簡易接触防護措置を施した端子にコードをねじ止めする場合は，この限りでない．

2　低圧の移動電線に接続する電気機械器具の金属製外箱に第29条第1項の規定により接地工事を施す場合において，当該移動電線に使用する多心コード又は多心キャブタイヤケーブルの線心のうちの1つを接地線として使用するときは，次の各号によること．

　一　線心と造営物に固定している接地線との接続には，多心コード又は多心キャブタイヤケーブルと屋内配線，屋側配線又は屋外配線との接続に使用する差込み接続器その他これに類する器具の1極を用いること．

　二　線心と電気機械器具の外箱との接続には，多心コード又は多心キャブタイヤケーブルと電気機械器具との接続に使用する差込み接続器その他これに類する器具の1極を用いること．ただし，多心コード又は多心キャブタイヤケーブルと電気機械器具とをねじ止めにより接続する場合は，この限りでない．

　三　第一号及び第二号の規定における差込み接続器その他これに類する器具の接地線に接続する1極は，他の極と明確に区別することができる構造のものであること．

3　高圧の移動電線は，次の各号によること．

　一　電線は，高圧用の3種クロロプレンキャブタイヤケーブル又は3種クロロスルホン化ポリエチレンキャブタイヤケーブルであること．

　二　移動電線と電気機械器具とは，ボルト締めその他の方法により堅ろうに接続すること．

　三　移動電線に電気を供給する電路（誘導電動機の2次側電路を除く．）は，

次によること.

イ　専用の開閉器及び過電流遮断器を各極（過電流遮断器にあっては，多線式電路の中性極を除く．）に施設すること．ただし，過電流遮断器が開閉機能を有するものである場合は，過電流遮断器のみとすることができる．

ロ　地絡を生じたときに自動的に電路を遮断する装置を施設すること．

4　特別高圧の移動電線は，第191条第1項第八号の規定により屋内に施設する場合を除き，施設しないこと．

**【特殊な配線等の施設】**（省令第56条第1項，第2項，第57条第1項，第63条第1項）

**第172条**　ショウウィンドー又はショウケース内の低圧屋内配線を，次の各号により施設する場合は，外部から見えやすい箇所に限り，コード又はキャブタイヤケーブルを造営材に接触して施設することができる．

一　ショウウィンドー又はショウケースは，乾燥した場所に施設し，内部を乾燥した状態で使用するものであること．

二　配線の使用電圧は，300 V以下であること．

三　電線は，断面積0.75 mm²以上のコード又はキャブタイヤケーブルであること．

四　電線は，乾燥した木材，石材その他これに類する絶縁性のある造営材に，その被覆を損傷しないように適当な留め具により，1 m以下の間隔で取り付けること．

五　電線には，電球又は器具の重量を支持させないこと．

六　ショウウィンドー又はショウケース内の配線又はこれに接続する移動電線と，他の低圧屋内配線との接続には，差込み接続器その他これに類する器具を用いること．

2　常設の劇場，映画館その他これらに類する場所に施設する低圧電気設備は，次の各号によること．

一　舞台，ならく，オーケストラボックス，映写室その他人又は舞台道具が触れるおそれがある場所に施設する低圧屋内配線，電球線又は移動電線（次号に規定するものを除く．）は，次により施設すること．

イ　使用電圧は，300 V以下であること．

ロ　低圧屋内配線の電線には，電線の被覆を損傷しないよう適当な装置を施すこと．

　　ハ　ならくに施設する電球線は，防湿コード，ゴムキャブタイヤコード又
　　　は，ビニルキャブタイヤケーブル及び耐燃性ポリオレフィンキャブタイ
　　　ヤケーブル以外のキャブタイヤケーブルであること．

　　ニ　移動電線（ホに規定するものを除く．）は，1種キャブタイヤケーブル
　　　以外のキャブタイヤケーブルであること．

　　ホ　ボーダーライトに附属する移動電線は，1種キャブタイヤケーブル，
　　　ビニルキャブタイヤケーブル及び耐燃性ポリオレフィンキャブタイヤケ
　　　ーブル以外のキャブタイヤケーブルであること．

二　使用電圧が 300 V を超える低圧の舞台機構装置の屋内配線及び移動電
　線は，民間規格評価機関として日本電気技術規格委員会が承認した規格で
　ある「興行場に施設する使用電圧が 300 V を超える低圧の舞台機構設備の
　配線」の「適用」の欄に規定する要件により施設すること．

三　フライダクト（差込み接続器等を多数並列に取り付けた，舞台用の照明
　設備に電気を供給するためのダクトをいう．）は，次により施設すること．

　　イ　次に掲げる構造のものであること．

　　　（イ）　内部配線に使用する電線は，絶縁電線（屋外用ビニル絶縁電線を
　　　　　除く．）又は，これと同等以上の絶縁効力のあるものであること．

　　　（ロ）　ダクトは厚さが 0.8 mm 以上の鉄板又は民間規格評価機関として
　　　　　日本電気技術規格委員会が承認した規格である「フライダクトのダ
　　　　　クト材料」の「適用」の欄に規定する要件に適合するものにより，
　　　　　堅ろうに製作したものであること．

　　　（ハ）　ダクトの内面は，電線の被覆を損傷するような突起がないもので
　　　　　あること．

　　　（ニ）　ダクトの内面及び外面は，さびが発生しないような措置を施した
　　　　　ものであること．

　　　（ホ）　ダクトの終端部は，閉そくしたものであること．

　　ロ　フライダクト内の電線を外部に引き出す場合は，1種キャブタイヤケ
　　　ーブル，ビニルキャブタイヤケーブル及び耐燃性ポリオレフィンキャブ
　　　タイヤケーブル以外のキャブタイヤケーブルを使用し，かつ，フライダ
　　　クトの貫通部で電線が損傷するおそれがないように施設すること．

　　ハ　フライダクトは，造営材等に堅ろうに取り付けること．

四　舞台，ならく，オーケストラボックス及び映写室の電路には，これらの
　電路に専用の開閉器及び過電流遮断器を施設すること．ただし，過電流遮

断器が開閉機能を有するものである場合は，過電流遮断器のみとすること
ができる．

五　舞台用のコンセントボックス，フライダクト及びボーダーライトの金属
製外箱には，D種接地工事を施すこと．（関連省令第10条，第11条）

3　エレベータ，ダムウェーター等の昇降路内に施設する，低圧屋内配線及び
低圧の移動電線並びにこれらに直接接続する低圧屋内配線であって，使用電
圧が300V以下のものには，次の各号に適合するエレベータ用ケーブルを使
用することができる．

一　構造は，民間規格評価機関として日本電気技術規格委員会が承認した規
格である「エレベータ用ケーブル」の「適用」の欄に規定する要件に適合
すること．

二　完成品は，民間規格評価機関として日本電気技術規格委員会が承認した
規格である「エレベータ用ケーブル」の「適用」の欄に規定する要件に適
合すること．

4　水上又は水中における作業船等の低圧屋内配線及び低圧の管灯回路の配線
のケーブル工事には，次の各号に適合する船用ケーブルを使用することがで
きる．

一　ケーブルの公称電圧が，0.6kVのものであること．

二　材料及び構造は，民間規格評価機関として日本電気技術規格委員会が承
認した規格である「船用電線」の「適用」の欄に規定する要件に適合する
こと．

三　完成品は，民間規格評価機関として日本電気技術規格委員会が承認した
規格である「船用電線」の「適用」の欄に規定する要件に適合するもので
あること．

【低圧接触電線の施設】（省令第56条第1項，第57条第1項，第2項，第59条第
1項，第62条，第63条第1項，第73条第1項，第2項）

第173条　低圧接触電線（電車線及び第189条の規定により施設する接触電線
を除く．以下この条において同じ．）は，機械器具に施設する場合を除き，次
の各号によること．

一　展開した場所又は点検できる隠ぺい場所に施設すること．

二　がいし引き工事，バスダクト工事又は絶縁トロリー工事により施設する
こと．

三　低圧接触電線を，ダクト又はピット等の内部に施設する場合は，当該低

圧接触電線を施設する場所に水がたまらないようにすること.

2　低圧接触電線をがいし引き工事により展開した場所に施設する場合は, 機械器具に施設する場合を除き, 次の各号によること.

一　電線の地表上又は床面上の高さは, 3.5 m 以上とし, かつ, 人が通る場所から手を伸ばしても触れることのない範囲に施設すること. ただし, 電線の最大使用電圧が 60 V 以下であり, かつ, 乾燥した場所に施設する場合であって, 簡易接触防護措置を施す場合は, この限りでない.

二　電線と建造物又は走行クレーンに設ける歩道, 階段, はしご, 点検台(電線のための専用の点検台であって, 取扱者以外の者が容易に立ち入るおそれがないように施錠装置を施設したものを除く.) 若しくはこれらに類するものとが接近する場合は, 次のいずれかによること.

　イ　離隔距離を, 上方においては 2.3 m 以上, 側方においては 1.2 m 以上とすること.

　ロ　電線に人が触れるおそれがないように適当な防護装置を施設すること.

三　電線は, 次に掲げるものであること.

　イ　使用電圧が 300 V 以下の場合は, 引張強さ 3.44 kN 以上のもの又は直径 3.2 mm 以上の硬銅線であって, 断面積が 8 mm² 以上のもの

　ロ　使用電圧が 300 V を超える場合は, 引張強さ 11.2 kN 以上のもの又は直径 6 mm 以上の硬銅線であって, 断面積が 28 mm² 以上のもの

四　電線は, 次のいずれかにより施設すること.

　イ　各支持点において堅ろうに固定して施設すること.

　ロ　支持点において, 電線の重量をがいしで支えるのみとし, 電線を固定せずに施設する場合は, 電線の両端を耐張がいし装置により堅ろうに引き留めること.

五　電線の支持点間隔及び電線相互の間隔は, 173-1 表によること.

173-1 表

| 区　　分 | | | 電線相互の間隔 | | 支持点間隔 |
|---|---|---|---|---|---|
| | | | 電線を水平に配列する場合 | その他の場合 | |
| 電線が揺動しないように施設する場合 | 使用電圧が 150 V 以下のものを乾燥した場所に施設する場合であって，当該電線に電気を供給する屋内配線に定格電流が 60 A 以下の過電流遮断器を施設するとき | | 3 cm 以上 | | 0.5 m 以下 |
| | 上記以外の場合 | 屈曲半径1 m 以下の曲線部分 | 6 cm（雨露にさらされる場所に施設する場合は，12 cm）以上 | | 1 m 以下 |
| | | その他の部分 電線の導体断面積が 100 mm² 未満の場合 | | | 1.5 m 以下 |
| | | 電線の導体断面積が 100 mm² 以上の場合 | | | 2.5 m 以下 |
| その他の場合 | 電線がたわみ難い導体である場合 | | 14 cm 以上 | 20 cm 以上 | 6 m 以下 |
| | 上記以外の場合 | | 14 cm 以上 | 20 cm 以上 | 6 m 以下 |
| | | | 28 cm 以上 | 40 cm 以上 | 12 m 以下 |

（備考）　電線相互の間及び集電装置の充電部分と極性が異なる電線との間に堅ろうな絶縁性の隔壁を設ける場合は，電線相互間の距離を縮小することができる．

　六　電線と造営材との離隔距離及び当該電線に接触する集電装置の充電部分と造営材との離隔距離は，屋内の乾燥した場所に施設する場合は 2.5 cm以上，その他の場所に施設する場合は 4.5 cm 以上であること．ただし，電線及び当該電線に接触する集電装置の充電部分と造営材との間に絶縁性のある堅ろうな隔壁を設ける場合は，この限りでない．
　七　がいしは，絶縁性，難燃性及び耐水性のあるものであること．
3　低圧接触電線をがいし引き工事により点検できる隠ぺい場所に施設する場合は，機械器具に施設する場合を除き，次の各号によること．
　一　電線には，前項第三号の規定に準ずるものであって，たわみ難い導体を使用すること．
　二　電線は，揺動しないように堅ろうに固定して施設すること．
　三　電線の支持点間隔は，173-2 表に規定する値以下であること．

173-2 表

| 区　　分 | 電線の導体断面積 | 支持点間隔 |
|---|---|---|
| 屈曲半径が 1 m 以下の曲線部分 | — | 1 m |
| その他の部分 | 100 mm² 未満 | 1.5 m |
|  | 100 mm² 以上 | 2.5 m |

四　電線相互の間隔は，12 cm 以上であること．

五　電線と造営材との離隔距離及び当該電線に接触する集電装置の充電部分と造営材との離隔距離は，4.5 cm 以上であること．ただし，電線及び当該電線に接触する集電装置の充電部分と造営材との間に絶縁性のある堅ろうな隔壁を設ける場合は，この限りでない．

六　前項第四号及び第七号の規定に準じて施設すること．

4　低圧接触電線をバスダクト工事により施設する場合は，次項に規定する場合及び機械器具に施設する場合を除き，次の各号によること．

一　第 163 条第 1 項第一号及び第二号の規定に準じて施設すること．

二　バスダクト及びその付属品は，日本産業規格 JIS C 8373（2007）「トロリーバスダクト」に適合するものであること．

三　バスダクトの開口部は，下に向けて施設すること．

四　バスダクトの終端部は，充電部分が露出しない構造のものであること．

五　使用電圧が 300 V 以下の場合は，金属製ダクトには D 種接地工事を施すこと．（関連省令第 10 条，第 11 条）

六　使用電圧が 300 V を超える場合は，金属製ダクトには C 種接地工事を施すこと．ただし，接触防護措置（金属製のものであって，防護措置を施すダクトと電気的に接続するおそれがあるもので防護する方法を除く．）を施す場合は，D 種接地工事によることができる．（関連省令第 10 条，第 11 条）

七　屋側又は屋外に施設する場合は，バスダクト内に水が浸入しないように施設すること．

5　低圧接触電線をバスダクト工事により屋内に施設する場合において，電線の使用電圧が直流 30 V（電線に接触防護措置を施す場合は，60 V）以下のものを次の各号により施設するときは，前項各号の規定によらないことができる．

一　第 163 条第 1 項第一号及び第二号の規定に準じて施設すること．

二　バスダクトは，次に適合するものであること．

イ　導体は，断面積 20 mm² 以上の帯状又は直径 5 mm 以上の管状若しくは丸棒状の銅又は黄銅を使用したものであること．

ロ　導体支持物は，絶縁性，難燃性及び耐水性のある堅ろうなものであること．

ハ　ダクトは，鋼板又はアルミニウム板であって，厚さが 173-3 表に規定する値以上のもので堅ろうに製作したものであること．

173-3 表

| ダクトの最大幅（mm） | 厚さ（mm） | |
|---|---|---|
| | 鋼板 | アルミニウム板 |
| 150 以下 | 1.0 | 1.6 |
| 150 を超え 300 以下 | 1.4 | 2.0 |
| 300 を超え 500 以下 | 1.6 | 2.3 |
| 500 を超え 700 以下 | 2.0 | 2.9 |
| 700 超過 | 2.3 | 3.2 |

ニ　構造は，次に適合するものであること．

（イ）　日本産業規格 JIS C 8373（2007）「トロリーバスダクト」の「6.1 トロリーバスダクト」（異極露出充電部相互間及び露出充電部と非充電金属部との間の距離に係る部分を除く．）に適合すること．

（ロ）　露出充電部相互間及び露出充電部と非充電金属部との間の沿面距離及び空間距離は，それぞれ 4 mm 及び 2.5 mm 以上であること．

（ハ）　人が容易に触れるおそれのある場所にバスダクトを施設する場合は，導体相互間に絶縁性のある堅ろうな隔壁を設け，かつ，ダクトと導体との間に絶縁性のある介在物を有すること．

ホ　完成品は，日本産業規格 JIS C 8373（2007）「トロリーバスダクト」の「8　試験方法」（「8.8　金属製ダクトとトロリーの金属フレームとの間の接触抵抗試験」を除く．）により試験したとき「5　性能」に適合するものであること．

三　バスダクトは，乾燥した場所に施設すること．

四　バスダクトの内部にじんあいが堆積することを防止するための措置を講じること．

五　バスダクトに電気を供給する電路は，次によること．

イ　次に適合する絶縁変圧器を施設すること．

　　（イ）　絶縁変圧器の 1 次側電路の使用電圧は，300 V 以下であること．

　　（ロ）　絶縁変圧器の 1 次巻線と 2 次巻線との間に金属製の混触防止板を設け，かつ，これに A 種接地工事を施すこと．（関連省令第 10 条，第 11 条）

　　（ハ）　交流 2,000 V の試験電圧を 1 の巻線と他の巻線，鉄心及び外箱との間に連続して 1 分間加えたとき，これに耐える性能を有すること．

　ロ　イの規定により施設する絶縁変圧器の 2 次側電路は，非接地であること．

6　低圧接触電線を絶縁トロリー工事により施設する場合は，機械器具に施設する場合を除き，次の各号によること．

一　絶縁トロリー線には，簡易接触防護措置を施すこと．

二　絶縁トロリー工事に使用する絶縁トロリー線及びその附属品は，日本産業規格 JIS C 3711（2007）「絶縁トロリーシステム」に適合するものであること．

三　絶縁トロリー線の開口部は，下又は横に向けて施設すること．

四　絶縁トロリー線の終端部は，充電部分が露出しない構造のものであること．

五　絶縁トロリー線は，次のいずれかにより施設すること．

　イ　各支持点において堅ろうに固定して施設すること．

　ロ　両端を耐張引留装置により堅ろうに引き留めること．

六　絶縁トロリー線の支持点間隔は，173-4 表に規定する値以下であること．

173-4 表

| 区　　　分 | | | 支持点間隔 |
|---|---|---|---|
| 前号イの規定により施設する場合 | 屈曲半径が 3 m 以下の曲線部分 | | 1 m |
| | その他の部分 | 導体断面積が 500 mm² 未満の場合 | 2 m |
| | | 導体断面積が 500 mm² 以上の場合 | 3 m |
| 前号ロの規定により施設する場合 | | | 6 m |

七　絶縁トロリー線及び当該絶縁トロリー線に接触する集電装置は，造営材と接触しないように施設すること．

八　絶縁トロリー線を湿気の多い場所又は水気のある場所に施設する場合は，屋外用ハンガ又は屋外用耐張引留装置を使用すること．

九　絶縁トロリー線を屋側又は屋外に施設する場合は，絶縁トロリー線に水が浸入してたまらないように施設すること．

7　機械器具に施設する低圧接触電線は，次の各号によること．

一　危険のおそれがないように施設すること．

二　電線には，接触防護措置を施すこと．ただし，取扱者以外の者が容易に接近できない場所においては，簡易接触防護措置とすることができる．

三　電線は，絶縁性，難燃性及び耐水性のあるがいしで機械器具に触れるおそれがないように支持すること．ただし，屋内において，機械器具に設けられる走行レールを低圧接触電線として使用するものを次により施設する場合は，この限りでない．

　イ　機械器具は，乾燥した木製の床又はこれに類する絶縁性のあるものの上でのみ取り扱うように施設すること．

　ロ　使用電圧は，300 V 以下であること．

　ハ　電線に電気を供給するために変圧器を使用する場合は，絶縁変圧器を使用すること．この場合において，絶縁変圧器の1次側の対地電圧は，300 V 以下であること．

　ニ　電線には，A種接地工事（接地抵抗値が 3Ω 以下のものに限る．）を施すこと．（関連省令第10条，第11条）

8　低圧接触電線（機械器具に施設するものを除く．）が他の電線（次条に規定する高圧接触電線を除く．），弱電流電線等又は水管，ガス管若しくはこれらに類するもの（以下この項において「他の電線等」という．）と接近又は交差する場合は，次の各号によること．

一　低圧接触電線をがいし引き工事により施設する場合は，低圧接触電線と他の電線等との離隔距離を，30 cm 以上とすること．

二　低圧接触電線をバスダクト工事により施設する場合は，バスダクトが他の電線等と接触しないように施設すること．

三　低圧接触電線を絶縁トロリー工事により施設する場合は，低圧接触電線と他の電線等との離隔距離を，10 cm 以上とすること．

9　低圧接触電線に電気を供給するための電路は，次の各号のいずれかによること．

一　開閉機能を有する専用の過電流遮断器を，各極に，低圧接触電線に近い箇所において容易に開閉することができるように施設すること．

二　専用の開閉器を低圧接触電線に近い箇所において容易に開閉することが

できるように施設するとともに，専用の過電流遮断器を各極（多線式電路の中性極を除く.）に施設すること.

10　低圧接触電線は，第 175 条第 1 項第三号に規定する場所に次の各号により施設する場合を除き，第 175 条に規定する場所に施設しないこと.

一　展開した場所に施設すること.

二　低圧接触電線及びその周囲に粉じんが集積することを防止するための措置を講じること.

三　綿，麻，絹その他の燃えやすい繊維の粉じんが存在する場所にあっては，低圧接触電線と当該低圧接触電線に接触する集電装置とが使用状態において離れ難いように施設すること.

11　低圧接触電線は，第 176 条から第 178 条までに規定する場所に施設しないこと.

**【高圧又は特別高圧の接触電線の施設】**（省令第 56 条第 1 項，第 57 条，第 62 条，第 66 条，第 67 条，第 73 条）

**第 174 条**　高圧接触電線（電車線を除く. 以下この条において同じ.）は，次の各号によること.

一　展開した場所又は点検できる隠ぺい場所に，がいし引き工事により施設すること.

二　電線は，人が触れるおそれがないように施設すること.

三　電線は，引張強さが 2.78 kN 以上のもの又は直径 10 mm 以上の硬銅線であって，断面積 70 mm$^2$ 以上のたわみ難いものであること.

四　電線は，各支持点において堅ろうに固定し，かつ，集電装置の移動により揺動しないように施設すること.

五　電線の支持点間隔は，6 m 以下であること.

六　電線相互の間隔並びに集電装置の充電部分相互及び集電装置の充電部分と極性の異なる電線との離隔距離は，30 cm 以上であること. ただし，電線相互の間，集電装置の充電部分相互の間及び集電装置の充電部分と極性の異なる電線との間に絶縁性及び難燃性の堅ろうな隔壁を設ける場合は，この限りでない.

七　電線と造営材（がいしを支持するものを除く. 以下この号において同じ.）との離隔距離及び当該電線に接触する集電装置の充電部分と造営材の離隔距離は，20 cm 以上であること. ただし，電線及び当該電線に接触する集電装置の充電部分と造営材との間に絶縁性及び難燃性のある堅ろう

な隔壁を設ける場合はこの限りでない．

八　がいしは，絶縁性，難燃性及び耐水性のあるものであること．

九　高圧接触電線に接触する集電装置の移動により無線設備の機能に継続的
かつ重大な障害を及ぼすおそれがないように施設すること．

2　高圧接触電線及び当該高圧接触電線に接触する集電装置の充電部分が他の
電線，弱電流電線等又は水管，ガス管若しくはこれらに類するものと接近又
は交差する場合における相互の離隔距離は，次の各号によること．

一　高圧接触電線と他の電線又は弱電流電線等との間に絶縁性及び難燃性の
堅ろうな隔壁を設ける場合は，30 cm 以上であること．

二　前号に規定する以外の場合は，60 cm 以上であること．

3　高圧接触電線に電気を供給するための電路は，次の各号によること．

一　次のいずれかによること．

イ　開閉機能を有する専用の過電流遮断器を，各極に，高圧接触電線に近
い箇所において容易に開閉することができるように施設すること．

ロ　専用の開閉器を高圧接触電線に近い箇所において容易に開閉すること
ができるように施設するとともに，専用の過電流遮断器を各極（多線式
電路の中性極を除く．）に施設すること．

二　電路に地絡を生じたときに自動的に電路を遮断する装置を施設するこ
と．ただし，高圧接触電線の電源側接続点から 1 km 以内の電源側電路に
専用の絶縁変圧器を施設する場合であって，電路に地絡を生じたときにこ
れを技術員駐在所に警報する装置を設けるときは，この限りでない．

4　高圧接触電線から電気の供給を受ける電気機械器具に接地工事を施す場合
は，集電装置を使用するとともに，当該電気機械器具から接地極に至る接地
線を，第1項第二号から第五号までの規定に準じて施設することができる．
（関連省令第 11 条）

5　高圧接触電線は，第 175 条から第 177 条までに規定する場所に施設しない
こと．

6　特別高圧の接触電線は，電車線を除き施設しないこと．

## 第3節　特殊場所の施設

【粉じんの多い場所の施設】（省令第 68 条，第 69 条，第 72 条）

**第175条**　粉じんの多い場所に施設する低圧又は高圧の電気設備は，次の各号
のいずれかにより施設すること．

一 爆燃性粉じん（マグネシウム，アルミニウム等の粉じんであって，空気中に浮遊した状態又は集積した状態において着火したときに爆発するおそれがあるものをいう．以下この条において同じ．）又は火薬類の粉末が存在し，電気設備が点火源となり爆発するおそれがある場所に施設する電気設備は，次によること．

イ 屋内配線，屋側配線，屋外配線，管灯回路の配線，第181条第1項に規定する小勢力回路の電線及び第182条に規定する出退表示灯回路の電線（以下この条において「屋内配線等」という．）は，次のいずれかによること．

（イ） 金属管工事により，次に適合するように施設すること．

（1） 金属管は，薄鋼電線管又はこれと同等以上の強度を有するものであること．

（2） ボックスその他の附属品及びプルボックスは，容易に摩耗，腐食その他の損傷を生じるおそれがないパッキンを用いて粉じんが内部に侵入しないように施設すること．

（3） 管相互及び管とボックスその他の附属品，プルボックス又は電気機械器具とは，5山以上ねじ合わせて接続する方法その他これと同等以上の効力のある方法により，堅ろうに接続し，かつ，内部に粉じんが侵入しないように接続すること．

（4） 電動機に接続する部分で可とう性を必要とする部分の配線には，第159条第4項第一号に規定する粉じん防爆型フレキシブルフィッチングを使用すること．

（ロ） ケーブル工事により，次に適合するように施設すること．

（1） 電線は，キャブタイヤケーブル以外のケーブルであること．

（2） 電線は，第120条第6項に規定する性能を満足するがい装を有するケーブル又はMIケーブルを使用する場合を除き，管その他の防護装置に収めて施設すること．

（3） 電線を電気機械器具に引き込むときは，パッキン又は充てん剤を用いて引込口より粉じんが内部に侵入しないようにし，かつ，引込口で電線が損傷するおそれがないように施設すること．

ロ 移動電線は，次によること．

（イ） 電線は，3種キャブタイヤケーブル，3種クロロプレンキャブタイヤケーブル，3種クロロスルホン化ポリエチレンキャブタイヤケー

　　　ブル，3種耐燃性エチレンゴムキャブタイヤケーブル，4種キャブタ
　　　イヤケーブル，4種クロロプレンキャブタイヤケーブル又は4種ク
　　　ロロスルホン化ポリエチレンキャブタイヤケーブルであること．

　　（ロ）　電線は，接続点のないものを使用し，損傷を受けるおそれがない
　　　ように施設すること．

　　（ハ）　イ（ロ）（3）の規定に準じて施設すること．

　ハ　電線と電気機械器具とは，震動によりゆるまないように堅ろうに，か
　　つ，電気的に完全に接続すること．

　ニ　電気機械器具は，電気機械器具防爆構造規格（昭和44年労働省告示第
　　16号）に規定する粉じん防爆特殊防じん構造のものであること．

　ホ　白熱電灯及び放電灯用電灯器具は，造営材に直接堅ろうに取り付ける
　　又は電灯つり管，電灯腕管等により造営材に堅ろうに取り付けること．

　ヘ　電動機は，過電流が生じたときに爆燃性粉じんに着火するおそれがな
　　いように施設すること．

二　可燃性粉じん（小麦粉，でん粉その他の可燃性の粉じんであって，空中
　に浮遊した状態において着火したときに爆発するおそれがあるものをい
　い，爆燃性粉じんを除く．）が存在し，電気設備が点火源となり爆発するお
　それがある場所に施設する電気設備は，次により施設すること．

　イ　危険のおそれがないように施設すること．

　ロ　屋内配線等は，次のいずれかによること．

　　（イ）　合成樹脂管工事により，次に適合するように施設すること．

　　（1）　厚さ2mm未満の合成樹脂製電線管及びCD管以外の合成樹脂
　　　管を使用すること．

　　（2）　合成樹脂管及びボックスその他の附属品は，損傷を受けるおそ
　　　れがないように施設すること．

　　（3）　ボックスその他の附属品及びプルボックスは，容易に摩耗，腐
　　　食その他の損傷を生じるおそれがないパッキンを用いる方法，す
　　　きまの奥行きを長くする方法その他の方法により粉じんが内部に
　　　侵入し難いように施設すること．

　　（4）　管と電気機械器具とは，第158条第3項第二号の規定に準じて
　　　接続すること．

　　（5）　電動機に接続する部分で可とう性を必要とする部分の配線に
　　　は，第159条第4項第一号に規定する粉じん防爆型フレキシブル

　　　フィッチングを使用すること.
　　（ロ）　金属管工事により, 次に適合するように施設すること.
　　　（1）　金属管は, 薄鋼電線管又はこれと同等以上の強度を有するもの
　　　　　であること.
　　　（2）　管相互及び管とボックスその他の附属品, プルボックス又は電
　　　　　気機械器具とは, 5山以上ねじ合わせて接続する方法その他これ
　　　　　と同等以上の効力のある方法により, 堅ろうに接続すること.
　　　（3）　（イ）（3）及び（5）の規定に準じて施設すること.
　　（ハ）　ケーブル工事により, 次に適合するように施設すること.
　　　（1）　前号イ（ロ）（2）の規定に準じて施設すること.
　　　（2）　電線を電気機械器具に引き込むときは, 引込口より粉じんが内
　　　　　部に侵入し難いようにし, かつ, 引込口で電線が損傷するおそれ
　　　　　がないように施設すること.
　ハ　移動電線は, 次によること.
　　（イ）　電線は, 1種キャブタイヤケーブル以外のキャブタイヤケーブル
　　　　であること.
　　（ロ）　電線は, 接続点のないものを使用し, 損傷を受けるおそれがない
　　　　ように施設すること.
　　（ハ）　ロ（ハ）（2）の規定に準じて施設すること.
　ニ　電気機械器具は, 電気機械器具防爆構造規格に規定する粉じん防爆普
　　通防じん構造のものであること.
　ホ　前号ハ, ホ及びへの規定に準じて施設すること.
三　第一号及び第二号に規定する以外の場所であって, 粉じんの多い場所に
　施設する電気設備は, 次によること. ただし, 有効な除じん装置を施設す
　る場合は, この限りでない.
　イ　屋内配線等は, がいし引き工事, 合成樹脂管工事, 金属管工事, 金属
　　可とう電線管工事, 金属ダクト工事, バスダクト工事（換気型のダクト
　　を使用するものを除く.）又はケーブル工事により施設すること.
　ロ　第一号ハの規定に準じて施設すること.
　ハ　電気機械器具であって, 粉じんが付着することにより, 温度が異常に
　　上昇するおそれがあるもの又は絶縁性能若しくは開閉機構の性能が損な
　　われるおそれがあるものには, 防じん装置を施すこと.
　ニ　綿, 麻, 絹その他の燃えやすい繊維の粉じんが存在する場所に電気機

　　　械器具を施設する場合は，粉じんに着火するおそれがないように施設す
　　　ること．

　四　国際電気標準会議規格 IEC 60079-14 (2013) Explosive atmospheres-
　　　Part 14 : Electrical installations design, selection and erection の規定によ
　　　り施設すること．

2　特別高圧電気設備は，粉じんの多い場所に施設しないこと．

## 【可燃性ガス等の存在する場所の施設】(省令第69条，第72条)

**第176条**　可燃性のガス（常温において気体であり，空気とある割合の混合状
　態において点火源がある場合に爆発を起こすものをいう．）又は引火性物質
　（火のつきやすい可燃性の物質で，その蒸気と空気とがある割合の混合状態
　において点火源がある場合に爆発を起こすものをいう．）の蒸気（以下この条
　において「可燃性ガス等」という．）が漏れ又は滞留し，電気設備が点火源と
　なり爆発するおそれがある場所における，低圧又は高圧の電気設備は，次の
　各号のいずれかにより施設すること．

　一　次によるとともに，危険のおそれがないように施設すること．

　　イ　屋内配線，屋側配線，屋外配線，管灯回路の配線，第181条第1項に
　　　規定する小勢力回路の電線及び第182条に規定する出退表示灯回路の電
　　　線（以下この条において「屋内配線等」という．）は，次のいずれかによ
　　　ること．

　　　（イ）　金属管工事により，次に適合するように施設すること．

　　　　（1）　金属管は，薄鋼電線管又はこれと同等以上の強度を有するもの
　　　　　であること．

　　　　（2）　管相互及び管とボックスその他の附属品，プルボックス又は電
　　　　　気機械器具とは，5山以上ねじ合わせて接続する方法その他これ
　　　　　と同等以上の効力のある方法により，堅ろうに接続すること．

　　　　（3）　電動機に接続する部分で可とう性を必要とする部分の配線に
　　　　　は，第159条第4項第二号に規定する耐圧防爆型フレキシブルフ
　　　　　ィッチング又は同項第三号に規定する安全増防爆型フレキシブル
　　　　　フィッチングを使用すること．

　　　（ロ）　ケーブル工事により，次に適合するように施設すること．

　　　　（1）　電線は，キャブタイヤケーブル以外のケーブルであること．

　　　　（2）　電線は，第120条第6項に規定する性能を満足するがい装を有
　　　　　するケーブル又は MI ケーブルを使用する場合を除き，管その他

の防護装置に収めて施設すること.

(3) 電線を電気機械器具に引き込むときは,引込口で電線が損傷するおそれがないようにすること.

ロ 屋内配線等を収める管又はダクトは,これらを通じてガス等がこの条に規定する以外の場所に漏れないように施設すること.

ハ 移動電線は,次によること.

(イ) 電線は,3種キャブタイヤケーブル,3種クロロプレンキャブタイヤケーブル,3種クロロスルホン化ポリエチレンキャブタイヤケーブル,3種耐燃性エチレンゴムキャブタイヤケーブル,4種キャブタイヤケーブル,4種クロロプレンキャブタイヤケーブル又は4種クロロスルホン化ポリエチレンキャブタイヤケーブルであること.

(ロ) 電線は,接続点のないものを使用すること.

(ハ) 電線を電気機械器具に引き込むときは,引込口より可燃性ガス等が内部に侵入し難いようにし,かつ,引込口で電線が損傷するおそれがないように施設すること.

ニ 電気機械器具は,電気機械器具防爆構造規格に適合するもの(第二号の規定によるものを除く.)であること.

ホ 前条第一号ハ,ホ及びへの規定に準じて施設すること.

二 日本産業規格 JIS C 60079-14(2008)「爆発性雰囲気で使用する電気機械器具—第14部:危険区域内の電気設備(鉱山以外)」の規定により施設すること.

2 特別高圧の電気設備は,次の各号のいずれかに該当する場合を除き,前項に規定する場所に施設しないこと.

一 特別高圧の電動機,発電機及びこれらに特別高圧の電気を供給するための電気設備を,次により施設する場合

イ 使用電圧は 35,000 V 以下であること.

ロ 前項第一号及び第 169 条(第 1 項第一号及び第 5 項を除く.)の規定に準じて施設すること.

二 第 191 条の規定により施設する場合

**【危険物等の存在する場所の施設】**(省令第 69 条,第 72 条)

**第 177 条** 危険物(消防法(昭和 23 年法律第 186 号)第 2 条第 7 項に規定する危険物のうち第 2 類,第 4 類及び第 5 類に分類されるもの,その他の燃えやすい危険な物質をいう.)を製造し,又は貯蔵する場所(第 175 条,前条及び

次条に規定する場所を除く.) に施設する低圧又は高圧の電気設備は, 次の各号により施設すること.

一　屋内配線, 屋側配線, 屋外配線, 管灯回路の配線, 第181条第1項に規定する小勢力回路の電線及び第182条に規定する出退表示灯回路の電線 (以下この条において「屋内配線等」という.) は, 次のいずれかによること.

　イ　合成樹脂管工事により, 次に適合するように施設すること.

　　（イ）　合成樹脂管は, 厚さ2mm未満の合成樹脂製電線管及びCD管以外のものであること.

　　（ロ）　合成樹脂管及びボックスその他の附属品は, 損傷を受けるおそれがないように施設すること.

　ロ　金属管工事により, 薄鋼電線管又はこれと同等以上の強度を有する金属管を使用して施設すること.

　ハ　ケーブル工事により, 次のいずれかに適合するように施設すること.

　　（イ）　電線に第120条第6項に規定する性能を満足するがい装を有するケーブル又はMIケーブルを使用すること.

　　（ロ）　電線を管その他の防護装置に収めて施設すること.

二　移動電線は, 次によること.

　イ　電線は, 1種キャブタイヤケーブル以外のキャブタイヤケーブルであること.

　ロ　電線は, 接続点のないものを使用し, 損傷を受けるおそれがないように施設すること.

　ハ　移動電線を電気機械器具に引き込むときは, 引込口で損傷を受けるおそれがないように施設すること.

三　通常の使用状態において火花若しくはアークを発し, 又は温度が著しく上昇するおそれがある電気機械器具は, 危険物に着火するおそれがないように施設すること.

四　第175条第1項第一号ハ及びホの規定に準じて施設すること.

2　火薬類 (火薬類取締法 (昭和25年法律第149号) 第2条第1項に規定する火薬類をいう.) を製造する場所又は火薬類が存在する場所 (第175条第1項第一号, 前条及び次条に規定する場所を除く.) に施設する低圧又は高圧の電気設備は, 次の各号によること.

一　前項各号の規定に準じて施設すること.

二　電熱器具以外の電気機械器具は, 全閉型のものであること.

三　電熱器具は，シーズ線その他の充電部が露出していない発熱体を使用したものであり，かつ，温度の著しい上昇その他の危険を生じるおそれがある場合に回路を自動的に遮断する装置を有するものであること．

3　特別高圧の電気設備は，第1項及び第2項に規定する場所に施設しないこと．

**【火薬庫の電気設備の施設】**（省令第69条，第71条）

**第178条**　火薬庫（火薬類取締法第12条の火薬庫をいう．以下この条において同じ．）内には，次の各号により施設する照明器具及びこれに電気を供給するための電気設備を除き，電気設備を施設しないこと．

一　電路の対地電圧は，150V以下であること．

二　屋内配線及び管灯回路の配線は，次のいずれかによること．

　　イ　金属管工事により，薄鋼電線管又はこれと同等以上の強度を有する金属管を使用して施設すること．

　　ロ　ケーブル工事により，次に適合するように施設すること．

　　　（イ）　電線は，キャブタイヤケーブル以外のケーブルであること．

　　　（ロ）　電線は，第120条第6項に規定する性能を満足するがい装を有するケーブル又はMIケーブルを使用する場合を除き，管その他の防護装置に収めて施設すること．

三　電気機械器具は，全閉型のものであること．

四　ケーブルを電気機械器具に引き込むときは，引込口でケーブルが損傷するおそれがないように施設すること．

五　第175条第1項第一号ハ及びホの規定に準じて施設すること．

2　火薬庫内の電気設備に電気を供給する電路は，次の各号によること．

一　火薬庫以外の場所において，専用の開閉器及び過電流遮断器を各極（過電流遮断器にあっては，多線式電路の中性極を除く．）に，取扱者以外の者が容易に操作できないように施設すること．ただし，過電流遮断器が開閉機能を有するものである場合は，過電流遮断器のみとすることができる．（関連省令第56条，第63条）

二　電路に地絡を生じたときに自動的に電路を遮断し，又は警報する装置を設けること．（関連省令第64条）

三　第一号の規定により施設する開閉器又は過電流遮断器から火薬庫に至る配線にはケーブルを使用し，かつ，これを地中に施設すること．（関連省令第56条）

**【トンネル等の電気設備の施設】**（省令第56条，第57条第1項，第62条）

**第179条**　人が常時通行するトンネル内の配線（電気機械器具内の配線，管灯
回路の配線，第181条第1項に規定する小勢力回路の電線及び第182条に規
定する出退表示灯回路の電線を除く．以下この条において同じ．）は，次の各
号によること．

　一　使用電圧は，低圧であること．

　二　電線は，次のいずれかによること．

　　イ　がいし引き工事により，次に適合するように施設すること．

　　　（イ）　電線は，直径1.6 mmの軟銅線と同等以上の強さ及び太さの絶縁
　　　　　電線（屋外用ビニル絶縁電線，引込用ビニル絶縁電線及び引込用ポ
　　　　　リエチレン絶縁電線を除く．）であること．

　　　（ロ）　電線の高さは，路面上2.5 m以上であること．

　　　（ハ）　第157条第1項第二号から第七号まで及び第九号の規定に準じて
　　　　　施設すること．

　　ロ　合成樹脂管工事により，第158条の規定に準じて施設すること．

　　ハ　金属管工事により，第159条の規定に準じて施設すること．

　　ニ　金属可とう電線管工事により，第160条の規定に準じて施設すること．

　　ホ　ケーブル工事により，第164条（第3項を除く．）の規定に準じて施設
　　　すること．

　三　電路には，トンネルの引込口に近い箇所に専用の開閉器を施設すること．

2　鉱山その他の坑道内の配線は，次の各号によること．

　一　使用電圧は，低圧又は高圧であること．

　二　低圧の配線は，次のいずれかによること．

　　イ　ケーブル工事により，第164条（第3項を除く．）の規定に準じて施設
　　　すること．

　　ロ　使用電圧が300 V以下のものを，次により施設すること．

　　　（イ）　電線は，直径1.6 mmの軟銅線と同等以上の強さ及び太さの絶縁
　　　　　電線（屋外用ビニル絶縁電線，引込用ビニル絶縁電線及び引込用ポ
　　　　　リエチレン絶縁電線を除く．）であること．

　　　（ロ）　電線相互の間を適当に離し，かつ，岩石又は木材と接触しないよ
　　　　　うに絶縁性，難燃性及び耐水性のあるがいしで電線を支持すること．

　三　高圧の配線は，ケーブル工事により，第168条第1項第三号イ及びハの
　　　規定に準じて施設すること．

四　電路には，坑口に近い箇所に専用の開閉器を施設すること．

3　トンネル，坑道その他これらに類する場所（鉄道又は軌道の専用トンネルを除く．以下この条において「トンネル等」という．）に施設する高圧の配線が，当該トンネル等に施設する他の高圧の配線，低圧の配線，弱電流電線等又は水管，ガス管若しくはこれらに類するものと接近又は交差する場合は，第168条第2項の規定に準じて施設すること．

4　トンネル等に施設する低圧の電球線又は移動電線は，次の各号によること．

一　電球線は，屋内の湿気の多い場所における第170条の規定に準じて施設すること．

二　移動電線は，屋内の湿気の多い場所における第171条の規定に準じて施設すること．

三　電球線又は移動電線を著しく損傷を受けるおそれがある場所に施設する場合は，次のいずれかによること．

イ　電線を第160条第2項各号の規定に適合する金属可とう電線管に収めること．

ロ　電線に強じんな外装を施すこと．

四　移動電線と低圧の配線との接続には，差込み接続器を用いること．

**【臨時配線の施設】**（省令第4条）

**第180条**　がいし引き工事により施設する使用電圧が300V以下の屋内配線であって，その設置の工事が完了した日から4月以内に限り使用するものを，次の各号により施設する場合は，第157条第1項第一号から第四号までの規定によらないことができる．

一　電線は，絶縁電線（屋外用ビニル絶縁電線を除く．）であること．

二　乾燥した場所であって展開した場所に施設すること．

2　がいし引き工事により施設する使用電圧が300V以下の屋側配線であって，その設置の工事が完了した日から4月以内に限り使用するものを，次の各号のいずれかにより施設する場合は，第166条第1項第二号の規定によらないことができる．

一　展開した雨露にさらされる場所において，電線に絶縁電線（屋外用ビニル絶縁電線，引込用ビニル絶縁電線及び引込用ポリエチレン絶縁電線を除く．）を使用し，電線相互の間隔を3cm以上，電線と造営材との離隔距離を6mm以上として施設する場合

二　展開した雨露にさらされない場所において，電線に絶縁電線（屋外用ビニル絶縁電線を除く.）を使用して施設する場合

3　がいし引き工事により施設する使用電圧が 150 V 以下の屋外配線であって，その設置の工事が完了した日から 4 月以内に限り使用するものを，次の各号により施設する場合は，第 166 条第 1 項第二号の規定によらないことができる.

一　電線は，絶縁電線（屋外用ビニル絶縁電線を除く.）であること.

二　電線が損傷を受けるおそれがないように施設すること.

三　屋外配線の電源側の電線路又は他の配線に接続する箇所の近くに専用の開閉器及び過電流遮断器を各極に施設すること. ただし，過電流遮断器が開閉機能を有するものである場合は，過電流遮断器のみとすることができる.

4　使用電圧が 300 V 以下の屋内配線であって，その設置の工事が完了した日から 1 年以内に限り使用するものを，次の各号によりコンクリートに直接埋設して施設する場合は，第 164 条第 2 項の規定によらないことができる.

一　電線は，ケーブルであること.

二　配線は，低圧分岐回路にのみ施設するものであること.

三　電路の電源側には，電路に地絡を生じたときに自動的に電路を遮断する装置，開閉器及び過電流遮断器を各極（過電流遮断器にあっては，多線式電路の中性極を除く.）に施設すること. ただし，過電流遮断器が開閉機能を有するものである場合は，開閉器を省略することができる.

## 第4節　特殊機器等の施設

【小勢力回路の施設】（省令第 56 条第 1 項，第 57 条第 1 項，第 59 条第 1 項，第 62 条）

**第181条**　電磁開閉器の操作回路又は呼鈴若しくは警報ベル等に接続する電路であって，最大使用電圧が 60 V 以下のもの（以下この条において「小勢力回路」という.）は，次の各号によること.

一　小勢力回路の最大使用電流は，181-1 表の中欄に規定する値以下であること.

二　小勢力回路に電気を供給する電路には，次に適合する変圧器を施設すること.

イ　絶縁変圧器であること.

ロ　1 次側の対地電圧は，300 V 以下であること．

ハ　2 次短絡電流は，181-1 表の右欄に規定する値以下であること．ただし，当該変圧器の 2 次側電路に，定格電流が同表の中欄に規定する最大使用電流以下の過電流遮断器を施設する場合は，この限りでない．

181-1 表

| 小勢力回路の最大使用電圧の区分 | 最大使用電流 | 変圧器の 2 次短絡電流 |
|---|---|---|
| 15 V 以下 | 5 A | 8 A |
| 15 V を超え 30 V 以下 | 3 A | 5 A |
| 30 V を超え 60 V 以下 | 1.5 A | 3 A |

三　小勢力回路の電線を造営材に取り付けて施設する場合は，次によること．

イ　電線は，ケーブル（通信用ケーブルを含む．）である場合を除き，直径 0.8 mm 以上の軟銅線又はこれと同等以上の強さ及び太さのものであること．

ロ　電線は，コード，キャブタイヤケーブル，ケーブル，第 3 項に規定する絶縁電線又は第 4 項に規定する通信用ケーブルであること．ただし，乾燥した造営材に施設する最大使用電圧が 30 V 以下の小勢力回路の電線に被覆線を使用する場合は，この限りでない．

ハ　電線を損傷を受けるおそれがある箇所に施設する場合は，適当な防護装置を施すこと．

ニ　電線を防護装置に収めて施設する場合及び電線がキャブタイヤケーブル，ケーブル又は通信用ケーブルである場合を除き，次によること．

（イ）　電線がメタルラス張り，ワイヤラス張り又は金属板張りの木造の造営材を貫通する場合は，第 145 条第 1 項の規定に準じて施設すること．

（ロ）　電線をメタルラス張り，ワイヤラス張り又は金属板張りの木造の造営材に取り付ける場合は，電線を絶縁性，難燃性及び耐水性のあるがいしにより支持し，造営材との離隔距離を 6 mm 以上とすること．

ホ　電線をメタルラス張り，ワイヤラス張り又は金属板張りの木造の造営物に施設する場合において，次のいずれかに該当するときは，第 145 条第 2 項の規定に準じて施設すること．

　（イ）　電線を金属製の防護装置に収めて施設する場合

　（ロ）　電線が金属被覆を有するケーブル又は通信用ケーブルである場合

　ヘ　電線は，金属製の水管，ガス管その他これらに類するものと接触しないように施設すること．

四　小勢力回路の電線を地中に施設する場合は，次によること．

　イ　電線は，600 V ビニル絶縁電線，キャブタイヤケーブル（外装が天然ゴム混合物のものを除く．），ケーブル又は第 4 項に規定する通信用ケーブル（外装が金属，クロロプレン，ビニル又はポリエチレンのものに限る．）であること．

　ロ　次のいずれかによること．

　　（イ）　電線を車両その他の重量物の圧力に耐える堅ろうな管，トラフその他の防護装置に収めて施設すること．

　　（ロ）　埋設深さを，30 cm（車両その他の重量物の圧力を受けるおそれがある場所に施設する場合にあっては，1.2 m）以上として施設し，第 120 条第 6 項に規定する性能を満足するがい装を有するケーブルを使用する場合を除き，電線の上部を堅ろうな板又はといで覆い損傷を防止すること．

五　小勢力回路の電線を地上に施設する場合は，前号イの規定に準じるほか，電線を堅ろうなトラフ又は開きょに収めて施設すること．

六　小勢力回路の電線を架空で施設する場合は，次によること．

　イ　電線は，次によること．

　　（イ）　キャブタイヤケーブル，ケーブル，第 3 項に規定する絶縁電線又は第 4 項に規定する通信用ケーブルを使用する場合は，引張強さ 508 N 以上のもの又は直径 1.2 mm 以上の硬銅線であること．ただし，引張強さ 2.36 kN 以上の金属線又は直径 3.2 mm 以上の亜鉛めっき鉄線でちょう架して施設する場合は，この限りでない．

　　（ロ）　（イ）に規定する以外のものを使用する場合は，引張強さ 2.30 kN 以上のもの又は直径 2.6 mm 以上の硬銅線であること．

　ロ　電線がケーブル又は通信用ケーブルである場合は，引張強さ 2.36 kN 以上の金属線又は直径 3.2 mm 以上の亜鉛めっき鉄線でちょう架して施設すること．ただし，電線が金属被覆以外の被覆を有するケーブルである場合において，電線の支持点間の距離が 10 m 以下のときは，この限りでない．

ハ　電線の高さは，次によること．

(イ)　道路（車両の往来がまれであるもの及び歩行の用にのみ供される部分を除く．以下この項において同じ．）を横断する場合は，路面上 6 m 以上

(ロ)　鉄道又は軌道を横断する場合は，レール面上 5.5 m 以上

(ハ)　(イ)及び(ロ)以外の場合は，地表上 4 m 以上．ただし，電線を道路以外の箇所に施設する場合は，地表上 2.5 m まで減じることができる．

ニ　電線の支持物は，第 58 条第 1 項第一号の規定に準じて計算した風圧荷重に耐える強度を有するものであること．

ホ　電線の支持点間の距離は，15 m 以下であること．ただし，次のいずれかに該当する場合は，この限りでない．

(イ)　電線を第 65 条第 1 項第二号の規定に準じるほか，電線が裸電線である場合において，第 66 条第 1 項の規定に準じて施設するとき

(ロ)　電線が絶縁電線又はケーブルである場合において，電線の支持点間の距離を 25 m 以下とするとき又は電線を第 67 条（第五号を除く．）の規定に準じて施設するとき

ヘ　電線が弱電流電線等と接近若しくは交差する場合又は電線が他の工作物｜電線（他の小勢力回路の電線を除く．）及び弱電流電線等を除く．以下この号において同じ．｜と接近し，若しくは電線が他の工作物の上に施設される場合は，電線が絶縁電線，キャブタイヤケーブル又はケーブルであり，かつ，電線と弱電流電線等又は他の工作物との離隔距離が 30 cm 以上である場合を除き，低圧架空電線に係る第 71 条から第 78 条までの規定に準じて施設すること．

ト　電線が裸電線である場合は，電線と植物との離隔距離は，30 cm 以上であること．

七　小勢力回路の移動電線は，コード，キャブタイヤケーブル，第 3 項に規定する絶縁電線又は第 4 項に規定する通信用ケーブルであること．この場合において，絶縁電線は，適当な防護装置に収めて使用すること．

2　小勢力回路を第 175 条から第 178 条までに規定する場所（第 175 条第 1 項第三号に規定する場所を除く．）に施設する場合は，第 158 条，第 159 条，第 160 条又は第 164 条の規定に準じて施設すること．（関連省令第 69 条）

3　小勢力回路の電線に使用する絶縁電線は，次の各号に適合するものである

こと.

一 導体は，均質な金属性の単線又はこれを素線としたより線であること.

二 絶縁体は，ビニル混合物，ポリエチレン混合物又はゴム混合物であって，電気用品の技術上の基準を定める省令の解釈別表第一附表第十四に規定する試験を行ったとき，これに適合するものであること.

三 完成品は，清水中に1時間浸した後，導体と大地との間に1,500 V（屋内専用のものにあっては，600 V）の交流電圧を連続して1分間加えたとき，これに耐える性能を有すること.

4 小勢力回路の電線に使用する通信用ケーブルは，次の各号に適合するものであること.

一 導体は，別表第1に規定する軟銅線又はこれを素線としたより線（絶縁体に天然ゴム混合物，スチレンブタジエンゴム混合物，エチレンプロピレンゴム混合物又はけい素ゴム混合物を使用するものにあっては，すず若しくは鉛又はこれらの合金のめっきを施したものに限る.）であること.

二 絶縁体は，外装が金属テープ又は被覆状の金属体であって絶縁体を密封するものを除き，ビニル混合物，ポリエチレン混合物又はゴム混合物であって，電気用品の技術上の基準を定める省令の解釈別表第一附表第十四に規定する試験を行ったとき，これに適合すること.

三 外装は，次に適合するものであること.

イ 材料は，金属又はビニル混合物，ポリエチレン混合物若しくはクロロプレンゴム混合物であって，電気用品の技術上の基準を定める省令の解釈別表第一附表第十四に規定する試験を行ったとき，これに適合すること.

ロ 外装の厚さは，金属を使用するものにあっては0.72 mm以上，ビニル混合物，ポリエチレン混合物又はクロロプレンゴム混合物を使用するものにあっては0.9 mm以上であること.

四 完成品は，外装が金属であるもの又は遮へいのあるものにあっては導体相互間及び導体と外装の金属体又は遮へいとの間に，その他のものにあっては清水中に1時間浸した後，導体相互間及び導体と大地との間に350 Vの交流電圧又は500 Vの直流電圧を連続して1分間加えたとき，これに耐えるものであること.

**【出退表示灯回路の施設】**（省令第56条第1項，第57条第1項，第59条第1項，第63条第2項）

**第182条** 出退表示灯その他これに類する装置に接続する電路であって，最大

使用電圧が60V以下のもの（前条第1項に規定する小勢力回路及び次条に規定する特別低電圧照明回路を除く．以下この条において「出退表示灯回路」という．）は，次の各号によること．

一　出退表示灯回路は，定格電流が5A以下の過電流遮断器で保護すること．

二　出退表示灯回路に電気を供給する電路には，次に適合する変圧器を施設すること．

　イ　絶縁変圧器であること．

　ロ　1次側電路の対地電圧は，300V以下，2次側電路の使用電圧は60V以下であること．

　ハ　電気用品安全法の適用を受けるものを除き，巻線の定格電圧が150V以下の場合にあっては交流1,500V，150Vを超える場合にあっては交流2,000Vの試験電圧を1の巻線と他の巻線，鉄心及び外箱との間に連続して1分間加えたとき，これに耐える性能を有すること．（関連省令第5条第3項）

三　前号の規定により施設する変圧器の2次側電路には，当該変圧器に近接する箇所に過電流遮断器を各極に施設すること．

四　出退表示灯回路の電線を造営材に取り付けて施設する場合は，次によること．

　イ　電線は，直径0.8mmの軟銅線と同等以上の強さ及び太さのコード，キャブタイヤケーブル，ケーブル，前条第3項に規定する絶縁電線，又は前条第4項に規定する通信用ケーブルであって直径0.65mmの軟銅線と同等以上の強さ及び太さのものであること．

　ロ　電線は，キャブタイヤケーブル又はケーブルである場合を除き，合成樹脂管，金属管，金属線ぴ，金属可とう電線管，金属ダクト又はフロアダクトに収めて施設すること．

　ハ　前条第1項第三号ハからへまでの規定に準じて施設すること．

五　前条第1項第四号から第七号まで及び第2項の規定に準じて施設すること．

**【特別低電圧照明回路の施設】**（省令第5条，第56条第1項，第57条第1項，第2項，第59条第1項，第62条，第63条第1項）

**第183条**　特別低電圧照明回路（両端を造営材に固定した導体又は一端を造営材の下面に固定し吊り下げた導体により支持された白熱電灯に電気を供給する回路であって，専用の電源装置に接続されるものをいう．以下この条にお

いて同じ.）は，次の各号によること.

一　屋内の乾燥した場所に施設すること.

二　大地から絶縁し，次のものと電気的に接続しないように施設すること.

　　イ　当該特別低電圧照明回路の電路以外の電路

　　ロ　低圧屋内配線工事に用いる金属製の管，ダクト，線ぴその他これらに
　　　類するもの

三　白熱電灯を支持する電線（以下この条において「支持導体」という.）は，
　　次によること.

　　イ　引張強さ784N以上のもの又は断面積4mm²以上の軟銅線であって，
　　　接続される全ての照明器具の重量に耐えるものであること.

　　ロ　展開した場所に施設すること.

　　ハ　簡易接触防護措置を施すこと.

　　ニ　造営材と絶縁し，かつ，堅ろうに固定して施設すること.

　　ホ　造営材を貫通しないこと.

　　ヘ　他の電線，弱電流電線又は金属製の水管，ガス管若しくはこれらに類
　　　するものと接触しないように施設すること.

　　ト　支持導体相互は，通常の使用状態及び揺動した場合又はねじれた場合
　　　において，直接接触しないように施設すること.ただし，支持導体の一
　　　端を造営材に固定して施設するものであって，支持導体のいずれか一線
　　　に被覆線を用いる場合にあっては，この限りでない.

四　専用の電源装置から支持導体に電気を供給する電線（以下この条におい
　　て「接続線」という.）は，次によること.

　　イ　断面積1.5mm²以上の被覆線であって，その部分を通じて供給され
　　　る白熱電灯の定格電流の合計以上の許容電流のあるものであること.

　　ロ　展開した場所又は点検できる隠ぺい場所に施設すること.ただし，接
　　　続線にケーブル又はキャブタイヤケーブルを使用する場合にあっては，
　　　この限りでない.

　　ハ　接続線には張力が加わらないように施設すること.ただし，支持導体
　　　と同等以上の強さを有するものを用いる場合は，この限りでない.

　　ニ　造営材を貫通する場合は，接続線がケーブル又はキャブタイヤケーブ
　　　ルである場合を除き，貫通部を絶縁性のあるもので保護すること.

　　ホ　メタルラス張り，ワイヤラス張り又は金属張りの造営材を貫通する場
　　　合は，接続線を防護装置に収めて施設する場合及び接続線がキャブタイ

ヤケーブル又はケーブルである場合を除き，第145条第1項の規定に準じて施設すること．

ヘ　メタルラス張り，ワイヤラス張り又は金属板張りの木造の造営物に施設する場合において，次のいずれかに該当するときは，第145条第2項の規定に準じて施設すること．

（イ）　接続線を金属製の防護装置に収めて施設する場合

（ロ）　接続線が金属被覆を有するケーブルである場合

ト　金属製の水管，ガス管その他これらに類するものと接触しないように施設すること．

チ　他の電線又は弱電流電線と接触しないように施設すること．ただし，接続線にケーブル又はキャブタイヤケーブルを使用する場合にあっては，この限りでない．

2　特別低電圧照明回路に電気を供給する専用の電源装置は，次の各号によること．

一　電源装置は，次に適合するものであること．

イ　日本産業規格 JIS C 61558-2-6（2012）「入力電圧 1,100 V 以下の変圧器，リアクトル，電源装置及びこれに類する装置の安全性」に適合する安全絶縁変圧器又は日本産業規格 JIS C 8147-2-2（2011）「ランプ制御装置—第2-2部：直流又は交流電源用低電圧電球用電子トランスの個別要求事項」に適合する独立形安全超低電圧電子トランスであること．

ロ　1次側の対地電圧は 300 V 以下，2次側の使用電圧は 24 V 以下であること．

ハ　2次側回路の最大使用電流は，25 A 以下であること．

ニ　2次側電路に短絡を生じた場合に自動的に当該電路を遮断する装置を設けること．ただし，定格2次短絡電流が，最大使用電流の値を超えるおそれがない場合にあっては，この限りでない．

二　屋内の乾燥し，かつ，展開した場所に施設すること．ただし，耐火性の外箱に収めたものである場合は，点検できる隠ぺい場所に施設することができる．

三　造営材に固定して施設すること．ただし，展開した場所に施設し，かつ，差込み接続器を介して屋内配線と接続する場合は，この限りでない．

3　特別低電圧照明回路に使用する白熱電灯及び付属品の金属製部分は，第1項第二号並びに第三号ハ及びへの規定に準じて施設すること．

4　特別低電圧照明回路並びにこれに接続する電源装置，白熱電灯及び附属品は，省令第 70 条及び第 175 条から第 178 条までに規定する場所に施設しないこと．（関連省令第 68 条，第 69 条，第 70 条）

**【交通信号灯の施設】**（省令第 56 条第 1 項，第 57 条第 1 項，第 62 条，第 63 条第 2 項）

**第 184 条**　交通信号灯回路（交通信号灯の制御装置から交通信号灯の電球までの電路をいう．以下この条において同じ．）は，次の各号により施設すること．

一　使用電圧は，150 V 以下であること．

二　交通信号灯回路の配線（引下げ線を除く．）は，次によること．

　　イ　第 68 条及び第 79 条の規定に準じて施設すること．

　　ロ　電線は，ケーブル，又は直径 1.6 mm の軟銅線と同等以上の強さ及び太さの 600 V ビニル絶縁電線若しくは 600 V ゴム絶縁電線であること．

　　ハ　電線が 600 V ビニル絶縁電線又は 600 V ゴム絶縁電線である場合は，これを引張強さ 3.70 kN の金属線又は直径 4 mm 以上の鉄線 2 条以上をより合わせたものにより，ちょう架すること．

　　ニ　ハに規定する電線をちょう架する金属線には，支持点又はこれに近接する箇所にがいしを挿入すること．

　　ホ　電線がケーブルである場合は，第 67 条（第五号を除く．）の規定に準じて施設すること．

三　交通信号灯回路の引下げ線は，次によること．

　　イ　第 79 条及び前号ロの規定に準じて施設すること．

　　ロ　電線の地表上の高さは，2.5 m 以上であること．ただし，電線を金属管工事により第 159 条の規定に準じて施設する場合，又はケーブル工事により第 164 条（第 3 項を除く．）の規定に準じて施設する場合は，この限りでない．

　　ハ　電線をがいし引き工事により施設する場合は，電線を適当な間隔ごとに束ねること．

四　交通信号灯回路の配線が，他の工作物と接近又は交差する場合は，次によること．

　　イ　建造物，道路（車両及び人の往来がまれであるものを除く．），横断歩道橋，鉄道，軌道，索道，架空弱電流電線等，アンテナ，電車線又は他の交通信号灯回路の配線と接近又は交差する場合は，低圧架空電線に係る第 71 条から第 77 条までの規定に準じて施設すること．

　　ロ　イに規定するもの以外のものと接近又は交差する場合は，交通信号灯
　　　回路の配線とこれらのものとの離隔距離は，0.6 m（交通信号灯回路の
　　　配線がケーブルである場合は，0.3 m）以上とすること．

2　交通信号灯の制御装置の電源側には，専用の開閉器及び過電流遮断器を各
　極に施設すること．ただし，過電流遮断器が開閉機能を有するものである場
　合は，過電流遮断器のみとすることができる．

3　交通信号灯の制御装置の金属製外箱には，D種接地工事を施すこと．（関
　連省令第10条，第11条）

**【放電灯の施設】**（省令第56条第1項，第57条第1項，第59条第1項，第63条
第1項）

**第185条**　管灯回路の使用電圧が1,000 V以下の放電灯（放電管にネオン放電
　管を使用するものを除く．以下この条において同じ．）は，次の各号によること．

　一　放電灯に電気を供給する電路の対地電圧は，150 V以下であること．た
　　だし，住宅以外の場所において，次により放電灯を施設する場合は，300 V
　　以下とすることができる．

　　イ　放電灯及びこれに附属する電線には，接触防護措置を施すこと．

　　ロ　放電灯用安定器（放電灯用変圧器を含む．以下この条において同じ．）
　　　は，配線と直接接続して施設すること．

　二　放電灯用安定器は，放電灯用電灯器具に収める場合を除き，堅ろうな耐
　　火性の外箱に収めてあるものを使用し，外箱を造営材から1 cm以上離し
　　て堅ろうに取り付け，かつ，容易に点検できるように施設すること．

　三　管灯回路の使用電圧が300 Vを超える場合は，放電灯用変圧器を使用す
　　ること．

　四　前号の放電灯用変圧器は，絶縁変圧器であること．ただし，放電管を取
　　り外したときに1次側電路を自動的に遮断するように施設する場合は，こ
　　の限りでない．

　五　放電灯用安定器の外箱及び放電灯用電灯器具の金属製部分には，185-1
　　表に規定する接地工事を施すこと．ただし，次のいずれかに該当する場合
　　は，この限りでない．（関連省令第10条，第11条）

185-1 表

| 管灯回路の使用電圧の区分 | 放電灯用変圧器の2次短絡電流又は管灯回路の動作電流 | 接地工事 |
|---|---|---|
| 高圧 | 1 A を超える場合 | A 種接地工事 |
| 300 V を超える低圧 | 1 A を超える場合 | C 種接地工事 |
| 上記以外の場合 | | D 種接地工事 |

　　イ　管灯回路の対地電圧が150 V 以下の放電灯を乾燥した場所に施設する場合

　　ロ　管灯回路の使用電圧が300 V 以下の放電灯を乾燥した場所に施設する場合において，簡易接触防護措置（金属製のものであって，防護措置を施す設備と電気的に接続するおそれがあるもので防護する方法を除く．）を施し，かつ，その放電灯用安定器の外箱及び放電灯用電灯器具の金属製部分が，金属製の造営材と電気的に接続しないように施設するとき

　　ハ　管灯回路の使用電圧が300 V 以下又は放電灯用変圧器の2次短絡電流若しくは管灯回路の動作電流が50 mA 以下の放電灯を施設する場合において，放電灯用安定器を外箱に収め，かつ，その外箱と放電灯用安定器を収める放電灯用電灯器具とを電気的に接続しないように施設するとき

　　ニ　放電灯を乾燥した場所に施設する木製のショウウィンドー又はショウケース内に施設する場合において，放電灯用安定器の外箱及びこれと電気的に接続する金属製部分に簡易接触防護措置（金属製のものであって，防護措置を施す設備と電気的に接続するおそれがあるもので防護する方法を除く．）を施すとき

　六　湿気の多い場所又は水気のある場所に施設する放電灯には適当な防湿装置を施すこと．

2　使用電圧が300 V 以下の管灯回路の配線（放電管にネオン放電管を使用するものは除く．）は，次の各号によること．

　一　電線は，けい光灯電線又は直径1.6 mm の軟銅線と同等以上の強さ及び太さの絶縁電線（屋外用ビニル絶縁電線，引込用ビニル絶縁電線及び引込用ポリエチレン絶縁電線を除く．），キャブタイヤケーブル又はケーブルであること．

　二　第156条から第165条まで（第164条第3項を除く．），第167条及び第

172条第1項の規定に準じて施設すること.

3 使用電圧が300 Vを超え1,000 V以下の管灯回路の配線（放電管にネオン放電管を使用するものは除く.）は，次の各号のいずれかによるとともに，第167条の規定に準じて施設すること.

一 がいし引き工事により，次に適合するように施設すること.

イ 展開した場所又は点検できる隠ぺい場所に施設すること.

ロ 電線は，けい光灯電線であること. ただし，展開した場所において，管灯回路の使用電圧が600 V以下の場合は，直径1.6 mmの軟銅線と同等以上の強さ及び太さの絶縁電線（屋外用ビニル絶縁電線，引込用ビニル絶縁電線及び引込用ポリエチレン絶縁電線を除く.）を使用することができる.

ハ 第157条第1項第二号，第三号，第七号及び第九号の規定に準じて施設すること.

ニ 電線を造営材の表面に沿って取り付ける場合は，電線の支持点間の距離は，管灯回路の使用電圧が600 V以下の場合は2 m以下，600 Vを超える場合は1 m以下であること.

ホ 電線には簡易接触防護措置を施すこと.

二 合成樹脂管工事により，次に適合するように施設すること.

イ 前号ロの規定に準じること.

ロ 第158条（第1項第一号及び第3項第五号を除く.）の規定に準じて施設すること.

ハ 合成樹脂管を金属製のプルボックス又は第159条第4項第一号に規定する粉じん防爆型フレキシブルフィッチングに接続して使用する場合は，プルボックス又は粉じん防爆型フレキシブルフィッチングには，D種接地工事を施すこと.（関連省令第10条，第11条）

三 金属管工事により，次に適合するように施設すること.

イ 第一号ロの規定に準じること.

ロ 第159条（第1項第一号並びに第3項第四号及び第五号を除く.）の規定に準じて施設すること.

ハ 金属管には，D種接地工事を施すこと. ただし，管の長さ（2本以上の管を接続して使用する場合は，その全長. 以下この条において同じ.）が4 m以下のものを乾燥した場所に施設し，かつ，簡易接触防護措置（金属製のものであって，防護措置を施す管と電気的に接続するおそれ

があるもので防護する方法を除く.）を施す場合は，この限りでない.
（関連省令第10条，第11条）

四　金属可とう電線管工事により，次に適合するように施設すること.

イ　第一号ロの規定に準じること.

ロ　第160条（第1項第一号及び第3項第五号から第七号までを除く.）の
規定に準じて施設すること.

ハ　1種金属製可とう電線管には，直径1.6 mmの裸軟銅線を全長にわた
って挿入又は添加して，その裸軟銅線と1種金属製可とう電線管とを両
端において電気的に完全に接続すること.ただし，管の長さが4 m以下
のものに簡易接触防護措置（金属製のものであって，防護措置を施す管
と電気的に接続するおそれがあるもので防護する方法を除く.）を施す
場合は，この限りでない.

ニ　可とう電線管には，D種接地工事を施すこと.ただし，管の長さが4
m以下のものに簡易接触防護措置（金属製のものであって，防護措置を
施す管と電気的に接続するおそれがあるもので防護する方法を除く.）
を施す場合は，この限りでない.（関連省令第10条，第11条）

五　金属線ぴ工事により，次に適合するように施設すること.

イ　展開した場所又は点検できる隠ぺい場所であって，かつ，乾燥した場
所に施設すること.

ロ　第一号ロの規定に準じること.

ハ　第161条（第1項第一号及び第3項第二号を除く.）の規定に準じて施
設すること.

ニ　金属線ぴには，D種接地工事を施すこと.ただし，線ぴの長さ（2本
以上の管を接続して使用する場合は，その全長）が4 m以下のものに簡
易接触防護措置（金属製のものであって，防護措置を施す線ぴと電気的
に接続するおそれがあるもので防護する方法を除く.）を施す場合は，こ
の限りでない.（関連省令第10条，第11条）

六　ケーブル工事により，次に適合するように施設すること.

イ　第164条（第1項第四号及び第五号並びに第3項を除く.）の規定に準
じて施設すること.

ロ　管その他の電線を収める防護装置の金属製部分，金属製の電線接続箱
及び電線の被覆に使用する金属体には，D種接地工事を施すこと.ただ
し，長さが4 m以下の防護装置の金属製部分又は長さが4 m以下の電線

を,乾燥した場所に施設し,かつ,簡易接触防護措置（金属製のものであって,防護措置を施す設備と電気的に接続するおそれがあるもので防護する方法を除く.）を施す場合は,この限りでない.（関連省令第10条,第11条）

七 乾燥した場所に施設し,内部を乾燥した状態で使用するショウウィンドー又はショウケース内の管灯回路の配線を外部から見えやすい箇所において造営材に接触して施設する場合は,次によること.

イ 電線は,けい光灯電線であること.

ロ 電線には,放電灯用安定器の口出し線又は放電灯用ソケットの口出し線との接続点以外に接続点を設けないこと.

ハ 電線の接続点を造営材から離して施設すること.

ニ 第172条第1項第四号及び第五号の規定に準じて施設すること.

八 乾燥した場所に施設するエスカレーター内の管灯回路の配線（点検できる隠ぺい場所に施設するものに限る.）を軟質ビニルチューブに収めて施設する場合は,次によること.

イ 電線は,けい光灯電線を使用するとともに,電線ごとにそれぞれ別個の軟質ビニルチューブに収めること.

ロ 軟質ビニルチューブは,日本産業規格 JIS C 2415（1994）「電気絶縁用押出しチューブ」の「6 検査」に適合するものであること.

ハ 電線には,放電灯用安定器の口出し線又は放電灯用ソケットの口出し線との接続点以外に接続点を設けないこと.

ニ 電線と接触する金属製の造営材には,D種接地工事を施すこと.（関連省令第10条,第11条）

4 管灯回路の使用電圧が1,000 V を超える放電灯は,次の各号によること.

一 屋内において機械器具の内部に安全に施設する場合を除き,次によること.

イ 管灯回路の使用電圧は,高圧であること.

ロ 放電灯用変圧器は,次に適合する絶縁変圧器であること.

（イ）直径2.6 mm の導体を取り付けることができる黄銅製の接地端子を設け,かつ,鉄心と電気的に完全に接続した金属製の外箱に収めたものであること.

（ロ）巻線相互及び巻線と大地の間に最大使用電圧の1.5倍の交流電圧（500 V 未満となる場合は,500 V）を連続して10分間加えたとき,これに耐える性能を有すること.

　　ハ　放電灯に電気を供給する電路には，専用の開閉器及び過電流遮断器を
　　　各極（過電流遮断器にあっては，多線式電路の中性極を除く．）に施設す
　　　ること．ただし，過電流遮断器が開閉機能を有するものである場合は，
　　　過電流遮断器のみとすることができる．（関連省令第14条）

　　ニ　管灯回路の配線は，第111条，第120条から第125条まで，第129条，
　　　第130条及び第151条第1項の規定に準じて施設すること．

　二　屋内に施設する場合は，次によること．

　　イ　第1項第一号の規定に準じること．

　　ロ　放電管に接触防護措置を施すこと．

　三　屋側又は屋外に施設する場合は，次によること．

　　イ　放電灯に電気を供給する電路の使用電圧は，低圧又は高圧であること．

　　ロ　放電管は，金属製の堅ろうな器具に収めるとともに，次により施設す
　　　ること．

　　　（イ）　器具は，地表上4.5 m以上の高さに施設すること．

　　　（ロ）　器具と他の工作物（架空電線を除く．）又は植物との離隔距離は，
　　　　0.6 m以上であること．

　　ハ　放電灯には，適当な防水装置を施すこと．

　5　管灯回路の使用電圧が300 Vを超える放電灯は，省令第70条及び第175
　　条から第178条までに規定する場所に施設しないこと．（関連省令第68条，
　　第69条，第70条，第71条）

**【ネオン放電灯の施設】**（省令第56条第1項，第57条第1項，第59条第1項）

**第186条**　管灯回路の使用電圧が1,000 V以下のネオン放電灯（放電管にネオ
　ン放電管を使用する放電灯をいう．以下，この条において同じ．）は，次の各
　号によること．

　一　次のいずれかの場所に，危険のおそれがないように施設すること．

　　イ　一部が開放された看板（開放部は，看板を取り付ける造営材側の側面
　　　にあるものに限る．）の枠内

　　ロ　密閉された看板の枠内

　二　簡易接触防護措置を施すこと．

　三　屋内に施設する場合は，前条第1項第一号の規定に準じること．

　四　放電灯用変圧器は，次のいずれかのものであること．

　　イ　電気用品安全法の適用を受けるネオン変圧器

　　ロ　電気用品安全法の適用を受ける蛍光灯用安定器であって，次に適合す

　　るもの

　　（イ）　定格2次短絡電流は，1回路あたり50 mA以下であること．

　　（ロ）　絶縁変圧器を使用すること．

　　（ハ）　2次側に口出し線を有すること．

　五　管灯回路の配線は，次によること．

　　イ　電線は，けい光灯電線又はネオン電線であること．

　　ロ　電線は，看板枠内の側面又は下面に取り付け，かつ，電線と看板枠とは直接接触しないように施設すること．

　　ハ　電線の支持点間の距離は，1 m以下であること．

　　ニ　第167条の規定に準じて施設すること．

　六　管灯回路の配線のうち放電管の管極間を接続する部分を次により施設する場合は，前号イからハまでの規定によらないことができる．

　　イ　電線は，厚さ1 mm以上のガラス管に収めて施設すること．ただし，電線の長さが10 cm以下の場合はこの限りでない．

　　ロ　ガラス管の支持点間の距離は，0.5 m以下であること．

　　ハ　ガラス管の支持点間のうち最も管端に近いものは，管端から8 cm以上であって12 cm以下の部分に設けること．

　　ニ　ガラス管は，看板枠内に堅ろうに取り付けること．

　七　管灯回路の配線又は放電管の管極部分が看板枠を貫通する場合は，その部分を難燃性及び耐水性のある堅ろうな絶縁管に収めること．

　八　放電管は，次によること．

　　イ　看板枠及び造営材と接触しないように施設すること．

　　ロ　放電管の管極部分と看板枠又は造営材との離隔距離は，2 cm以上であること．

　九　放電灯用変圧器の外箱及び金属製の看板枠には，D種接地工事を施すこと．（関連省令第10条，第11条）

　十　湿気の多い場所又は水気のある場所に施設するネオン放電灯には適当な防湿装置を施すこと．

2　管灯回路の使用電圧が1,000 Vを超えるネオン放電灯は，次の各号によること．

　一　簡易接触防護措置を施すとともに，危険のおそれがないように施設すること．

　二　屋内に施設する場合は，前条第1項第一号の規定に準じること．

三　放電灯用変圧器は，電気用品安全法の適用を受けるネオン変圧器であること.

四　管灯回路の配線は，次によること.

イ　展開した場所又は点検できる隠ぺい場所に施設すること.

ロ　がいし引き工事により，次に適合するように施設すること.

（イ）　電線は，ネオン電線であること.

（ロ）　電線は，造営材の側面又は下面に取り付けること. ただし，電線を展開した場所に施設する場合において，技術上やむを得ないときは，この限りでない.

（ハ）　電線の支持点間の距離は，1 m 以下であること.

（ニ）　電線相互の間隔は，6 cm 以上であること.

（ホ）　電線と造営材との離隔距離は 186-1 表に規定する値以上であること.

186-1 表

| 施設場所の区分 | 使用電圧の区分 | 離隔距離 |
|---|---|---|
| 展開した場所 | 6,000 V 以下 | 2 cm |
| | 6,000 V を超え 9,000 V 以下 | 3 cm |
| | 9,000 V 超過 | 4 cm |
| 点検できる隠ぺい場所 | — | 6 cm |

（ヘ）　がいしは，絶縁性，難燃性及び耐水性のあるものであること.

ハ　管灯回路の配線のうち放電管の管極間を接続する部分，放電管取付け枠内に施設する部分又は造営材に沿い施設する部分（放電管からの長さが 2 m 以下の部分に限る.）を次により施設する場合は，ロ（イ）から（ニ）までの規定によらないことができる.

（イ）　電線は，厚さ 1 mm 以上のガラス管に収めて施設すること. ただし，電線の長さが 10 cm 以下の場合は，この限りでない.

（ロ）　ガラス管の支持点間の距離は，50 cm 以下であること.

（ハ）　ガラス管の支持点のうち最も管端に近いものは，管端から 8 cm 以上であって 12 cm 以下の部分に設けること.

（ニ）　ガラス管は，造営材に堅ろうに取り付けること.

ニ　第 167 条の規定に準じて施設すること.

五　管灯回路の配線又は放電管の管極部分が造営材を貫通する場合は，その

　　部分を難燃性及び耐水性のある堅ろうな絶縁管に収めること.

　六　放電管は,造営材と接触しないように施設し,かつ,放電管の管極部分
　　と造営材との離隔距離は,第四号ロ(ホ)の規定に準じること.

　七　ネオン変圧器の外箱には,D種接地工事を施すこと.(関連省令第10
　　条,第11条)

　八　ネオン変圧器の2次側電路を接地する場合は,次によること.

　　イ　2次側電路に地絡が生じたときに自動的に当該電路を遮断する装置を
　　　施設すること.(関連省令第15条)

　　ロ　接地線には,引張強さ0.39 kN以上の容易に腐食し難い金属線又は直
　　　径1.6 mm以上の軟銅線であって,故障の際に流れる電流を安全に通じ
　　　ることができるものを使用すること.(関連省令第11条)

　九　湿気の多い場所又は水気のある場所に施設するネオン放電灯には適当な
　　防湿装置を施すこと.

　3　管灯回路の使用電圧が300 Vを超えるネオン放電灯は,省令第70条及び
　　第175条から第178条までに規定する場所に施設しないこと.(関連省令第
　　68条,第69条,第70条,第71条)

**【水中照明灯の施設】**(省令第5条,第56条第1項,第57条第1項,第59条第1
　項,第63条第1項,第64条)

**第187条**　水中又はこれに準ずる場所であって,人が触れるおそれのある場所
　に施設する照明灯は,次の各号によること.

　一　照明灯は次に適合する容器に収め,損傷を受けるおそれがある箇所にこ
　　れを施設する場合は,適当な防護装置を更に施すこと.

　　イ　照射用窓にあってはガラス又はレンズ,その他の部分にあっては容易
　　　に腐食し難い金属又はカドミウムめっき,亜鉛めっき若しくは塗装等で
　　　さび止めを施した金属で堅ろうに製作したものであること.

　　ロ　内部の適当な位置に接地用端子を設けたものであること.この場合に
　　　おいて,接地用端子のねじは,径が4 mm以上のものであること.

　　ハ　照明灯のねじ込み接続器及びソケット(けい光灯用ソケットを除く.)
　　　は,磁器製のものであること.

　　ニ　完成品は,導電部分と導電部分以外の部分との間に2,000 Vの交流電
　　　圧を連続して1分間加えて絶縁耐力を試験したとき,これに耐える性能
　　　を有すること.

　　ホ　完成品は,当該容器に使用可能な最大出力の電灯を取り付け,定格最

大水深（定格最大水深が 15 cm 以下のものにあっては 15 cm）以上の深
さに水中に沈め，当該電灯の定格電圧に相当する電圧で 30 分間電気を
供給し，次に 30 分間電気の供給を止め，この操作を 6 回繰り返したと
き，容器内に水が浸入する等の異状がないものであること．

へ　容器は，その見やすい箇所に使用可能な電灯の最大出力及び定格最大
水深を表示したものであること．

二　照明灯に電気を供給する電路には，次に適合する絶縁変圧器を施設する
こと．

イ　1 次側の使用電圧は 300 V 以下，2 次側の使用電圧は 150 V 以下であ
ること．

ロ　絶縁変圧器は，その 2 次側電路の使用電圧が 30 V 以下の場合は，1 次
巻線と 2 次巻線との間に金属製の混触防止板を設け，これに A 種接地
工事を施すこと．この場合において，A 種接地工事に使用する接地線
は，次のいずれかによること．（関連省令第 10 条，第 11 条）

（イ）　接触防護措置を施すこと．

（ロ）　600 V ビニル絶縁電線，ビニルキャブタイヤケーブル，耐燃性ポリ
オレフィンキャブタイヤケーブル，クロロプレンキャブタイヤケー
ブル，クロロスルホン化ポリエチレンキャブタイヤケーブル，耐燃性
エチレンゴムキャブタイヤケーブル又はケーブルを使用すること．

ハ　絶縁変圧器は，交流 5,000 V の試験電圧を 1 の巻線と他の巻線，鉄心
及び外箱との間に連続して 1 分間加えて絶縁耐力を試験したとき，これ
に耐える性能を有すること．

三　前号の規定により施設する絶縁変圧器の 2 次側電路は，次によること．

イ　電路は，非接地であること．

ロ　開閉器及び過電流遮断器を各極に施設すること．ただし，過電流遮断
器が開閉機能を有するものである場合は，過電流遮断器のみとすること
ができる．

ハ　使用電圧が 30 V を超える場合は，その電路に地絡を生じたときに自
動的に電路を遮断する装置を施設すること．

ニ　ロの規定により施設する開閉器及び過電流遮断器並びにハの規定によ
り施設する地絡を生じたときに自動的に電路を遮断する装置は，堅ろう
な金属製の外箱に収めること．

ホ　配線は，金属管工事によること．

　ヘ　照明灯に接続する移動電線は，次によること．

　　（イ）　電線は，断面積 2 mm$^2$ 以上の多心クロロプレンキャブタイヤケーブル，多心クロロスルホン化ポリエチレンキャブタイヤケーブル又は多心耐燃性エチレンゴムキャブタイヤケーブルであること．

　　（ロ）　電線には，接続点を設けないこと．

　　（ハ）　損傷を受けるおそれがある箇所に施設する場合は，適当な防護装置を設けること．

　ト　ホの規定による配線とヘの規定による移動電線との接続には，接地極を有する差込み接続器を使用し，これを水が浸入し難い構造の金属製の外箱に収め，水中又はこれに準ずる以外の場所に施設すること．

四　次に掲げるものは，相互に電気的に完全に接続し，これにC種接地工事を施すこと．（関連省令第10条，第11条）

　イ　第一号に規定する容器の金属製部分

　ロ　第一号及び第三号ヘ（ハ）に規定する防護装置の金属製部分

　ハ　第一号に規定する容器を収める金属製の外箱

　ニ　前号ニ及びトに規定する金属製の外箱

　ホ　前号ホに規定する配線に使用する金属管

五　前号の規定によるC種接地工事の接地線は，次によること．（関連省令第11条）

　イ　第三号トに規定する差込み接続器と照明灯との間は，第三号ヘに規定する移動電線の線心のうちの1つを使用すること．

　ロ　イの規定による部分と固定して施設する接地線との接続には，第三号トに規定する差込み接続器の接地極を用いること．

2　水中又はこれに準ずる場所であって，人が立ち入るおそれがない場所に施設する照明灯は，次の各号によること．

一　照明灯は，次に適合する容器に収めて施設すること．

　イ　照射用窓（電灯のガラスの部分が外部に露出するものを除く．）にあってはガラス又はレンズ，その他の部分にあっては容易に腐食し難い金属若しくはカドミウムめっき，亜鉛めっき，塗装等でさび止めを施した金属又はプラスチックで堅ろうに製作したものであること．

　ロ　前項第一号ハからヘまでの規定に適合するものであること．

　ハ　金属製部分には，C種接地工事を施すこと．（関連省令第10条，第11条）

　二　照明灯に電気を供給する電路の対地電圧は，150 V 以下であること．

　三　照明灯に接続する移動電線は，次によること．

　　イ　電線は，断面積 0.75 mm² 以上のクロロプレンキャブタイヤケーブル，クロロスルホン化ポリエチレンキャブタイヤケーブル又は耐燃性エチレンゴムキャブタイヤケーブルであること．

　　ロ　電線には，接続点を設けないこと．

**【滑走路灯等の配線の施設】**（省令第 56 条第 1 項，第 57 条第 1 項）

**第 188 条**　飛行場の構内であって，飛行場関係者以外の者が立ち入ることができない場所において，滑走路灯，誘導灯その他の標識灯に接続する地中の低圧又は高圧の配線は，第 123 条から第 125 条までの規定に準じるとともに，次の各号のいずれかによること．

　一　第 120 条及び第 121 条の規定に準じて施設すること．

　二　管路式又は暗きょ式により，次に適合するように施設すること．

　　イ　電線は，ケーブル若しくは第 2 項に規定する飛行場標識灯用高圧ケーブル又はこれらに保護被覆を施したケーブルであること．

　　ロ　管又は暗きょは，車両その他の重量物の圧力に耐えるものであること．

　三　車両その他の重量物の圧力を受けるおそれがない場所において，直接埋設式により，次に適合するように施設すること．

　　イ　埋設深さは，60 cm 以上であること．

　　ロ　電線は，クロロプレン外装ケーブル若しくは第 2 項に規定する飛行場標識灯用高圧ケーブル又はこれらに保護被覆を施したケーブルであること．

　　ハ　電線の埋設箇所を示す適当な表示を設けること．

　四　滑走路，誘導路その他の舗装した路面に設けた溝に，次に適合するように施設すること．

　　イ　配線の使用電圧は，低圧であること．

　　ロ　電線は，断面積 2 mm² 以上の軟銅より線を使用する 600 V ビニル絶縁電線であること．

　　ハ　電線には，次に適合する保護被覆を施すこと．

　　　（イ）材料は，ポリアミドであって，日本産業規格 JIS K 6920-2 (2009)「プラスチック—ポリアミド（PA）成形用及び押出用材料—第 2 部：試験片の作製方法及び特性の求め方」の表 2 の溶融温度により試験したとき，融点が 210℃以上のものであること．

（ロ）　厚さは，0.2 mm 以上であること．

（ハ）　保護被覆を施した 600 V ビニル絶縁電線について，おもりの質量を 1.5 kg として保護被覆が擦り減って絶縁体が露出するまで<u>スクレープ摩耗試験を行ったとき，その平均回数が 300 以上であること．なお，スクレープ摩耗試験を行う前は「試料調整」及び「加熱処理」を実施すること．</u>

ニ　溝には，電線が損傷を受けるおそれがないように堅ろうで耐熱性のあるものを充てんすること．

2　飛行場標識灯用高圧ケーブルは，次の各号に適合するものであること．

一　導体は，次のいずれかであること．

イ　別表第1に規定する軟銅線又はこれを素線としたより線（すず若しくは鉛又はこれらの合金のめっきを施したものに限る．）

ロ　別表第2に規定するアルミ線又はこれを素線としたより線

二　絶縁体は，次に適合するものであること．

イ　材料は，ブチルゴム混合物又はエチレンプロピレンゴム混合物であって，電気用品の技術上の基準を定める省令の解釈別表第一附表第十四に規定する試験を行ったとき，これに適合すること．

ロ　厚さは，別表第5に規定する値以上であること．

三　外装は，次に適合するものであること．

イ　材料は，クロロプレンゴム混合物であって，電気用品の技術上の基準を定める省令の解釈別表第一附表第十四に規定する試験を行ったとき，これに適合すること．

ロ　厚さは，別表第10に規定する値以上であること．

四　完成品は，次に適合するものであること．（関連省令第5条第2項）

イ　清水中に1時間浸した後，単心のものにあっては導体と大地との間に，多心のものにあっては導体相互間及び導体と大地との間に，17,000 V（使用電圧が 3,500 V 以下のものにあっては，9,000 V）の交流電圧を連続して 10 分間加えたとき，これに耐える性能を有すること．

ロ　イの試験の直後において，導体と大地との間に 100 V の直流電圧を1分間加えた後に測定した絶縁体の絶縁抵抗が，別表第7に規定する値以上であること．

**【遊戯用電車の施設】**（省令第5条，第56条第1項，第57条第1項，第2項，第59条第1項）

**第189条**　遊戯用電車（遊園地の構内等において遊戯用のために施設するものであって，人や物を別の場所へ運送することを主な目的としないものをいう．以下この条において同じ．）内の電路及びこれに電気を供給するために使用する電気設備は，次の各号によること．

一　遊戯用電車内の電路は，次によること．

イ　取扱者以外の者が容易に触れるおそれがないように施設すること．

ロ　遊戯用電車内に昇圧用変圧器を施設する場合は，次によること．

（イ）　変圧器は，絶縁変圧器であること．

（ロ）　変圧器の2次側の使用電圧は，150 V以下であること．

ハ　遊戯用電車内の電路と大地との間の絶縁抵抗は，使用電圧に対する漏えい電流が，当該電路に接続される機器の定格電流の合計値の1/5,000を超えないように保つこと．

二　遊戯用電車に電気を供給する電路は，次によること．

イ　使用電圧は，直流にあっては60 V以下，交流にあっては40 V以下であること．

ロ　イに規定する使用電圧に電気を変成するために使用する変圧器は，次によること．

（イ）　変圧器は，絶縁変圧器であること．

（ロ）　変圧器の1次側の使用電圧は，300 V以下であること．

ハ　電路には，専用の開閉器を施設すること．

ニ　遊戯用電車に電気を供給するために使用する接触電線（以下この条において「接触電線」という．）は，次によること．

（イ）　サードレール式により施設すること．

（ロ）　接触電線と大地との間の絶縁抵抗は，使用電圧に対する漏えい電流がレールの延長1 kmにつき100 mAを超えないように保つこと．

三　接触電線及びレールは，人が容易に立ち入らないように措置した場所に施設すること．

四　電路の一部として使用するレールは，溶接（継目板の溶接を含む．）による場合を除き，適当なボンドで電気的に接続すること．

五　変圧器，整流器等とレール及び接触電線とを接続する電線並びに接触電線相互を接続する電線には，ケーブル工事により施設する場合を除き，簡

易接触防護措置を施すこと.

**【アーク溶接装置の施設】**（省令第56条第1項, 第57条第1項, 第59条第1項）

**第190条**　可搬型の溶接電極を使用するアーク溶接装置は,次の各号によること.

一　溶接変圧器は,絶縁変圧器であること.

二　溶接変圧器の1次側電路の対地電圧は,300 V以下であること.

三　溶接変圧器の1次側電路には,溶接変圧器に近い箇所であって,容易に開閉することができる箇所に開閉器を施設すること.

四　溶接変圧器の2次側電路のうち,溶接変圧器から溶接電極に至る部分及び溶接変圧器から被溶接材に至る部分（電気機械器具内の電路を除く.）は,次によること.

　イ　溶接変圧器から溶接電極に至る部分の電路は,次のいずれかのものであること.

　　（イ）　電気用品の技術上の基準を定める省令の解釈別表第八2（100）イ（ロ）bの規定に適合する溶接用ケーブル

　　（ロ）　第2項に規定する溶接用ケーブル

　　（ハ）　1種キャブタイヤケーブル,ビニルキャブタイヤケーブル及び耐燃性ポリオレフィンキャブタイヤケーブル以外のキャブタイヤケーブル

　ロ　溶接変圧器から被溶接材に至る部分の電路は,次のいずれかのものであること.

　　（イ）　イ（イ）及び（ロ）に規定するもの

　　（ロ）　キャブタイヤケーブル

　　（ハ）　電気的に完全に,かつ,堅ろうに接続された鉄骨等

　ハ　電路は,溶接の際に流れる電流を安全に通じることのできるものであること.

　ニ　重量物の圧力又は著しい機械的衝撃を受けるおそれがある箇所に施設する電線には,適当な防護装置を設けること.

五　被溶接材又はこれと電気的に接続される治具,定盤等の金属体には,D種接地工事を施すこと.（関連省令第10条, 第11条）

2　前項第四号イ（ロ）の規定における溶接用ケーブルは,次の各号に適合するものであること.

一　導体は,次のいずれかであること.

　イ　別表第1に規定する軟銅線であって,直径が1 mm以下のものを素線

としたより線

ロ　190-1 表に規定する硬アルミ線，半硬アルミ線又は軟アルミ線を素線
としたより線

190-1 表

| アルミ線の種類 | 導体の直径（mm） | 引張強さ（N/mm²） | 伸び（％） | 導電率（％） |
|---|---|---|---|---|
| 硬アルミ線 | 0.45 | 159 以上 | 1.2 以上 | 61.0 以上 |
| 半硬アルミ線 | 0.45 | 98.1 以上 159 未満 | 1.2 以上 | 61.0 以上 |
| 軟アルミ線 | 0.45 | 58.8 以上 98.1 未満 | 1.6 以上 | 61.0 以上 |

二　絶縁体は，次に適合するものであること．

イ　材料は，導線用のものにあっては天然ゴム混合物又はクロロプレンゴ
ム混合物，ホルダー用のものにあっては天然ゴム混合物であって，電気
用品の技術上の基準を定める省令の解釈別表第一附表第十四に規定する
試験を行ったとき，これに適合すること．

ロ　厚さは，190-2 表に規定する値以上であること．

190-2 表

| 導体の公称断面積（mm²） | 絶縁体の厚さ（mm） | |
|---|---|---|
| | 導線用のもの | ホルダー用のもの |
| 100 を超え 125 以下 | 3.3 | 1.2 |
| 125 を超え 150 以下 | 3.5 | 1.2 |
| 150 を超え 200 以下 | 3.8 | 1.5 |

三　ホルダー用のものにあっては，外装は，次に適合するものであること．

イ　材料は，天然ゴム混合物，クロロプレンゴム混合物又はクロロスルホ
ン化ポリエチレンゴム混合物であって，電気用品の技術上の基準を定め
る省令の解釈別表第一附表第十四に規定する試験を行ったとき，これに
適合すること．

ロ　厚さは，別表第 8 に規定する値以上であること．

四　完成品は，清水中に 1 時間浸した後，導体と大地との間に 1,500 V（導
線用のものにあっては 1,000 V）の交流電圧を連続して 1 分間加えたと
き，これに耐える性能を有すること．

【電気集じん装置等の施設】（省令第 56 条第 1 項，第 57 条第 1 項，第 59 条第 1
項，第 60 条，第 69 条，第 72 条）

**第191条**　使用電圧が特別高圧の電気集じん装置，静電塗装装置，電気脱水装置，電気選別装置その他の電気集じん応用装置（特別高圧の電気で充電する部分が装置の外箱の外に出ないものを除く．以下この条において「電気集じん応用装置」という．）及びこれに特別高圧の電気を供給するための電気設備は，次の各号によること．

一　電気集じん応用装置に電気を供給するための変圧器の1次側電路には，当該変圧器に近い箇所であって，容易に開閉することができる箇所に開閉器を施設すること．

二　電気集じん応用装置に電気を供給するための変圧器，整流器及びこれに附属する特別高圧の電気設備並びに電気集じん応用装置は，取扱者以外の者が立ち入ることのできないように措置した場所に施設すること．ただし，充電部分に人が触れた場合に人に危険を及ぼすおそれがない電気集じん応用装置にあっては，この限りでない．

三　電気集じん応用装置に電気を供給するための変圧器は，第16条第1項の規定に適合するものであること．

四　変圧器から整流器に至る電線及び整流器から電気集じん応用装置に至る電線は，次によること．ただし，取扱者以外の者が立ち入ることができないように措置した場所に施設する場合は，この限りでない．

　イ　電線は，ケーブルであること．

　ロ　ケーブルは，損傷を受けるおそれがある場所に施設する場合は，適当な防護装置を施すこと．

　ハ　ケーブルを収める防護装置の金属製部分及び防食ケーブル以外のケーブルの被覆に使用する金属体には，A種接地工事を施すこと．ただし，接触防護措置（金属製のものであって，防護装置を施す設備と電気的に接続するおそれがあるもので防護する方法を除く．）を施す場合は，D種接地工事によることができる．（関連省令第10条，第11条）

五　残留電荷により人に危険を及ぼすおそれがある場合は，変圧器の2次側電路に残留電荷を放電するための装置を設けること．

六　電気集じん応用装置及びこれに特別高圧の電気を供給するための電気設備は，屋内に施設すること．ただし，使用電圧が特別高圧の電気集じん装置及びこれに電気を供給するための整流器から電気集じん装置に至る電線を次により施設する場合は，この限りでない．

　イ　電気集じん装置は，その充電部分に接触防護措置を施すこと．

ロ　整流器から電気集じん装置に至る電線は，次によること．

（イ）　屋側に施設するものは，第1項第四号ハ（ただし書を除く．）の規定に準じて施設すること．

（ロ）　屋外のうち，地中に施設するものにあっては第120条及び第123条，地上に施設するものにあっては第128条，電線路専用の橋に施設するものにあっては第130条の規定に準じて施設すること．

七　静電塗装装置及びこれに特別高圧の電気を供給するための電線を第176条に規定する場所に施設する場合は，可燃性ガス等（第176条第1項に規定するものをいう．以下この条において同じ．）に着火するおそれがある火花若しくはアークを発するおそれがないように，又は可燃性ガス等に触れる部分の温度が可燃性ガス等の発火点以上に上昇するおそれがないように施設すること．

八　移動電線は，充電部分に人が触れた場合に人に危険を及ぼすおそれがない電気集じん応用装置に附属するものに限ること．

2　石油精製の用に供する設備に生じる燃料油中の不純物を高電圧により帯電させ，燃料油と分離して，除去する装置（以下この条において「石油精製用不純物除去装置」という．）及びこれに電気を供給する設備を第176条に規定する場所に施設する場合は，次の各号によること．

一　第176条第1項及び前項（第四号ハ，第七号及び第八号を除く．）の規定に準じて，かつ，危険のおそれがないように施設すること．

二　管その他のケーブルを収める防護装置の金属製部分，金属製の電線接続箱及びケーブルの被覆に使用する金属体及び電気機械器具の金属製外箱にはA種接地工事を施すこと．（関連省令第10条，第11条）

三　充電部分は燃料油の槽内の液相部から露出するおそれがないように施設すること．

四　石油精製用不純物除去装置に電気を供給するための変圧器の一次側電路には，専用の過電流遮断器を施設すること．（関連省令第14条）

【電気さくの施設】（省令第67条，第74条）

**第192条**　電気さくは，次の各号に適合するものを除き施設しないこと．

一　田畑，牧場，その他これに類する場所において野獣の侵入又は家畜の脱出を防止するために施設するものであること．

二　電気さくを施設した場所には，人が見やすいように適当な間隔で危険である旨の表示をすること．

三 電気さくは，次のいずれかに適合する電気さく用電源装置から電気の供給を受けるものであること．

イ 電気用品安全法の適用を受ける電気さく用電源装置

ロ 感電により人に危険を及ぼすおそれのないように出力電流が制限される電気さく用電源装置であって，次のいずれかから電気の供給を受けるもの

（イ） 電気用品安全法の適用を受ける直流電源装置

（ロ） 蓄電池，太陽電池その他これらに類する直流の電源

四 電気さく用電源装置（直流電源装置を介して電気の供給を受けるものにあっては，直流電源装置）が使用電圧 30 V 以上の電源から電気の供給を受けるものである場合において，人が容易に立ち入る場所に電気さくを施設するときは，当該電気さくに電気を供給する電路には次に適合する漏電遮断器を施設すること．

イ 電流動作型のものであること．

ロ 定格感度電流が 15 mA 以下，動作時間が 0.1 秒以下のものであること．

五 電気さくに電気を供給する電路には，容易に開閉できる箇所に専用の開閉器を施設すること．

六 電気さく用電源装置のうち，衝撃電流を繰り返して発生するものは，その装置及びこれに接続する電路において発生する電波又は高周波電流が無線設備の機能に継続的かつ重大な障害を与えるおそれがある場所には，施設しないこと．

**【電撃殺虫器の施設】**（省令第 56 条第 1 項，第 59 条第 1 項，第 67 条，第 75 条）

**第 193 条** 電撃殺虫器は，次の各号によること．

一 電撃殺虫器を施設した場所には，危険である旨の表示をすること．

二 電撃殺虫器は，電気用品安全法の適用を受けるものであること．

三 電撃殺虫器の電撃格子は，地表上又は床面上 3.5 m 以上の高さに施設すること．ただし，2 次側開放電圧が 7,000 V 以下の絶縁変圧器を使用し，かつ，保護格子の内部に人が手を入れたとき，又は保護格子に人が触れたときに絶縁変圧器の 1 次側電路を自動的に遮断する保護装置を設ける場合は，地表上又は床面上 1.8 m 以上の高さに施設することができる．

四 電撃殺虫器の電撃格子と他の工作物（架空電線を除く．）又は植物との離隔距離は，0.3 m 以上であること．

　　五　電撃殺虫器に電気を供給する電路には，専用の開閉器を電撃殺虫器に近
　　　い箇所において容易に開閉することができるように施設すること．
　2　電撃殺虫器は，次の各号に掲げる場所には施設しないこと．
　　一　電撃殺虫器及びこれに接続する電路において発生する電波又は高周波電
　　　流が無線設備の機能に継続的かつ重大な障害を与えるおそれがある場所
　　二　省令第70条及び第175条から第178条までに規定する場所

**【エックス線発生装置の施設】**（省令第56条第1項，第57条第1項，第2項，第
59条第1項，第62条，第75条）

**第194条**　エックス線発生装置（エックス線管，エックス線管用変圧器，陰極
　　加熱用変圧器及びこれらの附属装置並びにエックス線管回路の配線をいう．
　　以下この条において同じ．）は，次の各号によること．
　　一　変圧器及び特別高圧の電気で充電するその他の器具（エックス線管を除
　　　く．）は，人が容易に触れるおそれがないように，その周囲にさくを設け，
　　　又は箱に収める等適当な防護装置を設けること．ただし，取扱者以外の者
　　　が出入りできないように措置した場所に施設する場合は，この限りでない．
　　二　エックス線管及びエックス線管導線は，人が触れるおそれがないように
　　　適当な防護装置を設ける等危険のおそれがないように施設すること．ただ
　　　し，取扱者以外の者が出入りできないように措置した場所に施設する場合
　　　は，この限りでない．
　　三　エックス線管導線には，金属被覆を施したケーブルを使用し，エックス
　　　線管及びエックス線回路の配線と完全に接続すること．ただし，エックス
　　　線管を人体に20 cm以内に接近して使用する以外の場合において，次によ
　　　り施設するときは，十分な可とう性を有する断面積1.2 mm$^2$の軟銅より
　　　線を使用することができる．
　　　イ　エックス線管の移動等により電線にゆるみを生じることがないように
　　　　巻取り車等適当な装置を設けること．
　　　ロ　エックス線管導線の露出する充電部分に1 m以内に接近する金属体
　　　　には，D種接地工事を施すこと．（関連省令第10条，第11条）
　　四　エックス線管導線の露出した充電部分と造営材，エックス線管を支持す
　　　る金属体及び寝台の金属製部分との離隔距離は，エックス線管の最大使用
　　　電圧の波高値が100,000 V以下の場合は15 cm以上，100,000 Vを超える
　　　場合は最大使用電圧の波高値と100,000 Vの差を10,000 Vで除した値
　　　（小数点以下を切り上げる．）に2 cmを乗じたものを15 cmに加えた値以

　　上であること．ただし，相互の間に絶縁性の隔壁を堅ろうに取り付ける場合は，この限りでない．

五　エックス線管を人体に 20 cm 以内に接近して使用する場合は，そのエックス線管に絶縁性被覆を施し，これを金属体で包むこと．

六　エックス線管回路の配線（エックス線管導線を除く．以下この条において同じ．）は，次のいずれかによること．

　イ　次に適合するエックス線用ケーブルを使用すること．

　　（イ）　構造は，日本産業規格 JIS C 3407（2003）「X 線用高電圧ケーブル」の「5　材料，構造及び加工方法」に適合すること．

　　（ロ）　完成品は，日本産業規格 JIS C 3407（2003）「X 線用高電圧ケーブル」の「4　特性」に適合すること．

　ロ　次に適合するように施設すること．

　　（イ）　電線の床上の高さは，194-1 表に規定する値以上であること．ただし，取扱者以外の者が出入りできないように措置した場所に施設する場合は，この限りでない．

　　（ロ）　電線と造営材との離隔距離，電線相互の間隔，及び電線が低圧屋内電線，高圧屋内電線，管灯回路の配線，弱電流電線等又は水管，ガス管若しくはこれらに類するもの（以下この号において「低圧屋内電線等」という．）と接近又は交差する場合における電線とこれらのものとの離隔距離は，194-1 表に規定する値以上であること．ただし，相互の間に絶縁性の隔壁を堅ろうに取り付け，又は電線を十分な長さの難燃性及び耐水性のある堅ろうな絶縁管に収めて施設する場合は，この限りでない．

194-1 表

| エックス線管の最大使用電圧の区分 | 電線の床上の高さ | 電線と造営材との離隔距離 | 電線相互の間隔及び低圧屋内電線等との離隔距離 |
|---|---|---|---|
| 100,000 V 以下 | 2.5 m | 0.3 m | 0.45 m |
| 100,000 V 超過 | $(2.5+c)$ m | $(0.3+c)$ m | $(0.45+c')$ m |

（備考）

1.　エックス線管の最大使用電圧は，波高値で示す．

2.　$c$ は，エックス線管の最大使用電圧と 100,000 V の差を 10,000 V で除した値（小数点以下を切り上げる．）に 0.02 を乗じたもの

3.　$c'$ は，エックス線管の最大使用電圧と 100,000 V の差を 10,000 V で除した値（小数点以下を切り上げる．）に 0.03 を乗じたもの

　七　エックス線管用変圧器及び陰極加熱変圧器の1次側電路には，開閉器を容易に開閉することができるように施設すること．

　八　1の特別高圧電気発生装置により2以上のエックス線管を使用する場合は，分岐点に近い箇所で，各エックス線管回路に開閉器を施設すること．

　九　特別高圧電路に施設するコンデンサには，残留電荷を放電する装置を設けること．

　十　エックス線発生装置の次に掲げる部分には，D種接地工事を施すこと．（関連省令第10条，第11条）

　　イ　変圧器及びコンデンサの金属製外箱（大地から十分に絶縁して使用するものを除く．）

　　ロ　エックス線管導線に使用するケーブルの金属被覆

　　ハ　エックス線管を包む金属体

　　ニ　配線及びエックス線管を支持する金属体

　十一　エックス線発生装置の特別高圧電路は，その最大使用電圧の波高値の1.05倍の試験電圧をエックス線管の端子間に連続して1分間加えたとき，これに耐える性能を有すること．（関連省令第5条第2項）

2　次の各号により施設する場合は，前項第一号から第五号までの規定によらないことができる．

　一　取扱者以外の者が出入りできないように措置した場所及び床上の高さ2.5mを超える場所に施設する部分を除き，露出した充電部分がないように施設し，かつ，エックス線管に絶縁性被覆を施し，これを金属体で包むこと．

　二　エックス線管導線には，金属被覆を施したケーブルを使用し，エックス線管及びエックス線回路の配線と完全に接続すること．

3　エックス線発生装置は，省令第70条及び第175条から第178条までに規定する場所には施設しないこと．

【フロアヒーティング等の電熱装置の施設】（省令第56条第1項，第57条第1項，第59条第1項，第63条第1項，第64条）

第195条　発熱線を道路，横断歩道橋，駐車場又は造営物の造営材に固定して施設する場合は，次の各号によること．

　一　発熱線に電気を供給する電路の対地電圧は，300V以下であること．

　二　発熱線は，MIケーブル又は次に適合するものであること．

　　イ　日本産業規格JIS C 3651（2014）「ヒーティング施設の施工方法」の

「附属書A（規定）　発熱線等」の「A.3　性能」（「A.3.2　外観」及び「A.3.3　構造」を除く.）の第2種発熱線に係るものに適合すること.

ロ　日本産業規格 JIS C 3651 (2014)「ヒーティング施設の施工方法」の「附属書A（規定）　発熱線等」の「A.5.1　外観」及び「A.5.2　構造」の試験方法により試験したとき,「A.4　構造及び材料」に適合すること.

三　発熱線に直接接続する電線は, MIケーブル, クロロプレン外装ケーブル（絶縁体がブチルゴム混合物又はエチレンプロピレンゴム混合物のものに限る.）又は次に適合する発熱線接続用ケーブルであること.

イ　導体は, 別表第1に規定する軟銅線又はこれを素線としたより線（絶縁体にエチレンプロピレンゴム混合物又はブチルゴム混合物を使用するものにあっては, すず若しくは鉛又はこれらの合金のめっきを施したものに限る.）であること.

ロ　絶縁体は, 次に適合するものであること.

（イ）　材料は, 耐熱ビニル混合物, 架橋ポリエチレン混合物, エチレンプロピレンゴム混合物又はブチルゴム混合物であって, 電気用品の技術上の基準を定める省令の解釈別表第一附表第十四に規定する試験を行ったとき, これに適合すること.

（ロ）　厚さは, 絶縁体に耐熱ビニル混合物, 架橋ポリエチレン混合物又はエチレンプロピレンゴム混合物を使用するものにあっては0.8 mm以上, 絶縁体にブチルゴム混合物を使用するものにあっては1.1 mm以上であること.

ハ　外装は, 次に適合するものであること.

（イ）　材料は, 耐熱ビニル混合物であって, 電気用品の技術上の基準を定める省令の解釈別表第一附表第十四に規定する試験を行ったとき, これに適合すること.

（ロ）　厚さは, 絶縁体に耐熱ビニル混合物, 架橋ポリエチレン混合物又はエチレンプロピレンゴム混合物を使用するものにあっては1.2 mm以上, 絶縁体にブチルゴム混合物を使用するものにあっては1.0 mm以上であること. ただし, 外装の上にポリアミドを0.2 mm以上の厚さに被覆するものにあっては, 0.2 mmを減じた値とすることができる.

ニ　完成品は, 次に適合するものであること.

（イ）　清水中に1時間浸した後, 導体と大地の間に1,500 Vの交流電圧

を連続して1分間加えたとき，これに耐える性能を有すること．

(ロ)　(イ)の試験の後において，導体と大地との間に100Vの直流電圧を1分間加えた後に測定した絶縁体の絶縁抵抗が別表第7に規定する値以上であること．

四　発熱線は，次により施設すること．

イ　人が触れるおそれがなく，かつ，損傷を受けるおそれがないようにコンクリートその他の堅ろうで耐熱性のあるものの中に施設すること．

ロ　発熱線の温度は，80℃を超えないように施設すること．ただし，道路，横断歩道橋又は屋外駐車場に金属被覆を有する発熱線を施設する場合は，発熱線の温度を120℃以下とすることができる．

ハ　他の電気設備，弱電流電線等又は水管，ガス管若しくはこれらに類するものに電気的，磁気的又は熱的な障害を及ぼさないように施設すること．

五　発熱線相互又は発熱線と電線とを接続する場合は，電流による接続部分の温度上昇が接続部分以外の温度上昇より高くならないようにするとともに，次によること．

イ　接続部分には，接続管その他の器具を使用し，又はろう付けし，かつ，その部分を発熱線の絶縁物と同等以上の絶縁効力のあるもので十分被覆すること．

ロ　発熱線又は発熱線に直接接続する電線の被覆に使用する金属体相互を接続する場合は，その接続部分の金属体を電気的に完全に接続すること．

六　発熱線又は発熱線に直接接続する電線の被覆に使用する金属体には，使用電圧が300V以下のものにあってはD種接地工事，使用電圧が300Vを超えるものにあってはC種接地工事を施すこと．（関連省令第10条，第11条）

七　発熱線に電気を供給する電路は，次によること．

イ　専用の開閉器及び過電流遮断器を各極（過電流遮断器にあっては，多線式電路の中性極を除く．）に施設すること．ただし，過電流遮断器が開閉機能を有するものである場合は，過電流遮断器のみとすることができる．

ロ　電路に地絡を生じたときに自動的に電路を遮断する装置を施設すること．

2　コンクリートの養生期間においてコンクリートの保温のために発熱線を施設する場合は，前項の規定に準じて施設する場合を除き，次の各号によること．

一　発熱線に電気を供給する回路の対地電圧は，300 V 以下であること．

二　発熱線は，電気用品の技術上の基準を定める省令の解釈別表第一の第2項に適合するものであること．

三　発熱線をコンクリートの中に埋め込んで施設する場合を除き，発熱線相互の間隔を5 cm 以上とし，かつ，発熱線が損傷を受けるおそれがないように施設すること．

四　発熱線に電気を供給する回路は，次によること．

　イ　専用の開閉器を各極に施設すること．ただし，発熱線に接続する移動電線と屋内配線，屋側配線又は屋外配線とを差込み接続器その他これに類する器具を用いて接続する場合，又はロの規定により施設する過電流遮断器が開閉機能を有するものである場合は，この限りでない．

　ロ　過電流遮断器を各極（多線式電路の中性極を除く．）に施設すること．

3　電熱ボード又は電熱シートを造営物の造営材に固定して施設する場合は，次の各号によること．

一　電熱ボード又は電熱シートに電気を供給する回路の対地電圧は，150 V 以下であること．

二　電熱ボード又は電熱シートは電気用品安全法の適用を受けるものであること．

三　電熱ボードの金属製外箱又は電熱シートの金属被覆には，D 種接地工事を施すこと．（関連省令第10条，第11条）

四　第1項第四号ハ及び第七号の規定に準じて施設すること．

4　道路，横断歩道橋又は屋外駐車場に表皮電流加熱装置（小口径管の内部に発熱線を施設したものをいう．）を施設する場合は，次の各号によること．

一　発熱線に電気を供給する回路の対地電圧は，交流（周波数が50 Hz 又は60 Hz のものに限る．）300 V 以下であること．

二　発熱線と小口径管とは，電気的に接続しないこと．

三　小口径管は，次によること．

　イ　小口径管は，日本産業規格 JIS G 3452 (2019)「配管用炭素鋼鋼管」に規定する配管用炭素鋼鋼管に適合するものであること．

　ロ　小口径管は，その温度が120℃を超えないように施設すること．

ハ　小口径管に附属するボックスは，鋼板で堅ろうに製作したものであること．

ニ　小口径管相互及び小口径管とボックスとの接続は，溶接によること．

四　発熱線は，次に適合するものであって，その温度が120℃を超えないように施設すること．

イ　発熱体は，別表第1に規定する軟銅線又はこれを素線としたより線（絶縁体にエチレンプロピレンゴム混合物又はけい素ゴム混合物を使用するものにあってはすず若しくは鉛又はこれらの合金のめっきを施したもの，ふっ素樹脂混合物を使用するものにあっては，ニッケル若しくは銀又はこれらの合金のめっきを施したものに限る．）であること．

ロ　絶縁体は，次に適合するものであること．

（イ）　材料は，耐熱ビニル混合物，架橋ポリエチレン混合物，エチレンプロピレンゴム混合物，けい素ゴム混合物又はふっ素樹脂混合物であって電気用品の技術上の基準を定める省令の解釈別表第一附表第十四に規定する試験を行ったとき，これに適合するものであること．

（ロ）　厚さは，195-1表に適合するものであること．

195-1 表

| 導体の公称断面積 (mm²) | 絶縁体の種類 | 耐熱ビニル混合物 | 架橋ポリエチレン混合物又はエチレンプロピレンゴム混合物 | | けい素ゴム混合物 | | | ふっ素樹脂混合物 |
|---|---|---|---|---|---|---|---|---|
| | 使用電圧の区分 | 600 V以下 | 600 V以下 | 600 Vを超え3,500 V以下 | 600 V以下 | 600 Vを超え1,500 V以下 | 1,500 Vを超え3,500 V以下 | 600 V以下 |
| 8 以下 | | 1.2 | 1.0 | 2.5 | 1.6 | 2.5 | 3.5 | 0.6 |
| 8 を超え 14 以下 | | 1.4 | 1.0 | 2.5 | 1.9 | 3.0 | 3.5 | 0.7 |
| 14 を超え 22 以下 | | 1.6 | 1.2 | 2.5 | 1.9 | 3.0 | 3.5 | 0.8 |
| 22 を超え 30 以下 | | 1.6 | 1.2 | 2.5 | 2.3 | 3.0 | 3.5 | 0.8 |
| 30 を超え 38 以下 | | 1.8 | 1.2 | 2.5 | 2.3 | 3.0 | 3.5 | 0.9 |
| 38 を超え 60 以下 | | 1.8 | 1.5 | 3.0 | 2.3 | 3.0 | 4.0 | 0.9 |
| 60 を超え 80 以下 | | 2.0 | 1.5 | 3.0 | 2.8 | 3.0 | 4.0 | 1.0 |
| 80 を超え 100 以下 | | 2.0 | 2.0 | 3.0 | 2.8 | 3.5 | 4.0 | 1.0 |
| 100 を超え 125 以下 | | 2.2 | 2.0 | 3.0 | 2.8 | 3.5 | 4.0 | 1.1 |
| 125 を超え 150 以下 | | 2.2 | 2.0 | 3.0 | 3.4 | 3.5 | 4.0 | 1.1 |

ハ 外装は，次に適合するものであること．

(イ) 材料は，絶縁体に耐熱ビニル混合物，架橋ポリエチレン混合物又はエチレンプロピレンゴム混合物を使用する場合は耐熱ビニル混合物，架橋ポリエチレン混合物又はエチレンプロピレンゴム混合物であって，電気用品の技術上の基準を定める省令の解釈別表第一附表第十四に規定する試験を行ったとき，これに適合するもの，絶縁体にけい素ゴム混合物又はふっ素樹脂混合物を使用する場合は耐熱性のあるもので密に編組したもの又はこれと同等以上の耐熱性及び強度を有するものであること．

(ロ) 厚さは，195-2表に適合するものであること．

195-2 表

| 使用電圧の区分 (V) | 外装の厚さ (mm) | | | |
|---|---|---|---|---|
| | 耐熱ビニル混合物（絶縁体が耐熱ビニル混合物の場合） | 架橋ポリエチレン混合物又はエチレンプロピレンゴム混合物（絶縁体が架橋ポリエチレン混合物又はエチレンプロピレンゴム混合物の場合） | 編組又は被覆（絶縁体がけい素ゴム混合物の場合） | 節組又は被覆（絶縁体がふっ素樹脂混合物の場合） |
| 600 以下 | $\dfrac{D}{25}+0.8$ （1.5 未満の場合は1.5） | $\dfrac{D}{25}+0.8$ （1.5 未満の場合は1.5） | 1.5 | 0.6 |
| 600 を超え 3,500 以下 | — | $\dfrac{D}{25}+1.3$ （1.5 未満の場合は1.5） | 1.5 | — |

(備考) 1. $D$ は，外装の内径（単位：mm）
　　　 2. 外装の厚さは，小数点2位以下を四捨五入した値とする．

ニ 完成品は，次に適合するものであること．

(イ) 清水中に1時間浸した後，発熱線と大地との間に195-3表に規定する交流電圧を連続して1分間加えたとき，これに耐える性能を有すること．

195-3 表

| 使用電圧<br>の区分<br>（V） | 導体の公称断面積<br>（mm²） | 交流電圧（V） | | | |
|---|---|---|---|---|---|
| | | 耐熱ビニ<br>ル発熱線 | 架橋ポリエチレ<br>ン発熱線又はエ<br>チレンプロピレ<br>ンゴム発熱線 | けい素ゴ<br>ム発熱線 | ふっ素樹<br>脂発熱線 |
| 600 以下 | 8 以下 | 1,500 | 1,500 | 2,000 | 1,500 |
| | 8 を超え　22 以下 | 2,000 | 2,000 | 2,000 | 2,000 |
| | 22 を超え　30 以下 | 2,000 | 2,000 | 2,500 | 2,000 |
| | 30 を超え　60 以下 | 2,500 | 2,500 | 2,500 | 2,500 |
| | 60 を超え　80 以下 | 2,500 | 2,500 | 3,000 | 2,500 |
| | 80 を超え 150 以下 | 3,000 | 3,000 | 3,000 | 3,000 |
| 600 を超え<br>1,500 以下 | 8 を超え 150 以下 | — | 9,000 | 5,000 | — |
| 1,500 を超え<br>3,500 以下 | 8 を超え 150 以下 | — | 9,000 | 8,000 | — |

(ロ)　(イ)の試験の後において，発熱線と大地との間に 100 V の直流電圧を 1 分間加えた後に測定した絶縁体の絶縁抵抗が別表第 7 に規定する値以上であること．

(ハ)　使用電圧が 600 V を超えるものにあっては，接地した金属平板上にケーブルを 2 m 以上密着させ，導体と接地板との間に，195-4 表に規定する試験電圧まで徐々に電圧を加え，コロナ放電量を測定したとき，放電量が 30 pC 以下であること．

195-4 表

| 使用電圧の区分 | 試験電圧 |
|---|---|
| 600 V を超え 1,500 V 以下 | 1,500 V |
| 1,500 V を超え 3,500 V 以下 | 3,500 V |

五　表皮電流加熱装置は，人が触れるおそれがなく，かつ，損傷を受けるおそれがないようにコンクリートその他の堅ろうで耐熱性のあるものの中に施設すること．

六　発熱線に直接接続する電線は，発熱線と同等以上の絶縁効力及び耐熱性を有するものであること．

七　発熱線相互又は電線と発熱線とを接続する場合は，電流による接続部分の温度上昇が接続部分以外の温度上昇より高くならないようにするとともに，次によること．

イ　接続部分には，接続管その他の器具を使用し，又はろう付けすること．

ロ　接続部分には，鋼板で堅ろうに製作したボックスを使用すること．

ハ　接続部分は，発熱線の絶縁物と同等以上の絶縁効力のあるもので十分被覆すること．

八　小口径管（ボックスを含む．）には，使用電圧が300 V 以下のものにあってはD 種接地工事，使用電圧が300 V を超えるものにあってはC 種接地工事を施すこと．（関連省令第10条，第11条）

九　第1項第四号ハ及び第七号の規定に準じて施設すること．

**【電気温床等の施設】**（省令第56条第1項，第57条第1項，第59条第1項，第63条第1項，第64条）

**第196条**　電気温床等（植物の栽培又は養蚕，ふ卵，育すう等の用に供する電熱装置をいい，電気用品安全法の適用を受ける電気育苗器，観賞植物用ヒーター，電気ふ卵器及び電気育すう器を除く．以下この条において同じ．）は，前条第1項又は第3項の規定に準じて施設する場合を除き，次の各号によること．

一　電気温床等に電気を供給する電路の対地電圧は，300 V 以下であること．

二　発熱線及び発熱線に直接接続する電線は，電気温床線であること．

三　発熱線及び発熱線に直接接続する電線は，損傷を受けるおそれがある場合には適当な防護装置を施すこと．

四　発熱線は，その温度が80℃を超えないように施設すること．

五　発熱線は，他の電気設備，弱電流電線等又は水管，ガス管若しくはこれらに類するものに電気的，磁気的又は熱的な障害を及ぼさないように施設すること．

六　発熱線若しくは発熱線に直接接続する電線の被覆に使用する金属体又は第三号に規定する防護装置の金属製部分には，D 種接地工事を施すこと．（関連省令第10条，第11条）

七　電気温床等に電気を供給する電路には，専用の開閉器及び過電流遮断器を各極（過電流遮断器にあっては，多線式電路の中性極を除く．）に施設すること．ただし，過電流遮断器が開閉機能を有するものである場合は，過電流遮断器のみとすることができる．

八　電気温床等に過電流遮断器を施設し，かつ，電気温床等に附属する移動電線と屋内配線，屋側配線又は屋外配線とを差込み接続器その他これに類する器具を用いて接続する場合は，前号の規定によらないことができる．

2　発熱線を空中に施設する電気温床等は，前項の規定によるほか，次の各号のいずれかによること．

一　発熱線をがいしで支持するとともに，次により施設すること．

イ　発熱線には，簡易接触防護措置を施すこと．ただし，取扱者以外の者が出入りできないように措置した場所に施設する場合は，この限りでない．

ロ　発熱線は，展開した場所に施設すること．ただし，木製又は金属製の堅ろうな構造の箱（以下この項において「箱」という．）に施設し，かつ，その金属製部分にD種接地工事を施す場合は，この限りでない．

ハ　発熱線相互の間隔は，3 cm（箱内に施設する場合は，2 cm）以上であること．ただし，発熱線を箱内に施設する場合であって，発熱線相互の間に40 cm以下ごとに絶縁性，難燃性及び耐水性のある隔離物を設ける場合は，その間隔を1.5 cmまで減じることができる．

ニ　発熱線と造営材との離隔距離は，2.5 cm以上であること．

ホ　発熱線を箱内に施設する場合は，発熱線と箱の構成材との離隔距離は，1 cm以上であること．

ヘ　発熱線の支持点間の距離は，1 m以下であること．ただし，発熱線相互の間隔が6 cm以上の場合は，2 m以下とすることができる．

ト　がいしは，絶縁性，難燃性及び耐水性のあるものであること．

二　発熱線を金属管に収めるとともに，第159条第2項（第二号イを除く．）及び第3項（第五号を除く．）の規定に準じて施設すること．

3　発熱線をコンクリート中に施設する電気温床等は，第1項の規定によるほか，次の各号によること．

一　発熱線は，合成樹脂管又は金属管に収めるとともに，第158条第2項（第三号ただし書を除く．）及び第3項（第五号ロを除く．）又は第159条第2項（第二号ロを除く．）及び第3項（第四号イ及び第五号を除く．）の規定に準じて施設すること．

二　発熱線に電気を供給する電路には，電路に地絡を生じたときに自動的に電路を遮断する装置又は警報する装置を施設すること．

4　第2項及び第3項に規定する電気温床等以外のものは，第1項の規定によるほか，次の各号によること．

一　発熱線相互は，接触しないように施設すること．

二　発熱線を施設する場所には，発熱線を施設してある旨を表示すること．

三　発熱線に電気を供給する電路には，電路に地絡を生じたときに自動的に電路を遮断する装置を施設すること．ただし，対地電圧が 150 V 以下の発熱線を地中に施設する場合であって，発熱線を施設する場所に取扱者以外の者が立ち入らないように周囲に適当なさくを設けるときは，この限りでない．

**【パイプライン等の電熱装置の施設】**（省令第 56 条第 1 項，第 57 条第 1 項，第 59 条第 1 項，第 63 条第 1 項，第 64 条，第 76 条）

**第 197 条**　パイプライン等（導管及びその他の工作物により液体の輸送を行う施設の総体をいう．以下この条において同じ．）に発熱線を施設する場合（第 4 項の規定により施設する場合を除く．）は，次の各号によること．

一　発熱線に電気を供給する電路の使用電圧は，低圧であること．

二　発熱線は，次のいずれかのものであって，発生する熱に耐えるものであること．

　イ　MI ケーブル

　ロ　露出して使用しないものにあっては，第 195 条第 1 項第二号イ及びロの規定に適合するもの

　ハ　露出して使用するものにあっては，次に適合するもの

　（イ）　日本産業規格 JIS C 3651（2014）「ヒーティング施設の施工方法」の「附属書 A（規定）　発熱線等」の「A.3　性能」（「A.3.2　外観」及び「A.3.3　構造」を除く．）の第 3 種発熱線に係るものに適合すること．

　（ロ）　日本産業規格 JIS C 3651（2014）「ヒーティング施設の施工方法」の「附属書 A（規定）　発熱線等」の「A.5.1　外観」及び「A.5.2　構造」の試験方法により試験したとき，「A.4　構造及び材料」に適合すること．

三　発熱線に直接接続する電線は，MI ケーブル，クロロプレン外装ケーブル（絶縁体がブチルゴム混合物又はエチレンプロピレンゴム混合物のものに限る．）又はビニル外装ケーブル（絶縁体がビニル混合物，架橋ポリエチレン混合物，ブチルゴム混合物又はエチレンプロピレンゴム混合物のものに限る．）であること．

四　発熱線は，次により施設すること．

イ　人が触れるおそれがなく，かつ，損傷を受けるおそれがないように，断熱材又は金属製のボックス等の中に収めて施設すること．

ロ　発熱線の温度は，被加熱液体の発火温度の80%を超えないように施設すること．

ハ　発熱線は，他の電気設備，弱電流電線等，他のパイプライン等又はガス管若しくはこれに類するものに電気的，磁気的又は熱的な障害を及ぼさないように施設すること．

五　発熱線相互又は発熱線と電線とを接続する場合は，電流による接続部分の温度上昇が接続部分以外の温度上昇より高くならないようにするとともに，次によること．

イ　接続部分には，接続管その他の器具を使用し，又はろう付けし，かつ，その部分を発熱線の絶縁物と同等以上の絶縁効力のあるもので十分に被覆すること．

ロ　発熱線又は発熱線に直接接続する電線の被覆に使用する金属体相互を接続する場合は,その接続部分の金属体を電気的に完全に接続すること．

六　発熱線及び発熱線に直接接続する電線の被覆に使用する金属体並びにパイプライン等には，使用電圧が300V以下のものにあってはD種接地工事，使用電圧が300Vを超えるものにあってはC種接地工事を施すこと．（関連省令第10条，第11条）

七　発熱線に電気を供給する電路は，次によること．

イ　専用の開閉器及び過電流遮断器を各極（過電流遮断器にあっては，多線式電路の中性極を除く．）に施設すること．ただし，過電流遮断器が開閉機能を有するものである場合は，過電流遮断器のみとすることができる．

ロ　電路に地絡を生じたときに自動的に電路を遮断する装置を施設すること．

八　パイプライン等には，人が見やすい箇所に発熱線を施設してある旨を表示すること．

2　パイプライン等に電流を直接通じ，パイプライン等自体を発熱体とする装置（以下この項において「直接加熱装置」という．）を施設する場合は，次の各号によること．

一　発熱体に電気を供給する電路の使用電圧は，交流（周波数が50Hz又は60Hzのものに限る．）の低圧であること．

二　直接加熱装置に電気を供給する電路には，専用の絶縁変圧器を施設し，かつ，当該変圧器の負荷側の電路は，非接地であること.

三　発熱体となるパイプライン等は，次に適合するものであること.

　イ　導体部分の材料は，次のいずれかであること.

　　（イ）　日本産業規格 JIS G 3452（2019）「配管用炭素鋼鋼管」に規定する配管用炭素鋼鋼管

　　（ロ）　日本産業規格 JIS G 3454（2017）「圧力配管用炭素鋼鋼管」（JIS G 3454（2019）にて追補）に規定する圧力配管用炭素鋼鋼管

　　（ハ）　日本産業規格 JIS G 3456（2019）「高温配管用炭素鋼鋼管」に規定する高温配管用炭素鋼鋼管

　　（ニ）　民間規格評価機関として日本電気技術規格委員会が承認した規格である「配管用アーク溶接炭素鋼鋼管」に規定する配管用アーク溶接炭素鋼鋼管

　　（ホ）　民間規格評価機関として日本電気技術規格委員会が承認した規格である「配管用ステンレス鋼鋼管」に規定する配管用ステンレス鋼鋼管

　ロ　絶縁体（ハに規定するものを除く.）は，次に適合するものであること.

　　（イ）　材料は，次のいずれかであること.

　　　（1）　民間規格評価機関として日本電気技術規格委員会が承認した規格である「電気用二軸配向ポリエチレンテレフタレートフィルム」に規定する電気用二軸配向ポリエチレンテレフタレートフィルム

　　　（2）　日本産業規格 JIS C 2338（2012）「電気絶縁用ポリエステル粘着テープ」に規定する電気絶縁用ポリエステルフィルム粘着テープ

　　　（3）　日本産業規格 JIS K 7137-1（2001）「プラスチック―ポリテトラフルオロエチレン（PTFE）素材―第1部：要求及び分類」に規定する FP3E3 と同等以上のもの

　　　（4）　電気用品の技術上の基準を定める省令の解釈別表第一附表第十四に規定する試験を行ったとき，これに適合するポリエチレン混合物

　　（ロ）　厚さは 0.5 mm 以上であること.

　　ハ　発熱体相互のフランジ接合部及び発熱体とベント管，ドレン管等の附
　　　属物との接続部分に挿入する絶縁体は，次に適合するものであること．
　　　（イ）　材料は，次のいずれかであること．
　　　　　　（1）　日本産業規格 JIS K 6912（1995）「熱硬化性樹脂積層板」
　　　　　　　（JIS K 6912（2006）にて追補）に規定する熱硬化性樹脂積層板の
　　　　　　　うちガラス布基材けい素樹脂積層板，ガラス布基材エポキシ樹脂
　　　　　　　積層板又はガラスマット基材ポリエステル樹脂積層板
　　　　　　（2）　日本産業規格 JIS K 7137-1（2001）「プラスチック―ポリテ
　　　　　　　トラフルオロエチレン（PTFE）素材―第1部：要求及び分類」に
　　　　　　　規定する SP3E3 と同等以上のもの
　　　（ロ）　厚さは，1 mm 以上であること．
　　ニ　完成品は，発熱体と外被（外被が金属製でない場合は，外被に取り付
　　　けた試験用金属板）との間に 1,500 V の交流電圧を連続して1分間加え
　　　たとき，これに耐える性能を有すること．
　四　発熱体は，次により施設すること．
　　イ　発熱体相互の接続は，溶接又はフランジ接合によること．
　　ロ　発熱体には，シューを直接取り付けないこと．
　　ハ　発熱体相互のフランジ接合部及び発熱体とベント管，ドレン管等の附
　　　属物との接続部分には，発熱体の発生する熱に十分耐える絶縁物を挿入
　　　すること．
　　ニ　発熱体は，人が触れるおそれがないように絶縁物で十分に被覆するこ
　　　と．
　五　発熱体と電線とを接続する場合は，次によること．
　　イ　発熱体には，電線の絶縁が損なわれない十分な長さの端子をろう付け
　　　又は溶接すること．
　　ロ　端子は，発熱体の絶縁物と同等以上の絶縁効力のあるもので十分に被
　　　覆し，その上を堅ろうな非金属製の保護管で防護すること．
　六　発熱体の断熱材の金属製外被及び発熱体と絶縁物を介したパイプライン
　　等の金属製非充電部分には，使用電圧が 300 V 以下のものにあっては D
　　種接地工事，使用電圧が 300 V を超えるものにあっては C 種接地工事を施
　　すこと．（関連省令第10条，第11条）
　七　前項第四号ロ及びハ並びに第七号及び第八号の規定に準じて施設するこ
　　と．

3　パイプライン等に表皮電流加熱装置を施設する場合は，次の各号によること．

一　発熱体に電気を供給する電路の使用電圧は，交流（周波数が50 Hz 又は60 Hz のものに限る．）の低圧又は高圧であること．

二　表皮電流加熱装置に電気を供給する電路には，専用の絶縁変圧器を施設し，かつ，当該変圧器から発熱線に至る電路は，非接地であること．ただし，発熱線と小口径管とを電気的に接続しないものにあっては，この限りでない．

三　小口径管は，次によること．

　イ　小口径管は，日本産業規格 JIS G 3452 (2019)「配管用炭素鋼鋼管」に規定する配管用炭素鋼鋼管に適合するものであること．

　ロ　小口径管に附属するボックスは，鋼板で堅ろうに製作したものであること．

　ハ　小口径管相互及び小口径管とボックスとの接続は，溶接によること．

　ニ　小口径管をパイプライン等に沿わせる場合は，ろう付け又は溶接により，発生する熱をパイプライン等に均一に伝えるようにすること．

四　発熱線は，第195条第4項第四号イからニまでの規定に適合するものであること．

五　小口径管又は発熱線に直接接続する電線は，発熱線と同等以上の絶縁効力及び耐熱性を有するものであること．

六　発熱線相互又は電線と発熱線若しくは小口径管（ボックスを含む．）とを接続する場合は，電流による接続部分の温度上昇が接続部分以外の温度上昇より高くならないようにするとともに，次によること．

　イ　接続部分には，接続管その他の器具を使用し，又はろう付けすること．

　ロ　接続部分には，鋼板で堅ろうに製作したボックスを使用すること．

　ハ　発熱線相互又は発熱線と電線との接続部分は，発熱線の絶縁物と同等以上の絶縁効力のあるもので十分に被覆すること．

七　小口径管（ボックスを含む．）には，使用電圧が300 V 以下のものにあってはD種接地工事，使用電圧が300 V を超える低圧のものにあってはC種接地工事，使用電圧が高圧のものにあってはA種接地工事を施すこと．（関連省令第10条，第11条）

八　第1項第四号ロ及びハ並びに第七号及び第八号の規定に準じて施設すること．

4　発熱線を送配水管又は水道管に固定して施設する場合（電気用品安全法の
適用を受ける水道凍結防止器を使用する場合を除く.）は，第2項又は第3項
のいずれかにより施設する場合を除き，次の各号によること.

一　発熱線に電気を供給する電路の使用電圧は，300 V 以下であること.

二　発熱線は，第1項第二号の規定に適合するものであること.

三　発熱線に直接接続する電線は，MI ケーブル，クロロプレン外装ケーブ
ル（絶縁体がブチルゴム混合物又はエチレンプロピレンゴム混合物のもの
に限る.），ビニル外装ケーブル（絶縁体がビニル混合物，架橋ポリエチレ
ン混合物，ブチルゴム混合物又はエチレンプロピレンゴム混合物のものに
限る.），又は第195条第1項第三号に適合する発熱線接続用ケーブルであ
ること.

四　発熱線は，その温度が80℃を超えないように施設すること.

五　発熱線又は発熱線に直接接続する電線の被覆に使用する金属体には，D
種接地工事を施すこと.（関連省令第10条，第11条）

六　第1項第四号イ及びハ並びに第五号及び第七号の規定に準じて施設する
こと.

**【電気浴器等の施設】**（省令第59条第1項，第77条）

**第198条**　電気浴器は，次の各号によること.

一　電気浴器の電源は，電気用品安全法の適用を受ける電気浴器用電源装置
（内蔵されている電源変圧器の2次側電路の使用電圧が10 V 以下のもの
に限る.）であること.

二　電気浴器用電源装置の金属製外箱及び電線を収める金属管には，D種接
地工事を施すこと.（関連省令第10条，第11条）

三　電気浴器用電源装置は，浴室以外の乾燥した場所であって，取扱者以外
の者が容易に触れない箇所に施設すること.

四　浴槽内の電極間の距離は，1 m 以上であること.

五　浴槽内の電極は，人が容易に触れるおそれがないように施設すること.

六　電気浴器用電源装置から浴槽内の電極までの配線は，次のいずれかによ
り施設すること. ただし，電気浴器用電源装置から浴槽に至る配線を乾燥
した場所であって，展開した場所に施設する場合は，この限りでない.（関
連省令第56条第1項，第57条第1項）

イ　直径1.6 mm 以上の軟銅線と同等以上の強さ及び太さの絶縁電線（屋
外用ビニル絶縁電線を除く.）若しくはケーブル又は断面積が1.25 mm$^2$

以上のキャブタイヤケーブルを使用し，合成樹脂管工事，金属管工事又はケーブル工事により施設すること．

ロ　断面積が1.25 mm² 以上のキャブタイヤコードを合成樹脂管（厚さ2 mm 未満の合成樹脂製電線管及びCD管を除く．）又は金属管の内部に収めて，管を造営材に堅ろうに取り付けること．

七　電気浴器用電源装置から浴室内の電極までの電線相互間及び電線と大地との間の絶縁抵抗値は，0.1 MΩ 以上であること．

2　銀イオン殺菌装置は，次の各号によること．

一　銀イオン殺菌装置の電源は，電気用品安全法の適用を受ける電気浴器用電源装置であること．

二　電気浴器用電源装置の金属製外箱及び電線を収める金属管には，D種接地工事を施すこと．（関連省令第10条，第11条）

三　電気浴器用電源装置は，浴室以外の乾燥した場所であって，取扱者以外の者が容易に触れない箇所に施設すること．

四　浴槽内の電極は，人が容易に触れるおそれがないように施設すること．

五　電気浴器用電源装置から浴槽内のイオン発生器までの配線は，断面積1.25 mm² 以上のキャブタイヤコード又はこれと同等以上の絶縁効力及び強さを有するものを使用し，合成樹脂管（厚さ2 mm 未満の合成樹脂製電線管及びCD管を除く．）又は金属管の内部に収めて，管を造営材に堅ろうに取り付けること．（関連省令第56条第1項，第57条第1項）

六　電気浴器用電源装置から浴槽内の電極までの電線相互間及び電線と大地との間の絶縁抵抗値は，0.1 MΩ 以上であること．

3　水管を経て供給される温泉水の温度を上げ，水管を経て浴槽に供給する電極式の温水器（以下この条において「昇温器」という．）は，次の各号によること．

一　昇温器の使用電圧は，300 V 以下であること．

二　昇温器又はこれに附属する給水ポンプに直結する電動機に電気を供給する電路には，次に適合する絶縁変圧器を施設すること．

イ　使用電圧は300 V 以下であること．

ロ　絶縁変圧器の鉄心及び金属製外箱には，D種接地工事を施すこと．（関連省令第10条，第11条）

ハ　交流2,000 V の試験電圧を1の巻線と他の巻線，鉄心及び外箱との間に連続して1分間加えて絶縁耐力を試験したとき，これに耐える性能を

　有すること．（関連省令第5条第3項）
　三　前号の規定により施設する絶縁変圧器の1次側電路には，開閉器及び過
　　電流遮断器を各極（過電流遮断器にあっては，多線式電路の中性極を除
　　く．）に施設すること．ただし，過電流遮断器が開閉機能を有するものであ
　　る場合は，過電流遮断器のみとすることができる．（関連省令第63条第1
　　項）
　四　第二号の規定により施設する絶縁変圧器の2次側電路には，昇温器及び
　　これに附属する給水ポンプに直結する電動機以外の電気機械器具（配線器
　　具を除く．）を接続しないこと．
　五　昇温器の水の流入口及び流出口には，遮へい装置を設けること．この場
　　合において，遮へい装置と昇温器との距離は，水管に沿って50 cm以上，
　　遮へい装置と浴槽との距離は水管に沿って1.5 m以上であること．
　六　昇温器に附属する給水ポンプは，昇温器と遮へい装置との間に施設し，
　　かつ，その給水ポンプ及びこれに直結する電動機には，簡易接触防護措置
　　を施すこと．ただし，その給水ポンプにC種接地工事を施す場合は，この
　　限りでない．（関連省令第10条，第11条）
　七　昇温器に接続する水管のうち，昇温器と遮へい装置との間及び遮へい装
　　置から水管に沿って1.5 mまでの部分は，絶縁性及び耐水性のある堅ろう
　　なものであること．この場合において，その部分には，水せん等を施設し
　　ないこと．
　八　遮へい装置の電極には，A種接地工事を施すこと．この場合において，
　　接地工事の接地極は，第18条の規定により水道管路を接地極として使用
　　する場合を除き，他の接地工事の接地極と共用しないこと．（関連省令第
　　10条，第11条）
　九　昇温器及び遮へい装置の外箱は，絶縁性及び耐水性のある堅ろうなもの
　　であること．

**【電気防食施設】**（省令第59条第1項，第62条，第78条）
　**第199条**　地中若しくは水中に施設される金属体，又は，地中及び水中以外の
　　場所に施設する機械器具の金属製部分（以下この条において「被防食体」と
　　いう．）の腐食を防止するため，地中又は水中に施設する陽極と被防食体との
　　間に電気防食用電源装置を使用して防食電流を通じる施設（以下この条にお
　　いて「電気防食施設」という．）は，次の各号によること．
　一　電気防食回路（電気防食用電源装置から陽極及び被防食体までの電路を

いう.以下この条において同じ.)は,次によること.(関連省令第56条第1項,第57条第1項)

イ　使用電圧は,直流60 V以下であること.

ロ　電線を架空で施設する部分は,次によること.

　(イ)　低圧架空電線に係る第67条,第68条,第71条から第77条まで及び第79条の規定に準じて施設すること.

　(ロ)　電線は,ケーブル,又は直径2 mmの硬銅線と同等以上の強さ及び太さの屋外用ビニル絶縁電線以上の絶縁効力のあるものであること.

　(ハ)　電気防食回路の電線と低圧架空電線とを同一支持物に施設する場合は,電気防食回路の電線を下として別個の腕金類に施設し,かつ,電気防食回路の電線と低圧架空電線との離隔距離は,0.3 m以上であること.ただし,電気防食回路の電線又は低圧架空電線がケーブルである場合は,この限りでない.

　(ニ)　電気防食回路の電線と高圧架空電線又は架空弱電流電線等とを同一支持物に施設する場合は,それぞれ低圧架空電線に係る第80条又は第81条の規定に準じて施設すること.ただし,電気防食回路の電線が600 Vビニル絶縁電線又はケーブルである場合は,電気防食回路の電線を架空弱電流電線等の下とし,架空弱電流電線等との離隔距離を0.3 m以上として施設することができる.

ハ　電線を地中に施設する部分は,次によること.

　(イ)　第120条第1項から第3項まで(第2項第二号を除く.)及び第121条の規定に準じて施設すること.

　(ロ)　電線は,直径2 mmの軟銅線又はこれと同等以上の強さ及び太さのものであること.ただし,陽極に附属する電線には,直径1.6 mmの軟銅線又はこれと同等以上の強さ及び太さのものを使用することができる.

　(ハ)　電線は,600 Vビニル絶縁電線,クロロプレン外装ケーブル,ビニル外装ケーブル又はポリエチレン外装ケーブルであること.

　(ニ)　電線を直接埋設式により施設する場合は,電線を被防食体の下面に密着して施設する場合を除き,埋設深さを車両その他の重量物の圧力を受けるおそれがある場所においては1.2 m以上,その他の場所においては0.3 m以上とし,かつ,電線の上部及び側部を石,コ

ンクリート等の板又はといで覆って施設すること．ただし，車両その他の重量物の圧力を受けるおそれがない場所において，埋設深さを 0.6 m 以上とし，かつ，電線の上部を堅ろうな板又はといで覆って施設する場合は，この限りでない．

　(ホ)　立上り部分の電線のうち，深さ 0.6 m 未満の部分は，人が触れるおそれがなく，かつ，損傷を受けるおそれがないように適当な防護装置を設けること．

ニ　電線のうち，地上の立上り部分は，ハ(ロ)及び(ハ)の規定に準じるほか，地表上 2.5 m 未満の部分には，人が触れるおそれがなく，かつ，損傷を受けるおそれがないように適当な防護装置を設けること．

ホ　電線を水中に施設する部分は，次によること．

　(イ)　電線は，ハ(ロ)及び(ハ)に規定するものであること．

　(ロ)　電線は，電気用品安全法の適用を受ける合成樹脂管若しくはこれと同等以上の絶縁効力及び強さのある管又は電気用品安全法の適用を受ける金属管に収めて施設すること．ただし，電線を被防食体の下面若しくは側面又は水底で損傷を受けるおそれがない場所に施設する場合は，この限りでない．

二　陽極は，次のいずれかによること．

イ　地中に埋設し，かつ，陽極（陽極の周囲に導電物質を詰める場合は，これを含む．）の埋設の深さは，0.75 m 以上であること．

ロ　水中の人が容易に触れるおそれがない場所に，次のいずれかに適合するように施設すること．

　(イ)　水中に施設する陽極とその周囲 1 m 以内の距離にある任意点との間の電位差は，10 V を超えないこと．

　(ロ)　陽極の周囲に人が触れるのを防止するために適当なさくを設けるとともに，危険である旨の表示をすること．

三　地表又は水中における 1 m の間隔を有する任意の 2 点（水中に施設する陽極の周囲 1 m 以内の距離にある点及び前号ロ(ロ)の規定により施設するさくの内部の点を除く．）間の電位差は，5 V を超えないこと．

四　電気防食用電源装置は，次に適合するものであること．

イ　堅ろうな金属製の外箱に収め，これに D 種接地工事を施すこと．（関連省令第 10 条，第 11 条）

ロ　変圧器は，絶縁変圧器であって，交流 1,000 V の試験電圧を 1 の巻線

と他の巻線, 鉄心及び外箱との間に連続して 1 分間加えたとき, これに
耐える性能を有すること. (関連省令第 5 条第 3 項)

ハ　1 次側電路の使用電圧は, 低圧であること.

ニ　1 次側電路には, 開閉器及び過電流遮断器を各極 (過電流遮断器にあっては, 多線式電路の中性極を除く.) に設けること. ただし, 過電流遮断器が開閉機能を有するものである場合は, 過電流遮断器のみとすることができる. (関連省令第 63 条第 1 項)

2　電気防食施設を使用することにより, 他の工作物に電食作用による障害を及ぼすおそれがある場合には, これを防止するため, その工作物と被防食体とを電気的に接続する等適当な防止方法を施すこと.

**【電気自動車等から電気を供給するための設備等の施設】**(省令第 4 条, 第 7 条, 第 44 条第 1 項, 第 56 条第 1 項, 第 57 条第 1 項, 第 59 条第 1 項, 第 63 条第 1 項)

**第 199 条の 2**　電気自動車等 (道路運送車両の保安基準 (昭和 26 年運輸省令第 67 号) 第 17 条の 2 第 5 項に規定される電力により作動する原動機を有する自動車をいう. 以下この条において同じ.) から供給設備 (電力変換装置, 保護装置又は開閉器等の電気自動車等から電気を供給する際に必要な設備を収めた筐体等をいう. 以下この項において同じ.) を介して, 一般用電気工作物に電気を供給する場合は, 次の各号により施設すること.

一　電気自動車等の出力は, 10 kW 未満であるとともに, 低圧幹線の許容電流以下であること.

二　電路に地絡を生じたときに自動的に電路を遮断する装置を施設すること. ただし, 次のいずれかに該当する場合は, この限りでない. (関連省令第 15 条)

イ　電気自動車等と供給設備とを接続する電路以外の電路が, 次のいずれかに該当する場合

(イ)　第 36 条第 1 項ただし書に該当する場合 (第 36 条第 2 項第二号及び第三号に該当する場合を除く.)

(ロ)　第 36 条第 2 項第二号又は第三号に該当する場合であって, 当該電路に適用される規定により施設されるとき

ロ　電気自動車等と供給設備とを接続する電路が, 次のいずれかに該当する場合

(イ)　電路の対地電圧が 150 V 以下の場合において, イ (イ) に該当し,

かつ，電気自動車等を常用電源の停電時の非常用予備電源として用
いる場合

（ロ）　第五号ただし書の規定により施設する場合

三　電路に過電流を生じたときに自動的に電路を遮断する装置を施設するこ
と．（関連省令第14条）

四　屋側配線又は屋外配線は，第143条第1項（第一号イ，第三号及び第四
号を除く．）又は第2項の規定に準じて施設すること．この場合において，
同条の規定における「屋内電路」は「屋側又は屋外電路」と，「屋内配線」
は「屋側配線又は屋外配線」と，「屋内に」は「屋側又は屋外に」と読み替
えるものとする．

五　電気自動車等と供給設備とを接続する電路（電気機械器具内の電路を除
く．）の対地電圧は，150V以下であること．ただし，次により施設する場
合はこの限りでない．

イ　対地電圧が，直流450V以下であること．

ロ　供給設備が，低圧配線と直接接続して施設すること．

ハ　直流電路が，非接地であること．

ニ　直流電路に接続する電力変換装置の交流側に絶縁変圧器を施設するこ
と．

ホ　電気自動車等と供給設備とを接続する電路に地絡を生じたときに自動
的に電路を遮断する装置を施設すること．

ヘ　電気自動車等と供給設備とを接続する電路の電線が切断したときに電
気の供給を自動的に遮断する装置を施設すること．ただし，電路の電線
が切断し，充電部分が露出するおそれのない場合はこの限りでない．

六　電気自動車等と供給設備とを接続する電線（以下この項において「供給
用電線」という．）は，次によること．

イ　断面積は0.75mm$^2$以上であること．

ロ　対地電圧が150V以下の場合は，第171条第1項に規定する1種キャ
ブタイヤケーブル以外のキャブタイヤケーブル，又はこれと同等以上の
性能を有するケーブルであること．

ハ　対地電圧が150Vを超え450V以下の場合は，2種キャブタイヤケーブ
ルと同等以上の性能を有するものであるとともに，使用環境を想定し
た性能を有するものであること．

七　供給用電線と電気自動車等との接続には，次に適合する専用の接続器を

用いること.

　イ　電気自動車等と接続されている状態及び接続されていない状態におい
　　て, 充電部分が露出しないものであること.

　ロ　屋側又は屋外に施設する場合には, 電気自動車等と接続されている状
　　態において, 水の飛まつに対して保護されているものであること.

八　供給設備の筐体等, 接続器その他の器具に電線を接続する場合は, 簡易
　接触防護措置を施した端子に電線をねじ止めその他の方法により, 堅ろう
　に, かつ, 電気的に完全に接続するとともに, 接続点に張力が加わらない
　ようにすること.

九　電気自動車等の蓄電池 (常用電源の停電時又は電圧低下発生時の非常用
　予備電源として用いるものを除く.) には, 第44条各号に規定する場合に,
　自動的にこれを電路から遮断する装置を施設すること. ただし, 蓄電池か
　ら電気を供給しない場合は, この限りでない. (関連省令第14条)

十　電気自動車等の燃料電池は, 第200条第1項の規定により施設するこ
　と. ただし, 燃料電池から電気を供給しない場合は, この限りでない. (関
　連省令第15条)

2　一般用電気工作物又は小規模事業用電気工作物が設置された需要場所にお
　いて, 電気自動車等を充電する場合の電路は, 次の各号により施設すること.

一　充電設備 (電力変換装置, 保護装置又は開閉器等の電気自動車等を充電
　する際に必要な設備を収めた筐体等をいう. 以下この号において同じ.)
　と電気自動車等とを接続する電路は, 次に適合するものであること.

　イ　電路の対地電圧は, 150V以下であること. ただし, 前項第五号ただ
　　し書及び第六号ハにより施設する場合はこの限りでない. この場合にお
　　いて, 同項の規定における「供給設備」は「充電設備」と読み替えるも
　　のとする.

　ロ　充電部分が露出しないように施設すること.

　ハ　電路に地絡を生じたときに自動的に電路を遮断する装置を施設するこ
　　と.

二　屋側配線又は屋外配線は, 第143条第1項 (第一号イ, 第三号及び第
　四号を除く.) 又は第2項の規定に準じて施設すること. この場合にお
　いて, 同条の規定における「屋内電路」は「屋側又は屋外電路」と,「屋
　内配線」は「屋側配線又は屋外配線」と,「屋内に」は「屋側又は屋外に」
　と読み替えるものとする.

## 第5節　小規模発電設備

**【小規模発電設備の施設】**（省令第4条，第15条，第59条第1項）

　**第200条**　小規模発電設備である燃料電池発電設備は，次の各号によること.

　一　第45条の規定に準じて施設すること. この場合において，同条第一号ロの規定における「発電要素」は「燃料電池」と読み替えるものとする.

　二　燃料電池発電設備に接続する電路に地絡を生じたときに，電路を自動的に遮断し，燃料電池への燃料ガスの供給を自動的に遮断する装置を施設すること.

2　小規模発電設備である太陽電池発電設備は，次の各号により施設すること.

　一　太陽電池モジュール，電線及び開閉器その他の器具は，次の各号によること.

　　イ　充電部分が露出しないように施設すること.

　　ロ　太陽電池モジュールに接続する負荷側の電路（複数の太陽電池モジュールを施設する場合にあっては，その集合体に接続する負荷側の電路）には，その接続点に近接して開閉器その他これに類する器具（負荷電流を開閉できるものに限る.）を施設すること.

　　ハ　太陽電池モジュールを並列に接続する電路には，その電路に短絡を生じた場合に電路を保護する過電流遮断器その他の器具を施設すること. ただし，当該電路が短絡電流に耐えるものである場合は，この限りでない.（関連省令第14条）

　　ニ　電線は，次によること. ただし，機械器具の構造上その内部に安全に施設できる場合は，この限りでない.

　　　（イ）　電線は，直径1.6 mmの軟銅線又はこれと同等以上の強さ及び太さのものであること.（関連省令第6条）

　　　（ロ）　次のいずれかにより施設すること.

　　　　（1）　合成樹脂管工事により，第158条の規定に準じて施設すること.

　　　　（2）　金属管工事により，第159条の規定に準じて施設すること.

　　　　（3）　金属可とう電線管工事により，第160条の規定に準じて施設すること.

　　　　（4）　ケーブル工事により，屋内に施設する場合にあっては第164条

の規定に，屋側又は屋外に施設する場合にあっては第166条第1項第七号の規定に準じて施設すること.

(ハ)　第145条第2項並びに第167条第2項及び第3項の規定に準じて施設すること.

ホ　太陽電池モジュール及び開閉器その他の器具に電線を接続する場合は，ねじ止めその他の方法により，堅ろうに，かつ，電気的に完全に接続するとともに，接続点に張力が加わらないようにすること.（関連省令第7条）

# 第6章　電 気 鉄 道 等

**【電気鉄道等に係る用語の定義】**（省令第1条）

**第201条**　この解釈において用いる電気鉄道等に係る用語であって，次の各号に掲げるものの定義は，当該各号による．

一　架空方式　支持物等で支持すること，又はトンネル，坑道その他これらに類する場所内の上面に施設することにより，電車線を線路の上方に施設する方式

二　架空電車線　架空方式により施設する電車線

三　架空電車線等　架空方式により施設する電車線並びにこれと電気的に接続するちょう架線，ブラケット及びスパン線

四　き電線　発電所又は変電所から他の発電所又は変電所を経ないで電車線に至る電線

五　き電線路　き電線及びこれを支持し，又は保蔵する工作物

六　帰線　架空単線式又はサードレール式電気鉄道のレール及びそのレールに接続する電線

七　レール近接部分　帰線用レール並びにレール間及びレールの外側 30 cm 以内の部分

八　地中管路　地中電線路，地中弱電流電線路，地中光ファイバケーブル線路，地中に施設する水管及びガス管その他これらに類するもの並びにこれらに附属する地中箱等をいう．

**【電波障害の防止】**（省令第42条第1項）

**第202条**　電車線路は，無線設備の機能に継続的かつ重大な障害を及ぼす電波を発生するおそれがある場合には，これを防止するように施設すること．

2　前項の場合において，電車線路から発生する電波の許容限度は，次の各号により測定したとき，各回の測定値の最大値の平均値（第一号の規定によることが困難な場合にあっては，任意の地点において測定し，次の図の横軸に示す離隔距離に応じ，それぞれ同図の縦軸に示す値で補正した値）が，300 kHz から 3,000 kHz までの周波数帯において準せん頭値で 36.5 dB 以下であること．

一　電車線の直下から電車線と直角の方向に 10 m 離れた地点において測定すること．

二　妨害波測定器のわく型空中線の中心の面を電車線路に平行に保って6回以上測定すること．

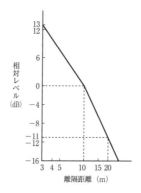

【**直流電車線路の施設制限**】（省令第52条）

　第203条　直流電車線路は，次の各号によること．

　一　使用電圧は，低圧又は高圧であること．

　二　架空方式により施設する場合であって，使用電圧が高圧のものは，電気鉄道の専用敷地内に施設すること．

　三　サードレール式により施設する場合は，地下鉄道，高架鉄道その他人が容易に立ち入らない専用敷地内に施設すること．

　四　剛体複線式により施設する場合は，人が容易に立ち入らない専用敷地内に施設すること．ただし，次のいずれかによる場合は，この限りでない．

　　イ　電車線の高さが地表上5m（道路以外の場所に施設する場合であって，下面に防護板を設けるときは，3.5m）以上である場合

　　ロ　電車線を水面上に，船舶の航行等に危険を及ぼさないように施設する場合

【**直流電車線等から架空弱電流電線路への通信障害の防止**】（省令第42条第2項）

　第204条　直流のき電線路，電車線路又は架空絶縁帰線が，架空弱電流電線路と並行する場合は，誘導作用により通信上の障害を及ぼさないように，電線と弱電流電線との離隔距離は，次の各号によること．ただし，架空弱電流電線が通信用ケーブルである場合又は架空弱電流電線路の管理者の承諾を得た場合は，この限りでない．

　一　直流複線式電気鉄道用のき電線又は電車線の場合は，2m以上
　二　直流単線式電気鉄道用のき電線，電車線又は架空絶縁帰線の場合は，4m以上
2　前項本文の規定により施設してもなお架空弱電流電線路に対して障害を及ぼすおそれがある場合は，必要に応じ，次に掲げるものその他の対策のうち1つ以上のものを更に施すこと．
　一　電線と架空弱電流電線との離隔距離を増加すること．
　二　直流電源の電圧波形が平滑になるようにすること．
　三　直流単線式電気鉄道用のき電線，電車線又は架空絶縁帰線の場合は，帰線のレール近接部分及び大地に流れる電流を減少させること．
　四　直流単線式電気鉄道用のき電線，電車線又は架空絶縁帰線の場合は，弱電流電線路の接地極と帰線との距離を増加すること．

**【直流電車線の施設】**（省令第5条第1項，第6条，第20条，第25条第1項）
　**第205条**　直流電車線は，次の各号によること．
　一　使用電圧が低圧の架空電車線は，直径7mmの硬銅線又はこれと同等以上の強さ及び太さのものであること．
　二　架空電車線のレール面上の高さは，次によること．
　　イ　トンネル内の上面，橋の下面その他これに類する場所又はこれらの場所に隣接する場所に施設する場合は，3.5m以上
　　ロ　鉱山その他の坑道内の上面に施設する場合は，1.8m以上
　　ハ　イ及びロに規定する以外の場合は，5m以上
　三　直流電車線の絶縁部分と大地との間の絶縁抵抗は，使用電圧に対する漏えい電流が軌道の延長1kmにつき，架空電車線（剛体ちょう架式を除く．）にあっては10mA，その他の電車線にあっては，100mAを超えないように保つこと．

**【道路等に施設する直流架空電車線等の施設】**（省令第5条第1項，第6条，第20条，第25条第1項，第32条第1項）
　**第206条**　道路に施設する直流架空電車線等の支持物の径間は，60m以下であること．
2　橋の下部その他これに類する場所に施設する低圧の架空き電線の高さは，第68条第1項の規定にかかわらず，地表上3.5m以上であること．
3　直流き電線と直流架空電車線とを接続する電線をちょう架する金属線は，その電線からがいしで絶縁し，これにD種接地工事を施すこと．ただし，当

該金属線にがいしを2個以上接近して直列に取り付ける場合は，D種接地工事を施すことを要しない．（関連省令第10条，第11条）

4　直流架空電車線のスパン線には，次の各号によりD種接地工事を施すこと．ただし，直流架空電車線を当該電車線路に接近して架空弱電流電線等が施設されていない市街地外の場所に施設する場合，又はスパン線にがいしを2個以上接近して直列に取り付ける場合は，この限りでない．（関連省令第10条，第11条）

一　次に掲げる以外の部分にD種接地工事を施すこと．

　イ　直流架空電車線相互の間

　ロ　直流架空電車線から次に掲げる距離以内の部分

　　（イ）　集電装置にビューゲル又はパンタグラフを使用する場合は，1m

　　（ロ）　架空単線式電気鉄道の半径が小さい軌道曲線部分で電車ポールの離脱により障害が起こるおそれがあるような場合は，1.5m

　　（ハ）　（イ）及び（ロ）に規定する場合以外の場合は，0.6m

二　スパン線（直流架空電車線と電気的に接続する部分を除く．）が断線したときに直流架空電車線に接触するおそれがある場合は，そのスパン線の支持点の近くにがいしを取り付けるとともに，前号の規定にかかわらず，スパン線の支持点とがいしとの間の部分だけにD種接地工事を施すこと．

**【直流架空電車線等と架空弱電流電線等との接近又は交差】**（省令第28条）

**第207条**　直流の架空電車線等が架空弱電流電線等と接近又は交差する場合は，次の各号によること．

一　架空電車線等が架空弱電流電線等と水平距離で，電車線路の使用電圧が低圧の場合は2m以内，高圧の場合は2.5m以内に接近する場合又は45度以下の水平角度で交差する場合は，次のいずれかによること．

　イ　架空電車線等と架空弱電流電線等との水平距離が電車線路の使用電圧が低圧にあっては1m以上，高圧にあっては1.2m以上であり，かつ，垂直距離が水平距離の1.5倍以下であること．

　ロ　電車線路の使用電圧が低圧の場合において，架空弱電流電線等が絶縁電線と同等以上の絶縁効力のあるもの又は通信用ケーブルであること．

　ハ　架空電車線等と架空弱電流電線等との垂直距離が6m以上であり，かつ，架空弱電流電線等が引張強さ8.01kN以上又は直径5mm以上（電車線路の使用電圧が低圧の場合は，引張強さ5.26kN以上又は直径4mm以上）の硬銅線，通信用ケーブル又は光ファイバケーブルであること．

（関連省令第6条）

ニ 架空電車線等と架空弱電流電線等との垂直距離が2m以上であり，かつ，架空弱電流電線等が第215条第2項に準じて施設されたものであること．

二 電車線路の使用電圧が低圧であって，架空電車線等と架空弱電流電線等とが45度を超える水平角度で交差する場合は，次のいずれかによること．

イ 前号ニの規定により施設すること．

ロ 架空弱電流電線路等の管理者の承諾を得ること．

**【直流電車線路に付随する設備の施設】**（省令第53条第1項）

**第208条** 直流式電気鉄道用の架空絶縁帰線は，低圧架空電線に係る第3章の規定に準じて施設すること．

**【電食の防止】**（省令第54条）

**第209条** 直流帰線は，レール近接部分を除き，大地から絶縁すること．

2 直流帰線のレール近接部分が金属製地中管路と接近又は交差する場合は，次の各号のいずれかによること．

一 帰線のレール近接部分と金属製地中管路との離隔距離を，1m以上とすること．

二 帰線のレール近接部分と地中管路との間に，次のいずれかに適合する不導体の隔離物を設け，電流が地中1m以上を通過しなければ，両者間を流通することができないようにすること．

イ アスファルト及び砂からなる厚さ6cm以上の絶縁物をコンクリートその他の物質で堅ろうに保護するとともに，き裂を生じないように施設したものであること．

ロ イに規定するものと同等以上の絶縁性，耐久性及び機械的強度を有するものであること．

3 直流帰線と金属製管路とを同一の鉄橋に施設する場合は，直流帰線と橋材との間の漏えい抵抗を十分に大きくするように施設すること．

4 直流帰線のレール近接部分が金属製地中管路と1km以内に接近する場合は，次項の規定による場合を除き，次の各号により金属製地中管路に対する電食作用による障害を防止する対策を施すこと．ただし，地中管路の管理者の承諾を得た場合は，この限りでない．

一 1変電所のき電区域内において，地中管路から1km以内の距離にある帰線に対策を施すこと．ただし，帰線と地中管路が100m以内の距離に2

　　回以上接近するときは，その接近部分の中間において離隔距離が1kmを
　　超えることがあっても，その全部を1区間として，対策を施すこと．

二　帰線は，負極性とすること．

三　帰線用レールの継目の抵抗の和は，その区間のレールだけの抵抗の2割
　　以下に保ち，かつ，1の継目の抵抗は，そのレールの長さ5mの抵抗に相
　　当する値以下であること．

四　帰線用レールは，特殊の箇所を除き，長さ30m以上にわたるよう連続
　　して溶接すること．ただし，断面積115mm²以上，長さ60cm以上の軟銅
　　より線を使用したボンド2個以上を溶接又はボルト締めにより取り付ける
　　ことによって，レールの溶接に代えることができる．

五　帰線用レールの継目には，前号の規定により施設する場合を除き，次のい
　　ずれかに適合するボンドを溶接又はボルト締めにより二重に取り付けるこ
　　と．ただし，断面積190mm²以上，長さ60cm以上の軟銅より線を使用し
　　たボンドを溶接又はボルト締めにより取り付ける場合は，この限りでない．

　　イ　軟銅線を使用する場合は直径1.4mm以下の太さの素線からなるより
　　　　線を使用し，かつ，振動に対する耐久力が大きくなるような長さ及び構
　　　　造を有する短小なボンド又はこれと同等以上の効力のあるものであるこ
　　　　と．

　　ロ　断面積60mm²以上，長さ60cm以上の軟銅より線を使用したボンド
　　　　又はこれと同等以上の効力のあるものであること．

六　帰線のレール近接部分において，当該部分に通じる1年間の平均電流が
　　通じるときに生じる電位差は，次に掲げる条件により計算した値が，その
　　区間内のいずれの2点間においても2V以下であること．

　　イ　平均電流は，車両運転に要する直流側における1年間の消費電力量
　　　　（単位：kWh）を8,760で除したものを基礎として計算すること．

　　ロ　帰線の電流は，漏えいしないものとして計算すること．

　　ハ　レールの抵抗は，次の計算式により計算したものとすること．

$$R=\frac{1}{W}$$

　　　　Rは，継目の抵抗を含む単軌道1kmの抵抗（単位：Ω）

　　　　Wは，レール1mの重量（単位：kg）

5　土壌との間を砂利，枕木等で厚さ30cm以上離隔して施設し，又はこれと
　同等以上の絶縁性を有するコンクリート道床等の上に施設する直流帰線のレ

ール近接部分が，金属製地中管路と 1 km 以内に接近する場合は，次の各号
により金属製地中管路に対する電食作用による障害を防止するための対策を
施すこと．ただし，地中管路の管理者の承諾を得た場合は，この限りでない．

一　1 変電所のき電区域内において，地中管路から 2 km 以内の距離にある 1
　　の連続した帰線に対策を施すこと．

二　前項第二号及び第三号の規定に準じること．

三　帰線用レールは，特殊の箇所を除き，長さ 20 m 以上にわたるよう連続
　　して溶接すること．ただし，断面積 115 mm$^2$ 以上，長さ 60 cm 以上の軟銅
　　より線を使用したボンド 2 個以上を溶接又はボルト締めにより取り付ける
　　ことによってレールの溶接に替えることができる．

四　帰線用レールの継目には，前号の規定により施設する場合を除き，前項
　　第五号イの規定に適合するボンドを溶接又はボルト締めにより取り付ける
　　こと．ただし，独立した長さ 60 cm 以上のボンド 2 個以上を堅ろうに取り
　　付ける場合は，この限りでない．

五　帰線のレール近接部分において，当該部分に通じる 1 年間の平均電流が
　　通じるときに生じる電位差は，前項第六号イからハまでに示す条件により
　　計算した値が，軌道のこう長 1 km につき 2.5 V 以下であるとともに，そ
　　の区間内のいずれの 2 点間においても 15 V 以下であること．

六　帰線のレール近接部分は，次条ただし書に規定する場合を除き，大地と
　　の間の電気抵抗値が低い金属体と電気的に接続するおそれのないように施
　　設すること．ただし，車庫その他これに類する場所において，金属製地中
　　管路の電食防止のため帰線を開閉する装置（き電線を同時に開閉できるも
　　のに限る．）又はこれに類する装置を施設する場合は，この限りでない．

七　第二号から第六号までの規定により施設してもなお障害を及ぼすおそれ
　　がある場合は，更に適当な防止方法を施すこと．

**【排流接続】**（省令第 5 条，第 53 条第 2 項，第 54 条）

**第 210 条**　直流帰線と地中管路とは，電気的に接続しないこと．ただし，直流
　　帰線を前条第 4 項又は第 5 項の規定により施設してもなお金属製地中管路に
　　対して電食作用により障害を及ぼすおそれがある場合において，次の各号に
　　より施設するときは，この限りでない．

一　次に適合する強制排流器又は選択排流器のいずれかを施設すること．

　イ　帰線から排流器を経て金属製地中管路に通じる電流を阻止する構造で
　　　あること．

ロ　排流器を保護するために適当な過電流遮断器を施設すること.

ハ　排流器は，次のいずれかにより施設すること.

（イ）　D種接地工事を施した金属製外箱その他の堅ろうな箱に収めて施設すること.

（ロ）　人が触れるおそれがないように施設すること.

ニ　強制排流器用の電源装置は，次に適合するものであること.

（イ）　変圧器は，絶縁変圧器であること.

（ロ）　1次側電路には，開閉器及び過電流遮断器を各極（過電流遮断器にあっては，多線式電路の中性極を除く.）に設けること. ただし，過電流遮断器が開閉機能を有するものである場合は，過電流遮断器のみとすることができる.（関連省令第14条）

二　排流施設は，他の金属製地中管路及び帰線用レールに対する電食作用による障害を著しく増加するおそれがないように施設すること.

三　排流線を帰線に接続する位置は，帰線用レールの電位分布を著しく悪化させないとともに，電気鉄道の信号保安装置の機能に障害を及ぼさない場所であること.

四　排流回路は，排流線と金属製地中管路及び帰線との接続点を除き，大地から絶縁すること.

五　排流線は，次により施設すること.

イ　排流線は，架空で施設し，又は地中に埋設して施設すること. ただし，電気鉄道の専用敷地内に施設する部分に絶縁電線（屋外用ビニル絶縁電線を除く.），キャブタイヤケーブル又はケーブルを使用し，かつ，損傷を受けるおそれがないように施設する場合は，この限りでない.

ロ　架空で施設する排流線は，低圧架空電線に係る第67条，第68条及び第71条から第79条までの規定並びに第204条の規定に準じるほか，次によるとともに，危険のおそれがないように施設すること.

（イ）　排流線は，ケーブルである場合を除き，引張強さ5.26 kN以上のもの，直径3.5 mm以上の銅覆鋼線又は直径4 mm以上の硬銅線であること.（関連省令第6条）

（ロ）　排流線は，排流電流を安全に通じることができるものであること.

（ハ）　排流線と高圧架空電線又は架空弱電流電線等とを同一支持物に施設する場合は，それぞれ低圧架空電線に係る第80条又は第81条の規定に準じて施設すること. ただし，排流線が600 Vビニル絶縁電

線又はケーブルである場合は，排流線を架空弱電流電線等の下と
し，又は架空弱電流電線等との離隔距離を 30 cm 以上として施設す
ることができる.

(ニ)　排流線を専用の支持物に施設する場合は，第 53 条，第 54 条及び
第 56 条から第 60 条までの規定に準じて施設すること.

ハ　地中に埋設して施設する排流線には，次に掲げる電線であって排流電
流を安全に通じることができるものを使用するとともに，これを第 120
条，第 124 条及び第 125 条（第 1 項を除く.）の規定に準じて施設するこ
と.

(イ)　600 V ビニル絶縁電線

(ロ)　一種キャブタイヤケーブル以外のキャブタイヤケーブル

(ハ)　低圧ケーブルであって，外装がクロロプレン，ビニル又はポリエ
チレンであるもの

ニ　排流線の立上り部分のうち，地表上 2.5 m 未満の部分には，絶縁電線
（屋外用ビニル絶縁電線を除く.），キャブタイヤケーブル又はケーブル
を使用し，人が触れるおそれがなく，かつ，損傷を受けるおそれがない
ように施設すること.

## 【交流電車線路の施設制限】（省令第 52 条）

**第211条**　交流式電気鉄道の電車線路は，次の各号によること.

一　使用電圧は，単相交流にあっては 25,000 V 以下，三相交流にあっては
低圧であること.

二　電気鉄道の専用敷地内に施設すること.

三　電車線は，架空方式により施設すること. ただし，使用電圧が低圧のも
のを，第 173 条第 8 項の規定に準じて施設する場合は，この限りでない.

## 【電圧不平衡による障害の防止】（省令第 55 条）

**第212条**　交流式電気鉄道の単相負荷による電圧不平衡率は，212-1 表に規定す
る計算式により計算した値が，変電所の受電点において 3% 以下であること.

212-1 表

| 交流式電気鉄道の変電所の変圧器の結線方式 | 電圧不平衡率の計算式 |
|---|---|
| 単相結線 | $K = ZP \times 10^{-4}$ |
| 三相/二相変換結線（変形ウッドブリッジ結線，スコット結線等） | $K = Z\|P_A - P_B\| \times 10^{-4}$ |

| V 結線 | $K = Z\sqrt{P_A{}^2 - P_A P_B + P_B{}^2} \times 10^{-4}$ |
| --- | --- |

（備考）

1. $K$ は，百分率で表した電圧不平衡率
2. $Z$ は，変電所の受電点における 3 相電源系統の 10,000 kVA を基準とするパーセントインピーダンス又はパーセントリアクタンス
3. $P$ は，全き電区域における連続 2 時間の平均負荷（単位：kVA）
4. $P_A$ 及び $P_B$ は，それぞれのき電区域における連続 2 時間の平均負荷（単位：kVA）

### 【交流電車線等から弱電流電線路への通信障害の防止】（省令第 42 条第 2 項）

**第 213 条**　交流のき電線路，電車線路若しくは架空絶縁帰線又は交流電車線路相互を接続する電線路は，弱電流電線路に対して誘導作用により通信上の障害を及ぼさないように，弱電流電線路から十分に離し，帰線のレール近接部分及び大地に通じる電流を制限し，又はその他の適当な方法で施設すること．

### 【交流架空電車線等と他の工作物等との接近又は交差】（省令第 29 条）

**第 214 条**　交流の架空電車線等が建造物，道路又は索道（搬器を含み，索道用支持物を除く．以下この条において同じ．）（以下この条において「建造物等」という．）と接近する場合は，次の各号によること．

一　架空電車線等が建造物等の上方又は側方において水平距離で電車線路の支持物の地表上の高さに相当する距離以内に施設されるとき（次号に規定する場合を除く．）は，電車線路の支持物には鉄柱又は鉄筋コンクリート柱を使用し，かつ，その径間を 60 m 以下として施設すること．ただし，架空電車線等の切断，電車線路の支持物の倒壊等の際に，架空電車線等が建造物等に接触するおそれがない場合は，この限りでない．（関連省令第 32 条第 1 項）

二　架空電車線等が建造物等の上方又は側方において水平距離で 3 m 未満に施設されるときは，次によること．

　イ　架空電車線等と建造物との離隔距離は，3 m 以上であること．

　ロ　架空電車線等と索道又はその支柱との離隔距離は，2 m 以上であること．

　ハ　第 75 条第 5 項第三号イの規定に準じること．

三　架空電車線等が索道の下方に接近して施設される場合は，架空電車線等と索道との水平距離は，索道の支柱の地表上の高さに相当する距離以上で

あること. ただし, 架空電車線等と索道との水平距離が 3 m 以上の場合において, 次のいずれかに該当するときは, この限りでない.

　　イ　索道の支柱の倒壊等の際に, 索道が架空電車線等と接触するおそれがない場合

　　ロ　架空電車線等の上方に堅ろうな防護装置を設け, その金属製部分に D 種接地工事を施す場合

2　交流の架空電車線等が索道と交差して施設される場合は, 次の各号によること.

　一　架空電車線等と索道又はその支柱との離隔距離は, 2 m 以上であること.

　二　架空電車線等の上に堅ろうな防護装置を設け, その金属製部分に D 種接地工事を施すこと.

　三　危険のおそれがないように施設すること.

3　交流の架空電車線等が橋その他これに類するもの（以下この条において「橋等」という.）の下に施設される場合は, 次の各号によること.

　一　架空電車線等と橋等との離隔距離は, 0.3 m 以上であること. ただし, 架空電車線等の使用電圧が 22,000 V 以下である場合において, 技術上やむを得ないときは, 離隔距離を 0.25 m まで減じることができる.

　二　橋げた等の金属製部分には, D 種接地工事が施されていること.

　三　橋等の上から人が架空電車線等に触れるおそれがある場合は, 適当な防護装置を設けるとともに, 危険である旨の表示をすること.

4　第1項から第3項までに規定する以外の場合において, 交流の架空電車線等が他の工作物（架空電線, 架空弱電流電線等, アンテナ及び直流の架空電車線を除く.）と接近又は交差する場合は, 相互の離隔距離は, 2 m 以上であること.

5　交流の架空電車線等と植物との離隔距離は, 2 m 以上であること.

6　交流の架空電車線と並行する低圧又は高圧の架空電線において, 誘導による危険電圧の発生するおそれがある場合は, これを防止するため遮へい線等の適当な施設を設けること.

7　交流の架空電車線と並行する橋の金属製欄干その他人が触れるおそれがある金属製のものにおいて, 誘導により危険電圧が発生するおそれのある場合には, これを防止するため, 当該金属製のものには D 種接地工事が施されていること.

**【交流架空電車線等と架空弱電流電線等との接近又は交差】**（省令第28条，第29条）

第215条　交流の架空電車線等が架空弱電流電線等（アンテナを含み，架空電線路の支持物に施設する電力保安通信線及びこれに直接接続する通信線を除く．以下この条において同じ．）と接近する場合は，架空電車線等は，架空弱電流電線等と水平距離で電車線路又は架空弱電流電線路等の支持物の地表上の高さに相当する距離以内に施設しないこと．ただし，架空電車線等と架空弱電流電線等との水平距離が3m以上であり，かつ，架空電車線等又は架空弱電流電線等の切断及びこれらの支持物の倒壊等の際に，架空電車線等が架空弱電流電線等と接触するおそれがない場合は，この限りでない．

2　交流の架空電車線等が，架空弱電流電線等と交差して施設される場合は，次の各号によること．（関連省令第6条）

一　架空弱電流電線等は，ポリエチレン絶縁ビニル外装の通信用ケーブル又は光ファイバケーブルであること．

二　架空弱電流電線等は，次に適合するちょう架用線でちょう架して施設すること．

イ　金属線からなるより線であって，断面積が38 mm² 以上及び引張強さが29.4 kN 以上のものであること．

ロ　架空電車線等と交差する部分を含む径間において接続点のないものであること．

三　前号の規定におけるちょう架用線は，第67条第五号の規定に準じるほか，これを架空電車線等と交差する部分の両側の支持物に堅ろうに引き留めて施設すること．

四　架空弱電流電線路等の支持物は，高圧架空電線路の支持物に係る第59条第1項第二号及び第2項から第4項まで，第60条，第62条並びに第75条第7項第二号の規定に準じて施設すること．

**【交流電車線路に付随する設備の施設】**（省令第9条第1項，第53条第1項）

第216条　交流電車線路の電路に施設する吸上変圧器，直列コンデンサ若しくはこれらに附属する器具若しくは電線又は交流式電気鉄道用信号回路に，電気を供給するための特別高圧用の変圧器を屋外に施設する場合は，次の各号によること．

一　市街地外に施設すること．

二　次のいずれかによること．

　　イ　地表上 5 m 以上の高さに施設すること.

　　ロ　人が触れるおそれのないようにその周囲にさくを設け，さくの高さと
　　　　さくから充電部分までの距離との和を 5 m 以上とするとともに，危険で
　　　　ある旨の表示をすること.

2　交流式電気鉄道用の架空絶縁帰線は，高圧架空電線に係る第 3 章の規定に
　準じて施設すること. ただし，架空絶縁帰線が交流の架空電車線等と同一支
　持物に施設される場合は第 80 条第 3 項の規定に，架空絶縁帰線が交流の架
　空電車線等と接近又は交差して施設される場合は第 75 条第 5 項から第 7 項
　までの規定に準じて施設することを要しない.

【鋼索鉄道の電車線等の施設】（省令第 5 条第 1 項，第 20 条，第 25 条第 1 項，第
　28 条，第 52 条，第 53 条第 2 項，第 54 条）

**第 217 条**　鋼索鉄道の電車線（以下この条において「鋼索車線」という.）は，
　次の各号によること.

一　使用電圧は，300 V 以下であること.

二　架空方式により施設すること.

三　鋼索車線は，直径 7 mm の硬銅線又はこれと同等以上の強さ及び太さの
　　ものであること.（関連省令第 6 条）

四　鋼索車線のレール面上の高さは，4 m 以上であること. ただし，トンネ
　　ル内，橋の下部その他これらに類する場所又はこれらの場所に隣接する場
　　所に施設する場合は，3.5 m 以上とすることができる.

五　鋼索車線と大地との間の絶縁抵抗は，使用電圧に対する漏えい電流が軌
　　道の延長 1 km につき 10 mA を超えないように保つこと.

六　鋼索車線と架空弱電流電線とが並行する場合は，第 204 条の規定に準じ
　　て施設すること.

七　鋼索車線又はこれと電気的に接続するちょう架線若しくはスパン線と架
　　空弱電流電線等とが接近又は交差する場合は，第 207 条の規定に準じて施
　　設すること.

2　鋼索鉄道のレールであって電路として使用するもの及びこれに接続する電
　線は，次の各号によること.

一　レールに接続する電線は，レール間及びレールの外側 30 cm 以内に施設
　　するものを除き，大地から絶縁すること.

二　レールに接続する電線であって，架空で施設するものは，直流の架空き
　　電線に準じて施設すること.

三　レール並びにレールに接続する電線であってレール間及びレールの外側
　30 cm 以内に施設するものと金属製地中管路とが接近又は交差する場合に
　おいて，電食作用による障害のおそれがあるときは，第209条第5項の規
　定に準じて施設すること．

# 第7章　国際規格の取り入れ

**【IEC 60364 規格の適用】**（省令第4条）

**第218条**　需要場所に施設する省令第2条第1項に規定する低圧で使用する電気設備は，第3条から第217条までの規定によらず，218-1 表に掲げる日本産業規格又は国際電気標準会議規格の規定により施設することができる．ただし，一般送配電事業者，配電事業者又は特定送配電事業者の電気設備と直接に接続する場合は，これらの事業者の低圧の電気の供給に係る設備の接地工事の施設と整合がとれていること．

218-1 表

| 規格番号（制定年） | 規格名 | 備考 |
|---|---|---|
| JIS C 60364-1 (2010) | 低圧電気設備—第1部：基本的原則，一般特性の評価及び用語の定義 | 132.4,313.2,33.2, 35 を除く． |
| JIS C 60364-4-41 (2022) | 低圧電気設備—第4-41部：安全保護—感電保護 | |
| IEC 60364-4-42 (2022) | 低圧電気設備—第4-42部：安全保護—熱の影響に対する保護 | 422 を除く． |
| JIS C 60364-4-43 (2011) | 低圧電気設備—第4-43部：安全保護—過電流保護 | |
| IEC 60364-4-44 (2022) | 低圧電気設備—第4-44部：安全保護—妨害電圧及び電磁妨害に対する保護 | 443, 444, 445 を除く． |
| JIS C 60364-5-51 (2010) | 低圧電気設備—第5-51部：電気機器の選定及び施工—一般事項 | |
| IEC 60364-5-52 (2023) | 低圧電気設備—第5-52部：電気機器の選定及び施工—配線設備 | 526.3 を除く． |
| IEC 60364-5-53 (2020) | 低圧電気設備—第5-53部：電気機器の選定及び施工—安全保護，断路，開閉，制御及び監視のための機器 | 532.2,534 を除く． |
| IEC 60364-5-54 (2023) | 低圧電気設備—第5-54部：電気機器の選定及び施工—接地設備及び保護導体 | |
| IEC 60364-5-55 (2023) | 建築電気設備—第5-55部：電気機器の選定及び施工—その他の機器 | |
| IEC 60364-6 (2016) | 低圧電気設備—第6部：検証 | |
| IEC 60364-7-701 (2019) | 低圧電気設備—第7-701部：特殊設備又は特殊場所に関する要求事項—バス又はシャワーのある場所 | 注1 |

| IEC 60364-7-702 (2010) | 低圧電気設備—第7-702部：特殊設備又は特殊場所に関する要求事項—水泳プール及び噴水 | |
|---|---|---|
| JIS C 0364-7-703 (2008) | 建築電気設備—第7-703部：特殊設備又は特殊場所に関する要求事項—サウナヒータのある部屋及び小屋 | |
| JIS C 0364-7-704 (2017) | 低圧電気設備—第7-704部：特殊設備又は特殊場所に関する要求事項—建設現場及び解体現場における設備 | |
| JIS C 0364-7-705 (2010) | 低圧電気設備—第7-705部：特殊設備又は特殊場所に関する要求事項—農業用及び園芸用施設 | |
| IEC 60364-7-706 (2019) | 低圧電気設備—第7-706部：特殊設備又は特殊場所に関する要求事項—動きを制約された形導電性場所 | 注2 |
| IEC 60364-7-708 (2017) | 低圧電気設備—第7-708部：特殊設備又は特殊場所に関する要求事項—キャラバンパーク，キャンピングパーク及び類似の場所 | |
| IEC 60364-7-709 (2012) | 低圧電気設備—第7-709部：特殊設備又は特殊場所に関する要求事項—マリーナ及び類似の場所 | |
| <u>IEC 60364-7-710 (2021)</u> | <u>低圧電気設備　第7部：特殊設備又は特殊場所に関する要求事項　第710節：医用場所</u> | 710.313を除く |
| JIS C 0364-7-711 (2018) | 建築電気設備　第7部：特殊設備又は特殊場所に関する要求事項　第711節：展示会，ショー及びスタンド | |
| JIS C 0364-7-712 (2017) | 建築電気設備—第7-712部：特殊設備又は特殊場所に関する要求事項—太陽光発電システム | |
| IEC 60364-7-714 (2011) | 低圧電気設備　第7-714節：特殊設備又は特殊場所に関する要求事項—屋外照明設備 | |
| IEC 60364-7-715 (2011) | 低圧電気設備—第7-715部：特殊設備又は特殊場所に関する要求事項—特別低電圧照明設備 | |
| IEC 60364-7-718 (2011) | 低圧電気設備　第7-718部：特殊設備又は特殊場所に関する要求事項—公共施設及び作業場 | |
| IEC 60364-7-722 (2018) | 低圧電気設備—第7-722部：特殊設備又は特殊場所に関する要求事項—電気自動車用電源 | |
| JIS C 0364-7-740 (2005) | 建築電気設備—第7-740部：特殊設備又は特殊場所に関する要求事項—催し物会場，遊園地及び広場の建造物，娯楽装置及びブースの仮設電気設備 | |
| IEC 60364-7-753 (2014) | 低圧電気設備—第7-753部：特殊設備又は特殊場所に関する要求事項—発熱線及び埋込形暖房設備 | |

(備考)　表中において適用が除外されている規格については，表中の他の規格で引用
　　　　されている場合においても適用が除外される．
　　注1：IEC 60364-7-701 (2019) 701.1 適用範囲のうち，キャラバン，トレーラ
　　　　ーハウス及びシャワーコンテナ等の移動可能な用途における固定電気設
　　　　備については除く．

注2：IEC 60364-7-706（2019）における次の項は，218-1表に掲げる他の規格に同じ内容が規定されていることから適用しなくてよい．
　　706.410.3.1.6
　　706.411
　　706.412
　　706.413.1.2.3
　　706.413.5.1.1

2　同一の電気使用場所においては，前項の規定（以下「IEC 関連規定」という．）と第3条から第217条までの規定とを混用して低圧の電気設備を施設しないこと．ただし，次の各号のいずれかに該当する場合は，この限りでない．この場合において，IEC 関連規定に基づき施設する設備と第3条から第217条までの規定に基づき施設する設備を同一の場所に施設するときは，表示等によりこれらの設備を識別できるものとすること．

一　変圧器（IEC 関連規定に基づき施設する設備と第3条から第217条までの規定に基づき施設する設備が異なる変圧器に接続されている場合はそれぞれの変圧器）が非接地式高圧電路に接続されている場合において，当該変圧器の低圧回路に施す接地抵抗値が2Ω以下であるとき

二　第18条第1項の規定により，IEC 関連規定に基づき施設する設備及び第3条から第217条までの規定に基づき施設する設備の接地工事を施すとき

3　配線用遮断器又は漏電遮断器であって，次に適合するものは，218-1表に掲げる規格の規定にかかわらず，使用することができる．

一　電気用品安全法の適用を受けるものにあっては，電気用品の技術上の基準を定める省令の規定を<u>満たし</u>，次に掲げるいずれかの規格に適合するものであること．

イ　日本産業規格 JIS C 8201-2-1（2021）「低圧開閉装置及び制御装置－第2-1部：回路遮断器（配線用遮断器及びその他の遮断器）」の「附属書1」

ロ　日本産業規格 JIS C 8201-2-2（2021）「低圧開閉装置及び制御装置－第2-2部：漏電遮断器」の「附属書1」

ハ　日本産業規格 JIS C 8211（2020）「住宅及び類似設備用配線用遮断器」（JIS C 8211（2021）にて追補）の「附属書1」

ニ　日本産業規格 JIS C 8221（2020）「住宅及び類似設備用漏電遮断器－過電流保護装置なし（RCCBs）」（JIS C 8221（2021）にて追補）の「附属書1」

ホ　日本産業規格 JIS C 8222（2021）「住宅及び類似設備用漏電遮断器－過

　　電流保護装置付き（RCBOs）」の「附属書1」

　二　電気用品安全法の適用を受けるもの以外のものにあっては，前号イから
　　ホまでのいずれかの規格に適合するものであること．

【IEC 61936-1 規格の適用】（省令第4条）

　**第219条**　省令第2条第1項に規定する高圧又は特別高圧で使用する電気設備
　　（電線路を除く．）は，第3条から第217条の規定によらず，国際電気標準会議
　　規格 IEC 61936-1 (2021) Power installations exceeding 1 kVAC and 1.5
　　kVDC-Part 1：AC（以下この条において「IEC 61936-1 規格」という．）のう
　　ち，219-1 表の左欄に掲げる箇条の規定により施設することができる．ただ
　　し，同表の左欄に掲げる箇条に規定のない事項，又は同表の左欄に掲げる箇
　　条の規定が具体的でない場合において同表の右欄に示す解釈の箇条に規定す
　　る事項については，対応する第3条から第217条までの規定により施設する
　　こと．

219-1 表

| IEC 61936-1 規格の箇条 | 対応する解釈の箇条 |
|---|---|
| 1　Scope | — |
| 3　Terms and definitions | — |
| 4　Fundamental requirements | |
| 　4.1　General | — |
| 　4.2　Electrical requirements | |
| 　　4.2.1　Method of neutral earthing | — |
| 　　4.2.2　Voltage classification | 第15条，第16条 |
| 　　4.2.3　Current in normal operation | — |
| 　　4.2.4　Short-circuit current | — |
| 　　4.2.5　Rated frequency | — |
| 　　4.2.6　Corona（※1） | 第51条 |
| 　　4.2.7　Electric and magnetic field（※2） | 第31条，第39条，第50条 |
| 　　4.2.8　Overvoltages | 第37条 |
| 　　4.2.9　Harmonics | — |
| 　　4.2.10　Electromagnetic compatibility | — |
| 　4.3　Mechanical requirements（※3） | 第58条 |
| 　4.4　Climatic and environmental conditions | |

| | |
|---|---|
| 4.4.1 General | 第58条, 第141条, 第176条 |
| 4.4.2 Normal conditions (※3, ※4) | |
| 4.4.3 Special conditions | — |
| 4.5 Particular requirements | |
| 4.5.1 Effects of small animals and micro-organisms | — |
| 4.5.2 Noise level (※5) | |
| 5 Insulation | |
| 5.1 General | — |
| 5.2 Selection of installation level | |
| 5.3 Verification of withstand values | |
| 5.4 Minimum clearance of live parts (※6) | |
| 5.5 Minimum clearance between parts under special conditions | |
| 5.6 Tested connection zones | |
| 6 Electrical equipment | |
| 6.1 General requirements | — |
| 6.2 Specific requirements | |
| 6.2.1 Switching devices | 第23条 |
| 6.2.2 Power transformers and reactors | — |
| 6.2.3 Prefabricated type-tested switchgears | 第40条第1項 |
| 6.2.4 Instrument transformers | — |
| 6.2.5 Surge arresters | — |
| 6.2.6 Capacitors | — |
| 6.2.8 Insulators | — |
| 6.2.9 Insulated cables | 第9条, 第10条, 第11条, 第120条, 第121条, 第123条, 第124条, 第125条, 第132条第2項, 第168条第1項, 第2項, 第169条第1項, 第2項, 第171条第3項, 第4項 |
| 6.2.10 Conductors and accessories | — |
| 6.2.11 Rotating electrical machines | 第21条, 第22条, 第42条, 第43条, 第153条, 第176条 |
| 6.2.12 Generating units | 第41条, 第42条, 第47条の2 |

| | |
|---|---|
| 6.2.13　Generating units main connections | — |
| 6.2.14　Static converters | 第21条, 第22条 |
| 6.2.15　Fuses | 第21条, 第22条, 第23条 |
| 6.2.16　Electrical and mechanical interlocking | — |
| 7　Electrical power installations | |
| 　7.1　General | — |
| 　　7.1.1　Common requirements | — |
| 　　7.1.2　Circuit arrangement | 第36条第3項, 第4項, 第5項 |
| 　　7.1.3　Documentation | — |
| 　　7.1.4　Transport routes（第1段落の輸送ルートの合意に関する規定を除く.） | — |
| 　　7.1.5　Aisles and access areas | — |
| 　　7.1.6　Lighting | — |
| 　　7.1.8　Labelling | — |
| 　7.2　Outdoor electrical power installations of open design | |
| 　　7.2.1　General | |
| 　　7.2.2　Protection barrier clearance | |
| 　　7.2.3　Protective obstacle clearance | — |
| 　　7.2.5　Minimum height over access area | |
| 　　7.2.7　External fences or walls and access doors | |
| 　7.3　Indoor electrical power installations of open design | — |
| 　7.4　Installation of prefabricated type-tested switchgear | |
| 　　7.4.1　General | |
| 　　7.4.2　Additional requirements for gas-insulated metal-enclosed switchgear（7.4.2.2を除く.） | — |
| 8　Safety measures | — |
| 　8.1　General | — |
| 　8.2　Protection against direct contact | |
| 　　8.2.1　General | |
| 　　8.2.2　Measures for protection against direct contact | — |
| 　　8.2.3　Protection requirements（※7, ※8） | |
| 　8.3　Means to protect persons in case of indirect contact | — |

| | |
|---|---|
| 8.4　Means to protect persons working on electrical installations（8.4.6を除く.） | — |
| 8.5　Protection from danger resulting from arc fault | — |
| 8.7　Protection against fire | |
| 　8.7.3　Cables | 第120条第3項, 第125条, 第168条第2項, 第175条, 第176条, 第177条 |
| 8.8　Protection against leakage of insulating liquid and SF$_6$ | — |
| 8.9　Identification and marking（8.9.5を除く.） | — |
| 9　Protection, <u>automation</u> and auxiliary systems | |
| 　9.1　<u>Protection system</u> | 第34条第1項, 第35条, 第36条, 第42条, 第43条, 第44条, 第45条, 第47条の2, 第48条 |
| 　<u>9.2</u>　<u>Automation system</u>（※3） | |
| 　<u>9.3</u>　<u>Auxiliary system</u> | |
| 　　<u>9.3.1</u>　compressed air systems | — |
| 　　<u>9.3.2</u>　Compressed air systems | 第23条, 第40条 |
| 　　<u>9.3.3</u>　SF$_6$ gas handling plants | — |
| 　　<u>9.3.4</u>　Hydrogen handling plants | 第41条 |
| 　<u>9.4</u>　Basic rules for electromagnetic compatibility of control systems | — |
| 10　Earthing systems | |
| 　10.1　General | — |
| 　10.2　Fundamental requirements | 第17条（接地抵抗値に係る部分を除く.）, 第18条第2項 |
| 　10.3　Design of earthing systems | 第19条 |
| 　10.4　Construction <u>work on</u> earthing systems | — |
| 　10.5　Measurements | — |

※1：架空電線路からの電波障害の防止については，第51条の規定によること.
※2：電界については，省令第27条の規定によること.
※3：地震による振動を考慮すること.
※4：風速に対する条件は，省令第32条及び省令第51条の規定によること.
※5：省令第19条第11項の規定によること.
※6：気中最小離隔距離の値は，電気学会電気規格調査会標準規格 JEC-2200-<u>2014</u>「変圧器」の「表Ⅲ-<u>6</u>　気中絶縁距離（$H_0$）および絶縁距離設定のための寸法（$H_1$）」に規定される気中絶縁距離の最小値によること.

※7：上部離隔距離については，第21条又は第22条第1項の規定によること．
※8：7.2.6の参照に係る部分を除く．

2　同一の閉鎖電気運転区域（高圧又は特別高圧の機械器具を施設する，取扱者以外の者が立ち入らないように措置した部屋又はさく等により囲まれた場所をいう．）においては，前項ただし書の規定による場合を除き，IEC 61936-1規格の規定と第3条から第217条までの規定とを混用して施設しないこと．

3　第1項の規定により施設する高圧又は特別高圧の電気設備に低圧の電気設備を接続する場合は，事故時に発生する過電圧により，低圧の電気設備において危険のおそれがないよう施設すること．

# 第 8 章　分散型電源の系統連系設備

**【分散型電源の系統連系設備に係る用語の定義】**（省令第 1 条）

**第 220 条**　この解釈において用いる分散型電源の系統連系設備に係る用語であって，次の各号に掲げるものの定義は，当該各号による．

一　発電設備等　発電設備又は電力貯蔵装置であって，常用電源の停電時又は電圧低下発生時にのみ使用する非常用予備電源以外のもの（第十六号に定める主電源設備及び第十七号に定める従属電源設備を除く．）

二　分散型電源　電気事業法（昭和 39 年法律第 170 号）第 38 条第 4 項第一号，第三号又は第五号に掲げる事業を営む者以外の者が設置する発電設備等であって，一般送配電事業者若しくは配電事業者が運用する電力系統又は第十四号に定める地域独立系統に連系するもの

三　解列　電力系統から切り離すこと．

四　逆潮流　分散型電源設置者の構内から，一般送配電事業者が運用する電力系統側へ向かう有効電力の流れ

五　単独運転　分散型電源を連系している電力系統が事故等によって系統電源と切り離された状態において，当該分散型電源が発電を継続し，線路負荷に有効電力を供給している状態

六　逆充電　分散型電源を連系している電力系統が事故等によって系統電源と切り離された状態において，分散型電源のみが，連系している電力系統を加圧し，かつ，当該電力系統へ有効電力を供給していない状態

七　自立運転　分散型電源が，連系している電力系統から解列された状態において，当該分散型電源設置者の構内負荷にのみ電力を供給している状態

八　線路無電圧確認装置　電線路の電圧の有無を確認するための装置

九　転送遮断装置　遮断器の遮断信号を通信回線で伝送し，別の構内に設置された遮断器を動作させる装置

十　受動的方式の単独運転検出装置　単独運転移行時に生じる電圧位相又は周波数等の変化により，単独運転状態を検出する装置

十一　能動的方式の単独運転検出装置　分散型電源の有効電力出力又は無効電力出力等に平時から変動を与えておき，単独運転移行時に当該変動に起因して生じる周波数等の変化により，単独運転状態を検出する装置

十二　スポットネットワーク受電方式　2 以上の特別高圧配電線（スポット

ネットワーク配電線）で受電し，各回線に設置した受電変圧器を介して2
次側電路をネットワーク母線で並列接続した受電方式

十三 二次励磁制御巻線形誘導発電機 二次巻線の交流励磁電流を周波数制
御することにより可変速運転を行う巻線形誘導発電機

十四 地域独立系統 災害等による長期停電時に，隣接する一般送配電事業
者，配電事業者又は特定送配電事業者が運用する電力系統から切り離した
電力系統であって，その系統に連系している発電設備等並びに第十六号に
定める主電源設備及び第十七号に定める従属電源設備で電気を供給するこ
とにより運用されるもの

十五 地域独立系統運用者 地域独立系統の電気の需給の調整を行う者

十六 主電源設備 地域独立系統の電圧及び周波数を維持する目的で地域独
立系統運用者が運用する発電設備又は電力貯蔵装置

十七 従属電源設備 主電源設備の電気の供給を補う目的で地域独立系統運
用者が運用する発電設備又は電力貯蔵装置

十八 地域独立運転 主電源設備のみが，又は主電源設備及び従属電源設備
が地域独立系統の電源となり当該系統にのみ電気を供給している状態

**【直流流出防止変圧器の施設】**（省令第16条）

**第221条** 逆変換装置を用いて分散型電源を電力系統に連系する場合は，逆変
換装置から直流が電力系統へ流出することを防止するために，受電点と逆変
換装置との間に変圧器（単巻変圧器を除く．）を施設すること．ただし，次の
各号に適合する場合は，この限りでない．

一 逆変換装置の交流出力側で直流を検出し，かつ，直流検出時に交流出力
を停止する機能を有すること．

二 次のいずれかに適合すること．

イ 逆変換装置の直流側電路が非接地であること．

ロ 逆変換装置に高周波変圧器を用いていること．

2 前項の規定により設置する変圧器は，直流流出防止専用であることを要し
ない．

**【限流リアクトル等の施設】**（省令第4条，第20条）

**第222条** 分散型電源の連系により，一般送配電事業者又は配電事業者が運用
する電力系統の短絡容量が，当該分散型電源設置者以外の者が設置する遮断
器の遮断容量又は電線の瞬時許容電流等を上回るおそれがあるときは，分散
型電源設置者において，限流リアクトルその他の短絡電流を制限する装置を

施設すること. ただし, 低圧の電力系統に逆変換装置を用いて分散型電源を連系する場合は, この限りでない.

**【自動負荷制限の実施】**（省令第18条第1項）

**第223条** 高圧又は特別高圧の電力系統に分散型電源を連系する場合（スポットネットワーク受電方式で連系する場合を含む.）において, 分散型電源の脱落時等に連系している電線路等が過負荷になるおそれがあるときは, 分散型電源設置者において, 自動的に自身の構内負荷を制限する対策を行うこと.

**【再閉路時の事故防止】**（省令第4条, 第20条）

**第224条** 高圧又は特別高圧の電力系統に分散型電源を連系する場合（スポットネットワーク受電方式で連系する場合を除く.）は, 再閉路時の事故防止のために, 分散型電源を連系する変電所の引出口に線路無電圧確認装置を設置すること. ただし, 次の各号のいずれかに該当する場合は, この限りでない.

一 逆潮流がない場合であって, 電力系統との連系に係る保護リレー, 計器用変流器, 計器用変圧器, 遮断器及び制御用電源配線が, 相互予備となるように2系列化されているとき. ただし, 次のいずれかにより簡素化を図ることができる.

　イ 2系列の保護リレーのうちの1系列は, 不足電力リレー（2相に設置するものに限る.）のみとすることができる.

　ロ 計器用変流器は, 不足電力リレーを計器用変流器の末端に配置する場合, 1系列目と2系列目を兼用できる.

　ハ 計器用変圧器は, 不足電圧リレーを計器用変圧器の末端に配置する場合, 1系列目と2系列目を兼用できる.

二 高圧の電力系統に分散型電源を連系する場合であって, 次のいずれかに適合するとき

　イ 分散型電源を連系している配電用変電所の遮断器が発する遮断信号を, 電力保安通信線又は電気通信事業者の専用回線で伝送し, 分散型電源を解列することのできる転送遮断装置及び能動的方式の単独運転検出装置を設置し, かつ, それぞれが別の遮断器により連系を遮断できること.

　ロ 2方式以上の単独運転検出装置（能動的方式を1方式以上含むもの.）を設置し, かつ, それぞれが別の遮断器により連系を遮断できること.

　ハ 能動的方式の単独運転検出装置及び整定値が分散型電源の運転中における配電線の最低負荷より小さい逆電力リレーを設置し, かつ, それぞれが別の遮断器により連系を遮断できること.

　　ニ　分散型電源設置者が専用線で連系する場合であって，連系している系統の自動再閉路を実施しないとき

**【一般送配電事業者又は配電事業者との間の電話設備の施設】**（省令第4条，第50条第1項）

　**第225条**　高圧又は特別高圧の電力系統に分散型電源を連系する場合（スポットネットワーク受電方式で連系する場合を含む.）は，分散型電源設置者の技術員駐在所等と電力系統を運用する一般送配電事業者又は配電事業者の技術員駐在所等との間に，次の各号のいずれかの電話設備を施設すること.

　一　電力保安通信用電話設備

　二　電気通信事業者の専用回線電話

　三　一般加入電話又は携帯電話等であって，次のいずれにも適合するもの

　　イ　分散型電源が高圧又は35,000 V以下の特別高圧で連系するもの（スポットネットワーク受電方式で連系するものを含む.）であること.

　　ロ　災害時において通信機能の障害により当該一般送配電事業者又は配電事業者と連絡が取れない場合には，当該一般送配電事業者又は配電事業者との連絡が取れるまでの間，分散型電源設置者において発電設備等の解列又は運転を停止すること.

　　ハ　次に掲げる性能を有すること.

　　　（イ）　分散型電源設置者側の交換機を介さずに直接技術員との通話が可能な方式（交換機を介する代表番号方式ではなく，直接技術員駐在所へつながる単番方式）であること.

　　　（ロ）　話中の場合に割り込みが可能な方式であること.

　　　（ハ）　停電時においても通話可能なものであること.

**【低圧連系時の施設要件】**（省令第14条，第20条）

　**第226条**　単相3線式の低圧の電力系統に分散型電源を連系する場合において，負荷の不平衡により中性線に最大電流が生じるおそれがあるときは，分散型電源を施設した構内の電路であって，負荷及び分散型電源の並列点よりも系統側に，3極に過電流引き外し素子を有する遮断器を施設すること.

　2　低圧の電力系統に逆変換装置を用いずに分散型電源を連系する場合は，逆潮流を生じさせないこと. ただし，逆変換装置を用いて分散型電源を連系する場合と同等の単独運転検出及び解列ができる場合は，この限りでない.

## 【低圧連系時の系統連系用保護装置】（省令第14条，第15条，第20条，第44条第1項）

**第227条**　低圧の電力系統に分散型電源を連系する場合は，次の各号により，異常時に分散型電源を自動的に解列するための装置を施設すること.

一　次に掲げる異常を保護リレー等により検出し，分散型電源を自動的に解列すること.

イ　分散型電源の異常又は故障

ロ　連系している電力系統の短絡事故，地絡事故又は高低圧混触事故

ハ　分散型電源の単独運転又は逆充電

二　一般送配電事業者又は配電事業者が運用する電力系統において再閉路が行われる場合は，当該再閉路時に，分散型電源が当該電力系統から解列されていること.

三　保護リレー等は，次によること.

イ　227-1表に規定する保護リレー等を受電点その他異常の検出が可能な場所に設置すること.

227-1 表

| 保護リレー等 | | 逆変換装置を用いて連系する場合 | | 逆変換装置を用いずに連系する場合 | |
| --- | --- | --- | --- | --- | --- |
| 検出する異常 | 種類 | 逆潮流有りの場合 | 逆潮流無しの場合 | 逆潮流有りの場合※1 | 逆潮流無しの場合 |
| 発電電圧異常上昇 | 過電圧リレー | ○※2 | ○※2 | ○※2 | ○※2 |
| 発電電圧異常低下 | 不足電圧リレー | ○※2 | ○※2 | ○※2 | ○※2 |
| 系統側短絡事故 | 不足電圧リレー | ○※3 | ○※3 | ○※6 | ○※6 |
| 系統側地絡事故・高低圧混触事故（間接） | 短絡方向リレー | | | ○※7 | ○※7 |
| 単独運転又は逆充電 | 単独運転検出装置 | ○※4 | ○※5 | ○※4 | ○※8 |
| | 単独運転検出装置 | | | | ○※2 |
| | 逆充電検出機能を有する装置 | | | | ○※2 |
| | 周波数上昇リレー | ○ | | ○ | |
| | 周波数低下リレー | ○ | ○ | ○ | ○ |
| | 逆電力リレー | | ○ | | ○※9 |
| | 不足電力リレー | | | | ○※10 |

※1：逆変換装置を用いて連系する分散型電源と同等の単独運転検出及び解列ができ

る場合に限る.

※ 2：分散型電源自体の保護用に設置するリレーにより検出し，保護できる場合は省略できる.

※ 3：発電電圧異常低下検出用の不足電圧リレーにより検出し，保護できる場合は省略できる.

※ 4：受動的方式及び能動的方式のそれぞれ 1 方式以上を含むものであること. 系統側地絡事故・高低圧混触事故（間接）については，単独運転検出用の受動的方式等により保護すること.

※ 5：逆潮流有りの分散型電源と逆潮流無しの分散型電源が混在する場合は，単独運転検出装置を設置すること. 逆充電検出機能を有する装置は，不足電圧検出機能及び不足電力検出機能の組み合わせ等により構成されるもの，単独運転検出装置は，受動的方式及び能動的方式のそれぞれ 1 方式以上を含むものであること. 系統側地絡事故・高低圧混触事故（間接）については，単独運転検出用の受動的方式等により保護すること.

※ 6：誘導発電機を用いる場合は，設置すること. 発電電圧異常低下検出用の不足電圧リレーにより検出し，保護できる場合は省略できる.

※ 7：同期発電機を用いる場合は，設置すること. 発電電圧異常低下検出用の不足電圧リレー又は過電流リレーにより，系統側短絡事故を検出し，保護できる場合は省略できる.

※ 8：高速で単独運転を検出し，分散型電源を解列することのできる受動的方式のものに限る.

※ 9：※ 8 に示す装置で単独運転を検出し，保護できる場合は省略できる.

※ 10：分散型電源の出力が，構内の負荷より常に小さく，※ 8 に示す装置及び逆電力リレーで単独運転を検出し，保護できる場合は省略できる. この場合には，※ 9 は省略できない.

（備考）

1. ○は，該当することを示す.
2. 逆潮流無しの場合であっても，逆潮流有りの条件で保護リレー等を設置することができる.

　　ロ　イの規定により設置する保護リレーの設置相数は，227-2 表によること.

227-2 表

| 保護リレーの種類 | 保護リレーの設置相数 | | |
| --- | --- | --- | --- |
| | 単相 2 線式で受電する場合 | 単相 3 線式で受電する場合 | 三相 3 線式で受電する場合 |
| 周波数上昇リレー | | 1 | 1 |
| 周波数低下リレー | | | |
| 逆電力リレー | | | |
| 過電圧リレー | 1 | | 2 |
| 不足電力リレー | | | |
| 不足電圧リレー | | 2 | 3 |

| 短絡方向リレー | | （中性線と両電圧線間） | 3 ※ |
|---|---|---|---|
| 逆充電検出機能を有する装置 | 不足電圧リレー | | 2 |
| | 不足電力リレー | | 3 |

※：連系している系統と協調がとれる場合は，2相とすることができる．

　　四　分散型電源の解列は，次によること．
　　　イ　次のいずれかで解列すること．
　　　（イ）　受電用遮断器
　　　（ロ）　分散型電源の出力端に設置する遮断器又はこれと同等の機能を有する装置
　　　（ハ）　分散型電源の連絡用遮断器
　　　ロ　前号ロの規定により複数の相に保護リレーを設置する場合は，いずれかの相で異常を検出した場合に解列すること．
　　　ハ　解列用遮断装置は，系統の停電中及び復電後，確実に復電したとみなされるまでの間は，投入を阻止し，分散型電源が系統へ連系できないものであること．
　　　ニ　逆変換装置を用いて連系する場合は，次のいずれかによること．ただし，受動的方式の単独運転検出装置動作時は，不要動作防止のため逆変換装置のゲートブロックのみとすることができる．
　　　（イ）　2箇所の機械的開閉箇所を開放すること．
　　　（ロ）　1箇所の機械的開閉箇所を開放し，かつ，逆変換装置のゲートブロックを行うこと．
　　　ホ　逆変換装置を用いずに連系する場合は，2箇所の機械的開閉箇所を開放すること．
　2　一般用電気工作物又は小規模事業用電気工作物において自立運転を行う場合は，2箇所の機械的開閉箇所を開放することにより，分散型電源を解列した状態で行うとともに，連系復帰時の非同期投入を防止する装置を施設すること．ただし，逆変換装置を用いて連系する場合において，次の各号の全てを防止する装置を施設する場合は，機械的開閉箇所を1箇所とすることができる．
　一　系統停止時の誤投入
　二　機械的開閉箇所故障時の自立運転移行

**【高圧連系時の施設要件】**（省令第18条第1項，第20条）

　**第228条**　高圧の電力系統に分散型電源を連系する場合は，分散型電源を連系する配電用変電所の配電用変圧器において，逆向きの潮流を生じさせないこと．ただし，当該配電用変電所に保護装置を施設する等の方法により分散型電源と電力系統との協調をとることができる場合は，この限りではない．

**【高圧連系時の系統連系用保護装置】**（省令第14条，第15条，第20条，第44条第1項）

　**第229条**　高圧の電力系統に分散型電源を連系する場合は，次の各号により，異常時に分散型電源を自動的に解列するための装置を施設すること．

　一　次に掲げる異常を保護リレー等により検出し，分散型電源を自動的に解列すること．

　　イ　分散型電源の異常又は故障

　　ロ　連系している電力系統の短絡事故又は地絡事故

　　ハ　分散型電源の単独運転

　二　一般送配電事業者又は配電事業者が運用する電力系統において再閉路が行われる場合は，当該再閉路時に，分散型電源が当該電力系統から解列されていること．

　三　保護リレー等は，次によること．

　　イ　229-1表に規定する保護リレー等を受電点その他故障の検出が可能な場所に設置すること．

229-1表

| 保護リレー等 | | 逆変換装置を用いて連系する場合 | | 逆変換装置を用いずに連系する場合 | |
|---|---|---|---|---|---|
| 検出する異常 | 種類 | 逆潮流有りの場合 | 逆潮流無しの場合 | 逆潮流有りの場合 | 逆潮流無しの場合 |
| 発電電圧異常上昇 | 過電圧リレー | ○※1 | ○※1 | ○※1 | ○※1 |
| 発電電圧異常低下 | 不足電圧リレー | ○※1 | ○※1 | ○※1 | ○※1 |
| 系統側短絡事故 | 不足電圧リレー | ○※2 | ○※2 | ○※9 | ○※9 |
| | 短絡方向リレー | | | ○※10 | ○※10 |
| 系統側地絡事故 | 地絡過電圧リレー | ○※3 | ○※3 | ○※11 | ○※11 |
| 単独運転 | 周波数上昇リレー | ○※4 | | ○※4 | |
| | 周波数低下リレー | ○ | ○※7 | ○ | ○※7 |
| | 逆電力リレー | | ○※8 | | ○ |

| | 転送遮断装置又は単独運転検出装置 | ○<br>※5※6 | | ○<br>※5※6※12 | |

※1：分散型電源自体の保護用に設置するリレーにより検出し，保護できる場合は省略できる．

※2：発電電圧異常低下検出用の不足電圧リレーにより検出し，保護できる場合は省略できる．

※3：構内低圧線に連系する場合であって，分散型電源の出力が受電電力に比べて極めて小さく，単独運転検出装置等により高速に単独運転を検出し，分散型電源を停止又は解列する場合又は地絡方向継電装置付き高圧交流負荷開閉器から，零相電圧を地絡過電圧リレーに取り込む場合は，省略できる．

※4：専用線と連系する場合は，省略できる．

※5：転送遮断装置は，分散型電源を連系している配電線の配電用変電所の遮断器の遮断信号を，電力保安通信線又は電気通信事業者の専用回線で伝送し，分散型電源を解列することのできるものであること．

※6：単独運転検出装置は，能動的方式を1方式以上含むものであって，次の全てを満たすものであること．なお，地域独立系統に連系する場合は，当該系統においても単独運転検出ができるものであること．

　(1)　系統のインピーダンスや負荷の状態等を考慮し，必要な時間内に確実に検出することができること．

　(2)　頻繁な不要解列を生じさせない検出感度であること．

　(3)　能動信号は，系統への影響が実態上問題とならないものであること．

※7：専用線による連系であって，逆電力リレーにより単独運転を高速に検出し，保護できる場合は省略できる．

※8：構内低圧線に連系する場合であって，分散型電源の出力が受電電力に比べて極めて小さく，受動的方式及び能動的方式のそれぞれ1方式以上を含む単独運転検出装置等により高速に単独運転を検出し，分散型電源を停止又は解列する場合は省略できる．

※9：誘導発電機を用いる場合は，設置すること．発電電圧異常低下検出用の不足電圧リレーにより検出し，保護できる場合は省略できる．

※10：同期発電機を用いる場合は，設置すること．

※11：発電機引出口に設置する地絡過電圧リレーにより，系統側地絡事故が検知できる場合又は地絡方向継電装置付き高圧交流負荷開閉器から，零相電圧を地絡過電圧リレーに取り込む場合は，省略できる．

※12：誘導発電機（二次励磁制御巻線形誘導発電機を除く．）を用いる，風力発電設備その他出力変動の大きい分散型電源において，周波数上昇リレー及び周波数低下リレーにより単独運転を高速かつ確実に検出し，保護できる場合は省略できる．

（備考）　1．○は，該当することを示す．

　　　　　2．逆潮流無しの場合であっても，逆潮流有りの条件で保護リレー等を設置することができる．

　　ロ　イの規定により設置する保護リレーの設置相数は，229-2表によること．

229-2 表

| 保護リレーの種類 | 保護リレーの設置相数 |
|---|---|
| 地絡過電圧リレー | 1（零相回路） |
| 過電圧リレー | 1 |
| 周波数低下リレー | |
| 周波数上昇リレー | |
| 逆電力リレー | |
| 短絡方向リレー | 3※1 |
| 不足電圧リレー | 3※2 |

※1：連系している系統と協調がとれる場合は，2相とすることができる．
※2：同期発電機を用いる場合であって，短絡方向リレーと協調がとれる場合は，1相とすることができる．

　四　分散型電源の解列は，次によること．
　　イ　次のいずれかで解列すること．
　　　（イ）　受電用遮断器
　　　（ロ）　分散型電源の出力端に設置する遮断器又はこれと同等の機能を有する装置
　　　（ハ）　分散型電源の連絡用遮断器
　　　（ニ）　母線連絡用遮断器
　　ロ　前号ロの規定により複数の相に保護リレーを設置する場合は，いずれかの相で異常を検出した場合に解列すること．

**【特別高圧連系時の施設要件】**（省令第18条第1項，第42条）
　**第230条**　特別高圧の電力系統に分散型電源を連系する場合（スポットネットワーク受電方式で連系する場合を除く．）は，次の各号によること．
　一　一般送配電事業者又は配電事業者が運用する電線路等の事故時等に，他の電線路等が過負荷になるおそれがあるときは，系統の変電所の電線路引出口等に過負荷検出装置を施設し，電線路等が過負荷になったときは，同装置からの情報に基づき，分散型電源の設置者において，分散型電源の出力を適切に抑制すること．
　二　系統安定化又は潮流制御等の理由により運転制御が必要な場合は，必要な運転制御装置を分散型電源に施設すること．
　三　単独運転時において電線路の地絡事故により異常電圧が発生するおそれ等があるときは，分散型電源の設置者において，変圧器の中性点に第19条第

2項各号の規定に準じて接地工事を施すこと.（関連省令第10条,第11条）

四　前号に規定する中性点接地工事を施すことにより,一般送配電事業者又は配電事業者が運用する電力系統において電磁誘導障害防止対策や地中ケーブルの防護対策の強化等が必要となった場合は,適切な対策を施すこと.

**【特別高圧連系時の系統連系用保護装置】**（省令第14条, 第15条, 第20条, 第44条第1項）

**第231条**　特別高圧の電力系統に分散型電源を連系する場合（スポットネットワーク受電方式で連系する場合を除く.）は,次の各号により,異常時に分散型電源を自動的に解列するための装置を施設すること.

一　次に掲げる異常を保護リレー等により検出し,分散型電源を自動的に解列すること.

イ　分散型電源の異常又は故障

ロ　連系している電力系統の短絡事故又は地絡事故. ただし,電力系統側の再閉路の方式等により,分散型電源を解列する必要がない場合を除く.

二　一般送配電事業者又は配電事業者が運用する電力系統において再閉路が行われる場合は,当該再閉路時に,分散型電源が当該電力系統から解列されていること.

三　保護リレー等は,次によること.

イ　231-1表に規定する保護リレーを受電点その他故障の検出が可能な場所に設置すること.

231-1 表

| 保護リレー | | 逆変換装置を用いて連系する場合 | 逆変換装置を用いずに連系する場合 |
|---|---|---|---|
| 検出する異常 | 種類 | | |
| 発電電圧異常上昇 | 過電圧リレー | ○※1 | ○※1 |
| 発電電圧異常低下 | 不足電圧リレー | ○※1 | ○※1 |
| 系統側短絡事故 | 不足電圧リレー | ○※2 | ○※5 |
| | 短絡方向リレー | | ○※6 |
| 系統側地絡事故 | 電流差動リレー | ○※3 | ○※3 |
| | 地絡過電圧リレー | ○※4 | ○※4 |

※1：分散型電源自体の保護用に設置するリレーにより検出し, 保護できる場合は省略できる.

※2：発電電圧異常低下検出用の不足電圧リレーにより検出し, 保護できる場合は省略できる.

※3：連系する系統が，中性点直接接地方式の場合，設置する．

※4：連系する系統が，中性点直接接地方式以外の場合，設置する．地絡過電圧リレーが有効に機能しない場合は，地絡方向リレー，電流差動リレー又は回線選択リレーを設置すること．ただし，次のいずれかを満たす場合は，地絡過電圧リレーを設置しないことができる．

　(1)　電流差動リレーが設置されている場合

　(2)　発電機引出口にある地絡過電圧リレーにより，系統側地絡事故が検知できる場合

　(3)　分散型電源の出力が構内の負荷より小さく，周波数低下リレーにより高速に単独運転を検出し，分散型電源を解列することができる場合

　(4)　逆電力リレー，不足電力リレー又は受動的方式の単独運転検出装置により，高速に単独運転を検出し，分散型電源を解列することができる場合

※5：誘導発電機を用いる場合，設置する．発電電圧異常低下検出用の不足電圧リレーにより検出し，保護できる場合は省略できる．

※6：同期発電機を用いる場合，設置する．電流差動リレーが設置されている場合は，省略できる．短絡方向リレーが有効に機能しない場合は，短絡方向距離リレー，電流差動リレー又は回線選択リレーを設置すること．

(備考)　○は，該当することを示す．

　　ロ　イの規定により設置する保護リレーの設置相数は，231-2表によること．

231-2 表

| 保護リレーの種類 | 保護リレーの設置相数 |
|---|---|
| 地絡過電圧リレー | 1（零相回路） |
| 地絡方向リレー | |
| 地絡検出用電流差動リレー | |
| 地絡検出用回線選択リレー | |
| 過電圧リレー | 1 |
| 周波数低下リレー | |
| 逆電力リレー | |
| 不足電力リレー | 2 |
| 短絡方向リレー | 3 |
| 不足電圧リレー | |
| 短絡検出・地絡検出兼用電流差動リレー | |
| 短絡検出用電流差動リレー | |
| 短絡方向距離リレー | |
| 短絡検出用回線選択リレー | |

　　四　分散型電源の解列は，次によること．

　　　イ　次のいずれかで解列すること．

　　　　（イ）　受電用遮断器

　　　　（ロ）　分散型電源の出力端に設置する遮断器又はこれと同等の機能を有する装置

　　　　（ハ）　分散型電源の連絡用遮断器

　　　　（ニ）　母線連絡用遮断器

　　　ロ　前号ロの規定により，複数の相に保護リレーを設置する場合は，いずれかの相で異常を検出した場合に解列すること．

2　スポットネットワーク受電方式で受電する者が分散型電源を連系する場合は，次の各号により，異常時に分散型電源を自動的に解列するための装置を施設すること．

　　一　次に掲げる異常を保護リレー等により検出し，分散型電源を自動的に解列すること．

　　　イ　分散型電源の異常又は故障

　　　ロ　スポットネットワーク配電線の全回線の電源が喪失した場合における分散型電源の単独運転

　　二　231-3表に規定する保護リレーを，ネットワーク母線又はネットワーク変圧器の2次側で故障の検出が可能な場所に設置すること．

231-3表

| 検出する異常 | 保護リレーの種類 | 保護リレーの設置相数 |
|---|---|---|
| 発電電圧異常上昇 | 過電圧リレー[※1] | 1 |
| 発電電圧異常低下 | 不足電圧リレー[※1] | |
| 単独運転 | 不足電圧リレー | |
| | 周波数低下リレー | |
| | 逆電力リレー[※2] | 3 |

※1：分散型電源自体の保護用に設置するリレーにより検出し，保護できる場合は省略できる．

※2：逆電力リレー機能を有するネットワークリレーを設置する場合は，省略できる．

　　三　分散型電源の解列は，次によること．

　　　イ　次のいずれかで解列すること．

　　　　（イ）　分散型電源の出力端に設置する遮断器又はこれと同等の機能を有

　　　　する装置

　　（ロ）　母線連絡用遮断器

　　（ハ）　プロテクタ遮断器

　ロ　前号の規定により，複数の相に保護リレーを設置する場合は，いずれ
　　かの相で異常を検出した場合に解列すること．

　ハ　逆電力リレー（ネットワークリレーの逆電力リレー機能で代用する場
　　合を含む．）で，全回線において逆電力を検出した場合は，時限をもって
　　分散型電源を解列すること．

　ニ　分散型電源を連系する電力系統において事故が発生した場合は，系統
　　側変電所の遮断器開放後に，逆潮流を逆電力リレー（ネットワークリレ
　　ーの逆電力リレー機能で代用する場合を含む．）で検出することにより
　　事故回線のプロテクタ遮断器を開放し，健全回線との連系は原則として
　　保持して，分散型電源は解列しないこと．

**【高圧連系及び特別高圧連系における例外】**（省令第 4 条）

**第 232 条**　高圧の電力系統に分散型電源を連系する場合において，分散型電源
　の出力が受電電力に比べて極めて小さいときは，高圧の電力系統に連系する
　場合に係る第 222 条，第 223 条，第 224 条，第 225 条，第 228 条及び第 229 条
　の規定によらず，低圧の電力系統に連系する場合に係る第 222 条，第 226 条
　第 2 項及び第 227 条の規定に準じることができる．

2　特別高圧の電力系統に分散型電源を連系する場合（スポットネットワーク
　受電方式で連系する場合を除く．）において，分散型電源の出力が受電電力に
　比べて極めて小さいときは，次の各号のいずれかによることができる．

　一　特別高圧の電力系統に連系する場合に係る第 222 条，第 223 条，第 224
　　条，第 225 条，第 230 条及び第 231 条の規定によらず，低圧の電力系統に
　　連系する場合に係る第 222 条，第 226 条第 2 項及び第 227 条の規定に準じ
　　ること．

　二　特別高圧の電力系統に連系する場合に係る第 224 条，第 230 条及び第
　　231 条の規定によらず，高圧の電力系統に連系する場合に係る第 224 条及
　　び第 229 条の規定に準じること．

3　35,000 V 以下の配電線扱いの特別高圧の電力系統に分散型電源を連系す
　る場合（スポットネットワーク受電方式で連系する場合を除く．）は，特別高
　圧の電力系統に連系する場合に係る第 224 条，第 230 条及び第 231 条の規定
　によらず，高圧の電力系統に連系する場合に係る第 224 条及び第 229 条の規

定に準じることができる.

**【地域独立運転時の主電源設備及び従属電源設備の保護装置】**（省令第14条，第15条，第20条，第44条第1項）

**第233条**　地域独立運転を行う場合は，次の各号により，主電源設備及び従属電源設備を施設すること.

一　次に掲げる異常を保護リレー等により検出し，主電源設備及び従属電源設備を自動的に解列すること.

　イ　主電源設備の異常又は故障

　ロ　地域独立系統の短絡事故又は地絡事故

　ハ　地域独立系統の需要場所（地域独立系統との協調をとることができないものに限る.）における短絡事故又は地絡事故

二　従属電源設備の異常又は故障を保護リレー等により検出し，従属電源設備を自動的に解列すること.

2　地域独立系統に隣接する一般送配電事業者，配電事業者又は特定送配電事業者が運用する電力系統と地域独立系統の接続が行われる場合は，当該接続時に，主電源設備及び従属電源設備が地域独立系統から解列されていること.

**【地域独立系統運用者との間の電話設備の施設】**（省令第4条，第50条第1項）

**第234条**　地域独立運転を行う場合は，地域独立系統運用者の技術員駐在所等と次の各号に掲げる者の技術員駐在所等との間に，電話設備を施設すること.

一　隣接する電力系統を運用する一般送配電事業者，配電事業者又は特定送配電事業者

二　主電源設備を設置する者

2　前項の電話設備は次の各号のいずれかとする.

一　電力保安通信用電話設備

二　電気通信事業者の専用回線電話

三　一般加入電話又は携帯電話等であって，次のいずれにも適合するもの

　イ　主電源設備及び従属電源設備が高圧又は35,000 V以下の特別高圧で連系するもの（スポットネットワーク受電方式で連系するものを含む.）であること.

　ロ　災害時等において通信機能の障害により地域独立運転を行う地域独立系統に隣接する電力系統を運用する事業者と連絡が取れない場合には，

当該事業者との連絡が取れるまでの間，地域独立系統運用者において主電源設備及び従属電源設備の解列又は運転の停止をすること．

ハ　次に掲げる性能を有すること．

（イ）　地域独立系統運用者側の交換機を介さずに直接技術員との通話が可能な方式（交換機を介する代表番号方式ではなく，直接技術員駐在所へつながる単番方式）であること．

（ロ）　話中の場合に割り込みが可能な方式であること．

（ハ）　停電時においても通話可能なものであること．

# 別　　　表

別表第 1　銅線（第 3 条，第 4 条，第 5 条，第 6 条，第 8 条，第 9 条，第 10 条，第 65 条，第 127 条，第 137 条，第 181 条，第 188 条，第 190 条及び第 195 条関係）

| 銅線の種類 | 導体の直径（mm） | 引張強さ（N/mm²） | 伸び（%） | 導電率（%） |
|---|---|---|---|---|
| 硬銅線 | 0.40 以上　　1.8　以下 | $(462-10.8d)$ 以上 | — | 96.0 以上 |
| | 1.8 を超え 12.0 以下 | | — | 97.0 以上 |
| 軟銅線 | 0.10 以上　　0.28 以下 | 196 以上<br>$(462-10.8d)$ 未満 | 15.0 以上 | 98.0 以上 |
| | 0.28 を超え 0.29 以下 | | 20.0 以上 | 98.0 以上 |
| | 0.29 を超え 0.45 以下 | | 20.0 以上 | 99.3 以上 |
| | 0.45 を超え 0.70 以下 | | 20.0 以上 | 100 以上 |
| | 0.70 を超え 1.6　以下 | | 25.0 以上 | 100 以上 |
| | 1.6　を超え 7.0　以下 | | 30.0 以上 | 100 以上 |
| | 7.0　を超え 16.0 以下 | | 35.0 以上 | 100 以上 |

（備考）　$d$ は，導体の直径（単位：mm）

別表第 2　アルミ線（第 4 条，第 5 条，第 6 条，第 9 条，第 10 条，第 65 条及び第 188 条関係）

| アルミ線の種類 | 導体の直径（mm） | 引張強さ（N/mm²） | 伸び（%） |
|---|---|---|---|
| 硬アルミ線<br>（導電率が 61.0% 以上のもの） | 1.2 以上　　1.3 以下 | 159 以上 | 1.2 以上 |
| | 1.3 を超え 1.5 以下 | 186 以上 | 1.2 以上 |
| | 1.5 を超え 1.7 以下 | 186 以上 | 1.3 以上 |
| | 1.7 を超え 2.1 以下 | 182 以上 | 1.4 以上 |
| | 2.1 を超え 2.4 以下 | 176 以上 | 1.5 以上 |
| | 2.4 を超え 2.7 以下 | 169 以上 | 1.5 以上 |
| | 2.7 を超え 3.0 以下 | 166 以上 | 1.6 以上 |
| | 3.0 を超え 3.5 以下 | 162 以上 | 1.7 以上 |
| | 3.5 を超え 3.8 以下 | 162 以上 | 1.8 以上 |
| | 3.8 を超え 4.1 以下 | 159 以上 | 1.9 以上 |
| | 4.1 を超え 5.2 以下 | 159 以上 | 2.0 以上 |
| | 5.2 を超え 6.6 以下 | 155 以上 | 2.2 以上 |

| | | | |
|---|---|---|---|
| 半硬アルミ線<br>（導電率が 61.0% 以上のもの） | 1.2 以上　1.3 以下 | 98 以上 159 未満 | 1.2 以上 |
| | 1.3 を超え 1.5 以下 | 98 以上 186 未満 | 1.2 以上 |
| | 1.5 を超え 1.7 以下 | 98 以上 186 未満 | 1.3 以上 |
| | 1.7 を超え 2.1 以下 | 98 以上 183 未満 | 1.4 以上 |
| | 2.1 を超え 2.4 以下 | 98 以上 176 未満 | 1.5 以上 |
| | 2.4 を超え 2.7 以下 | 98 以上 169 未満 | 1.5 以上 |
| | 2.7 を超え 3.0 以下 | 98 以上 166 未満 | 1.6 以上 |
| | 3.0 を超え 3.5 以下 | 98 以上 162 未満 | 1.7 以上 |
| | 3.5 を超え 3.8 以下 | 98 以上 162 未満 | 1.8 以上 |
| | 3.8 を超え 4.1 以下 | 98 以上 159 未満 | 1.9 以上 |
| | 4.1 を超え 5.2 以下 | 98 以上 159 未満 | 2.0 以上 |
| | 5.2 を超え 6.6 以下 | 98 以上 155 未満 | 2.2 以上 |
| 軟アルミ線<br>（導電率が 61.0% 以上のもの） | 2.0 以上　5.2 以下 | 59 以上　98 未満 | 10.0 以上 |
| | 5.2 を超え 7.0 以下 | 59 以上　98 未満 | 20.0 以上 |
| イ号アルミ合金線<br>（導電率が 52.0% 以上のもの） | 1.5 以上　6.6 以下 | 309 以上 | ― |
| 高力アルミ合金線<br>（導電率が 53.0% 以上のもの） | 1.5 以上　1.7 以下 | 262 以上 | ― |
| | 1.7 を超え 1.9 以下 | 259 以上 | ― |
| | 1.9 を超え 2.1 以下 | 255 以上 | ― |
| | 2.1 を超え 2.4 以下 | 252 以上 | ― |
| | 2.4 を超え 2.7 以下 | 248 以上 | ― |
| | 2.7 を超え 3.0 以下 | 245 以上 | ― |
| | 3.0 を超え 3.8 以下 | 241 以上 | ― |
| | 3.8 を超え 4.1 以下 | 238 以上 | ― |
| | 4.1 を超え 5.2 以下 | 225 以上 | ― |
| | 5.2 を超え 6.6 以下 | 218 以上 | ― |
| 耐熱アルミ合金線<br>（導電率が 57.0% 以上のもの） | 1.2 以上　1.3 以下 | 159 以上 | ― |
| | 1.3 を超え 1.7 以下 | 186 以上 | ― |
| | 1.7 を超え 2.1 以下 | 183 以上 | ― |
| | 2.1 を超え 2.4 以下 | 176 以上 | ― |
| | 2.4 を超え 2.7 以下 | 169 以上 | ― |
| | 2.7 を超え 3.0 以下 | 166 以上 | ― |
| | 3.0 を超え 3.8 以下 | 162 以上 | ― |

| | | | |
|---|---|---|---|
| | 3.8 を超え 5.2 以下 | 159 以上 | — |
| | 5.2 を超え 6.6 以下 | 155 以上 | — |
| 高力耐熱アルミ合金線<br>(導電率が 53.0% 以上のもの) | 1.5 以上　1.7 以下 | 262 以上 | — |
| | 1.7 を超え 1.9 以下 | 259 以上 | — |
| | 1.9 を超え 2.1 以下 | 255 以上 | — |
| | 2.1 を超え 2.4 以下 | 252 以上 | — |
| | 2.4 を超え 2.7 以下 | 248 以上 | — |
| | 2.7 を超え 3.0 以下 | 245 以上 | — |
| | 3.0 を超え 3.8 以下 | 241 以上 | — |
| | 3.8 を超え 4.1 以下 | 238 以上 | — |
| | 4.1 を超え 5.2 以下 | 225 以上 | — |
| | 5.2 を超え 6.6 以下 | 218 以上 | — |

別表第 3　鋼線及びインバー線（第 4 条，第 5 条，第 6 条，第 9 条）

| 鋼線及びインバー線の種類 | | 導体の直径(mm) | 引張強さ(N/mm$^2$) |
|---|---|---|---|
| 超強力アルミ覆鋼線 | | 5.0 以下 | 1,570 以上 |
| 特別強力ア<br>ルミ覆鋼線 | 導電率が 20.0% 以上 23.0%<br>未満のもの | 5.0 以下 | 1,320 以上 |
| | 導電率が 23.0% 以上のもの | 5.0 以下 | 1,270 以上 |
| 強力アルミ<br>覆鋼線 | 導電率が 22.0% 以上 27.0%<br>未満のもの | 5.0 以下 | 1,230 以上 |
| | 導電率が 27.0% 以上のもの | 5.0 以下 | 1,080 以上 |
| 普通アルミ<br>覆鋼線 | 導電率が 30.0% 以上 35.0%<br>未満のもの | 5.0 以下 | 883 以上 |
| | 導電率が 25.0% 以上 43.0%<br>未満のもの | 5.0 以下 | 686 以上 |
| | 導電率が 43.0% 以上のもの | 5.0 以下 | 392 以上 |
| アルミめっき鋼線 | | 2.3 以下 | 1,270 以上 |
| | | 2.3 を超え 2.9 以下 | 1,240 以上 |
| | | 2.9 を超え 3.5 以下 | 1,210 以上 |
| | | 3.5 を超え 3.7 以下 | 1,170 以上 |
| | | 3.7 を超え 5.0 以下 | 1,140 以上 |
| | | 2.9 以下 | 1,320 以上 |

| 亜鉛めっき鋼線 | 2.9 を超え 3.9 以下 | 1,270 以上 |
| | 3.9 を超え 5.0 以下 | 1,230 以上 |
| アルミ覆インバー線 | 3.0 以下 | 1,030 以上 |
| | 3.0 を超え 3.8 以下 | 981 以上 |
| | 3.8 を超え 5.0 以下 | 932 以上 |
| 亜鉛めっきインバー線 | 3.9 以下 | 1,080 以上 |
| | 3.9 を超え 5.0 以下 | 1,030 以上 |

(備考)　より線において素線が圧縮されたものである場合における導体の直径は，圧縮後の素線の断面積と等しい面積の円の直径とする．

別表第4　低圧絶縁電線，多心型電線及び低圧ケーブルの絶縁体の厚さ（第5条，第6条及び第9条関係）

| 導　　　体 | | 絶縁体の厚さ（mm） | | | |
| 成形単線及びより線（公称断面積 mm²） | 単線（直径 mm） | ビニル混合物の場合 | ポリエチレン混合物又はエチレンプロピレンゴム混合物の場合 | ふっ素樹脂混合物の場合 | 天然ゴム混合物，スチレンブタジエンゴム混合物，ブチルゴム混合物又はけい素ゴム混合物の場合 |
|---|---|---|---|---|---|
| 0.75 以上　　3.5 以下 | 0.8 以上　2.0 以下 | 0.8 | 0.8 | 0.4 | 1.1 |
| 3.5 を超え　5.5 以下 | 2.0 を超え 2.6 以下 | 1.0 | 1.0 | 0.5 | 1.1 |
| 5.5 を超え　8 以下 | 2.6 を超え 3.2 以下 | 1.2 | 1.0 | 0.6 | 1.1 |
| 8 を超え　14 以下 | 3.2 を超え 4.0 以下 | 1.4 | 1.0 | 0.7 | 1.1 |
| 14 を超え　30 以下 | 4.0 を超え 5.0 以下 | 1.6 | 1.2 | 0.8 | 1.4 |
| 30 を超え　38 以下 | — | 1.8 | 1.2 | 0.9 | 1.4 |
| 38 を超え　60 以下 | — | 1.8 | 1.5 | 0.9 | 1.8 |
| 60 を超え　80 以下 | — | 2.0 | 1.5 | 1.0 | 1.8 |
| 80 を超え　100 以下 | — | 2.0 | 2.0 | 1.0 | 2.3 |
| 100 を超え　150 以下 | — | 2.2 (1.6) | 2.0 | 1.1 | 2.3 |
| 150 を超え　250 以下 | — | 2.4 (1.7) | 2.5 | 1.2 | 2.9 |
| 250 を超え　400 以下 | — | 2.6 (1.9) | 2.5 | 1.3 | 2.9 |
| 400 を超え　500 以下 | — | 2.8 | 3.0 | 1.4 | 3.5 |
| 500 を超え　725 以下 | — | 3.0 | 3.0 | 1.5 | 3.5 |
| 725 を超え 1,000 以下 | — | 3.2 | 3.5 | 1.6 | 4.0 |

| 1,000 を超え 1,400 以下 | — | 3.5 | 3.5 | 1.8 | 4.5 |
| 1,400 を超え 2,000 以下 | — | 4.0 | 4.0 | 2.0 | 5.0 |
| 2,000 超過 | — | 4.5 | 4.5 | 2.3 | 5.5 |

（備考）　かっこ内の数値は，屋外用ビニル絶縁電線に適用する．

別表第5　高圧絶縁電線及び高圧ケーブルの絶縁体の厚さ（第5条，第10条，
第65条及び第188条関係）

| 使用電圧の区分（V） | 導体 | | 絶縁体の厚さ(mm) | | |
|---|---|---|---|---|---|
| | 成形単線及びより線（公称断面積 mm²） | 単線（直径 mm） | ポリエチレン混合物又はエチレンプロピレンゴム混合物の場合 | 天然ゴム混合物の場合 | ブチルゴム混合物の場合 |
| 3,500 以下 | 8 以上　　　38 以下 | 2.0 以上 3.2 以下 | 2.5 (2.0) | 3.0 | 3.0 |
| | 38 を超え　150 以下 | — | 3.0 (2.5) | 3.5 | 3.0 |
| | 150 を超え　325 以下 | — | 3.5 (3.0) | 4.0 | 4.0 |
| | 325 を超え　500 以下 | — | 4.0 (3.0) | 4.5 | 4.0 |
| | 500 を超え　600 以下 | — | 4.0 | 5.0 | 5.0 |
| | 600 を超え 1,600 以下 | — | 4.5 | 5.0 | 5.0 |
| | 1,600 を超え 2,000 以下 | — | 5.5 | 6.0 | 6.0 |
| | 2,000 超過 | — | 6.0 | 7.0 | 7.0 |
| 3,500 超過 | 8 以上　　　38 以下 | 5.0 | 4.0 (2.0) | — | 5.0 (4.0) |
| | 38 を超え　150 以下 | — | 4.0 (2.5) | — | 5.0 |
| | 150 を超え　500 以下 | — | 4.5 (3.0) | — | 5.0 |
| | 500 を超え 1,600 以下 | — | 5.0 | — | 6.0 |
| | 1,600 を超え 2,000 以下 | — | 6.0 | — | 7.0 |
| | 2,000 超過 | — | 7.0 | — | 8.0 |

（備考）
1.　ポリエチレン混合物又はエチレンプロピレンゴム混合物の場合の欄のかっこ内の
　　数値は，高圧絶縁電線に適用する．
2.　ブチルゴム混合物の場合の欄のかっこ内の数値は，飛行場標識灯用高圧ケーブル
　　に適用する．

別表第6　絶縁体の絶縁抵抗（第5条, 第6条, 第8条, 第9条及び第10条関係）

| 使用電圧の区分 | 体積固有抵抗 （Ω-cm） | 絶縁抵抗 （MΩ-km） |
|---|---|---|
| 低圧 | $5 \times 10^{13}$ | $R = 3.665 \times 10^{-12} \rho \log_{10} \dfrac{D}{d}$ |
| 高圧 | $1 \times 10^{14}$ | |
| 特別高圧 | | |

(備考)
1. $R$ は, 20℃における絶縁抵抗
2. $\rho$ は, 20℃における体積固有抵抗（単位：Ω-cm）
3. $D$ は, 絶縁体外径（単位：mm）
4. $d$ は, 絶縁体内径（単位：mm）
5. $\dfrac{D}{d} \geqq 1.8$ のときは, $\dfrac{D}{d} = 1.8$ として計算する.

別表第7　絶縁体に使用する材料の絶縁抵抗（第5条, 第6条, 第8条, 第9条, 第10条, 第65条, 第127条, 第188条及び第195条関係）

| 絶縁体に使用する材料の種類 | | 体積固有抵抗 （Ω-cm） | 絶縁抵抗 （MΩ-km） |
|---|---|---|---|
| ビニル混合物 | | $5 \times 10^{13}$ | $R = 3.665 \times 10^{-12} \rho \log_{10} \dfrac{D}{d}$ |
| ポリエチレン混合物 | 表皮電流加熱用発熱線 | $1 \times 10^{14}$ | |
| | その他のもの | $2.5 \times 10^{15}$ | |
| ふっ素樹脂混合物 | | $2.5 \times 10^{15}$ | |
| 天然ゴム混合物 | | $1 \times 10^{15}$ | |
| ブチルゴム混合物 | | $5 \times 10^{14}$ $(1 \times 10^{14})$ | |
| エチレンプロピレンゴム混合物 | | $5 \times 10^{14}$ $(1 \times 10^{14})$ | |
| スチレンブタジエンゴム混合物又はけい素ゴム混合物 | | $1 \times 10^{14}$ | |
| 無機絶縁物 | | $1.5 \times 10^{15}$ | |

(備考)
1. かっこ内の数値は, 高圧絶縁電線及び引下げ用高圧絶縁電線に適用する.
2. $R$ は, 20℃における絶縁抵抗
3. $\rho$ は, 20℃における体積固有抵抗（単位：Ω-cm）
4. $D$ は, 絶縁体の外径（単位：mm）
5. $d$ は, 絶縁体の内径（単位：mm）
6. $\dfrac{D}{d} \geqq 1.8$ のときは, $\dfrac{D}{d} = 1.8$ として計算する.

別表第 8 外装，銅管及びダクトの厚さ（第 8 条，第 9 条，第 10 条，第 65 条及び第 190 条関係）

| 電線の種類 | | | 外装，銅管又はダクトの厚さ(mm) |
|---|---|---|---|
| 高圧用のキャブタイヤケーブル | 2種 | クロロプレンキャブタイヤケーブル | $\dfrac{D}{15}+2.2$ |
| | | クロロスルホン化ポリエチレンキャブタイヤケーブル | |
| | 3種 | クロロプレンキャブタイヤケーブル | $\dfrac{D}{15}+2.7$ |
| | | クロロスルホン化ポリエチレンキャブタイヤケーブル | |
| 低圧用のキャブタイヤケーブル又は溶接用ケーブル | | ビニルキャブタイヤケーブル | $\dfrac{D}{15}+1.3$ |
| | | 耐燃性ポリオレフィンキャブタイヤケーブル | |
| | 2種 | クロロプレンキャブタイヤケーブル | |
| | | クロロスルホン化ポリエチレンキャブタイヤケーブル | |
| | | 耐燃性エチレンゴムキャブタイヤケーブル | |
| | | ホルダー用の溶接用ケーブル | |
| | 3種 | クロロプレンキャブタイヤケーブル | $\dfrac{D}{15}+2.2$ |
| | | クロロスルホン化ポリエチレンキャブタイヤケーブル | |
| | | 耐燃性エチレンゴムキャブタイヤケーブル | |
| | 4種 | クロロプレンキャブタイヤケーブル | $\dfrac{D}{15}+2.6$ |
| | | クロロスルホン化ポリエチレンキャブタイヤケーブル | |
| 低圧ケーブル | | ビニル外装ケーブル | $\dfrac{D}{25}+0.8$（1.5 未満の場合は，1.5） |
| | | ポリエチレン外装ケーブル | |
| | | クロロプレン外装ケーブル | |
| | | MI ケーブル | $\dfrac{D}{25}+0.2$（0.3 未満の場合は，0.3） |
| 低圧ケーブル又は | | 鉛被ケーブル | $\dfrac{D}{33}+0.8$（1.0 未満の場合は，1.0） |

| 高圧ケーブル | アルミ被ケーブル | | $\dfrac{D}{50}+0.65$<br>（0.9 未満の場合は，0.9） |
|---|---|---|---|
| 高圧ケーブル | CD ケーブル | 平滑ダクト | $\dfrac{D}{25}+1.6$<br>（2.4 未満の場合は，2.4） |
| | | 波付ダクト | $\dfrac{D}{200}+1.0$<br>（1.5 未満の場合は，1.5） |
| | ビニル外装ケーブル<br>ポリエチレン外装ケーブル<br>クロロプレン外装ケーブル | トリプレックス型 | $\dfrac{D}{15}+1.0$<br>（1.5 未満の場合は，1.5） |
| | ビニル外装ケーブル<br>ポリエチレン外装ケーブル<br>クロロプレン外装ケーブル | トリプレックス型以外のもの | $\dfrac{D}{25}+1.3$<br>（1.5 未満の場合は，1.5） |
| 飛行場標識灯用高圧ケーブル | | | $\dfrac{D}{25}+0.8$<br>（1.5 未満の場合は，1.5） |

（備考）
1. $D$ は，丸形のものにあっては外装の内径，その他のものにあっては外装の内短径と内長径の和を2で除した値（単位：mm）
2. 外装，銅管及びダクトの厚さは，小数点2位以下を四捨五入した値とする．

## 附　則

この解釈の施行により，電気設備技術基準の解釈（平成9年5月制定，平成24年7月2日最終改正）は，平成25年3月14日限り，廃止する．

## 附　則（20160309 商局第2号）

1　この規程は，平成28年4月1日から施行する．

## 附　則（20160905 商局第2号）

1　この規程は，平成28年9月24日から施行する．

2　この規程の施行の際現に設置され，又は設置のための工事に着手している電気工作物についてのこの規程による改正後の電気設備の技術基準の解釈第37条の2の適用については，この規程の施行後最初に行う変更の工事が完成するまでの間は，なお従前の例によることができる．

**附 則**（20170803 保局第 1 号）

この規程は，公布の日から施行する．

**附 則**（20180824 保局第 2 号）

1 この規程は，公布の日から施行する．

2 この規程の施行の際現に電気事業法第 48 条第 1 項の規定による電気事業法施行規則第 65 条第 1 項第一号に定める工事の計画の届け出がされ，若しくは設置又は変更の工事に着手している太陽電池モジュールの支持物については，改正後の電気設備の技術基準の解釈第 46 条第 2 項の規定に関わらず，なお従前の例によることができる．

**附 則**（20200220 保局第 1 号）

1 この規程は，公布の日から施行する．

2 この規程の施行の際，現に電気事業法第 48 条第 1 項の規定による電気事業法施行規則第 65 条第 1 項第一号に定める工事の計画の届出がされ，若しくは設置又は変更の工事に着手されている太陽電池モジュールの支持物については，改正後の電気設備の技術基準の解釈第 46 条第 4 項の規定に関わらず，なお従前の例によることができる．

**附 則**（20200511 保局第 2 号）

1 この規程は，公布の日から施行する．

**附 則**（20200527 保局第 2 号）

1 この規程は，公布の日から施行する．

2 この規程の施行の際，現に電気事業法第 48 条第 1 項の規定による電気事業法施行規則第 65 条第 1 項第一号に定める工事の計画の届出がされ，又は設置若しくは変更の工事に着手された太陽電池モジュールの支持物については，改正後の電気設備の技術基準の解釈第 46 条第 2 項の規定にかかわらず，なお従前の例によることができる．

**附 則**（20200806 保局第 3 号）

1 この規程は，公布の日から施行する．

**附　則**（20210317 保局第 1 号）
　この規程は，令和 3 年 4 月 1 日より施行する．

**附　則**（20210524 保局第 1 号）
　この規程は，令和 3 年 5 月 31 日から施行する．

**附　則**（20220328 保局第 1 号）
　この規程は，令和 4 年 4 月 1 日から施行する．

**附　則**（20220530 保局第 1 号）
　1　この規程は，令和 4 年 10 月 1 日から施行する．
　2　この規程の施行の際限に設置され，又は設置のための工事に着手している
　　電気工作物についてのこの規程による改正後の電気設備の技術基準の解釈第
　　37 条の 2 第三号の適用については，この規程の施行後最初に行う変更の工事
　　が完成するまでの間は，なお従前の例によることができる．

**附　則**（20221125 保局第 1 号）
　この規程は，令和 4 年 12 月 1 日から施行する．

**附　則**（20230310 保局第 2 号）
　この規程は，令和 5 年 3 月 20 日から程行する．

# 項目見出し索引

# 付　　　　　録

# 発電用火力設備技術基準
(発電用火力設備に関する技術基準を定める省令)

◎**通商産業省令第 51 号**（平成 9 年 3 月 27 日）

　電気事業法（昭和 39 年法律第 170 号）第 39 条第 1 項の規定に基づき，発電用火力設備に関する技術基準を定める省令（昭和 40 年通商産業省令第 60 号）を次のように定める．

※ただし，電気事業法（昭和 39 年法律第 170 号）第 39 条の規定に基づき，「発電用火力設備に関する技術基準を定める省令の一部を改正する省令」(通商産業省令第 145 号(平成 12 年 8 月 2 日))が定められ，平成 12 年 8 月 2 日から施行された．

◎**経済産業省令第 27 号**（平成 13 年 3 月 21 日）

　通商産業省令関係の基準・認証制度等の整理及び合理化に関する法律（平成 11 年法律第 121 号），電気用品取締法施行令の一部を改正する政令（平成 12 年政令第 135 号）並びに電気用品取締法施行規則の一部を改正する省令（平成 12 年通商産業省令第 77 号）の施行に伴い，電気工事士法施行規則等の一部を改正する省令を次のように定める．

※この省令により，発電用火力設備に関する技術基準定める省令の一部が改正された．具体的には，第 1 条中の「電気用品取締法」が「電気用品安全法」に改められた．

◎**経済産業省令第 223 号**（平成 13 年 12 月 17 日）

　電気事業法(昭和 39 年法律第 170 号)第 39 条第 1 項の規定に基づき，発電用火力設備に関する技術基準を定める省令の一部を改正する省令を次のように定める．

※この省令により，第 14 条中「定格負荷」の下に「(定格負荷を超えて蒸気タービンの運転を行う場合にあっては，その最大の負荷)」が加えられた．

◎**経済産業省令第 27 号**（平成 15 年 3 月 25 日）

　電気事業法（昭和 39 年法律第 170 号）第 39 条に基づき，発電用火力設備に関する技術基準を定める省令の一部を改正する省令を次のように定める．

※この省令により，第 54 条中「ただし，」の後に「最高使用圧力が 0.1 MPa 以上

のガス圧力により行うガス事業法施行規則（昭和45年通商産業省令第97号）第3条第1項第一号に規定する量のガス及び」が加えられた.

### ◎経済産業省令第50号（平成16年3月31日）

電気事業法(昭和39年法律第170号)第39条第1項の規定に基づき,発電用火力設備に関する技術基準を定める省令の一部を改正する省令を次のように定める.
※この省令により，第35条にただし書きが加えられた.

### ◎経済産業省令第107号（平成16年11月29日）

電気事業法（昭和39年法律第170号）第39条の規定に基づき，電気事業法施行規則及び発電用火力設備に関する技術基準を定める省令を次のように定める.
※この省令により，「第9章　雑則」を「第10章　雑則」に，「第69条」を「第74条」に改め，第8章の次に「第9章　可燃性の廃棄物を主な原材料として固形化した燃料の貯蔵設備」（第69条～第73条）が加えられた.

### ◎経済産業省令第1号（平成17年1月6日）

電気事業法（昭和39年法律第170号）第39条第1項及び第48条第1項の規定に基づき，電気事業法施行規則等の一部を改正する省令を次のように定める.
※この省令により，第4条に第6項，第7項が加えられた.

### ◎経済産業省令第17号（平成17年3月10日）

電気事業法（昭和39年法律第170号）第39条第1項及び第56条第1項に基づき，発電用火力設備に関する技術基準を定める省令の一部を次のように定める.
※この省令により，出力10kW未満等の条件を満たす燃料電池発電設備（固体高分子型のものであって，最高使用圧力が0.1MPa未満のものに限る）については，一般用電気工作物に位置づけられ，第1条，第30条，第31条，第33条，第34条に関連する規定が項として定められた.

### ◎経済産業省令第70号（平成17年7月22日）

電気事業法（昭和39年法律第170号）第39条第1項及び第56条第1項の規定に基づき，発電用火力設備に関する技術基準を定める省令の一部を改正する省令を次のように定める.
※この省令により，第25条の見出し中「構造」を「構造等」に改めるとともに，

第4項が加えられ，また，第29条にも第2項が加えられた．

◎経済産業省令第120号（平成17年12月22日）

　電気事業法（昭和39年法律第170号）第39条第1項の規定に基づき，発電用火力設備に関する技術基準を定める省令の一部を改正する省令を次のように定める．
※この省令により，電気工作物の溶接に関する技術基準を定める省令（平成12年通商産業省令第123号）の規定内容が発電用火力設備技術基準に移行され，第10章「雑則」を第11章とし，第9章の次に第10章「溶接部」及び第74条（溶接部の形状等）を加え，従来の第74条を第75条とした．

◎経済産業省令第94号（平成18年10月27日）

　電気事業法（昭和39年法律第170号）第38条第2項，第39条第1項及び第56条第1項の規定に基づき，電気事業法施行規則及び発電用火力設備に関する技術基準を定める省令の一部を改正する省令を次のように定める．
※この省令により，第32条に第2項を追加し，また，第69条〜第72条について，ただし書きが加えられた．

◎経済産業省令第59号（平成19年9月3日）

　電気事業法（昭和39年法律第170号）第38条第1項，第52条第1項及び第3項並びに第56条第1項の規定に基づき，電気事業法施行規則及び発電用火力設備に関する技術基準を定める省令の一部を改正する省令を次のように定める．
※この省令により，第31条第2項中「場合には，」の下に「筐体（排出口を除く．）及び」が加えられた．

◎経済産業省令第52号（平成23年9月30日）

　電気事業法（昭和39年法律第170号）第39条第1項の規定に基づき，発電用火力設備に関する技術基準を定める省令の一部を改正する省令を次のように定める．
※この省令により，第32条第2項中に，「固体酸化物型」が加えられた．

◎経済産業省令第68号（平成24年9月14日）

　原子力規制委員会設置法（平成24年法律第47号）の施行に伴い，並びに関係法令の規定に基づき，及び関係法令を実施するため，原子力規制委員会設置法の施行に伴う経済産業省関係省令の整備に関する省令を次のように定める．
※この省令により，第74条中の「第三号」が「第二号」に改められた．

◎**経済産業省令第 27 号/20130507 商局第 2 号**（平成 25 年 5 月 17 日）

　電気事業法（昭和 39 年法律第 170 号）第 39 条第 1 項の規定に基づき，発電用火力設備に関する技術基準を定める省令の一部を改正する省令を次のように定める．

※この省令により，第 30 条第 2 項中の「ダイヤフラム，パッキン類，シール材その他の気密保持部材」を「次の各号に掲げる材料」とし，同項に第一号及び第二号を加えた．

◎**経済産業省令第 55 条**（平成 26 年 11 月 5 日）

　電気事業法（昭和 39 年法律第 170 号）第 38 条第 2 項及び第 39 条第 1 項の規定に基づき，電気事業法施行規則及び発電用火力設備に関する技術基準を定める省令の一部を改正する省令を次のように定める．

※電気事業法施行規則第 48 条第 4 項の小出力発電設備に燃料電池自動車及びスターリング発電設備が新たに追加されたことに伴い，これらの設備に係る技術基準の改正と追加が行われた．

　1　燃料電池自動車の燃料電池については，発電用火力設備技術基準（以下「火技省令」という．）第 34 条第 3 項において同条第 2 項で規定されている燃料遮断のために 2 個以上の自動弁を直列に取り付ける規定は適用されないことのほか，火技省令第 35 条の装置が停止した場合の燃料ガスを不活性ガスで置換する装置が省略する規定がなされている．

　2　スターリングエンジンについては，第 9 章の 2 が起こされ，エンジンと付属設備の容器や配管の材料，構造について規定されているほか，調速装置，非常停止装置，計測装置等について規定している．

◎**経済産業省令第 32 号**（平成 29 年 3 月 31 日）

　電気事業法等の一部を改正する等の法律（平成 27 年法律第 47 号）及び大気汚染防止法の一部を改正する法律（平成 27 年法律第 41 号）の一部の施行に伴い，並びに電気事業法（昭和 39 年法律第 170 号）及び電気事業法施行令（昭和 40 年政令第 206 号）の規定に基づき，並びに電気事業法を実施するため，電気関係報告規則等の一部を改正する省令を次のように定める．

◎**経済産業省令第 13 号**（令和元年 6 月 3 日）

　電気事業法（昭和 39 年法律第 170 号）第 39 条第 1 項の規定に基づき，発電用

火力設備に関する技術基準を定める省令の一部を改正する省令を次のように定める.

※改正の背景は,平成30年9月に発生した北海道胆振東部地震における発電所ボイラーの損壊による複数の発電設備が停止,結果としての大規模停電の発生である.これを踏まえ,火技省令に火力設備の耐震性の確保を定めるとともに,日本電気技術規格委員会(JESC)により定められた「JESC T 0001(2014) 火力発電所の耐震設計規程」を引用するために火技解釈が改正された.

### ◎経済産業省令第6号（令和3年2月26日）

電気事業法（昭和39年法律第170号）第39条第1項の規定に基づき,発電用火力設備に関する技術基準を定める省令の一部を改正する省令を次のように定める.

※事業用電気工作物は主務省令で定める技術基準に適合するように維持されなければならないが,バイオガスを用いた発電設備の技術基準は明確にされておらず,明確化が急務であった.こうした背景から今回,ガス事業法におけるガス工作物と同等の工作物であるバイオマスガス発電設備のガス設備について,まずは火技省令中にガス工作物の技術基準を準用する形で改正が行われた.

### ◎経済産業省令第96号（令和4年12月14日）

高圧ガス保安法等の一部を改正する法律（令和4年法律第74号）の一部の施行に伴い,並びに電気事業法（昭和39年法律第170号）及び関係法令の規定に基づき,並びに同法を実施するため,電気事業法施行規則等の一部を改正する省令を次のように定める.

# 第1章　総　　　則

**(適 用 範 囲)**

**第 1 条**　この省令は，火力（地熱又は冷熱（液化ガスが気化する際に発生する熱をいう．）を含む．以下同じ．）を原動力として電気を発生するために施設する電気工作物（電気用品安全法（昭和36年法律第236号）の適用を受ける携帯発電機を除く．）及び燃料電池設備（燃料電池を除く．）について適用する．

2　前項の電気工作物とは，一般用電気工作物及び事業用電気工作物をいう．

**(定 　義)**

**第 2 条**　この省令において使用する用語は，電気事業法施行規則（平成7年通商産業省令第77号）において使用する用語の例による．

2　この省令において，次の各号に掲げる用語の意義は，それぞれ当該各号に定めるところによる．

　　一　「可燃性ガス」とは，コンビナート等保安規則（昭和61年通商産業省令第88号．以下「コンビ規則」という．）第2条第1項第一号に規定する可燃性ガスをいう．

　　二　「毒性ガス」とは，コンビ規則第2条第1項第二号に規定する毒性ガスをいう．

　　三　「不活性ガス」とは，コンビ規則第2条第1項第三号に規定する不活性ガスをいう．

**(急傾斜地の崩壊の防止)**

**第 3 条**　急傾斜地の崩壊による災害の防止に関する法律（昭和44年法律第57号）第3条第1項の規定により指定された急傾斜地崩壊危険区域内に施設する電気工作物は，当該区域内の急傾斜地（同法第2条第1項に規定するものをいう．）の崩壊を助長し，又は誘発するおそれがないように施設しなければならない．

**(公害の防止)**

**第 4 条**　大気汚染防止法第2条第9項に規定する一般粉じん発生施設に該当する電気工作物の構造及び使用並びに管理の方法は，当該施設に係る同法第18条の3の構造及び使用並びに管理に関する基準に適合しなければならない．

2　大気汚染防止法第5条の2第1項に規定する特定工場等に係る前項に規定する電気工作物にあっては，前項の規定によるほか，当該特定工場等に設置されているすべての当該電気工作物において発生し，排出口から大気中に排出される指定ばい煙（同法第5条の2第1項に規定する指定ばい煙をいう．）の合計量が同法第5条の2第1項又は第3項の規定に基づいて定められた当該指定ばい煙に係る総量規制基準に適合することとならなければならない．

3　大気汚染防止法第2条第14項に規定する水銀排出施設に該当する電気工作物に係る水銀濃度は，当該施設に係る同法第18条の27の排出基準に適合しなければならない．

4　大気汚染防止法第2条第2項に規定する特定施設に該当する電気工作物に係る排出ガス（同条第3項に規定するものをいう．）又は排出水（同条第4項に規定するものをいう．）に含まれるダイオキシン類の量は，当該施設に係る同法第8条第1項又は第3項の排出基準に適合しなければならない．

5　ダイオキシン類対策特別措置法（平成11年法律第105号）第2条第2項に規定する特定施設に該当する電気工作物に係る排出ガス（同条第3項に規定するものをいう．）又は排出水（同条第4項に規定するものをいう．）に含まれるダイオキシン類の量は，当該施設に係る同法第8条第1項の排出基準に適合しなければならない．

6　ダイオキシン類対策特別措置法第10条第1項に規定する総量規制基準適用事業場に係る前項に規定する電気工作物にあっては，前項の規定によるほか，当該総量規制基準適用事業場に設置されているすべての当該電気工作物において発生し，排出口から大気中に排出されるダイオキシン類の合計量が同法第10条第1項又は第3項の規定に基づいて定められた当該ダイオキシン類に係る総量規制基準に適合することとならなければならない．

7　鉱山保安法（昭和24年法律第70号）第2条第2項に規定する鉱山に属する工作物（海域にあり，定置式のものに限る．以下単に「鉱山に属する工作物」という．）に設置する内燃機関（ディーゼル発電機に限る．以下同じ．）に係る窒素酸化物の排出については，1973年の船舶による汚染の防止のための国際条約に関する1978年の議定書によって修正された同条約附属書（以下「附属書」という．）6第3章第13規則の要件を満たさなければならない．

8　鉱山に属する工作物に設置する内燃機関において使用する燃料油の基準は，附属書6第3章第14規則及び第18規則の要件を満たさなければならない．

**（耐震性の確保）**

**第4条の2**　電気工作物（液化ガス設備（液化ガスの貯蔵，輸送，気化等を行う設備及びこれに附属する設備をいう．以下同じ．）を除く．）は，その電気工作物が発電事業の用に供される場合にあっては，これに作用する地震力による損壊により一般送配電事業者の電気の供給に著しい支障を及ぼすことがないように耐震性を有するものでなければならない．

# 第2章　ボイラー等及びその附属設備

**（ボイラー等及びその附属設備の材料）**

**第 5 条**　ボイラー（火気，燃焼ガスその他の高温ガス若しくは電気によって水等の熱媒体を加熱するものであって，当該加熱により当該蒸気を発生させこれを他の設備に供給するもの又は当該加熱（相変化を伴うものを除く．）により当該水等の熱媒体を大気圧力における飽和温度以上とし，これを蒸気タービン若しくはガスタービンに供給するもののうち，ガス化炉設備（石炭，石油その他の燃料を加熱し，酸素と化学反応させることによりガス化させ，発生したガスをガスタービンに供給する容器（以下「ガス化炉」という．），そのガスを通ずることによって熱交換等を行う容器及びこれらに附属する設備のうち，液化ガス設備を除く．以下同じ．）を除く．以下同じ．），独立過熱器（火気，燃焼ガスその他の高温ガス又は電気によって蒸気を過熱するもの（ボイラー，ガスタービン，内燃機関又は燃料電池設備に属するものを除く．）をいう．以下同じ．）又は蒸気貯蔵器（以下「ボイラー等」という．）及びその附属設備（ポンプ，圧縮機及び液化ガス設備を除く．）に属する容器及び管の耐圧部分に使用する材料は，最高使用温度において材料に及ぼす化学的影響及び物理的影響に対し，安全な化学的成分及び機械的強度を有するものでなければならない．

**（ボイラー等及びその附属設備の構造）**

**第 6 条**　ボイラー等及びその附属設備（液化ガス設備を除く．以下この章において同じ．）の耐圧部分の構造は，最高使用圧力又は最高使用温度において発生する最大の応力に対し安全なものでなければならない．この場合において，耐圧部分に生ずる応力は当該部分に使用する材料の許容応力を超えてはならない．

**（安 全 弁）**

　**第 7 条**　ボイラー等及びその附属設備であって過圧が生ずるおそれのあるも
　のにあっては，その圧力を逃がすために適当な安全弁を設けなければならな
　い．この場合において，当該安全弁は，その作動時にボイラー等及びその附
　属設備に過熱が生じないように施設しなければならない．

　2　安全弁（燃料としてアンモニアを使用するものに限る．）は，その作動時に
　当該安全弁から吹き出されるアンモニアによる危害が生じないように施設し
　なければならない．

**（ガスの漏えい対策等）**

　**第 7 条の 2**　ボイラー等及びその附属設備（燃料としてアンモニア又は水素を
　使用するものに限る．第四号において同じ．）には，当該ボイラー等及びその
　附属設備からアンモニア又は水素が漏えいした場合の危害を防止するため，
　次の各号に掲げる措置を講じなければならない．

　　一　ボイラー等及びその附属設備（燃料としてアンモニアを使用するものに
　　　限る．次号において同じ．）には，当該ボイラー等及びその附属設備からア
　　　ンモニアが漏えいした場合に安全に，かつ，速やかに除害するための措置
　　　を講じること．

　　二　ボイラー等及びその附属設備には，その外部からアンモニアを通ずるも
　　　のである旨を容易に識別することができるような措置を講じること．この
　　　場合において，ポンプ，バルブ及び継手その他アンモニアが漏えいするお
　　　それのある箇所には，その旨の危険標識を掲げること．

　　三　ボイラー等及びその附属設備（燃料として水素を使用するものに限る．）
　　　を設置する室は，当該ボイラー等及びその附属設備から水素が漏えいした
　　　場合に滞留しないような構造とすること．

　　四　前各号に掲げるもののほか，ボイラー等及びその附属設備に，当該ボイ
　　　ラー等及びその附属設備からアンモニア又は水素が漏えいした場合の危害
　　　を防止するための適切な措置を講じること．

**（給 水 装 置）**

　**第 8 条**　ボイラーには，その最大連続蒸発時において，熱的損傷が生ずるこ
　とのないよう水を供給できる給水装置を設けなければならない．

　2　設備の異常等により，循環ボイラーの水位又は貫流ボイラーの給水流量が
　著しく低下した際に，急速に燃料の挿入を遮断してもなおボイラーに損傷を
　与えるような熱が残存する場合にあっては，当該ボイラーには，当該損傷が

生ずることのないよう予備の給水装置を設けなければならない.

**（蒸気及び給水の遮断）**

**第 9 条**　ボイラーの蒸気出口（安全弁からの蒸気出口及び再熱器からの蒸気出口を除く.）は,蒸気の流出を遮断できる構造でなければならない. ただし, 他のボイラーと結合されたボイラー以外のボイラーから発生する蒸気が供給される設備の入口で蒸気の流路を遮断することができる場合における当該ボイラーの蒸気出口又は 2 個以上のボイラーが一体となって蒸気を発生しこれを他に供給する場合における当該ボイラー間の蒸気出口にあってはこの限りでない.

2　ボイラーの給水の入口は, 給水の流路を速やかに自動で, かつ, 確実に遮断できる構造でなければならない. ただし, ボイラーごとに給水装置を設ける場合において, ボイラーに最も近い給水加熱器の出口又は給水装置の出口が, 給水の流路を速やかに自動で, かつ, 確実に遮断できる構造である場合における当該ボイラーの給水の入口又は 2 個以上のボイラーが一体となって蒸気を発生しこれを他に供給する場合における当該ボイラー間の給水の入口にあってはこの限りでない.

**（ボイラーの水抜き装置）**

**第 10 条**　循環ボイラーには, ボイラー水の濃縮を防止し, 及び水位を調整するために, ボイラー水を抜くことができる装置を設けなければならない.

**（計 測 装 置）**

**第 11 条**　ボイラー等には, 設備の損傷を防止するため運転状態を計測する装置を設けなければならない.

# 第3章　蒸気タービン及びその附属設備

**（蒸気タービンの附属設備の材料）**

**第 12 条**　蒸気タービンの附属設備（ポンプ, 圧縮機及び液化ガス設備を除く.）に属する容器及び管の耐圧部分に使用する材料は, 最高使用温度において材料に及ぼす化学的影響及び物理的影響に対し, 安全な化学的成分及び機械的強度を有するものでなければならない.

**（蒸気タービン等の構造）**

**第 13 条**　蒸気タービンは, 非常調速装置が作動したときに達する回転速度に対して構造上十分な機械的強度を有するものでなければならない.

2　蒸気タービンは，主要な軸受又は軸に発生しうる最大の振動に対して構造上十分な機械的強度を有するものでなければならない.

3　蒸気タービンの軸受は，運転中の荷重を安定に支持できるものであって，かつ，異常な摩耗，変形及び過熱が生じないものでなければならない.

4　蒸気タービン及び発電機その他の回転体を同一の軸に結合したもの（蒸気タービン及び発電機その他の回転体を同一の軸に結合しない場合にあっては蒸気タービン）の危険速度は，調速装置により調整することができる回転速度のうち最小のものから非常調速装置が作動したときに達する回転速度までの間にあってはならない. ただし，危険速度における振動が当該蒸気タービンの運転に支障を及ぼすことのないよう十分な対策を講じた場合は，この限りでない.

5　蒸気タービン及びその附属設備（液化ガス設備を除く. 第16条において同じ.）の耐圧部分の構造は，最高使用圧力又は最高使用温度において発生する最大の応力に対し安全なものでなければならない. この場合において，耐圧部分に生ずる応力は当該部分に使用する材料の許容応力を超えてはならない.

**（調 速 装 置）**

**第 14 条**　誘導発電機と結合する蒸気タービン以外の蒸気タービンには，その回転速度及び出力が負荷の変動の際にも持続的に動揺することを防止するため，蒸気タービンに流入する蒸気を自動的に調整する調速装置を設けなければならない. この場合において，調速装置は，定格負荷（定格負荷を超えて蒸気タービンの運転を行う場合にあっては，その最大負荷）を遮断した場合に達する回転速度を非常調速装置が作動する回転速度未満にする能力を有するものでなければならない.

**（警報及び非常停止装置）**

**第 15 条**　40 万 kW 以上の蒸気タービンには，運転中に支障を及ぼすおそれのある振動を検知し警報する装置を設けなければならない.

2　蒸気タービンには，運転中に生じた過回転その他の異常による危害の発生を防止するため，その異常が発生した場合に蒸気タービンに流入する蒸気を自動的かつ速やかに遮断する非常調速装置その他の非常停止装置を設けなければならない.

**（過圧防止装置）**

**第 16 条**　蒸気タービン及びその附属設備であって過圧の生ずるおそれのあるものにあっては，その圧力を逃がすために適当な過圧防止装置を設けなけれ

ばならない.

**(計 測 装 置)**

　**第 17 条**　蒸気タービンには，設備の損傷を防止するため運転状態を計測する装置を設けなければならない.

# 第 4 章　ガスタービン及びその附属設備

**(ガスタービンの附属設備の材料)**

　**第 18 条**　ガスタービン（作動流体を圧縮する圧縮機及び圧縮された作動流体を燃焼等によって加熱する装置を伴うものにあっては，これを含む. 以下同じ.）の附属設備（ポンプ，圧縮機及び液化ガス設備を除く.）に属する容器及び管の耐圧部分に使用する材料は，最高使用温度において材料に及ぼす化学的影響及び物理的影響に対し，安全な化学的成分及び機械的強度を有するものでなければならない.

**(ガスタービン等の構造)**

　**第 19 条**　ガスタービンは，非常調速装置が作動したときに達する回転速度及びガスの温度が著しく上昇した場合に燃料の流入を自動的に遮断する装置が作動したときに達するガス温度に対して構造上十分な機械的強度及び熱的強度を有するものでなければならない.

　2　ガスタービンの軸受は，運転中の荷重を安定に支持できるものであって，かつ，異常な摩耗，変形及び過熱が生じないものでなければならない.

　3　ガスタービン及び発電機その他の回転体を同一の軸に結合したもの（ガスタービン及び発電機その他の回転体を同一の軸に結合しない場合にあってはガスタービン）の危険速度は，調速装置により調整することができる回転速度のうち最小のものから非常調速装置が作動したときに達する回転速度までの間にあってはならない. ただし，危険速度における振動が当該ガスタービンの運転に支障を及ぼすことのないよう十分な対策を講じた場合は，この限りでない.

　4　ガスタービン及びその附属設備（液化ガス設備を除く. 第 22 条において同じ.）の耐圧部分の構造は，最高使用圧力又は最高使用温度において発生する最大の応力に対し安全なものでなければならない. この場合において，耐圧部分に生ずる応力は当該部分に使用する材料の許容応力を超えてはならない.

**（調速装置）**

　**第 20 条**　誘導発電機と結合するガスタービン以外のガスタービンには，その回転速度及び出力が負荷の変動の際にも持続的に動揺することを防止するため，ガスタービンに流入するエネルギーを自動的に調整する調速装置を設けなければならない．この場合において，調速装置は，定格負荷を遮断した場合に達する回転速度を非常調速装置が作動する回転速度未満にする能力を有するものでなければならない．

**（非常停止装置）**

　**第 21 条**　ガスタービンには，運転中に生じた過回転のその他の異常による危害の発生を防止するため，その異常が発生した場合にガスタービンに流入するエネルギーを自動的かつ速やかに遮断する非常調速装置その他の非常停止装置を設けなければならない．

**（過圧防止装置）**

　**第 22 条**　ガスタービンの附属設備であって過圧が生ずるおそれのあるものにあっては，その圧力を逃がすために適当な過圧防止装置を設けなければならない．

　2　過圧防止装置（燃料としてアンモニアを使用するものに限る．）は，その作動時に当該過圧防止装置から吹き出されるアンモニアによる危害が生じないように施設しなければならない．

**（ガスの漏えい対策等）**

　**第 22 条の 2**　ガスタービン及びその附属設備（燃料としてアンモニア又は水素を使用するものに限る．第四号において同じ．）には，当該ガスタービン及びその附属設備からアンモニア又は水素が漏えいした場合の危害を防止するため，次の各号に掲げる措置を講じなければならない．

　　一　ガスタービン及びその附属設備（燃料としてアンモニアを使用するものに限る．次号において同じ．）には，当該ガスタービン及びその附属設備からアンモニアが漏えいした場合に安全に，かつ，速やかに除害するための措置を講じること．

　　二　ガスタービン及びその附属設備には，その外部からアンモニアを通ずるものである旨を容易に識別することができるような措置を講じること．この場合において，ポンプ，バルブ及び継手その他アンモニアが漏えいするおそれのある箇所には，その旨の危険標識を掲げること．

　　三　ガスタービン及びその附属設備（燃料として水素を使用するものに限

る.）を設置する室は，当該ガスタービン及びその附属設備から水素が漏えいした場合に滞留しないような構造とすること.

四　前各号に掲げるもののほか，ガスタービン及びその附属設備に，当該ガスタービン及びその附属設備からアンモニア又は水素が漏えいした場合の危害を防止するための適切な措置を講じること.

**（計 測 装 置）**

**第 23 条**　ガスタービンには，設備の損傷を防止するため運転状態を計測する装置を設けなければならない.

**（離 隔 距 離）**

**第 23 条の 2**　ガスタービンに燃料としてアンモニアを供給する容器に係る容器置場は，その外面と発電所の境界線（境界線が海，河川，湖沼等に接する場合は，当該海，河川，湖沼等の外縁）との間に，アンモニアの漏えい又は火災等による危害を防止するために，保安上必要な距離を有するものでなければならない.

2　前項の容器置場は，その外面から住居の用に供する建築物，学校その他別に告示する物件との間に，アンモニアの漏えい又は火災等による危害を防止するために，別に告示する距離を有するものでなければならない.

# 第 5 章　内燃機関及びその附属設備

**（内燃機関の附属設備の材料）**

**第 24 条**　内燃機関の附属設備（ポンプ，圧縮機及び液化ガス設備を除く.）に属する容器及び管の耐圧部分に使用する材料は，最高使用温度において材料に及ぼす化学的影響及び物理的影響に対し，安全な化学的成分及び機械的強度を有するものでなければならない.

**（内燃機関等の構造等）**

**第 25 条**　内燃機関は，非常調速装置が作動したときに達する回転速度に対して構造上十分な機械的強度を有するものでなければならない.

2　内燃機関の軸受は，運転中の荷重を安定に支持できるものであって，かつ，異常な摩耗，変形及び過熱が生じないものでなければならない.

3　内燃機関及びその附属設備（液化ガス設備を除く. 第 28 条において同じ.）の耐圧部分の構造は，最高使用圧力又は最高使用温度において発生する最大の応力に対し安全なものでなければならない. この場合において，耐圧部分

に生ずる応力は当該部分に使用する材料の許容応力を超えてはならない.

4    内燃機関が一般用電気工作物である場合であって,屋内その他酸素欠乏の発生のおそれのある場所に設置するときには,給排気部を適切に施設しなければならない.

**(調速装置)**

**第 26 条**    誘導発電機と結合する内燃機関以外の内燃機関には,その回転速度及び出力が負荷の変動の際にも持続的に動揺することを防止するため,内燃機関に流入する燃料を自動的に調整する調速装置を設けなければならない.この場合において,調速装置は,定格負荷を遮断した場合に達する回転速度を非常調速装置が作動する回転速度未満にする能力を有するものでなければならない.

**(非常停止装置)**

**第 27 条**    内燃機関には,運転中に生じた過回転その他の異常による危害の発生を防止するため,その異常が発生した場合に内燃機関に流入する燃料を自動的かつ速やかに遮断する非常調速装置その他の非常停止装置を設けなければならない.

**(過圧防止装置)**

**第 28 条**    内燃機関及びその附属設備であって過圧が生ずるおそれのあるものにあっては,その圧力を逃がすために適当な過圧防止装置を設けなければならない.

2    過圧防止装置(燃料としてアンモニアを使用するものに限る.)は,その作動時に当該過圧防止装置から吹き出されるアンモニアによる危害が生じないように施設しなければならない.

**(ガスの漏えい対策等)**

**第 28 条の 2**    内燃機関及びその附属設備(燃料としてアンモニア又は水素を使用するものに限る.第四号において同じ)には,当該内燃機関及びその附属設備からアンモニア又は水素が漏えいした場合の危害を防止するため,次の各号に掲げる措置を講じなければならない.

一    内燃機関及びその附属設備(燃料としてアンモニアを使用するものに限る.次号において同じ)には,当該内燃機関及びその附属設備からアンモニアが漏えいした場合に安全に,かつ,速やかに除害するための措置を講じること.

二    内燃機関及びその附属設備には,その外部からアンモニアを通ずるもの

である旨を容易に識別することができるような措置を講じること．この場合において，ポンプ，バルブ及び継手その他アンモニアが漏えいするおそれのある箇所には，その旨の危険標識を掲げること．

三　内燃機関及びその附属設備（燃料として水素を使用するものに限る．）を設置する室は，当該内燃機関及びその附属設備から水素が漏えいした場合に滞留しないような構造とすること．

四　前各号に掲げるもののほか，内燃機関及びその附属設備に，当該内燃機関及びその附属設備からアンモニア又は水素が漏えいした場合の危害を防止するための適切な措置を講じること．

**(計 測 装 置)**

**第 29 条**　内燃機関には，設備の損傷を防止するため運転状態を計測する装置を設けなければならない．

2　内燃機関が一般用電気工作物である場合には，前項の規定は適用しない．

**(離隔距離)**

**第 29 条の 2**　内燃機関に燃料としてアンモニアを供給する容器に係る容器置場は，その外面と発電所の境界線（境界線が海，河川，湖沼等に接する場合は，当該海，河川，湖沼等の外縁）との間に，アンモニアの漏えい又は火災等による危害を防止するために，保安上必要な距離を有するものでなければならない．

2　前項の容器置場は，その外面から住居の用に供する建築物，学校その他別に告示する物件との間に，アンモニアの漏えい又は火災等による危害を防止するために，別に告示する距離を有するものでなければならない．

# 第6章　燃料電池設備

**(燃料電池設備の材料)**

**第 30 条**　燃料電池設備（ポンプ，圧縮機及び液化ガス設備を除く．次条において同じ．）に属する容器及び管の耐圧部分に使用する材料は，最高使用温度において材料に及ぼす化学的影響及び物理的影響に対し，安全な化学的成分及び機械的強度を有するものでなければならない．

2　燃料電池設備が一般用電気工作物である場合には，燃焼ガスを通ずる部分の材料は，不燃性及び耐食性を有するものでなければならない．ただし，次の各号に掲げる材料にあっては，難燃性及び耐食性を有することをもって足

りる.

一　熱交換器の下流側の配管（難燃性を有する材料に熱的損傷が生じない温度の燃焼ガスを通ずるものに限る.）の材料

二　ダイヤフラム，パッキン類及びシール材その他の気密保持部材

3　燃料電池設備が一般用電気工作物である場合には，電装部近傍に充てんする保温材及び断熱材その他の材料は難燃性のものでなければならない.

**(燃料電池設備の構造等)**

**第 31 条**　燃料電池設備の耐圧部分のうち最高使用圧力が 0.1 MPa 以上の部分の構造は，最高使用圧力又は最高使用温度において発生する最大の応力に対し安全なものでなければならない. この場合において，耐圧部分に生ずる応力は当該部分に使用する材料の許容応力を超えてはならない.

2　燃料電池設備が一般用電気工作物である場合には，筐体（排出口を除く.）及びつまみ類その他操作時に利用者の身体に接触する部品は，火傷のおそれがない温度となるようにしなければならない.

3　燃料電池設備が一般用電気工作物である場合には，排気ガスの排出による火傷を防止するため，排出口の近くの見やすい箇所に火傷のおそれがある旨を表示する等適当な措置を講じなければならない.

**(安 全 弁 等)**

**第 32 条**　燃料電池設備（液化ガス設備を除く. 次項, 次条及び第 35 条において同じ.）の耐圧部分には, 過圧を防止するために適当な安全弁を設けなければならない. この場合において, 当該安全弁は, その作動時に安全弁から吹き出されるガスによる危害が生じないように施設しなければならない. ただし, 最高使用圧力が 0.1 MPa 未満のものにあっては, その圧力を逃がすために適当な過圧防止装置をもってこれに代えることができる.

2　燃料電池設備が一般用電気工作物（気体燃料を使用する固体高分子型又は固体酸化物型のものであって, 燃料昇圧用ポンプの最大吐出圧力が燃料電池設備の最高使用圧力以下であるものに限る.）である場合であって, 耐圧部分の過圧を防止するための適切な措置が講じられているものであるときは, 前項の規定は適用しない.

**(ガスの漏洩対策等)**

**第 33 条**　燃料ガスを通ずる燃料電池設備には, 当該設備からの燃料ガスが漏洩した場合の危害を防止するための適切な措置を講じなければならない.

2　燃料電池設備が一般用電気工作物である場合であって, 屋内その他酸素欠

乏の発生のおそれのある場所に設置するときには，給排気部を適切に施設しなければならない．

**(非常停止装置)**

**第 34 条** 燃料電池設備には，運転中に生じた異常による危害の発生を防止するため，その異常が発生した場合に当該設備を自動的かつ速やかに停止する装置を設けなければならない．

2 燃料電池設備が一般用電気工作物である場合には，燃料を通ずる部分の管には，燃料の遮断のための2個以上の自動弁を直列に取り付けなければならない．この場合において，自動弁は動力源喪失時に自動的に閉じるものでなければならない．

3 電気事業法施行規則第48条第2項第五号に該当する燃料電池発電設備（同号イに該当するものを除く．）に係る燃料電池設備には，前項の規定は適用しない．

**(燃料ガスの置換)**

**第 35 条** 燃料電池設備の燃料ガスを通ずる部分は，不活性ガス等で燃料ガスを安全に置換できる構造のものでなければならない．

ただし，次のいずれかに該当する燃料電池設備にあっては，この限りでない．

一 燃料ガスを通ずる部分が安全に排除される構造である燃料電池設備又は燃料ガスに通ずる部分に密封された燃料ガスの爆発に耐えられる構造である燃料電池設備であって，出力 10 kW 未満のもの

二 前条第三項の燃料電池設備

**(空気系統設備の施設)**

**第 36 条** 燃料電池設備の空気圧縮機及び補助燃焼器には，当該機器に異常が発生した場合にこれらを自動的に停止する装置を設けなければならない．

**(離隔距離)**

**第 36 条の 2** 燃料電池設備に燃料としてアンモニアを供給する容器に係る容器置場は，その外面と発電所の境界線（境界線が海，河川，湖沼等に接する場合は，当該海，河川，湖沼等の外縁）との間に，アンモニアの漏えい又は火災等による危害を防止するために，保安上必要な距離を有するものでなければならない．

2 前項の容器置場は，その外面から住居の用に供する建築物，学校その他別に告示する物件との間に，アンモニアの漏えい又は火災等による危害を防止するために，別に告示する距離を有するものでなければならない．

# 第7章　液化ガス設備

**（離隔距離）**

　**第 37 条**　液化ガス設備（管及びその附属設備を除く.）は，その外面と発電所の境界線（境界線が海，河川，湖沼等に接する場合は，当該海，河川，湖沼等の外縁）との間に，ガス又は液化ガスの漏洩又は火災等による危害を防止するために，保安上必要な距離を有するものでなければならない．ただし，内包する液化ガスが不活性ガスのみである液化ガス設備については，この限りでない．

　2　液化ガス設備のうち告示で定めるものは，その外面から住居の用に供する建築物，学校その他別に告示する物件との間に，ガス又は液化ガスの漏洩又は火災等による危害を防止するために，別に告示する距離を有するものでなければならない．

　3　液化ガス用貯槽の相互間，ガスホルダーの相互間並びに液化ガス用貯槽及びガスホルダーの相互間は，ガス又は液化ガスの漏洩又は火災等による危害を防止するために，保安上必要な距離を有するものでなければならない．

**（保安区画）**

　**第 38 条**　液化ガス用気化器を有する発電所における液化ガス設備は，ガス又は液化ガスの漏洩又は火災等による危害を防止するために，設備の種類及び規模に応じ，保安上適切な区画に区分して設置し，設備相互の間には保安上必要な距離を有するものでなければならない．

**（設備の設置場所）**

　**第 39 条**　貯槽に係る防液堤の外面から防災作業のために必要となる距離の内側には，液化ガスの漏洩又は火災等の拡大を防止する上で支障のない設備以外の設備を設置してはならない．

　2　導管を施設し，又は，貯槽の全部又は一部を地盤面下に埋設する場合にあっては，設備に損傷を与えるおそれのある場所又はガス若しくは液化ガスの漏洩若しくは火災等による危害を生ずるおそれがある場所において，これをしてはならない．

**（液化ガス設備の材料）**

　**第 40 条**　液化ガス設備（ポンプ及び圧縮機を除く．次条において同じ.）に属する容器及び管の耐圧部分に使用する材料は，最高使用温度及び最低使用温

度において材料に及ぼす化学的影響及び物理的影響に対し，安全な化学的成分及び機械的強度を有し，かつ，難燃性を有するものでなければならない．

2　貯槽及びガスホルダーの支持物の材料は，供用中の荷重に対し，十分な機械的強度及び化学的強度を有するものでなければならない．

**（液化ガス設備の構造）**

**第 41 条**　液化ガス設備の耐圧部分又は貯槽，ガスホルダー及び導管に係る支持物及び基礎の構造は，供用中の荷重並びに最高使用圧力，最高使用温度又は最低使用温度において発生する最大の応力に対し安全なものでなければならない．この場合において，それぞれの部分に生ずる応力は当該部分に使用する材料の許容応力を超えてはならない．

**（安 全 弁 等）**

**第 42 条**　液化ガス設備に属する容器には，過圧を防止するために適当な安全弁を設けなければならない．この場合において，当該安全弁は，その作動時に安全弁から吹き出されるガスによる危害が生じないように施設しなければならない．

2　貯槽には，負圧による破壊を防止するため，適切な措置を講じなければならない．

**（ガスの漏洩対策）**

**第 43 条**　液化ガス設備には，当該設備からのガス又は液化ガスが漏洩した場合の危害を防止するため適切な措置を講じなければならない．

一　液化ガス用燃料設備（燃料としてアンモニアを使用するものに限る．次号において同じ．）には，当該設備からアンモニアが漏えいした場合に安全に，かつ，速やかに除害するための措置を講じること．

二　液化ガス用燃料設備には，その外部からアンモニアを通ずるものである旨を容易に識別することができるような措置を講じること．この場合において，ポンプ，バルブ及び継手その他アンモニアが漏えいするおそれのある箇所には，その旨の危険標識を掲げること．

三　液化ガス用燃料設備（燃料として水素を使用するものに限る．）を設置する室は，当該設備から水素が漏えいした場合に滞留しないような構造とすること．

四　前各号に掲げるもののほか，液化ガス設備に，当該液化ガス設備からガス又は液化ガスが漏えいした場合の危害を防止するための適切な措置を講じること．

**（静電気除去）**

　**第 44 条**　液化ガスを通ずる液化ガス設備であって，当該設備に生ずる静電気により引火するおそれがある場合にあっては，当該静電気を除去する措置を講じなければならない．

**（防消火設備）**

　**第 45 条**　液化ガス設備（可燃性ガス，可燃性液化ガス，酸素若しくは液化酸素又はコンビナート等保安規制（昭和 61 年通商産業省令第 88 号）第 2 条第 1 項第二十二号の特定製造事業所に該当する発電所において製造された毒性ガス若しくは毒性液化ガスを通ずるものに限る．）には，その規模に応じて適切な防消火設備を適切な箇所に設けなければならない．

**（計 測 装 置）**

　**第 46 条**　液化ガス設備には，設備の損傷を防止するため使用状態を計測する装置を設けなければならない．

**（警報及び非常装置等）**

　**第 47 条**　液化ガス設備には，使用に支障を及ぼすおそれのある，ガス又は液化ガス及び制御用機器の状態を検知し警報する装置を設けなければならない．

　2　液化ガス設備には，使用中に生じた異常による危害の発生を防止するため，その異常が発生した場合にガス又は液化ガスの流出及び流入を速やかに遮断する装置を適切な箇所に設けなければならない．

　3　外部強制潤滑油装置を有する圧送機には，当該装置の潤滑油の圧力が異常に低下した場合に圧送機を自動的に停止できる装置を設けなければならない．

　4　液化ガス用燃料設備は，停電その他の緊急時においても安全に制御できるものでなければならない．

　5　液化ガス用燃料設備に係る計装回路には，適切なインターロック機構を適切な箇所に設けなければならない．

**（遮 断 装 置）**

　**第 48 条**　液化ガス設備の主要なガス又は液化ガスの出口及び入口には，ガス又は液化ガスの流出及び流入を遮断するための装置を設けなければならない．

　2　液化ガス用燃料設備に設置する遮断装置には，誤操作を防止し，かつ，確実に操作することができる措置を講じなければならない．

**（ガスの置換等）**

　**第 49 条**　液化ガス設備のガス又は液化ガスを通ずる部分は，不活性ガス等で

ガス又は液化ガスを安全に置換できる構造でなければならない.

2 毒性ガスを冷媒とする冷凍設備にあっては, 冷媒ガスを廃棄する場合に安全に廃棄できる構造でなければならない.

**(表 示)**

**第50条** 貯槽及びガスホルダー又はこれらの附近には, その外部から見やすいように貯槽又はガスホルダーである旨の表示をしなければならない.

**(耐 熱 措 置)**

**第51条** 貯槽 (埋設された貯槽にあっては, その埋設された部分を除く.) 及びその支持物は, 当該設備が受ける熱に対し十分な断熱性及び耐熱性を有する構造とし, 又は当該設備の規模に応じて適切な冷却装置を設けなければならない.

**(防 護 措 置)**

**第52条** 液化ガス設備には, 設置された状況により損傷又は腐蝕を生ずるおそれがある場合にあっては, 当該設備の損傷又は腐蝕を防止することができる防護措置を講じなければならない.

2 掘削により周囲が露出することとなった導管であって, 当該設備の損傷によりガスが流出し, 危害を生ずるおそれがあるものにあっては, 危急の場合に当該部分にガスの流入を速やかに遮断することができる措置を講じなければならない.

**(気化器の加熱部)**

**第53条** 液化ガス用気化器の加熱部は直火で加熱する構造のものであってはならない.

2 液化ガス用気化器であって, 加熱部の温水が凍結するおそれがあるものにあっては, 凍結を防止する措置を講じなければならない.

**(附 臭 措 置)**

**第54条** 導管によりガス (可燃性ガス又は毒性ガスに限る. 以下この条において同じ.) を輸送する場合にあっては, 容易に臭気によるガスの感知ができるようにガスに附臭しなければならない. ただし, 最高使用圧力が 0.1MPa 以上のガス圧力により行うガス事業法施行規則 (昭和45年通商産業省令第97号) 第1条第2項第七号に規定する量のガス及びガスの空気中の混合容積比率が 1/1,000 未満の場合に臭気の有無が感知できるガスにあっては, この限りでない.

# 第 8 章　ガ ス 化 炉 設 備

**(離 隔 距 離)**

　**第 55 条**　ガス化炉設備（管及びその附属設備を除く．以下この条及び次条において同じ．）は，その外面と発電所の境界線（境界線が海，河川，湖沼等に接する場合は，当該海，河川，湖沼等の外縁）との間に，ガスの漏洩又は火災等による危害を防止するために，保安上必要な距離を有するものでなければならない．

　2　ガス化炉設備は，その外面から住居の用に供する建築物，学校その他別に告示する物件との間に，ガスの漏洩又は火災等による危害を防止するために，別に告示する距離を有するものでなければならない．

**(保 安 区 画)**

　**第 56 条**　ガス化炉設備は，ガスの漏洩又は火災等による危害を防止するために，設備の種類及び規模に応じ，保安上適切な区画を区分して設置し，かつ，設備相互の間には保安上必要な距離を有するものでなければならない．

**(ガス化炉設備の材料)**

　**第 57 条**　ガス化炉設備（ポンプ及びガス圧縮機を除く．次条において同じ．）に属する容器及び管の耐圧部分に使用する材料は，最高使用温度において材料に及ぼす化学的影響及び物理的影響に対し，安全な化学的成分及び機械的強度を有するものでなければならない．

**(ガス化炉設備の構造)**

　**第 58 条**　ガス化炉設備の耐圧部分の構造は，最高使用圧力又は最高使用温度において発生する最大の応力に対し安全なものでなければならない．この場合において，耐圧部分に生ずる応力は当該部分に使用する材料の許容応力を超えてはならない．

**(安 全 弁)**

　**第 59 条**　ガス化炉設備であって過圧が生ずるおそれがあるものにあっては，その圧力を逃がすために適当な安全弁を設けなければならない．この場合において，当該安全弁は，その作動時に，安全弁から吹き出されるガスによる危害及びガス化炉設備の過熱が生じないように施設しなければならない．

**(給 水 装 置)**

　**第 60 条**　ガス化炉設備に属する容器（水等の熱媒体を加熱して蒸気を発生さ

せるもの又は水により熱的保護を行っているものに限る．以下この条，次条及び第62条において同じ．）には，ガス発生量が最大状態である時の連続運転時において，熱的損傷が生ずることがないよう水を供給できる給水装置を設けなければならない．

2 設備の異常等により，前項の給水流量が著しく低下した際に，急速に燃料の送入を遮断してもなお容器に損傷を与えるような熱が残存する場合にあっては，当該容器には，当該損傷が生ずることのないよう予備の給水装置を設けなければならない．

**（蒸気及び給水の遮断）**

**第 61 条** ガス化炉設備に属する容器の蒸気出口（安全弁から蒸気出口及び再熱器からの蒸気出口を除く．）は，蒸気の流出を遮断できる構造でなければならない．ただし，他の容器若しくはボイラーと結合された容器以外の容器から発生する蒸気が供給される設備の入口で蒸気の流路を遮断することができる場合における当該容器の蒸気出口又は2個以上の容器若しくはボイラーが一体となって蒸気を発生しこれを他に供給する場合における当該容器間の蒸気出口にあってはこの限りでない．

2 ガス化炉設備に属する容器の給水の入口は，給水の流路を速やかに自動で，かつ，確実に遮断できる構造でなければならない．ただし，容器ごとに給水装置を設ける場合において，容器に最も近い給水加熱器の出口又は給水装置の出口が，給水の流路を速やかに自動で，かつ，確実に遮断できる構造である場合における当該容器の給水の入口又は2個以上の容器若しくはボイラーが一体となって蒸気を発生しこれを他に供給する場合における当該容器間の給水の入口にあってはこの限りでない．

**（ガス化炉設備の水抜き装置）**

**第 62 条** ガス化炉設備に属する容器には，水の濃縮を防止し，及び水位を調整するために，水を抜くことができる装置を設けなければならない．

**（ガスの漏洩対策）**

**第 63 条** ガス化炉設備には，当該設備からのガスが漏洩した場合の危害を防止するため適切な措置を講じなければならない．

**（静電気除去）**

**第 64 条** 可燃性ガスを通ずるガス化炉設備であって，当該設備に生ずる静電気により引火するおそれがある場合にあっては，当該静電気を除去する措置を講じなければならない．

**(防消火設備)**

  **第 65 条**   ガス化炉設備（可燃性ガス，毒性ガス又は酸素のみを通ずるものに限る.）には，その規模に応じて適切な防消火設備を適切な箇所に設けなければならない.

**(計 測 装 置)**

  **第 66 条**   ガス化炉設備には，設備の損傷を防止するため運転状態を計測する装置を設けなければならない.

**(警報及び非常装置)**

  **第 67 条**   ガス化炉設備には，運転に支障を及ぼすおそれのある，ガスの状態を検知し警報する装置を設けなければならない.

  2   ガス化炉設備には，運転中に生じた異常による危害の発生を防止するため，その異常が発生した場合にガスの流出及び流入を速やかに遮断する装置を適切な箇所に設けなければならない.

**(ガスの置換)**

  **第 68 条**   ガス化炉設備のガスを通ずる部分は，不活性ガス等でガスを安全に置換できる構造でなければならない.


## 第 8 章の 2   バイオマス発電設備


**(バイオマス発電設備の技術基準)**

  **第 68 条の 2**   バイオマス発電設備（バイオマス燃料（動植物に由来する有機物であってエネルギー源として利用することができるもの（原油，石油ガス，可燃性天然ガス及び石炭並びにこれから製造される製品を除く.）を加熱，発酵その他の処理によりガスを発生させ，当該ガスを発電の用に供するものであって，1 日のガス発生能力が標準状態（温度零度及び圧力 101.3250 kPa の状態をいう.）において 300 m³ 以上であり，ガスの圧力が 0.1 MPa 未満（ゲージ圧力をいう.）のもの（第 8 章ガス炉設備は除く.）をいう. 以下同じ.）の技術基準については，ガス工作物の技術上の基準を定める省令（平成 12 年通商産業省令第 101 号）第 6 条（第 2 項，第 3 項，第 7 項及び第 8 項を除く.），第 9 条から第 11 条まで，第 13 条（第 4 項を除く.），第 14 条（第三号イ及びロ，第四号，第九号並びに第十号を除く.），第 15 条（第 1 項第一号，第三号から第五号まで，第八号，第十号及び第十一号，第 2 項第二号及び第四号並びに第 4 項を除く.），第 16 条第 1 項，第 18 条第 1 項，第 19 条，第 20

条第1項，第21条，第22条，第25条，第26条，第27条第1項，第30条，
第32条から第34条まで，第43条第2項，第46条から第48条まで，第51
条（第1項の表(1)，第2項，第3項及び第4項第二号を除く.），第53条及
び第55条の規定を準用する．この場合において，同省令の規定中「ガス工作
物」とあるのは，「電気工作物」と，「ガス事業者」とあるのは「電気工作物
を設置する者」と読み替えるものとする．

2　バイオマス発電設備には，その規模に応じて適切な防消火設備を適切な箇
所に設けなければならない．

# 第9章　可燃性の廃棄物を主な原材料として固形化した 燃料の貯蔵設備

**（湿度測定装置）**

**第69条**　可燃性の廃棄物を主な原材料として固形化した燃料（以下「廃棄物
固形化燃料」という.）の貯蔵設備であって，サイロその他非開放型の構造の
貯蔵設備にあっては，外気温及び湿度の影響並びに貯蔵設備内の湿度分布そ
の他貯蔵設備の特性を考慮して当該燃料に含まれる水分を適切に維持できる
よう，湿度を連続的に測定し，かつ，記録するための装置を設置しなければ
ならない．ただし，発酵，化学反応その他の事象によって，廃棄物固形化燃
料が異常に発熱し，又は可燃性のガスが発生するおそれがない場合は，この
限りでない．

**（温度測定装置）**

**第70条**　廃棄物固形化燃料の貯蔵設備であって，サイロその他非開放型の構
造の貯蔵設備にあっては，外気温及び湿度の影響並びに貯蔵設備内の温度分
布その他貯蔵設備の特性を考慮して熱を発生する機器がある場所の周辺及び
異常な発熱を検知できる箇所に，温度を連続的に測定し，かつ，記録するた
めの装置を設置しなければならない．ただし，発酵，化学反応その他の事象
によって，廃棄物固形化燃料が異常に発熱し，又は可燃性のガスが発生する
おそれがない場合は，この限りでない．

**（気体濃度測定装置）**

**第71条**　廃棄物固形化燃料の貯蔵設備であって，サイロその他非開放型の構
造の貯蔵設備にあっては，貯蔵設備内の可燃性のガスの滞留及び分布その他
可燃性のガスの発生に関する貯蔵設備の特性を考慮して可燃性のガスが発生

する箇所においてこれらのガスの濃度が爆発下限界の値に達しないよう，酸素及び一酸化炭素，メタンガスその他可燃性のガスの濃度を連続的に測定し，かつ，記録するための装置を設置しなければならない．ただし，発酵，化学反応その他の事象によって，廃棄物固形化燃料が異常に発熱し，又は可燃性のガスが発生するおそれがない場合は，この限りでない．

**（燃焼防止装置）**

**第 72 条**　廃棄物固形化燃料の貯蔵設備であって，サイロその他非開放型の構造の貯蔵設備にあっては，異常な発熱または可燃性のガスの発生が検知された場合にこれらの抑制のために十分な量の窒素その他の不活性ガスを速やかに貯蔵設備の内部に封入するための装置を設置しなければならない．ただし，発酵，化学反応その他の事象によって，廃棄物固形化燃料が異常に発熱し，又は可燃性のガスが発生するおそれがない場合は，この限りでない．

2　前項の貯蔵設備にあって換気装置を設置する場合には，新たな酸素の供給により燃焼が促進されないように設置しなければならない．

**（消 火 装 置）**

**第 73 条**　廃棄物固形化燃料の貯蔵設備にあっては，廃棄物固形化燃料が燃焼した場合に適切に消火するための装置を設置しなければならない．

# 第9章の2　スターリングエンジン及びその附属設備

**（スターリングエンジン及びその附属設備の材料等）**

**第 73 条の 2**　スターリングエンジン（シリンダーの中に密封した作動流体（凝縮しない状態で使用するものに限る．）の温度変化による体積変化により運動エネルギーを発生させる設備をいう．以下同じ．）及びその附属設備に属する容器並びに管の耐圧部分に使用する材料は，最高使用圧力，最高使用温度及び最低使用温度において材料に及ぼす化学的影響及び物理的影響に対し，安全な化学的成分及び機械的強度を有するものでなければならない．

2　スターリングエンジンに使用する作動流体は，不活性ガス又は空気でなければならない．

**（スターリングエンジン及びその附属設備の構造）**

**第 73 条の 3**　スターリングエンジンは，非常停止装置が作動したときに達する回転速度及び往復速度に対して構造上十分な機械的強度を有するものでなければならない．

2　スターリングエンジンの軸受は，運転中の荷重を安定に支持できるもので
あって，かつ，異常な摩耗，変形及び過熱が生じないものでなければならな
い．

3　スターリングエンジン及びその附属設備の耐圧部分の構造は，最高使用圧
力，最高使用温度又は最低使用温度において発生する最大の応力に対し安全
なものでなければならない．この場合において，耐圧部分に生ずる応力は当
該部分に使用する材料の許容応力を超えてはならない．

4　スターリングエンジン及び発電機その他の回転体を同一の軸に結合したも
の（スターリングエンジン及び発電機その他の回転体を同一の軸に結合しな
い場合にあっては，スターリングエンジン）の危険速度は，調速装置により
調整することができる回転速度のうち最小のものから非常停止装置が作動し
たときに達する回転速度までの間にあってはならない．ただし，危険速度に
おける振動が当該スターリングエンジンの運転に支障を及ぼすことのないよ
う十分な対策を講じた場合は，この限りでない．

**（調速装置）**

**第 73 条の 4**　誘導発電機と結合するスターリングエンジン以外のスターリン
グエンジンには，定格負荷を遮断した場合に達する回転速度及び往復速度を
非常停止装置が作動する回転速度未満及び往復速度未満にする能力を有する
調速装置を設けなければならない．

**（非常停止装置）**

**第 73 条の 5**　スターリングエンジンには，運転中に生じた過回転，過熱その他
の異常による危害の発生を防止するため，その異常が発生した場合に当該ス
ターリングエンジンを自動的かつ速やかに停止させる非常停止装置を設けな
ければならない．

**（計測装置）**

**第 73 条の 6**　スターリングエンジン及びその附属設備には，設備の損傷を防止
するため運転状態を計測する装置を設けなければならない．

# 第 10 章　溶　　接　　部

**（溶接部の形状等）**

**第 74 条**　電気事業法施行規則第 79 条第一号及び第二号に掲げる機械又は器
具であって，同規則第 80 条に定める圧力以上の圧力を加えられる部分につ

いて溶接をするものの溶接部（溶接金属部及び熱影響部をいう．以下「溶接部」という．）は，次によること．

一　不連続で特異な形状でないものであること．

二　溶接による割れが生ずるおそれがなく，かつ，健全な溶接部の確保に有害な溶込み不良その他の欠陥がないことを非破壊試験により確認したものであること．

三　適切な強度を有するものであること．

四　機械試験等により適切な溶接施工法等であることをあらかじめ確認したものにより溶接したものであること．

# 第11章　雑　　　則

**（特殊設備の安全性）**

**第75条**　火力を原動力として電気を発生するために施設する電気工作物であって，第5条から前条までに規定するもの以外のものにあっては，当該設備に及ぼす化学的作用及び物理的作用に対し，安全なものでなければならない．

**附　則**（平成9年3月27日通商産業省令第51号）

1　この省令は，公布の日から施行する．

2　この省令の施行の際限に施設し，又は施設に着手した電気工作物については，なお従前の例による．

**附　則**

1　この省令は，平成9年6月1日から施行する．

2　この省令の施行の際現に施設し，又は施設に着手した電気工作物については，なお従前の例による．

**附　則**（平成10年3月30日通商産業省令第31号）

この省令は，平成10年4月1日から施行する．

**附　則**（平成12年1月14日通商産業省令第6号）

この省令は，平成12年1月15日から施行する．

**附  則**（平成 12 年 8 月 2 日通商産業省令第 145 号）
1  この省令は，公布の日から施行する．
2  この省令の施行の際現に施設し，又は施設に着手した電気工作物については，なお従前の例による．

**附  則**（平成 13 年 3 月 21 日通商産業省令第 27 号）
この省令は，平成 13 年 4 月 1 日から施行する．

**附  則**（平成 13 年 12 月 17 日経済産業省令第 223 号）
この省令は，公布の日から施行する．

**附  則**（平成 15 年 3 月 25 日経済産業省令第 27 号）
この省令は，公布の日から施行する．

**附  則**（平成 16 年 3 月 31 日経済産業省令第 50 号）抄
**第 1 条**  この省令は，公布の日から施行する．

**附  則**（平成 16 年 11 月 29 日経済産業省令第 107 号）
この省令は，公布の日から施行する．ただし，この省令の施行の際現に設置され，又は設置にための工事に着手している可燃性の廃棄物を主な原材料として固形化した燃料の貯蔵設備については，平成 17 年 11 月 30 日までの間は，第 2 条の規定による改正後の発電用火力設備に関する技術基準を定める省令第 9 章の規定は，適用しない．

**附  則**（平成 17 年 1 月 6 日経済産業省令第 1 号）抄
**第 1 条**  この省令は，1973 年の船舶による汚染の防止のための国際条約に関する 1978 年の議定書によって修正された同条約を改正する 1997 年の議定書が日本国について効力を生ずる日（以下「施行日」という．）から施行する．

**附  則**（平成 17 年 3 月 10 日経済産業省令第 17 号）
この省令は，公布の日から施行する．ただし，この省令の施行の際現に設置され，または設置の工事が行われている燃料電池発電設備であって，電気事業法第 38 条第 3 項に規定する事業用電気工作物に関する規定を適用する

場合には，平成 18 年 3 月 31 日までは，なお従前の例による．

**附 則** （平成 17 年 5 月 31 日経済産業省令第 62 号）
　この省令は，大気汚染防止法の一部を改正する法律の施行の日（平成 17 年 6 月 1 日）から施行する．

**附 則** （平成 17 年 7 月 22 日経済産業省令第 70 号）
　この省令は，公布の日から施行する．ただし，この省令の施行の際現に設置され，又は設置のための工事に着手している電気工作物については，なお従前の例による．

**附 則** （平成 17 年 12 月 22 日経済産業省令第 121 号）
1　この省令は平成 18 年 1 月 1 日から施行する．
2　この省令の施行の際現に施設し，又は施設に着手した電気工作物については，なお従前の例による．

**附 則** （平成 18 年 10 月 27 日経済産業省令第 94 号）
　この省令は，公布の日から施行する．

**附 則** （平成 19 年 9 月 3 日経済産業省令第 59 号）
1　この省令は，公布の日から施行する．ただし，第 1 条中電気事業法施行規則第 81 条及び様式第 56 の改正規定は，平成 19 年 10 月 1 日から施行する．
2　この省令の施行の際現に電気事業法第 52 条第 1 項に基づき検査した，又は検査に着手しているものについては，なお従前の例による．

**附 則** （平成 23 年 9 月 30 日経済産業省令第 52 号）
　この省令は，公布の日から施行する．

**附 則** （平成 24 年 4 月 17 日経済産業省令第 35 号）
　この省令は，公布の日から施行する．

**附 則** （平成 24 年 9 月 14 日経済産業省令第 68 号）
　この省令は，原子力規制委員会設置法の施行の日（平成 24 年 9 月 19 日）

から施行する.

**附　則**（平成 25 年 5 月 17 日経済産業省令第 27 号）
　この省令は，公布の日から施行する.

**附　則**（平成 25 年 7 月 8 日経済産業省令第 36 号）
　この省令は，原子力規制委員会設置法附則第 1 条第四号に掲げる規定の施行の日（平成 25 年 7 月 8 日）から施行する.

**附　則**（平成 26 年 11 月 5 日経済産業省令第 55 号）
　この省令は，公布の日から施行する.

**附　則**（平成 29 年 3 月 31 日経済産業省令第 32 号）抄
（施行期日）
**第 1 条**　この省令は，電気事業法等の一部を改正する等の法律（平成 27 年法律第 47 号）附則第 1 条第五号に掲げる規定の施行の日（平成 29 年 4 月 1 日）から施行する. ただし，第 2 条，第 5 条及び第 8 条の規定は，大気汚染防止法の一部を改正する法律（平成 27 年法律第 41 号）の施行の日（平成 30 年 4 月 1 日）から施行する.

**附　則**（令和元年 6 月 3 日経済産業省令第 13 号）
（施行期日）
1　この省令は，公布の日から施行する.
（経過措置）
2　この省令の施行の際限に施設し，又は施設に着手している電気工作物については，なお従前の例による.

**附　則**（令和 3 年 2 月 26 日経済産業省令第 6 号）
　この省令は，公布の日から施行する.

**附　則**（令和 3 年 3 月 10 日経済産業省令第 12 号）抄
（施行期日）
**第 1 条**　この省令は，令和 3 年 4 月 1 日から施行する.

**附　則**（令和3年3月10日経済産業省令第12号）抄

（施行期日）

**第 1 条**　この省令は，令和3年4月1日から施行する．

**附　則**（令和4年3月31日経済産業省令第24号）抄

（施行期日）

**第 1 条**　この省令は，令和4年4月1日から施行する．

**附　則**（令和4年12月14日経済産業省令第95号）

（施行期日）

1　この省令は，令和4年12月15日から施行する．

（経過措置）

2　この省令の施行の際現に設置され，又は設置のための工事に着手している電気工作物については，なお従前の例による．

**附　則**（令和4年12月14日経済産業省令第96号）抄

（施行期日）

1　この省令は，高圧ガス保安法等の一部を改正する法律（令和4年法律第74号）附則第1条第三号に掲げる規定の施行の日（令和5年3月20日）から施行する．

# 発電用火力設備に関する
# 技術基準の細目を定める告示

◎**通商産業省告示第 479 号**（平成 12 年 8 月 2 日）

　発電用火力設備に関する技術基準を定める省令（平成 9 年通商産業省令第 51 号）第 37 条第 2 項及び第 55 条第 2 項の規定に基づき，発電用火力設備に関する技術基準の細目を定める告示を次のように定め，平成 12 年 8 月 2 日から施行する．なお，平成 9 年通商産業省告示第 149 号（発電用火力設備に関する技術基準の細目を定める告示）は平成 12 年 8 月 1 日限りで廃止する．

◎**経済産業省告示第 104 号**（平成 19 年 3 月 30 日）

　発電用火力設備に関する技術基準を定める省令（平成 9 年通商産業省令第 51 号）第 37 条第 2 項及び第 55 条第 2 項の規定に基づき，発電用火力設備に関する技術基準の細目を定める告示の一部を改正する告示を次のように定める．

※この告示により，第 2 条第 1 項第一号中の「盲学校，ろう学校，養護学校」を「特別支援学校」に改めた他，第 2 条第 1 項第四号の内容が変更された．

◎**経済産業省告示第 72 号**（平成 25 年 3 月 29 日）

　地域社会における共生の実現に向けて新たな障害保健福祉施策を講ずるための関係法律の整備に関する法律（平成 24 年法律第 51 号）の施行に伴い，及び関係法令の規定に基づき，製造施設の位置，構造及び設備並びに製造の方法等に関する技術基準の細目を定める告示及び発電用火力設備に関する技術基準の細目を定める告示の一部を改正する告示を次のように定める．

**（液化ガス設備のうち離隔距離を定める設備）**

**第 1 条**　発電用火力設備に関する技術基準を定める省令（平成 9 年通商産業省令第 51 号．以下「省令」という．）第 37 条第 2 項の告示で定める設備は，次の各号に掲げる設備とする．

一　液化ガス用貯槽

二　液化ガス用気化器

三　ガスホルダー

四　冷凍設備

五　液化ガス用ポンプ

六　ガス圧縮機（最高使用圧力が 1 MPa 以上のものに限る．）

**（保 安 物 件）**

**第 2 条**　省令第 23 条の 2 第 2 項，第 29 条の 2 第 2 項，第 36 条の 2 第 2 項及び第 55 条第 2 項の別に告示する物件は，第 3 項に規定する保安物件とする．

2　コンビナート等保安規則（昭和 61 年通商産業省令第 88 号）第 2 条第 1 項第二十二号の特定製造事業所に該当する発電所（以下「特定発電所」という．）に属する設備（毒性ガス又は毒性液化ガスを通ずるものに限る．）以外の設備に係る省令第 37 条第 2 項の別に告示する物件は，次に掲げるもの（発電所構内に存するものを除く．以下「第 1 種保安物件」という．）及びこれら以外の建築物であって，住居の用に供するもの（発電所構内に存するものを除く．以下「第 2 種保安物件」という．）とする．

一　学校教育法（昭和 22 年法律第 26 号）第 1 条に定める学校のうち，小学校，中学校，義務教育学校，高等学校，中等教育学校，高等専門学校，特別支援学校及び幼稚園

二　医療法（昭和 23 年法律第 205 号）第 1 条の 5 第 1 項に定める病院

三　劇場，映画館，演芸場，公会堂その他これに類する施設であって，収容定員 300 人以上のもの

四　児童福祉法（昭和 22 年法律第 164 号）第 7 条の児童福祉施設，身体障害者福祉法（昭和 24 年法律第 283 号）第 5 条第 1 項の身体障害者社会参加支援施設，生活保護法（昭和 25 年法律第 144 号）第 38 条第 1 項の保護施設（授産施設及び宿所提供施設を除く．），老人福祉法（昭和 38 年法律第 133 号）第 5 条の 3 の老人福祉施設若しくは同法第 29 条第 1 項の有料老人ホーム，母子及び父子並びに寡婦福祉法（昭和 39 年法律第 129 号）第 39 条第 1 項の母子・父子福祉施設，職業能力開発促進法（昭和 44 年法律第 64

号）第 15 条の 7 第 1 項第五号の障害者職業能力開発校, 地域における公的
介護施設等の計画的な整備等の促進に関する法律（平成元年法律第 64 号）
第 2 条第 3 項（第四号を除く.）の特定民間施設, 介護保険法（平成 9 年法
律第 123 号）第 8 条第 27 項の介護老人保健施設又は障害者の日常生活及
び社会生活を総合的に支援するための法律（平成 17 年法律第 123 号）第 5
条第 1 項の障害福祉サービス事業（同条第 7 項の生活介護, 同条第 13 項の
自立訓練, 同条第 14 項の就労移行支援又は同条第 15 項の就労継続支援に
限る.）を行う施設, 同条第 12 項の障害者支援施設, 同条第 26 項の地域活
動支援センター若しくは同条第 27 項の福祉ホームであって, 収容定員 20
人以上のもの

五　文化財保護法（昭和 25 年法律第 214 号）の規定によって重要文化財, 重
要有形民俗文化財, 史跡名勝天然記念物若しくは重要な文化財として指定
され, 又は旧重要美術品等の保存に関する法律（昭和 8 年法律第 43 号）の
規定によって重要美術品として認定された建築物

六　博物館法（昭和 26 年法律第 285 号）第 2 条に定める博物館及び同法第
29 条の規定により博物館に相当する施設として指定された施設

七　1 日に平均 2 万人以上の者が乗降する駅の母屋及びプラットホーム

八　百貨店, マーケット, 公衆浴場, ホテル, 旅館その他不特定かつ多数の
者を収容することを目的とする建築物（仮設建築物を除く.）であって, そ
の用途に供する部分の床面積の合計が 1,000 m$^2$ 以上のもの

3　特定発電所に属する設備（毒性ガス又は毒性液化ガスを通ずるものに限
る.）に係る省令第 37 条第 2 項の規定による物件は, 第 1 種保安物件及び第
2 種保安物件から保安のための宿直施設を除いたもの（以下「保安物件」とい
う.）をいう.

**（液化ガス設備に係る離隔距離）**

**第 3 条**　省令第 37 条第 2 項の規定による距離は, 特定発電所に属する設備
（毒性ガス又は毒性液化ガスを通ずるものに限る.）以外の設備については,
第 1 種保安物件に対しては次の表の左欄に掲げる貯蔵能力又は処理能力及び
ガス又は液化ガスの種類に応じ, それぞれ同表の中欄に掲げる第 1 種保安物
件との離隔距離以上, 第 2 種保安物件に対しては同表の左欄に掲げる貯蔵能
力又は処理能力及びガス又は液化ガスの種類に応じ, それぞれ同表の右欄に
掲げる第 2 種保安物件との離隔距離以上とする. ただし, 当該設備（常温の
液化石油ガス貯槽に限る.）の全部を地盤面下に埋設し又は当該設備（常温の

液化石油ガス貯槽に限る.) に防火上及び消火上有効な能力を有する水噴霧
装置等を設け，かつ，厚さが 12 cm 以上，高さが 1.8 m 以上の鉄筋コンク
リート製又はこれと同等以上の強度を有する障壁を設ける場合は，それぞれ
かっこ内の数値まで減ずることができる.

| 貯蔵能力又は処理能力（ガスにあっては m³, 液化ガスにあっては kg を単位とする.) | | 第 1 種保安物件との離隔距離（m を単位とする.) | 第 2 種保安物件との離隔距離（m を単位とする.) |
|---|---|---|---|
| 10,000 未満 | $L_1$ | $12\sqrt{2}\,(9.6\sqrt{2})$ | $8\sqrt{2}\,(6.4\sqrt{2})$ |
| | $L_2$ | $8\sqrt{2}$ | $5.4\sqrt{2}$ |
| | $L_3$ | $5.4\sqrt{2}$ | $3.6\sqrt{2}$ |
| 10,000 以上 52,500 未満 | $L_1$ | $0.12\sqrt{X+10,000}$ $(0.096\sqrt{X+10,000})$ | $0.08\sqrt{X+10,000}$ $(0.064\sqrt{X+10,000})$ |
| | $L_2$ | $0.08\sqrt{X+10,000}$ | $0.054\sqrt{X+10,000}$ |
| | $L_3$ | $0.054\sqrt{X+10,000}$ | $0.036\sqrt{X+10,000}$ |
| 52,500 以上 990,000 未満 | $L_1$ | 30(24) ただし，低温貯槽にあっては，$0.12\sqrt{X+10,000}$ | 20(16) ただし，低温貯槽にあっては，$0.08\sqrt{X+10,000}$ |
| | $L_2$ | 20 | 13.4 |
| | $L_3$ | 13.4 | 8.9 |
| 990,000 以上 | $L_1$ | 30(24) ただし，低温貯槽にあっては，120 | 20(16) ただし，低温貯槽にあっては，80 |
| | $L_2$ | 20 | 13.4 |
| | $L_3$ | 13.4 | 8.9 |

(備考)　　$X$ は，当該機器の貯蔵能力又は処理能力
　　　　　$L_1$ は，可燃性ガス，可燃性液化ガス，毒性ガス又は毒性液化ガス
　　　　　$L_2$ は，酸素又は液化酸素
　　　　　$L_3$ は，その他のガス又は液化ガス

2　省令第 37 条第 2 項に規定する距離は，特定発電所に属する設備（毒性ガス
又は毒性液化ガスを通ずるものに限る.) については，次の表の左欄に掲げる
貯蔵能力又は処理能力に応じ，それぞれ同表の右欄に掲げる離隔距離以上と
する.

| 貯蔵能力又は処理能力（ガスにあっては m³, 液化ガスにあっては kg を単位とする.) | 離隔距離（m を単位とする.) |
|---|---|
| 1,000 未満 | $80+4\sqrt{10}$ |

| 1,000 以上 10,000 未満 | $80+0.4\sqrt{X}$ |
| 10,000 以上 | 120 |

（備考）　$X$ は，当該機器の貯蔵能力又は処理能力

3　前2項に規定する貯蔵能力は，貯槽にあっては第一号に掲げる計算式，ガスホルダーにあっては第二号に掲げる計算式により計算した値とする.

一　$X=CWV_1$

$X$ は，貯槽の貯蔵能力（kg を単位とする.）

$C$ は，0.9（低温貯槽にあっては，その幾何容積に対する液化ガスを貯蔵する部分の容積の比の値）

$W$ は，貯蔵の通常の使用状態での温度における液化ガスの液密度（kg/m$^3$ を単位とする.）

$V_1$ は，幾何容積（m$^3$ を単位とする.）

二　$X=(10P+1)V_2$

$X$ は，ガスホルダーの貯蔵能力（m$^3$ を単位とする.）

$P$ は，最高使用圧力（MPa を単位とする.）

$V_2$ は，幾何容積（m$^3$ を単位とする.）

4　第1項及び第2項に規定する処理能力は，液化ガス用気化器又はガス圧縮機にあっては，それぞれ1日に処理することができるガス量を標準状態に換算した値（m$^3$ を単位とする.），液化ガス用ポンプにあっては，1日に処理することができる液化ガスの処理量（液化ガスの通常の使用状態での温度における処理量をいい，kg を単位とする.）

**（ガス化炉設備に係る保安物件）**

**第 4 条**　省令第 55 条第 2 項の規定による物件は，保安物件という.

**（ガス化炉設備に係る離隔距離）**

**第 5 条**　省令第 55 条第 2 項に規定する距離は，次の表の左欄に掲げるガスのじょ限量及び同表中欄に掲げる処理能力に応じ，それぞれ同表の右欄に掲げる離隔距離以上とする.

| ガスのじょ限量 | 処理能力（m$^3$ を単位とする.） | 離隔距離（m を単位とする.） |
| --- | --- | --- |
| 1/1,000,000 以下 | 1,000 未満 | $90+4\sqrt{10}$ |
| | 1,000 以上 10,000 未満 | $90+0.4\sqrt{X}$ |
| | 10,000 以上 | 130 |
| 1/1,000,000 超え | 1,000 未満 | $80+4\sqrt{10}$ |

| 50/1,000,000 以下 | 1,000 以上 10,000 未満 | $80+0.4\sqrt{X}$ |
|---|---|---|
| | 10,000 以上 | 120 |
| 50/1,000,000 超え 200/1,000,000 以下 | 1,000 未満 | $70+4\sqrt{10}$ |
| | 1,000 以上 10,000 未満 | $70+0.4\sqrt{X}$ |
| | 10,000 以上 | 110 |

（備考）　$X$ は，当該機器の処理能力

2　前項に規定する処理能力は，1 日の処理することができるガス量を標準状態に換算した値（$m^3$ を単位とする.）.

**附　則**（平成 19 年 3 月 30 日経済産業省令第 104 号）

（施行期日）

**第 1 条**　この告示は，平成 19 年 4 月 1 日から施行する.

（経過措置）

**第 2 条**　この告示の施行の日から障害者自立支援法（平成 17 年法律第 123 号）附則第 1 条第三号に掲げる規定の施行の日の前日までの間におけるこの告示による改正後の発電用火力設備に関する技術基準の細目を定める告示第 2 条第 1 項第四号の規定の適用については，この規定中「若しくは同条第 22 項の福祉ホーム」とあるのは，「，同条第 22 項の福祉ホーム若しくは同法附則第 41 条第 1 項，附則第 48 条若しくは附則第 58 条第 1 項の規定によりなお従前の例により運営をすることができることとされた附則第 41 条第 1 項の身体障害者更生援護施設，附則第 48 条の精神障害者社会復帰施設若しくは附則第 58 条第 1 項の知的障害者援護施設」とする.

**附　則**（平成 25 年 3 月 29 日経済産業省告示第 72 号）

　　この告示は，地域社会における共生のの実現に向けて新たな障害保険福祉施策を講ずるための関係法律の整備に関する法律の施行の日（平成 25 年 4 月 1 日）から施行する.

**附　則**（令和 4 年 12 月 14 日経済産業省告示第 200 号）

（施行期日）

1　この告示は，令和 4 年 12 月 15 日から施行する.

（経過措置）

2　この告示の施行の際現に設臘され，又は設臘のための工事に着手している電気工作物については，なお従前の例による.

# 発電用風力設備技術基準

（発電用風力設備に関する技術基準を定める省令）

◎**通商産業省令第 53 号**（平成 9 年 3 月 27 日）

電気事業法（昭和 39 年法律第 170 号）第 39 条第 1 項の規定に基づき，発電用風力設備に関する技術基準を定める省令（平成 2 年通商産業省令第 25 号）を次のように定める．

◎**経済産業省令第 34 号**（平成 17 年 3 月 29 日）

電気事業法（昭和 39 年法律第 170 号）第 39 条第 1 項及び第 56 条第 1 項の規定に基づき，発電用風力設備に関する技術基準を定める省令の一部を改正する省令を次のように定める．

※この省令により，第 1 条，第 3 条，第 5 条，第 7 条，第 8 条にそれぞれ第 2 項が追加された．

◎**経済産業省令第 69 号**（平成 21 年 12 月 18 日）

電気事業法（昭和 39 年法律第 170 号）第 39 条第 1 項，第 48 条第 1 項及び第 56 条第 1 項の規定に基づき，電気事業法施行規則及び発電用風力設備に関する技術基準を定める省令の一部を改正する省令を次のように定める．

※この省令により，第 5 条に第 3 項が追加された．

◎**経済産業省令第 32 号**（平成 29 年 3 月 31 日）

電気事業法等の一部を改正する等の法律（平成 27 年法律第 47 号）及び大気汚染防止法の一部を改正する法律（平成 27 年法律第 41 号）の一部の施行に伴い，並びに電気事業法（昭和 39 年法律第 170 号）及び電気事業法施行令（昭和 40 年政令第 206 号）の規定に基づき，並びに電気事業法を実施するため，電気関係報告規則等の一部を改正する省令を次のように定める．

◎**経済産業省令第 96 号**（令和 4 年 12 月 14 日）

高圧ガス保安法等の一部を改正する法律（令和 4 年法律第 74 号）の一部の施行に

伴い，並びに電気事業法（昭和 39 年法律第 170 号）及び関係法令の規定に基づき，並びに同法を実施するため，電気事業法施行規則等の一部を改正する省令を次のように定める．

**（適 用 範 囲）**

　**第 1 条**　この省令は，風力を原動力として電気を発生するために施設する電気工作物について適用する．

　2　前項の電気工作物とは，一般用電気工作及び事業用電気工作物をいう．

**（定 義）**

　**第 2 条**　この省令において使用する用語は，電気事業法施行規則（平成 7 年通商産業省令第 77 号）において使用する用語の例による．

**（取扱者以外の者に対する危険防止措置）**

　**第 3 条**　風力発電所を施設するに当たっては，取扱者以外の者に見やすい箇所に風車が危険である旨を表示するとともに，当該者が容易に接近するおそれがないように適切な措置を講じなければならない．

　2　発電用風力設備が一般用電気工作物又は小規模事業用電気工作物である場合には，前項の規定は，同項中「風力発電所」とあるのは「発電用風力設備」と，「当該者が容易に」とあるのは「当該者が容易に風車に」と読み替えて適用するものとする．

**（風 車）**

　**第 4 条**　風車は，次の各号により施設しなければならない．

　一　負荷を遮断したときの最大速度に対し，構造上安全であること．

　二　風圧に対して構造上安全であること．

　三　運転中に風車に損傷を与えるような振動がないように施設すること．

　四　通常想定される最大風速においても取扱者の意図に反して風車が起動することのないように施設すること．

　五　運転中に他の工作物，植物等に接触しないように施設すること．

**（風車の安全な状態の確保）**

　**第 5 条**　風車は，次の各号の場合に安全かつ自動的に停止するような措置を講じなければならない．

　一　回転速度が著しく上昇した場合

　二　風車の制御装置の機能が著しく低下した場合

　2　発電用風力設備が一般電気工作物又は小規模事業用電気工作物である場合

には，前項の規定は，同項中「安全かつ自動的に停止するような措置」とあるのは「安全な状態を確保するような措置」と読み替えて適用するものとする．

3　最高部の地表からの高さが 20 m を超える発電用風力設備には，雷撃から風車を保護するような措置を講じなければならない．ただし，周囲の状況によって雷撃が風車を損傷するおそれがない場合においては，この限りではない．

**（圧油装置及び圧縮空気装置の危険の防止）**

**第 6 条**　発電用風力設備として使用する圧油装置及び圧縮空気装置は，次の各号により施設しなければならない．

一　圧油タンク及び空気タンクの材料及び構造は，最高使用圧力に対して十分に耐え，かつ，安全なものであること．

二　圧油タンク及び空気タンクは，耐食性を有するものであること．

三　圧力が上昇する場合において，当該圧力が最高使用圧力に到達する以前に当該圧力を低下させる機能を有すること．

四　圧油タンクの油圧又は空気タンクの空気圧が低下した場合に圧力を自動的に回復させる機能を有すること．

五　異常な圧力を早期に検知できる機能を有すること．

**（風車を支持する工作物）**

**第 7 条**　風車を支持する工作物は，自重，積載荷重，積雪及び風圧並びに地震その他の振動及び衝撃に対して構造上安全でなければならない．

2　発電用風力設備が一般用電気工作物又は小規模事業用電気工作物である場合には，風車を支持する工作物に取扱者以外の者が容易に登ることができないように適切な措置を講じること．

**（公害等の防止）**

**第 8 条**　電気設備に関する技術基準を定める省令（平成 9 年通商産業省令第 52 号）第 19 条第 11 項及び第 13 項の規定は，風力発電所に設置する発電用風力設備について準用する．

2　発電用風力設備が一般用電気工作物又は小規模事業用電気工作物である場合には，前項の規定は，同項中「第 19 条 11 項及び第 13 項」とあるのは「第 19 条第 13 項」と，「風力発電所に設置する発電用風力設備」とあるのは「発電用風力設備」と読み替えて適用するものとする．

**附　則**

　1　この省令は，平成 9 年 6 月 1 日から施行する．

　2　この省令の施行の際現に施設し，又は施設に着手した電気工作物については，なお従前の例による．

**附　則**（平成 17 年 3 月 29 日経済産業省令第 34 号）

　この省令は，平成 17 年 4 月 1 日から施行する．ただし，この省令の施行の際現に設置され，又は設置のための工事に着手している電気工作物については，この省令の施行の日から 1 年間は，なお従前の例による．

**附　則**（平成 21 年 12 月 18 日経済産業省令第 69 号）

　1　この省令は，平成 22 年 4 月 1 日から施行する．

　2　この省令の施行前に電気事業法第 48 条第 1 項の規定による届出のあった工事の計画については，なお従前の例による．

**附　則**（平成 29 年 3 月 31 日経済産業省令第 32 号）抄

　（施行期日）

　**第 1 条**　この省令は，電気事業法等の一部を改正する等の法律（平成 27 年法律第 47 号）附則第 1 条第五号に掲げる規定の施行の日（平成 29 年 4 月 1 日）から施行する．

**附　則**（令和 4 年 12 月 14 日経済産業省令第 96 号）抄

　（施行期日）

　1　この省令は，高圧ガス保安法等の一部を改正する法律（令和 4 年法律第 74 号）附則第 1 条第三号に掲げる規定の施行の日（令和 5 年 3 月 20 日）から施行する．

# 発電用太陽電池設備技術基準
### （発電用太陽電池設備に関する技術基準を定める省令）

◎**経済産業省令第 29 号**（令和 3 年 3 月 31 日）

　電気事業法（昭和 39 年法律第 170 号）第 39 条第 1 項及び第 56 条第 1 項の規定に基づき，発電用太陽電池設備に関する技術基準を定める省令を次のように定める．

◎**経済産業省令第 96 号**（令和 4 年 12 月 14 日）

　高圧ガス保安法等の一部を改正する法律（令和 4 年法律第 74 号）の一部の施行に伴い，並びに電気事業法（昭和 39 年法律第 170 号）及び関係法令の規定に基づき，並びに同法を実施するため，電気事業法施行規則等の一部を改正する省令を次のように定める．

**（適用範囲）**

　**第 1 条**　この省令は，太陽光を電気に変換するために施設する電気工作物について適用する．

　2　前項の電気工作物とは，一般用電気工作物及び事業用電気工作物をいう．

**（定義）**

　**第 2 条**　この省令において使用する用語は，電気事業法施行規則（平成 7 年通商産業省令第 77 号）において使用する用語の例による．

**（人体に危害を及ぼし，物件に損傷を与えるおそれのある施設等の防止）**

　**第 3 条**　太陽電池発電所を設置するに当たっては，人体に危害を及ぼし，又は物件に損傷を与えるおそれがないように施設しなければならない．

　2　発電用太陽電池設備が一般用電気工作物又は小規模事業用電気工作物である場合には，前項の規定は，同項中「太陽電池発電所」とあるのは「発電用太陽電池設備」と読み替えて適用するものとする．

**（支持物の構造等）**

　**第 4 条**　太陽電池モジュールを支持する工作物（以下「支持物」という．）は，次の各号により施設しなければならない．

一　自重，地震荷重，風圧荷重，積雪荷重その他の当該支持物の設置環境下において想定される各種荷重に対し安定であること．

二　前号に規定する荷重を受けた際に生じる各部材の応力度が，その部材の許容応力度以下になること．

三　支持物を構成する各部材は，前号に規定する許容応力度を満たす設計に必要な安定した品質を持つ材料であるとともに，腐食，腐朽その他の劣化を生じにくい材料又は防食等の劣化防止のための措置を講じた材料であること．

四　太陽電池モジュールと支持物の接合部，支持物の部材間及び支持物の架構部分と基礎又はアンカー部分の接合部における存在応力を確実に伝える構造とすること．

五　支持物の基礎部分は，次に掲げる要件に適合するものであること．

　イ　土地又は水面に施設される支持物の基礎部分は，上部構造から伝わる荷重に対して，上部構造に支障をきたす沈下，浮上がり及び水平方向への移動を生じないものであること．

　ロ　土地に自立して施設される支持物の基礎部分は，杭基礎若しくは鉄筋コンクリート造の直接基礎又はこれらと同等以上の支持力を有するものであること．

六　土地に自立して施設されるもののうち設置面からの太陽電池アレイ（太陽電池モジュール及び支持物の総体をいう．）の最高の高さが 9 m を超える場合には，構造強度等に係る建築基準法（昭和 25 年法律第 201 号）及びこれに基づく命令の規定に適合するものであること．

**（土砂の流出及び崩壊の防止）**

**第 5 条**　支持物を土地に自立して施設する場合には，施設による土砂流出又は地盤の崩壊を防止する措置を講じなければならない．

**（公害等の防止）**

**第 6 条**　電気設備に関する技術基準を定める省令（平成 9 年通商産業省令第 52 号）第 19 条第 13 項の規定は，太陽電池発電所に設置する発電用太陽電池設備について準用する．

2　発電用太陽電池設備が一般用電気工作物又は小規模事業用電気工作物である場合には，前項の規定は，同項中「太陽電池発電所に設置する発電用太陽電池設備」とあるのは「発電用太陽電池設備」と読み替えて適用するものとする．

**附 則**（令和 3 年 3 月 31 日経済産業省令第 29 号）

  1  この省令は，令和 3 年 4 月 1 日から施行する．

  2  この省令の施行の際現に施設し，又は施設に着手した電気工作物については，なお従前の例による．

**附 則**（令和 4 年 12 月 14 日経済産業省令第 96 号）抄

（施行期日）

  1  この省令は，高圧ガス保安法等の一部を改正する法律（令和 4 年法律第 74 号）附則第 1 条第三号に掲げる規定の施行の日（令和 5 年 3 月 20 日）から施行する．

# 発電用太陽電池発電設備に関する技術基準の解釈

◎**経済産業省大臣官房技術総括・保安審議官**

　この発電用太陽電池設備に関する技術基準の解釈（以下「解釈」という.）は，発電用太陽電池設備に関する技術基準を定める省令（令和3年経済産業省令第29号．以下「省令」という.）に定める技術的要件を満たすものと認められる技術的内容をできるだけ具体的に示したものである．なお，省令に定める技術的要件を満たすものと認められる技術的内容はこの解釈に限定されるものではなく，省令に照らして十分な保安水準の確保が達成できる技術的根拠があれば，省令に適合するものと判断するものである．

（制定）20210317 保局第1号　令和3年3月31日付け

**【用語の定義】**（省令第2条）

　**第 1 条**　この解釈において使用する用語は，電気事業法施行規則（平成7年通商産業省第77号）及び省令において使用する用語の例による.

**【設計荷重】**（省令第4条第一号）

　**第 2 条**　省令第4条第一号における荷重とは，日本産業規格 JIS C 8955 (2017)「太陽電池アレイ用支持物の設計用荷重算出方法」に規定する荷重その他の当該支持物の設置環境下において想定される各種荷重をいう.

**【支持物の架構】**（省令第4条第一号）

　**第 3 条**　省令第4条第一号における支持物の安定とは，同号に規定する荷重に対して，支持物が倒壊，飛散及び移動しないことをいう.

**【部材強度】**（省令第4条第二号）

　**第 4 条**　省令第4条第二号に規定する各部材の強度は，省令第4条第一号によって設定される各種荷重が作用したときに生じる各部材の応力度が当該部材の許容応力以下であることをいう.

**【使用材料】**（省令第4条第三号）

　**第 5 条**　省令第4条第三号における支持物に使用する材料は，設計条件に耐

え得る安定した強度特性を有する材質であるとともに，使用される目的，部位，環境条件及び耐久性等を考慮して適切に選定すること．また，腐食，腐朽その他の劣化等を生じにくい材料または劣化防止のための措置がとられた材料を使用すること．

**【接合部】**（省令第 4 条第四号）

　**第 6 条**　省令第 4 条第四号における接合部とは，太陽電池モジュールと支持物，支持物の部材間及び支持物の架構部分と基礎又はアンカー部分の接合部をいい，荷重を伝達する全ての接合部を対象とする．

　2　接合部の強度は，部材間の存在応力を確実に伝達できる性能を有していること．

**【基礎及びアンカー】**（省令第 4 条第五号）

　**第 7 条**　土地に自立して施設される支持物の基礎，水面に施設されるフロート等の支持物の係留用アンカーにおいては，想定される荷重に対して上部構造に支障をきたす沈下，浮上がり及び水平方向への移動がないこと．

　2　水面に施設されるフロート群（アイランド）においては，多数のアンカーが配置されるため，荷重の偏りを考慮して全てのアンカーの安全性を確認すること．

**【支持物の標準仕様】**（省令第 4 条）

　**第 8 条**　太陽電池モジュールの支持物を，次の各号のいずれかにより地上に施設する場合は，第 2 条，第 3 条，第 4 条，第 5 条，第 6 条及び第 7 条の規定によらないことができる．

　一　一般仕様

　　8-1 表に示す施設条件下において，イ及びロのいずれにも適合する場合

8-1 表

| 地表面粗度区分 | Ⅲ |
|---|---|
| 設計用基準風速 | 34 m/s 以下 |
| 積雪区域 | 一般 |
| 垂直積雪量 | 50 cm 以下 |
| 太陽電池モジュールのサイズ | 2,000 mm×1,000 mm 以下 |
| 太陽電池モジュールの重量 | 28 kg/枚以下 |

　イ　設計条件として，次のいずれの値にも適合するものであること．

　　（イ）　構造体は，8-2 表によること．

8-2 表

| 太陽電池モジュールの配置及び規模 | 4 段 2 列（計 8 枚） |
|---|---|
| アレイ面の傾斜角度 | 20° |
| アレイ面の最低高さ | 地面（以下 GL とする）+1,100 mm |

　（ロ）　雪の平均単位重量は，20 N/m²/cm とすること．

　（ハ）　アレイ面の地上平均高さは，GL＋1.8 m であること．

　（ニ）　地震荷重について水平震度は，0.3 とすること．

　（ホ）　用途係数は，1.0 とすること．

　（ヘ）　基礎及び地盤は，8-3 表によること．

8-3 表

| 基礎 | 鉄筋コンクリート基礎 |
|---|---|
| コンクリート強度 $F_c$ | 21 N/mm² 以上 |
| 土質 | 粘性土と同等以上 |
| $N$ 値 | 3 以上 |
| 長期許容支持力 | 20 kN/m² 以上 |
| 地盤との摩擦係数 | 0.3 以上 |

ロ　架台及び基礎の仕様は，鋼製架台については、次の（イ），（ロ），（ハ）
　及び（ニ），アルミニウム合金製架台については，次の（ホ），（ヘ），（ト）
　及び（チ）の仕様に適合するものであること．

　（イ）　架台及び基礎の構造図は，次の図に示す構造とすること．

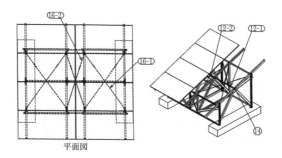

平面図

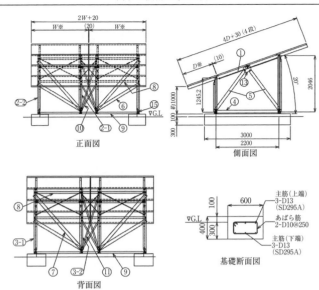

正面図

側面図

背面図

基礎断面図

※　太陽電池モジュールの長辺長さ $W$ は 2,000 mm 以下，短辺長さ $D$ は 1,100 mm
以下，面積 $W \times D$ は 2 m² 以下とする.

注)　図中の○に示す数字は，部材番号を示す.

　　　（ロ）　使用部材は，次に適合するものであること.

　　　　　（1）　支持架構の部材は，（イ）に示す部材番号ごとに 8-4 表に示す
　　　　　　　　ものであること.

8-4 表

| 部材番号 | 部材名 | 断面 | 鋼材種 | 表面処理 | 数量 |
|---|---|---|---|---|---|
| 1 | パネル受け | [−100×50×2.3 | SS 400 相当 | HDZ 35 以上 | 4 |
| 2-1 | 支柱前（右） | C-75×45×15×2.3 | SS 400 相当 | HDZ 35 以上 | 2 |
| 2-2 | 支柱前（左） | C-75×45×15×2.3 | SS 400 相当 | HDZ 35 以上 | 2 |
| 3-1 | 支柱後（右） | C-75×45×15×2.3 | SS 400 相当 | HDZ 35 以上 | 2 |
| 3-2 | 支柱後（左） | C-75×45×15×2.3 | SS 400 相当 | HDZ 35 以上 | 2 |
| 4 | つなぎ材 | [−100×50×3.2 | SS 400 相当 | HDZ 35 以上 | 2 |
| 5 | 側面ブレース | [−100×50×3.2 | SS 400 相当 | HDZ 35 以上 | 8 |
| 6 | 正面ブレース | [−100×50×3.2 | SS 400 相当 | HDZ 35 以上 | 2 |

| 7 | 背面ブレース | [−100×50×3.2 | SS 400 相当 | HDZ 35 以上 | 2 |
|---|---|---|---|---|---|
| 8 | 上弦材 | [−60×30×2.3 | SS 400 相当 | HDZ 35 以上 | 2 |
| 9 | 下弦材 | [−60×30×2.3 | SS 400 相当 | HDZ 35 以上 | 2 |
| 10 | 中央ブレース前 | PL-38×2.3 | SS 400 相当 | HDZ 35 以上 | 2 |
| 11 | 中央ブレース後 | PL-38×2.3 | SS 400 相当 | HDZ 35 以上 | 2 |
| 12-1 | 横材(端) | [−60×30×2.3 | SS 400 相当 | HDZ 35 以上 | 2 |
| 12-2 | 横材(中) | [−60×30×2.3 | SS 400 相当 | HDZ 35 以上 | 1 |
| 13 | つなぎプレート | PL-4.5 | SS 400 相当 | HDZ 35 以上 | 4 |
| 14 | 横材固定金具 | L-75×45×4.5 | SS 400 相当 | HDZ 35 以上 | 6 |
| 15 | 支柱固定金具 | L-165×75×9.0 | SS 400 相当 | HDZ 35 以上 | 4 |
| 16-1 | ターンバックル(端) | M 10 | SS 400 相当 | HDZ 35 以上 | 4 |
| 16-2 | ターンバックル(中) | M 10 | SS 400 相当 | HDZ 35 以上 | 2 |

注 1) 断面の列における [, C, PL, L, M は, それぞれ支持架構の部材の断面形態を表している.

注 2) 塩害地等の高腐食環境に設置する場合は、表面処理について適切に選定すること.

（2）締結材は, 8-5 表に示すものであること.

8-5 表

| 接合箇所 | ボルト | 鋼材種 | 表面処理 | 数量 | 備考 |
|---|---|---|---|---|---|
| 架台接合 | M 12 | SS 400 相当 | HDZ-A 種相当 | 94 | 架台の全接合部に使用する |
| モジュール固定 | M 6 または M 8 | SS 400 相当 | HDZ-A 種相当 | 32 | ボルトサイズはメーカー指定による |
| アンカーボルト | M 16 | SS 400 相当 | HDZ-A 種相当 | 4 | |

（ハ）　接合部の施工は，次の図の接合部ごとに示す詳細図によること．

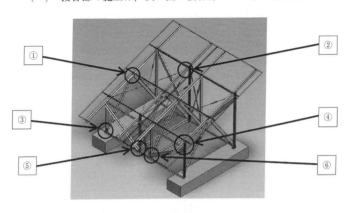

詳細図

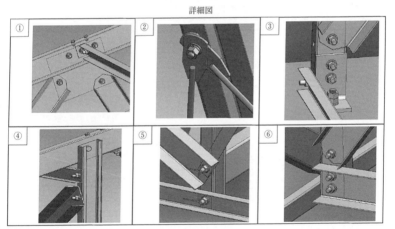

（ニ）　太陽電池モジュールを構成する部品は，（イ）に示す部材番号ごと
に次の図に示すものであること．

部品図
モジュール外形

注)　太陽電池モジュール固定孔ピッチは，長辺方向
1,400 mm 以下，短辺方向 1,050 mm 以下とする．

1—パネル受け

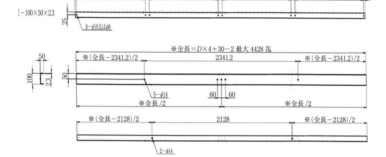

2—1 支柱前(右)本図の勝手反対
2—2 支柱前(左)

C-75×45×15×2.3

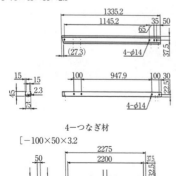

3—1 支柱後(右)本図の勝手反対
3—2 支柱後(左)

C-75×45×15×2.3

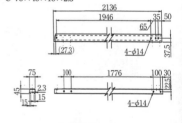

4—つなぎ材

[−100×50×3.2]

5—側面ブレース

[−100×50×3.2]

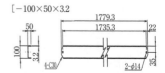

6－正面ブレース

$[-100×50×3.2$

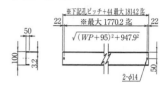

7－背面ブレース

$[-100×50×3.2$

8,9－上弦材及び下弦材

$[-60×30×2.3$

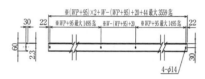

10－中央ブレース前

$PL-38×2.3$

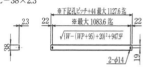

11－中央ブレース後

$PL-38×2.3$

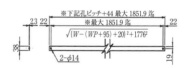

12-1 横材端部

$[-60×30×2.3$

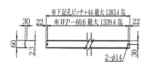

12-2 横材中央

$[-60×30×2.3$

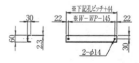

13－つなぎプレート

$PL-4.5$

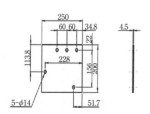

14—横材固定金具

L—75×45×4.5

15—支柱固定金具

L—125×75×9.0

16—1 ターンバックル(端)

M 10

$$\sqrt{WP^2 + 2128^2}$$

※最大 2547.2 迄

(φ13)

16—2 ターンバックル(中)

M 10

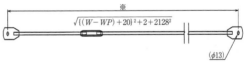

$$\sqrt{\{(W - WP) + 20\}^2 \times 2 + 2128^2}$$

※

(φ13)

注) 図中の※印のある寸法は,太陽電池モジュールのサイズによって異なる.

(ホ) 架台及び基礎の構造図は,次の図に示す構造とすること.

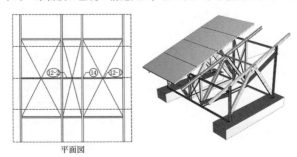

平面図

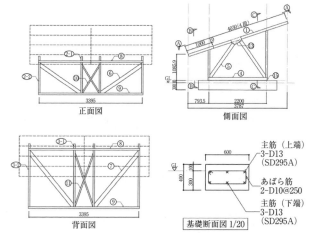

正面図

側面図

背面図

主筋（上端）
3-D13
（SD295A）

あばら筋
2-D10@250

主筋（下端）
3-D13
（SD295A）

基礎断面図 1/20

※　本組図は太陽電池モジュールの長辺及び短辺の長さが最大時で作図されており，
　実際の太陽電池モジュールサイズは 2 m² 以下とする．
注）図中の○に示す数字は，部材番号を示す．

　（ヘ）使用部材は，次に適合するものであること．
　　　（1）　支持架構の部材は，（ホ）に示す部材番号ごとに 8-6 表に示す
　　　　ものであること．

8-6 表

| 部材番号 | 部材名 | 断面 | 鋼材種 | 表面処理 | 数量 |
|---|---|---|---|---|---|
| 1 | パネル受け | ［−100×50×3.0 | A6063-T5 | 陽極酸化被膜 | 4 |
| 2-1 | 支柱前(右) | ［−75×50×3.0 | A6063-T5 | 陽極酸化被膜 | 2 |
| 2-2 | 支柱前(左) | ［−75×50×3.0 | A6063-T5 | 陽極酸化被膜 | 2 |
| 3-1 | 支柱後(右) | ［−75×50×3.0 | A6063-T5 | 陽極酸化被膜 | 2 |
| 3-2 | 支柱後(左) | ［−75×50×3.0 | A6063-T5 | 陽極酸化被膜 | 2 |
| 4 | つなぎ材 | ［−120×60×4.0 | A6063-T5 | 陽極酸化被膜 | 2 |
| 5 | 側面ブレース | ［−120×60×4.0 | A6063-T5 | 陽極酸化被膜 | 8 |
| 6 | 正面ブレース | ［−120×60×4.0 | A6063-T5 | 陽極酸化被膜 | 2 |
| 7 | 背面ブレース | ［−120×60×4.0 | A6063-T5 | 陽極酸化被膜 | 2 |
| 8 | 上弦材 | ［−60×40×3.0 | A6063-T5 | 陽極酸化被膜 | 2 |
| 9 | 下弦材 | ［−60×40×3.0 | A6063-T5 | 陽極酸化被膜 | 2 |

| 10 | 中央ブレース前 | PL-38×3.5 | A6063-T5 | 陽極酸化被膜 | 2 |
| 11 | 中央ブレース後 | PL-38×3.5 | A6063-T5 | 陽極酸化被膜 | 2 |
| 12-1 | 横材(端) | [-60×30×3.0 | A6063-T5 | 陽極酸化被膜 | 2 |
| 12-2 | 横材(中) | [-60×30×3.0 | A6063-T5 | 陽極酸化被膜 | 1 |
| 13 | つなぎプレート | PL-4.5 | A6063-T5 | 陽極酸化被膜 | 4 |
| 14 | 横材固定金具 | L-75×45×4.5 | A6063-T5 | 陽極酸化被膜 | 6 |
| 15 | 支柱固定金具 | L-125×75×12 | A6063-T5 | 陽極酸化被膜 | 4 |
| 16-1 | ターンバックル(端) | M10 | SS400 | HDZ35 相当 | 4 |
| 16-2 | ターンバックル(中) | M10 | SS400 | HDZ35 相当 | 2 |

（2）　締結材は，8-7 表に示すものであること．

8-7 表

| 接合箇所 | ボルト | 鋼材種 | 表面処理 | 数量 | 備　考 |
|---|---|---|---|---|---|
| 架台接合 | M12 | A2-50 | | 94 | 架台の全接合部に使用する |
| モジュール固定 | M6 または M8 | A2-50 | | 32 | ボルトサイズはメーカー指定による |
| アンカーボルト | M16 | SS400 相当 | HDZ-A 種相当 | 4 | |

（ト）　接合部の施工は，次の図の接合部ごとに示す詳細図によること．

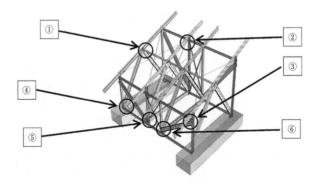

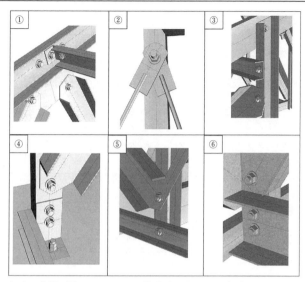

（チ）　太陽電池モジュールを構成する部品は，（ホ）に示す部材番号ごとに次の図に示すものであること．

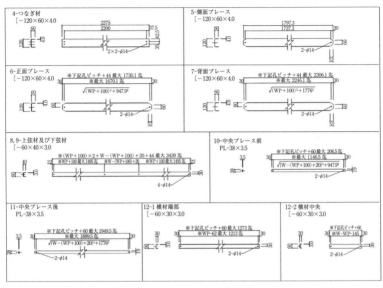

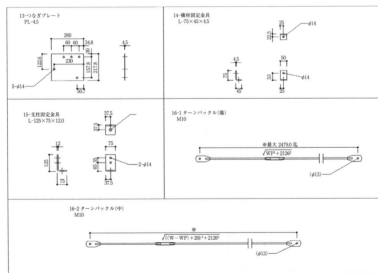

二　強風仕様

　　8-8 表に示す施設条件下において，イ及びロのいずれにも適合する場合

8-8 表

| 地表面粗度区分 | II |
|---|---|
| 設計用基準風速 | 40 m/s 以下 |
| 積雪区域 | 一般 |
| 垂直積雪量 | 30 cm 以下 |
| 太陽電池モジュールのサイズ | 2,000 mm×1,000 mm |
| 太陽電池モジュールの重量 | 28 kg/枚以下 |

　イ　設計条件として，次のいずれの値にも適合するものであること.

　　(イ)　構造体は，8-9 表によること.

8-9 表

| 太陽電池モジュールの配置及び規模 | 4 段 2 列（計 8 枚） |
|---|---|
| アレイ面の傾斜角度 | 10° |
| アレイ面の最低高さ | GL+1,100 mm |

　　(ロ)　雪の平均単位重量は，20 N/m²/cm とすること.

　　(ハ)　アレイ面の地上平均高さは，GL+1.8 m であること.

　　(ニ)　地震荷重について水平震度は，0.3 とすること.

　　(ホ)　用途係数は，1.0 とすること.

　　(ヘ)　基礎及び地盤は，8-10 表によること.

8-10 表

| 基礎 | 鉄筋コンクリート基礎 |
|---|---|
| コンクリート強度 $F_c$ | 21 N/mm² 以上 |
| 土質 | 粘性土と同等以上 |
| $N$ 値 | 3 以上 |
| 長期許容支持力 | 20 kN/m² 以上 |
| 地盤との摩擦係数 | 0.3 以上 |

　ロ　架台及び基礎の仕様は，鋼製架台については，次の (イ), (ロ), (ハ)
　　及び (ニ), アルミニウム合金製架台については，次の (ホ), (ヘ), (ト)
　　及び (チ) の仕様に適合するものであること.

（イ）　架台及び基礎の構造図は，次の図に示す構造とすること．

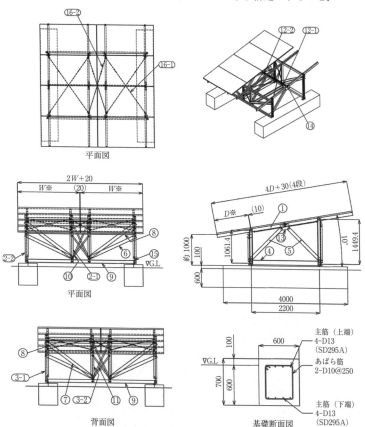

平面図

平面図

背面図

基礎断面図

※　太陽電池モジュールの長辺長さ $W$ は 2,000 mm 以下，短辺長さ $D$ は 1,100 mm
以下，面積 $W \times D$ は 2 m² 以下とする．

注）　図中の○に示す数字は，部材番号を示す．

（ロ）　使用部材は，次に適合するものであること．
（1）　支持架構の部材は，（イ）に示す部材番号ごとに 8-11 表に示
すものであること．

8-11 表

| 部材番号 | 部材名 | 断面 | 鋼材種 | 表面処理 | 数量 |
|---|---|---|---|---|---|
| 1 | パネル受け | [−100×50×3.2 | SS 400 相当 | HDZ 35 以上 | 4 |
| 2-1 | 支柱前(右) | C-100×50×20×3.2 | SS 400 相当 | HDZ 35 以上 | 2 |
| 2-2 | 支柱前(左) | C-100×50×20×3.2 | SS 400 相当 | HDZ 35 以上 | 2 |
| 3-1 | 支柱後(右) | C-100×50×20×3.2 | SS 400 相当 | HDZ 35 以上 | 2 |
| 3-2 | 支柱後(左) | C-100×50×20×3.2 | SS 400 相当 | HDZ 35 以上 | 2 |
| 4 | つなぎ材 | [−150×50×4.5 | SS 400 相当 | HDZ 35 以上 | 2 |
| 5 | 側面ブレース | [−100×50×3.2 | SS 400 相当 | HDZ 35 以上 | 8 |
| 6 | 正面ブレース | [−100×50×3.2 | SS 400 相当 | HDZ 35 以上 | 2 |
| 7 | 背面ブレース | [−100×50×3.2 | SS 400 相当 | HDZ 35 以上 | 2 |
| 8 | 上弦材 | [−100×50×3.2 | SS 400 相当 | HDZ 35 以上 | 2 |
| 9 | 下弦材 | [−100×50×3.2 | SS 400 相当 | HDZ 35 以上 | 2 |
| 10 | 中央ブレース前 | PL-38×2.3 | SS 400 相当 | HDZ 35 以上 | 2 |
| 11 | 中央ブレース後 | PL-38×2.3 | SS 400 相当 | HDZ 35 以上 | 2 |
| 12-1 | 横材(端) | [−60×30×2.3 | SS 400 相当 | HDZ 35 以上 | 2 |
| 12-2 | 横材(中) | [−60×30×2.3 | SS 400 相当 | HDZ 35 以上 | 1 |
| 13 | つなぎプレート | PL-4.5 | SS 400 相当 | HDZ 35 以上 | 4 |
| 14 | 横材固定金具 | L-75×45×4.5 | SS 400 相当 | HDZ 35 以上 | 6 |
| 15 | 支柱固定金具 | L-165×75×9.0 | SS 400 相当 | HDZ 35 以上 | 4 |
| 16-1 | ターンバックル(端) | M 10 | SS 400 相当 | HDZ 35 以上 | 4 |
| 16-2 | ターンバックル(中) | M 10 | SS 400 相当 | HDZ 35 以上 | 2 |

注1) 断面の列における [, C, PL, L, M は, それぞれ支持架構の部材の断面形態
を表している.

注2) 塩害地等の高腐食環境に設置する場合は, 表面処理について適切に選定するこ
と.

（2） 締結材は, 8-12 表に示すものであること.

8-12 表

| 接合箇所 | ボルト | 鋼材種 | 表面処理 | 数量 | 備考 |
|---|---|---|---|---|---|
| 架台接合 | M 12 | SS 400 相当 | HDZ-A 種相当 | 94 | 架台の全接合部に使用する |
| モジュール固定 | M 6 または M 8 | SS 400 相当 | HDZ-A 種相当 | 32 | ボルトサイズはメーカー指定による |

| AD アンカーボルト | M 16 | SS 400 相当 | HDZ-A 種相当 | 4 | |

（ハ）　接合部の施工は，次の図の接合部ごとに示す詳細図によること.

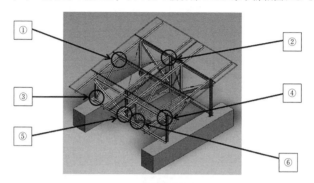

詳細図

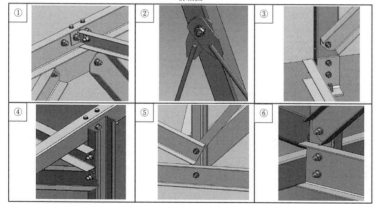

(ニ)　太陽電池モジュールを構成する部品は，(イ)に示す部材番号ごとに次の図に示すものであること．

部品図
モジュール外形

注)　太陽電池モジュール固定孔ピッチは，長辺方向1,400 mm 以下，短辺方向1,050 mm 以下とする．

1－パネル受け

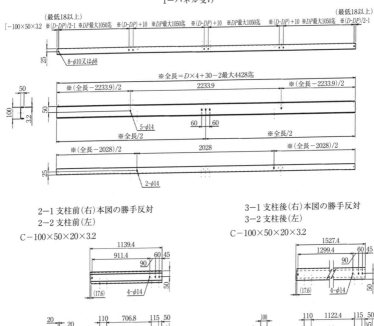

2－1 支柱前(右)本図の勝手反対
2－2 支柱前(左)

C−100×50×20×3.2

3−1 支柱後(右)本図の勝手反対
3−2 支柱後(左)

C−100×50×20×3.2

4—つなぎ材

[−150×50×4.5

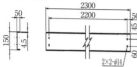

5—側面ブレース

[−100×50×3.2

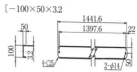

6—正面ブレース

[−100×50×3.2

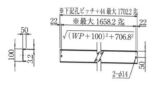

7—背面ブレース

[−100×50×3.2

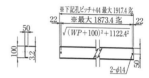

8,9—上弦材及び下弦材

[−100×50×3.2

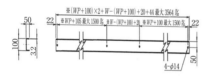

10—中央ブレース前

PL−38×2.3

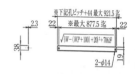

11—中央ブレース後

PL−38×2.3

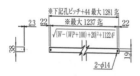

12−1 横材端部

[−60×30×2.3

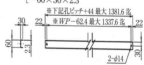

12−2 横材中央

[−60×30×2.3

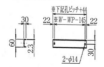

13—つなぎプレート

PL−4.5

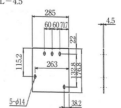

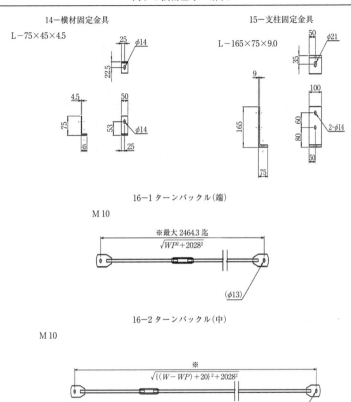

14—横材固定金具

L−75×45×4.5

15—支柱固定金具

L−165×75×9.0

16—1 ターンバックル(端)

M 10

※最大 2464.3 迄

$\sqrt{WP^2+2028^2}$

(φ13)

16—2 ターンバックル(中)

M 10

※

$\sqrt{\{(W-WP)+20\}^2+2028^2}$

(φ13)

注)　図中の※印のある寸法は，太陽電池モジュールのサイズによって異なる.

（ホ）　架台及び基礎の構造図は，次の図に示す構造とすること．

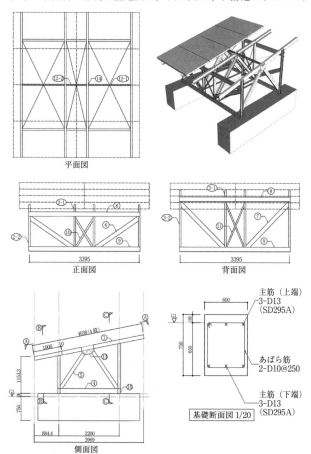

平面図

正面図　　　　　　　　　　　　背面図

3395　　　　　　　　　　　　　3395

側面図

基礎断面図 1/20

主筋（上端）
3-D13
（SD295A）

あばら筋
2-D10@250

主筋（下端）
3-D13
（SD295A）

※　本組図は太陽電池モジュールの長辺及び短辺の長さが最大時で作図されており，
　　実際の太陽電池モジュールサイズは 2 m² 以下とする．
注）　図中の○に示す数字は，部材番号を示す．

　　（ヘ）　使用部材は，次に適合するものであること．
　　　　（1）　支持架構の部材は，（ホ）に示す部材番号ごとに 8-13 表に示
　　　　　すものであること．

8-13 表

| 部材番号 | 部材名 | 断面 | 鋼材種 | 表面処理 | 数量 |
|---|---|---|---|---|---|
| 1 | パネル受け | 〔−120×60×4.0 | A6063-T5 | 陽極酸化被膜 | 4 |
| 2-1 | 支柱前(右) | 〔−100×50×4.0 | A6063-T5 | 陽極酸化被膜 | 2 |
| 2-2 | 支柱前(左) | 〔−100×50×4.0 | A6063-T5 | 陽極酸化被膜 | 2 |
| 3-1 | 支柱後(右) | 〔−100×50×4.0 | A6063-T5 | 陽極酸化被膜 | 2 |
| 3-2 | 支柱後(左) | 〔−100×50×4.0 | A6063-T5 | 陽極酸化被膜 | 2 |
| 4 | つなぎ材 | 〔−150×75×4.0 | A6063-T5 | 陽極酸化被膜 | 2 |
| 5 | 側面ブレース | 〔−120×60×4.0 | A6063-T5 | 陽極酸化被膜 | 8 |
| 6 | 正面ブレース | 〔−120×60×4.0 | A6063-T5 | 陽極酸化被膜 | 2 |
| 7 | 背面ブレース | 〔−120×60×4.0 | A6063-T5 | 陽極酸化被膜 | 2 |
| 8 | 上弦材 | 〔−120×60×4.0 | A6063-T5 | 陽極酸化被膜 | 2 |
| 9 | 下弦材 | 〔−120×60×4.0 | A6063-T5 | 陽極酸化被膜 | 2 |
| 10 | 中央ブレース前 | PL-50×3.5 | A6063-T5 | 陽極酸化被膜 | 2 |
| 11 | 中央ブレース後 | PL-50×3.5 | A6063-T5 | 陽極酸化被膜 | 2 |
| 12-1 | 横材(端) | 〔−60×30×3.0 | A6063-T5 | 陽極酸化被膜 | 2 |
| 12-2 | 横材(中) | 〔−60×30×3.0 | A6063-T5 | 陽極酸化被膜 | 1 |
| 13 | つなぎプレート | PL-4.5 | A6063-T5 | 陽極酸化被膜 | 4 |
| 14 | 横材固定金具 | L-75×45×4.5 | A6063-T5 | 陽極酸化被膜 | 6 |
| 15 | 支柱固定金具 | L-165×30×14 | A6063-T5 | 陽極酸化被膜 | 4 |
| 16-1 | ターンバックル(端) | M10 | SS400 | HDZ35 相当 | 4 |
| 16-2 | ターンバックル(中) | M10 | SS400 | HDZ35 相当 | 2 |

（2）　締結材は，8-14 表に示すものであること．

8-14 表

| 接合箇所 | ボルト | 鋼材種 | 表面処理 | 数量 | 備考 |
|---|---|---|---|---|---|
| 架台接合 | M16 | A2-50 | | 94 | 架台の全接合部に使用する |
| モジュール固定 | M6 または M8 | A2-50 | | 32 | ボルトサイズはメーカー指定による |
| アンカーボルト | M16 | SS400 相当 | HDZ-A 種相当 | 4 | |

（ト）　接合部の施工は，次の図の接合部ごとに示す詳細図によること.

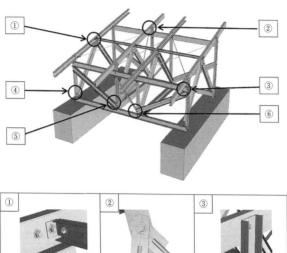

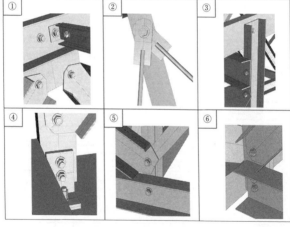

（チ）　太陽電池モジュールを構成する部品は，（ホ）に示す部材番号ごと
に次の図に示すものであること．

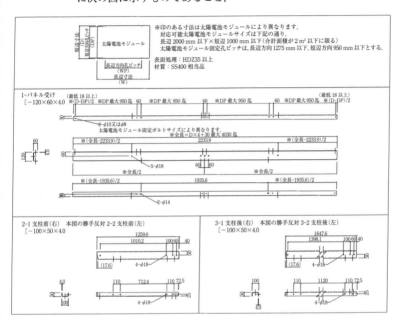

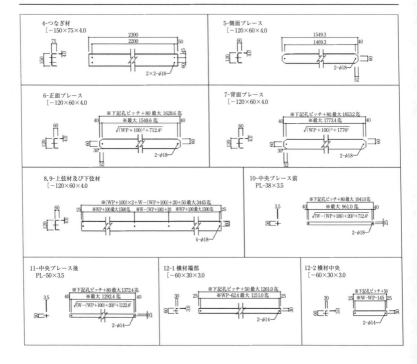

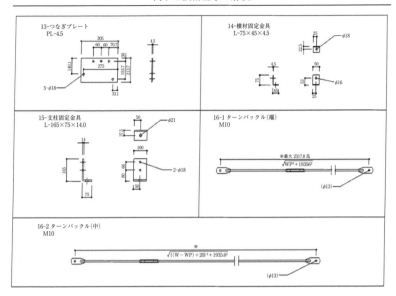

### 三　多雪仕様

8-15 表に示す施設条件下において，イ及びロのいずれにも適合する場合

8-15 表

| 地表面粗度区分 | Ⅲ |
|---|---|
| 設計用基準風速 | 30 m/s 以下 |
| 積雪区域 | 多雪 |
| 垂直積雪量 | 180 cm 以下 |
| 太陽電池モジュールのサイズ | 2,000 mm×1,000 mm |
| 太陽電池モジュールの重量 | 28 kg/枚以下 |

イ　設計条件として，次のいずれの値にも適合するものであること．
（イ）　構造体は，8-16 表によること．

8-16 表

| 太陽電池モジュールの配置及び規模 | 4 段 2 列（計 8 枚） |
|---|---|
| アレイ面の傾斜角度 | 30° |
| アレイ面の最低高さ | GL＋1,900 mm |

（ロ）　雪の平均単位重量は，30 N/m²/cm とすること．

（ハ）　アレイ面の地上平均高さは，GL＋2.9 m であること．

（ニ）　地震荷重について水平震度は，0.3 とすること．

（ホ）　用途係数は，1.0 とすること．

（ヘ）　基礎及び地盤は，8-17 表によること．

8-17 表

| 基礎 | 鉄筋コンクリート基礎 |
|---|---|
| コンクリート強度 $F_c$ | 21 N/mm² 以上 |
| 土質 | 粘性土と同等以上 |
| $N$ 値 | 3 以上 |
| 長期許容支持力 | 20 kN/m² 以上 |
| 地盤との摩擦係数 | 0.3 以上 |

ロ　架台及び基礎の仕様は，鋼製架台については，次の（イ），（ロ），（ハ）
及び（ニ），アルミニウム合金製架台については，次の（ホ），（ヘ），（ト）
及び（チ）の仕様に適合するものであること．

（イ）　架台及び基礎の構造図は，次の図に示す構造とすること．

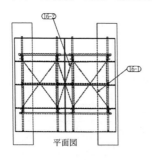

平面図

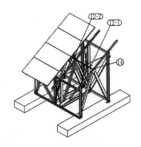

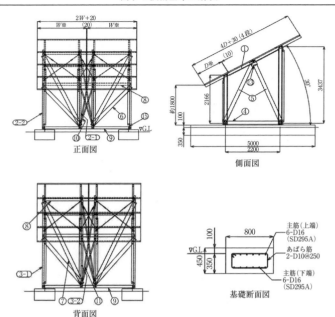

正面図

側面図

背面図

基礎断面図

※　太陽電池モジュールの長辺長さ $W$ は 2,000 mm 以下，短辺長さ $D$ は 1,100 mm
以下，面積 $W \times D$ は 2 m² 以下とする.

注)　図中の○に示す数字は，部材番号を示す.

　　（ロ）　使用部材は，次に適合するものであること.
　　　　（1）　支持架構の部材は，（イ）に示す部材番号ごとに 8-18 表に示
　　　　すものであること.

8-18 表

| 部材番号 | 部材名 | 断面 | 鋼材種 | 表面処理 | 数量 |
|---|---|---|---|---|---|
| 1 | パネル受け | ［－100×50×3.2 | SS400 相当 | HDZ35 以上 | 4 |
| 2-1 | 支柱前(右) | C-150×65×20×3.2 | SS 400 相当 | HDZ 35 以上 | 2 |
| 2-2 | 支柱前(左) | C-150×65×20×3.2 | SS 400 相当 | HDZ 35 以上 | 2 |
| 3-1 | 支柱後(右) | C-150×65×20×3.2 | SS 400 相当 | HDZ 35 以上 | 2 |
| 3-2 | 支柱後(左) | C-150×65×20×3.2 | SS 400 相当 | HDZ 35 以上 | 2 |
| 4 | つなぎ材 | ［－150×50×3.2 | SS 400 相当 | HDZ 35 以上 | 2 |

| 5 | 側面ブレース | 〔−150×75×4.5 | SS 400 相当 | HDZ 35 以上 | 8 |
| 6 | 正面ブレース | 〔−150×50×3.2 | SS 400 相当 | HDZ 35 以上 | 2 |
| 7 | 背面ブレース | 〔−150×75×4.5 | SS 400 相当 | HDZ 35 以上 | 2 |
| 8 | 上弦材 | 〔−100×50×2.3 | SS 400 相当 | HDZ 35 以上 | 2 |
| 9 | 下弦材 | 〔−100×50×2.3 | SS 400 相当 | HDZ 35 以上 | 2 |
| 10 | 中央ブレース前 | PL-38×2.3 | SS 400 相当 | HDZ 35 以上 | 2 |
| 11 | 中央ブレース後 | PL-38×2.3 | SS 400 相当 | HDZ 35 以上 | 2 |
| 12-1 | 横材（端） | 〔−60×30×2.3 | SS 400 相当 | HDZ 35 以上 | 2 |
| 12-2 | 横材（中） | 〔−60×30×2.3 | SS 400 相当 | HDZ 35 以上 | 1 |
| 13 | つなぎプレート | PL-4.5 | SS 400 相当 | HDZ 35 以上 | 4 |
| 14 | 横材固定金具 | L-75×45×4.5 | SS 400 相当 | HDZ 35 以上 | 6 |
| 15 | 支柱固定金具 | L-165×75×9.0 | SS 400 相当 | HDZ 35 以上 | 4 |
| 16-1 | ターンバックル（端） | M 10 | SS 400 相当 | HDZ 35 以上 | 4 |
| 16-2 | ターンバックル（中） | M 10 | SS 400 相当 | HDZ 35 以上 | 2 |

注1) 断面の列における 〔, C, PL, L, M は, それぞれ支持架構の部材の断面形態
を表している.

注2) 塩害地等の高腐食環境に設置する場合は, 表面処理について適切に選定するこ
と.

（2）　締結材は, 8-19 表に示すものであること.

8-19 表

| 接合箇所 | ボルト | 鋼材種 | 表面処理 | 数量 | 備考 |
|---|---|---|---|---|---|
| 架台接合 | M 12 | SS 400 相当 | HDZ-A 種相当 | 118 | 架台の全接合部に使用する |
| モジュール固定 | M6またはM8 | SS 400 相当 | HDZ-A 種相当 | 32 | ボルトサイズはメーカー指定による |
| アンカーボルト | M 16 | SS 400 相当 | HDZ-A 種相当 | 4 | |

（ハ）　接合部の施工は，次の図の接合部ごとに示す詳細図によること．

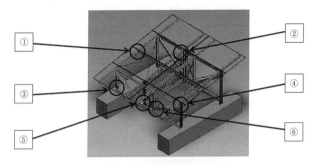

詳細図

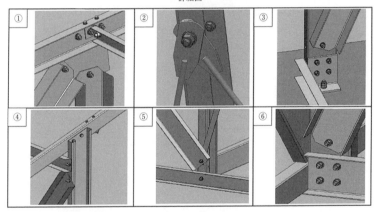

（ニ）　太陽電池モジュールを構成する部品は，（イ）に示す部材番号ごと
　　　に次の図に示すものであること．

部品図
モジュール外形

注）　太陽電池モジュール固定孔ピッチは，長辺方向
　　　1,400 mm 以下，短辺方向 1,050 mm 以下とする．

1－パネル受け

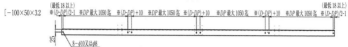

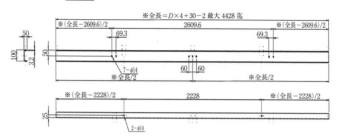

2－1 支柱前(右)本図の勝手反対
2－2 支柱前(左)

C-150×65×20×3.2

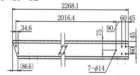

4－つなぎ材

[-150×50×3.2

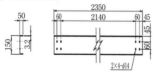

6－正面ブレース

[-150×50×3.2

3－1 支柱後(右)本図の勝手反対
3－2 支柱後(左)

C-150×65×20×3.2

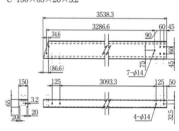

5－側面ブレース

[-150×75×4.5

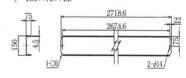

7－背面ブレース

[-150×75×4.5

8, 9－上弦材及び下弦材

[－100×50×2.3

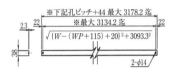

10－中央ブレース前

PL－38×2.3

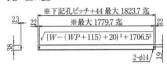

11－中央ブレース後

PL－38×2.3

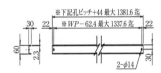

12－1 横材端部

[－60×30×2.3

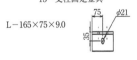

12－2 横材中央

[－60×30×2.3

13－つなぎプレート

PL－4.5

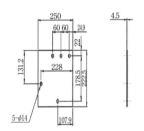

14－横材固定金具

L－75×45×4.5

15－支柱固定金具

L－165×75×9.0

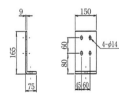

16−1 ターンバックル(端)

M 10

16−2 ターンバックル(中)

M 10

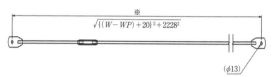

注)　図中の※印のある寸法は，太陽電池モジュールのサイズによって異なる．

（ホ）　架台及び基礎の構造図は，次の図に示す構造とすること．

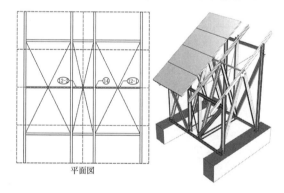

平面図

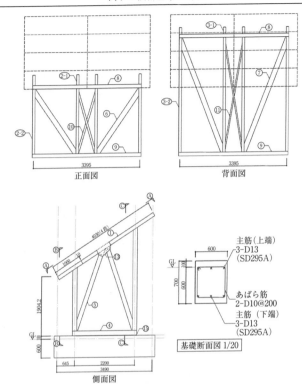

正面図　　　　　背面図

側面図

基礎断面図 1/20

主筋（上端）
3-D13
（SD295A）

あばら筋
2-D10@200

主筋（下端）
3-D13
（SD295A）

※　本組図は太陽電池モジュールの長辺及び短辺の長さが最大時で作図されており，
　実際の太陽電池モジュールサイズは 2 m² 以下とする．

注）　図中の〇に示す数字は，部材番号を示す．

　　（ヘ）　使用部材は，次に適合するものであること．

　　　（1）　支持架構の部材は，（ホ）に示す部材番号ごとに 8-20 表に示
　　　　すものであること．

8-20 表

| 部材番号 | 部材名 | 断面 | 鋼材種 | 表面処理 | 数量 |
|---|---|---|---|---|---|
| 1 | パネル受け | [−120×60×4.0 | A6063-T5 | 陽極酸化被膜 | 4 |
| 2-1 | 支柱前(右) | [−160×80×6.0 | A6063-T5 | 陽極酸化被膜 | 2 |
| 2-2 | 支柱前(左) | [−160×80×6.0 | A6063-T5 | 陽極酸化被膜 | 2 |

| 3-1 | 支柱後(右) | [−160×80×6.0 | A6063-T5 | 陽極酸化被膜 | 2 |
| 3-2 | 支柱後(左) | [−160×80×6.0 | A6063-T5 | 陽極酸化被膜 | 2 |
| 4 | つなぎ材 | [−150×60×4.0 | A6063-T5 | 陽極酸化被膜 | 2 |
| 5 | 側面ブレース | [−150×75×6.0 | A6063-T5 | 陽極酸化被膜 | 8 |
| 6 | 正面ブレース | [−150×60×6.0 | A6063-T5 | 陽極酸化被膜 | 2 |
| 7 | 背面ブレース | [−150×75×6.0 | A6063-T5 | 陽極酸化被膜 | 2 |
| 8 | 上弦材 | [−100×50×3.0 | A6063-T5 | 陽極酸化被膜 | 2 |
| 9 | 下弦材 | [−100×50×3.0 | A6063-T5 | 陽極酸化被膜 | 2 |
| 10 | 中央ブレース前 | PL-60×3.5 | A6063-T5 | 陽極酸化被膜 | 2 |
| 11 | 中央ブレース後 | PL-60×3.5 | A6063-T5 | 陽極酸化被膜 | 2 |
| 12-1 | 横材(端) | [−60×30×3.0 | A6063-T5 | 陽極酸化被膜 | 2 |
| 12-2 | 横材(中) | [−60×30×3.0 | A6063-T5 | 陽極酸化被膜 | 1 |
| 13 | つなぎプレート | PL-4.5 | A6063-T5 | 陽極酸化被膜 | 4 |
| 14 | 横材固定金具 | L-75×45×4.5 | A6063-T5 | 陽極酸化被膜 | 6 |
| 15 | 支柱固定金具 | L-165×75×15 | A6063-T5 | 陽極酸化被膜 | 4 |
| 16-1 | ターンバックル(端) | M10 | SS400 | HDZ35 相当 | 4 |
| 16-2 | ターンバックル(中) | M10 | SS400 | HDZ35 相当 | 2 |

（2）　締結材は，8-21 表に示すものであること．

8-21 表

| 接合箇所 | ボルト | 鋼材種 | 表面処理 | 数量 | 備考 |
|---|---|---|---|---|---|
| 架台接合 | M20 | A2-50 | | 118 | 架台の全接合部に使用する |
| モジュール固定 | M6 または M8 | A2-50 | | 32 | ボルトサイズはメーカー指定による |
| アンカーボルト | M16 | SS400 相当 | HDZ-A 種相当 | 4 | |

（ト）　接合部の施工は，次の図の接合部ごとに示す詳細図によること．

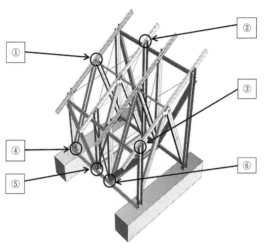

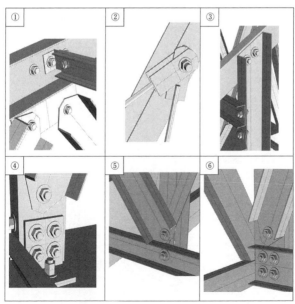

(チ)　太陽電池モジュールを構成する部品は,(ホ)に示す部材番号ごと
に次の図に示すものであること.

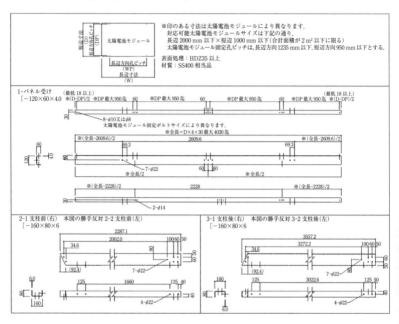

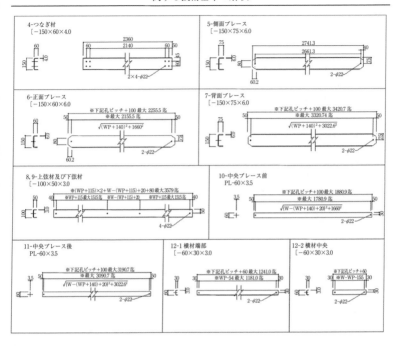

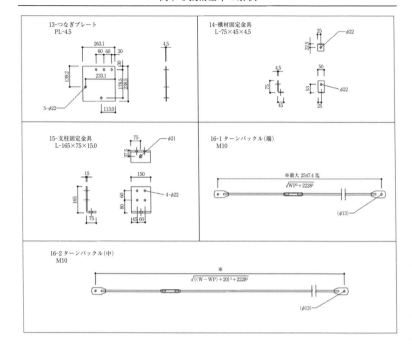

**【高さ 9 m を超える太陽電池発電設備】**（省令第 4 条第六号）

　　**第 9 条**　土地に自立して施設される支持物のうち設置面からの太陽電池アレ
　　イ（太陽電池モジュール及び支持物の総体をいう.）の最高の高さが 9 m を
　　超える場合には, 建築基準法施行令第 3 章構造強度のうち, 第 38 条（基礎），
　　第 65 条（有効細長比），第 66 条（柱の脚部），第 68 条（高力ボルト等），第
　　69 条（斜材等の配置）及び第 93 条（地盤及び基礎ぐい）の規定により施設す
　　ること.

**【地盤】**（省令第 5 条）

　　**第 10 条**　土地に自立して施設される支持物においては, 施設される土地が降
　　雨等によって土砂流出や地盤崩落等によって公衆安全に影響を与えるおそれ
　　がある場合には, 排水工, 法面保護工等の有効な対策を講じること.

　　2　施設する地盤が傾斜地である場合には, 必要に応じて抑制工, 抑止工等の
　　土砂災害対策を講じること.

## 附　則

1　この規程は，令和3年4月1日から施行する．

2　この規程の施行の際，現に電気事業法第48条第1項の規定による電気事業法施行規則第65条第1項第一号に定める工事の計画の届出がされ，又は設置若しくは変更の工事に着手している太陽電池モジュールの支持物については，施行後の発電用太陽電池設備に関する技術基準の解釈の規定にかかわらず，なお従前の例によることができる．

# 関 係 法 令 の 概 要

## Ⅰ. 最近の電気関係法令に係る改正の要点

平成 24 年 6 月 27 日に，原子力発電所の保安行政が原子力規制委員会に移行したこと，及び平成 26 年 6 月 18 日の電気小売業の自由化とこれに伴う電気事業の類型の見直し等の大幅な電気事業法の改正が行われている．

### 1. 電気事業法と関係政省令の改正

〔1〕 電気事業法の改正

（1） エネルギー供給強靱化法に伴う一部改正

（令和 2 年 6 月 12 日公布，令和 2 年 6 月 12 日，7 月 1 日及び令和 4 年 4 月 1 日施行）

自然災害の頻発などを踏まえ，電力インフラ・システムを強靱にするため，エネルギー供給強靱化法（正式名称：強靱かつ持続可能な電気供給体制の確立を図るための電気事業法等の一部を改正する法律）が公布された．エネルギー供給強靱化法は，電気事業法，再生可能エネルギー特別措置法，石油天然ガス・金属鉱物資源機構法（JOGMEC 法）の 3 法の改正で構成されている．

電気事業法関係では，一般送配電事業者に災害時連携計画の策定や既存設備の計画的な更新の義務付け，配電事業の制定及び認定電気使用者情報者等協会に対し，電気使用者に関する情報を提供することができることになった（第 26 条の 3，第 33 条の 2，第 37 条の 3 等）．

（2） 高圧ガス保安法等の改正に伴う一部改正

（令和 4 年 6 月 15 日公布，令和 5 年 3 月 20 日施行）

高圧ガス保安法等の改正に伴い電気事業法の一部が改正された．その主な制度には以下のものがある．

① 小規模事業用電気工作物の届出制度

小規模な再エネ発電設備の適切な保安を確保するため，太陽電池発電設備（10 kW 以上 50 kW 未満），風力発電設備（20 kW 未満）を「小規模事業用電気工作物」として新たに類型化し，その電気工作物の設置者に電気主任技術者の選任や保安規程の作成義務はないが，①技術基準適合維持義務，②基礎

情報の届出，及び③使用前自己確認を課すことになった（第38条第3項）．

### ② 認定高度保安実施設置者に係る認定制度

自立的に高度な保安を確保できる事業者を国が認定する制度で，認定を受けた場合は保安規程の記録保持，主任技術者選解任及び定期自主検査の実施などにおいて特例を規定する．

### ③ 登録適合確認機関による事前確認制度

特殊電気工作物（事業用電気工作物で，荷重及び外力に対して安全な構造が特に必要なもの）について，登録適合確認機関が工事計画届出を官庁に出す前に事前確認制度を導入した（当面は風力発電設備のみ対象）．

### 〔2〕 電気事業法施行令及び同規則等の改正

### （1） 自家用電気工作物の設置者等の報告

（令和3年3月24日公布，令和3年4月1日施行）

経済産業大臣が電気事業法第106条第6項に基づいて，自家用電気工作物の保守点検を行った事業者に対して報告や資料の提出を求めることができる事項は，保安に関する事項に限ることが明記された（施行令第46条第4項）．

### （2） 保安管理業務外部委託制度の対象施設の拡大等

（令和3年3月31日公布，令和3年4月1日施行）

保安管理業務外部委託制度の対象となる施設のうち，太陽電池発電設備が出力2,000 kW未満から出力5,000 kW未満に引き上げられた（規則第52条第2項第一号）．

### （3） 保安業務従事者の実務経験の見直し

（令和3年3月26日公布，令和3年3月31日施行）

保安管理業務外部委託制度における保安業務従事者は，主任技術者免状の取得後，第一種では3年，第二種では4年，第三種では5年の実務経験が必要されていたが，告示の改正で第二種と第三種はともに免除取得後，講習を修了することにより実務経験3年と短縮された（告示第249号の改正）．

### （4） 1つの需要場所の範囲の拡大

（令和3年3月9日公布，令和3年4月1日施行）

1需要場所，1引き込み，1契約が託送制度の原則であったが，分散型リソースの普及で多様な系統接続ニーズを想定し，各要件を満たす特例需要場所に限り，複数引込み並びに複数需要場所1引込み等を行うことが可能になった（規則第3条）．

**（5）　大型蓄電池から放電を行う事業を発電事業に位置づける**

　　（令和 4 年 11 月 25 日公布，令和 4 年 12 月 1 日施行）

　一定の地域内における災害時等の活用，電力系統に対する調整力の提供等を目的に，事業者が蓄電用の電気工作物を単体で設置するような運用が本格化することを見込み，当該設置形態を蓄電所と定義することとし，適切な保安規制を講じた（規則第 47 条の 13，第 50 条，第 56 条など）．

**〔3〕　電気関係報告規則**

**（1）　主要電気工作物の範囲の改正**

　　（令和 3 年 3 月 31 日公布，令和 3 年 4 月 1 日施行）

　事故報告の対象となる電気工作物の範囲が「主要電気工作物」として定義されている．この主要電気工作物として出力 10 kW 以上の太陽電池発電設備及び風力発電設備が追加された（第 1 条第 2 項第四号）．

**（2）　太陽電池発電設備及び風力発電設備を設置する者の報告義務**

　　（令和 3 年 3 月 31 日公布，令和 3 年 4 月 1 日施行）

　太陽電池発電設備（出力 10 kW 以上 50 kW 未満）及び風力発電設備（出力 20 kW 未満）に対しても所有者又は占有者は，感電等による死傷，電気火災，主要電気工作物の破損が発生したとき，管轄する産業保安監督部長又は経済産業大臣（二以上に該当する事故で，管轄する産業保安監督部長が異なる事故）に 24 時間以内に事故速報，事故の発生を知った日から起算して 30 日以内に当該事故の詳細を記載した報告書を提出することが義務付けられた（規則第 3 条の 2 新設）．

## 2.　再生可能エネルギー電気の利用の促進に関する特別措置法の改正

　　（令和 2 年 6 月 12 日公布，令和 4 年 4 月 1 日施行）

　強靭な持続可能な電気供給体制の確立を図るため，再生可能エネルギー電気の新たな導入支援制度の創設など，再生可能エネルギー電気の利用の促進に関する特別措置法（再エネ特措法）の改正が行われ，再生可能エネルギーの最大限の導入と国民負担の抑制の両立を目指した FIP（Feed-in Premium）制度が導入されることになった．

**（1）　市場連動型の再生可能エネルギー電気の導入支援策の策定**

　従来の固定価格買取制度による再生可能エネルギー電気に加え，新たに経済産業省が定めた交付対象区分等に該当する認定発電設備により，再生可能エネルギー電気を市場取引により供給する場合は，市場価格により一定の供給促進交付金を上乗せする制度（FIP 制度）が創設された（法第 2 条の 2〜第 2 条の 7，第 31 条）．

### （2）　再生可能エネルギー電気の供給能力を生かす電力系統の整備

再生可能エネルギー電気の導入拡大に必要な地域に，地域関連連系線等の送電網の増強費用の一部を系統設置交付金として交付する制度が創設された（法第28条～第30条の3，第31条）．

### （3）　再生可能エネルギー電気の発電設備の適切な廃棄

再生可能エネルギー電気の認定発電設備を廃棄する場合，廃棄費用の外部積み立てが原則として義務付けられた（法第15条の6～第15条の16）．

### （4）　認定発電設備に対する認定の失効

再生可能エネルギー電気の発電設備として認定された後，設備を廃止した場合や一定期間内に運転を開始しない場合は，認定が失効することが規定された（法第14条）．

## Ⅱ.　電気事業法

### 1.　電気事業法と技術基準

電気事業法は，第1図に示すように，電気事業の規則に係る「電気事業規制」と電気工作物の保安に係る「電気保安規制」を行っている．電気設備技術基準ほか，発電用火力設備，発電用水力設備，発電用風力設備等の技術基準は，電気事業法の保安規制の目的をもって同法に基づき経済産業省令として定められている．

第1図　電気事業法の目的

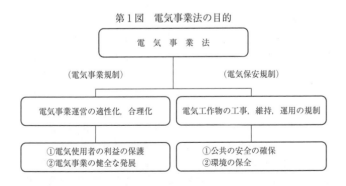

## 2. 電気事業の種類

電気事業は，平成26年6月の電気事業法の改正により新しく定義され，電気事業法第2条において，小売電気事業，一般送配電事業，送電事業，特定送配電事業及び発電事業の5種類の電気事業が定められた．令和2年4月に従来の電力会社は送電事業，小売電気事業及び発電事業を行う会社に分離され，名称も改められた（東京電力は平成26年4月に分離されている．また，沖縄電力は分離されない）．令和2年6月12日付けで「配電事業」及び「特定卸供給事業」が追加された（施行日は令和4年4月1日）．

① **小売電気事業**は，小売供給を行う事業（一般送配電事業，特定送配電事業及び発電事業に該当する部分を除く．）である．要するに工場や一般家庭に電気を供給する事業で，発電事業者と契約して電源を調達し，需要家に販売，顧客へ営業することになる．改正前の一般電気事業者及び特定規模電気事業者の営業部門が該当する．

② **一般送配電事業**は，自らが維持し，及び運用する送電用及び配電用の電気工作物によりその供給区域において託送供給及び電力量調整供給を行う事業（発電事業に該当する部分を除く．）をいい，当該送電用最終保障供給及び離島等供給を行う事業（発電事業に該当する部分を除く．）を含むものである．

一般送配電事業者は，主として送電設備及び配電設備を用いて小売電気事業者から託送を依頼された電気を発電所から需要家に届ける事業者であり，この事業者には従来の一般電気事業者（北海道から沖縄までの10の電力会社）の送配電部門が該当する．一般送配電事業者は，発電事業も小売電気事業も行うことができる．

③ **送電事業**は，自らが維持し，及び運用する送電用の電気工作物により一般送配電事業者又は配電事業者に振替供給を行う事業（一般送配電事業に該当する部分を除く．）である．なお，経済産業省令では，振替供給を1,000 kWを超える出力で10年以上又は10万 kWを超える出力で5年以上の供給期間可能な送電用電気工作物を要件としている．この事業は，改正前の卸電気事業に相当する事業である．

④ **特定送配電事業**は，自らが維持し，及び運用する送電用及び配電用の電気工作物により特定の供給地点において小売供給又は小売電気事業，一般送配電事業若しくは配電事業を営む他の者にその小売電気事業，一般送配電事業若しくは配電事業の用に供するための電気に係る託送供給を行う事業（発電事業に該当する部分を除く．）である．この事業は改正前の特定電気事業の送電部門や自営線

供給を行っている特定規模電気事業の送電部門等が該当する．

⑤　**発電事業**は，自らが維持し，及び運用する発電等用電気工作物を用いて小売電気事業，一般送配電事業，配電事業又は特定送配電事業の用に供するための電気を発電し，又は放電する事業である．なお，経済産業省令では，出力1,000 kW以上の発電設備で，上記電気事業用設備に接続する最大電力が1万kWを超えること，及び接続最大電力が発電量及び発電出力において50％（発電出力が10万kWを超える場合は10％）を超えることを要件としている．

⑥　**配電事業**は，自ら維持し，及び運用する電圧7,000 V以下の配電線路により，その供給区域において託送供給及び電力量調整供給を行う事業（一般送配電事業及び発電事業に該当する部分を除く．）である．

⑦　**特定卸供給事業**は，発電等用電気工作物を維持し，及び運用する他の者に対して，発電又は放電を指示する方法などにより電気の供給能力を有する者（発電事業者を除く．）から集約した電気を，小売電気事業・一般送配電事業・配電事業の用に供するために供給する事業である．

## 3．電気事業に関する規制

事業規制の内容は，事業の創業・廃止などに関するもの，供給条件及び会社間の電力融通など業務運営に関するもの及び会計及び財務に関するものに大きく分けることができ，さらに測量などのため他人の土地使用など公益的特権に関するものがある．ここでは，事業の創業・廃止，小売事業と一般送配電事業に係る供給条件及び電圧と周波数の維持について，その概要を示す．

### 〔1〕　事業の創業・廃止などの許可・届出

電気事業の許可は一般送配電事業者，送電事業者及び配電事業者に，事業の届出は特定送配電事業者と発電事業者及び特定卸供給事業者にそれぞれ課されている．小売電気事業者に対しては，登録の義務が課されている（法第2条の2，法第3条，法第27条の4，13，27）．

なお，出力1,000 kW以上の発電用及び蓄電用の自家用電気工作物（太陽電池発電設備および風力発電設備を除く）を維持・運用する特定自家用電気工作物の設置者は，経済産業大臣への届出が必要である（法第28条の3）．

また，小規模事業用電気工作物の設置者は，使用開始前に経済産業省令で定める事項（氏名又は名称及び住所その他）を記載した書類を添えて，その旨を経済産業大臣に届け出なければならない（法第46条）．

〔2〕 電気の供給に関する規制

平成 26 年 6 月の電気事業法の改正の主要点は，需要家にできるだけ安い電気を安定して供給するかである．そのため小売りと発電の事業において，全面自由化が行われ競争原理が導入されている．ただし，電気の安定供給の面と質の面から各電気事業には各種の義務が課せられている．

（1） 小売電気事業者の供給に係る規制

平成 28 年 4 月から電気の小売りの全面自由化が実施され，需要家は多くの登録された小売電気事業者を選択して電気の供給を受けることができるようになった．小売電気事業者には，需要に応じることができる供給力を確保すること及び供給に際しては供給約款を定め公布することが義務付けられている（法第 2 条の 12, 13）．

（2） 一般送配電事業者の供給に係る規制

一般送配電事業者は，従来の一般電気事業者の送電線，変電所及び配電線等を受け継いだ事業として電気事業の中核を形成する事業であり，供給に関しても各種の規制が行われている．

（託送供給約款の認可等）

一般送配電事業者には，発電事業者等からの電気を小売電気事業者等への託送供給，電力量調整供給，最終保障供給及び離島等供給に応ずる義務が課せられている（法第 17 条）．

託送供給と電力量調整供給に係る料金その他の供給条件について「託送供給約款」を定めて経済産業大臣に認可を受ける必要がある．最終保障供給及び離島等供給についても，それぞれ料金その他の供給条件に係る約款を定めて経済産業大臣に届け出る必要がある（法第 20 条，法第 21 条）．

この他，一般送配電事業者には，災害時連携計画の作成及び電気工作物台帳の作成が義務付けられている．

（3） 発電事業者の供給に係る規制

発電事業者には，一般送配電事業者及び配電事業者と発電又は放電と電気の供給を約束している場合は，正当な理由がない限り，これを拒むことはできない（法第 27 条の 28）．

〔3〕 電圧と周波数の維持

供給業務に関連した規制で重要なのは，需要家が受電する電気の電圧及び周波数の変動が規定値内に維持されて，使用する電気機器が支障なく使用できることである．一般送配電事業者にはその供給する電気の電圧及び周波数の値を経済産

業省令で定める値に維持するよう努めることが義務付けられている．その値は，電圧を 100 V 供給では 101 V ± 6 V の範囲に，200 V 供給では 202 ± 20 V の範囲であり，周波数の値は，標準周波数（50 Hz 又は 60 Hz）に等しい値と定められている（法第 26 条，施行規則第 38 条）．

## 4．電気工作物の保安規制

　電気事業法の目的の１つに，電気工作物の工事，維持及び運用を規制することによって，公共の安全を確保することがある．この目的のために，電気事業法では電気工作物を事業用電気工作物（電気事業用電気工作物と自家用電気工作物）及び一般用電気工作物の２つに分けて，それぞれに対応した保安体制をとらせている．

　事業用電気工作物（小規模事業用電気工作物を除く．）の設置者に対し，電気保安上から課せられている義務のうち，主なものを挙げると次のようになる．

① 　電気工作物を技術基準どおりに維持する義務（法第 39 条）

② 　電気工作物の工事，維持及び運用に関する保安を確保するため，保安規程を定め，主務大臣に届出をし，これを守る義務（法第 42 条）

③ 　電気工作物の工事・維持及び運用に関する保安を監督させるため，主任技術者を選任し，主務大臣に届出をする義務（法第 43 条）

④ 　一定規模以上の電気工作物の工事をする場合に，その工事計画について認可申請又は届出をし，主務大臣の検査を受ける義務（法第 47 条，法第 49 条）

⑤ 　工事計画の届出をした事業用電気工作物に対する使用前自主検査，溶接事業者検査，定期事業者検査を行う義務及びこれらの法定自主検査に対する体制について安全管理審査を受ける義務（法第 50 条の 2，法第 52 条，法第 55 条）

⑥ 　一定規模の電気工作物を設置した場合にその電気工作物を使用しようとするときは，電気工作物が技術基準に適合することについて自ら確認する義務（法第 51 条の 2）

⑦ 　電気事故が発生した場合その他の報告義務（法第 106 条）

上記①〜③の義務が自主保安規制と呼ばれている．

　なお，小規模事業用電気工作物の設置者には，技術基準適合維持義務，基礎情報届出，及び使用前自己確認の義務が課されている．

　一方，一般用電気工作物の場合は，その保安に関する最終責任は，その一般用電気工作物の所有者又は占有者にあるとしているが，一般用電気工作物と称せら

れるもののほとんどが一般家庭や商店などの電気設備であることから，その所有者や占有者に電気事業用又は自家用の電気工作物の所有者に対するような義務は課されていない．よって，一般用電気工作物の電気保安を確保するために，その一般用電気工作物が技術基準どおりに維持されているかどうかを調査する義務を電線路維持運営者（一般用電気工作物と直接に電気的に接続している電線路の維持・運用者：一般的には一般送配電事業者）に課している（法第57条）．

このほか一般用電気工作物等（一般用電気工作物及び小規模事業用電気工作物をいう．）に対しては，電気工事士法による電気工事の規制，電気用品安全法による電気機器や電気材料の規制が行われている．

〔1〕　**電気工作物の定義**

電気事業法において，電気保安上の必要性から種々の規制を受ける電気工作物は，次のように定義されている．

「電気工作物とは，発電，蓄電，変電，送配電又は電気の使用のために設置する機械，器具，ダム，水路，貯水池，電線路その他の工作物（船舶，車両又は航空機に設置されるものその他の政令で定めるものを除く．）をいう」（法第2条第十八号）．

この定義から，電気事業法が規制の対象としている電気工作物は，発電から需要設備の末端に至るまでの強電流の電気機器及び発電用のダム，水路，貯水池などの工作物すべてをいっている．電話線などの弱電流の電気工作物は，この法律が強電流電気工作物を取り締まるものなので，この趣旨から，当然電気工作物から除かれていると解釈されている．

また，船舶・車両又は航空機に設置されるものなどで政令で定めるものは電気工作物から除かれていて，この法律の適用を受けない．そのほか電気工作物から除かれる工作物は，電圧30V未満の電気的設備であって，電圧30V以上の電気的設備と電気的に接続されていないものである（施行令第1条）．

〔2〕　**電気工作物の種類**

電気工作物は，事業用のもの及び一般用のものに分け，事業用のものはさらに電気事業用のものと自家用のものに分類して，それぞれこの電気工作物の実態に合わせた保安規制が行われている．

（1）　**一般用電気工作物**

一般用電気工作物は，主に一般の住宅や小売商店などの電気設備で，次の条件に合うものと定義されている．

①　600V以下で受電するもの．

② 受電の場所と同一の構内（これに準ずる区域内を含む）で，その受電電力を使用するための電気工作物

③ 受電用の電線路以外は，構外の電線路と接続されないもの

これら①から③に該当するものでも，小規模事業用電気工作物を除く小規模発電設備に該当しない発電用の電気工作物の設置の場所と同一構内に設置する電気工作物及び爆発性又は引火性の物が存在するため，電気工作物による事故が発生するおそれが多い場所の経済産業省令で定めるものに設置する電気工作物は，一般用電気工作物から除かれている．

上記の「小規模発電設備」に該当する発電設備は，次に示す低圧の発電用電気工作物（それらの設備の出力合計が 50 kW 以上となるものを除く.）である.

○出力 50 kW 未満の太陽電池発電設備

○出力 20 kW 未満の風力発電設備及び水力発電設備（ダムを伴うものを除く）

○出力 10 kW 未満の内燃力発電設備

○出力 10 kW 未満の燃料電池発電設備（固体高分子型又は固体酸化型のもので，燃料改質系統の最高使用圧力 0.1 MPa（液体を通ずる部分にあっては 1.0 MPa）未満のものに限る）及び燃料電池自動車の燃料電池

○出力 10 kW 未満のスターリング発電設備

**(2)　事業用電気工作物と自家用電気工作物**

事業用電気工作物は，従来は電気事業の用に供する電気工作物及び一般用電気工作物以外の電気工作物とされていたが，改正された電気事業法第 38 条第 4 項では，自家用電気工作物とは一般送配電事業，送電事業，配電事業，特定送配電事業及び発電事業の用に供する電気工作物（発電事業の用のものは，主務省令で定めるものに限る）及び一般用電気工作物以外の電気工作物と定義された．この発電事業につけられた要件は施行規則第 48 条の 2 に規定されており，発電設備のうち小売電気事業等のために発電する発電設備の最大電力の合計が 200 万 kW（沖縄電力の供給区域で，10 万 kW）を超えるものとなっている．要するにこの要件に該当する発電事業の電気工作物は，電気事業用として規制され，この要件に該当しない多くの発電設備は自家用電気工作物になることになった．

自家用電気工作物の多くを占めるものを挙げると高圧需要家及び特別高圧需要家の電気工作物，小規模事業用電気工作物を除く小規模発電設備に該当しない発電設備（非常用予備発電を含む）のある需要家の電気工作物及び発電事業を営む者のうち，出力が 200 万（沖縄では 10 万）kW 以下の発電設備となる．このほか特殊なものとして，火薬類（煙火を除く）を製造する事業場の電気工作物や鉱山

保安規則が適用される甲種又は乙種の石炭鉱山がある.

なお,「小規模事業用電気工作物」とは,小規模発電設備で,出力 10 kW 以上 50 kW 未満の太陽電池発電設備及び出力 20 kW 未満の風力発電設備の電気工作物である.

〔3〕 事業用電気工作物の保安

事業用電気工作物の保安体制は,自主保安体制と国の直接関与による保安規制に分けられる.

（1） 自主保安体制

自主保安体制は,電気工作物の設置者に,電気工作物を技術基準に適合するように常に維持すること,保安規程の制定と届出をすること及び主任技術者を選任して保安業務に当たらせることの3つの柱により,事業用電気工作物の保安を確保しようとする体制である.そのほか電気工作物により使用前自主検査,溶接事業者検査及び定期事業者検査のいわゆる「法定事業者検査」や使用前自己確認検査も自主保安体制の一環である.

（イ） 保安規程の作成・届出 事業用電気工作物（小規模事業用電気工作物を除く.）の設置者は,自主保安体制を徹底させるために,保安を一体的に確保することが必要な組織ごとに保安規程を定め,主務大臣に届出をし,その従業者と共にこれを守らなければならないことになっている.保安規程の制定の目的は,各事業場の種類や規模に応じて,それぞれに最も適した保安体制を確立させるところにある（法第 42 条）.保安規程に定める事項は,一般送配電事業,送電事業,配電事業又は発電事業に係るものとこれら以外のものに分けられており,前者の保安規程は詳細なものが求められているが,後者の自家用電気工作物に係る保安規程は,事業用電気工作物の工事,維持及び運用に関する保安のための巡視,点検及び検査に関すること,運転又は操作に関することなど9項目について定めることとなっている（施行規則第 50 条）.

（ロ） 主任技術者 主任技術者には電気主任技術者（第一種,第二種,第三種）,ボイラー・タービン主任技術者（第一種,第二種）,ダム水路主任技術者（第一種,第二種）の別があり,その免状の種類により監督できる範囲が異なっている.主任技術者には誠実な職務遂行義務が課せられるとともに,他の従業員は主任技術者がその職務の範囲でする指示に従う義務が定められている.事業用電気工作物（小規模事業用電気工作物を除く.）の設置者は,電気工作物の工事,維持及び運用に関する保安の監督をさせるため主任技術者免状を有する者のなかから,建設現場又は電気工作物を監視する事業場ごとに主任技術者を選任しなけれ

ばならない．

　自家用電気工作物の主任技術者の場合は，500 kW 未満の需要設備にあっては，大臣の許可を受けて電気主任技術者免状を持っていない者でも，ある一定の条件を満たせば許可主任技術者として選任できる．なお，出力 2,000 kW 未満の発電所（太陽電池発電設備は出力 5,000 kW 未満，原子力発電所を除く．）及び高圧受電の需要設備，600 V 以下の配電線路を管理する事業所には，一定の要件を満たす企業，団体又は電気管理技術者と保安の契約を結ぶことによって，電気主任技術者の選任が免除される．これは「**保安管理業務外部委託承認制度**」と呼ばれている。この制度の運用について，「主任技術者制度の解釈及び運用（内規）」（20140324 商局第 1 号）に詳細に定められている．この外部委託制度は，ダム水路主任技術者にも適用されている．

　（ハ）**法定事業者検査**　平成 11 年の電気事業法の改正により，国により行われていた使用前検査及び定期検査は，原子力発電所に係わるもの等を除き，すべて設置者が自ら行う自主検査（事業者検査）として行えばよいことになった．自主検査のうち，溶接自主検査と定期自主検査は，平成 14 年 12 月に「溶接事業者検査」，「定期事業者検査」と名称が変わった．これらは「法定事業者検査」といわれている．これら法定事業者検査を的確に実施させるために，「安全管理審査」が国またはその代行機関により行われる．

　①　**使用前自主検査**　工事計画の届出をした電気工作物に対しては，その工作物の設置者自ら使用前検査を行う「使用前自主検査」が義務付けられている（法第 51 条）．

　この使用前自主検査は，工事計画のとおりに工事が行われているか，技術基準に適合しているかについて行われる．この検査の対象は，工事計画の事前届をして設置又は変更の工事を行ったものであるが，出力 3 万 kW 未満でダムの高さが 15 m 未満の水力発電所，内燃力発電所，非常用予備発電所等が対象から除かれている。

　②　**溶接事業者検査**　発電用のボイラー・タービンその他特に主務省令で定められている機械器具の耐圧部分について溶接をするもの（特定ボイラー等）又は耐圧部分について溶接したボイラー等で輸入したものは主務省令で定めるところにより，使用の開始前に自主検査を行い，その結果を記録し，これを保管しておく，いわゆる「溶接事業者検査」が設置者に義務付けられている（法第 52 条第 1 項）．

　③　**定期事業者検査**　火力発電所のボイラー，タービン等の定期的な検査は，

「定期事業者検査」に位置付けられた. 国による定期検査の対象となる「特定重要電気工作物」以外の発電用のボイラー, タービンなど耐圧工作物を設置する者, 出力 500 kW 以上の燃料電池発電用の改質器及び出力 500 kW 以上の風力発電用の発電機等を設置する者は, 定期的に当該電気工作物の定期事業者検査を行い, その結果を記録しておかなければならない.

設備の使用状況から定期事業者検査を行う必要がない場合や災害その他非常の場合で, 定期事業者検査を行うことが非常に困難な場合には, 産業保安監督部長の承認を受けて, この周期の延長ができる (法第 55 条, 規則第 94 条の 2).

(ニ) **使用前自己確認制度** 使用前自己確認制度は, 設置者による事業用電気工作物が技術基準に適合していることを使用前に自己確認することにより, 電気工作物の保安を確保しようとする制度である. 主として出力の小さい発電設備を中心にこの制度の導入が図られている. この制度の対象となる事業用電気工作物は, 経済産業大臣に対する工事計画届が不要となる.

この制度の対象施設は施行規則別表 6 に掲げられており, 燃料電池筐体内に格納されている出力 500 kW 以上 2,000 kW 未満の燃料電池設備により構成された燃料電池発電所, 太陽電池発電所であって出力 10 kW 以上 2,000 kW 未満のもの及び出力 500 kW 未満の風力発電所並びに出力 20 kW 以下の小規模の新しい発電方式の発電所も対象となった (法第 51 条の 2, 施行規則第 74 条～第 78 条).

〔4〕 国の直接的な関与

(1) **工事計画の認可**

電気工作物の保安に関しては, 従来は工事計画の認可, 国による使用前検査等により, きめ細かく保安規制が行われてきたが, 今では自主保安体制を中心に行われることとなった. その結果, 工事計画の認可や使用前検査は原子力発電所又は新しい方式の発電所のみに実施されることになった. 原子力発電所の認可等は原子力規制委員会において規制が行われている (法第 47 条, 施行規則第 62 条).

新しい方式の発電所としては, 潮汐発電, 温度差発電などがあるが, これらのうち出力が 20 kW 以下のものは使用前自己確認制度の対象となっており, 工事計画の認可の対象から外されている.

このような状況から, 工事計画の段階からの国の関与は, 工事計画の事前届出がほとんどである.

(2) **工事計画の事前届出**

事業用電気工作物 (小規模事業用電気工作物を除く.) の設置者は, 電気工作物の設置又は変更の工事であって, 届出の対象になるものの工事をしようとすると

きは，主務省令で定めるところにより，工事計画の事前届出をし，届け出た日から 30 日を経過したのち，主務大臣よりその届け出た工事計画に対し変更命令や廃止命令がなければ工事に着工してもよいことになる（法第 48 条，施行規則第 65 条）．

　電気工作物の設置の工事をする場合に，事前届出を要するものは，施行規則第 65 条の別表第 2 に規定されている．例えば，電気工作物の設置の場合は自家用の受電設備では受電電圧が 10 kV 以上のものが事前届出を要する．発電所の場合は，水力及び汽力発電所は別に告示されている小型のもの以外すべて対象であるが，内燃力発電所では出力 10,000 kW 以上，ガスタービン発電所は 1,000 kW 以上，太陽電池発電所は 2,000 kW 以上，燃料電池と風力発電所は 500 kW 以上のものが事前届出を要する．このほかに，大気汚染防止法に定められているばい煙発生施設，ばい煙処理施設，一般粉じん発生施設や騒音規制法，振動規制法により特定施設に指定されている空気圧縮機等のものを設置する場合も事前届出を要する．

### （3）　使用前検査

　工事計画の認可を受けて設置した事業用電気工作物が完成し，これを使用する場合は主務大臣又は主務大臣が指定する者（指定検査機関）の検査を受け，これに合格した後でなければ，これを使用できない（法第 49 条第 1 項）．

### （4）　定期検査

　特定重要電気工作物（発電所のボイラー，タービンその他電気工作物のうち，主務省令で定める圧力以上の圧力を加えられる部分があるものや発電用原子炉及びその付属設備であって主務省令で定めるもの）については，定期的に主務大臣の検査を受けなければならない（法第 54 条）．平成 29 年 3 月に，出力 500 kW 以上の風力発電設備と火力発電設備の脱水素設備に対しても，定期検査が義務付けられた．

　主務大臣は，原子力関係の設備は原子力規制委員会委員長で，それ以外は経済産業大臣である．この検査は，定期検査を受けるものが行う定期事業者検査に，経済産業省等の電気工作物検査官が立ち会い，検査の記録を確認することにより行われる．定期事業者検査の検査項目は，対象設備ごとに施行規則第 94 条に詳細に定められている．

### （5）　環境影響評価法による手続き

　環境影響評価法は，規模が大きく環境影響の程度が著しいものとなるおそれがある事業に対し，環境影響評価が適切かつ円滑に行われるための手続きその他の

所要の事項を定めている．事業は規模の大きさにより「第一種事業」と「第二種事業」に分けられ，第一種事業の場合はすべてのもの，第二種事業の場合は環境影響の程度が著しいものとなるおそれがある判定を受けたものが，環境影響評価の対象となる．

電気事業法では，環境影響評価法によるほか，経済産業大臣宛の手続きや環境影響評価法によらない手続きを定めている（法第46条の2～第46条の22）．

電気工作物では，第一種事業の対象になる設備は，原子力発電所，30,000 kW 以上の水力発電所，15 万 kW 以上の火力発電所及び 10,000 kW 以上の地熱発電所である．第二種事業の対象となる設備は，22,500 kW 以上 30,000 kW 未満の水力発電所，112,500 kW 以上 150,000 kW 未満の火力発電所及び 7,500 kW 以上 10,000 kW の地熱発電所・風力発電所が対象となっている．

### （6） 報告の徴収

主務大臣は，技術基準の遵守（法第39条，法第40条），工事計画の届出の認可（法第47条）等電気工作物の保安に関する事項に関して，電気工作物の設置者等から報告を徴収することができる（法第106条）．報告は，定期報告と事故報告に分かれているが，詳細は電気関係報告規則に定められている．

## 5. 土地等の使用に関する規定

電気事業は，他の産業とは異なり，送配電線路が広範囲な地域にわたって施設されるため，電気供給の義務を円滑に果たすためには，その建設及び維持管理にあたって，他人の土地へ立ち入ったり，一時的に土地を使用したり，植物を伐採するなどの必要が生じる．これらについては，電気事業者に特権を認めるとともに所有者の利益を確保する必要があり，規定が設けられている（法第58条～第66条）．

## Ⅲ． 技術基準

電気工作物の技術基準は自主保安体制の中の大きな柱であり，事業用電気工作物の設備は，技術基準に適合するよう電気工作物を維持しなければならない．また，技術基準は一般用電気工作物の保安調査の改修基準でもある．

## 1. 技術基準を定める省令

技術基準には，電気事業法第39条第1項及び第56条第1項の規定に基づき定

められる電気工作物の技術基準がある.

**電気工作物の技術基準**には電気設備に関する技術基準, 発電用水力設備に関する技術基準, 発電用火力設備に関する技術基準, 発電用原子力設備に関する技術基準, 発電用風力設備に関する技術基準及び発電用太陽電池設備に関する技術基準の6つがあり, それぞれに省令が制定されている. この基準は, 電気工作物の工事計画の認可等の場合の基準又は電気工作物の検査の場合における合格の基準であるとともに, 電気工作物の維持基準であり, 電気工作物がこの基準に適合していない場合は経済産業大臣から電気工作物の使用の停止や改修その他の命令が発せられることにもなる.

この技術基準は, 次のような観点から必要事項について規定されている.

（1） 事業用電気工作物は, 人体に危害を及ぼし, 又は物件に損傷を与えないようにすること（感電, 火災, 電食, 放射能障害, 公害, 損壊等の防止）

（2） 事業用電気工作物は, 他の電気的設備その他の物件の機能に電気的又は磁気的な障害を与えないようにすること（通信障害, 磁気観測障害等の防止）

（3） 事業用電気工作物の損壊により一般送配電事業者又は配電事業者の電気の供給に著しい支障を及ぼさないようにすること（波及事故の防止）

（4） 事業用電気工作物が一般送配電事業又は配電事業の用に供される場合に, その事業用電気工作物の損壊によりその一般送配電事業又は配電事業に係る電気の供給に著しい支障を生じないようにすること（供給支障を防止するための保全）

〔1〕 **電気設備に関する技術基準を定める省令**(平成9年通商産業省令第52号)

電気工作物のうち電気設備に関する技術基準を規定したものである. この省令に規定されている電気設備には発電所（原子力発電所の電気設備は除く.）, 送電線, 変電所, 配電線から屋内配線, 電気使用機械器具に至るすべてのものが包含されているが, 火力設備, 風力設備, 水力設備又は原子力設備の原動機に係る事項については, それぞれの技術基準において規定されている.

なお, この省令を満たすべき技術的要件は, 「電気設備の技術基準の解釈」（以下, 「電技解釈」という）に具体的に示されており, この省令の規定に基づき定められた「電気設備に関する技術基準の細目を定める告示」は, 平成9年5月31日限りで廃止され, その内容のほとんどは「電技解釈」に含まれている.

なお, 本省令に定められた技術基準は, 電気工事士法の規定により, 電気工事士が電気工事を行う場合に守らなければならない技術基準でもある.

〔2〕 **発電用水力設備に関する技術基準を定める省令**（平成9年通商産業省令第50号）

水力発電設備のうちダム，貯水池及び調整地，水路（取水設備，沈砂池，導水路，ヘッドタンク，サージタンク，水圧管路及び放水路），水車及び揚水式水力発電所の揚水用ポンプ，地下発電所等の施設，発電機を収容するもの等の水力設備について前記の観点から規定している．ダムについては堤体に作用する荷重のとりかた，ダムの強度及び安定度，基礎地盤やコンクリート材料，洪水吐きの構造，強度等，水路については一般事項のほか設備別に強度，構造等，水車については負荷遮断時の安全性，自動停止装置等，圧油装置については強度，容量等，揚水ポンプについては入力遮断時の安全性，制水門（弁）等について規定されている．

なお，ダムの堤体に加わる荷重の計算方法，材料の規格等の細目は本省令の規定に基づいて定められた「発電用水力設備に関する技術基準の細目を定める告示」（経済産業省告示）において規定されている．

〔3〕 **発電用火力設備に関する技術基準を定める省令**（平成9年通商産業省令第51号）

本省令は，火力又は地熱発電設備のうち，ボイラー等及びその附属設備，蒸気タービン及びその附属設備，ガスタービン及びその附属設備，内燃機関及びその附属設備，燃料電池設備，液化ガス設備等の火力設備について，構造，強度，保護装置，計測装置等，前記の観点から必要な事項について規定されている．前記の観点のうち「人体に危害を及ぼし」とあるが，これには設備の破損，蒸気の噴出等による危険ばかりでなく，ばい煙による公害等の障害も含まれるのであり，本省令では，ばい煙による公害防止に必要なばい煙の排出基準が規定されている．

なお，液化ガス設備については，火災等による危害を防止するために，特に本省令の規定に基づき定められた「発電用火力設備に関する技術基準の細目を定める告示」（経済産業省告示）に規定されている．

〔4〕 **発電用風力設備に関する技術基準を定める省令**（平成9年通商産業省令第53号）

本省令は，風力発電設備の風車，風車の自動停止措置，圧油装置・圧縮空気装置の危険の防止，風車を支持する工作物及び公害の防止等について規定されている．平成16年3月31日付で，この技術基準の解釈が制定されている．

〔5〕 **発電用太陽電池設備に関する技術基準を定める省令**（令和3年3月31日 経済産業省令第29号）

　代替エネルギーの主力である太陽電池発電設備の普及とこの設備の支持物の事故が多発したことから，同設備の支持物の規定を中心とした省令とその解釈が制定された．

# 国の基準への引用規格等

(国の電気設備技術基準の解釈への関連付けもしくは直接引用された規格のリスト)
https://www.jesc.gr.jp/jesc-assent/quotation.html

## リスト A. 国の電気設備の技術基準の解釈に関連付く規格のリスト

リスト A は, 新たな基準体系として電気設備の技術基準の解釈 (以下「電技解釈」という.) に「日本電気技術規格委員会が承認した規格」として, 電技解釈本文と関連付けられた民間規格等のリストです. 日本電気技術規格委員会は, 国が定める「民間規格評価機関の評価・承認による民間規格等の電気事業法に基づく技術基準 (電気設備に関するもの) への適合性確認のプロセスについて (内規)」(20200702 保局第 2 号 令和 2 年 7 月 17 日) に基づき承認された民間規格評価機関であり, 当委員会にて承認した規格については解釈へ関連付けられています.

(2023 年 12 月 26 日現在)

| 電技解釈 | 規格番号 | 規格名 | 適 用 |
|---|---|---|---|
| 第 9 条第 4 項第四号イ | JIS H 3300(2018) | 銅及び合金の継目無管 | ・「銅及び銅合金の継目無管」に規定する銅及び銅合金の継目無管の C1100, C1201 又は C1220 であること. |
| 第 15 条第 1 項第四号 | JESC E7001(2021) | 電路の絶縁耐力の確認方法 | ・「3.1 特別高圧の電路の絶縁耐力の確認方法」によること. |
| 第 16 条第 1 項第二号 | JESC E7001(2021) | 電路の絶縁耐力の確認方法 | ・「3.2 変圧器の電路の絶縁耐力の確認方法」によること. |
| 第 16 条第 6 項第三号 | JESC E7001(2021) | 電路の絶縁耐力の確認方法 | ・「3.3 器具等の電路の絶縁耐力の確認方法」によること. |
| 第 18 条第 1 項第四号 | JIS T 1022(2018) | 病院電気設備の安全基準 | ・「病院電気設備の安全基準」に規定する「附属書 A (参考) 建築構造体の接地抵抗の計算」によること. |
| 第 20 条 | JESC E7002(2021) | 電気機械器具の熱的強度の確認方法 | ・「3 電気機械器具の熱的強度の確認方法」によること. |
| 第 31 条第 2 項 | JIS C 1910-1(2017) | 人体ばく露を考慮した直流磁界並びに 1 Hz〜100 kHz の交流磁界及び交流電界の測定−第 1 部:測定器に対する要求事項 | ・「人体ばく露を考慮した直流磁界並びに 1 Hz〜100 kHz の交流磁界及び交流電界の測定−第 1 部:測定器に対する要求事項」に適合する 3 軸のものであること. |
| 第 34 条第 2 項第二号イ | JIS C 4604(2017) | 高圧限流ヒューズ | ・「高圧限流ヒューズ」に規定する「5 設計, 構造及び性能」に適合するものであること. |

| 第34条第2項第二号ロ | JIS C 4604(2017) | 高圧限流ヒューズ | ・「高圧限流ヒューズ」に規定する「6 形式試験」,「7 特殊試験」,「8 ルーチン試験」の試験方法により試験したとき,「4 定格及び特性」,「5 設計,構造及び性能」に適合するものであること. |
|---|---|---|---|
| 第39条第2項 | JIS C 1910-1(2017) | 人体ばく露を考慮した直流磁界並びに1Hz〜100 kHzの交流磁界及び交流電界の測定—第1部:測定器に対する要求事項 | ・「人体ばく露を考慮した直流磁界並びに1Hz〜100 kHzの交流磁界及び交流電界の測定—第1部:測定器に対する要求事項」に適合する3軸のものであること. |
| 第40条第1項第二号 | JIS B 8210(2017) | 安全弁 | — |
| 第40条第2項第二号イ | JIS B 8265(2017) | 圧力容器の構造——一般事項 | — |
| 第40条第2項第五号 | JIS B 8210(2017) | 安全弁 | — |
| 第46条第1項第四号ハ | JIS C 3667(2021) | 定格電圧1 kV〜30 kVの押出絶縁電力ケーブル及びその附属品—定格電圧0.6/1 kVのケーブル | ・「定格電圧1 kV〜30 kVの押出絶縁電力ケーブル及びその附属品—定格電圧0.6/1 kVのケーブル」の「18.3 老化前後の絶縁体の機械的特性の測定試験」で試験したとき,これに適合すること. |
| 第46条第1項第五号イ | JIS C 3667(2021) | 定格電圧1 kV〜30 kVの押出絶縁電力ケーブル及びその附属品—定格電圧0.6/1 kVのケーブル | ・「定格電圧1 kV〜30 kVの押出絶縁電力ケーブル及びその附属品—定格電圧0.6/1 kVのケーブル」の「18.4 老化前後の非金属シースの機械的特性の測定試験」で試験したとき,これに適合すること. |
| 第46条第1項第六号ハ | JIS C 3660-504 (2019) | 電気・光ファイバケーブル—非金属材料の試験方法—第504部:機械試験—絶縁体及びシースの低温曲げ試験 | ・「電気・光ファイバケーブル—非金属材料の試験方法—第504部:機械試験—絶縁体及びシースの低温曲げ試験」の「4 試験方法」により−40±2℃の状態で試験したとき,これに適合すること. |
| 第46条第1項第六号ハ | JIS C 3660-505 (2019) | 電気・光ファイバケーブル—非金属材料の試験方法—第505部:機械試験—絶縁体及びシースの低温伸び試験 | ・「電気・光ファイバケーブル—非金属材料の試験方法—第505部:機械試験—絶縁体及びシースの低温伸び試験」の「4 試験方法」により−40±2℃の状態で試験したとき,これに適合すること. |

| 第46条第1項第六号ハ | JIS C 3660-506 (2019) | 電気・光ファイバケーブル―非金属材料の試験方法―第506部：機械試験―絶縁体及びシースの低温衝撃試験 | ・「電気・光ファイバケーブル―非金属材料の試験方法―第506部：機械試験―絶縁体及びシースの低温衝撃試験」の「4　試験方法」により−40±2℃の状態で試験したとき，これに適合すること． |
|---|---|---|---|
| 第46条第1項第六号ニ | JIS C 3667(2021) | 定格電圧1kV〜30kVの押出絶縁電力ケーブル及びその附属品―定格電圧0.6/1kVのケーブル | ・「定格電圧1kV〜30kVの押出絶縁電力ケーブル及びその附属品―定格電圧0.6/1kVのケーブル」の「18.10 エチレンプロピレンゴム（EPR）及び硬質エチレンプロピレンゴム（HEPR）の絶縁体のオゾン試験」で試験したとき，これに適合すること． |
| 第46条第1項第六号ホ | JIS K 7350-1(2020) | プラスチック―実験室光源による暴露試験方法 第1部：通則 | ― |
| 第50条第2項 | JIS C 1910-1(2017) | 人体ばく露を考慮した直流磁界並びに1Hz〜100kHzの交流磁界及び交流電界の測定―第1部：測定器に対する要求事項 | ・「人体ばく露を考慮した直流磁界並びに1Hz〜100kHzの交流磁界及び交流電界の測定―第1部：測定器に対する要求事項」に適合する3軸のものであること． |
| 第56条第1項第一号ロ(イ) | JIS G 3101(2020) | 一般構造用圧延鋼材 | ・「一般構造用圧延鋼材」に規定する一般構造用圧延鋼材のうちSS400又はSS490であること． |
| 第56条第1項第一号ロ(ロ) | JIS G 3112(2020) | 鉄筋コンクリート用棒鋼 | ・「鉄筋コンクリート用棒鋼」に規定する鉄筋コンクリート用棒鋼のうち熱間圧延によって製造された丸鋼又は異形棒鋼（SD295又はSD345に限る．）． |
| 第56条第1項第一号ハ | JIS B 1051(2014) | 炭素鋼及び合金鋼製締結用部品の機械的性質―強度区分を規定したボルト，小ねじ及び植込みボルト―並目ねじ及び細目ねじ | ・「炭素鋼及び合金鋼製締結用部品の機械的性質―強度区分を規定したボルト，小ねじ及び植込みボルト―並目ねじ及び細目ねじ」に規定するボルトであること． |
| 第56条第1項第一号ハ | JIS B 1186(2013) | 摩擦接合用高力六角ボルト・六角ナット・平座金のセット | ・「摩擦接合用高力六角ボルト・六角ナット・平座金のセット」に規定するボルトであること． |
| 第56条第1項第四号イ(イ) | JIS G 3101(2020) | 一般構造用圧延鋼材 | ・「一般構造用圧延鋼材」に規定する一般構造用圧延鋼材のうちSS400, SS490又はSS540であること． |
| 第56条第1項第四号イ(ロ) | JIS G 3106(2020) | 溶接構造用圧延鋼材 | ― |

| | | | |
|---|---|---|---|
| 第56条第1項第四号イ(ハ) | JIS G 3444(2021) | 一般構造用炭素鋼鋼管 | ・「一般構造用炭素鋼鋼管」に規定する一般構造用炭素鋼鋼管のうちSTK400, STK490又はSTK500. |
| 第56条第1項第四号イ(ニ) | JIS G 3445(2021) | 機械構造用炭素鋼鋼管 | ・「機械構造用炭素鋼鋼管」に規定する機械構造用炭素鋼鋼管のうち13種, 14種, 15種, 16種又は17種. |
| 第57条第1項第二号イ(イ) | JIS G 3101(2020) | 一般構造用圧延鋼材 | ・「一般構造用圧延鋼材」に規定する一般構造用圧延鋼材のうちSS400, SS490又はSS540であること. |
| 第57条第1項第二号イ(ロ) | JIS G 3106(2020) | 溶接構造用圧延鋼材 | ― |
| 第57条第1項第二号イ(ヘ) | JESC E3002(2001) | 「鉄塔用690 N/mm² 高張力山形鋼」の架空電線路の支持物の構成材への適用 | ・「3 技術的規定」によること. |
| 第57条第1項第四号イ(イ) | JIS G 3106(2020) | 溶接構造用圧延鋼材 | ― |
| 第57条第1項第四号イ(ロ) | JIS G 3444(2021) | 一般構造用炭素鋼鋼管 | ・「一般構造用炭素鋼鋼管」に規定する一般構造用炭素鋼鋼管のうちSTK400, STK490又はSTK540. |
| 第57条第1項第四号イ(ハ) | JIS G 3474(2021) | 鉄塔用高張力鋼管 | ― |
| 第57条第1項第五号 | JIS B 1051(2014) | 炭素鋼及び合金鋼製締結用部品の機械的性質—強度区分を規定したボルト, 小ねじ及び植込みボルト—並目ねじ及び細目ねじ | ・「炭素鋼及び合金鋼製締結用部品の機械的性質—強度区分を規定したボルト, 小ねじ及び植込みボルト—並目ねじ及び細目ねじ」に規定するボルト. |
| 第57条第1項第五号 | JIS B 1186(2013) | 摩擦接合用高力六角ボルト・六角ナット・平座金のセット | ・「摩擦接合用高力六角ボルト・六角ナット・平座金のセット」に規定するボルト. |
| 第57条第2項第一号イ | JIS G 3101(2020) | 一般構造用圧延鋼材 | ・「一般構造用圧延鋼材」に規定する一般構造用圧延鋼材のうちSS400, SS490又はSS540であること. |
| 第57条第2項第一号ロ | JIS G 3106(2020) | 溶接構造用圧延鋼材 | |
| 第57条第2項第一号ハ | JIS G 3444(2021) | 一般構造用炭素鋼鋼管 | ・「一般構造用炭素鋼鋼管」に規定する一般構造用炭素鋼鋼管のうちSTK400, STK490又はSTK500. |
| 第57条第2項第一号ニ | JIS G 3445(2021) | 機械構造用炭素鋼鋼管 | ・「機械構造用炭素鋼鋼管」に規定する機械構造用炭素鋼鋼管のうち13種, 14種, 15種, 16種又は17種. |

| 第79条第1項第三号 | JESC E2020(2016) | 耐摩耗性能を有する「ケーブル用防護具」の構造及び試験方法 | ・「2. 技術的規定」によること. |
|---|---|---|---|
| 第106条第6項 | JESC E2020(2016) | 耐摩耗性能を有する「ケーブル用防護具」の構造及び試験方法 | ・「2. 技術的規定」によること. |
| 第113条第2項第三号イ | JESC E6001(2011) | バスダクト工事による低圧屋上電線路の施設 | ・「3 技術的規定」によること. |
| 第120条第3項第二号イ(ハ)(3) | JESC E7003(2005) | 地中電線を収める管又はトラフの「自消性のある難燃性」試験方法 | ・「2 技術的規定」によること. |
| 第122条第1項第五号イ | JIS B 8265(2017) | 圧力容器の構造――一般事項 | ― |
| 第122条第1項第五号ロ | JIS B 8210(2017) | 安全弁 | ― |
| 第125条第5項第三号ハ | JESC E7003(2005) | 地中電線を収める管又はトラフの「自消性のある難燃性」試験方法 | ・「2 技術的規定」によること. |
| 第129条第2項第一号ロ(ロ) | JESC E2016(2017) | 橋又は電線路専用橋等に施設する電線路の離隔要件 | ・「2. 技術的規定」によること. |
| 第129条第3項第一号ロ(ロ) | JESC E2016(2017) | 橋又は電線路専用橋等に施設する電線路の離隔要件 | ・「2. 技術的規定」によること. |
| 第129条第3項第二号ロ | JESC E2016(2017) | 橋又は電線路専用橋等に施設する電線路の離隔要件 | ・「2. 技術的規定」によること. |
| 第130条第2項第二号ロ | JESC E2016(2017) | 橋又は電線路専用橋等に施設する電線路の離隔要件 | ・「2. 技術的規定」によること. |
| 第130条第3項第二号ロ | JESC E2016(2017) | 橋又は電線路専用橋等に施設する電線路の離隔要件 | ・「2. 技術的規定」によること. |
| 第133条第6項 | JESC E2021(2016) | 臨時電線路に適用する防護具及び離隔距離 | ・「2. 技術的規定」によること. |
| 第165条第2項第五号ハ | JIS G 3352(2014) | デッキプレート | ・「デッキプレート」に規定するSDP3に適合するものであること. |
| 第165条第2項第五号ニ 165-1表 | JIS G 3352(2014) | デッキプレート | ・「デッキプレート」に規定するSDP2, SDP3又はSDP2Gに適合するものであること. |
| 第165条第4項第二号イ | JESC E6004(2001) | コンクリート直天井面における平形保護層工事 | ・「3. 技術的規定」によること. |

| 第 165 条第 4 項第二号ロ | JESC E6005(2003) | 石膏ボード等の天井面・壁面における平形保護層工事 | ・「3. 技術的規定」によること. |
|---|---|---|---|
| 第 166 条第 1 項第六号ハ | JESC E6002(2011) | バスダクト工事による 300 V を超える低圧屋側配線又は屋外配線の施設 | ・「3. 技術的規定」によること. |
| 第 172 条第 2 項第二号 | JESC E6003(2016) | 興行場に施設する使用電圧が 300 V を超える低圧の舞台機構設備の配線 | ・「2. 技術的規定」によること. |
| 第 172 条第 2 項第三号イ | JESC E3001(2000) | フライダクトのダクト材料 | ・「2. 技術的規定」によること. |
| 第 172 条第 3 項第一号 | JIS C 3408(2014) | エレベータ用ケーブル | ・「エレベータ用ケーブル」に規定する「5　材料, 構造及び加工方法」に適合するものであること. |
| 第 172 条第 3 項第二号 | JIS C 3408(2014) | エレベータ用ケーブル | ・「エレベータ用ケーブル」に規定する「6　試験方法」の試験方法により試験したとき, 「4　特性」に適合するものであること. |
| 第 172 条第 4 項第二号 | JIS C 3410(2018) | 船用電線 | ・「船用電線」に規定する「5　材料及び品質」及び「6　構造」に適合するものであること. |
| 第 172 条第 4 項第三号 | JIS C 3410(2018) | 船用電線 | ・「船用電線」に規定する「7　試験方法」の試験方法により試験したとき, 「4　特性」に適合するものであること. |
| 第 197 条第 2 項第三号イ(ニ) | JIS G 3457(2020) | 配管用アーク溶接炭素鋼鋼管 | ― |
| 第 197 条第 2 項第三号イ(ホ) | JIS G 3459(2021) | 配管用ステンレス鋼鋼管 | ― |
| 第 197 条第 2 項第三号ロ(イ)(1) | JIS C 2318(2020) | 電気用二軸配向ポリエチレンテレフタレートフィルム | ― |

## リスト B. 国の技術基準の解釈などに直接引用している JESC 規格のリスト

　リスト B は，国の技術基準（電気設備，水力設備，火力設備，風力設備）の解釈などに引用された JESC 規格リストです．　　　　　　　（2023 年 12 月 26 日現在）

### 水力発電に関するもの（JESC H****）

| JESC 番号 | 規 格 名 |
|---|---|
| JESC H2001（2007） | 洪水吐きゲートの扉体材料の許容応力度 |
| JESC H2002（2007） | 水路に使用する鋼材の許容応力 |
| JESC H3001（2007） | 水門扉の扉体に使用する材料 |
| JESC H3002（2000） | 950 N/mm² 級高張力鋼材（HT100）及びその許容応力 |
| JESC H3003（2007） | 水路に使用する鋼材 |
| JESC H3004（2017） | 水路に使用する樹脂管（一般市販管）及びその許容応力 |

### 電気設備に関するもの（JESC E****）

| JESC 番号 | 規 格 名 |
|---|---|
| JESC E2001（1998） | 支持物の基礎自重の取り扱い |
| JESC E2002（1998） | 特別高圧架空電線と支持物等との離隔の決定 |
| JESC E2005（2005） | 低圧引込線と他物との離隔距離の特例 |
| JESC E2006（1998） | 低高圧架空引込線と植物との離隔距離 |
| JESC E2007（2014） | 35 kV 以下の特別高圧用機械器具の施設の特例 |
| JESC E2008（2014） | 35 kV 以下の特別高圧地上電線路の臨時施設 |
| JESC E2011（2014） | 35 kV 以下の特別高圧電線路の人が常時通行するトンネル内の施設 |
| JESC E2012（2013） | 170 kV を超える特別高圧架空電線に関する離隔距離 |
| JESC E2014（2019） | 特別高圧電線路のその他のトンネル内の施設 |
| JESC E2015（2005） | 低圧又は高圧の地中電線と地中弱電流電線等との地中箱内における離隔距離 |
| JESC E2017（2018） | 免震建築物における特別高圧電線路の施設 |
| JESC E2018（2015） | 高圧架空電線路に施設する避雷器の接地工事 |
| JESC E2019（2015） | 高圧ケーブルの遮へい層による高圧用の機械器具の金属製外箱等の連接接地 |
| JESC E6007（2021） | 直接埋設式（砂巻き）による低圧地中電線の施設 |

## 火力設備・溶接に関するもの（JESC T/W＊＊＊＊）

| JESC 番号 | 規　格　名 |
|---|---|
| JESC T/W0005(2012) | 発電用火力設備規格 基本規定（2012 年版）及び事例規格 |
| JESC T/W0005(2012)追補版(2015) | 発電用火力設備規格 基本規定（2012 年版 2015 年追補） |
| JESC T/W0005(2012)追補版(2018) | 発電用火力設備規格 基本規定（2012 年版 2017 年追補） |
| JESC T/W0006(2009) | 発電用火力設備規格 火力設備配管減肉管理技術規格（2009 年版） |
| JESC T/W0006(2016) | 発電用火力設備規格 火力設備配管減肉管理技術規格（2016 年版） |
| JESC T0007(2017) | 電気工作物の溶接部に関する民間製品認証規格（火力） |
| JESC T4001(1998) | 小型汎用蒸気タービンの自己潤滑方式軸受潤滑装置 |

# 関 連 J E S C

（日本電気技術規格委員会規格）

### 1  解釈第 15 条第四号関連

● JESC E 7001(2021)  電路の絶縁耐力の確認方法

#### 1．適用範囲

この規格は，電路の絶縁耐力の確認方法について規定する．

#### 2．引用規格

次に掲げる規格は，この規格（JESC）に引用されることによって，この規格（JESC）の規定の一部を構成する．これらの引用規格は，その記号，番号，制定（改正・改訂）年及び引用内容を明示して行うものとする．

| | |
|---|---|
| JIS C 3606(2003) | 高圧架橋ポリエチレンケーブル |
| JIS C 3801-1(1999) | がいし試験方法―第 1 部：架空線路用がいし |
| JIS C 3801-2(1999) | がいし試験方法―第 2 部：発変電所用ポストがいし |
| JIS C 3810(1999) | 懸垂がいし及び耐塩用懸垂がいし |
| JIS C 3812(1999) | ラインポストがいし |
| JIS C 3816(1999) | 長幹がいし |
| JIS C 3818(1999) | ステーションポストがいし |
| JIS C 4304(2013) | 配電用 6 kV 油入変圧器 |
| JIS C 4306(2013) | 配電用 6 kV モールド変圧器 |
| JIS C 4603(2019) | 高圧交流遮断器 |
| JIS C 4604(2017) | 高圧限流ヒューズ |
| JIS C 4605(2020) | 1 kV を超える 52 kV 以下用交流負荷開閉器 |
| JIS C 4606(2011) | 屋内用高圧断路器 |
| JIS C 4620(2018) | キュービクル式高圧受電設備 |
| JIS C 4902-1(2010) | 高圧及び特別高圧進相コンデンサ並びに附属機器―第 1 部：コンデンサ |
| JIS C 4902-2(2010) | 高圧及び特別高圧進相コンデンサ並びに附属機器―第 2 部：直列リアクトル |
| JIS C 4902-3(2010) | 高圧及び特別高圧進相コンデンサ並びに附属機器 |

　　　　　　　　　　一第3部：放電コイル
JEC-1201（2007）　　計器用変成器（保護継電器用）
JEC-2200（2014）　　変圧器
JEC-2210（2003）　　リアクトル
JEC-2300（2010）　　交流遮断器
JEC-2310（2014）　　交流断路器および接地開閉器
JEC-2330（2017）　　電力ヒューズ
JEC-2350（2016）　　ガス絶縁開閉装置
JEC-3401（2006）　　OF ケーブルの高電圧試験法
JEC-3408（2015）　　特別高圧（11 kV〜275 kV）架橋ポリエチレン
　　　　　　　　　　ケーブルおよび接続部の高電圧試験法
JEC-5202（2019）　　ブッシング
JEC-5203（2013）　　エポキシ樹脂ブッシング（屋内用）
JEM 1225（2007）　　高圧コンビネーションスタータ
JEM 1425（2011）　　金属閉鎖形スイッチギア及びコントロールギヤ
JEM 1499（2012）　　定格電圧72 kV 及び84 kV 用金属閉鎖型スイッチギヤ
［略号］　JIS：日本産業規格
　　　　　JEC：電気学会　電気規格調査会標準規格
　　　　　JEM：日本電機工業会規格

## 3.1　特別高圧の電路の絶縁耐力の確認方法

　特別高圧の電路に使用する 3-1-1 表の左欄に掲げるものが，それぞれ右欄に掲げる方法により絶縁耐力を確認したものである場合において，常規対地電圧を電路と大地との間（多心ケーブルにあっては，心線相互間及び心線と大地との間）に連続して 10 分間加えて確認したときにこれに耐えること．

3-1-1 表

| ケーブル及び接続箱 | 電気学会　電気規格調査会標準規格 JEC-3401「OF ケーブルの高電圧試験法」の「6.5　商用周波長時間耐電圧」（試験試料については「6.2 試験試料」に準ずる．）及び「7.1　出荷耐電圧試験」に準ずる試験方法により絶縁耐力を試験した場合 |
| --- | --- |
| | 電気学会　電気規格調査会標準規格 JEC-3408「特別高圧（11 kV〜500 kV）架橋ポリエチレンケーブル及び接続部の高電圧試験法」の「7.1 長期課通電試験又は 7.2　商用周波耐電圧試験」及び「8.1　出荷耐電圧試験」に準ずる試験方法により絶縁耐力を試験した場合 |
| がいし | 下表の左欄のがいし種類ごとに右欄に示す試験電圧，及び日本産業規格 |

JIS C 3801-1「がいし試験方法—第 1 部：架空線路用がいし」又は日本産業規格　JIS C 3801-2「がいし試験方法—第 2 部：発変電所用ポストがいし」の「7.4 商用周波注水耐電圧試験」に準じて絶縁耐力を試験した場合

| がいし種類 | 商用周波注水耐電圧試験電圧 |
|---|---|
| 懸垂がいし | JIS C 3810　付図の種類ごとに示された電圧 |
| ラインポストがいし | JIS C 3812　表 1 の種類ごとに示された電圧 |
| 長幹がいし | JIS C 3816　表 1 の種類ごとに示された電圧 |
| ステーションポストがいし | JIS C 3818　表 1 の種類ごとに示された電圧 |

## 2　解釈第 16 条第 1 項第二号関連

● JESC E 7001（2021）　電路の絶縁耐力の確認方法

### 3.2　変圧器の電路の絶縁耐力の確認方法

　変圧器の電路で，3-2-1 表に定める規格の耐電圧試験による絶縁耐力を有していることを確認したものである場合において，常規対地電圧を電路と大地との間に連続して 10 分間加えて確認したときにこれに耐えること．

3-2-1 表

| 種　類 | 絶縁耐力関係の規格 | 耐電圧試験名称 |
|---|---|---|
| 変圧器 | 「変圧器」<br>　電気学会　電気規格調査会標準規格<br>　JEC-2200 | 交流耐電圧試験 |
| | 「配電用 6 kV 油入変圧器」<br>　日本産業規格　JIS C 4304 | 加圧耐電圧試験 |
| | 「配電用 6 kV モールド変圧器」<br>　日本産業規格　JIS C 4306 | 加圧耐電圧試験 |

## 3　解釈第 16 条第 6 項第三号関連

● JESC E 7001（2021）　電路の絶縁耐力の確認方法

### 3.3　器具等の電路の絶縁耐力の確認方法

　器具等の電路で 3-3-1 表及び 3-3-2 表に定める規格の商用周波耐電圧試験（JEC-2210 にあっては交流耐電圧試験）による絶縁耐力を有していることを確認したものである場合において，常規対地電圧を電路と大地との間に連続して 10 分間加えて確認したときにこれに耐えること．

3-3-1 表

| 種　類 | 絶縁耐力関係の規格 |
|---|---|
| 開閉器類 | 「交流遮断器」<br>　　　電気学会　電気規格調査会標準規格　JEC-2300<br>「交流断路器および接地開閉器」<br>　　　電気学会　電気規格調査会標準規格　JEC-2310<br>「電力ヒューズ」<br>　　　電気学会　電気規格調査会標準規格　JEC-2330<br>「ガス絶縁開閉装置」<br>　　　電気学会　電気規格調査会標準規格　JEC-2350<br>「高圧交流遮断器」<br>　　　日本産業規格　JIS C 4603<br>「高圧限流ヒューズ」<br>　　　日本産業規格　JIS C 4604<br>「1 kV を超え 52 kV 以下用交流負荷開閉器」<br>　　　日本産業規格　JIS C 4605<br>「屋内用高圧断路器」<br>　　　日本産業規格　JIS C 4606 |
| コンデンサ類 | 「高圧及び特別高圧進相コンデンサ並びに附属機器」―第 1 部：コンデンサ<br>　　　日本産業規格　JIS C 4902-1<br>「高圧及び特別高圧進相コンデンサ並びに附属機器」―第 2 部：直列リアクトル<br>　　　日本産業規格　JIS C 4902-2<br>「高圧及び特別高圧進相コンデンサ並びに附属機器」―第 3 部：放電コイル<br>　　　日本産業規格　JIS C 4902-3<br>「ブッシング」<br>　　　電気学会　電気規格調査会標準規格　JEC-5202<br>「エポキシ樹脂ブッシング（屋内用）」<br>　　　電気学会　電気規格調査会標準規格　JEC-5203 |
| 静止誘導機器 | 「計器用変圧器」（保護継電器用）<br>　　　電気学会　電気規格調査会標準規格　JEC-1201<br>「リアクトル」<br>　　　電気学会　電気規格調査会標準規格　JEC-2210 |
| その他 | 「キュービクル式高圧受電設備」<br>　　　日本産業規格　JIS C 4620<br>「高圧コンビネーションスタータ」<br>　　　日本電機工業会標準規格　JEM 1225<br>「金属閉鎖形スイッチギヤ及びコントロールギヤ」<br>　　　日本電機工業会標準規格　JEM 1425<br>「定格電圧 72 kV 及び 84 kV 用金属閉鎖型スイッチギヤ」<br>　　　日本電機工業会規格　JEM 1499 |

3-3-2 表

| ケーブル及び接続箱 | 電気学会　電気規格調査会標準規格 JEC-3401「OF ケーブルの高電圧試験法」の「6.5　商用周波長時間耐電圧」（試験試料については「6.2 試験試料」に準ずる.）及び「7.1　出荷耐電圧試験」に準ずる試験方法により絶縁耐力を試験した場合 |
|---|---|
| | 電気学会　電気規格調査会標準規格 JEC-3408「特別高圧（11 kV〜500 kV）架橋ポリエチレンケーブル及び接続部の高電圧試験法」の「7.1 長期課通電試験又は 7.2 商用周波耐電圧試験」及び「8.1　出荷耐電圧試験」に準ずる試験方法により絶縁耐力を試験した場合「高圧架橋ポリエチレンケーブル」<br>　　　　　日本産業規格　JIS C 3606 |
| がいし | 下表の左欄のがいし種類ごとに右欄に示す試験電圧，及び日本産業規格 JIS C 3801-1「がいし試験方法―第 1 部：架空線路用がいし」又は日本産業規格　JIS C 3801-2「がいし試験方法―第 2 部：発変電所用ポストがいし」の「7.4　商用周波注水耐電圧試験」に準じて絶縁耐力を試験した場合 |

| がいし種類 | 商用周波注水耐電圧試験電圧 |
|---|---|
| 懸垂がいし | JIS C 3810　付図の種類ごとに示された電圧 |
| ラインポストがいし | JIS C 3812　表 1 の種類ごとに示された電圧 |
| 長幹がいし | JIS C 3816　表 1 の種類ごとに示された電圧 |
| ステーションポストがいし | JIS C 3818　表 1 の種類ごとに示された電圧 |

## 4　解釈第 20 条関連

● JESC E 7002（2021）　電気機械器具の熱的強度の確認方法

### 1.　適用範囲

この規格は，電路に施設する電気機械器具の熱的強度の確認方法について規定する.

### 2.　引用規格

次に掲げる規格は，この規格（JESC）に引用されることによって，この規格（JESC）の規定の一部を構成する．これらの引用規格は，その記号，番号，制定（改正・改訂）年及び引用内容を明示して行うものとする.

　　JIS C 4304（2013）　　配電用 6 kV 油入変圧器
　　JIS C 4306（2013）　　配電用 6 kV モールド変圧器
　　JIS C 4603（1990）　　高圧交流遮断器
　　JIS C 4604（2017）　　高圧限流ヒューズ

| | |
|---|---|
| JIS C 4605(1998) | 高圧交流負荷開閉器 |
| JIS C 4606(2011) | 屋内用高圧断路器 |
| JIS C 4620(2004) | キュービクル式高圧受電設備 |
| JIS C 4902-1(2010) | 高圧及び特別高圧進相コンデンサ並びに附属機器—第1部：コンデンサ |
| JIS C 4902-2(2010) | 高圧及び特別高圧進相コンデンサ並びに附属機器—第2部：直列リアクトル |
| JIS C 4902-3(2010) | 高圧及び特別高圧進相コンデンサ並びに附属機器—第3部：放電コイル |
| JEC-5202(2007) | ブッシング |
| JEC-211 (2013) | エポキシ樹脂ブッシング（屋内用） |
| JEC-1201(2007) | 計器用変成器（保護継電器用） |
| JEC-2200(2014) | 変圧器 |
| JEC-2210(2003) | リアクトル |
| JEC-2300(2010) | 交流遮断器 |
| JEC-2310(2014) | 交流断路器および接地開閉器 |
| JEC-2330(1986) | 電力ヒューズ |
| JEC-2350(2016) | ガス絶縁開閉装置 |
| JEM-1425(2011) | 金属閉鎖形スイッチギヤ及びコントロールギヤ |

［略号］　JIS：日本工業規格

　　　　　JEC：電気学会　電気規格調査会標準規格

　　　　　JEM：日本電機工業会規格

### 3.　電気機械器具の熱的強度の確認方法

　電路に施設する変圧器，遮断器，開閉器，電力用コンデンサ，計器用変成器，その他の電気機械器具の熱的強度の確認として，第1表に定める規格の温度上昇試験を実施したとき，同規格に規定する温度上昇の限度を超えない場合においては，通常の使用状態で発生する熱に耐えるものと判断する．

第1表

| 種　　類 | 熱的強度関係の規格 |
|---|---|
| 変圧器 | 「変圧器」　JEC-2200<br>「配電用6kV油入変圧器」　JIS C 4304<br>「配電用6kVモールド変圧器」　JIS C 4306 |

| 開閉器類 | 「交流遮断器」 JEC-2300<br>「交流断路器および接地開閉器」 JEC-2310<br>「電力ヒューズ」 JEC-2330<br>「ガス絶縁開閉装置」 JEC-2350<br>「高圧交流遮断器」 JIS C 4603<br>「高圧交流負荷開閉器」 JIS C 4605<br>「屋内用高圧断路器」 JIS C 4606<br>「高圧限流ヒューズ」 JIS C 4604 |
|---|---|
| コンデンサ類 | 「ブッシング」 JEC-5202<br>「エポキシ樹脂ブッシング（屋内用）」 JEC-5203<br>「高圧及び特別高圧進相コンデンサ並びに附属機器―第1部：コンデンサ」 JIS C 4902-1<br>「高圧及び特別高圧進相コンデンサ並びに附属機器―第2部：直列リアクトル」 JIS C 4902-2<br>「高圧及び特別高圧進相コンデンサ並びに附属機器―第3部：放電コイル」 JIS C 4902-3 |
| 静止誘導機器 | 「リアクトル」 JEC-2210<br>「計器用変成器」（保護継電器用） JEC-1201 |
| その他 | 「キュービクル式高圧受電設備」 JIS C 4620<br>「金属閉鎖形スイッチギヤ及びコントロールギヤ」JEM 1425 |

## 5 解釈第 22 条第 1 項第七号関連

● JESC E 2007（2014） 35 kV 以下の特別高圧用機械器具の施設の特例

### 1. 適用範囲

この規格は，35 kV 以下の特別高圧用機械器具の路上等への施設方法について規定する.

### 2. 技術的規定

35 kV 以下の特別高圧用機械器具を路上等へ施設する場合は，充電部分が露出しない機械器具を，温度上昇により，又は故障の際に，その近傍の大地との間に生じる電位差により，人若しくは家畜又は他の工作物に危険のおそれがないように施設すること.

## 6 解釈第 29 条第 3 項関連

● JESC E 2019（2015） 高圧ケーブルの遮へい層による高圧用の機械器具の鉄台及び外箱の連接接地

## 1. 適用規格

　この規格は，高圧用の機械器具の金属製の台及び外箱（以下，「金属製外箱等」という.）ごとに施す接地工事の接地線と高圧ケーブルの金属製の電気的遮へい層（以下，金属製の電気的遮へい層を「遮へい層」という.）を接続することによる連接接地について規定する.

## 2. 技術的規定

　高圧用の機械器具の金属製外箱ごとに施す接地工事の接地線と高圧ケーブルの遮へい層を接続することによる連接接地工事及びその連接接地の合成抵抗値は，次の各号によること.

　　一　高圧用の機械器具の金属製外箱ごとに施す接地工事の接地線と高圧ケーブルの遮へい層を接続し，高圧ケーブルの遮へい層に施される他の接地工事と連接接地を構成すること.

　　二　前号により構成する連接接地の合成抵抗値（高圧ケーブルの遮へい層部分を含む）は，A 種接地工事の接地抵抗値以下とすること.

### 7　解釈第 37 条第 3 項関連

● JESC E 2018（2015）　高圧架空電線路に施設する避雷器の接地工事

## 1. 適用範囲

　この規格は，高圧架空電線路に施設する避雷器（次の箇所又はこれに近接する箇所を除く. 以下同じ.）の接地工事について規定する.

　　・発電所又は変電所若しくはこれに準ずる場所の架空電線引込口（需要場所の引込口を除く.）及び引出口.

　　・架空電線路に接続する，特別高圧配電用変圧器の高圧側.

　　・高圧架空電線路から供給を受ける受電電力の容量が 500 kW 以上の需要場所の引込口.

## 2. 技術的規定

　高圧架空電線路に施設する，避雷器の接地工事は，次の各号のいずれかの場合によることができる.

　一　避雷器（B 種接地工事が施された変圧器（高圧巻線と低圧巻線との間に金属製の混触防止板を有し，高圧電路と非接地の低圧電路とを結合する変圧器を除く. 以下同じ.）も近接して施設する場合を除く.）の接地工事の接地線が当該接地工事専用のものである場合において，当該接地工事の接地抵抗値が 30 Ω以下であるとき.

二　避雷器を B 種接地工事が施された変圧器に近接して施設する場合におい
　　て，避雷器の接地工事の接地極を変圧器の B 種接地工事の接地極から 1 m
　　以上離して施設し，当該接地工事の接地抵抗値が 30 Ω 以下であるとき.

三　避雷器を B 種接地工事が施された変圧器に近接して施設する場合におい
　　て，避雷器の接地工事の接地線と変圧器の B 種接地工事の接地線とを変圧器
　　に近接した箇所で接続し，かつ，次により施設する場合において，当該箇所
　　の接地抵抗値が 65 Ω 以下であるとき.

　イ　避雷器を中心とする半径 300 m の地域内において，当該変圧器に接続す
　　　る B 種接地工事が施された低圧架空電線（以下「低圧架空電線」という.）
　　　の 1 箇所以上（当該箇所の接地工事を除く.）に接地工事（接地線に引張強
　　　さ 1.04 kN 以上の容易に腐食し難い金属線又は直径 2.6 mm 以上の軟銅
　　　線を使用するものに限る.）を施すこと.

　ロ　当該箇所の接地工事と，イの規定により低圧架空電線（架空共同地線を
　　　含む. 以下同じ.）を施した接地工事との合成接地抵抗値は，20 Ω 以下であ
　　　ること.

四　避雷器の接地工事の接地線と低圧架空電線とを接続し，かつ，次により施
　　設する場合において，当該箇所の接地工事の接地抵抗値が 65 Ω 以下である
　　とき.

　イ　避雷器を中心とする半径 300 m の地域内において，低圧架空電線の 1 箇
　　　所以上（当該箇所の接地工事を除く.）に接地工事（接地線に引張強さ 1.04
　　　kN 以上の容易に腐食し難い金属線又は直径 2.6 mm 以上の軟銅線を使用
　　　するものに限る.）を施すこと.

　ロ　当該箇所の接地工事と，イの規定により低圧架空電線に施した接地工事
　　　との合成接地抵抗値は，16 Ω 以下であること.

五　前号により施設した避雷器の接地工事の地域内に他の避雷器を施設する場
　　合，この避雷器の接地線を前号の低圧架空電線に接続することができる.

## 8　解釈第 37 条の 2 関連

● JESC Z 0003（2019）　「スマートメーターシステムセキュリティガイドライン」

### 第 1 章　総則

### 第 1-1 条　目的

　本ガイドラインは，スマートメーターシステムのセキュリティ確保を目的とし
て，一般送配電事業者が実施すべきセキュリティ対策の要求事項について規定し

たものである.

### 第1-2条　適用範囲

本ガイドラインは,一般送配電事業者が施設するスマートメーターシステム及びそれに携わる者に適用する.

### 第1-3条　想定脅威

本ガイドラインにおいて,スマートメーターシステムの運用に影響を与えることを目的としたサイバー攻撃を脅威として想定する.

※本ガイドラインは,11章構成.「第1章　総則」の第1-4条に用語の定義が記されており,以降「第2章　組織」「第3章　文書化」「第4章　セキュリティ管理」「第5章　機器のセキュリティ」「第6章　通信のセキュリティ」「第7章　システムのセキュリティ」「第8章　運用のセキュリティ」「第9章　物理セキュリティ」「第10章　セキュリティ事故の対応」「第11章　サービス継続管理」となっている.

● JESC Z 0004(2019)　「電力制御システムセキュリティガイドライン」

### 第1章　総則

### 第1-1条　目的

本ガイドラインは,電力制御システム等のサイバーセキュリティ確保を目的として,電気事業者が実施すべきセキュリティ対策の要求事項について規定したものである.

### 第1-2条　適用範囲

本ガイドラインは,電気事業者が施設する電力制御システム等及びそれに携わる者に適用する.

### 第1-3条　想定脅威

本ガイドラインにおいては,電力の安定供給,電気工作物の保安の確保の妨害等を目的としたサイバー攻撃を脅威として想定する.

※本ガイドラインは,7章構成.「第1章　総則」の第1-4条に用語の定義が記されており,以降「第2章　組織」「第3章　文書化」「第4章　セキュリティ管理」「第5章　設備・システムのセキュリティ」「第6章　運用・管理のセキュリティ」「第7章　セキュリティ事故の対応」となっている.

## 9　解釈第57条第1項関連

● JESC E 3002(2001)　「鉄塔用 690 N/mm$^2$ 高張力山形鋼」の架空電線路の支持物の構成材への適用

## 1.　適用範囲

　この規格は,「鉄塔用 690 N/mm² 高張力山形鋼」の架空電線路の支持物の構成材への適用について規定する.

## 2.　引用規格

　次に掲げる規格は, この規格（JESC）に引用されることによって, この規格（JESC）の規定の一部を構成する. これらの引用規格は, その記号, 番号, 制定（改訂）年及び引用内容を明示して行うものとする.

　　日本鋼構造協会規格

　　「JSS Ⅱ 12-1999　鉄塔用 690 N/mm² 高張力山形鋼」（1999 年 9 月制定）

## 3.　技術的規定

### 3.1　鉄塔用 690 N/mm² 高張力山形鋼の適用

　架空電線路の支持物として使用する鉄柱又は鉄塔の構成材に,「JSS Ⅱ 12-1999 鉄塔用 690 N/mm² 高張力山形鋼」に規定する山形鋼を適用することができる.

### 3.2　鉄塔用 690 N/mm² 高張力山形鋼の許容座屈応力度

　前項に規定する山形鋼の許容座屈応力度は, 次の計算式により算定すること. ただし, 次の計算式により計算した値が下表の上限値を超えるときはその上限値とすること.

　（1）　$0 < \lambda_k < \varLambda$ の場合

　　　　$\sigma_{ka} = \sigma_{kao} - \kappa_1(\lambda_k/100) - \kappa_2(\lambda_k/100)^2$

　（2）　$0 \geqq \varLambda$ の場合

　　　　$\sigma_{ka} = 93/(\lambda_k/100)^2$

　　　$\lambda_k$ は, 部材の有効細長比であって, 次の計算式により計算した値.

　　　$\lambda_k = l_k/r$

　　　$l_k$ は, 部材の有効座屈で, 部材の支持点間距離（cm を単位とする.）をとるものとする. ただし, 部材の支持点の状態により, 主柱材にあっては部材の支持点間距離の 0.9 倍, 腹材にあっては部材の支持点間距離の 0.8 倍（鉄柱の腹材であって, 支持点の両端が溶接されているものにあっては, 0.7 倍）まで減ずることができる.

　　　$r$ は, 部材の断面の回転半径（cm を単位とする.）.

　　　$\sigma_{ka}$ は, 部材の許容座屈応力度（N/mm² を単位とする.）.

　　　$\varLambda,\ \sigma_{kao},\ \kappa_1$ 及び $\kappa_2$ は, 下表の値のとおりとする.

| 構成材 \ 係数 | $\Lambda$ | $\sigma_{kao}$ | $\kappa_1$ | $\kappa_2$ | $\sigma_{ka}$ の上限値 |
|---|---|---|---|---|---|
| 単一山形鋼主柱材その他の偏心の比較的少ないもの | 75 | 327 (346) | 7 (241) | 278 ( 0) | — |
| 片側フランジ接合山形鋼腹材その他の偏心の多いもの | 95 | 325 | 234 | 0 | 208 |

(注) 単一山形鋼主柱材その他の偏心の比較的少ないもので，幅厚比（山形鋼のフランジ幅/板厚）が 14.0 を超え，かつ，$0<\lambda_k<\Lambda$ の場合にあっては，表中下段（ ）外の係数を用いて計算した値と（ ）内の係数を用いて計算した値のいずれか小さい方を許容座屈応力度とする．

### 10 解釈第 60 条第 2 項関連

● JESC E 2001(1998) 支持物の基礎自重の取り扱い

#### 1. 適用範囲

この規格は，支持物の基礎を設計する場合の基礎自重の取り扱いについて規定する．

#### 2. 技術的規定

支持物の基礎を設計する場合の基礎自重の取り扱いは，次の各号によること．

- 一 引揚荷重を受ける基礎にあっては，その重量の 2/3 倍（異常時想定荷重が加わる場合における当該異常時想定荷重に対する鉄塔の基礎にあっては 1 倍）を限度に引揚支持力に加算することができる．
- 二 圧縮荷重を受ける基礎にあっては，その重量の 1 倍を圧縮荷重に加算すること．

### 11 解釈第 79 条第三号・解釈第 106 条第 6 項関連

● JESC E 2020(2016) 耐摩耗性能を有する『ケーブル用防護具』の構造及び試験方法

#### 1. 適用範囲

この規格は，植物と接近した箇所に施設する使用電圧 35 kV 以下の特別高圧又は高圧の架空ケーブルを防護するために使用する「ケーブル用防護具」の構造と試験方法を規定する．

#### 2. 技術的規定

使用電圧 35 kV 以下の特別高圧又は高圧の架空電線にケーブルを使用し，か

つ，樹木に接近して施設する場合に当該ケーブルを防護するために使用する「ケーブル用防護具」は，次の各号に適合するものであること．

一　構造は，耐摩耗性能を有する摩耗検知層の上部に摩耗層を施した構造で，外部からケーブルに接触するおそれがないようにケーブルを覆うことができるものであること．

二　材料は，ビニル混合物，ポリエチレン混合物又はブチルゴム混合物であって，図1に示すダンベル状の試料が表1に適合するものであること．

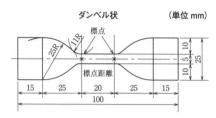

**ダンベル状**　　　　（単位 mm）

図1　試料の形状

※　試料の幅を 25 mm とすることができない場合にあっては，その幅を 25 mm 未満とすることを妨げない．

表1　材料が具備すべき事項

| 材料の種類 | 具備すべき事項 |
|---|---|
| ビニル混合物 | 1　室温において引張強さ及び伸びの試験を行ったとき，引張強さが 9.8 N/mm² 以上，伸びが 100% 以上であること．<br>2　100±2℃に 48 時間加熱した後 96 時間以内において，室温に 4 時間以上放置した後に前号の試験を行ったとき，引張強さが前号の試験の際に得た値の 85% 以上，伸びが前号の試験の際に得た値の 80% 以上であること． |
| ポリエチレン混合物 | 1　室温において引張強さ及び伸びの試験を行ったとき，引張強さが 9.8 N/mm² 以上，伸びが 350% 以上であること．<br>2　90±2℃に 96 時間加熱した後 96 時間以内において，室温に 4 時間以上放置した後に前号の試験を行ったとき，引張強さが前号の試験の際に得た値の 80% 以上，伸びが前号の試験の際に得た値の 65% 以上であること． |
| ブチルゴム混合物 | 1　室温において引張強さ及び伸びの試験を行ったとき，引張強さが 3.9 N/mm² 以上，伸びが 300% 以上であること．<br>2　100±2℃に 96 時間加熱した後 96 時間以内において，室温に 4 時間以上放置した後に前号の試験を行ったとき，引張強さ及び伸びがそれぞれ前号の試験の際に得た値の 80% 以上であること． |

三　完成品は，摩耗検知層が露出した状態で，日本工業規格 JIS C 3005 (2014)「ゴム・プラスチック絶縁電線試験方法」の「4.29　摩耗」に規定する摩耗試験で，荷重 24.5 N により試験を行ったとき，回転数 500 回転で防護具に穴が開かないこと．

## 12　解釈第 89 条第二号関連

● JESC E 2002(1998)　特別高圧架空電線と支持物等との離隔距離の決定

### 1.　適用範囲

この規格は，特別高圧架空電線と支持物等との離隔距離について規定する．

### 2.　引用技術報告

次に掲げる技術報告は，この規格に引用されることによって，この規格の規定の一部を構成する．この引用技術報告は，その表題，番号，発行年及び引用内容を明示して行うものとする．

電気学会技術報告（II 部）第 220 号「架空送電線路の絶縁設計要綱」(1986)

### 3.　技術的規定

特別高圧架空電線と支持物等との離隔は，電気学会技術報告（II 部）第 220 号「架空送電線路の絶縁設計要綱」(1986) の絶縁間隔の設計手法に準じて決定し施設することができる．

## 13　解釈第 97 条第 1 項第二号・第 98 条第 1 項第二号・第 99 条第 1 項・第 100 条第 1 項・第 101 条第 1 項・第 102 条第 1 項・第 103 条第二号関連

● JESC E 2012(2013)　170 kV を超える特別高圧架空電線に関する離隔距離

### 1.　適用範囲

この規格は，使用電圧が 170 kV を超える特別高圧架空電線と建造物，道路等，索道，低高圧架空電線路等，他の特別高圧架空電線路，他の工作物及び植物との離隔距離について規定する．

### 2.　技術的規定

技術的規定については，以下の 2.1 から 2.7 のとおりとするが，使用電圧が 170 kV を超える場合の離隔距離の値を算定するために，170 kV 以下の離隔距離についても一部記載することとした．

### 2.1　35,000 V を超える特別高圧架空電線と建造物の造営材との離隔距離

使用電圧が 35,000 V を超える特別高圧架空電線が，建造物に接近して施設される場合における，特別高圧架空電線と建造物の造営材との離隔距離は，2-1

表に規定する値以上であること.

2-1 表

| 使用電圧の区分 | 架空電線の種類 | 区 分 | 離隔距離 |
|---|---|---|---|
| 35,000 V を超え 170,000 V 以下 | ケーブル | 上部造営材の上方 | $(1.2+c)$ m |
| | | その他 | $(0.5+c)$ m |
| | 特別高圧絶縁電線 | 上部造営材の上方 | $(2.5+c)$ m |
| | | 人が建造物の外へ手を伸ばす又は身を乗り出すことなどができない部分 | $(1+c)$ m |
| | | その他 | $(1.5+c)$ m |
| | その他 | 全て | $(3+c)$ m |
| 170,000 V 超過 | ケーブル | 上部造営材の上方 | $(3.3+d)$ m |
| | | その他 | $(2.6+d)$ m |
| | 特別高圧絶縁電線 | 上部造営材の上方 | $(4.6+d)$ m |
| | | 人が建造物の外へ手を伸ばす又は身を乗り出すことなどができない部分 | $(3.1+d)$ m |
| | | その他 | $(3.6+d)$ m |
| | その他 | 全て | $(5.1+d)$ m |

(備考)　$c$ は,特別高圧架空電線の使用電圧と 35,000 V の差を 10,000 V で除した値(小数点以下を切り上げる.)に 0.15 を乗じたもの

$d$ は,特別高圧架空電線の使用電圧と 170,000 V の差を 10,000 V で除した値(小数点以下を切り上げる.)に 0.06 を乗じたもの

### 2.2　35,000 V を超える特別高圧架空電線と道路等との離隔距離

一　使用電圧が 35,000 V を超える特別高圧架空電線が,道路(車両及び人の往来がまれであるものを除く.以下同じ.),横断歩道橋,鉄道又は軌道(以下「道路等」という.)と第 1 次接近状態に施設される場合の特別高圧架空電線と道路等との離隔距離(路面上又はレール面上の離隔距離を除く.以下同じ.)は,2-2 表に規定する値以上であること.

2-2 表

| 使用電圧の区分 | 離 隔 距 離 |
|---|---|
| 35,000 V を超え 170,000 V 以下 | $(3+c)$ m |
| 170,000 V 超過 | $(5.1+d)$ m |

(備考)　$c$ は,使用電圧と 35,000 V の差を 10,000 V で除した値(小数点以下を切り上げる.)に 0.15 を乗じたもの

$d$ は，使用電圧と 170,000 V の差を 10,000 V で除した値（小数点以下を切り上げる．）に 0.06 を乗じたもの

二　特別高圧架空電線路が，道路等と第 2 次接近状態に施設される場合の特別高圧架空電線と道路等との離隔距離は，第一号の規定に準ずること．

三　特別高圧架空電線が，道路等の下方に接近して施設される場合において，特別高圧架空電線と道路等との水平離隔距離は，3 m 以上とし，かつ，相互の離隔距離は，「**2.1　35,000 V を超える特別高圧架空電線と建造物の造営材との離隔距離**」の規定に準じて施設すること．

## 2.3　35,000 V を超える特別高圧架空電線と索道との離隔距離

使用電圧が 35,000 V を超える特別高圧架空電線が，索道と接近又は交差して施設される場合における，特別高圧架空電線と索道との離隔距離は，2-3 表に規定する値以上であること．

2-3　表

| 使用電圧の区分 | 電線の種類 | 離隔距離 |
|---|---|---|
| 35,000 V を超え 60,000 V 以下 | ケーブル | 1 m |
| | その他 | 2 m |
| 60,000 V を超え 170,000 V 以下 | ケーブル | $(1+c)$ m |
| | その他 | $(2+c)$ m |
| 170,000 V 超過 | ケーブル | $(2.32+d)$ m |
| | その他 | $(3.32+d)$ m |

（備考）　$c$ は，使用電圧と 60,000 V の差を 10,000 V で除した値（小数点以下を切り上げる．）に 0.12 を乗じたもの

　　　　　$d$ は，使用電圧と 170,000 V の差を 10,000 V で除した値（小数点以下を切り上げる．）に 0.06 を乗じたもの

## 2.4　35,000 V を超える特別高圧架空電線と低高圧架空電線等若しくは電車線等又はこれらの支持物との離隔距離

使用電圧が 35,000 V を超える特別高圧架空電線が，低圧若しくは高圧の架空電線又は架空弱電流電線等（以下「低高圧架空電線等」という．）と接近又は交差して施設される場合における，特別高圧架空電線と低高圧架空電線等又はこれらの支持物との離隔距離は，2-4 表に規定する値以上であること．

2-4 表

| 使用電圧の区分 | 特別高圧架空電線がケーブルであり, かつ, 低圧又は高圧の架空電線が絶縁電線又はケーブルである場合 | その他の場合 |
|---|---|---|
| 35,000 V を超え 60,000 V 以下 | 1 m | 2 m |
| 60,000 V を超え 170,000 V 以下 | $(1+c)$ m | $(2+c)$ m |
| 170,000 V 超過 | $(2.32+d)$ m | $(3.32+d)$ m |

（備考）　$c$ は, 特別高圧架空電線の使用電圧と 60,000 V の差を 10,000 V で除した値（小数点以下を切り上げる。）に 0.12 を乗じたもの

　　　　　$d$ は, 特別高圧架空電線の使用電圧と 170,000 V の差を 10,000 V で除した値（小数点以下を切り上げる。）に 0.06 を乗じたもの

### 2.5　特別高圧架空電線相互の離隔距離

　特別高圧架空電線が, 他の特別高圧架空電線又はその支持物若しくは架空地線と接近又は交差する場合における, 相互の離隔距離は, 2-5 表に規定する値以上であること.

2-5 表

| 特別高圧架空電線 使用電圧の区分 | | 他の特別高圧架空電線 | | | | | | | | | 他の特別高圧架空電線路の支持物又は架空地線 |
|---|---|---|---|---|---|---|---|---|---|---|---|
| | | 35,000 V 以下 | | | 35,000 V を超え 60,000 V 以下 | | 60,000 V を超え 170,000 V 以下 | | 170,000 V 超過 | | |
| | 電線の種類 | ケーブル | 特別高圧絶縁電線 | その他 | ケーブル | その他 | ケーブル | その他 | ケーブル | その他 | |
| 35,000 V 以下 | ケーブル | 0.5 m | 0.5 m | 2 m | 1 m | 2 m | $(1+c)$ m | $(2+c)$ m | $(2.32+d)$ m | $(3.32+d)$ m | 0.5 m |
| | 特別高圧絶縁電線 | 0.5 m | 1 m | 2 m | 2 m | | $(2+c)$ m | | $(3.32+d)$ m | | 1 m |
| | その他 | 2 m | | | | | $(2+c)$ m | | $(3.32+d)$ m | | 2 m |
| 35,000 V を超え 60,000 V 以下 | ケーブル | 1 m | 2 m | | 1 m | 2 m | $(1+c)$ m | $(2+c)$ m | $(2.32+d)$ m | $(3.32+d)$ m | 1 m |
| | その他 | 2 m | | | | | $(2+c)$ m | | $(3.32+d)$ m | | 2 m |
| 60,000 V を超え 170,000 V 以下 | ケーブル | $(1+c)$ m | $(2+c)$ m | | $(1+c)$ m | $(2+c)$ m | $(1+c)$ m | $(2+c)$ m | $(2.32+d)$ m | $(3.32+d)$ m | $(1+c)$ m |
| | その他 | $(2+c)$ m | | | | | | | $(3.32+d)$ m | | $(2+c)$ m |
| 170,000 V 超過 | ケーブル | $(2.32+d)$ m | $(3.32+d)$ m | | $(2.32+d)$ m | $(3.32+d)$ m | $(2.32+d)$ m | $(3.32+d)$ m | $(2.32+d)$ m | $(3.32+d)$ m | $(2.32+d)$ m |
| | その他 | $(3.32+d)$ m | | | | | | | | | |

（備考）　$c$ は, 使用電圧と 60,000 V の差を 10,000 V で除した値（小数点以下を切り上げる。）に 0.12 を乗じたもの

$d$ は，使用電圧と 170,000 V の差を 10,000 V で除した値（小数点以下を切り上げる.）に 0.06 を乗じたもの

## 2.6　35,000 V を超える特別高圧架空電線と他の工作物との離隔距離

使用電圧が 35,000 V を超える特別高圧架空電線が，建造物，道路（車両及び人の往来がまれであるものを除く.），横断歩道橋，鉄道，軌道，索道，架空弱電流電線路等，低圧又は高圧の架空電線路，低圧又は高圧の電車線路及び他の特別高圧架空電線路以外の工作物（以下「他の工作物」という.）と接近又は交差して施設される場合における，特別高圧架空電線と他の工作物との離隔距離は，2-6 表に規定する値以上であること.

2-6　表

| 使用電圧の区分 | 上部造営材の上方以外で，電線がケーブルである場合 | その他の場合 |
|---|---|---|
| 35,000 V を超え 60,000 V 以下 | 1 m | 2 m |
| 60,000 V を超え 170,000 V 以下 | $(1+c)$ m | $(2+c)$ m |
| 170,000 V 超過 | $(2.32+d)$ m | $(3.32+d)$ m |

（備考）　$c$ は，特別高圧架空電線の使用電圧と 60,000 V の差を 10,000 V で除した値（小数点以下を切り上げる.）に 0.12 を乗じたもの

　　　　　$d$ は，特別高圧架空電線の使用電圧と 170,000 V の差を 10,000 V で除した値（小数点以下を切り上げる.）に 0.06 を乗じたもの

## 2.7　35,000 V を超える特別高圧架空電線と植物との離隔距離

使用電圧が 35,000 V を超える特別高圧架空電線と植物との離隔距離は，2-7 表に規定する値以上であること.

2-7　表

| 使用電圧の区分 | 離　隔　距　離 |
|---|---|
| 35,000 V を超え 60,000 V 以下 | 2 m |
| 60,000 V を超え 170,000 V 以下 | $(2+c)$ m |
| 170,000 V 超過 | $(3.32+d)$ m |

（備考）　$c$ は，使用電圧と 60,000 V の差を 10,000 V で除した値（小数点以下を切り上げる.）に 0.12 を乗じたもの

　　　　　$d$ は，使用電圧と 170,000 V の差を 10,000 V で除した値（小数点以下を切り上げる.）に 0.06 を乗じたもの

### 14　解釈第113条第2項第三号関連

● JESC E 6001(2011)　バスダクト工事による低圧屋上電線路の施設

#### 1．適用範囲

この規格は，バスダクト工事による低圧屋上電線路の施設について規定する．

#### 2．引用規格

次に掲げる規格は，この規格（JESC）に引用されることによって，この規格
（JESC）の規定の一部を構成する．

JIS C 0920(2003)「電気機械器具の外郭による保護等級（IP コード）」

#### 3．技術的規定

バスダクト工事による低圧屋上電線路の施設は，次の各号により施設するこ
と．

一　木造以外の造営物（点検できないいんぺい場所を除く．）に施設するこ
と．

二　バスダクトは，簡易接触防護措置を施すこと．

三　バスダクトは，屋外用のバスダクトを使用し，ダクト内部に水が浸入し
てたまらないようにすること．

四　バスダクトは，JIS C 0920 (2003)「14.2　試験条件」及び「14.2.4　オ
シレーティングチューブ又は散水ノズルによる第二特性数字4に対する試
験」により試験したとき，「6. 第二特性数字で表わされる水の浸入に対す
る保護等級」の表3に規定する第二特性数字4（IPX 4）に適合すること．

### 15　解釈第116条第八号関連

● JESC E 2005(2002)　低圧引込線と他物との離隔の特例

#### 1．適用範囲

この規格は，低圧引込線と他物との離隔距離の特例について規定する．

#### 2．技術的規定

低圧架空引込線と低圧架空引込線を直接引き込んだ造営物以外の工作物との
離隔距離は，需要場所の取付点付近に限り，低圧引込線を直接引き込んだ造営
物以外の工作物で技術上やむを得ない場合で，かつ，危険のおそれがなく，需
要場所の取付点付近に施設する場合は，表1の値以上とすることができる．

表1

| 離隔距離又は施設条件 | | | |
|---|---|---|---|
| 他の工作物区分 | | 電線の種類 | 離隔距離 |
| 他の造営物（人が触れるおそれがない場合） | | 低圧絶縁電線<br>ケーブル | 接触しない |
| 弱電流電線等 | | 低圧絶縁電線<br>ケーブル | 接触しない |
| 弱電流電線等の引込用引留具等（引留具<br>等という．以下同じ） | 上方 | 低圧絶縁電線<br>ケーブル | 0.15 m |
| | 側方 | 低圧絶縁電線<br>ケーブル | 0.1 m |
| 引留具等から電源側 25 cm 以下の範囲におけ<br>る弱電流電線等の上方及び側方 | | 低圧絶縁電線<br>ケーブル | 0.1 m |

### 16 解釈第 120 条第 3 項第二号・第 125 条第 5 項第三号関連

● JESC E 7003（2005）　地中電線に収める管又はトラフの「自消性のある難燃性」試験方法

#### 1. 適用範囲

　この規格は，地中電線を収める管又はトラフの「自消性のある難燃性」を示す試験方法について規定する．

#### 2. 技術的規定

　管又はトラフの「自消性のある難燃性」を示す試験方法，判定基準は以下のとおりとする．

#### 2.1 試験試料，装置及び試験方法

（1）　試験試料

　　　管又はトラフの完成品から採取した長さ約 300 mm のものとする．

　　　なお，管の内面を試験する場合は，判割りしたものとする．

（2）　試験装置

　　　加熱源は，ブンゼンバーナーとする．燃料は，約 37 MJ/m³ の工業用メタンガス又はこれと同等以上の発熱量を有するものを使用するものとする．

（3）　試験方法（図1, 2のとおり）

　　　試験を水平に支持し，試料の外面及び内面中央部を酸化炎の長さが

約130 mm のブンゼンバーナーの還元炎で燃焼させ，その炎を取り去る．

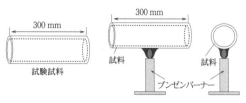

図1 外面の試験方法

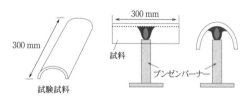

図2 管の内面の試験方法

## 2.2 判断基準

炎を取り去った後，60秒以内に自然に消えること．

### 17 解釈第122条第4項関連

● JESC E 6007(2021) 直接埋設式（砂巻き）による低圧地中電線の施設

#### 1. 適用範囲

この規格は，地中電線路の直接埋設式による施設のうち，直接埋設式（砂巻き）により低圧地中電線を施設する場合の要件について規定する．ただし，一般用電気工作物である需要場所及び私道には適用しない．

〔注1〕 一般用電気工作物である需要場所及び私道とは，一般用電気工作物が設置された電気使用場所(住宅,商店,小工場,小規模太陽光発電等)を含む構内及び私道（公道以外の道路をいう．(イメージ図は，本規格の解説図3を参照のこと.)

〔注2〕 一般用電気工作物である需要場所及び私道に適用しない理由は，本規格の解説「2. 制定根拠」(2)埋設場所及び(6)その他を参照のこと.

〔注3〕 事業用電気工作物（自家用電気工作物含む.）の構内における私道については，自主保安の原則のもと電気主任技術者の監督下で保安確保が図られるべきものであるため，この規格の適用は可能とする．

## 2. 引用規格

JIS C 3605（2002）「600 V ポリエチレンケーブル」

## 3. 技術的規定

一　直接埋設式（砂巻き）により低圧の地中電線を施設する場合は，次によること.

イ　砕石等によるケーブル損傷を防止するため，ケーブルの周囲 10 cm 以上を最大粒径 5 mm の砂で巻いて施設すること.

ロ　施設する場所は，車両その他の重量物の圧力が交通量の少ない生活道路（舗装設計交通量 250 台/日・方向未満の道路）相当以下とすること. ただし，一般用電気工作物である需要場所及び私道には施設しないこと.

ハ　本規定で施設できるケーブルは，電気設備の技術基準の解釈第 9 条第 2 項 9-3 表のケーブルのうち，ビニル外装ケーブルとし，JIS C 3605（2002）で規定された外装厚さに 0.5 mm 加えた厚さとすること.

ニ　地中電線を衝撃から防護するために，地中電線の上部を堅ろうな板又はといで覆うこと.

ホ　次により標示を施すこと.

（イ）　物件の名称，管理者名及び電圧（需要場所（ロで除外される需要場所等を除く.）に施設する場合にあっては，物件の名称及び管理者名を除く.）を表示すること.

（ロ）　おおむね 2 m の間隔で表示すること. ただし，他人が立ち入らない場所又は当該電線路の位置が十分に認知できる場合は，この限りでない.

二　第一号の規定により施設する場合は，低圧地中電線の埋設深さを，0.35 m 以上とすることができる.

### 18　解釈第 126 条第 1 項第三号

● JESC E 2011(2014)　35 kV 以下の特別高圧電線路の人が常時通行するトンネル内の施設

## 1. 適用範囲

この規格は，35 kV 以下の特別高圧電線路を人が常時通行するトンネル内電線路として施設する場合について規定する.

## 2. 技術的規定

使用電圧が 35 kV 以下の特別高圧電線路を人が常時通行するトンネル内に

施設する場合は，次の各号により施設すること．

一　電線は，ケーブルであること．

二　ケーブルには，接触防護措置を施すこと．

三　ケーブルをトンネルの壁面に沿って取り付ける場合は，ケーブルの支持点間の距離を 2 m（垂直に取り付ける場合は，6 m）以下とし，かつ，その被覆を損傷しないように取り付けること．

四　ケーブルをちょう架用線にちょう架する場合は，トンネルの壁面に接触しないように施設するとともに，次により施設すること．

　イ　次のいずれかの方法により施設すること．

　　（イ）　ケーブルをハンガーにより 50 cm 以下の間隔でちょう架用線に支持する方法．

　　（ロ）　ケーブルをちょう架用線に接触させ，その上に容易に腐食し難い金属テープ等を 20 cm 以下の間隔を保ってらせん状に巻き付ける方法．

　　（ハ）　ちょう架用線をケーブルの外装に堅ろうに取り付けて施設すること．

　ロ　ちょう架用線は，引張強さ 13.93 kN 以上のより線又は断面積 22 mm$^2$ 以上の亜鉛めっき鋼より線であること．

　ハ　ちょう架用線は，通常の使用において断線のおそれがないように施設すること．

　ニ　ちょう架用線及びケーブルの被覆に使用する金属体には，D 種接地工事を施すこと．

五　管その他のケーブルを収める防護装置の金属製部分，金属製の電線接続箱及びケーブルの被覆に使用する金属体には，これらのものの防食措置を施した部分及び大地との間の電気抵抗値が 10 Ω以下である部分を除き，A 種接地工事（人が触れるおそれがないように施設する場合は，D 種接地工事）を施すこと．

### 19　解釈第 126 条第 2 項第三号関連

● JESC E 2014（2019）　特別高圧電線路のその他のトンネル内の施設

#### 1．適用範囲

　この規格は，特別高圧電線路を鉄道，軌道又は自動車道の専用のトンネル及び人が常時通行するトンネルに該当しないトンネル（以下「その他のトンネル」という）内電線路として施設する場合について規定する．

## 2. 技術的規定

特別高圧電線路をその他のトンネル内に施設する場合は，次の各号により施設すること．

一　電線は，ケーブルであること．

二　ケーブルには，接触防護措置を施すこと．

三　ケーブルをトンネルの壁面に沿って取り付ける場合は，ケーブルの支持点間の距離を 2 m（垂直に取り付ける場合は，6 m）以下とし，かつ，その被覆を損傷しないように取り付けること．

四　ケーブルをちょう架線にちょう架する場合は，トンネルの壁面に接触しないように施設し，かつ，次により施設すること．

　イ　ケーブルは，次のいずれかにより施設すること．

　　（イ）　ちょう架用線にハンガーにより施設すること．この場合において，そのハンガーの間隔を 50 cm 以下として施設すること．

　　（ロ）　ちょう架用線に接触させ，その上に容易に腐食し難い金属テープ等を 20 cm 以下の間隔を保ってらせん状に巻き付けること．

　　（ハ）　ちょう架用線をケーブルの外装に堅ろうに取り付けて施設すること．

　ロ　ちょう架用線は，引張強さ 13.93 kN 以上のより線又は断面積 22 mm$^2$ 以上の亜鉛めっき鋼より線であること．

　ハ　ちょう架用線は，通常の使用において断線のおそれがないように施設すること．

　ニ　ちょう架用線及びケーブルの被覆に使用する金属体には，D 種接地工事を施すこと．

五　管その他のケーブルを収める防護装置の金属製部分，金属製の電線接続箱及びケーブルの被覆に使用する金属体には，これらのものの防食措置を施した部分及び大地との間の電気抵抗値が 10 Ω 以下である部分を除き，A 種接地工事（人が触れるおそれがないように施設する場合は，D 種接地工事）を施すこと．

## 20　解釈第 129 条第 3 項第一号・第 130 条第 2 項第二号，第 3 項第二号関連

## ● JESC E 2016（2017）　橋又は電線路専用橋等に施設する電線路の離隔要件

### 1.　適用範囲

この規格は，橋又は電線路専用橋等（電線路線用の橋，パイプスタンドその他これらに類するもの．以下同じ．）に施設する電線路の他物との離隔要件に

ついて規定する.

## 2. 技術的規定

橋又は電線路専用橋等に施設する高圧電線路又は特別高圧電線路（パイプスタンド若しくはこれに類するものに施設する場合は，使用電圧 100,000 V 以下に限る．以下同じ．）の電線を収める管又はトラフが，その橋又は電線路専用橋等に施設する他と接近又は交さする場合の離隔要件は，次の各号によること.

一 高圧電線路の電線を「堅ろうな不燃性又は自消性のある難燃性」の管又はトラフに収める場合，以下のものと直接接触しないこと.

  a 管灯回路の配線

  b 弱電流電線等（弱電流電線及び光ファイバケーブル．以下同じ）

  c 水管，ガス管若しくはこれらに類するもの

  d 他の工作物（その高圧電線路を施設する橋又は電線路専用橋等に施設する他の高圧電線並びに架空電線及び屋上電線を除く．）

ただし，弱電流電線等が次のいずれかに該当する場合は，この限りでない.

  イ 弱電流電線等が電力保安通信線であり，かつ，不燃性若しくは自消性のある難燃性の材料で被覆した光ファイバケーブル又は不燃性若しくは自消性のある難燃性の管に収めた光ファイバケーブルである場合.

  ロ 弱電流電線等が，光ファイバケーブルであり，かつ，その管理者の承諾を得た場合.

二 高圧電線路の電線に施設する場合にあっては，特別高圧電線又は低圧電線との離隔距離は，15 cm 以上とすること．ただし，高圧電線を「堅ろうな不燃性又は自消性のある難燃性」の管又はトラフに収めて施設する場合は，この限りでない.

三 特別高圧電線路の電線を「堅ろうな不燃性又は自消性のある難燃性」の管又はトラフに収める場合，以下のものと直接接触しないこと.

  a 管灯回路の配線

  b 弱電流電線等

  c 水管，ガス管若しくはこれらに類するもの

  d 他の工作物（その特別高圧電線路を施設する橋又は電線路専用橋等に施設する他の特別高圧電線並びに架空電線及び屋上電線を除く．）

ただし，弱電流電線等が第一号イ，ロのいずれかに該当する場合は，この限りでない.

四 特別高圧電線路の電線を施設する場合にあっては，高圧電線又は低圧電線

との離隔距離は，15 cm 以上とすること．ただし，特別高圧電線を「堅ろうな不燃性又は自消性のある難燃性」の管又はトラフに収めて施設する場合は，この限りでない．

五　第一号から第四号までに規定する「不燃性」の管又はトラフとは，建築基準法（昭和 25 年法律第 201 号）第 2 条第九号の不燃材料で造られたもの又はこれと同等以上の性能を有するものとする．

六　第一号から第四号までに規定する「自消性のある難燃性」の管又はトラフは，次のいずれかによること．

イ　電気用品の技術上の基準を定める省令の解釈（20130605 商局第 3 号）別表第二附表第二十四耐燃性試験に適合すること又はこれと同等以上の性能を有すること．

ロ　日本電気技術規格委員会規格 JESC E 7003(2005)「2. 技術規定」に規定する試験に適合すること．

### 21　解釈第 132 条第 2 項第四号関連

● JESC E 2017(2018)　免震建築物における特別高圧電線路の施設

#### 1. 適用範囲

この規格は，免震建築物の免震層に特別高圧電線路を施設する場合の要件について規定する．

#### 2. 技術的規定

1　免震層に特別高圧電線路を施設する場合は，次の各号によること．

一　使用電圧は，100,000 V 以下であること．

二　電線は，ケーブルであること．

三　ケーブルには，建築物の揺れ等によるケーブルの変位を吸収する余長部（以下，変位吸収部という．）を設けること．

四　ケーブルは，変位吸収部を除き，鉄製又は鉄筋コンクリート製の管，ダクトその他堅ろうな防護装置に収めて施設すること．

五　金属製の電線接続箱及びケーブルの被覆に使用する金属体には，A 種接地工事を施すこと．ただし，接触防護措置（金属製のものであって，防護措置を施す設備と電気的に接続するおそれがあるもので防護する方法を除く．）を施す場合は，D 種接地工事によることができる．

六　施設場所の出入口に立ち入りを禁止する旨の表示がされていること．

七　施設場所の出入口に施錠装置を施設して施錠する等，取扱者以外の者の

出入りを制限する措置を講じること.

八 免震層は, 免震装置や, 電線路, ガス管, 上下水管などの配管類を施設, 管理, 維持, 更新するための専用スペースであって, 堅ろうかつ耐火性の構造物に仕切られた場所であること.

九 特別高圧電線路の電線に耐燃措置を施すこと又は免震層に自動消火設備が施設されていること.

2 免震層に施設する特別高圧電線路の電線が, 低圧屋内配線, 管灯回路の配線, 高圧屋内電線, 弱電流電線等又は水管, ガス管若しくはこれらに類するものと接近又は交差する場合は, 次の各号によること. ただし, 変位吸収部に施設する場合は, 第3項から第6項の規定によること.

一 低圧屋内電線, 管灯回路の配線又は高圧屋内電線との離隔距離は, 0.6 m 以上であること. ただし, 相互の間に堅ろうな耐火性の隔壁を設ける場合は, この限りでない.

二 弱電流電線等又は水管, ガス管若しくはこれらに類するものとは, 接触しないように施設すること.

3 変位吸収部において, 特別高圧電線路の電線が弱電流電線等と接近又は交差して施設される場合は, 次のいずれかによること.

一 特別高圧電線路の電線と弱電流電線等との離隔距離が, 0.6 m 以上であること.

二 特別高圧電線路の電線と弱電流電線等との間に堅ろうな耐火性の隔壁を設けること.

三 弱電流電線等の管理者の承諾を得た場合において, 次のいずれかによること.

イ 弱電流電線等が, 有線電気通信設備令施行規則 (昭和46年郵政省令第2号) に適合した難燃性の防護被覆を使用したものである場合は, 特別高圧電線路の電線が弱電流電線等と直接接触しないように施設すること.

ロ 弱電流電線等が, 光ファイバケーブルである場合は, 特別高圧電線路の電線と弱電流電線等との離隔距離が, 0 m 以上であること.

ハ 特別高圧電線路の電線と弱電流電線等との離隔距離が, 0.1 m 以上であること.

四 弱電流電線等が電力保安通信線である場合は, 次のいずれかによること.

イ 電力保安通信線が, 不燃性の被覆若しくは自消性のある難燃性の被覆

を有する光ファイバケーブル，又は不燃性の管若しくは自消性のある難燃性の管に収めた光ファイバケーブルである場合は，特別高圧電線路の電線と電力保安通信線との離隔距離が，0ｍ以上であること．

　ロ　特別高圧電線路の電線が電力保安通信線に直接接触しないように施設すること．

4　変位吸収部において，特別高圧電線路の電線が，ガス管，石油パイプその他の可燃性若しくは有毒性の流体を内包する管（以下「ガス管等」という．）と接近又は交差する場合は次号のいずれかによること．

　一　特別高圧電線路の電線とガス管等との離隔距離が，1.0ｍ以上であること．

　二　特別高圧電線路の電線とガス管等との間に堅ろうな耐火性の隔壁を設けること．

5　変位吸収部において，特別高圧電線路の電線が水道管その他のガス管等以外の管（以下「水道管等」という．）と接近又は交差する場合は，次の各号のいずれかによること．

　一　特別高圧電線路の電線と水道管等との離隔距離が，0.3ｍ以上であること．

　二　特別高圧電線路の電線と水道管等との間に堅ろうな耐火性の隔壁を設けること．

　三　水道管等が不燃性の管又は不燃性の被覆を有する管である場合は，特別高圧電線路の電線と水道管等との離隔距離が，0ｍ以上であること．

6　変位吸収部に施設する特別高圧電線路の電線が，低圧屋内電線，管灯回路の配線，高圧屋内電線と接近又は交差する場合は，次の各号のいずれかによること．

　一　電線相互の離隔距離が，0.6ｍ以上であること．

　二　電線相互の間に堅ろうな耐火性の隔壁を設けること．

　三　いずれかの電線が，次のいずれかに該当するものである場合は，電線相互の離隔距離が，0ｍ以上であること．

　　イ　不燃性の被覆を有すること．

　　ロ　堅ろうな不燃性の管に収められていること．

　四　それぞれの電線が，次のいずれかに該当するものである場合は，電線相互の離隔距離が，0ｍ以上であること．

　　イ　自消性のある難燃性の被覆を有すること．

　　ロ　堅ろうな自消性のある難燃性の管に収められていること．

7 免震層とは，免震材料を緊結した床版又はこれに類するものにより挟まれた建築物の部分をいう．

8 第1項第七号の耐燃措置とは次の各号のいずれかによること．

一 電線が，次のいずれかに適合する被覆を有するものであること．

　イ　建築基準法（昭和25年法律第201号）第2条第九号に規定される不燃材料で造られたもの又はこれと同等以上の性能を有するものであること．

　ロ　電気用品の技術上の基準を定める省令の解釈別表第一附表第二十一に規定する耐燃性試験に適合すること又はこれと同等以上の性能を有すること．

二 電線を，第一号イ又はロの規定に適合する延焼防止テープ，延焼防止シート，延焼防止塗料その他これらに類するもので被覆すること．

三 電線を，次のいずれかに適合する管又はトラフに収めること．

　イ　建築基準法第2条第九号に規定される不燃材料で造られたもの又はこれと同等以上の性能を有するものであること．

　ロ　電気用品の技術上の基準を定める省令の解釈別表第二附表第二十四に規定する耐燃性試験に適合すること又はこれと同等以上の性能を有すること．

　ハ　日本電気技術規格委員会規格 JESC E 7003（2005）「地中電線を収める管又はトラフの「自消性のある難燃性」試験方法」の「2. 技術的規定」に規定する試験に適合すること．

9 第3項，第5項，第6項の「不燃性」及び「自消性のある難燃性」とは，それぞれ次の各号によること．

一 「不燃性の被覆」及び「不燃性の管」は，建築基準法第2条第九号に規定される不燃材料で造られたもの又はこれと同等以上の性能を有するものであること．

二 「自消性のある難燃性の被覆」は，次によること．

　イ　電線における「自消性のある難燃性の被覆」は，IEEE Std. 383-1974 に規定される燃焼試験に適合するもの又はこれと同等以上の性能を有するものであること．

　ロ　光ファイバケーブルにおける「自消性のある難燃性の被覆」は，電気用品の技術上の基準を定める省令の解釈別表第一附表第二十一に規定する耐燃性試験に適合するものであること．

三 「自消性のある難燃性の管」は，次のいずれかに適合するものであること．

イ　管が二重管として製品化されているものにあっては，電気用品の技術
上の基準を定める省令の解釈別表第二 1.（4）トに規定する耐燃性試験
に適合すること．

ロ　電気用品の技術上の基準を定める省令の解釈別表第二附表第二十四に
規定する耐燃性試験に適合すること又はこれと同等以上の性能を有する
こと．

ハ　日本電気技術規格委員会規格 JESC E 7003（2005）「地中電線を収め
る管又はトラフの「自消性のある難燃性」試験方法」の「2.　技術的規
定」に規定する試験に適合すること．

## 22　解釈第 133 条第 6 項関連

● JESC E 2021（2016）　臨時電線路に適用する防護具及び離隔距離

### 1.　適用範囲

この規格は，低圧，高圧又は 35 kV 以下の特別高圧の架空電線を防護具に収め
て臨時電線路として使用する場合の防護具及び臨時電線路の離隔距離につい
て規定する．

### 2.　技術的規定

### 2.1　防護具に収めた臨時電線路の離隔距離

次の各号に掲げる低圧，高圧又は 35 kV 以下の特別高圧の架空電線におい
て，防護具の使用期間が 6ヵ月以内である場合は，当該電線と造営物との離隔
距離は，表 1 に規定する値以上とすることができる．

一　電線に絶縁電線又は多心型電線を使用し，かつ，「2.2　防護具（1）低圧防
護具」に適合する防護具により防護した低圧架空電線

二　電線に高圧絶縁電線又は特別高圧絶縁電線を使用し，かつ，「2.2　防護具
（2）高圧防護具」に適合する防護具により防護した高圧架空電線

三　電線に特別高圧絶縁電線を使用し，かつ，「2.2　防護具（3）特別高圧防護
具」に適合する防護具により防護した特別高圧架空電線

表 1　造営物との離隔距離

| 区　　　分 | | 電線の使用電圧 | 離隔距離 |
|---|---|---|---|
| 建造物 | 上部造営材の上方 | 低圧又は高圧 | 1.0 m |
| | | 35 kV 以下の特別高圧 | 1.2 m |
| | その他 | 低圧又は高圧 | 0.4 m |
| | | 35 kV 以下の特別高圧 | 0.5 m |

| | | 低圧又は高圧 | 1.0 m |
|---|---|---|---|
| 上記以外の造営物 | 上部造営材の上方 | 35 kV 以下の特別高圧 | 1.2 m |
| | その他 | 低圧 | 0.3 m |
| | | 高圧 | 0.4 m |
| | | 35 kV 以下の特別高圧 | 0.5 m |

### 2.2 防護具

（1）低圧防護具

　一　低圧防護具は，次に適合する性能を有するものであること．

　　　イ　構造は，外部から充電部分に接触するおそれがないように充電部分を
　　　　覆うことができること．

　　　ロ　完成品は，充電部分に接する内面と充電部分に接しない外面との間
　　　　に，1,500 V の交流電圧を連続して1分間加えたとき，これに耐える性
　　　　能を有すること．

　二　第一号に規定する性能を満足する低圧防護具の規格は次のとおりとする．

　　　イ　材料は，ビニル混合物，ポリエチレン混合物又はブチルゴム混合物で
　　　　あって，図1に示すダンベル状の試料が表2に適合するものであること．

　　　ロ　構造は，厚さ2 mm 以上であって，外部から充電部分に接触するおそ
　　　　れがないように充電部分を覆うことができること．

　　　ハ　完成品は，充電部分に接する内面と充電部分に接しない外面との間
　　　　に，1,500 V の交流電圧を連続して1分間加えたとき，これに耐えるも
　　　　のであること．

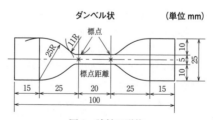

図1　試料の形状

※　試料の幅を 25 mm とすることができない場合にあっては，その幅を 25 mm 未満と
　することを妨げない．

表2 材料が具備すべき事項

| 材料の種類 | 具備すべき事項 |
|---|---|
| ビニル混合物 | 1 室温において引張強さ及び伸びの試験を行ったとき，引張強さが9.8 N/mm² 以上，伸びが100％以上であること．<br>2 100±2℃に48時間加熱した後96時間以内において，室温に4時間以上放置した後に前号の試験を行ったとき，引張強さが前号の試験の際に得た値の85％以上，伸びが前号の試験の際に得た値の80％以上であること． |
| ポリエチレン混合物 | 1 室温において引張強さ及び伸びの試験を行ったとき，引張強さが9.8 N/mm² 以上，伸びが350％以上であること．<br>2 90±2℃に96時間加熱した後96時間以内において，室温に4時間以上放置した後に前号の試験を行ったとき，引張強さが前号の試験の際に得た値の80％以上，伸びが前号の試験の際に得た値の65％以上であること． |
| ブチルゴム混合物 | 1 室温において引張強さ及び伸びの試験を行ったとき，引張強さが3.9 N/mm² 以上，伸びが300％以上であること．<br>2 100±2℃に96時間加熱した後96時間以内において，室温に4時間以上放置した後に前号の試験を行ったとき，引張強さ及び伸びがそれぞれ前号の試験の際に得た値の80％以上であること． |

（2） 高圧防護具

一 高圧防護具は，次に適合する性能を有するものであること．

イ 構造は，外部から充電部分に接触するおそれがないように充電部分を覆うことができること．

ロ 完成品は，乾燥した状態において15,000 V の交流電圧を，また，日本工業規格 JIS C 0920(2003)「電気機械器具の外郭による保護等級（IPコード）」に規定する「14.2.3 オシレーティングチューブ又は散水ノズルによる第二特性数字3に対する試験」の試験方法により散水した直後の状態において10,000 V の交流電圧を，充電部分に接する内面と充電部分に接しない外面との間に連続して1分間加えたとき，それぞれに耐える性能を有すること．

二 第一号に規定する性能を満足する高圧防護具の規格は次のとおりとする．

イ 材料は，ポリエチレン混合物又はブチルゴム混合物であって，図1に示すダンベル状の試料が表2に適合するものであること．

ロ 構造は，厚さ2mm以上であって，外部から充電部分に接触するおそれがないように充電部分を覆うことができること．

ハ　完成品は，乾燥した状態において 15,000 V の交流電圧を，また，日本工業規格 JIS C 0920 (2003)「電気機械器具の外郭による保護等級（IP コード）」に規定する「14.2.3　オシレーティングチューブ又は散水ノズルによる第二特性数字 3 に対する試験」の試験方法により散水した直後の状態において 10,000 V の交流電圧を，充電部分に接する内面と充電部分に接しない外面との間に連続して 1 分間加えたとき，それぞれに耐える性能を有すること.

（3）　特別高圧防護具

使用電圧が 35 kV 以下の特別高圧電線路に使用する特別高圧防護具は，次に適合するものであること.

イ　材料は，ポリエチレン混合物であって，図 1 に示すダンベル状の試料が次に適合するものであること.

（イ）　室温において引張強さ及び伸びの試験を行ったとき，引張強さが 9.8 N/mm² 以上，伸びが 350% 以上であること.

（ロ）　90±2℃に 96 時間加熱した後 96 時間以内において，室温に 4 時間以上放置した後に（イ）の試験を行ったとき，引張強さが前号の試験の際に得た値の 80% 以上，伸びが（イ）の試験の際に得た値の 65% 以上であること.

ロ　構造は，厚さ 2.5 mm 以上であって，外部から充電部分に接触するおそれがないように充電部分を覆うことができること.

ハ　完成品は，乾燥した状態において 25,000 V の交流電圧を，また，日本工業規格 JIS C 0920 (2003)「電気機械器具の外郭による保護等級（IP コード）」に規定する「14.2.3　オシレーティングチューブ又は散水ノズルによる第二特性数字 3 に対する試験 b）付図 5 に示す散水ノズル装置を使用する場合の条件」の試験方法により散水した直後の状態において 22,000 V の交流電圧を，充電部分に接する内面と充電部分に接しない外面との間に，連続して 1 分間加えたとき，それぞれに耐える性能を有すること.

## 23　解釈第 133 条第 9 項関連

● JESC E 2008 (2014)　35 kV 以下の特別高圧電線路の臨時施設

### 1.　適用範囲

この規格は，35 kV 以下の特別高圧電線路の臨時施設について規定する.

## 2.　技術的規定

35 kV 以下の特別高圧地上電線路の臨時施設は，次の各号によること．

一　施設期間は 2 ケ月以内とすること．

二　電線はケーブルを使用すること．

三　電線を施設する場所には，取扱者以外の者が容易に立ち入らないようにさ
　く，へい等を設け，かつ，人が見やすいように適当な間隔で危険である旨の
　表示をすること．

四　電線は重量物の圧力又は著しい機械的衝撃を受けるおそれがないように施
　設すること．

### 24　解釈第 165 条第 4 項第二号関連

● JESC E 6004 (2001)　コンクリート直天井面における平形保護層工事

### 1.　適用範囲

この規格は，平形保護層工事によるコンクリート直天井面へ施設する低圧屋
内配線の施設について規定する．

### 2.　引用規格

次に掲げる規格は，この規格（JESC）に引用されていることによって，この
規格の規定の一部を構成する．この引用規格は，その記号，番号，制定（改訂）
年及び引用内容を明示して行うものとする．

JIS C 3652 (1993) 電力用フラットケーブルの施工方法

### 3.　技術的規定

一　平形保護層工事によるコンクリート直天井面へ施設する低圧屋内配線は，
　次により施設すること．

　イ　施設場所は，住宅のコンクリート直天井面に施設すること．
　　ただし，中継ボックス等への接続のための壁面引き下げ配線については
　　この限りでない．

　ロ　電線は，電気用品安全法の適用を受ける平形導体合成樹脂絶縁電線を使
　　用すること．

　ハ　平形保護層内の電線を外部に引き出す部分は，中継ボックス等の器具内
　　であること．

　ニ　平形保護層及び平形導体合成樹脂絶縁電線相互の接続は行わないこと．

　ホ　電線に電気を供給する電路には，電路に地絡を生じた時に自動的に電路
　　を遮断する装置を施設すること．

　　ヘ　電線は，定格電流が 30 A 以下の過電流遮断器で保護される分岐回路で使用すること．

　　ト　電路の対地電圧は，150 V 以下であること．

　　チ　平形保護層内には，電線の被覆を損傷するおそれがあるものを収めないこと．

　　リ　間仕切り壁を貫通して平形保護層を施設する場合は，施設作業を容易に行うことができ，容易に点検できる空間を有すること．また施工時に電線に直接圧力がかからないようにすること．

　二　平形保護層工事に使用する平形保護層，ジョイントボックス，差込接続器及びその他の附属品は，次に適合すること．

　　イ　構造は JIS C 3652 (1993)「電力用フラットケーブルの施工方法」の「附属書　フラットケーブル」の「4.6　上部保護層」，「4.5　上部接地用保護層」及び「4.4　下部保護層」に適合するもの．

　　ロ　完成品は JIS C 3652 (1993)「電力用フラットケーブルの施工方法」の「附属書　フラットケーブル」の「5.16　機械的特性」，「5.18　地絡・短絡特性」及び「5.20　上部接地用保護層及び上部保護層特性」の試験方法により試験したとき「3　特性」により適合するもの．

　　ハ　ジョイントボックス及び差込み接続器は，電気用品安全法の適用を受けるものであること．

　　ニ　平形保護層，ジョイントボックス，差込接続器及びその他の附属品は，当該平形導体合成樹脂絶縁電線に適した製品であること．

　三　前項の平形保護層，ジョイントボックス，差込接続器及びその他の附属品は，次の各号により施設すること．

　　イ　平形保護層は，人の触れるおそれのないように施設すること．

　　ロ　平形保護層は，電線を保護するように施設すること．

　　ハ　平形保護層を施設する場合は，容易にはがれない方法で固定し，また接続部分に直接電線の重みによる張力がかからないよう施工する．

　　ニ　上部接地用保護層と接地線は，配線の途中で切り離してはならない．

　　ホ　上部接地用保護層，ジョイントボックス及び差込接続器の金属製外箱には，D 種接地工事を施すこと．

● JESC E 6005 (2003) 石膏ボード等の天井面・壁面における平形保護層工事

## 1.　適用範囲

　この規格は，平形保護層工事による石膏ボード等の天井面・壁面へ施設する

低圧屋内配線の施設について規定する.

## 2. 引用規格

次に掲げる規格は,この規格（JESC）に引用されていることによって,この規格の規定の一部を構成する.この引用規格は,その記号,番号,制定（改訂）年及び引用内容を明示して行うものとする.

JESC E 0014(2003)　住宅用フラットケーブルの設計・施工指針

## 3. 技術的規定

一　平形保護層工事による石膏ボード,木材,集成材・合板等の木質材料,コンクリート等（以下「石膏ボード等」という.）の天井面・壁面へ施設する低圧屋内配線は,次により施設すること.

イ　施設場所は,住宅の石膏ボード等の天井面・壁面に施設すること.

ロ　電線は,電気用品安全法の適用を受ける平形導体合成樹脂絶縁電線であって,15 A 用,20 A 用又は 30 A 用のもので,かつ,接地線を有するものであること.

ハ　平形保護層内の電線を外部に引き出す部分は,中継ボックス等の器具内であること.

ニ　平形導体合成樹脂絶縁電線相互の接続は行わないこと.

ホ　電線に電気を供給する電路には,電路に地絡を生じた時に自動的に電路を遮断する装置を施設すること.

ヘ　電線は,定格電流が 30 A 以下の過電流遮断器で保護される分岐回路で使用すること.

ト　電路の対地電圧は,150 V 以下であること.

チ　平形保護層内には,電線の被覆を損傷するおそれがあるものを収めないこと.

リ　間仕切り壁を貫通して平形保護層を施設する場合は,施設作業を容易に行うことができ,容易に点検できる空間を有すること.また施工時に電線に直接圧力がかからないようにすること.

ヌ　屋内配線の施設場所には,配線経路が識別できるよう表示を施すこと.

二　平形保護層工事に使用する平形保護層,ジョイントボックス,差込み接続器及びその他の付属品は,次に適合すること.

イ　構造は JESC E 0014(2003)「住宅用フラットケーブル工事の設計・施工指針」の「附属書　住宅用フラットケーブル」の「4.4　接地用保護層」及び「4.5　機械的保護層」に適合するもの.

　ロ　完成品は JESC E 0014(2003)「住宅用フラットケーブル工事の設計・施工指針」の「附属書　住宅用フラットケーブル」の「5.11　地絡・短絡特性」及び「5.13　接地用保護層及び機械的保護層特性」の試験方法により試験したとき「3.　特性」により適合するもの.

　ハ　ジョイントボックス及び差込み接続器は, 電気用品安全法の適用を受けるものであること.

　ニ　平形保護層, ジョイントボックス, 差込み接続器及びその他の付属品は, 当該平形導体合成樹脂絶縁電線に適した製品であること.

三　前項の平形保護層, ジョイントボックス, 差込み接続器及びその他の付属品は, 次の各号により施設すること.

　イ　平形保護層は, 人が触れるおそれがないように施設すること.

　ロ　平形保護層は, 電線を保護するように施設すること.

　ハ　平形保護層を施設する場合は, 容易にはがれない方法で固定し, また接続部分に直接電線の重みによる張力がかからないよう施工する.

　ニ　接地用保護層と接地線は, 電気的に完全に接続すること.

　ホ　接地用保護層, ジョイントボックス及び差込み接続器の金属製外箱には, D 種接地工事を施すこと.

### 25　解釈第 166 条第 1 項第六号関連

● JESC E 6002(2011)　バスダクト工事による 300 V を超える低圧屋側配線又は屋外配線の施設

#### 1.　適用範囲

　この規格は, バスダクト工事による 300 V を超える低圧の屋側配線又は屋外配線の施設について規定する.

#### 2.　引用規格

　次に掲げる規格は, この規格 (JESC) に引用されることによって, この規格 (JESC) の規定の一部を構成する.

　JIS C 0920(2003)「電気機械器具の外郭による保護等級 (IP コード)」

#### 3.　技術的規定

　バスダクト工事による 300 V を超える低圧の屋側配線又は屋外配線の施設は, 次の各号により施設すること.

一　木造以外の造営物 (点検できない隠ぺい場所を除く.) に施設すること.

二　バスダクトには, 簡易接触防護措置を施すこと.

三　バスダクトは，JIS C 0920(2003)「14.2　試験条件」及び「14.2.4　オシレーティングチューブ又は散水ノズルによる第二特性数字 4 に対する試験」により試験したとき，「6.　第二特性数字で表わされる水の浸入に対する保護等級」の表 3 に規定する第二特性数字 4（IPX 4）に適合すること．

## 26　解釈第 172 条第 2 項第二号関連

● JESC E 6003(2016)　興行場に施設する使用電圧が 300 V を超える低圧の舞台機構設備の配線

### 1.　適用範囲

　この規格は，興行場において使用電圧が 300 V を超える低圧の舞台機構設備の屋内配線及び移動電線について規定する．

### 2.　技術的規定

　興行場（常設の劇場，映画館その他これらに類するものをいう．）に施設する使用電圧が 300 V を超える低圧の舞台機構設備の屋内配線及び移動電線は，次の各号により施設すること．

一　屋内配線及び移動電線に電気を供給する電路の対地電圧は 300 V 以下とすること．

二　屋内配線及び移動電線は，舞台，ならく，オーケストラボックス，映写室には施設しないこと．

三　屋内配線及び移動電線は，取扱者以外の人及び舞台道具が触れるおそれがないように施設すること．

四　屋内配線には，電線の被覆を損傷しないよう適当な防護装置を施すこと．

五　移動電線は，1 種キャブタイヤケーブル，ビニルキャブタイヤケーブル及び耐熱性ポリオレフィンキャブタイヤケーブル以外のキャブタイヤケーブルを使用すること．

## 27　解釈第 172 条第 2 項第三号関連

● JESC E 3001(2000)　フライダクトのダクト材料

### 1.　適用範囲

　この規格は，フライダクトに使用するダクトの材料について規定する．

### 2.　技術的規定

　フライダクトに使用するダクトの材料は，次の各号に適合するものであること．

一　ダクトの材質は，金属製であること．

二　ダクトに使用する鉄板以外の金属板の厚さは，次の計算式により計算した
　　値であること．

$$t \geqq \frac{270}{\sigma} \times 0.8$$

$t$：使用金属板の厚さ　（mm）

$\sigma$：使用金属板の引張強さ　（N/mm$^2$）

# ＩＥＣ 規 格 と は

平成11年11月の改正により，解釈第272条として引用されたIEC規格は，国際電気標準会議（International Electrotechnical Commission）が定めた規格であり，ヨーロッパをはじめ広く世界各国で採用されている．電気設備技術基準の解釈に取り入れられたのは，「IEC規格60364建築電気設備」である．

このIEC 60364規格は，公称電圧交流1,000V又は直流1,500V以下の電圧で供給される住宅施設，商業施設及び工業施設に適用されるもので，電力会社の発電所や送配電設備には適用されていない．したがって，電気設備技術基準の解釈では，第5章の電気使用場所の低圧設備にこの規格を適用するとしている．

IEC 60364規格の構成は，以下のとおりである．

第1部（IEC 60364-1）通則
第2部（IEC 60364-2）用語の定義
第3部（IEC 60364-3）一般特性の評価
第4部（IEC 60364-4）安全保護
第5部（IEC 60364-5）電気機器の選定と施工
第6部（IEC 60364-6）検査
第7部（IEC 60364-7）特殊場所

第1部，第2部が総則的なもので，第3部から第6部までに，それぞれ部内の内容に応じて具体的な内容が定められている．第7部は，シャワーやプール等の特殊な設備に対する基準で，一般的な安全基準は第3部から第6部の基準が準用されている．

平成22年1月には，電圧AC1kVを超える設備に係るIEC規格「61936-1」が解釈第272条の2として取り入れられた．この規格は，発電所や変電所等一般公衆が立ち入らない閉鎖運転区域に施設される設備の技術的基準であり，送配電設備の規定は含まれていない．

なお，平成23年7月の解釈の大改正により，IEC 60364は解釈第218条に，IEC 61936-1は解釈第219条に取り入れられている．

2024 年版
電気設備技術基準・解釈

2024 年 2 月 22 日　　第 1 版第 1 刷発行

編　　集　オ ー ム 社
発 行 者　村 上 和 夫
発 行 所　株式会社 オ ー ム 社
　　　　　郵便番号　101-8460
　　　　　東京都千代田区神田錦町 3-1
　　　　　電話　03(3233)0641(代表)
　　　　　URL　https://www.ohmsha.co.jp/

© オーム社 2024

印刷・製本　中央印刷
ISBN978-4-274-23155-1　Printed in Japan

**本書の感想募集** https://www.ohmsha.co.jp/kansou/

本書をお読みになった感想を上記サイトまでお寄せください．
お寄せいただいた方には，抽選でプレゼントを差し上げます．